Egbert Boeker
Rienk van Grondelle

Physik und Umwelt

Aus dem Programm Umweltwissenschaften

Volker Best
Ökologikum

Deutsche Gesellschaft für Technische Zusammenarbeit (GTZ) (Hrsg.)
Umwelt-Handbuch
3 Bände

Andreas Heintz und Guido A. Reinhardt
Chemie und Umwelt

Gösta H. Liljequist und Konrad Cehak
Allgemeine Meteorologie

Internationale Energie-Agentur (Hrsg.)
Energie und Umweltpolitik

Dieter Meissner (Hrsg.)
Solarzellen

Bertram Philipp (Hrsg.)
Einführung in die Umwelttechnik

Karl O. Tiltmann (Hrsg.)
Handbuch Abfallwirtschaft und Recycling

Egbert Boeker
Rienk van Grondelle

Physik und Umwelt

Mit einem Geleitwort von Richard R. Ernst

Softcover reprint of the hardcover 1st edition 1997

http://www.vieweg.de

Der Verlag Vieweg ist ein Unternehmen der Bertelsmann Fachinformation GmbH.

Gedruckt auf säurefreiem Papier

ISBN-13:978-3-322-83130-9 e-ISBN-13:978-3-322-83129-3
DOI: 10.1007/978-3-322-83129-3

Geleitwort

Unsere Beziehung zur Umwelt ist heute mehr denn je zuvor in einer kritischen, ja entscheidenden Phase. Alle unsere Kräfte sind notwendig, um einen Ausweg zu finden. Die Zukunft und die Überlebensfähigkeit des Menschen hängen davon ab, wie ernst die Umweltnaturwissenschaften genommen werden. Die sich in diesem Zusammenhang stellenden Fragen sind extrem interdisziplinär, und in der Tat alle Aspekte der Naturwissenschaften kommen hier zusammen. Entsprechend wird vom Umweltwissenschaftler erwartet, daß er sich in allen Disziplinen gleichermaßen gut auskennt. Eine außerordentliche Herausforderung und anspruchsvolle Aufgabe!

Gerade die Physik ist in dieser Fragestellung als Grundlagenwissenschaft mit direktem Praxisbezug sehr wesentlich. Dieses Lehrbuch verdeutlicht die Notwendigkeit, physikalische Gesichtspunkte zum Verständnis der Prozesse in der Natur heranzuziehen. Es wählt einen glücklichen Mittelweg zwischen der Vermittlung von grundlegenden Prinzipien und deren Anwendung auf wichtige Problemstellungen in den Umweltwissenschaften. Es ergänzt somit einerseits Lehrbücher der reinen Physik, die sich auf die zeitlosen Grundlagen konzentrieren, und andererseits Monographien, die spezielle Fragestellungen im Zusammenhang mit aktuellen Umweltproblemen behandeln. „Physik und Umwelt" bildet somit eine Brücke zwischen diesen zwei Polen und hilft dem Studenten, den Weg von den Grundlagen zur praktischen Umweltwissenschaft zu finden.

Ich hoffe, daß dieses Buch mithilft, eine neue Generation von kompetenten und motivierten Umweltwissenschaftlern heranzubilden, die nicht nur befähigt sind, Mißstände in unserem Umweltverhalten zu konstatieren und zu kritisieren, sondern auch aktiv und kreativ mithelfen, ein Weiterleben auf unserer Erde auf lange Zeit zu garantieren.

Richard R. Ernst
Professor für Physikalische Chemie
ETH Zürich

Vorwort

Der Gedanke, dieses Buch zu schreiben, entstand am Physikalischen Institut einer mittelgroßen, europäischen Universität, wo sich die Physiker immer mehr mit Problemen aus der Umweltforschung konfrontiert sahen. Physiker und deren Methoden werden benötigt, um Umweltdaten zu interpretieren, Abschätzungen hinsichtlich Produktion und Verbrauch zu treffen, die Folgen politischer Aktivitäten abzuschätzen, staatliche Maßnahmen wissenschaftlich fundiert vorzubereiten, und nicht zuletzt, um riesige Datenmengen mit Computern zu verarbeiten. Der letzte Punkt gilt nicht nur für Ordnung und Visualisierung experimenteller Daten, sondern auch zur Schaffung von Modellen von einem theoretischen Standpunkt aus.

Umweltphysik stellt mehr dar, als eine bloße Studie der physikalischen Umwelt; dieses Buch enthält vielmehr auch Aspekte aus der Atmosphärenphysik, Bodenphysik sowie der Angewandten Physik und den Ingenieurwissenschaften. Statt aber nur einen oberflächlichen Überblick über all diese Bereiche zu geben, soll dem Leser ein Gefühl für diejenigen Bereiche der Physik vermittelt werden, die uns Umweltprobleme zu analysieren, ihnen vorzubeugen oder sie abzumildern helfen. Mit dieser Zielsetzung werden im folgenden einige der wichtigsten experimentellen Methoden diskutiert.

Normalerweise vermeiden wir die Ausdrucksweise, Umweltprobleme zu „lösen", da diese Lösung nicht alleine durch Physiker oder Wissenschaftler geschehen kann. Die Gesellschaft kann nur durch politische Entscheidungen erhalten werden, die auf einem allgemeinen Bewußtsein basieren, so daß im Augenblick vielleicht auch unpopuläre Maßnahmen getroffen werden müssen, um Schlimmeres für die Zukunft zu vermeiden. Physiker spielen gerade in der Erkenntnis der Probleme und bei der Erschließung von Verfahrensweisen für die Zukunft eine wichtige Rolle. Dieses Buch behandelt die relevanten physikalischen Themen, und die Erfahrung zeigt, daß die Studenten die angesprochenen Themen gerne in einen sozialen Zusammenhang bringen. Aus diesem Grund haben wir ein Schlußkapitel über diese gesellschaftlichen Aspekte angefügt, das auch einige Diskussionspunkte für Vorlesungen bietet und dabei die soziale Bedeutung der Themen herausstellt.

Dieses Buch ist auf dem Niveau fortgeschrittener Grundlagenkenntnisse geschrieben worden, ist also für Leser geeignet, die ein gutes physikalisches Allgemeinwissen und ebenso eine brauchbare mathematische Grundlage besitzen. In den meisten Vorlesungen zur Experimentalphysik werden Diffusion oder spektroskopische Methoden nur unzureichend besprochen, so daß jedes Kapitel in diesem Buch zunächst mit einigen Grundlagen beginnt, um diese dann weiter zu vertiefen. Diese Grundlagen wurden wahrscheinlich schon in anderen Vorlesungen besprochen, trotzdem sind sie sicherlich hilfreich und zur Auffrischung geeignet.

In Kapitel 1 stellen wir eine elementare Gliederung des Buches vor, um die weniger offensichtlichen Zusammmenhänge von eher unabhängig scheinenden Bereichen darzulegen. Es wurden außerdem nach jedem Kapitel einige Übungen angeführt, die wesentlich zum Verständnis des Haupttextes beitragen und dazu führen, daß hier gegebenenfalls auch noch ein zweites Mal nachgelesen wird. Ihr Zweck liegt ist aber, die Studenten im Lösen vom Aufgaben zu üben.

Es ist allgemein bekannt, daß sowohl die Chemie als auch die Biologie wesentliche Beiträge zur Identifizierung und Analyse von Umweltproblemen geleistet haben. Die Grenzen zwischen diesen Wissenschaften und der Physik sind meistens eher verschwommen, da auch hier oftmals physikalische Meßmethoden eingesetzt werden. Die hier besprochenen Methoden werden auch in anderen Bereichen häufig eingesetzt.

Ein Lehrbuch ist keine Enzyklopädie. Experten werden erkennen, daß viele vielversprechende wissenschaftliche Entwicklungen, wie zum Beispiel die magneto-hydrodynamische Energieumwandlung, ausgelassen wurden, während andere, wie die Kernfusion, obwohl sie nicht unbedingt vielversprechender sind, ausführlich besprochen werden. Diese Auswahl spiegelt lediglich die Meinung der Autoren wieder, welche der Themen im Rahmen dieses Buches diskutiert werden können, um während der späteren Laufbahn der Studenten eine praktische Anwendung zu finden.

Die Autoren und ihre Mitarbeiter verwenden diesen Text als Grundlage dreier Vorlesungsreihen von jeweils 20 bis 25 Stunden. Wir behandeln dabei die experimentellen Kapitel 2 und 7 zusammen und teilen den Rest in einen Kurs zu Transportproblemen (Abschnitt 4.1, Kapitel 5 und manchmal Kapitel 6) und einen Kurs über Klima und Energie (Kapitel 3, 4 und normalerweise auch Kapitel 8) auf. Die Anzahl an Querverweisen zu vorangegangenen Kapiteln wurde absichtlich gering gehalten, um die Reihenfolge bei der Behandlung freizustellen. Treten trotzdem solche Querverweise auf, so sollten für die Studenten beim Querlesen eines Abschnittes keinerlei Probleme auftreten, sondern im Gegenteil höchstens ihr Interesse erwachen.

Zum Schluß bleibt noch zu bemerken, daß die Autoren für jeden Hinweis oder Vorschlag von Kollegen und Studenten dankbar sind, wenn der Inhalt des Buches und der Übungsaufgaben dadurch verbessert wird.

Egbert Boeker
Rienk van Grondelle
Vrije Universiteit Amsterdam

Danksagungen

Die Autoren sind dem Doktoranden Matthieu Visser für die Entwürfe von Großteilen des Abschnittes 7.6 zu Dank verpflichtet. Außerdem danken Sie Paul van Kan, der ihnen für die Vorlesungen zur Umweltphysik Notizen zu Analysemethoden zur Verfügung stellte. Die Computergruppe der Fakultät half uns bei der Programmierung des in Kapitel 3 besprochenen Klimamodells.

Der erste Autor schrieb Teile einiger Kapitel während eines Freisemesters und dankt in diesem Zusammenhang Professor Heymann für die Gastfreundschaft an der Rice University sowie Professor Socolow, der ihm während seines Aufenthaltes in Princeton die Möglichkeit einer Gastprofessur am Zentrum für Energie und Umweltstudien eröffnete.

Die Autoren wissen die Gespräche zu Energie und Thermodynamik mit Prof. Dunn von der Reading University zu schätzen. Auch die Beiträge von Prof. Schuurmans zu Kapitel 3 und die Gespräche zu Details aus diesem Kapitel, die mit Peter Siegmund geführt wurden, waren hilfreich. Das Buch hat von Diskussionen mit Prof. Ross zum Abschnitt 4.2.2, Dr. R. Meijer zum Stirling-Motor, Prof. Loman zu Abschnitt 4.2.8, Dr. P. Bosma und Dr. D. G. de Groot zum Abschnitt 4.4.1, Dr. Al Cavallo zum Abschnitt 4.4.2, von Kommentaren von Dr. Lidsky, Dr. K. Abrahams und Dr. A. J. Jansen zu Abschnitt 4.5.1, Prof. van de Wiel zu Abschnitt 4.5.2, Dr. A. Bos zu Abschnitt 4.5.3, Frans Berkhout und Prof. Hogervorst zu Abschnitt 4.5.4, Prof. Aldama zu Abschnitt 5.2, Prof. de Vries zu Abschnitt 5.3, Ing. J. J. Erbrink zu Abschnitt 5.6, Prof. Boersma und Prof. Plomp zu Kapitel 6, Dr. H. van der Woerd zu Abschnitt 7.6.1, Dr. P. J. Swart zu Abschnitt 7.6.2, Dr. R. D. Vis zu Abschnitt 7.6.4, Dr. W. Smit zu Abschnitt 8.1, Dr. H. Feiveson zu Kapitel 8, Prof. Tuininga und Dr. J. Grin zum Konzept und Teilen von Kapitel 8 und Prof. Andriesse zu Abschnitt 8.2 profitiert.

Großer Dank gebührt auch Annette Kik, die so geduldig das Manuskript geschrieben und neugeschrieben hat, was selbst mit Hilfe von Textverarbeitungsprogrammen eine harte Arbeit war. Luigi Sanna hat gute Arbeit beim Zeichnen und Neuzeichnen sämtlicher Grafiken geleistet.

In der deutschen Ausgabe wurden einige Fehler korrigiert. Wir wissen die Kommentare von Prof. W. B. Grant zu den Kapiteln 2 und 7 zu schätzen, von denen die meisten für Verbesserungen benutzt wurden.

Inhaltsverzeichnis

1 Einführung

Als Umweltphysik wird im weitesten Sinne diejenige Physik bezeichnet, welche sich mit der Identifizierung und Abschätzung von Umweltproblemen beschäftigt. Sie ist der Vorbeugung von neuen Problemen und der Linderung der bestehenden gewidmet, und macht dazu Gebrauch von Untersuchungsmethoden und Techniken, die weiten Bereichen der Physik entstammen und auch deren mathematische Methoden berücksichtigen. Der Problemkreis der Umweltphysik steht in engem Zusammenhang mit der Gesellschaft im allgemeinen und deren Wirtschaftssystem im speziellen. Dieses soll in den folgenden Abschnitten dargestellt werden.

1.1 Das Wirtschaftssystem

Das Wirtschaftssystem ist in Bild 1.1 schematisch dargestellt, wobei es stark vereinfacht wurde und einerseits auf Aspekte der Energieressourcen, Rohmaterialien und die Energieumwandlung sowie andererseits auf den Endverbrauch von Energie und Rohstoffen reduziert wurde.

Betrachten wir die verschiedenen Teile von Bild 1.1, die im wesentlichen der Einteilung dieses Buches in Kapitel entsprechen. Energiequellen beginnen, zur Umweltverschmutzung beizutragen, sobald sie in mechanische Energie oder Elektrizität umgewandelt werden (Kapitel 4), oder zum Endverbraucher in Landwirtschaft, Industrie, Dienstleistungsbetrieben, Transportwesen oder privaten Haushalten gelangen. Insbesondere im Bereich der Endverbraucher kann Lärmbelästigung auftauchen (Kapitel 6) und Luftverschmutzung kann zu klimatischen Veränderungen führen (Kapitel 3), wobei die Verschmutzung von Luft oder Wasser auch zu weit entfernten Regionen weitergetragen werden kann (Kapitel 5). In all diesen Fällen sind Messungen notwendig, um die verschiedenen Verschmutzungen zu untersuchen (Kapitel 2 und 7).

Dieses Buch richtet sich speziell an Wissenschaftler, die ihre Fähigkeiten der Bewältigung von Umweltproblemen widmen, weshalb wir insbesondere deren Fachkenntnisse erweitern möchten. Ein Teil der Leistungsfähigkeit der Physiker liegt an ihrer technischen Ausrüstung sowie der Weiterentwicklung von Meßtechniken und der Anwendung bestehender Methoden. Es wird deshalb mit Kapitel 2 nur eine allgemeine Einführung in die Methoden der Spektroskopie gegeben, um dann im Kapitel 7 auf weitere Methoden genauer einzugehen. Ein anderer Bestandteil der hohen Leistungsfähigkeit der Physiker ist ihre Fähigkeit, komplizierte Vorgänge mit mathematischen Methoden in Form von einfachen Modellen darzustellen. Aus diesem Grunde werden die relevanten Kapitel der klassischen theoretischen Physik an praktische Beispielen aus der Umweltproblematik diskutiert. Es geht hier aber eher um Ideen und Methoden als um die Vollständigkeit der Darstellung.

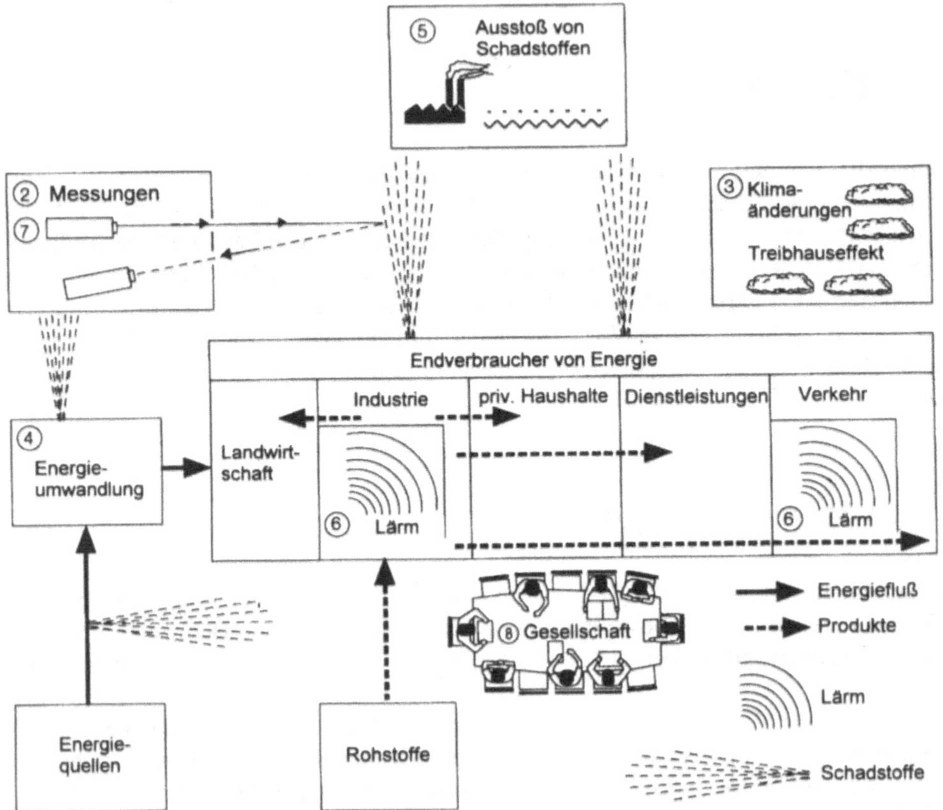

Bild 1.1 Das wirtschaftliche System von Produktion und Verbrauch. Inputs sind Energie und Rohstoffe, Outputs sind Produkte und Dienstleistungen. Verschmutzung entsteht in allen Bereichen. Die einen bestimmten Teil dieses Systems ausmachenden Kapitel wurden markiert.

Wie aus Bild 1.1 zu ersehen ist, entstehen viele Umweltprobleme bei der Umwandlung von Energie und deren Endverbrauch. Aus diesem Grunde wird das Kapitel 4 zum Thema Energie eine zentrale Stellung in diesem Buch einnehmen. Hier werden insbesondere Entwicklungen zu Energieerhaltung bei der Produktion sowie zum Design alternativer Energieressourcen besprochen.

Umweltprobleme müssen letztlich als Probleme der menschlichen Gesellschaft angesehen werden, so daß deren Lösung auch nur unter sozialen Gesichtspunkten zu betrachten ist. Dies ist auch der Grund, warum in Kapitel 8 näher auf die sozialen Zusammenhänge eingegangen wird, vor deren Hintergrund Umweltprobleme vermieden, gelöst oder in ihrer Auswirkung wenigstens abgeschwächt werden können.

Um dieses Buch zu strukturieren, wurden drei Bereiche der Umweltphysik gewählt, die die physikalischen Zusammenhänge darstellen: der Treibhauseffekt, der die Erde bewohnbar macht, die Sonnenenergie als erneuerbare Energieressource und letztlich die Physik der Transportvorgänge, die beschreibt, wie sich Verschmutzungen von einem zum anderen Ort ausbreiten. Beispiele zu diesen Themen sind weiter unten im Text angeführt.

1.2 Leben im Treibhaus

Leben, so wie wir es kennen, ist eng mit einigen physikalischen Eigenschaften im System Sonne–Erde verbunden. Wir wollen nur die folgenden erwähnen:

(a) Die Oberflächentemperatur der Sonne beträgt etwa 5800 K, was zu einem Emissionsspektrum mit einem Maximum der emittierten Energie bei einer Wellenlänge von 500 nm führt. Diese entspricht einer Photonenenergie von 2,48 eV und damit gerade den Anregungen zwischen einzelnen molekularen Energiebändern oder bestimmten Ionisationsenergien. Somit liegt die Sonnenoberflächentemperatur gerade richtig, um photochemische Reaktionen zu induzieren.

(b) Der Abstand zwischen Sonne und Erde ($1{,}49\cdot10^{11}$ m) sowie der Erdradius ($6{,}4\cdot10^{9}$ m) führen zu einer Absorption des $0{,}46\cdot10^{-9}$ten Teils der Sonnenenergie durch die Erde. Unter der Annahme, daß die Sonne eine Schwarzkörperstrahlung emittiert, einen Radius von $6{,}96\cdot10^{8}$m und eine Oberflächentemperatur von 5800 K hat, kann man errechnen, daß die Erde eine Strahlungsleistung von etwa 1399 W m^{-2} von der Sonne erhält. Der genaue Wert der Solarkonstante S liegt geringfügig darunter. Weiter unten werden wir sehen, daß mit dem beobachteten Wert der insgesamt emittierten Sonnenenergie – trotz der Mitwirkung von einigen atmosphärischer Gasen – dieses der gerade notwendige Wert ist, um auf der Erde eine mittlere Oberflächentemperatur von 288 K (15 °C) zu erzeugen.

(c) Die Masse der Erde ($m = 6\cdot10^{24}$ kg) und ihr Radius liegen gerade so, daß die Erde eine Atmosphäre haben kann, und die Gravitation ausreichend hoch ist, um die wesentlichen Moleküle an sich zu binden.

Auch eine nur geringfügige Veränderung dieser Parameter würde ein Leben, wie wir es kennen, unmöglich machen. In diesem Kapitel werden wir uns etwas genauer den zweiten Punkt anschauen: die Temperatur.

Bei einem stationären Zustand entspräche die von der Sonne eingefangene Energie derjenigen, die die Erde in den Weltraum emittiert. Der erste Wert wird durch die Solarkonstante $S = 1353$ W/m^{-2} gegeben. Dies ist die Sonnenenergie, welche auf einer senkrecht zur Sonne stehenden Fläche von einem Quadratmeter absorbiert wird. Hierbei wird angenommen, daß auch die Erde wie ein schwarzer Körper mit der Temperatur T strahlt. Als nächstes hat man zu berücksichtigen, daß ein bestimmter Anteil des Sonnenlichtes, auch als die *Albedo a* bezeichnet, in den Weltraum zurückreflektiert wird.* Somit lautet die Energiegleichung

$$(1-a)\pi R^2 S = 4\pi R^2 \sigma T^4 \tag{1.1}$$

Hierbei ist σ die Stefan-Boltzmann-Konstante und R der Erdradius. Bei einem geschätzten Wert von $a = 0{,}34$ für die Albedo erhält man $T = 250$ K, was man üblicherweise mit 255 K gleichsetzt. Dieses sollte die Strahlungstemperatur der Erde sein, wie sie aus großen Entfernungen beobachtet werden kann.

* Die Albedo des Mondes von etwa 0,06 ist für sein helles Erscheinen am Himmel verantwortlich. Die Albedo der Erde reflektiert Licht zurück, das die sonnenabgewandten Bereiche des Mondes beleuchtet – sein grauer Anteil. Änderungen in der Albedo der Erde verändern die Helligkeit dieses Teiles des Mondes.

Die mittlere Oberflächentemperatur der Erde beträgt 288 K, und die der Atmosphäre liegt bei 255 K. Diese relativ hohe Oberflächentemperatur entsteht durch das Vorhandensein von Gasen wie Wasserdampf, CO_2, O_3, N_2O und CH_4, um die wichtigsten in der Reihenfolge ihres Beitrages zu diesem Effekt zu nennen. Diese Gase absorbieren den größten Teil der Wärmestrahlung der Erde und strahlen sie wieder zur Erdoberfläche zurück. Um dies verstehen zu können, muß man berücksichtigen, daß sich die Temperaturunterschiede zwischen Sonne und Erde in einem unterschiedlichen Spektrum ausdrücken. Dieses ist in Bild 1.2 dargestellt, in dem die Schwarzkörperspektren für 5800 und für 288 K aufgetragen sind.

Die Atmosphäre ist für Strahlung kurzer Wellenlänge relativ durchlässig, absorbiert aufgrund der oben erwähnten Treibhausgase aber im höheren Wellenlängenbereich. Die Atmosphäre dient also als eine Art Schutzhülle, unter der die Erdoberfläche bewohnbar bleibt. Einen ähnlichen Vorgang beobachtet man übrigens in Garten-Treibhäusern, obwohl dort die Verhinderung nächtlicher Wärmeverluste durch Konvektion, und damit das Entweichen der während des Tages aufgeheizten Luft, eine größere Rolle spielt.

Momentan steigt die Konzentration dieser Treibhausgase durch natürliche und menschlich verursachte Aktivitäten stetig an. Wie wir in Kapitel 2 sehen werden, absorbieren die verschiedenen Gase in unterschiedlichen Bereichen des Spektrums, so daß eine weitere Erhöhung der Konzentration keinen zusätzlichen Effekt mehr hätte, wenn in einem bestimmten Bereich die Absorption bei 100 % läge.

Es ist offensichtlich, daß ein weiterer Anstieg der Treibhausgase das Klima stark beeinflußt und im wesentlichen in einer Erhöhung der Oberflächentemperatur der Erde resultieren würde. Es ist bisher nicht klar, wie schnell dieser Prozeß fortschreitet und inwiefern er für alle Regionen der Erde schädlich ist. Der Mechanismus hinter diesem Klimawechsel beinhaltet ein Wechselspiel vieler physikalischer und chemischer Prozesse, auf die kurz in Kapitel 3 eingegangen wird. Dort werden auch die Unsicherheiten bei der Berechnung von Langzeiteffekten mit verschiedenen Methoden deutlich.

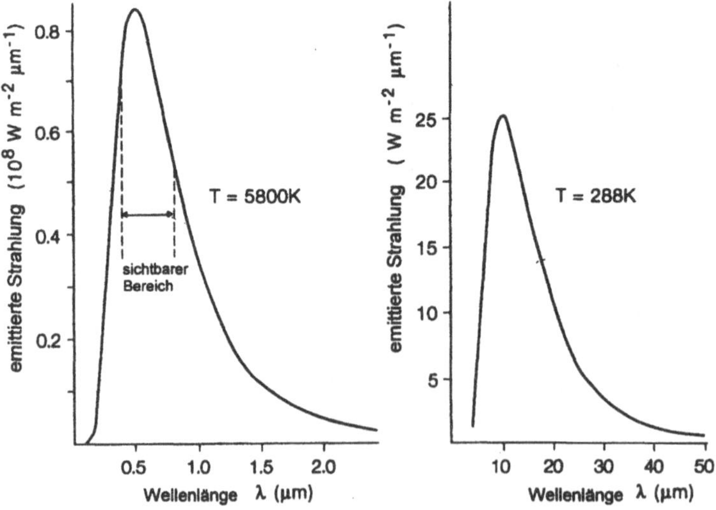

Bild 1.2 Die Emissionsspektren eines Schwarzen Körpers bei 5800 K (wie der Sonne) links und bei 288 K (wie der Erdoberfläche) rechts. Zu beachten ist der Maßstabsunterschied der beiden Ordinaten: selbst beim Maximum des Erdspektrums liegt die Emission der Sonne viel höher.

1.3 Freude am Sonnenlicht

Die Sonne schafft nicht nur eine lebensfreundliche Temperatur auf der Erde. Ein Teil ihrer Energie wird auch durch Photosyntheseprozesse eingefangen oder dient zum Antrieb des täglichen und jahreszeitlichen Wetterwechsels.

Die Photosynthese ist jener Prozess, der in Pflanzen, Algen und einigen (photosynthetisch aktiven) Bakterien zur chemischen Speicherung der Sonnenenergie in Form eines stabilen Produktes dient. *Alle* photosynthetisch aktiven Organismen verwenden das Pigment Chlorophyll und in geringerem Ausmaß Karotin, um die einfallende Strahlungsenergie der Sonne zu absorbieren und den Energiespeicherprozeß einzuleiten.

Die Nettogleichung der Photosynthese ist gegeben durch

$$6H_2O + 6CO_2 + 4{,}66 \cdot 10^{-18} \rightleftharpoons C_6H_{12}O_6 + 6O_2 \tag{1.2}$$

Nachts läuft diese Reaktion von rechts nach links ab, da die Pflanze atmet, und während des Wachstums wird die Nettoenergie gespeichert. Diese kann zurückgewonnen werden, indem man die Pflanze als Nahrung verwendet, sie als Biomasse verbrennt oder indem man die Natur ihren Weg gehen läßt, was manchmal zur Dehydrierung der Pflanze und zur Bildung fossiler Brennstoffe führt. Die Verwendung biologisch gespeicherter Energie wird aber noch ausführlicher in Kapitel 4 besprochen. Im Augenblick genügt es zu wissen, daß jeder Gebrauch der Biomasse den Prozeß (1.2) nach links ablaufen läßt, wobei das gebundene CO_2 frei wird und somit der oben besprochene Treibhauseffekt verstärkt wird.

Ein Ausweg aus diesem Dilemma wäre, Pflanzen im gleichen Maßstab zu züchten, wie Biomasse verbrannt wird. Wir werden sehen, daß dieses in gewissem Ausmaß auch möglich ist, und daß so aber bestenfalls ein Teil der notwendigen Energie produziert werden kann, die zur Aufrechterhaltung eines vertretbaren Lebensstandards nötig wäre.

Aus diesem Grunde ist es sinnvoll, Wege zum Einfangen der Sonnenenergie zu finden, ohne den Weg über die Biomasse zu beschreiten. Der einfachste Weg wäre, Sonnenwärme zur Beheizung von Wohnungen oder von Brauch- und Heizungswasser zu nutzen. Dieses wird näher in Kapitel 4 besprochen zusammen mit Isolierungsmöglichkeiten, um die Wärme innerhalb der Wohnräume zu halten, und somit den Energieverbrauch wirtschaftlicher zu machen. Ein etwas komplizierterer Weg zur Nutzung der Sonnenenergie ist die direkte Umwandlung von Sonnenstrahlung in Strom. Die Funktionsweise von Solarzellen wird ebenfalls in Kapitel 4 besprochen.

Schließlich kann man noch die Tatsache ausnutzen, daß die Sonneneinstrahlung die Erde in der Nähe des Äquators stärker erhitzt als an den Polen. Dadurch steigt warme Luft am Äquator auf und strömt zu den Polen, gleichzeitig aber fließt kalte Luft zum Äquator. Ein ähnlicher Energietransport findet in den großen Meeresströmungen statt. In beiden Fällen werden diese Strömungen durch die Drehung der Erde verkompliziert, die relativ zur Erde durch die sogenannte Coriolis-Kraft beschrieben wird. Dieser Energietransport erzeugt also Winde, deren Energie genutzt werden kann. Auch dieser Prozeß wird näher in Kapitel 4 beschrieben.

1.4 Transport von Materie, Energie und Impuls

Selbst ohne menschliches Dazutun gibt es eine große Anzahl von Transportprozessen in der Natur. Unter dem Einfluß der Sonne als Antriebskraft verdunstet Wasser und es bilden sich Wasserdampf und Wolken, die sich in andere Regionen bewegen, um dort als Regen und Schnee wieder zur Erde zurückzukehren. Sie durchdringen die Erdoberfläche und bilden das Grundwasser, das an anderer Stelle wieder an die Oberfläche treten kann. Hier wird also offensichtlich nicht nur Materie, sondern auch Energie transportiert. Durch die Verdunstung wird ein nicht zu unterschätzender Anteil der Energie im Wasser als latente Wärme gespeichert, die bei Kondensation wieder frei wird. All dies trägt zu einem Energietransport in globalem Maßstab bei, bei dem Energie in der Größenordnung von 200 MJ von den heißen Tropen in die kühleren Regionen der höheren Breitengrade befördert wird.

Materietransport ohne gleichzeitigen größeren Energietransport kommt vor, wenn Staubpartikel durch Winde oder Tone durch Strömungen bewegt werden. Ein Beispiel für Energietransport ohne nennenswerten Materietransport stellt die Sonnenstrahlung dar. Der Impulstransport ist üblicherweise an einen Materietransport gekoppelt. Elastische Stöße, bei denen z. B. im wesentlichen nur der Impuls in Form einer Richtungsänderung der beteiligten Partikel übertragen wird, stellen einen Sonderfall dar.

In der menschlichen Gesellschaft wird dieser Materie-, Energie- oder Impulstransport bewußt geplant. Die Physik der Transportprozesse kann in Fabriken, in denen Stoffe bewegt werden müssen, angewandt werden, wodurch die Bewegung von Flüssigkeiten in Röhren und Pipelines bewirkt wird. Ein Grund für die Untersuchung von Transportprozessen ist die Tatsache, daß deren Optimierung Energie und Rohstoffe sparen kann und somit Umweltprobleme mildern hilft. Ein weiterer Grund ist die Verschmutzung der Umwelt durch den Transport giftiger Substanzen oder durch den Menschen selbst. Physikalisch gesehen, also deren Transport in Grund- und Oberflächenwasser oder in der Luft. Die Kehrseite der Medaille offenbart sich, wenn man z.B. den Bau hoher Industriekamine betrachtet, der die Verschmutzung im Umfeld zu „akzeptablen" Werten herabsetzt. Diese Themen werden in Kapitel 5 in Zusammenhang mit den entsprechenden Differentialgleichungen besprochen.

Man sollte sich der Tatsache bewußt sein, daß biologische Prozesse, die außerhalb der physikalischen Betrachtung liegen, hier von vorrangiger Bedeutung sind. Pflanzen und Tiere nehmen Giftstoffe auf, und insbesondere Tiere können in andere Regionen wandern oder Pflanzenreste werden durch Wind und Wasser weiterbefördert. Letztendlich wird zumindest ein Teil dieser Giftstoffe in die Nahrungskette eintreten.

Zum Schluß wird dann noch der Wärmetransport in Verbindung mit der Umwandlung von Energien besprochen. Wärmeenergie muß zum Beispiel während des Winters innerhalb der menschlichen Wohnungen gehalten werden und im Sommer außerhalb. In diesem Kontext werden Maßnahmen zur Isolierung diskutiert.

1.5 Soziale und politische Zusammenhänge

Die natürliche Umgebung verändert sich auch ohne menschlichen Einfluß ständig. In Kapitel 3.3 wird erklärt, wie sich die globale Temperatur aufgrund von astronomischen Periodizitäten verändert, und in Bild 3.13 sieht man, wie sich die Oberflächentemperatur seit prähistorischen Zeiten geändert hat. Das Leben der Tiere ändert sich wähgrend der ganzen Zeit, neue Arten entstehen und verschwinden unaufhörlich – lediglich mit dem Unterschied, daß dies in früheren Zeiten auch ohne den Einfluß des Menschen ganz „natürlich“ geschah.

In früheren Zeiten veränderte der Mensch seine Umwelt, um sich durch die Landwirtschaft mit Nahrungsmitteln zu versorgen. Man verbesserte die Ernten durch Bewässerung und gründete Städte, um die Produktion weiter zu optimieren. Eines natürlichen Todes zu sterben hieß seitdem nicht mehr, von wilden Tieren verschlungen zu werden, sondern bedeutete die Aussicht auf einen altersbedingten Tod in der eigenen Wohnung.

Umweltschutz kann deshalb also nicht meinen, die natürliche Umgebung so zu bewahren, wie sie augenblicklich aussieht, sondern bedeutet vielmehr eine Art Umweltmanagement oder die Kontrolle über Veränderungen in unserer Umwelt. Die Notwendigkeit hierfür ist offensichtlich. Luftverschmutzung kommt in Großstädten und nahegelegenen Industriegebieten vor, Wasserverschmutzung kann in besonderem Ausmaß in jenen Ländern beobachtet werden, in denen verstärkt Düngemittel eingesetzt werden.

Einige der Effekte konnten wir schon in früheren Zeiten spüren. So war das antike Rom nicht gerade der gesündeste Ort zum Leben. Der besondere Aspekt der neueren Zeit ist sicherlich die Größenordnung der Verschmutzung, denn die Folgen werden meist erst in weit entfernten Regionen spürbar, die oft jenseits der eigenen Landesgrenzen liegen. Man kann längst nicht mehr vor der menschlichen Gesellschaft in den Wald flüchten, sondern wird sich als Folge des sauren Regens mit toten Bäumen konfrontiert sehen. Man kann nicht aus dem Fenster eines Flugzeuges schauen, ohne den Dunst über Industriegebieten wahrzunehmen. Weniger offensichtlich, aber in den Zeitungen groß vermerkt, ist auch der Abbau der Erdatmosphäre durch Fluor-Chlor-Kohlenwasserstoffe (FCKW), die Spraydosen und verrostenden Kühlschränken entweichen.

Es stellt sich somit die Frage, wie ein Umweltmanagement aussehen soll. Dieses Problem liegt außerhalb den Fragestellungen der Physik, Physiker werden aber trotzdem an den Diskussionen der Politiker und Umweltschützer teilhaben.

Umweltschützer unterscheiden neunzehn verschiedene Komponenten innerhalb der Biosphäre, die im einzelnen in Tabelle 1.1 dargestellt sind, welche auch als eine Art Checkliste der Diskussionspunkte dienen kann. Alle diese Komponenten verändern sich im Laufe der Zeit aufgrund sowohl natürlicher als auch menschlicher Einflüsse. Der wesentliche Punkt besteht nur darin, daß die Veränderungen aufgrund menschlicher Einflüsse in den letzten Jahren inzwischen die natürlich bedingten an Größenordnung bei weitem übertreffen. Industrielle Emissionen führen zu ständig steigenden jährlichen Emissionen von CO_2 (1,2fach), S (×2), As (×3), Cd (×7), Quecksilber (×10) und Blei (×25). Außerdem werden in steigendem Maße synthetische Materialien erzeugt und verbreitet, die nie zuvor existiert haben.

Tabelle 1.1 Neunzehn die Biosphäre beeinflussende Faktoren (Aus B.L. Turner II (Hrsg.), *The Earth as Transformed by Human Action, Global and Regional Changes in the Biosphere over the past 300 Years*, Cambridge University Press, Cambridge, 1990, Tabellen 1-2, Seite 6)

Land	Biota	Wasser	Chemikalien und Strahlung	Ozeane und Atomsphäre
Landumwandlung	Erdfauna	Management	Kohlenstoff	Atmosphärische Spurenelemente
Wälder	Marine Biota	Qualität und Fluß	Schwefel	Marine Umgebung
Böden	Flora	Küstenumwelt	Stickstoff und Phosphor	Klima
Sedimente	menschliche Bevölkerung		Spurenelemente	
			Ionisierende Strahlung	

Wenn man Tabelle 1.1 betrachtet, kann man z.B. feststellen, daß unsere Wälder zunehmend verschwinden, was mit einem schnellen Verschwinden von Pflanzen- und Tierarten einhergeht. Dieses führt zu einem Verlust der Artenvielfalt auf der Erde, dem durch gezielte Erhaltung bestimmter Arten in Zoos oder Naturreservaten begegnet werden kann. Jedoch ist es auf diesem Wege nur möglich, einen kleinen Teil der natürlichen Artenvielfalt zu erhalten. Dies ist auch insofern bedeutsam, als Pflanzen viele Substanzen liefern, die in Pharmazeutika genutzt werden können, aber derartig kompliziert sind, daß man sie (bis heute) nicht künstlich herstellen kann. Außerdem ist eine große Artenvielfalt notwendig, um als eine Art „Pool" für Eigenschaften zu dienen, die in neue Pflanzen eingebracht werden können, wenn existierende Züchtungen zu empfindlich gegenüber Krankheiten oder dem ständigen Wechsel der Umweltbedingungen sind.

Der soziale und politische Kontext, in dem die Umweltveränderungen stattfinden, wird in Kapitel 8 besprochen. Am wichtigsten ist hierbei das andauernde Wachstum der Weltbevölkerung, die von ca. 5 Milliarden im Jahre 1990 auf nahezu 10 Milliarden im Jahre 2050 anzuwachsen droht. Seit Malthus seine Vorhersage getroffen hat, fragen sich viele, inwiefern die Natur überhaupt genügend Nahrungsmittel und Zufluchtstätten hervorbringen kann, um einem solchen Wachstum standhalten zu können. Trotz anhaltendem Pessimismus war dieses aber bisher möglich. Der Grund dafür ist, daß der technische Fortschritt eine wesentlich effizientere Produktion gestattete und ein Großteil der Armut in der dritten Welt aufgrund politischer und wirtschaftlicher Umstände entsteht (z.B. durch Militärausgaben und eine schlechte Stellung auf dem Weltmarkt).

Dieses Buch interessiert sich für die physikalisch-technischen Aspekte, die in Kapitel 8 in einen breiteren sozialen Kontext gebracht werden, denn den Autoren ist klar, daß technische Lösungen alleine – und seien sie noch so notwendig – bei weitem nicht ausreichen. Wie die Regierungen verschiedener Länder zu bemerken beginnen, sind Änderungen im Sozialsystem und vor allem im menschlichen Verhalten, was Konsum und Produktion anbelangt, nicht zu vermeiden. Die dabei entstehende politische Frage ist, wer die Kosten zu tragen hat:

die armen oder die reichen Länder? Und auch in jedem einzelnen Land stellt sich die Frage, wer die Rechnung begleichen soll: die Armen oder die Reichen? Oder sollen wir lieber versuchen, unsere Probleme an zukünftige Generationen weiterzugeben?

Es wird auch ein weiterer philosophischer Zusammenhang vorgeschlagen: Eine steigende Zahl von Wissenschaftlern glaubt, daß die Menschen die Art, in der sie über die Natur denken, ändern müssen, bevor sie ihre Lebensgewohnheiten oder ihr Verhalten ändern können. Es wird dargelegt, daß die Methode der Wissenschaft darin besteht, die großen Probleme in kleinere, dann aber lösbare aufzuteilen. Die Natur wird somit als eine Art Maschine betrachtet, deren Bestandteile einzeln untersucht werden können.

Es gibt zwei Gründe, warum diese Weltsicht von einem wissenschaftlichen Standpunkt aus hinterfragt werden sollte. Zunächst ist klar geworden, daß selbst in der klassischen Physik die Nichtlinearität der Differentialgleichungen, welche z.B. das Wetter oder das Klima beschreiben, eine richtige Langzeitvoraussage in Frage stellen. Hier wird also der deterministische Aspekt der traditionellen Weltsicht in Frage gestellt. Außerdem werden jüngere Experimente, die die Gültigkeit der Quantentheorie bestätigt und das sogenannte Einstein-Podolski-Rosen-Paradoxon wiederlegt haben, zitiert, um diese Sichtweise zu bekräftigen [1]. In diesen Experimenten wurde deutlich, daß Experimente, die im Abstand von mehreren Metern voneinander durchgeführt wurden, miteinander so dicht in Beziehung stehen, daß man nur eine einzige Wellenfunktion benötigt, um dieses Vielteilchensystem zu beschreiben.

Es kann durchaus sein, daß beide Argumente auf eine eher organische Sichtweise hin abzielen, selbst in den Augen der Wissenschaftler. Es sollte berücksichtigt werden, ob neben den nötigen politischen Maßnahmen auch eine neue Sichtweise der Natur gefordert ist, um die Umwelt und letztendlich auch das menschliche Leben zu schützen.

Referenzen

[1] H. Primas, Umdenken in der Naturwissenschaft, GAIA, *Ecological Perspectives in Science, Humanities and Economics*, **1** (1992) 5-15.

2 Grundlagen der Spektroskopie

Messungen in den Umweltwissenschaften resultieren oft in einem Spektrum. In diesem Kapitel besprechen wir deshalb die im Sonnenspektrum enthaltene Energie und die Bedeutung der Ozonschicht in der oberen Atmosphäre. In Kapitel 7 werden wir ausführlicher auf die richtige Interpretation spektroskopischer Daten und die möglichen Schlußfolgerungen daraus eingehen.

2.1 Das Sonnenspektrum

Das auf der Erde eintreffende Sonnenlicht ist unentbehrlich zum Leben. Die Oberflächentemperatur der Erde stellt sich durch das Gleichgewicht zwischen eintreffender und reflektierter Sonnenenergie ein. Die Absorption des Sonnenlichtes durch photosynthetisch aktive Pigmente erzeugt einen einzigartigen Energieumwandlungsprozeß, der es Pflanzen, Algen und einer Vielzahl photosynthetisch aktiver Bakterien ermöglicht, die Sonnenenergie in Form von chemischer Energie für den späteren Gebrauch zu speichern.

Der Photosyntheseprozeß ist die physiologische Basis aller auf der Erde vorhandenen fossilen Brennstoffe und versorgt die Menschheit mit Nahrung und Schutz. Die Entwicklung einer künstlichen Photosynthese könnte einen Weg darstellen, langfristig der Energiekrise zu begegnen. Bild 2.1 zeigt das Emissionsspektrum der Sonne sowie dessen Überlappung mit Spektren verschiedener Pigmente.

Wenn das Sonnenlicht auf die Oberfläche der Erde trifft, ist es aus einer Vielzahl unterschiedlicher Frequenzen zusammengesetzt, die für den Strahler, also die Sonne, bestimmte Elemente an der Sonnenoberfläche und die Zusammensetzung der Erdatmosphäre charakteristisch sind, da das Licht ja auch sie durchläuft. Ebenso enthält Licht, das von der Erdatmosphäre oder deren Oberfläche reflektiert wird, und von einem Satellitendetektor aufgefangen wird, Informationen über deren chemische Zusammensetzung.

Es ist allgemein bekannt, daß die Gegenwart von Ozon (O_3) in der Atmosphäre die Erde vor der schädlichen UV-Strahlung schützt, indem sämtliche Strahlung mit Wellenlängen von weniger als 295 nm absorbiert wird. Ein Abbau dieser Ozonschicht wird nicht nur die Intensität von UV-Licht einer bestimmten Wellenlänge erhöhen, sondern auch die Transmission von kurzwelliger Strahlung ermöglichen. Dieses führt dazu, daß biologisch bedeutsame Moleküle wie die DNS oder Eiweiße, die bisher gut gegen Sonnenstrahlung geschützt waren, in Zukunft Schaden nehmen können.

Die Erde absorbiert aber nicht nur Licht, sondern emittiert es auch. Dieses geschieht wie bei einem schwarzen Körper bei 288 K, also im Fernen Infrarot. Die genaue Energiebilanz der Erde wird durch Emission und teilweise Absorption von infrarotem Licht dieser Wellenlänge bestimmt, und eine Veränderung in irgendeinem Bereich kann das Gleichgewicht stören. Da CO_2 einige Absorptionsbanden im infraroten Bereich aufweist, ist sein Vorhandensein in der Atmosphäre von ausschlaggebender Bedeutung zur Regulierung der Energiebilanz.

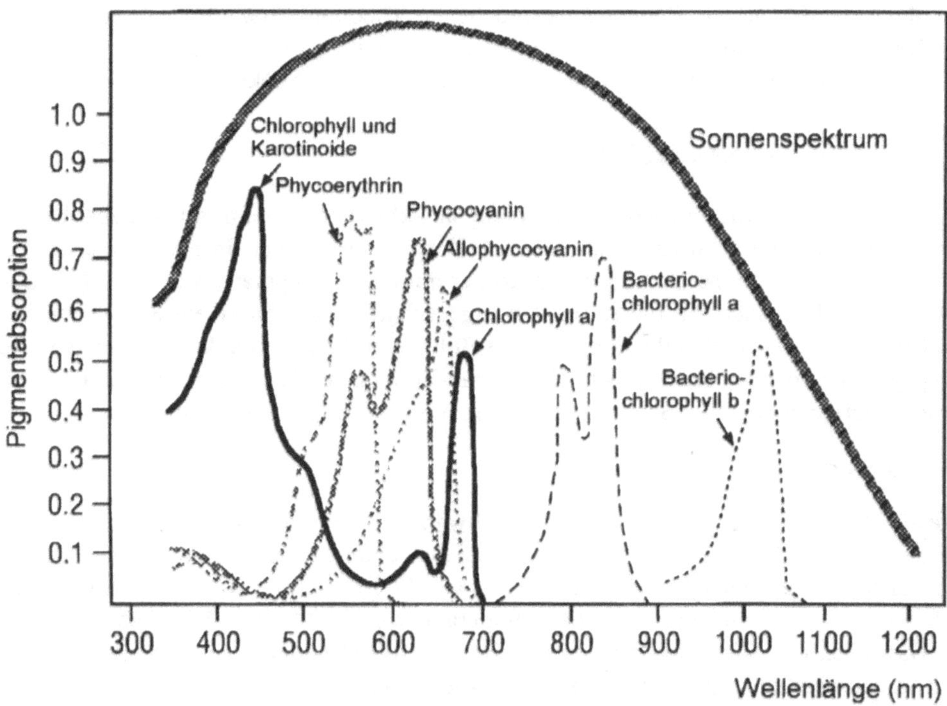

Bild 2.1 Das Spektrum des die Erdatmosphäre erreichenden Sonnenlichtes. Es überlappt sich mit den Spektren der Pigmente einer Reihe photosynthetisch aktiver Organismen. Chlorophyll *a*, das wichtigste Pigment der höheren Pflanzen, Algen und Cyanobakterien, absorbiert rotes und blaues Licht. In Verbindung mit den Karotinoiden (wie z.B. β-Karotin) erzeugt es die typische grüne Farbe von Pflanzen. Die wichtigsten photosynthetisch aktiven Organismen der Weltmeere, die Cyanobakterien, absorbieren das Sonnenlicht mit dem speziellen Protein Phycobilisom, das als Hauptkomponenten die Pigmente Phycoerythrin (± 580 nm), Phycocyanin (± 620 nm) und Allophycocyanin (± 650 nm) enthält. Das gesamte absorbierte Licht kann zur Photosynthese verwendet werden. Bacteriochlorophyll *a* und Bacteriochlorophyll *b* sind die wichtigsten Pigmente einer Klasse von photosynthetisch aktiven Bakterien, die im nahen Infrarotbereich des Spektrums absorbieren.

Alle oben erwähnten, physikalischen Phänomene stehen in enger Beziehung zum Gebiet der Atom- und Molekülspektroskopie. Warum werden gerade bestimmte Wellenlängen des Lichtes absorbiert oder emittiert? Können wir diese Absorption berechnen? Ist ein Absorptionsband schmal oder breit, und was wird hierdurch impliziert? Können wir die Veränderungen im Transmissionsspektrum der Atmosphäre als Folge der Veränderungen der O_3- oder CO_2-Konzentrationen (oder der Konzentration anderer vorhandener Gase) messen und berechnen? Wie können wir die von Satelliten oder Detektoren an der Erdoberfläche aufgenommenen Daten quantitativ analysieren? Von fundamentaler Natur sind Fragen nach der photosynthetischen Umwandlung der Sonnenenergie und das Design künstlicher, photosynthetisch aktiver Systeme.

Da die Beantwortung dieser Fragen ein genaueres Verständnis von der Wechselwirkung des Lichtes mit Materie und einige Kenntnisse in der spektroskopischen Terminologie erfordern, werden wir die nötigen Voraussetzungen schaffen. Für eine nähere quantitative Behandlung der in diesem Kapitel angesprochenen Theorien verweisen wir auf allgemeine Einführungen in die Spektroskopie [1]-[4] und auf Kapitel 7. Wir werden dieses Kapitel mit einer kurzen Diskussion zum Ozonproblem aus der Sicht der Spektroskopie beenden.

2.1.1 Schwarzkörperstrahlung

Ein Körper, der elektromagnetische Strahlung absorbiert oder emittiert und dabei bestimmte Frequenzen bevorzugt, wird als „Schwarzer Körper" bezeichnet. In einer Näherung erster Ordnung kann die Sonne als Schwarzer Körper mit einer Temperatur von 5800 K betrachtet werden. Die Intensität und die spektralen Eigenschaften des von einem Schwarzen Körper emittierten Lichtes werden durch das Stefan-Boltzmann-Gesetz und das Wiensche Verschiebungsgesetz von 1894 beschrieben. Das Stefan-Boltzmann-Gesetz gibt an, wie die gesamte innere Energiedichte eines Schwarzen Körpers mit der Temperatur verknüpft ist

$$I(T) = \sigma T^4 , \tag{2.1}$$

wobei I die pro Flächeneinheit von einem schwarzen Körper durch ein Loch in seiner Oberfläche emittierte Energiedichte ist, T die absolute Temperatur und σ die Stefan-Boltzmann-Konstante, die unabhängig vom Material $\sigma = 5{,}67 \cdot 10^{-8}$ Wm^{-2} K^{-4} ist. Somit strahlt ein Schwarzer Körper von 1 cm^2 bei einer Temperatur von 1000 K etwa 5,7 W ab.

Das Wiensche Verschiebungsgesetz zeigt, wie das Maximum der Energieverteilung der Schwarzkörperstrahlung mit der Temperatur zusammenhängt:

$$\lambda_{\max} T = \text{konst.} \tag{2.2}$$

Hierbei ist die Konstante auf der rechten Seite gleich $2{,}989 \cdot 10^{-3}$ m·K. Somit strahlt ein schwarzer Körper bei einer Temperatur von 6000 K mit einem Maximum bei 500 nm.

Zu Beginn des zwanzigsten Jahrhunderts hat Lord Rayleigh versucht, die Spektralverteilung der Schwarzkörperstrahlung mit den Methoden der klassischen Theorie zu berechnen. Sein später von Jeans verbessertes Ergebnis wird durch

$$\mathrm{d}U = \frac{8\pi \nu^2 kT}{c^3} \mathrm{d}\nu \tag{2.3}$$

gegeben, wobei dU die Energiedichte im Frequenzintervall zwischen ν und $\nu + \mathrm{d}\nu$ ist, k die Boltzmann-Konstante und c die Lichtgeschwindigkeit ist. Die Energieverteilung, die durch dieses Gesetz angegeben wird, ist allerdings nicht sehr realistisch, da sie bei hohen Frequenzen zu einer unendlichen Energiedichte führt und in völligem Gegensatz zum Wienschen Verschiebungsgesetz steht.

Max Planck löste das Problem dann in einem der historischen Beiträge der aufkommenden Quantenmechanik, indem er annahm, daß die Energie eines Oszillators des elektromagnetischen Feldes nicht kontinuierlich variiert werden kann, sondern auf ganzzahlige Vielfache der Energie $h\nu$ beschränkt ist, wobei $h\nu$ als ein Energiequant und h als Plancksche Konstante bezeichnet wird. Planck gelangte zu der folgenden Energieverteilung:

$$\mathrm{d}U = \frac{8\pi h\nu^3}{c^3}\left(\frac{\mathrm{e}^{-h\nu/kT}}{1-\mathrm{e}^{-h\nu/kT}}\right)\mathrm{d}\nu \tag{2.4}$$

Im Grenzwert $\nu \rightarrow 0$ führt Gl. (2.4) zum Rayleigh-Jeans-Gesetz, während für $\nu \rightarrow \infty$ daraus das Wiensche Strahlungsgesetz wird.

2.1.2 Das Emissionsspektrum der Sonne

In Bild 2.2 zeigen wir das Emissionsspektrum der Sonne, das sowohl außerhalb der Erdatmosphäre, als auch an der Erdoberfläche aufgenommen wurde. Zusätzlich wurde die Verteilung der Schwarzkörperstrahlung, wie sie durch Gl. (2.4) für 5900 K angegeben wird, eingezeichnet. Die gepunkteten Flächen in Bild 2.2 zeigen die Beiträge einiger Atmosphärengase zur Absorption der Sonnenstrahlung. Wir haben auch den Beitrag von O_3 für die Absorption von UV-Strahlung zwischen 200 und 300 nm angegeben, ebenso wie die starke Absorption des H_2O-Moleküls im nahen Infrarot und die starken Infrarotübergänge von CO_2.

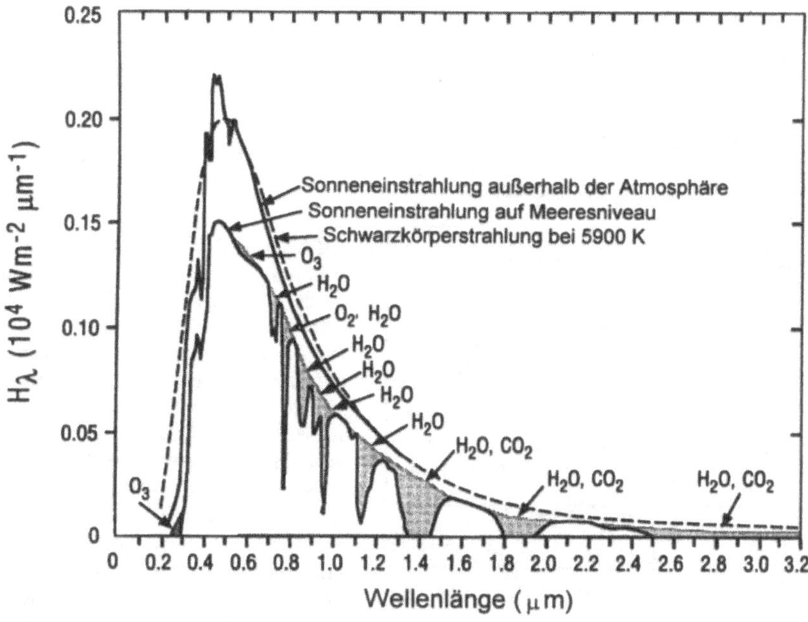

Bild 2.2 Spektralverteilung der einfallenden Sonnenstrahlung außerhalb der Atmosphäre und auf Meeresniveau. Die wichtigsten Absorptionsbanden einiger bedeutender Gase der Erdatmosphäre sind angedeutet. (Wiedergabe mit Erlaubnis des McGraw-Hill-Verlages von S. L. Valley (Hg.), *Handbook of Geophysics and Space Environments*, McGraw-Hill, New York, 1965, Fig. 16.1, S. 16.2) Die Emissionskurve eines Schwarzen Körpers bei 5900 K ist zum Vergleich eingetragen.

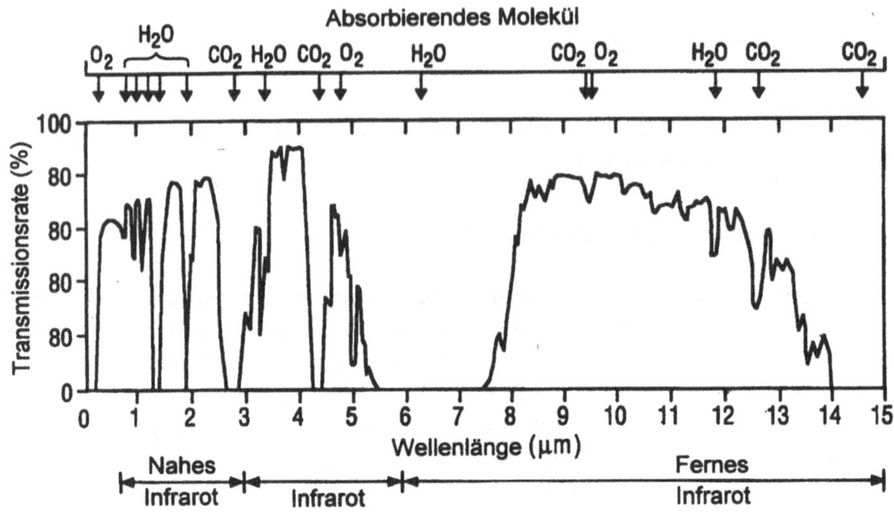

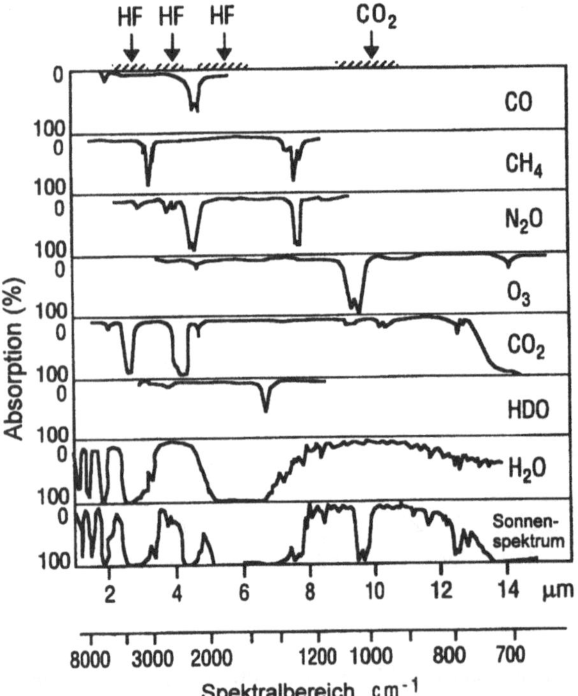

Bild 2.3 Die Absorptionseigenschaften der Erdatmosphäre und einige der wichtigsten Beiträge dazu im infraroten Bereich des Spektrums. (a) Waagerecht in einer Distanz von 1,8 km auf Meeresniveau aufgenommenes Absortionsspektrum. (Aus: R. M. Measures, *Laser Remote Sensing*, Wiley-Interscience, New York 1984, Fig. 4.6, S. 140) (b) Senkrechtes Absorptionsspektrum der Erdatmosphäre (unten) und Absorptionen einzelner Bestandteile. (Aus: M. Vergez-Delonde, *Absorption des radiations infra-rouges par les gas atmosphériques*, J. Physique, **25** (1964) 773)

Bild 2.3 zeigt die Absorptionskurve der Atmosphäre, wie sie über eine waagerechte Distanz von 1,8 Kilometern in Meereshöhe aufgenommen wurde, was äquivalent zur vertikalen Höhe der Atmosphäre ist (man findet hier die gleiche optische Dichte, wie sie in Gl. (2.29) noch eingeführt wird). Beachtenswert sind vor allem die zahlreichen starken Absorptionsbanden von H_2O und O_2, die bis ins Ferne Infrarot und bis zum völligen Abfall der IR-Strahlung durch CO_2 bei $\lambda > 12$ µm hineinreichen. Dieser Aspekt wird noch durch die Spektren einiger Atmosphärengase verstärkt, wie sie in Bild 2.3b dargestellt sind.

Diese Spektren zeigen deutlich, daß die spektrale Verteilung und Intensität des die Erde erreichenden Sonnenlichtes sehr stark von Absorption und Lichtstreuung der Atmosphäre abhängig sind. Ebenso ist der Anteil des in einem bestimmten Frequenzbereich von der Erdoberfläche absorbierten Lichts durch die Verteilung und die spektralen Eigenschaften der Pigmente der Vegetation sowie die Streueigenschaften der Oberfläche bestimmt.

Um ein grundlegendes Verständnis dieser Phänomene zu erhalten, werden wir mit der Diskussion der Wechselwirkungen von Licht und Materie fortfahren, und die spektralen Eigenschaften von Atomen und Molekülen in Kapitel 2.2 näher betrachten.

2.2 Wechselwirkungen von Licht und Materie

Wenn Licht auf eine aus mehreren Atomen und/oder Molekülen bestehende Oberfläche auftrifft, kann eine Vielzahl von Prozessen auftreten. Zunächst kann aufgrund der Wechselwirkung zwischen elektromagnetischer Strahlung und Materie Energie absorbiert oder freigesetzt werden. Wir werden auch die Gleichungen herleiten, die den Prozeß beschreiben, der uns zu den bekannten Einstein-Koeffizienten führt und danach die optische Dichte in Verbindung mit dem Lambert-Beerschen Gesetz einführen. Zum Schluß werden wir diese Ideen auf die Ozonschicht in der Atmosphäre anwenden.

2.2.1 Das Übergangsdipolmoment

Man betrachte hierzu ein System von Atomen oder Molekülen mit diskreten Energieniveaus E_k und einer Wellenfunktion Ψ_k^0, die die Lösung der ungestörten, zeitunabhängigen Schrödinger-Gleichung im System

$$H_0 \Psi_k^0 = E_k \Psi_k^0 \tag{2.5}$$

darstellt. H_0 ist der das System beschreibende Hamilton-Operator. Wenn man Licht der Frequenz ω einschaltet, wird eine Störung $H_1(t)$ verursacht, die die Eigenfunktionen von Ψ_k^0 mischt. Nach einer Zeit t wird das System sich dann im Zustand $\Psi(t)$ befinden, der eine Lösung der zeitabhängigen Schrödinger-Gleichung darstellt,

$$i\hbar \frac{\partial \Psi}{\partial t} = (H_0 + H_1(t))\Psi(t) \; . \tag{2.6}$$

Mit einem vollständigen Satz von Eigenfunktionen Ψ_k^0 kann die zeitabhängige Wellenfunktion $\Psi(t)$ geschrieben werden als

$$\Psi(t) = \sum_k c_k(t) \Psi_k^0 e^{-iE_k t/\hbar} \; . \tag{2.7}$$

Wenn man dieses in Gl. (2.6) einsetzt, erhält man ein System von Gleichungen für die Zeitableitungen der Koeffizienten $c_k(t)$, das mit $\omega_{kn} = (E_k - E_n)/\hbar$ gegeben ist durch

$$\frac{\mathrm{d}c_k(t)}{\mathrm{d}t} = -\frac{i}{\hbar}\sum_n c_n(t)\mathrm{e}^{i\omega_{kn}t}\left\langle \Psi_k^0 \middle| H_1 \middle| \Psi_n^0 \right\rangle . \tag{2.8}$$

Wenn man Ψ_k^0 als Grundzustand verwendet, erhält man zur Zeit $t = 0$ $c_1(0) = 1$ und $c_k(0) = 0$ $(\forall k \neq 1)$. Dies erlaubt es uns, Gl. (2.8) über eine ausreichend kurze Zeitspanne zu integrieren, so daß $c_k(t) \approx 0$ $(\forall k \neq 1)$ und $c_1(t) \approx 1$, woraus folgt, daß gilt

$$c_k(t) = -\frac{i}{\hbar}\int_0^t \mathrm{e}^{i\omega_{k1}t'} \langle k|H_1|1\rangle \mathrm{d}t' . \tag{2.9}$$

Die Wahrscheinlichkeit, ein atomares oder molekulares System im Zustand k vorzufinden, das heißt, daß dieses ein Quantum $\hbar\omega_{k1}$ des Lichtstrahls aufgefangen hat, ist durch $|c_k(t)|^2$ gegeben. Gleichung (2.9) zeigt, daß $|c_k(t)|^2$ direkt mit $|\langle k|H_1|1\rangle|^2$ zusammenhängt. Um einen brauchbaren Ausdruck für die Übergangswahrscheinlichkeit zu finden, müssen wir herausfinden, wie $H_1(t)$ aussieht.

Eine elektromagnetische Welle wird durch gleichphasige, senkrecht zueinander stehende elektrische ($\boldsymbol{E}(t)$) und magnetische Felder ($\boldsymbol{B}(t)$) beschrieben, die, unter der Voraussetzung, daß $u = (\varepsilon\mu)^{-1/2}$ ist, beide einer skalaren Wellengleichung gehorchen. Für einen Strahl linear polarisierten Lichtes wird das elektrische Feld durch $\boldsymbol{E}(t) = \boldsymbol{E}_0 \cos\omega t$ gegeben, wobei wir davon ausgehen, daß unser atomares oder molekulares System sich im Ursprung des Koordinatensystems befindet, und daß die atomaren oder molekularen Größenordnungen viel kleiner als die Wellenlängen λ sind. Die Reaktion des Atoms/Moleküls wird durch die Wechselwirkungen des elektrischen Feldes mit der elektronischen Ladungsverteilung bestimmt. Für elektrisch neutrale Moleküle/Atome ist der bestimmende Ausdruck der elektrische Dipol, und daher gilt

$$H_1(t) = -\boldsymbol{\mu}\cdot\boldsymbol{E}(t), \tag{2.10}$$

wobei der elektrische Dipoloperator $\boldsymbol{\mu} = \sum_i q_i \boldsymbol{r}_i$ der Summe über alle elektronischen Ladungen q_i am Ort $\boldsymbol{r}_i$ entspricht.

Wir setzen nun Gl. (2.10) in Gl. (2.9) ein und führen die dort enthaltenen Integration aus. Für die Wahrscheinlichkeit $P_k(t) = |c_k(t)|^2$, daß das System zur Zeit t im Zustand k ist, erhalten wir somit

$$P_k(t) = \frac{1}{\hbar^2}|\langle k|\mu|1\rangle|^2 \frac{|\boldsymbol{E}_0|^2 \cos^2\theta \sin^2 \frac{1}{2}(\omega_{k1} - \omega)t}{(\omega_{k1} - \omega)^2}, \tag{2.11}$$

wobei angenommen wurde, daß die Frequenz des Lichtes in der Nähe der Resonanzfrequenz des Überganges $1 \rightarrow k$ liegt, und daß θ der Winkel zwischen den Vektoren $\boldsymbol{\mu}$ und $\boldsymbol{E}_0$ ist.

In Gleichung (2.11) sehen wir, daß die Größe

$$|\mu_{k1}|^2 = |\langle k|\mu|1\rangle|^2 \tag{2.12}$$

gerade die Wahrscheinlichkeit $P_k(t)$ beschreibt: je größer $|\mu_{k1}|^2$ desto größer ist auch $P_k(t)$ und desto stärker ist der Übergang $1 \rightarrow k$ im Spektrum. Die Größe μ_{k1} wird auch als *Übergangsdipolmoment* bezeichnet. Man beachte, daß das Verhältnis der Absorption des Lichts im Übergang $1 \rightarrow k$ auch von der Orientierung des Vektors μ_{k1} gegenüber dem elektrischen Feldvektor $\boldsymbol{E}_0$ durch den Ausdruck $\cos^2\theta$ abhängt. Für isotrope Lösungen oder Gase müssen wir über alle möglichen Orientierungen von μ_{k1} gegenüber $\boldsymbol{E}_0$ mitteln. In einem geordneten System führt Gl. (2.11) zu Polarisationseffekten.

Die Übergangswahrscheinlichkeit $P_k(t)$ läßt uns so, wie sie in Gl. (2.11) ausgedrückt ist, eine starke Frequenzabhängigkeit feststellen, die wiederum von der Zeit abhängt. Rein intuitiv würden wir die Absorption von Lichtenergie mit einer „Rate" verbinden, weshalb wir eine genauere Untersuchung von Gl. (2.11) unternehmen wollen. Es ist nicht schwer zu zeigen, daß die Funktion $P_k(t)$ mit fortschreitender Zeit um den Punkt $\omega = \omega_{k1}$ herum ein starkes Maximum ausbildet. Wenn man ferner berücksichtigt, daß in einem normalen spektroskopischen Experiment das eintreffende Licht alles andere als monochromatisch ist, erscheint es mehr als gerechtfertigt, daß Gleichung (2.11) über eine Reihe von Frequenzen gemittelt wird. Dieses führt direkt zur Besetzungsdichte des Niveaus k mit

$$\frac{\mathrm{d}P_k}{\mathrm{d}t} = \frac{\pi}{3\varepsilon_0\hbar}|\mu_{k1}|^2 W(\omega) \equiv B_{k1}W(\omega)\,. \tag{2.13}$$

wobei $W(\omega)$ die (über die Zeit gemittelten) Energiedichte des einfallenden elektromagnetischen Feldes mit der Frequenz ω ist. Beachten Sie, daß wir Gl. (2.11) über alle möglichen Orientierungen von $\boldsymbol{E}_0$ zu μ_{k1} gemittelt haben.

Die Größe $B_{k1} = \pi|\mu_{k1}|^2 / 3\varepsilon_0\hbar^2$ wird als Einstein-Koeffizient für Absorption und stimulierte Emission bezeichnet und steht mit dem in einem Absorptionexperiment gemessenen Extinktionskoeffizienten in direktem Zusammenhang.

2.2.2 Die Einstein-Koeffizienten

In diesem Kapitel werden wir eine einfache Beziehung zwischen den Raten für Absorption, stimulierter und spontaner Emission in einem atomaren/molekularen System herleiten, wie es schematisch in Bild 2.4 dargestellt ist. Es sind dort zwei Energieniveaus E_1 und E_2 zusammen mit den Besetzungszahlen N_1 und N_2 der Atome/Moleküle dargestellt, sowie drei mögliche Strahlungsübergänge, die die Niveaus 1 und 2 verbinden. Absorption und stimulierte Emission treten nur bei eingeschaltetem Licht auf, und ihre Raten werden durch $B_{12}\ W(\omega)$ und $B_{21}W(\omega)$ zusammengefaßt, wobei B_{12} der Einstein-Koeffizient für Absorption und B_{21} derjenige für stimulierte Emission ist. Wir definieren A_{21} als den Einstein-Koeffizienten für die spontane Emission beim „dunklen" Übergang von Niveau 1 nach 2.

Für die Besetzungszahl im Niveau 1 haben wir

$$\frac{\mathrm{d}N_1}{\mathrm{d}t} = -B_{12}WN_1 + B_{21}WN_2 + A_{21}N_2 \ , \tag{2.14}$$

wobei für ein Gleichgewicht, also $\mathrm{d}N_1/\mathrm{d}t = 0$, sofort folgt, daß folgende Gleichung gilt

$$W(\omega) = \frac{A_{21}}{B_{12}(\frac{N_1}{N_2}) - B_{21}} \ . \tag{2.15}$$

Wenn man jetzt annimmt, daß es kein äußeres Strahlungsfeld gibt und das System sich im thermischen Gleichgewicht mit der Temperatur T befindet, dann folgt das Verhältnis N_1/N_2 aus der Boltzmann-Gleichung:

$$\frac{N_1}{N_2} = \mathrm{e}^{\hbar\omega/kT} \ . \tag{2.16}$$

Unter dieser Voraussetzung und mit Gl. (2.16) wird bei Mittelung über die Polarisation die Frequenzverteilung der Energiedichte durch das Plancksche Strahlungsgesetz gegeben (2.4):

$$W(\omega) = \frac{\hbar\omega}{\pi^2 c^3} \frac{1}{\mathrm{e}^{\hbar\omega/kT} - 1} \ . \tag{2.17}$$

Da Gl. (2.17) und Gl. (2.13) identisch sein müssen, folgt mit (2.16)

$$B_{12} = B_{21} \ , \tag{2.18}$$

$$\frac{A_{21}}{B_{21}} = \frac{\hbar\omega}{\pi^2 c^3} \ . \tag{2.19}$$

Aus Gl. (2.13) können wir dann B_{12} herleiten, und erhalten

$$A_{21} = \frac{\omega^3}{3\pi^2 c^3 \varepsilon_0} |\mu_{21}|^2 \ . \tag{2.20}$$

Die Bedeutung dieses Ergebnisses besteht darin, daß die gleiche Größe $|\mu_{kl}|^2$ die Raten für alle Strahlungsprozesse festlegt, und daß deshalb für alle dieselben Auswahlregeln gelten.

2.2.3 Das Lambert-Beersche Gesetz

Die mikroskopischen Größen μ_{12}, B_{12}, B_{21} und A_{21} sind mit dem makroskopischen Phänomen der Absorption über das Lambert-Beersche Gesetz verknüpft. Wenn ein Lichtstrahl eine Materialprobe passiert, wird er normalerweise absorbiert und nur manchmal verstärkt (Laser). Die Absorption überwiegt, wenn die meisten der Atome/Moleküle sich im Grundzustand befanden ($N_1 >> N_2$) und die Intensität des Lichtstrahls gering ist. In diesem Fall ist die Übergangsrate zwischen den Zuständen 1 und 2 gegeben durch

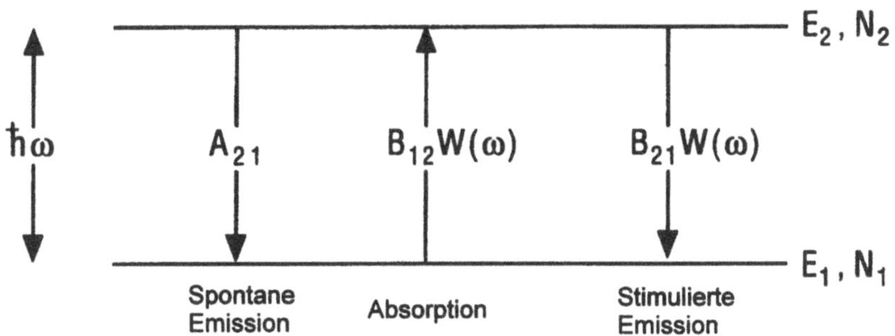

Bild 2.4 Die drei grundlegenden Strahlungsprozesse. Angegeben sind die Einstein-Koeffizienten und Übergangswahrscheinlichkeiten für zwei Niveaus mit den Energien E_1 und E_2 sowie den zugehörigen Besetzungszahlen N_1 und N_2.

$$\frac{\mathrm{d}N}{\mathrm{d}t} = -B_{12}N_1W(\omega) + A_{21}N_2 . \tag{2.21}$$

Im Gleichgewicht ist $\mathrm{d}N/\mathrm{d}t = 0$ und $A_{21}N_2 = B_{12}N_1W$ gibt genau die Rate der aus dem einfallenden Lichtstrahl entfernten Energie an. Wenn man annimmt, daß sich der Lichtstrahl in z-Richtung ausbreitet, dann ist W eine Funktion von z, da der Lichtstrahl abgeschwächt wird. Betrachtet man nun eine dünne Schicht $\mathrm{d}z$ mit einer Oberfläche a (Bild 2.5), dann ist die in dieser Schicht enthaltene Energie des Frequenzintervalls zwischen ω und $\omega + \mathrm{d}\omega$ durch $W \,\mathrm{d}\omega\, a\, \mathrm{d}z$ gegeben. Hieraus folgt, daß im Energiegleichgewicht der Energieabfall im Lichtstrahl gleich dem durch die Absorption verursachten Energieverlust ist. Man erhält also

$$-\frac{\partial W}{\partial t}\mathrm{d}\omega\, a\, \mathrm{d}z = N_1B_{12}W(\omega)\hbar\omega\frac{a\,\mathrm{d}z}{V}F(\omega)\,\mathrm{d}\omega , \tag{2.22}$$

wobei $a\,\mathrm{d}z/V$ den Anteil der in der Schicht $a\,\mathrm{d}z$ des Volumens V enthaltenen Atome/Moleküle bezeichnet. Außerdem wurde angenommen, daß nicht alle Atome genau bei der Frequenz ω_{kl} absorbieren, sondern daß vielmehr eine gewisse statistische Verteilung bezüglich der Absorption von Molekülen/Atomen besteht. Um dies zu berücksichtigen führen wir $F(\omega)\,\mathrm{d}\omega$ als den Anteil der im Frequenzintervall zwischen ω und $\omega + \mathrm{d}\omega$ vorkommden Übergänge ein, wobei gilt:

$$\int F(\omega)\mathrm{d}\omega = 1 . \tag{2.23}$$

Wenn man dann Gl. (2.22) umformt, folgt

$$\frac{\partial W}{\partial t} = -N_1F(\omega)BW\frac{\hbar\omega}{V} . \tag{2.24}$$

Um das Lambert-Beersche Gesetz zu erhalten, schreiben wir Gl. (2.24) mit Hilfe der in der Schicht $a\,\mathrm{d}z$ beim Lichtdurchtritt entstehende Änderung der Intensität I in W m^{-2} um. Eine genauere Untersuchung von Bild 2.5 zeigt, daß die Differenz der in die Probe pro Zeiteinheit

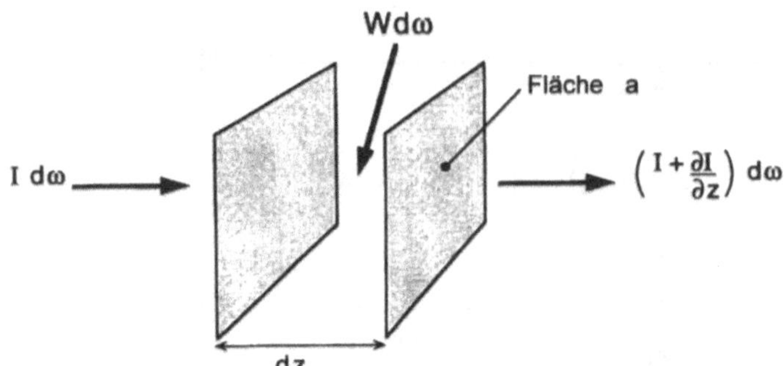

Bild 2.5 Senkrechter Durchgang eines Lichtstrahls durch eine dünne Probe

ein- und austretenden Energie genau gleich dem Energieverlust des Lichtstrahls ist, und wir erhalten $-\partial W / \partial t = -\partial I / \partial z$ und außerdem $W = I / cn$ mit der Lichtgeschwindigkeit c und dem Brechungsindex n. Setzt man dies in Gl. (2.24) ein, so erhält man den gewünschten Ausdruck:

$$\frac{\partial I}{\partial z} = -\frac{B_{12} N_1 \hbar \omega F(\omega)}{Vnc} I \,. \tag{2.25}$$

Die Lösung dieser Gleichung läßt sich leicht bestimmen und gibt uns das Lambert-Beersche Gesetz:

$$I(z) = I(0)\mathrm{e}^{-Kz} \tag{2.26}$$

mit dem Absorptionkoeffizienten

$$K = \frac{N_1 B_{12} \hbar \omega F(\omega)}{Vcn} \,. \tag{2.27}$$

Da wir B_{12} aus Gl. (2.13) durch eine Integration über ein Frequenzband berechnet hatten, und $F(\omega)$ normiert ist, kann Gl. (2.27) integriert werden und es folgt

$$B_{12} = \frac{Vcn}{N\hbar} \int_{Band} \frac{K}{\omega} \mathrm{d}\omega \,. \tag{2.28}$$

Somit kann man durch eine einfache Integration des meßbaren (!) Absorptionskoeffizienten K über die Absorptionslinie den Einstein-Koeffizient für die Absorption (und ebenso auch die beiden anderen Einstein-Koeffizienten) erhalten. Da wir außerdem mit Gl. (2.13) eine Beziehung zwischen B_{12} und $|\mu_{k1}|^2$ haben, kann die Größe $|\mu_{k1}|^2$ direkt berechenet werden.

Üblicherweise wird für die Abhängigkeit der Intensität I von der passierten Weglänge l anstatt dem Ausdruck in Gl. (2.26) der folgende verwendet:

$$I(l) = I(0) \cdot 10^{-OD} \,, \tag{2.29}$$

wobei OD durch

$$OD = \varepsilon l C \tag{2.30}$$

mit dem molaren Extinktionskoeffizienten ε (üblicherweise in dm^3 mol^{-1} cm^{-1}) der Weglänge l (in cm), und der Konzentration C der Probe (in mol·dm^3) gegeben ist. In einem Blatt hat zum Beispiel das Chlorophyll *a* ein Absorptionsmaximum bei 680 nm und einen Absorptionskoeffizienten von 10^5 dm^3 mol^{-1} cm^{-1}. Bei einer Dichte des Chlorophylls von 10^{-3} mol·dm^{-3} sowie der im Blatt zu durchlaufenden Weglänge von 0,02 cm, gilt für ein einzelnes Blatt bei 680 nm daher $OD = 10^5 \cdot 10^{-3} \cdot 2 \cdot 10^{-2} = 2$. Die Intensität des Lichtstrahls bei einer Wellenlänge von 680 nm wird beim Durchlaufen eines Blattes also um einen Faktor 100 gemindert. Unterhalb des Blattwerks eines Baumes kann daher kein rotes Licht mehr gefunden werden.

Es ist nicht schwierig, die Gln. (2.29) und (2.30) mit den Ausdrücken für K und B_{12} in Verbindung zu setzen und für $|\mu_{kl}|^2$ schließlich:

$$|\mu_{kl}|^2 = 1{,}01 \cdot 10^{-61} \int_{\text{Band}} \frac{\varepsilon}{\omega} \mathrm{d}\omega \tag{2.31}$$

zu erhalten, wobei $|\mu_{kl}|^2$ in (C m)^2 erhalten wird, und alle anderen Konstanten durch ihre Zahlenwerte ersetzt wurden.

Kehrt man zu Gln. (2.29) und (2.30) zurück, so kann man den Extinktionskoeffizienten ε mit dem Absorptionsquerschnitt σ eines einzelnen Moleküls in Beziehung setzen, der durch

$$\sigma = \pi r^2 P \tag{2.32}$$

gegeben wird. Hierbei entspricht r dem Molekülradius und P der Wahrscheinlichkeit, daß ein Photon beim Passieren der Oberflächer πr^2 absorbiert wird. Es ist dann

$$\varepsilon = \frac{\sigma N_{\mathrm{A}}}{2{,}303} = \frac{\pi r^2 P N_{\mathrm{A}}}{2{,}303} \tag{2.33}$$

mit der Avogadro-Konstante N_{A}. Diese Gleichung kann man herleiten, indem man die Methode aus Bild 4.39 auf die Gleichungen (4.240) und (4.241) anwendet.

2.3 Biomoleküle, Ozon und UV-Strahlung

In diesem Abschnitt werden wir kurz die Absorption von UV-Licht durch biologische Moleküle wie Proteine und Kernsäuren besprechen. Da sowohl die Menge, als auch die spektrale Zusammensetzung des auf der Erde eintreffenden UV-Lichtes gänzlich von dem in der Atmosphäre vorhandenen Ozon abhängt, werden wir die Prozesse, die zum Auf- und Abbau der Ozonschicht führen, zusammenfassen und zeigen, daß schon kleine Schwankungen der Ozonkonzentration zu dramatischen biologischen Effekten führen können. Diese Effekte stehen in engem Zusammenhang mit den nichtlinearen Eigenschaften des Lambert-Beerschen Gesetzes.

2.3.1 Die Spektroskopie von Biomolekülen

Bild 2.6 zeigt das Emissionsspektrum der Sonne an der Erdoberfläche unterhalb von 340 nm in Verbindung mit dem Absorptionsspektrum zweier wichtiger Biomoleküle: der DNS, dem Träger des genetischen Codes, und dem α-Kristallin, dem wichtigsten Eiweiß der Augenlinse von Säugetieren. Die Absorption von Licht durch diese biologischen Moleküle ist für 320 nm < λ < 400 nm, also dem nahen UV- oder auch UV-A-Bereich im wesentlichen gleich Null. Im Fernen UV- oder UV-C-Bereich zwischen 200 und 290 nm ist die Absorption sehr hoch, und nur im Bereich 290 < λ < 320 nm, also dem mittleren UV- oder UV-B-Bereich findet ein Überlappen mit dem Sonnenspektrum statt.

Die DNS-Absorption erfolgt durch die aromatischen Basen Guanin, Thymin, Cytosin und Adenin und hat ein Maximum bei etwa 260 nm mit einer maximalen Extinktion von $\varepsilon = 10^4 \mathrm{dm}^3 \mathrm{mol}^{-1} \mathrm{cm}^{-1}$ (in Molen der Base ausgedrückt). Die elektronischen Übergänge, die zu der Absorption im Bereich zwischen 220 und 290 nm beitragen, sind vorrangig in der Ebene der DNS-Basen orientiert.

Die Absorption durch Proteine im Wellenlängenbereich von 250 bis 300 nm erfolgt hauptsächlich an den aromatischen Aminosäuren Tryptophan und Tyrosin und erreicht ein Maximum bei 280 nm. Bei einem Molekül mit n_{TRP} Tryptophan-Seitenketten und n_{TYR} Tyrosin-Resten wird die Extinktion bei 280 nm durch

$$\varepsilon_{280} = n_{\mathrm{TRP}} 5600 + n_{\mathrm{TYR}} 1100 \qquad \mathrm{dm}^3 \mathrm{mol}^{-1} \mathrm{cm}^{-1} \tag{2.34}$$

gegeben. Bei etwa 190 nm ist der Einfluß der Peptidbindung von weitaus größerer Bedeutung, aber unter normalen UV-Bedingungen trägt die Peptidbindung nicht zur Absorption von Licht des fernen UV bei. Für eine typische biologische Zelle liegt die Gesamtabsorption solaren UV-Lichtes durch Proteine bei etwa 10 % des von Kernsäuren absorbierten UV-Lichtes.

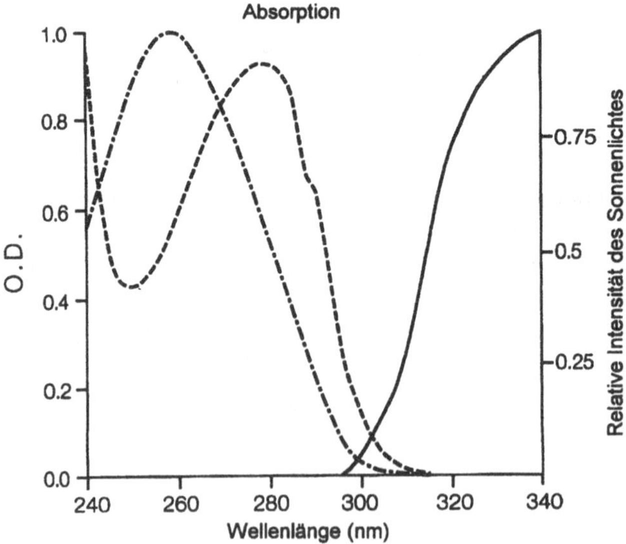

Bild 2.6 Absorptionsspektrum der DNS (-·-·-·) und des α-Kristallin (- - -) im Bereich zwischen 240–340 nm. Die durchgezogene Linie (—) stellt die Sonnenemission im gleichen Bereich auf 340 nm normiert dar.

Proteine haben oft Cofaktoren, die spezielle Aufgaben eines jeweiligen Proteins erfüllen. Zum Beispiel ist im Hämoglobin die Häm-Gruppe, eine Porphyringruppe, in einen Häm-Proteinkomplex eingebunden, der zur Sauerstoffbindung dient. In solchen Fällen dehnt sich die Absorption in den nahen UV-Bereich, in den sichtbaren und manchmal in den Nahen IR-Bereich des Spektrums aus. Obwohl in manchen Fällen die Absorption von Licht dieses Wellenlängenbereiches von größter Bedeutung für die biologische Funktion ist (Photosynthese, Sehen), wollen wir diese an dieser Stelle nicht näher besprechen.

2.3.2 UV-Strahlung und Leben

Die Einwirkung von UV-Strahlung auf biologisches Material kann zu ernsthaften Schädigungen des Erbmaterials (Mutagenese) oder gar zu dessen Absterben führen. In komplexen vielzelligen Organismen kann das UV-Licht der Sonne zur Beschädigung wichtiger Bestandteile und beim Menschen zum Beispiel zu Hautkrebs führen. Wie das Überlappen des Sonnenspektrums an der Erdoberfläche mit den Absorptionsspektren von DNA oder Proteinen in Bild 2.7 zeigt, hat der mittlere UV-Bereich die größte Bedeutung bei diesen Prozessen.

Es ist gut belegt, daß gerade bestimmte Chromophoren der DNS das Hauptziel bei den Vorgängen einer Schädigung durch Lichteinstrahlung sind. Bild 2.7 zeigt das Aktionsspektrum, das die Beschädigung darstellt, die durch eine Strahlungseinheit bestimmter Wellenlänge bei der Erzeugung von Erythema (Sonnenbrand) in menschlicher Haut verursacht wird. Außerdem ist auch der Schwanz des Sonnenspektrums im UV-Bereich dargestellt. Anzumerken ist aber auch, daß die Produktionseffizienz für Erythema im Bereich zwischen 350 und 280 nm um vier bis fünf Größenordnungen ansteigt, also genau dort, wo das UV-Spektrum zusammenbricht. Das Aktionsspektrum muß also im wesentlichen auf die direkte Absorption von UV-Licht durch die DNS zurückgeführt werden, und obwohl das Aktionsspektrum im Bereich von $\lambda > 320$ nm höher als die Absorption durch DNS zu liegen scheint, was auf weitere Absorber hindeutet, ist das Hauptziel der Strahlung wahrscheinlich immer noch die DNS. Auch Studien an Zellkulturen, bei denen das Überleben von Zellen bei Zell-Mutagenese gemessen wurde, zeigen, daß die Chromophoren der DNS die hauptsächlich betroffenen Moleküle sind. Ihr wichtigstes Produkt durch Lichteinstrahlung ist der Pyrimidin-Dimer, eine kovalente Struktur mit zwei Thymin-Molekülen oder einem Cytosin-Thymin-Paar. Sein Vorkommen in der DNS hat entscheidende destruktive Einflüsse auf das Lesen und die Transkription des genetischen Codes.

Die Beschädigung D, die einem biologischen System durch Einwirkung solarer UV-Strahlung zugefügt werden kann, kann mittels des Aktionsspektrums $E(\lambda)$ berechnet werden:

$$D = \int_0^\infty E(\lambda) I(\lambda) \mathrm{d}\lambda\,, \tag{2.35}$$

wobei $I(\lambda)$ die einfallende Intensität ist. Da $E(\lambda)$ eine stark abfallende und $I(\lambda)$ eine stark ansteigende Funktion ist, können selbst kleine Veränderungen in $I(\lambda)$ große Veränderungen in D bewirken.

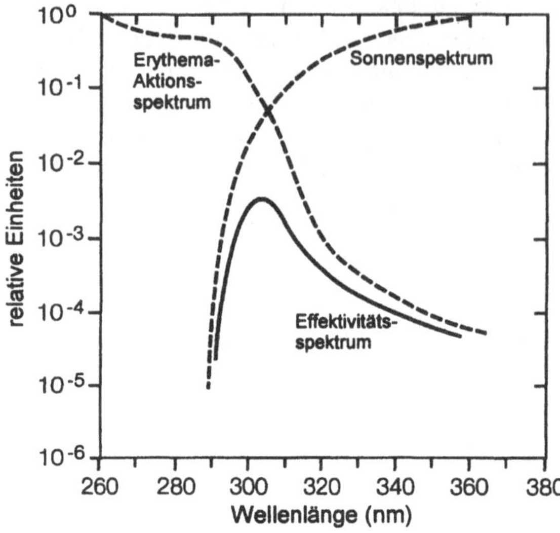

Bild 2.7 Entstehen von Erythema (Sonnenbrand) – Aktionsspektrum, Sonnenspektrum und dem resultierenden „Effektivitätsspektrum" (das sich wie in Gl. (2.35) als das Produkt $E(\lambda)/(\lambda)$ schreiben läßt). Beachten Sie die logarithmische Auftragung der Ordinate (Aus: J.A. Parrish, R.R. Anderson, F. Urbach und. D. Pitts, *UV-A: Biological Effects of Ultraviolet Radiation with Emphasis on Human Responses to longwave Ultraviolet*, Plenum Press, New York, 1978, Fig. 8.4, S. 119)

2.3.3 Der Ozonfilter

Das Ozon (O_3) bildet in der Stratosphäre eine Schicht, deren maximale Konzentration in einer Höhe von 20 und 26 km über der Erdoberfläche zu finden ist (siehe auch Bild 3.7). Das atmosphärische Ozon absorbiert nahezu die gesamte UV-Strahlung unterhalb von 295 nm, da es einen starken optischen Übergang bei 255 nm gibt, der bis in den mittleren UV-Bereich hineinragt. Bild 2.8 zeigt das Spektrum des Ozons zwischen 240 und 300 nm. Beim Maximum (255 nm) beträgt der Absorptionsquerschnitt 10^{-17} cm^2, der Halbwert wird bei 275 nm erreicht und bei 290 nm liegt der Absorptionsquerschnitt nur noch bei 10 % des Maximalwertes. Daß das Ozon tatsächlich eine sehr dünne Schutzschicht bildet, kann am besten durch die Tatsache verdeutlicht werden, daß das gesamte Ozon unter Standardbedingungen nur einer Schicht von 0,3 cm Dicke entspräche.

Ozon wird in der oberen Schicht kontinuierlich gebildet, indem atmosphärischer (O_2) und atomarer Sauerstoff (O) miteinander reagieren. Letzterer entsteht durch die Photodissoziation von O_2 in einer Höhe von 100 km durch Licht kürzerer Wellenlänge als 175 nm. Das Sonnenlicht regt den elektronischen Übergang zwischen dem Triplett-Grundzustand des Sauerstoffs ($^3\Sigma_u^-$) und dem angeregten Zustand ($^3\Sigma_g^-$) an. Einmal angeregt, kann das O_2-Molekül in zwei Sauerstoffatome dissoziieren: eines im Grundzustand (^{3}P) und eines im angeregten Zustand (^{1}D), wobei letzterer etwa 2 eV über dem Grundzustand liegt. Als Konsequenz wird das unterhalb von 175 nm liegende Sonnenlicht oberhalb der Stratosphäre total ausgelöscht. Eine viel schwächere O_2-Absorption findet im Bereich $\lambda < 240$ nm statt. Dieser beinhaltet den Übergang ins sogenannte Herzberg-Kontinuum ($^3\Sigma_u^- \leftarrow {}^3\Sigma_g^-$; maximaler Wirkungsquerschnitt von etwa 10^{-23} cm^2), die zu einer Dissoziation in zwei Sauerstoffatome im Grundzustand (^{3}P) führt.

Einmal entstanden, bindet sich der atomare Sauerstoff an O_2 und bildet O_3. Die Effizienz der O_3-Bildung durch UV-Strahlung hängt von einer großen Zahl von Faktoren ab, unter denen sich die Verfügbarkeit von O_2 ebenso wie Änderungen der Atmosphärentemperatur und -chemie oder der Staub von Vulkanausbrüchen finden.

Das meiste Ozon wird oberhalb des Äquators gebildet, da hier die Menge des einstrahlenden UV-Lichts am größten ist. Das in diesen Breitengraden gebildete Ozon bewegt sich dann zu den Polen, wo es sich sammelt. Die effektive Dicke der Ozonschicht kann im Winter weniger als 0,3 cm am Äquator und mehr als 0,4 cm über den Polen betragen. Die Ozonkonzentration unterliegt täglichen und saisonalen Schwankungen und tendiert zu einem Maximum im späten Winter oder frühen Frühling.

Ozon wird kontinuierlich in der Stratosphäre gebildet und wieder abgebaut, und nur ein sehr kleiner kleiner Anteil davon entweicht in die Troposphäre. Es gibt im wesentlichen zwei Arten des Ozonabbaus und der Neubildung:

$$O + O_3 \rightarrow 2O_2 \tag{2.36}$$

$$O_3 + O_3 \rightarrow 3O_2 \tag{2.37}$$

Dieses sind die Nettogleichungen einer komplexen Serie durch verschiedene Gase oder Radikale katalysierter Reaktionen. Wir wollen hier nur atomares Chlor Cl, Stickoxid NO und das Hydroxyl-Radikal erwähnen; der Reaktionsweg ist in Bild 2.9 dargestellt. Man beachte, daß diese Skizze im wesentlichen der Nettoreaktion von Gl. (2.36) entspricht.

Wie entstehen diese freien Radikale NO, Cl und OH? Das Hydroxylradikal ist ein Produkt aus der Spaltung des Wasserdampfes H_2O, der zum Beispiel in den Abgasen von Überschallflugzeugen entsteht. Auch wenn das Cl-Radikal aus bei Vulkanausbrüchen freigewordenem HCl entstehen kann, wird die Zufuhr von Cl in die Stratosphäre hauptsächlich durch

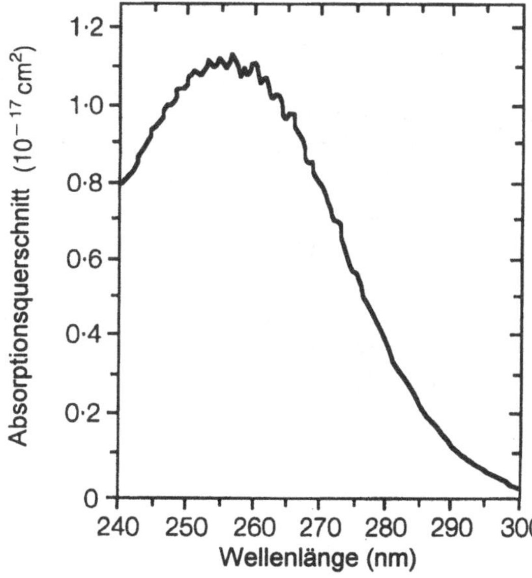

Bild 2.8 Absorptionsspektrum von Ozon im Wellenlängenbereich von 240-300 nm. (Aus: E.C.Y. Inn und Tanaka, *J.Opt.Soc.Am.*, 43 (1953) 870)

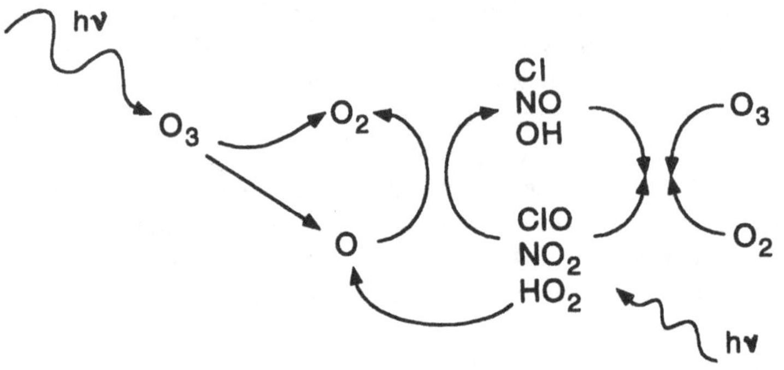

Bild 2.9 Schematische Darstellung des Ozonabbaus zu molekularem Sauerstoff unter Verwendung der Radikale Cl, NO und OH. (Aus: J. Jagger, *Solar UV Actions on Living Cells*, Praeger Special Studies, Praeger publishing Division of Greenwood Press Inc., Westport, Connecticut, 1985, Bild 9.2, S. 145)

Verwendung von Fluor-Chlor-Kohlenwasserstoffen (FCKW) als Treib- oder Kühlmittel verursacht. FCKW halten sich zwar extrem lang in der Troposphäre, doch kann es zu einem Entweichen in die Stratosphäre kommen, so daß sie in der oberen Stratosphäre unter dem Einfluß von UV-Licht zerfallen und es zur Bildung von Cl und ClO kommt.

Auch N_2O ist teilweise anthropogener Herkunft und wird aus Böden und Gewässern freigesetzt, in denen es als Zerfallsprodukt von Düngemitteln entstanden ist. In ähnlicher Weise kann das an der Erdoberfläche entweichende N_2O durch Lichteinfall abgebaut werden, und es entsteht NO. Diese Radikale führen gemeinsam mit dem Hydroxylradikal zum Abbau von etwa 99 % des stratosphärischen Ozons. Die Prozesse, welche die Menge und die Verteilung des Ozons in der Atmosphäre bestimmen, sind in Bild 2.10 dargestellt.*

Der Kernpunkt der Ozonproblematik ist in den Bildern 2.6 und 2.8 dargestellt. Jede geringe Veränderung der Ozonkonzentration wird sowohl zur Änderung der Lichtmenge einer bestimmten Wellenlänge als auch zur Transmission von kurzwelliger Strahlung führen. Dieses ist natürlich eine direkte Folge des Lambert-Beerschen Gesetzes: Eine prozentuale Veränderung der Ozonkonzentration führt zu einer prozentualen Veränderung der optischen Dichte. Bei einer bestimmten Wellenlänge führt der Abfall um eine OD-Einheit zu einer Verzehnfachung des die Erdoberfläche erreichenden Lichts. Da das Aktionsspektrum für die Beschädigung lebender Zellen oder lebenden Gewebes einen (mit λ) exponentiell ansteigenden Verlauf hat (Bild 2.7), kann das Ausmaß der Schädigung dramatisch ansteigen und selbst das, wenn nur ein relativ kleiner Anstieg der Ozonkonzentration vorliegt. Daß die Menge und die spektrale Verteilung des UV-Lichts tatsächlich stark von der Ozonkonzentration abhängen, wird in Bild 2.11 veranschaulicht, in der die Strahlung an der Erdoberfläche für drei verschiedene Ozonkonzentrationen aufgetragen wurde.

---

* Eine ausführlichere Besprechung der Ozonproblematik sowie Details der beteiligten photochemischen Vorgänge finden Sie in [5] bis [9].

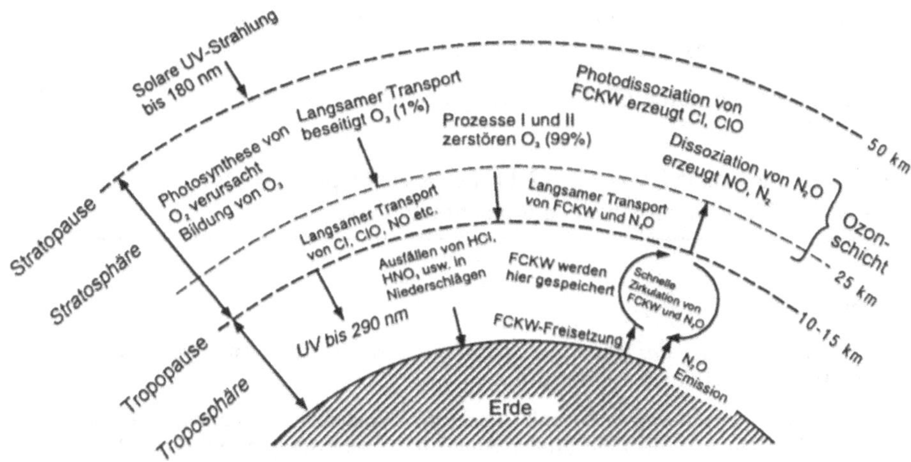

Bild 2.10 Prozesse, die die Ozonkonzentration in der Stratosphäre bestimmen. (Aus: J. Jagger, NRC Report 1982)

Vorhersagen, die aus Modellen zur atmosphärischen Ozonproduktion und zum Ozonabbau getroffen wurde zeigen, daß aufgrund von FCKW- und N_2O-Produktion mit einem Rückgang der Ozonkonzentration um 5–20 % zu rechnen ist. Den Ergebnissen, wie sie in Bild 2.6 und 2.8 dargestellt sind, kann man entnehmen, daß ein 10 %iger Rückgang der Ozonkonzentration zu einem 45 %igen Anstieg der Schäden durch UV-B-Strahlung führt. Diese alarmierenden Zahlen zeigen die Notwendigkeit, die Ozonschicht genauer zu beobachten, und die Wirkungen erhöhter UV-Strahlung auf lebende Organismen einzuschätzen.

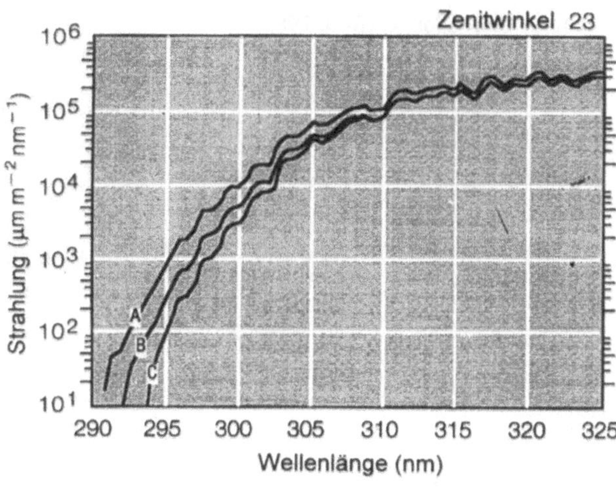

Bild 2.11 UV-Intensität an der Erdoberfläche für unterschiedliche Stärken der Ozonschicht. Bei klarem Himmel: A = 273 atm cm, B = 319 atm cm, C = 388 atm cm. (Aus: T. Ito, UV-B Observation Network in the Japan Meterological Agency, *Frontiers of Photobiology* (1983) 515)

Übungen

2.1 Zeigen Sie, daß Gl. (2.4) für $\nu \rightarrow 0$ zu Gl. (2.3) führt, und im Falle $\nu \rightarrow \infty$ in das Wiensche Verschiebungsgesetz (2.2) übergeht.

2.2 Berechnen Sie die durch Gl. (2.4) angegebene Frequenzverteilung für $T = 6000$, 2000, 800 und 300 K.

2.3 Berechnen Sie anhand von Gl. (2.1) die gesamte pro Sekunde von der Sonne abgestrahlte Energie. Verwenden Sie einen Sonnenradius von $7 \cdot 10^8$ m.

Referenzen

[1] P.W. Atkins, *Molecular Quantum Mechanics*, Oxford University Press, Oxford, 1983. Ein Text für Fortgeschrittene zur Spektroskopie.

[2] P.W. Atkins, *Physikalische Chemie*, Spektrum Akademischer Verlag, Heidelberg 1994. Ein allgemeines Buch in dem ein großer Anteil der Spektroskopie und ihren Anwendungen gewidmet wird.

[3] R. Loudon, *The Quantum Theory of Light*, Oxford University Press, Oxford, 1983. Ein klares, leicht zu lesendes Buch mit einigen Details der Quantenmechanik und Elektrodynamik.

[4] S. Svanberg, *Atomic and Molecular Spectroscopy, Basic Aspects and Practical Applications*, Springer-Verlag, Berlin, 1992. Ein gutes Buch mit vielen interessanten Anwendungen.

[5] J. Jagger, *Solar UV Actions on Living Cells*, Praeger Special Studies, Praeger Publishing Division of Greenwood Press Inc, Westport, Connecticut, 1985. Ein allgemeines Buch über die Wechselwirkung von Licht mit Biomolekülen in bezug auf das Ozonproblem.

[6] J.H. Seinfeld, *Atmospheric Chemistry and Physics of Air Pollution*, John Wiley, New York 1986.

[7] H.S. Johnston, Atmospheric Ozone, *Ann. Rev. Phys. Chem.*, 43 (1992) 1-32.

[8] R.S. Stolanski, Das Ozonloch über der Antarktis, *Spektrum d. Wiss.*, 3 (1988) 70.

[9] R.P. Wayne, *Chemistry of the Atmosphere*, Clarendon, Oxford, 1985.

3 Das globale Klima

Die Lebensbedingungen auf der Erde werden durch die Sonneneinstrahlung und die hieraus resultierenden milden Temperaturen bestimmt. In diesem Kapitel wird zunächst ein einfaches, nulldimensionales Modell eines Energiegleichgewichts vorgestellt und dessen Computersimulation besprochen. Es wird gezeigt, welchen Einfluß Veränderungen auf der Erde und in der Atmosphäre auf die mittlere Temperatur an der Erdoberfläche haben. Zum Schluß werden Klima und Wetter sowie Klimaänderungen in der Vergangenheit und Voraussagen für die Zukunft besprochen.

3.1 Das Energiegleichgewicht: Ein nulldimensionales Treibhausmodell

Atmosphärenforscher leiten aus ihren Beobachtungen ein stark vereinfachtes Modell für die Strahlungsbilanz zwischen Atmosphäre und Oberfläche der Erde her. Ein solches Modell ist in Bild 3.1 dargestellt, wobei die angegebenen Zahlenwerte zwar immer noch diskutiert werden, aber für eine qualitative Besprechung jeder beliebige Satz ausreichend ist.

Auf der linken Seite wird die über die Erdoberfläche gemittelte eintreffende Sonnenstrahlung dargestellt. Diese Strahlung wird zum einen in der Atmosphäre und zum anderen an der Erdoberfläche absorbiert oder reflektiert. Der Reflektionskoeffizient der Erdoberfläche (Albedo) wird üblicherweise mit $a_s = 0{,}11$ angegeben* – im Gegensatz zum Wert $a_s = 0{,}34$, wie er von außerhalb der Erdatmosphäre gemessen werden kann. Selbstverständlich ist die Zahl $a_s = 0{,}11$ eine Mittelung über die gesamte Erdoberfläche, denn Unterschiede in Vegetation und Besiedlung erzeugen verschiedene Albedos. Einige entsprechende Zahlenwerte werden in Tabelle 3.1 gegeben, und es ist offenkundig nicht leicht, einen Mittelwert für die gesamte Erdoberfläche zu finden. Es gibt Anzeichen dafür, daß die globale Albedo einen Wert von ca. 0,16 hat. In Bild 3.1 sollte man beachten, daß diese Albedowerte für eine Beobachtung aus dem Weltraum gelten, also die Effekte von Atmosphäre und Wolken einschließen.

Auf der rechten Seite von Bild 3.1 finden sich die Daten für langwellige Strahlung. Man sieht die Emission der Atmosphäre nach oben und nach unten, die Emission der Erde, wovon der größte Anteil von der Atmosphäre absorbiert wird, und schließlich den Austausch zwischen Erdoberfläche und Atmosphäre in Form von Verdampfung und Konvektion. Außerdem sind die Energieinhalte der Atmosphäre dargestellt. Es ist interessant festzustellen, daß die kinetische Energie nur etwa 3 % der täglich eintreffenden Sonnenstrahlung entspricht, was wesentlich kleiner als der Anteil statischer Energie ist.

---

* Der Index s bezieht sich auf den englischen Begriff „surface" für Oberfläche

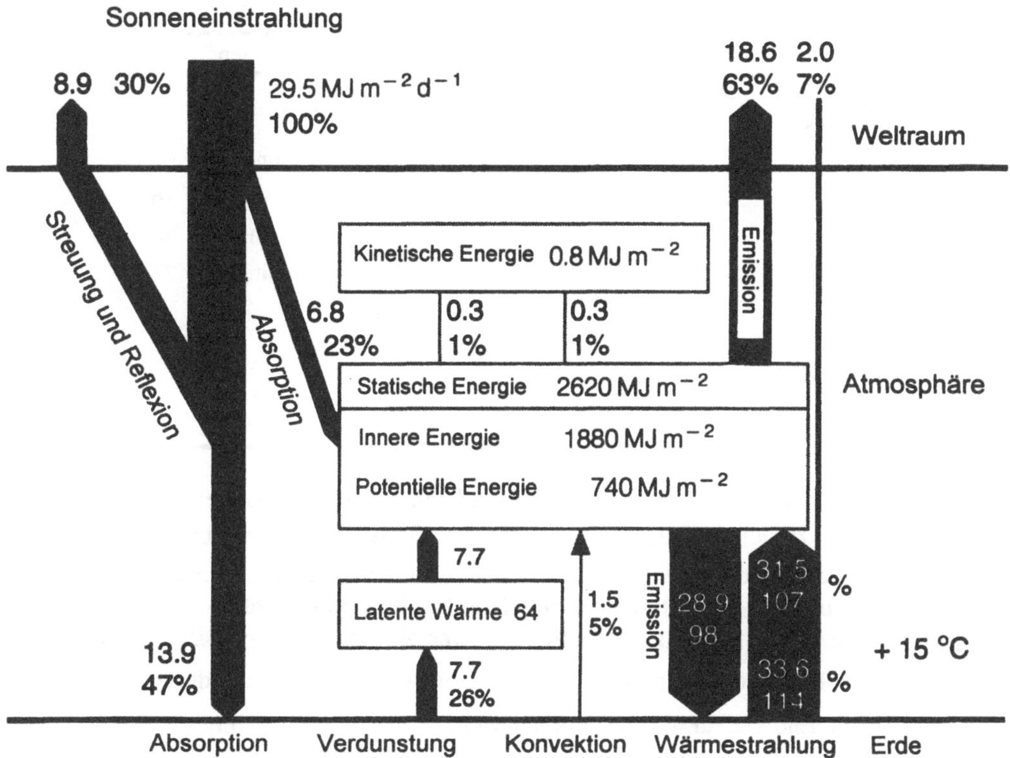

Bild 3.1 Modell eines mittleren globalen Strahlungsgleichgewichtes für die Oberfläche und die Atmosphäre der Erde. Die mittlere Sonneneinstrahlung wurde auf 100 Einheiten normiert, für die Energien wurden jedoch Absolutwerte angegeben. Für die Flußwerte wurden sowohl die absoluten Tageswerte, als auch die prozentualen Anteile am täglichen solaren Input angegeben. Beachtenswert ist die Aufspaltung von eintreffender Sonneneinstrahlung und austretender Wärmestrahlung. (Aus: A. Ohmura, Climatic Changes, *Ice Sheet Dynamics and Sea Level Variations*, ETH Zürich, 1990, Abb. 12, S. 28)

Um ein qualitatives Verständnis über die Faktoren zu erhalten, die die Oberflächentemperatur der Erde beeinflussen, haben wir Bild 3.1 in Bild 3.2 zu einem neuen Schema vereinfacht. Die Albedos für die Sonneneinstrahlung sind als a_a für die Atmosphäre und a_s für die Oberfläche bezeichnet, und a_t stellt die Transmission der Atmosphäre dar. Für langwellige Strahlung wird die Albedo der Erdoberfläche üblicherweise gleich Null gesetzt, was der Tatsache entspricht, daß sich die Erde in diesem Wellenlängenbereich wie ein Schwarzer Körper verhält. (Eine kurze Einführung zur Schwarzkörperstrahlung findet sich im folgenden bei den Gleichungen (4.3) und (4.4)).

Die Transmission der Atmosphäre für Infrarotstrahlung wird mit t_a' bezeichnet. Es ist eher ein Kunstgriff, eine Albedo a_a' für die Atmosphäre einzuführen. Man sieht in Bild 3.1, daß die Emission nach oben oder unten unterschiedlich ist. Nimmt man an, daß die nach

Tabelle 3.1 Albedo verschiedener Oberflächen für sichtbares Licht [1,2]

Oberfläche	%	Wolken	%	Planeten	%
Wasseroberfläche (kleiner Sonnenwinkel)	≈ 5	Kumulus	70–90	Erde	34–42
Neuschnee	≈ 85	Stratus	60–85	Mond	6–7
Sandwüste	≈ 30	Altostratus	40–60	Mars	16
Grünland	≈ 15	Zirrostratus	40–50	Venus	76
Laubwald	≈ 15			Jupiter	73
Nadelwald	≈ 10				
Felder	≈ 10				
Dunkle Böden	≈ 10				
Trockene Erde	≈ 20				

oben gerichtete Emission rein thermisch ist, dann kann der Strahlungsüberschuß nach unten als der zur Erde zurückreflektierte, künstlich eingeführte Anteil a_a' betrachtet werden. Schließlich wird die Wechselwirkung zwischen Atmosphäre und Erde in erster Ordnung als zur Temperaturdifferenz proportional geschrieben. Die Proportionalitätskonstante ist hierbei der Faktor c. Für die Schwarzkörperstrahlung verwendet man das Stefan-Boltzmann-Gesetz mit σT^4. Die Solarkonstante S muß durch 4 dividiert werden, da die auf den Erdquerschnitt πR^2 eintreffende Energie auf die Gesamtfläche $4\pi R^2$ verteilt werden muß.

Im Gleichgewicht findet man dann in erster Ordnung *für die Oberfläche*

$$(-t_\mathrm{a})(1-a_\mathrm{s})\frac{S}{4}+c(T_\mathrm{s}-T_\mathrm{a})+\sigma T_\mathrm{s}^4(1-a_\mathrm{a}')-\sigma T_\mathrm{a}^4=0 \tag{3.1}$$

Der erste Term beschreibt die Absorption, der zweite die nicht strahlungsbedingte Wechselwirkung zwischen Atmosphäre und Oberfläche, der dritte Term die emittierte minus der zurückgestreuten Strahlung und der letzte Term schließlich die Wärmestrahlung der Atmosphäre. Verlorengegangene Energie wird mit einem positiven Vorzeichen angegeben. *Für die Atmosphäre* findet man gleichfalls in erster Ordnung:

$$-(1-a_\mathrm{s}-t_\mathrm{a}+a_\mathrm{s}t_\mathrm{a})\frac{S}{4}-c(T_\mathrm{s}-T_\mathrm{a})-\sigma T_\mathrm{s}^4(1-t_\mathrm{a}'-a_\mathrm{a}')+2\sigma T_\mathrm{a}^\mathrm{s}=0 \tag{3.2}$$

Hierbei stellt der erste Term die solare Absorption dar, der zweite die nicht strahlungsbedingte Wechselwirkung, der dritte die Absorption der Strahlung der Erde durch die Atmosphäre und der letzte die Emission der Atmosphäre. Die Addition der ersten Terme von Gl. (3.1) und Gl. (3.2) zeigt, daß die gesamte Sonnenenergie berücksichtigt wird. Man beachte, daß die Gleichungen (3.1) und (3.2) die Parameter a_s und t_a nur in Kombination mit $t_\mathrm{a}(1\text{-}a_\mathrm{s})$ enthalten. Bei Verwendung der Zahlenwerte aus Bild 3.1 erhält man mit a_s = 0,11 die in Bild 3.2 angegebenen Werte.

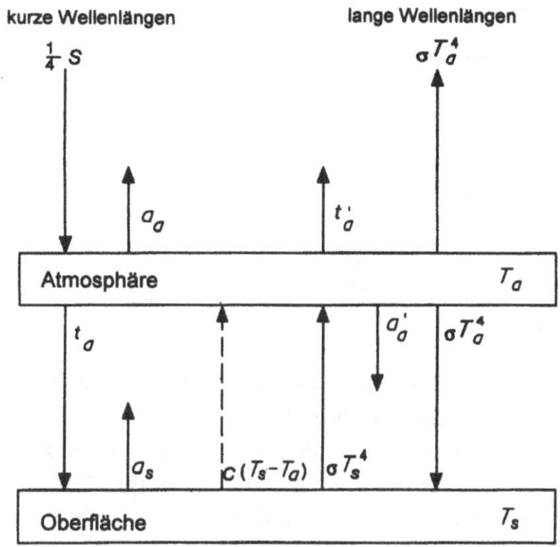

Bild 3.2 Ein nulldimensionales, auf dem Energiegleichgewicht basierendes Treibhausmodell, das leicht berechnet werden kann. Die einfallende Sonnenstrahlung wird links als kurzwellige Strahlung *S*/4 dargestellt, die im Infraroten emittierte langwellige Strahlung ist auf der rechten Seite zu finden. Die Variablen *a* und *t* stellen die reflektierten oder transmittierten Anteile dar. (Aus: Bent Sørensen, *Renewable Energy*, Academic Press, London, 1979, Abb. 108, S. 206)

Beispiele

Die unten aufgeführten Beispiele stellen lediglich Entwicklungen aufgrund veränderter Parameter dar. Die daraus resultierenden Veränderungen der globalen Temperatur sollten nicht alleinstehend betrachtet werden, da in Wirklichkeit eine Vielzahl von Prozessen gleichzeitig auftritt, von denen nur einige besprochen werden.

1. Die *weiße Erde*. Man nehme an, die Erdoberfläche wäre sowohl zu Land, als auch auf den Meeren mit Schnee oder Eis bedeckt. Die resultierende Albedo wäre sehr hoch, und unter Zuhilfenahme von Bild 3.1 würde man einen Wert von $a_s = 0{,}75$ erhalten. Daraus ergibt sich dann eine Oberflächentemperatur von 270 K, was deutlich unterhalb des Gefrierpunktes von Wasser liegt. Somit stellt die weiße Erde zwar eine stabile Lösung im Energiegleichgewicht dar, liegt aber so weit von der augenblicklichen Situation entfernt, daß dieser Fall nur schwer vorstellbar ist.

2. Der *nukleare Winter*. Die Folgen eines Atomkrieges wurden in den vergangenen Jahren ernsthaft diskutiert. Es wurde argumentiert, daß die Explosion von einigen Hundert atomaren Sprengköpfen zu großen Bränden von Städten oder Industrieanlagen führen würde, was eine große Menge an kleinen Partikeln wie Staub und Rauch in die Atmosphäre bringen, und somit die Erde im wesentlichen vom Sonnenlicht abschirmen würde. Im Modell in Bild 3.2 kann man dies berücksichtigen, indem man die Zahlenwerte um etwa 20 % in die entsprechende Richtung ändert. Mit $a_a = 0{,}36$, $t_a = 0{,}43$, $t'_a = 0{,}05$ und $a'_a = 0{,}37$ erhält man eine Oberflächentemperatur von 283 K, also eine Abkühlung um 5 °C.

Tabelle 3.2 Parameter eines nulldimensionalen Gleichgewichts

kurze Wellenlängen	lange Wellenlängen
$a_s = 0{,}11$	
$t_a = 0{,}53$	$t'_a = 0{,}06$
$a_a = 0{,}30$	$a'_a = 0{,}31$
$c = 2{,}5\ \mathrm{W\ m^{-2}\ K^{-1}}$ [a]	

[a] Aus Bild 3.1 würde man $c = 3{,}2\ \mathrm{W\ m^{-2}\ K^{-1}}$ herleiten; Der hier angegebene Wert entspricht einer realistischen Oberflächentemperatur von $T_s = 288$ K.

3. Die *Sonnenkollektorenwelt*. Das Energiegleichgewicht wird durch eine Vielzahl von natürlichen oder menschlichen Faktoren beeinflußt. Aus Tabelle 3.1 wird klar, daß eine Verwüstung der Grünflächen und Wälder eine Erhöhung der Albedo zur Folge hat. Auch die Veränderung der Meere zu Poldern würde die Albedo vergrößern. Auf der anderen Seite würde die Abdeckung von einem Drittel der Fläche der Welt mit Schwarzen Sonnenkollektoren die Albedo von $a_s = 0{,}11$ auf 0,10 herabsetzen. Dieses würde alleine betrachtet die Oberflächentemperatur gerade von 283,1 auf 283,3 K heraufsetzen, wäre also ein zu vernachlässigender Effekt.
4. Die *kalte Sonne*. Astronomen glauben, daß, wenn die Sonne sich wie andere Sterne der gleichen Art verhält, die Solarkonstante S vor einigen Milliarden Jahren deutlich kleiner gewesen sein muß als heute. Vor 2 Milliarden Jahren mußte sie dann z. B. bei 85 %, vor 4 Milliarden Jahre bei 72 % des heutigen Wertes gelegen haben [3]. In unserem Modell würde dies zu Temperaturen von 274,8 bzw. 261,9 K führen. Es hat also schon Leben gegeben, da die Temperaturen deutlich oberhalb des Gefrierpunktes von Wasser liegen. Es wird deshalb angenommen, daß diese Effekte aufgrund höherer Konzentrationen der Treibhausgase in der Atmosphäre im wesentlichen aufgehoben werden, was durch eine geringere Transmission t'_a und eine höhere Albedo a'_a simuliert wurde. Die Vergrößerung der Solarkonstante mit der Zeit mußte also mit einer Bindung von Treibhausgasen und insbesondere dem CO_2 einhergehen*.
5. *Globale Erwärmung*. Der Treibhauseffekt wird durch eine Vielzahl von Gasen verursacht, die jedes für sich genommen in bestimmtem Ausmaß zur Oberflächenerwärmung beitragen. In Tabelle 3.3 findet man die momentane Situation dargestellt.

Es ist allgemein bekannt, daß sich die CO_2-Konzentration mit der Zeit erhöht. Bild 3.3 zeigt den gleichmäßigen Anstieg seit Beginn der industriellen Revolution (oben) und die jüngsten, genauen Messungen auf Hawaii, also weit entfernt von allen Industrien (unten). Die letzteren zeigen ungeachtet saisonaler Schwankungen einen gleichmäßigen Anstieg aufgrund der globalen Verbrennung fossiler Brennstoffe und der Holzverbrennung bei der Waldrodung. Zusätzlich steigen aber auch die Konzentrationen von Methan und einigen anderen Treibhausgasen, und die Frage nach deren tatsächlichem Einfluß auf die Oberflächentemperatur

* Diese und viele ähnliche Effekte zeigen, daß die Erde selbst eine lebensfreundliche Umwelt unterhält. Dies ist die Grundlage der Hypothese, daß die Erde sich selbst wie ein Lebewesen verhält: Gaia [4].

Tabelle 3.3 Die augenblickliche Erwärmung der Atmosphäre aufgrund der in Spuren vorhandener Treibhausgase und das Potential der globalen Erwärmung nach 100 Jahren aufgrund des von CO_2 verursachten Effektes. Die letzte Spalte wurde S. 60 in [5] entnommen. Der Zahlenwert 3500 gilt für FCKW 11. Da die Spurengase verschiedene Lebenszeiten besitzen, sind ihre Effekte unterschiedlich. (Aus: C.D. Schönwiese und B. Diekmann, *Der Treibhauseffekt*, Deutsche Verlagsanstalt, Stuttgart, 1987, Tabelle 9, S. 132 (nach K.Y. Kondratyev und N.I. Moskalenko).)

Spurengase	Augenblickliche Konzentration (ppm)	Momentaner Effekt der Erwärmung	Globales Erwärmungs-potential nach 100 Jahren
Wasserdampf	$2\text{–}3\cdot10^3$	20,6	
CO_2	345	7,2	1
O_3 (Troposphäre)	0,03	2,4	
N_2O	0,3	0,8	290
CH_4	1,7	0,8	21
Andere (FCKW)		0,6	≈ 3500
Gesamt		33,0	

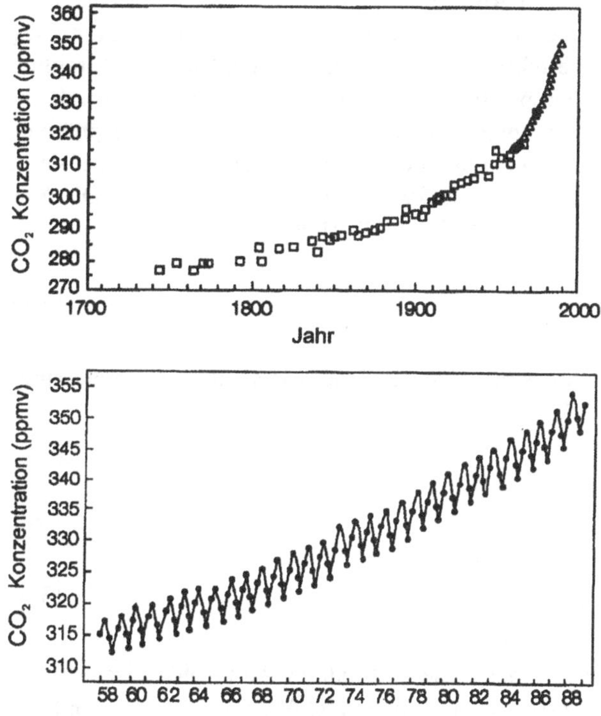

Bild 3.3 Der Anstieg der CO_2-Konzentration seit 1750 (oben) und die seit 1958 am Mauna Loa Observatorium, Hawaii erzielten Ergebnisse (unten). Die obere Grafik wurde in die untere integriert und paßt gut ins Bild. (Aus: C.D Keeling *et. al.*, *Geophysical Monograph*, 55 (1989) 165-236 und J.T. Houghton, G.J. Jenkins und J.J. Ephraums (Hrsg.), *IPCC Scientific Assessment*, Cambridge University Press, S. 365 ff.)

der Erde steht noch offen. Der geschätzte Effekt bei Freisetzung von einem Kilogramm Spurengas relativ zu einem Kilogramm CO_2 wird in der letzten Spalte von Tabelle 3.3 als *Globales Erwärmungspotential* angegeben.

Weiter unten werden wir die Folgen einer Verdoppelung des atmosphärischen CO_2 diskutieren. Es soll erwähnt werden, daß üblicherweise alle Treibhausgase berücksichtigt und deren Folgen im Vergleich zu CO_2 betrachtet werden, das die gleichen Effekte verursacht, wie alle Treibhausgase gemeinsam. Wenn man 1990 als Referenzjahr nimmt und es mit dem Jahr 1765 vergleicht, in dem die industrielle Revolution einsetzte, dann werden sich diese vom Menschen produzierten Gase bis zum Jahre 2030 verdoppeln, wenn nicht politische Maßnahmen zu deren Reduzierungen ergriffen werden. Bis dahin wird die Hälfte des vom Menschen verursachten Temperaturanstiegs durch CO_2, und der Rest aufgrund anderer Treibhausgase entstanden sein, wenn man annimmt, daß der Beitrag durch Wasserdampf konstant bleibt. ([5], *Business-as-usual*-Szenario)

Strahlungszwang

Da wir uns jetzt nur für die gesamten Energieströme interessieren, betrachten wir vorerst nur das einfachste der möglichen Atmosphärenmodelle wie es in Bild 3.2 dargestellt ist. Der Nettostrom F_{TA} der Strahlung in der oberen Atmosphäre wird unter Gleichgewichtsbedingungen verschwinden. Betrachten wir eine plötzliche Verdoppelung der äquivalenten CO_2-Konzentration, so würde diese zu einer effektiven Reduzierung der langwelligen Strahlung der Erde um einen Betrag ΔI in der oberen Atmosphäre, und somit zu einem Abfall des Stromes von $\Delta F_{TA} = -\Delta I$ führen*. Das Energiegleichgewicht in der oberen Atmosphäre erfordert aber einen konstanten Strom und somit sollte die Oberflächentemperatur der Erde im Ausgleich um ΔT_s ansteigen. Dieser Effekt wird als *Strahlungszwang* bezeichnet. Die Vergrößerung des Stromes ΔI steht mit der Erhöhung ΔT der Oberfläche durch

$$\Delta I = \frac{\partial I}{\partial T_s} \Delta T_s \tag{3.3}$$

in Relation. Die Intensität I ist die Strahlungsintensität der Erde, wie sie in der oberen Atmosphäre gemessen wird:

$$I = \varepsilon \sigma T_s^4 \ . \tag{3.4}$$

Aus Gl. (3.4) folgt sofort

$$\frac{\partial I}{\partial T_s} = 4\varepsilon\sigma T_s^3 = \frac{4I}{T_s} = \frac{4}{T_s}(1-a)\frac{S}{4} \ , \tag{3.5}$$

wobei $a = 0{,}34$ die effektive Albedo von Oberfläche und unterer Atmosphäre ist. Mit den oben genannten Werten erhalten wir $\partial I / \partial T_s = 3{,}1 \text{ W m}^{-2} \text{ K}^{-1}$. Aus Gl. (3.3) folgt in Form von Ursache ΔI und Wirkung ΔT_s mit einer Verstärkung $G = 0{,}3 \text{ W}^{-1} \text{ m}^2 \text{ K}$, daß

* TA = *top atmosphere* = obere Atmosphäre

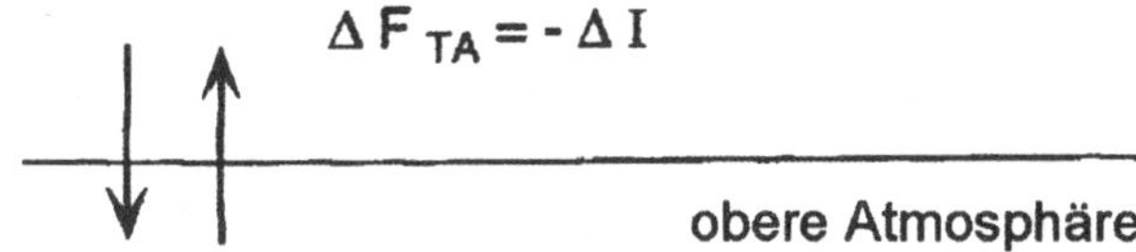

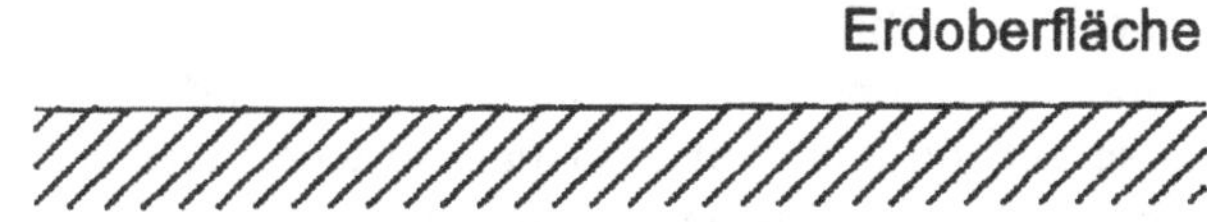

Bild 3.4 Ein plötzlicher Abfall des Stromes F_{TA} in der oberen Atmosphäre

$$\Delta T_s = G\Delta I \tag{3.6}$$

eine zunehmende Funktion darstellt. In detaillierteren Modellen geht man von ΔI = 4,6 W m^{-2} aus, was zu ΔT_s = 1,37 K führt.*

Natürlich gibt es in all diesen numerischen Abschätzungen Unsicherheiten, aber, und das ist umso wichtiger, ein Temperaturanstieg wird weitere Effekte verursachen, von denen die meisten nur noch verstärkend wirken, und nur wenige ihn abschwächen. Wir wollen einige davon erwähnen; soweit sie mit einer Veränderung der Albedo zu tun haben, kann man sie zu qualitativen Betrachtungen mit Hilfe der Gleichungen (3.1) und (3.2) numerisch untersuchen.

Globale Erwärmung

Verstärkende Effekte

(a) Das Schmelzen von Schnee und Eis reduziert die Albedo a_s.

(b) Ein höherer Anteil an Wasserdampf in der Luft wird zu einer geringeren Transmission t_a' und höherer Rückstreuung a_a' führen.

(c) Für die Zunahme der Wolkendecke nimmt man an, daß dies der dominierende Effekt ist.

(d) Verschiedene Prozesse verursachen einen weiteren Anstieg des CO_2: Eine Temperaturerhöhung des Seewassers führt zu einer geringeren Absorption von CO_2. In Zusammenhang hiermit steht, daß bei höheren Temperaturen an den Polen eine geringere Zirkulation resultiert, die mit einer geringeren CO_2-Absorption einhergeht; ein schnellerer Zerfall organischer Substanz führt zu verstärkter Produktion von CO_2 und CH_4.

(e) Mehr CO_2 führt zu einem verstärkten Pflanzenwachstum, was die Albedo a_s entsprechend Tabelle 3.1 herabsetzen kann.

* Der Wert ΔI = 4,6 W m^{-2} folgt aus [5] (dort S. 57, *Business-as-usual*-Szenario für den Zeitraum von 1765 bis 2025).

Abschwächende Effekte

(f) Die sogenannte adiabatische Abfallrate für feuchte Luft sinkt. Dieser letzte Effekt ist nicht sofort ersichtlich, aber in der Praxis zu beachten. Er soll hier auch nur besprochen werden, da er die Komplexität bei der Beschreibung von verstärkenden oder abschwächenden Mechanismen aufzeigt.

Betrachten wir ein in die unteren 10 km der Atmosphäre aufsteigendes Volumenpaket Luft. Wie in Kapitel 3.2 (Gln. (3.28) und (3.31)) noch gezeigt werden wird, wird die Temperatur dieses Paketes abfallen, was zu einer positiven Abfallrate $-\partial T / \partial z$ führt. Wenn man annimmt, daß sich auch die CO_2-Konzentration verdoppelt, dann gibt es, wie in Bild 3.5 dargestellt, drei mögliche positive Einflüsse auf die Abfallrate. Im Fall A ändert sich diese nicht; man findet nur einen allgemeinen Anstieg der Temperatur. Diese Situation ist durch eine gepunktete Linie im mittleren und unteren Teil des Bildes angedeutet.

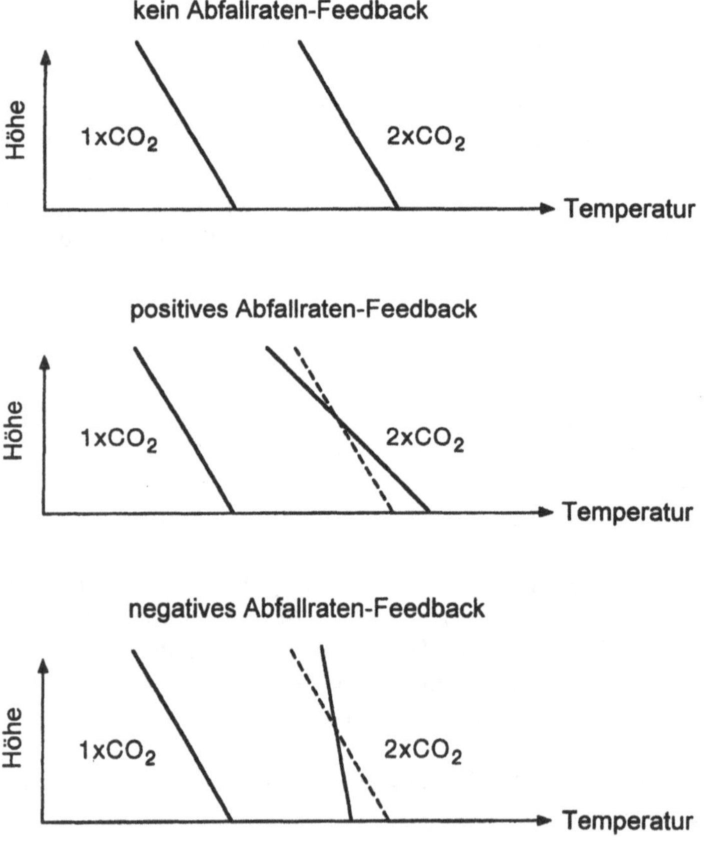

Bild 3.5 Schematische Darstellung einer CO_2-induzierten Erwärmung mit (A) keinem Abfallraten-Feedback, (B) positivem Abfallraten-Feedback und (C) negativem Abfallraten-Feedback. Berechnungen zeigen, daß der Fall C zutrifft. (Aus: Michael E. Schlesinger, Quantitative analysis of feedbacks in climate model simulations of CO_2 induced warming, in ***Physically-Based Modelling and Simulation of Climate Change***, Part 2 (Hrsg. M.E. Schlesinger) Kluwer, Dordrecht, 1988, Abb. 6, S. 687)

Der mittlere Fall B in der Abbildung zeigt ein positives Feedback, was bedeutet, daß für eine bestimmte Oberflächentemperatur T_s die Atmosphäre kühler sein wird als ohne Feedback. Dies impliziert, daß die gesamte von der Erde abgehende Strahlung zu gering wäre, was durch eine höhere Oberflächentemperatur ausgeglichen werden muß – wie schon in Bild 3.5 (im Fall B) verdeutlicht. Im Falle eines negativen Abfallraten-Feedbacks (Bild 3.5, Fall C) ist genau das Gegenteil richtig. Genaue Berechnungen zeigen jedoch, daß die Höhe des Abfallraten-Feedbacks vom Breitengrad und die globalen Effekte vom angenommenen Klimamodell abhängen, was aber immer zu negativen Werten führt. Qualitativ kann dies verstanden werden, indem man berücksichtigt, daß bei einer höheren Wassertemperatur auch mehr Wasser verdunstet. In größeren Höhen wird dieses Wasser kondensieren und somit die oberen Schichten stärker aufheizen als ohne diese globale Erwärmung.

Die oben beschriebenen verstärkenden und abschwächenden Effekte können als eine Reihe von Feedback-Mechanismen aufgefaßt werden. Eine einzelne Feedback-Schleife kann wie in Bild 3.6 dargestellt als ein System verstanden werden, dessen Output teilweise als Feedback mit dem Input zusammen in den Kreislauf zurückkehrt. Ein in die Schleife einlaufendes Signal V_s erfährt einen zusätzlichen Input V_F mit

$$V_1 = V_s + V_F \ , \tag{3.7}$$

welcher durch die Verstärkung G zu einer Verallgemeinerung von Gl. (3.6) führt:

$$V_2 = GV_1 \ . \tag{3.8}$$

Dieses Signal wird durch H aufgefangen und erzeugt das schon in Gl. (3.7) eingeführte zusätzliche Input

$$V_F = HV_2 \ . \tag{3.9}$$

Zusammengenommen haben wir also

$$V_2 = GV_1 = G(V_s + V_F) = G(V_s + HV_2) = GV_s + GHV_2 \tag{3.10}$$

oder

$$V_2 = \frac{G}{1-GH} V_s \ . \tag{3.11}$$

Wenn es mehrere voneinander unabhängige Schleifen gibt, die mit H_i gekennzeichnet werden, kann man $V_F = \Sigma H_i V_2$ schreiben und erhält

$$V_2 = \frac{G}{1-\sum H_i G} V_s \ . \tag{3.12}$$

Man definiert üblicherweise $f_i = H_i G$ und erhält

$$V_2 = \frac{G}{1-\sum f_i} V_s \ . \tag{3.13}$$

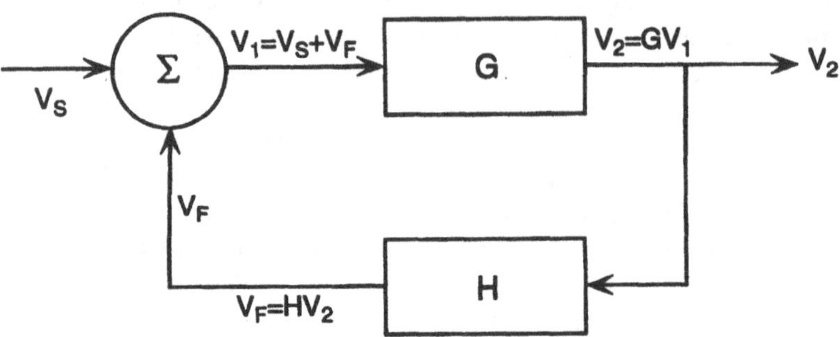

Bild 3.6 Feedbackmechanismus. Am Output der Verstärkung wird das Signal V_2 aufgenommen und durch H wieder in G eingeführt.

Im Klimasystem wäre das Signal $-\Delta F_{\mathrm{TA}} = \Delta I$ und ΔT_{s} die entsprechende Antwort dazu, wobei

$$\Delta T_{\mathrm{s}} = \frac{G}{1-\sum f_i} \Delta I = G_{\mathrm{f}} \Delta I \tag{3.14}$$

und

$$G_{\mathrm{f}} = \frac{G}{1-\sum f_i} \; . \tag{3.15}$$

Bei Klimaberechnungen werden die oben erwähnten kumulativen Effekte (b), (c) und (f) einen Wert von Σf_i= 0,7 ergeben, was für eine äquivalente CO_2-Verdoppelung in der Atmosphäre zu $\Delta T_{\mathrm{s}} = 4{,}2$ K führen würde (siehe [6], worin auch die durch die Ozeane induzierte Zeitverschiebung der Klimaänderung besprochen wird).

Es sollte erwähnt werden, daß auch noch weitere Effekte die resultierende Temperatur beeinflussen können. Man kann sich z.B. vorstellen, daß der fortschreitende Ozonabbau zum Absterben des Planktons in den oberen Schichten der Ozeane führt, so daß deren Kapazität zur CO_2-Absorption gemindert, und damit die globale Erwärmung gefördert wird. Man könnte annehmen, daß höhere Temperaturen zu einem verstärkten Gebrauch von Klimaanlagen führen, was wiederum zu verstärkter Verbrennung fossiler Brennstoffe führen würde. Diesen Effekten entgegenwirkend, also das Problem abmildernd, könnte man auf die durch Verbrennung fossiler Materialien in die Atmosphäre freigesetzten Partikel hinweisen, die zu einer erhöhten Rückstreuung a_{s} und a_{a}' führen. Auch könnte die verringerte Notwendigkeit zum Heizen den verstärkten Aufwand zur Kühlung in gewissem Maßstab aufheben.

Zusammenfassend wird klar, daß es selbst bei unserer vereinfachten Besprechung eine Vielzahl numerischer Unsicherheiten für die vorhergesagten Effekte der globalen Temperaturveränderung aufgrund einer CO_2-Verdopplung gibt, auch wenn kaum Zweifel bestehen, daß ein solcher Effekt existiert. Die besten im Moment existierenden Modelle, die noch in Abschnitt 3.3 besprochen werden, sagen einen Temperaturanstieg zwischen 1,3 und 4,2 K voraus.

Zeitabhängigkeit

Es sollte klar sein, daß zur Erwärmung der Meere wegen deren Wärmekapazität große Zeiträume notwendig sind, was daher rührt, daß die Oberflächenwässer zirkulieren und damit ihre Wärme wieder verteilen. Da die Meere etwa 70 % der Erdoberfläche bedecken, wollen wir uns nun hierauf konzentrieren. Wenn man annimmt, daß die auf einen Quadratmeter bezogene Wärmekapazität c_s der oberen Schicht in J m^{-2} K^{-1} angegeben wird, dann muß der Strahlungszwang ΔI sowohl den Temperaturanstieg der Oberfläche $\Delta T_s \,/\, G_f$ als auch den Anstieg „spürbarer" Wärme pro Sekunde, $(\mathrm{d}/\mathrm{d}t)(c_s \Delta T_s)$, erbringen, woraus folgt, daß

$$\Delta I = c_s \frac{\mathrm{d}}{\mathrm{d}t}(\Delta T_s) + \frac{\Delta T_s}{G_f} \, . \tag{3.16}$$

Eine Lösung für die Konstante ΔI kann leicht gefunden werden und lautet

$$\Delta T_s(t) = G_f(\Delta I)(1 - \mathrm{e}^{-t/\tau_e}) \, , \tag{3.17}$$

wobei $\tau_e = c_s G_f$ ist, und die Zeitverzögerung τ_e auf 50 bis 100 Jahre geschätzt wird. Für $t \to \infty$ kommt man natürlich zu Gl. (3.14) zurück.

3.2 Grundlagen von Wetter und Klima

Das Wetter wird durch Parameter wie zum Beispiel die Sonnenscheindauer, Regen (oder allgemeiner: Niederschlag), Wolken, Winde und die Temperatur charakterisiert. Auch das Klima wird durch diese Faktoren beschrieben, wird dabei jedoch über einen Zeitraum von etwa 30 Jahren gemittelt. Insbesondere für das Klima ist die Variabilität dieser Faktoren im Laufe von Stunden oder Tagen in dieser Definition enthalten. Das Klima gibt somit an, ob die natürlichen Gegebenheiten dem Menschen gegenüber freundlich erscheinen, und ob sie mit Landwirtschaft oder Industrie vereinbar sind.

Sowohl das Wetter, als auch das Klima werden durch den Zustand einer Luftschicht über der Erdoberfläche festgelegt; das horizontale Ausmaß liegt hierbei in der Größenordnung des Erdumfanges von 40 000 Kilometern. In der vertikalen Richtung finden die Kurzzeitveränderungen in einem viel kleineren Höhenbereich von nur etwa 10 km statt, der sogenannten *Troposphäre*. Diese stellt nur den unteren Teil der Atmosphäre dar, die zusammen mit den höheren Schichten eine Höhe von etwa 100 km umfaßt. Die vertikale Aufteilung der Atmosphäre wird in Bild 3.7 dargestellt, woraus auch deutlich wird, daß der Temperaturanstieg und -abfall gleichzeitig die Begriffe *Troposphäre, Stratosphäre, Mesosphäre* und *Thermosphäre* festlegt. Die Trennlinien, die als Funktion des Breitengrades variieren können, werden als *Tropopause, Stratospause und Mesopause* bezeichnet.

Man betrachte nun den Anstieg der Temperatur bei einer Höhe von mehr als 80 km. Er entsteht durch die Photodissoziation molekularen Sauerstoffs O_2 in atomaren, da diese Atome einen Großteil des Lichtes zwischen 100 und 200 nm absorbieren. Umgekehrt kann auch die Dissoziation in O^+-Ionen auftreten, was zum Entstehen der sogenannten *Ionosphäre*

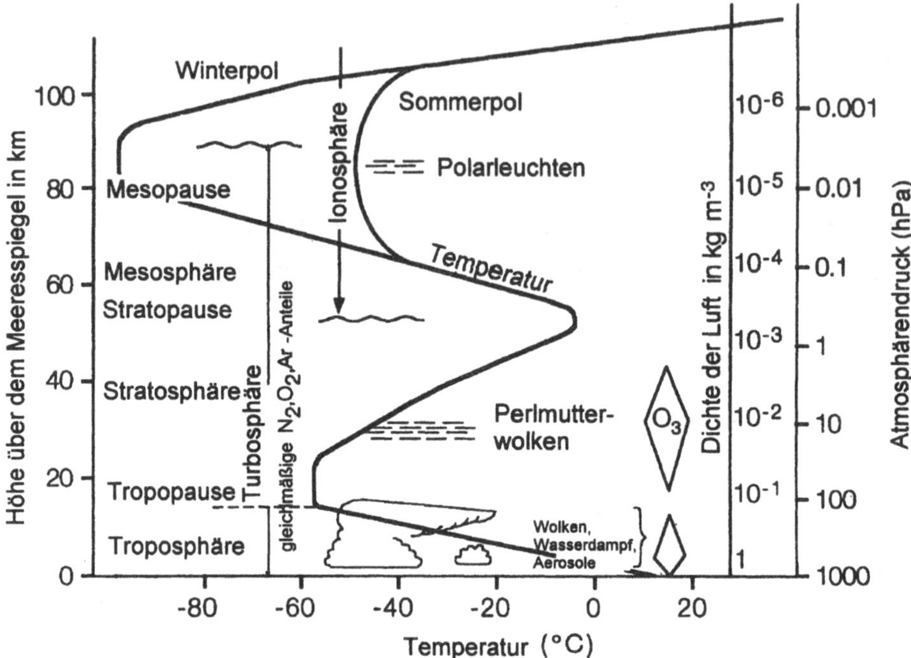

Bild 3.7 Die vertikale Struktur der Atmosphäre. Die Höhe an der linken Seite korrespondiert zu der Dichte- und Druckskala auf der rechten Seite. In der Horizontalen findet man eine starke saisonale Temperaturabhängigkeit in etwa 80 km Höhe. Die Namen der verschiedenen Regionen der Atmosphäre sind ebenfalls angeführt. (Aus: Robin McIlveen, *Fundamentals of Weather and Climate*, Chapman and Hall, London, 1992, Abb. 3.1, S. 48)

führt, an der Radiowellen reflektiert werden. Ähnlich wird auch in einer Höhe von 20 bis 40 Kilometern ein Teil des solaren UV-Lichtes von O_2-Molekülen absorbiert, und es kommt zur Bildung von Ozon, O_3, welches wiederum eine starke Absorption im Bereich von 200–300 nm aufweist und aus diesem Grunde zu einem allgemeinen Temperaturanstieg in diesem Höhenbereich führt (siehe Kapitel 2).

Bewegungen in der Atmosphäre legen nicht nur das Klima fest, sondern auch die Verteilung der Schwebstoffe. Aus diesem Grunde werden wir zunächst mit der Besprechung der vertikalen Struktur und Beweglichkeit beginnen, und dann erst zu horizontalen Bewegungen übergehen.

Der gleichmäßige Temperaturabfall mit ansteigender Höhe in der Troposphäre kann, wie in Bild 3.7 gezeigt, durch die Betrachtung der adiabatischen Expansion eines aufsteigenden Luftvolumens verstanden werden. Betrachten wir zunächst den Druck: In sehr guter Näherung kann gesagt werden, daß ein bestimmtes Luftvolumen oder „Luftpaket" im hydrostatischen Gleichgewicht mit darüber- und darunterliegenden Luftschichten steht. Nehmen wir an, daß der Druck in der Höhe z gleich $p(z)$ sei, dann herrscht in der Höhe z + dz ein Druck p + dp. Im vertikalen Gleichgewicht verschwindet dann die Summe der Druckkraft dp und der Gewichtskraft $g\rho$ dz, was zu der Gleichung

$$\mathrm{d}p = -g\,\rho\,\mathrm{d}z \qquad (3.18)$$

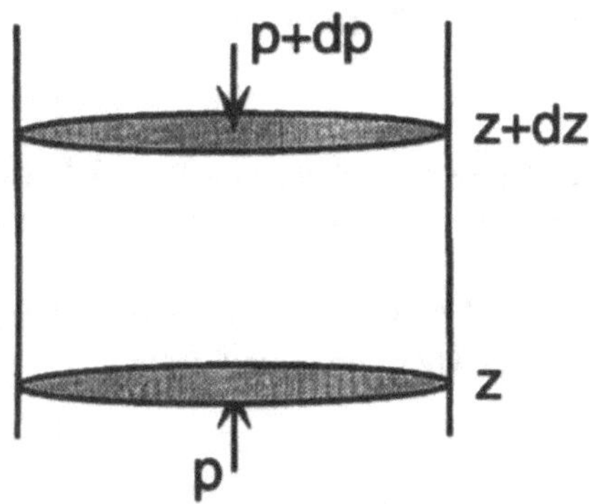

Bild 3.8 Herleitung der hydrostatischen Gleichung (3.18). Ein Luftpaket mit Einheitsfläche sei im hydrostatischen Gleichgewicht mit der Luft.

führt. In der unteren Troposphäre kann man zwar die Gravitationsbeschleunigung g als konstant betrachten, die Dichte ρ zeigt aber einen starken logarithmischen Abfall, wie auch in Bild 3.7 ersichtlich, und darf somit nicht als konstant angenommen werden. Da jedoch das tatsächliche thermodynamische Verhalten der Atmosphäre durch die Ideale-Gas-Gleichung in guter Näherung beschrieben werden kann, läßt sich die Dichte ρ durch den Druck p darstellen.

Die Zustandsgleichung für ein ideales Gas lautet

$$pV = nR'T . \tag{3.19}$$

Hierbei ist n die Zahl der Mole innerhalb des Volumens V (1 Mol entspricht M Gramm, wenn M das Molekulargewicht ist) und R' die universelle Gaskonstante, wie sie im Anhang C als R angegeben ist. Die Masse m des Gases ist gegeben durch

$$m = nM \cdot 10^{-3} , \tag{3.20}$$

wobei der Faktor 10^{-3} durch die Verwendung der SI-Einheit kg entsteht. Definiert man eine spezifische Gaskonstante

$$R = \frac{10^3}{M} R' , \tag{3.21}$$

so erhält man

$$p = \frac{m}{V} RT = \rho RT . \tag{3.22}$$

Für ein Gasgemisch wie Luft muß die spezifische Gaskonstante aus Gl. (3.21) insofern korrigiert werden, als daß man eine Linearkombination der Konstanten der einzelnen Gase zu verwenden hat, wie es in Übungsaufgabe 3.6 erklärt wird. Aus Gleichung (3.18) folgt weiter

$$\frac{\partial p}{\partial z} = -g\rho = -\frac{g}{RT} p = -\frac{p}{H_e} , \tag{3.23}$$

wobei für T ein Mittelwert genommen wird, um eine effektive Höhe $H_e = (RT)/g$ zu finden. Man findet für den Druck p dann eine exponentielle Abhängigkeit von der Höhe z:

$$p = p_0 e^{-z/H_e} . \tag{3.24}$$

Hieraus erklärt sich auch die logarithmische Skala auf der rechten Seite von Bild 3.7. Bei einer Temperatur von T = 250 K erhält man bei einer Höhendifferenz von Δz = 16,8 km einen Druckabfall um den Faktor 10.

Wir wollen nun eine zur vertikalen Bewegung des Luftpakets korrespondierende Temperaturveränderung untersuchen. Aus dem ersten Hauptsatz der Thermodynamik folgt

$$\delta Q = c_V \mathrm{d}T + p\mathrm{d}V , \tag{3.25}$$

wobei c_V die spezifische Wärme im Volumen V bezeichnet, und δQ die zugeführte Wärme darstellt. Für ein sich verformendes und im Volumen änderndes Luftpaket von konstanter Masse kann man eine Masseneinheit betrachten, deren Volumen dann mit der Dicht als $V = 1/\rho$ beschrieben werden kann. Man erhält

$$\begin{aligned} \delta Q &= c_V \mathrm{d}T + p\mathrm{d}\left(\frac{1}{\rho}\right) = c_V \mathrm{d}T + \mathrm{d}\left(\frac{p}{\rho}\right) - \frac{1}{\rho}\mathrm{d}p \\ &= c_V \mathrm{d}T + R\mathrm{d}T - \frac{1}{\rho}\mathrm{d}p = c_p \mathrm{d}T - \frac{1}{\rho}\mathrm{d}p \end{aligned} , \tag{3.26}$$

wobei $c_p = c_V + R$ die spezifische Wärme bei konstantem Druck angibt. Nebenbei sei hierzu angemerkt, daß die isobare Erwärmung einer sich an einem sonnigen Tag nahe am Boden befindlichen Luftscheibe, durch $\delta Q = c_p \mathrm{d}T$ angegeben wird, wie man auch in Übungsaufgabe 3.7 sehen kann. Für den Transport von Energie und Materie ist allerdings der Aufstieg und der Abfall eines Luftpaketes bedeutsamer. Der entsprechende Prozeß hierfür verläuft adiabatisch, es findet also kein Wärmeaustausch mit der umliegenden Luft statt: $\delta Q = 0$. Die Adiabate stellt die Kurve dar, die die Temperatur T als Funktion des Druckes p oder der Höhe z ergibt. Es treten dann zwei Extrema auf: zum einen der „trockene" Fall, bei dem kein Wasserdampf in der Luft ist, und zum anderen der „nasse" Fall, in dem die Luft mit Wasserdampf gesättigt ist. Für den trockenen adiabatischen Prozeß folgt aus Gl. (3.26)

$$\begin{aligned} c_p \mathrm{d}T &= \frac{1}{\rho}\mathrm{d}p \\ \mathrm{d}T &= \frac{\mathrm{d}p}{\rho c_p} = \frac{RT\mathrm{d}p}{p c_p} \end{aligned}$$

oder

$$\frac{\mathrm{d}T}{\mathrm{d}p} = \frac{RT}{c_p p} . \tag{3.27}$$

Unter Verwendung der zweiten Gleichheit in Gl. (3.23) erhält man für die *trockene Adiabate*

$$\frac{\partial T}{\partial z} = \frac{\partial T}{\partial p} \cdot \frac{\partial p}{\partial z} = -\frac{g}{c_p}. \tag{3.28}$$

Die Größe $\Gamma_d = g/c_p$ [*] wird als *Abfallrate der trockenen Adiabate* bezeichnet. In der Nähe der Erdoberfläche liegt ihr Wert bei etwa 1 °C pro 100 Meter. Das Minuszeichen in Gl. (3.28) läßt sich leicht verstehen, denn aufsteigende Luft wird ihr Volumen vergrößern und somit abkühlen.

Für feuchte, aber nicht gesättigte Luft wird die Abfallrate einfach durch eine Erweiterung von Gl. (3.28) abgeschätzt. Sei ω der Massenanteil an Wasserdampf, dann kann man Gl. (3.28) unter Berücksichtigung von

$$c_p = (1-\omega)c_{p(\mathrm{Luft})} + \omega\, c_{p(\mathrm{Wasserdampf})} \tag{3.29}$$

verwenden. Wenn das Luftpaket ansteigt, kühlt es ab, und ein Teil des Wasserdampfes kondensiert, so daß $\mathrm{d}\omega < 0$ gilt. Die positive Verdampfungswärme einer Masseneinheit des Wasserdampfes wird mit ΔH_v bezeichnet. Der positive Wert der durch die Kondensation einer Menge ($-\mathrm{d}\omega$) diesem Luftpaket zugefügten Wärme wird zu

$$\delta Q = (\Delta H_v)(-\mathrm{d}\omega) = c_p \mathrm{d}T - \frac{1}{\rho}\mathrm{d}p, \tag{3.30}$$

was mit der gleichen Herleitung wie oben folgendes ergibt:

$$\mathrm{d}T = \frac{1}{\rho c_p}\mathrm{d}p - \frac{\Delta H_v}{c_p}$$

$$\frac{\partial T}{\partial z} = -\frac{g}{c_p} - \frac{\Delta H_v}{c_p}\frac{\partial \omega}{\partial z} = -\Gamma_d - \frac{\Delta H_v}{c_p}\frac{\partial \omega}{\partial z}. \tag{3.31}$$

Die gesättigte adiabatische Abfallrate Γ_s [†] ist aber kleiner als die trockene Γ_d. Kalte Luft enthält nur wenig Wasser, so daß sowohl ω als auch dessen Ableitung klein sind, was zu nahe beieinanderliegenden Abfallraten führt. Für warme Luft kann die gesättigte adiabatische Abfallrate um einen Faktor 2 oder 3 kleiner sein.

Stabilität und Vertikale Luftbewegung

Die Stabilität oder Instabilität von Luft wird bedeutsam, wenn man das Verhalten einer aus einem Schornstein aufsteigenden, warmen Rauchwolke untersuchen möchte, oder den Einfluß der Wolkenbildung auf das Energiegleichgewicht der Erde. In beiden Fällen kann man die Wechselwirkungen eines Luftpaketes mit seiner Umgebung betrachten. Man kann hierbei zwei Grenzfälle betrachten:

---

[*] Index d: engl. *dry* = trocken

[†] Index s: engl. *saturated* = gesättigt

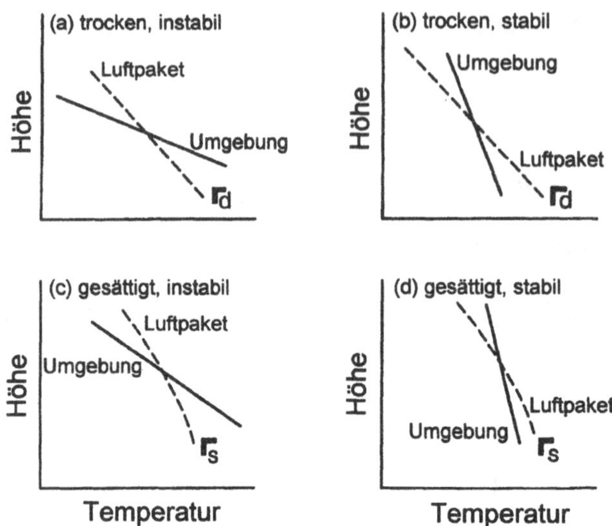

Bild 3.9 Stabilität und Instabilität: Die oberen Diagramme beziehen sich auf trockene Luft, die unteren auf feuchtigkeitsgesättigte Luft. Die linken Diagramme betreffen den Fall, daß die Abfallrate der Umgebung größer als die adiabatische ist, die rechten den umgekehrten Fall. (Aus: Robin McIlveen, *Fundamentals of Weather and Climate*, Chapman and Hall, London, 1992, Abb. 3.1, S. 48)

(a) eine *instabile* Atmosphäre, in der Auftriebskräfte die vertikale Bewegung verstärken oder

(b) eine *stabile* Atmosphäre, in der Auftriebkräfte der vertikalen Bewegung entgegenwirken.

Der vertikale Temperaturgradient $\partial T / \partial z$ der Atmosphäre wird nicht nur durch vertikale, sondern auch durch horizontale Bewegungen verursacht; die Erwärmung der Atmosphäre entsteht durch Kondensation und Absorption von Wärme oder Strahlung. Wird dieser Gradient als gegeben betrachtet, so kann man zwischen zwei Stabilitätszuständen für den nassen und den trockenen Zustand unterscheiden, die in Bild 3.9 dargestellt sind.

Auf der linken Seite sieht man den Fall dargestellt, daß die Abfallrate der Umgebung höher ist, als die adiabatische des Luftpaketes. Hierbei wird ein durch seinen Auftrieb steigendes Luftpaket langsamer abkühlen als seine Umgebung und somit weitere Auftriebskräfte erfahren und weiter ansteigen. Würde es negative Auftriebskräfte erfahren und sich abwärts bewegen, so würde die Bewegung in dieser Richtung verstärkt werden. Man bezeichnet diesen Fall auch als *Konvektive Instabilität.*

In den auf der rechten Seite dargestellten Fällen kühlen aufsteigende Luftpakete schneller ab als ihre Umgebung. Dies verursacht eine negative Auftriebskraft, was dazu führt, daß sich die Luftpakete wieder zu ihrer ursprünglichen Position hinbewegen. Aus den gleichen Gründen wird auch ein absinkendes Luftpaket wieder zurückkehren. Dieser Fall wird dann als eine stabile atmosphärische Situation bezeichnet. Zusätzlich kann man aber sehen, daß für niedrige Temperaturen die Abfallraten im nassen oder trockenen Falle fast identisch sind. Außerdem ist der Zustand bei warmer, feuchter Luft sehr instabil, was zu verstärkter Konvektion und Wolkenbildung während des Tages führt.

Horizontale Bewegung von Luft und Wasser

Das Klima wird teilweise auch durch den Energiefluß vom Äquator in höhere Breitengrade bestimmt. Man schätzt diesen Energiestrom bei vertikaler Integration auf etwa 200 MWm^{-1}, wovon drei Viertel durch die Atmosphäre, und das verbleibenden Viertel durch die Ozeane befördert werden. Die Transportgleichung soll jedoch ausführlicher in Kapitel 5.3 besprochen werden; einige qualitative Bemerkungen zum Verständnis mögen uns hier genügen. Betrachten wir also ein Volumenelement $d\tau$ der Masse $\rho d\tau$ so kann die dazugehörige Newtonsche Bewegungsgleichung als

$$\frac{d\boldsymbol{u}}{dt}\rho d\tau = \boldsymbol{F}_{\text{Druck}} + \boldsymbol{F}_{\text{Visk.}} + \boldsymbol{F}_{\text{Coriolis}} + \boldsymbol{F}_{\text{Gewicht}} \qquad (3.32)$$

geschrieben werden. Die Coriolis-Kraft muß berücksichtigt werden, da wir uns in einem rotierenden Koordinatensystem befinden. Die Zentrifugalterme werden dadurch berücksichtigt, daß die lokale Gravitationskonstante g verwandt wird. Die übrigen Terme können aufgrund der horizontalen Bewegung vernachlässigt werden. Wir werden nun die einzelnen Terme von Gleichung (3.32) betrachten.

Kräfte durch Druckgradienten

Der erste Term auf der rechten Seite ist die durch den Druckgradienten $\boldsymbol{F}_{\text{Druck}}$ verursachte Kaft. Man kann leicht sehen, daß die in x-Richtung wirkende Kraft zur linken des Volumens mit $p(x,y,z)\, dy\, dz$ und diejenige zur Rechten des Volumens mit $-p(x+dx, y, z)\, dy\, dz$ angegeben werden kann. Somit erhält man für die x-Komponente der Kraft durch Druckgradienten $(-\partial p / \partial x)\partial\tau$ und damit für die Kraft

$$\boldsymbol{F}_{\text{Druck}} = -\nabla p d\tau \qquad (3.33)$$

Viskositätskräfte

Betrachtet man Bild 3.11, das Ähnlichkeiten mit Bild 3.10 aufweist, aber zusätzlich die Geschwindigkeiten enthält, so sieht man, daß bei Annahme einer Vergrößerung der x-Komponente von $u_x(z)$ in z-Richtung die Viskositätskräfte am Punkte (x,y,z) parallel zu $-\partial u_x / \partial z$ verlaufen (Newtons Annahme, siehe auch Abschnitt 5.4).

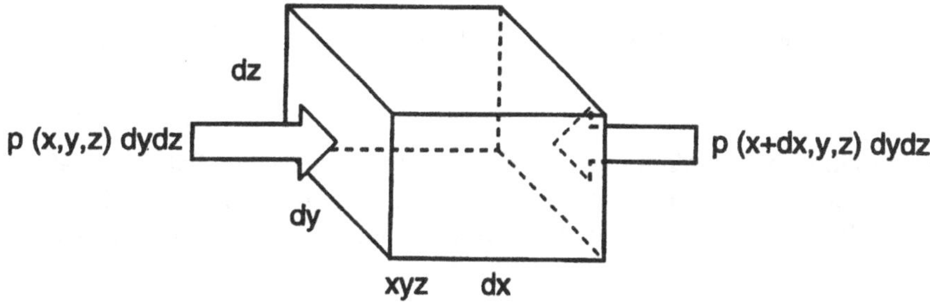

Bild 3.10 Herleitung der Kraft durch den Druckgradienten

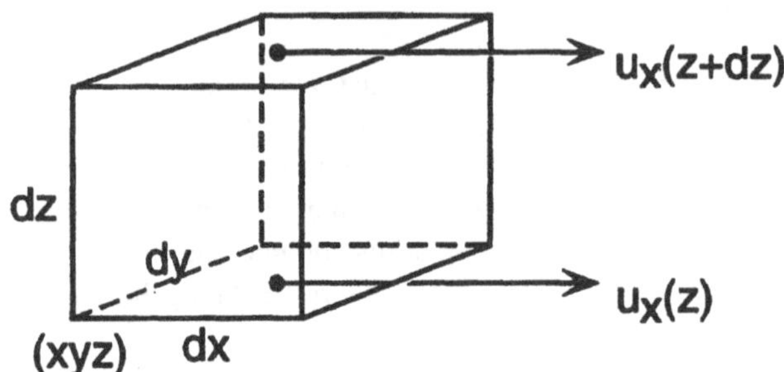

Bild 3.11 Herleitung der Viskositätskräfte, die den Anstieg von u_x verdeutlichen

Das Minuszeichen muß hinzugefügt werden, da die Kraft von der Flüssigkeit auf das Volumenelement ausgeübt wird. Definiert man pro Einheitsfläche die Proportionalitätskonstante μ, die auch als *dynamische Viskosität* bezeichnet wird, so erhält man für die Kraft an der Unterseite

$$-\mu \frac{\partial u_x}{\partial z}\bigg|_{xyz} \mathrm{d}x\,\mathrm{d}y\ .$$

Analog folgt für die Kraft an der Oberseite

$$+\mu \frac{\partial u_x}{\partial z}\bigg|_{xyz+\mathrm{d}z} \mathrm{d}x\,\mathrm{d}y\ .$$

Die gesamte, in x-Richtung wirkende Kraft sieht also folgendermaßen aus

$$F_x = -\mu \cdot \frac{\partial u_x}{\partial z}(z)\mathrm{d}x\mathrm{d}y + \mu \cdot \frac{\partial u_x}{\partial z}(z+\mathrm{d}z)\mathrm{d}x\mathrm{d}y = \mu \cdot \frac{\partial^2 u_x}{\partial z^2}\mathrm{d}\tau \tag{3.34}$$

und Gleiches folgt für die y-Richtung. Da die z-Komponente der Geschwindigkeit vernachlässigt werden kann, wirken die Viskositätskräfte in der Meteorologie nur in horizontaler Richtung, und man findet pro Masseneinheit für die Viskositätskraft in x-Richtung dann

$$\frac{\mu}{\rho} \cdot \frac{\partial^2 u_x}{\partial z^2}\ , \tag{3.35}$$

worin das Verhältnis μ/ρ als *kinematischer Viskositätskoeffizient* ν bezeichnet wird.

Trägheitskräfte

Auch die schon in Gl. (3.32) erwähnt Coriolis-Kraft ist eine sogenannte Trägheitskraft, die als fiktive Kraft zu den physikalischen Kräften hinzuaddiert werden muß, um die aus der Rotation des Koordinatensystems resultierende Beschleunigung aufzuheben. Sie wird geschrieben als

$$\boldsymbol{F}_{\text{Coriolis}} = 2\boldsymbol{\Omega} \times \boldsymbol{u}\rho\,\mathrm{d}\tau\ , \tag{3.36}$$

wobei Ω die Winkelgeschwindigkeit der Erdrotation um die Erdachse darstellt. Weiter unten wird gezeigt, daß die Größe $f = 2\ \Omega \sin\beta$ bereits den größten physikalisch bedeutsamen Anteil darstellt, wobei β die geographische Breite ist. f wird auch als *Coriolis-Parameter* bezeichnet.

Gravitation

Zum Schluß noch der letzte Term aus Gl. (3.32), die Gewichtskraft, die als

$$F_{\text{Gewicht}} = g\rho \mathrm{d}\tau \tag{3.37}$$

geschrieben werden kann. Auf die Herleitung der hydrostatischen Gleichung (3.18) aus Gl. (3.32) sowie den nachfolgenden Gleichungen soll mit Übung 3.9 verwiesen werden.

Beispiel: Geostrophischer Wind

Betrachten wir zunächst die Atmosphäre. In größeren Höhen (mehr als 500 m) weht der Wind mit relativ gleichmäßiger Geschwindigkeit, so daß der Beschleunigungsterm auf der linken Seite von Gl. (3.32) in guter Näherung vernachlässigt werden kann. Da die Erdoberfläche weit entfernt ist, und die vertikalen Ableitungen der horizontalen Geschwindigkeitskomponenten aus Gl. (3.32) sowieso klein sind, können auch Viskositätskräfte unberücksichtigt bleiben. Die horizontalen Komponenten der Gl. (3.32) reduzieren sich für eine Volumeneinheit $\mathrm{d}\tau = 1$ auf

$$-\nabla p - 2\rho\boldsymbol{\Omega} \times \boldsymbol{u} = 0 \text{ oder } -\frac{1}{\rho}\nabla p - 2\boldsymbol{\Omega} \times \boldsymbol{u} = 0 \ . \tag{3.38}$$

Am Äquator hat das Kreuzprodukt $2\boldsymbol{\Omega} \times \boldsymbol{u}$ nur vertikale Komponenten, so daß Gl. (3.38) nur in mittleren Breitengraden Sinn macht. In diesen Regionen erzeugt die vertikale Komponente von Ω, also $\Omega \sin\beta$, eine horizontale Komponente in Gl. (3.38). Die resultierende Windgeschwindigkeit wird als geostrophischer Wind u_G bezeichnet. Unter Verwendung von Gl. (3.38) folgt daraus

$$u_G = \frac{|\nabla p|}{2\Omega \sin\beta} = \frac{|\nabla p|}{f\rho} \ , \tag{3.39}$$

wobei f der oben schon eingeführte Coriolis-Parameter ist.

In Gleichung (3.38) steht der negative Druckgradient senkrecht auf den Isobaren in Richtung des abfallenden Drucks und hat somit die gleiche Richtung wie $\boldsymbol{\Omega} \times \boldsymbol{u}$. Für die nördliche Erdhalbkugel folgt daraus, daß die Richtung der geostrophischen Windgeschwindigkeit orthogonal zum negativen Gradienten nach rechts weist, während sie auf der Südhalbkugel nach links weist. In beiden Fällen verläuft die Geschwindigkeit parallel zu den Isobaren.

Man kann für die Windgeschwindigkeiten mit Hilfe des Drehmomenterhaltungssatzes eine Abschätzung der Größenordnungen treffen, und betrachtet hierzu ein sich am Äquator in Ruhe befindendes Luftpaket der Masse m. In einem Inertialsystem hat es dann in Richtung von Ω das Drehmoment $m\ \Omega\ R^2$. Bewegt es sich in nördlicher Richtung und behält dabei sein Drehmoment bei, so wäre bei einem Breitengrad β die Geschwindigkeit bezüglich der Erde in östlicher Richtung gleich U. Die Erhaltung des Gesamtdrehimpulses ergibt damit folgendes

$$m(U + \Omega R\cos\beta)R\cos\beta = m\Omega R^2 ,$$

was zu

$$U = \Omega R\left(\frac{1}{\cos\beta} - \cos\beta\right) \tag{3.40}$$

führt. Für eine nördliche Breite β von 20° würde dieses eine Geschwindigkeit von 55 m s^{-1} ergeben, für 30° einem Wert von 130 m s^{-1}. In der Praxis liegen die Windgeschwindigkeiten aber etwas unterhalb von 60 % dieser Zahlenwerte.

Gleichung (3.39) gilt auch für die Ozeane und eine Näherung erster Ordnung ist dort sogar genauer, als bei der Vernachlässigung der Reibungs- und Gewichtskräfte in der Atmosphäre. Um eine Vorstellung von der geostrophischen Geschwindigkeit in den Ozeanen zu erhalten, kann man von gleichen Gradienten in Atmosphäre und Ozean ausgehen. Unterschiede im Atmosphärendruck sind in gleicher Weise als Druckdifferenz im Wasser vorhanden. Der einzige wichtige Unterschied zwischen Wasser und Luft ist in diesem Zusammenhang die Dichte, die für Wasser etwa 1000fach höher liegt als für Luft. Aus diesem Grund sollte die geostrophische Geschwindigkeit um einen Faktor 1000 kleiner sein, also bei 5–10 cm s^{-1} liegen.

Für die Ozeane werden in der Praxis Geschwindigkeiten von bis zu 20 cm s^{-1} gemessen, wobei die Windgeschwindigkeiten an der Oberfläche bei 6 m s^{-1} liegen. Dieses hängt natürlich mit der Luftreibung an der Erdoberfläche zusammen. Tatsächlich ist diese die treibende Kraft zur Erzeugung von Wellen.

Barokline Modelle

Wir werden nun zeigen, daß Modelle, die horizontale Bewegungen beschreiben, im wesentlichen eine geschichtete vertikale Struktur der Atmosphäre aufweisen müssen. Wir werden barokline Modelle besprechen, was bedeutet, daß die Flächen konstanten Drucks (isobare Flächen) gegenüber den Flächen konstanter Dichte geneigt sind. Letztere bilden näherungsweise horizontale Oberflächen. Entsprechend der Zustandsgleichung (3.22) folgt

$$p = \rho RT , \tag{3.41}$$

was heißt, daß in einer waagerechten Ebene konstanter Dichte die Temperatur mit dem Druck variiert. Es ist nützlich, die Folgen hiervon zu untersuchen. Wir erinnern uns an die hydrostatische Gleichung (3.18):

$$g = -\frac{1}{\rho}\frac{\partial p}{\partial z} \tag{3.42}$$

und die Gleichung des geostrophischen Windes (3.38):

$$-\frac{1}{\rho}\nabla p - 2\boldsymbol{\Omega} \times \boldsymbol{u} = 0 \ . \tag{3.43}$$

Wenn $\boldsymbol{k}$ der Einheitsvektor in vertikaler Richtung ist, so kann diese Gleichung unter Verwendung des Coriolis-Faktors f als

$$\boldsymbol{k} \times \boldsymbol{u} = -\frac{1}{\rho f} \nabla p \tag{3.44}$$

geschrieben werden. Setzt man in Gl. (3.42) p aus Gl. (3.41) ein, so folgt

$$g = -\frac{1}{\rho}\frac{\partial \rho}{\partial z} RT - R\frac{\partial T}{\partial z} \ . \tag{3.45}$$

Teilt man beide Seiten durch T, so ergibt sich schließlich

$$\begin{aligned} \frac{g}{T} &= -\frac{1}{\rho}\frac{\partial \rho}{\partial z} R - R\frac{R\partial T}{T\partial z}, \\ \frac{g}{T} &= -R\left[\frac{\partial}{\partial z}(\ln \rho) + \frac{\partial}{\partial z}(\ln T) + \frac{\partial}{\partial z}(\ln R)\right], \\ \frac{g}{T} &= -R\frac{\partial}{\partial z}(\ln p). \end{aligned} \tag{3.46}$$

Gleichermaßen kann der Druck aus Gl. (3.41) in Gl. (3.44) substituiert werden. Geht man genau den gleichen Weg, und verwendet nur statt $\partial / \partial z$ den Gradienten, so folgt

$$\frac{\boldsymbol{k} \times \boldsymbol{u}}{\boldsymbol{T}} = -\frac{R}{f} \nabla \ln p \ . \tag{3.47}$$

Differenziert man diese Gleichung nach z und verwendet die letzte Gleichheit in Gl. (3.46), so erhält man

$$\frac{\partial}{\partial z}\left(\frac{\boldsymbol{k} \times \boldsymbol{u}}{\boldsymbol{T}}\right) = -\frac{R}{f} \nabla \frac{\partial}{\partial z} \ln p = \frac{g}{f} \nabla \frac{1}{T} = -\frac{g}{fT^2} \nabla T \ . \tag{3.48}$$

Wegen des vertikalen Einheitsvektors $\boldsymbol{k}$ weist diese Gleichung nur horizontale Komponenten auf, und es folgt, daß „horizontale" Temperaturschwankungen mit einer Veränderung von u mit z einhergehen, also zu einer vertikalen Windscherung führen. Realistische Wetter- und Klimamodelle, bei denen horizontale Temperaturschwankungen unerläßlich sind, sollten also wenigstens zwei vertikale Schichten unterschiedlicher Windgeschwindigkeit beschreiben. In seinen bahnbrechenden Arbeiten hat Phillips [7] tatsächlich zwei vertikale Schichten verwandt.

Wolken

In allen realistischen Modellen muß die Wolkenbildung unter dem Einfluß der Temperaturverteilung T als Funktion der Höhe und der Luftfeuchtigkeit berücksichtigt werden. Man kann solche $T(z)$-Kurven vielerorts finden, und daraus die Kurven in Bild 3.12 konstruieren.

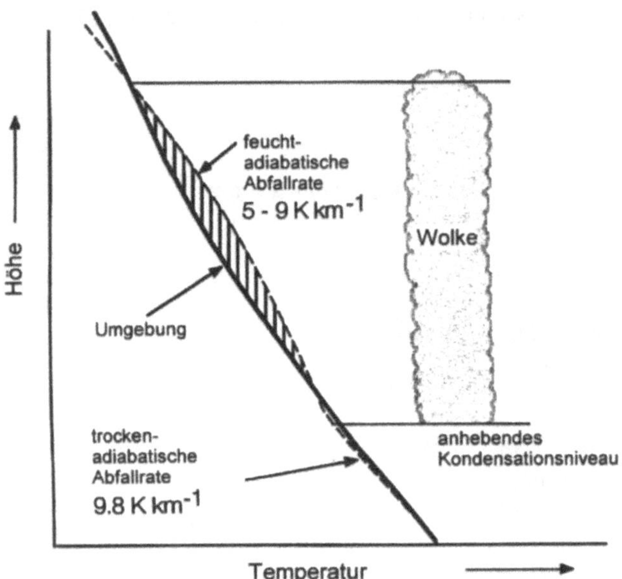

Bild 3.12 Kumulus-Wolkenbildung. Vom anhebenden Kondensationsniveau aus wird ein Luftpaket ansteigen, abkühlen und dann kondensieren, bis die Auftriebskräfte diesen Vorgang unterbrechen.

Ein feuchtes Luftpaket am sogenannten anhebenden Kondensationsniveau wird der Feuchtadiabate wie dargestellt folgen. Durch Kondensation bleibt das Paket solange wärmer als seine Umgebung, bis die Feuchtadiabate die Kurve der „Umgebung" schneidet. In der Praxis können größere Wolken darüber hinausschießen und so diesen Effekt verstärken, andererseits wird jedoch für kleinere Wolken ein geringer Wärmeaustausch mit der Umgebung stattfinden, was den Effekt abschwächt. Die Gesamtsituation ist deshalb sehr komplex.

Die Reynoldszahl Re

In der Praxis müssen bei einem realistischen Modell natürlich alle Terme der Gleichung (3.32) berücksichtigt werden. Wir werden diesen Fall im fünften Kapitel noch eingehender besprechen. Bei der Herleitung von Gl. (3.39) für den geostrophischen Wind oder der hydrostatischen Gleichung (3.18) haben wir tatsächlich nur die ersten beiden Terme berücksichtigt und alle anderen ignoriert. Ein weiterführender Schritt wäre es, die relative Bedeutung der Terme in der Bewegungsgleichung (3.32) abzuschätzen. Später (etwa bei Gl. (5.185)) wird dann ein interessantes Konzept besprochen werden, bei dem man das dimensionslose Verhältnis zwischen Trägheitsgrößen und Viskositätskräften betrachtet. Dieses wird durch die Reynoldszahl Re angegeben, die als

$$Re = \frac{\text{Trägheitskräfte}}{\text{Viskositätskräfte}} = \left| \frac{\rho \cdot \dfrac{\mathrm{d}u_i}{\mathrm{d}t}}{\mu \cdot \dfrac{\mathrm{d}^2 u_k}{\mathrm{d}z^2}} \right| \qquad (3.49)$$

definiert wird, wobei u_i und u_k die Komponenten der Geschwindigkeit $\boldsymbol{u}$ sind. Um den Zähler und den Nenner für bestimmte Voraussetzungen abschätzen zu können, verwendet man eine charakteristische Geschwindigkeit U und eine Länge L, so daß man eine Zeit L/U erhält. Man substituiert dann in Gl. (3.49) die zu den entsprechenden Dimensionen korrespondierenden Werte auf folgende Weise:

$$Re = \frac{\rho}{\mu} \cdot \frac{U \times U / L}{U / L^2} = \frac{\rho}{\mu} UL = \frac{UL}{\nu} \quad . \tag{3.50}$$

Statt der dynamischen Viskosität μ verwendet man die kinematische Viskosität $\nu = \mu/\rho$. Die Erfahrung zeigt, daß für Reynoldszahlen, die kleiner als 10^3 sind, die Viskositätskräfte die Bewegung bestimmen. Für größere Werte ist die Vikosität nicht länger bedeutsam genug, um Bewegungen abzubremsen, und wir erhalten eine turbulente Strömungscharakteristik. Wenn man sich für die vertikalen Größenordnungen in der untersten Schicht der Atmosphäre interessiert, so liegt die kinematische Viskosität ν bei etwa 10^{-5} m^2 s^{-1}. Ein typischer Wert der Geschwindigkeit U liegt bei 10 m s^{-1}, der Länge L bei 10^3 Meter, und man erhält daraus eine Reynoldszahl von $Re = 10^9$. In der Horizontalen wäre ein typischer Wert der Länge $L = 10^6$ m und es ergäbe sich $Re = 10^{12}$, also liegt in beiden Fällen erfahrungsgemäß ein sehr turbulenter Zustand vor.

Untersucht man allerdings eine in unmittelbarer Nähe der Erdoberfläche gelegene Schicht (den untersten Zentimeter), so wäre die typische Länge L von der Größenordnung eines Millimeters, die Geschwindigkeit* U der Luft liegt bei 0,3 m s^{-1}, und man erhält eine Reynoldszahl von $Re = 30$. Hier dominiert die Viskosität, was zu den geringen Windgeschwindigkeiten führt, die an der Oberfläche dann gänzlich verschwinden. Diese allerdings sehr dünne laminare Schicht fungiert somit als eine wichtige Membrane über der Oberfläche, in der zum Beispiel Wärme über molekulare Diffusion und keinesfalls durch Konvektion transportiert wird.

3.3 Klimaveränderungen und Modellgestaltung

Das Klima hat sich in der Vergangenheit auch ohne menschliches Dazutun geändert, was allein durch das regelmäßige Auftreten der Eiszeiten erwiesen ist. Man kann diese Aussage weiter festigen, indem man die Temperatur als den sichersten Hinweis auf das Klima betrachtet. In Bild 3.13 ist der Temperaturverlauf in den letzten Millionen Jahren aufgetragen.

Bevor wir aber die Bilder besprechen, ist es wichtig zu erwähnen, daß die Temperaturen in Grönland in der oberen Grafik bestimmt werden können, indem man sich der Massendifferenz der im Wasser gebundenen Sauerstoffisotope ^{16}O und ^{18}O bedient. Das leichtere Wassermolekül verdampft natürlich leichter und das schwerere wiederum kondensiert schneller. Somit regnen nach der Verdunstung über den Ozeanen die schwereren Moleküle schneller ab als die leichteren, welche durch ihr längeres Verbleiben in der Luft erst in den arktischen Regionen in Form von Schnee oder Eis ausfallen. Aus diesem Grunde sind Eis oder Schnee eher arm an schweren Molekülen, wohingegen die Ozeane und deren Sedimente eher einen hohen Anteil daran aufweisen. Dieser Effekt ist in kälteren Regionen noch deutlicher zu beobachten, da die Verdunstung „schwerer" fällt als in wärmeren Regionen. Aus

* Diese Geschwindigkeit $U = 0{,}3$ m s^{-1} ist die in Gl. (4.182) als $(\tau/\rho)^{1/2}$ definierte Reibungsgeschwindigkeit. Die tangentiale Spannung τ kann gemessen werden, und die Dichte ρ ist gegeben.

diesen Gründen spiegeln die Messungen der Isotopenverhältnisse in altem Eis oder alten Sedimenten die Temperaturen des entsprechenden Zeitraumes wider, man sollte dabei jedoch das Alter der Proben mit einem anderen Verfahren bestimmen.

Betrachten wir zunächst die obere Grafik, in der die letzten beiden Eiszeiten leicht erkennbar sind. Das Auftreten von Eiszeiten in den letzten Jahrhunderttausenden kann im wesentlichen durch eine lokale Änderung der Sonneneinstrahlung erklärt werden, wobei dies weniger durch eine Veränderung der Sonne selbst, als vielmehr durch eine Änderung der Orientierung der Erde gegenüber der Sonne zu erklären ist.

Man verdankt diese Argumentation dem Astronomen Milankowitsch und findet sie in Bild 3.14 wiedergegeben. Es gibt drei physikalische Phänomene, die die Sonneneinstrahlung bestimmen*: Das erste ist die Exzentrizität der Umlaufbahn, die sich mit der Sonne im Brennpunkt alle 100 000 Jahre ändert, das zweite die Winkeldifferenz zwischen der Erdachse und der Normalen zur Umlaufebene, die alle 41 000 Jahre zwischen 21,5° und 24,5° wechselt, und das letzte Phänomen ist schließlich die Präzession der Erdachse um die Normale, was mit einer Periode von 23 000 Jahren stattfindet. Die physikalische Ursache des letzten Phänomens ist die Abweichung der Gestalt der Erde von der einer Kugel: Man kann die Erde als sphärisch und von einem äquatorialen „Gürtel" umgeben auffassen, so daß der Mond dann ein Drehmoment gegenüber diesem „Gyroskop" erzeugt, was eine Präzessionsbewegung verursacht. Die beiden anderen Effekte werden durch kompliziertere Gravitationswechselwirkungen mit dem Rest des Sonnensystems hervorgerufen.

Betrachten wir nun die Effekte der drei periodischen Veränderungen etwas genauer. Zunächst wird eine stärkere Neigung in beiden Hemisphären sowohl wärmere Sommer als auch kältere Winter verursachen, da die Neigung den Winkel zwischen der waagerechten Oberfläche und der Sonneneinstrahlung festlegt. Des weiteren betrachte man den in einer exzentrischen Umlaufbahn von der Sonne am weitesten entfernt gelegenen Punkt: In der Hemisphäre, in welcher gerade Sommer herrscht, wird dieser abgeschwächt und eine halbes Jahr danach ist die Entfernung zur Sonne geringer als bei einer kreisförmigen Umlaufbahn, so daß der Winter ebenfalls weniger streng ausfällt. Auf der anderen Hemisphäre werden gerade umgekehrt die beiden Jahreszeiten extremer ausfallen.

Zum Schluß legt die Präzession fest, an welchen Punkten der Umlaufbahn Mittsommer und Mittwinter erreicht werden. Wenn in einer stark exzentrischen Umlaufbahn der Mittsommer in einer weit von der Sonne entfernten Position eintritt, werden beide Jahreszeiten auf der Nordhalbkugel abgeschwächt und auf der Südhalbkugel extremer ausfallen. Fällt dieses mit der größten Neigung zusammen, so werden die Extrema im Süden besonders ausgeprägt sein. Nimmt man alle drei Extreme zusammen, so verursachen sie Variationen in der Sonneneinstrahlung, die mit etwa 10 % um einen Mittelwert schwanken. Man darf dabei nicht vergessen, daß sich die Gesamteinstrahlung der Sonne auf die Erde natürlich nicht ändert, wenn man einmal von einigen Exzentrizitätsvariationen absieht. Aus diesem Grunde kann das Wiederauftreten von Eiszeiten den Wechselwirkungen von Veränderungen regionaler Sonneneinstrahlung, Temperaturdifferenzen auf der Erde und einer sich durch Vereisung ändernden Albedo zugeschrieben werden.

---

* Siehe [8]. Der Leser möge die Bilder 4.20 und 4.21 des vorliegenden Buches betrachten, um die Orientierung zur Sonne besser zu verstehen.

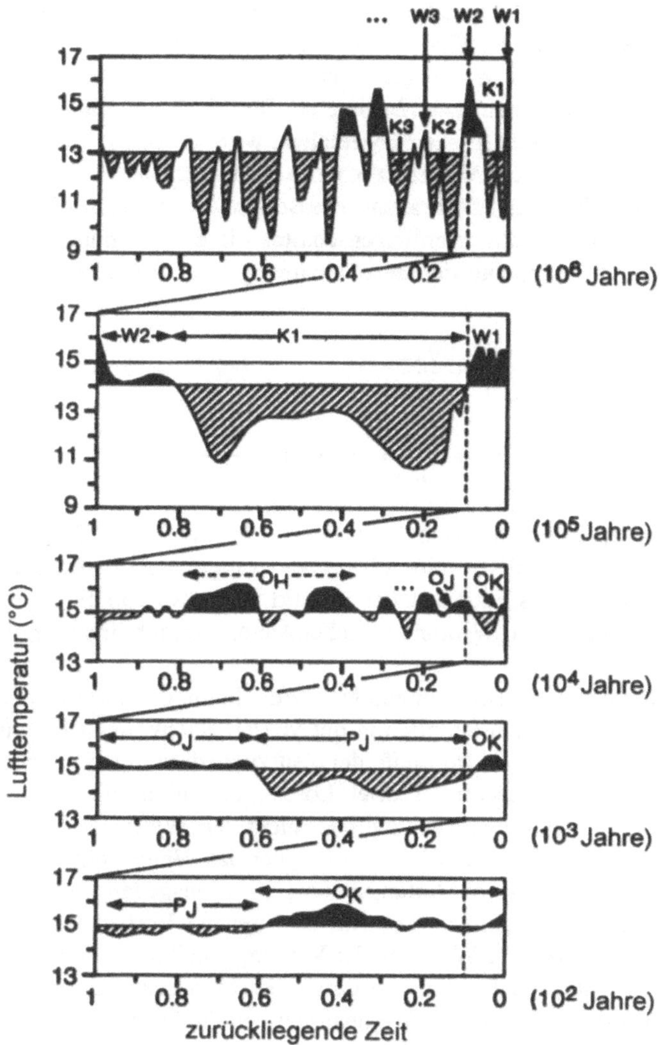

Bild 3.13 Trends der mittleren Oberflächentemperatur während der letzten Millionen Jahre. Die obere Grafik deckt den gesamten Zeitraum ab, die darunterliegenden Grafiken wurden sukzessive jeweils um den Faktor 10 vergrößert. Die jüngeren Daten basieren auf Eisbohrungen in Grönland und reichen etwa 75 000 Jahre zurück, während für die älteren Zeiträume unter anderem Tiefseebohrungen und Pollendaten verwendet wurden. Man beachte, daß das Temperaturmaximum von unten nach oben ansteigt. (Aus: Christian-Dietrich Schönwiese und Bernd Diekmann, *Der Treibhauseffekt*, Deutsche Verlags-Anstalt, Stuttgart, 1987, Abb. 9, S. 44. Eine vergleichbare Grafik kann auch in IPCC, 1990, S. 202 gefunden werden.)

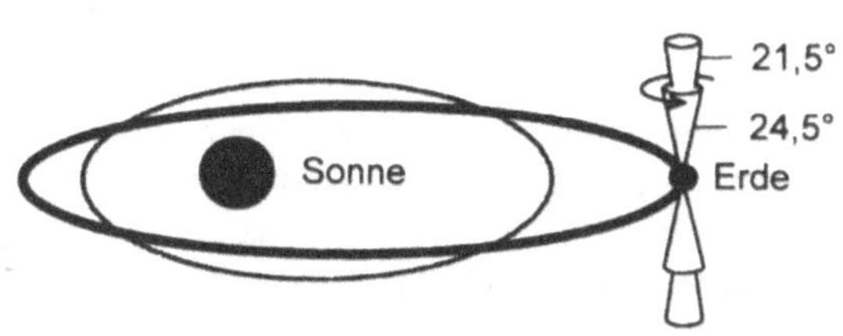

Bild 3.14 Die drei Faktoren, welche die Sonneneinstrahlung beeinflussen: die Exzentrizität der Umlaufbahn (dargestellt durch zwei Umlaufbahnen unterschiedlicher Exzentrizität), die Neigung der Erdachse (im Wechsel zwischen 21,5 und 24,5 Grad) und die Präzession der Erdachse um die Normale der Umlaufbahn.

Wenn wir nun zu Bild 3.13 zurückkehren, so sehen wir, daß die Berechnungen nach Minlankowitsch auf die Interferenz dreier Langzeiteffekte hinweisen, was somit bestenfalls zur Erzeugung von Langzeiteffekten wie der Wiederkehr von Eiszeiten und interglazialen Perioden führen kann. Zu einer genaueren Wiedergabe der Kurven müssen aber weitere Effekte berücksichtigt werden. Betrachtet man zum Beispiel in Bild 3.13 die Kaltzeit von vor 600 bis 200 Jahren, die auch als „Kleine Eiszeit" bezeichnet wird, so interpretiert man deren Auftreten üblicherweise als Konsequenz des nichtlinearen Charakters der Bewegungsgleichungen von Sonne oder Atmosphäre, und führt sie als ein Beispiel der *Chaostheorie* an, die solche Phänomene beschreibt. Die nichtlinearen Eigenschaften dieser Gleichungen werden deutlich, wenn man nur die x-Komponente der Beschleunigung einer Einheitsmasse in Gl. (3.32) betrachtet:

$$\begin{aligned}\frac{\mathrm{d}}{\mathrm{d}t}u_x(x,y,z) &= \frac{\partial u_x}{\partial x}\frac{\partial x}{\partial t}+\frac{\partial u_x}{\partial y}\frac{\partial y}{\partial t}+\frac{\partial u_x}{\partial z}\frac{\partial z}{\partial t}+\frac{\partial u_x}{\partial t}\\ &= \left(u_x\frac{\partial}{\partial x}+u_y\frac{\partial}{\partial y}+u_z\frac{\partial}{\partial z}\right)u_x+\frac{\partial u_x}{\partial t}=(\boldsymbol{u}\cdot\nabla)u_x+\frac{\partial u_x}{\partial t}\end{aligned} \tag{3.51}$$

Somit quadriert sich jede Änderung in u_x im ersten Term auf der rechten Seite. Derartiges geschieht nicht in linearen Funktionen, in denen eine kleine Änderung der Ausgangsbedingungen auch nur eine kleine Änderung des Endzustandes bewirkt, man also von einem proportionalen Verhalten zwischen Ursache und Wirkung sprechen kann. Für nichtlineare Funktionen ist dies nicht mehr der Fall.

E. N. Lorenz, von dem auch die Chaostheorie eingeführt wurde, hat in meteorologischen Computersimulationen gezeigt, daß zwei sich lediglich in der vierten Nachkommastelle der Ausgangsposition unterscheidende Situationen im Laufe der Zeit zu zwei völlig verschiedenen physikalischen Situationen führen. Tatsächlich schrieb Lorenz, daß allein die Tatsache, ob ein Schmetterling in Brasilien mit den Flügeln schlägt oder nicht, das Wetter in Texas an den darauffolgenden Tagen beeinflussen könne. Da zur Lösung der das Wetter und das Klima beschreibenden Differentialgleichungen von Anfangsbedingungen ausgegangen werden muß, die notwendigerweise nur unvollständig sein können, sind genaue Vorhersagen über das zukünftige Wetter oder Aussagen über das Wetter in der Vergangenheit unmöglich.

Ein anderer Punkt ist es wiederum, die Effekte von durch den Menschen verursachten Einflüsse zu berechnen, wie etwa diejenigen durch Treibhausgase in der Atmosphäre. Man kann natürlich ein Modell mit einer bestimmten Konzentration an Treibhausgasen betrachten, und danach das gleiche Modell mit einer anderen Konzentration derselben Gase verwenden, um eine Temperaturdifferenz, und damit die Wirkung des menschlichen Einflusses, abzuschätzen. Die schon in Abschnitt 3.1 skizzierte Vorgehensweise, z. B. die Bestimmung verschiedener physikalischer Effekte unter der Annahme, sie ließen sich addieren, wäre nur ein einfacher Lösungsansatz. In besseren Modellen berücksichtigt man auch die Wechselwirkung der verschiedenen Effekte.

Bevor wir auf die Funktionsweise von Klimamodellen in der Praxis eingehen, wollen wir noch einen Blick auf die direkten Temperaturaufzeichnungen seit dem Jahre 1861 werfen, die in Bild 3.15 dargestellt sind. Die Daten wurden jeweils über die nördliche und die südliche Halbkugel und auch über See oder Land gemittelt, und es sei angemerkt, daß alle einzel-

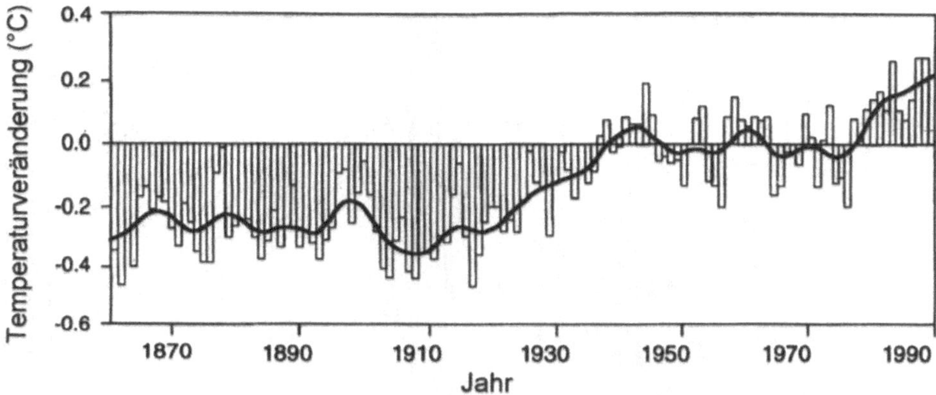

Bild 3.15 Kombinierte globale Mittelwerte aus Land-Luft- und See-Oberflächentemperaturen von 1861 bis 1989 bezüglich des Mittelwertes von 1951-1980. Es gibt nur grobe Übereinstimmungen mit der nur für Grönland gültigen Kurve aus Abb. 3.13. (Aus: J.T. Houghton, G.J. Jenkins und J.J. Ephraums (Hg.), *The IPPC Scientific Assessment*, Cambridge University Press, 1990, S. 365 ff., Abb. 11 S. xxix)

nen Datensammlungen die gleiche Entwicklung zeigen. In einem Zeitrahmen von einhundert Jahren stimmen sie mit dem deutlichen CO_2-Anstieg seit 1750 überein, wie er in Bild 3.3 dargestellt war. Tatsächlich begann die verstärkte Verbrennung fossiler Brennstoffe erst im letzten Jahrhundert, und einige Autoren glauben deshalb, daß der in Bild 3.15 vorliegende Trend den Treibhauseffekt mit einer in Abschnitt 3.1 besprochenen, durch die Wärmekapazität der Ozeane verursachten Verzögerung von 50 Jahren klar widerspiegelt.

Die Bestandteile eines dreidimensionalen Klimamodelles werden in Bild 3.16 wiedergegeben. Man sieht, daß die Oberfläche der Erde durch das Vorhandensein von Kontinenten, Bergen, Eis, Schnee und Ozeanen dargestellt ist und in der Atmosphäre Verdunstung und Niederschläge durch den Wechsel der Bewölkung berücksichtigt werden. Zur Berechnung benötigt man die im wesentlichen schon in Abschnitt 3.2 wiedergegebenen Bewegungsgleichungen. Zusätzlich wurde nur von dem in Abschnitt 3.1 besprochenen Strahlungsaustausch sowie der Erhaltung der Masse und der Zustandsgleichung (3.22) Gebrauch gemacht. Die Gleichungen für Wasser folgen den Gleichungen für nasse und trockene Luft sowie für Wolkenbildung. Letztlich drücken das Energiegleichgewicht und der erste Hauptsatz der Thermodynamik (3.25) die Erhaltung der Energie aus. Die Gleichungen wurden für Atmosphäre und Ozean getrennt notiert, um deren Wechselwirkungen erst danach zu berücksichtigen. Ein wichtiger Aspekt ist dabei zum Beispiel auch die Bildung von Eis an der Meeresoberfläche, da hierdurch das Wasser und die Atmosphäre gegeneinander isoliert werden. Aus diesem Grunde ist es wichtig, die Temperaturen des Ozeans in der Nähe des Gefrierpunktes von 271,2 K zu berechnen. Ein weiterer Faktor ist auch das im Wasser gelöste Salz, das die Dichte ρ des Wassers und somit dessen Gefrierpunkt beeinflußt.

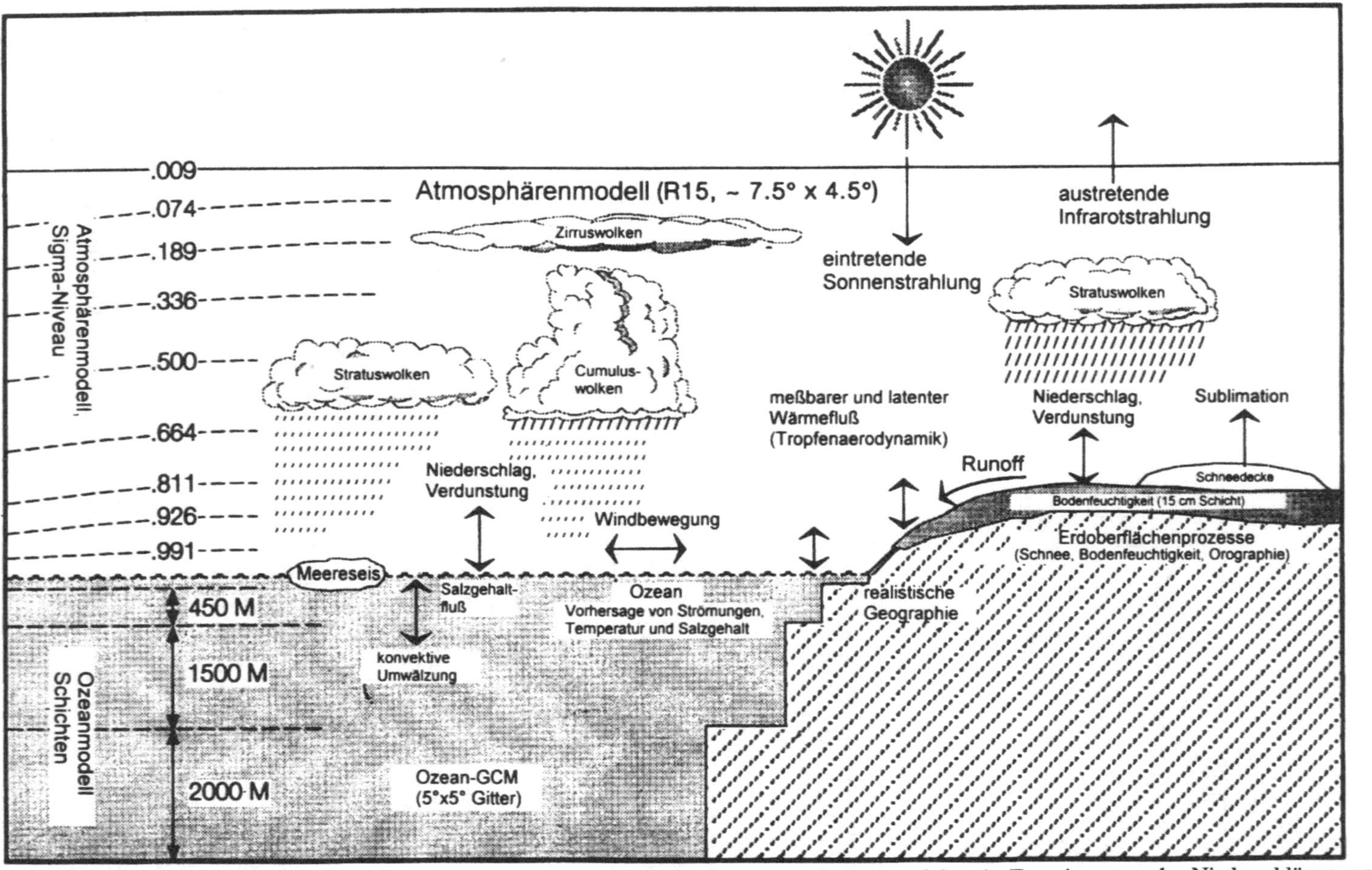

Bild 3.16 Darstellung eines allgemeinen Zirkulationsmodells (GCM = *general circulation model*) mit Energieaustausch, Niederschlägen und Verdunstung über Land und Wasser, Eis, Schnee usw. (Aus: Warren M. Washington und Thomas W. Bettge, Computer Simulation of the Greenhouse Effect, *Computers in Physics*, Mai/Juni 1990, Abb. 1, S. 241).

Tabelle 3.4 Physik des GCM[a] (Aus: C.J.E. Schuurmans, KNMI, Niederlande, private Mitteilung)

Atmosphäre Gleichungen und Variablen	Prozesse
Bewegungsgleichungen (u_x, u_y)	Reibung, Diffusion
Hydrostatische Gleichungen (u_z)	
Erster Hauptsatz der Thermodynamik	Konvektion, Strahlung, Kondensation
Zustandsgleichungen (p)	
Massenerhaltung (p)	
Gleichungen für Wasserdampf (q)	Verdunstung
Gleichungen für Wasser in Wolken (l)	Niederschlag
Erdoberflächeneigenschaften	**Notwendig zur Modellgestaltung**
Relief	Fließhindernisse
Rauhigkeit	Reibung
Albedo	Strahlungsfluß
Emission	Infrarotstrahlung
Wärmekapazität	Wärmeströme im Boden
Wärmleitung	Schmelzen und Gefrieren
Bodenfeuchtigkeit	Verdunstung
Eis- und Schneebedeckung	Tauen
Salzgehalt	Vermischung im Seewasser

[a] Die rechts oben stehenden Prozesse können aufgrund ihrer bisher nicht bestimmbaren Größenordnung nicht durch die Verwendung fundamentaler Gesetze aus der Physik berücksichtigt werden, und werden darum parametrisiert. Die links unten aufgelisteten Größen müssen entweder vorgegeben, oder berechnet werden.

Es braucht hierbei nicht angedeutet zu werden, daß Klimamodelle auf einer komplexeren Ebene funktionieren, als es im Zusammenhang dieses Buches erläutert werden kann. Die sogenannten Allgemeinen Zirkulationsmodelle (GCM = *general circulation models*) versuchen, alle in Bild 3.16 dargestellten Aspekte so genau wie möglich zu berücksichtigen. Eine Zusammenfassung der dargestellten physikalischen Prozesse wurde in Tabelle 3.4 wiedergegeben. Es sollte noch erwähnt werden, daß die Oberflächeneigenschaften in den Modellen entsprechend ihrer geographischen Lage und der Jahreszeit berücksichtigt werden sollten.

Differentialgleichungen wie Gl. (3.32) können nur numerisch gelöst werden, so daß man aus diesem Grunde ein die Erde überspannendes Gitter definieren muß, für jeden Knotenpunkt die Anfangsbedingungen wählt und dann die in Gl. (3.51) auftretenden Ableitungen berechnet, indem man die Werte zweier benachbarter Punkte subtrahiert und durch deren Abstand teilt. Danach berechnet man die zeitlichen Ableitungen, und findet so die neuen Variablen für einen geringfügig späteren Zeitpunkt.

Diese – stark vereinfachte – Darstellung des numerischen Vorgehens soll nur verdeutlichen, daß neben der hierin zu berücksichtigenden Physik insbesondere die Wahl der Gitterpunkte und Zeitabstände entscheidende Faktoren für die Genauigkeit einer Berechnung darstellen. In Abschnitt 3.2 (unterhalb von Gl. (3.48)) wurde bereits gezeigt, daß man wenigstens zwei, besser aber mehrere vertikale Schichten benötigt, um den horizontalen Temperaturgradienten mit einer Windscherung zu verknüpfen. Moderne Modelle verwenden 10–20 erdnahe Schichten mit einer Dicke von 100 m, die bis in einige Kilometer Höhe hinaufreichen, wo Drücke von bis zu 10 hPa herrschen.

In der Horizontalen kann man heutzutage bestenfalls ein Gitter mit Punktabständen von 200–300 km verwenden, was bedeutet, daß die Topologie der Erde nur in sehr grobem Maßstab berücksichtigt werden kann. Die Rocky Mountains erscheinen nur als ein einziger Hügel und wichtige ozeanische Strömungen wie z. B. der Golfstrom werden nur unzureichend wiedergegeben. Trotzdem kann man saisonale Klimaschwankungen reproduzieren, was die Glaubhaftigkeit für die Voraussagen von Klimaveränderungen bestärkt.

Um sich einen Eindruck von den Ergebnissen und Unsicherheiten der Berechnungen zu verschaffen, zeigen wir im oberen Teil von Bild 3.17 die zukünftige Temperaturentwicklung im *Business-as-usual*-Szenario. Hierbei wird angenommen, daß Wirtschaftswachstum und -entwicklung unverändert bleiben, und daß keine Schritte unternommen werden, um den Ausstoß von Treibhausgasen zu reduzieren.

Es ist auch klar, daß diese Berechnungen nicht die kleinen in Bild 3.15 dargestellten Kurzzeitschwankungen wiedergeben können, und es ist auch fraglich, ob irgendein Modell dieses jemals ermöglichen kann. Es sind viele phänomenologische Parameter nötig, um Bewegungen zwischen den Gittermaschen oder Atmosphären-Meereswechselwirkungen darzustellen: Die vorsichtige Veränderung der Parameter in kontrollierbaren Laborexperimenten ist in der freien Natur leider nicht möglich. Man muß die Entwicklung des Klimas so hinnehmen, wie sie ist, und kann sie nur mit Computersimulationen interpretieren. Die Tatsache, daß die meisten Simulationen zu ähnlichen Resultaten führen, ist eher darauf zurückzuführen, daß die Modelle einander ähneln und nicht auf deren Übereinstimmung mit den natürlichen Gegebenheiten. Immerhin ist der Treibhauseffekt real, und Grafiken wie Bild 3.17 dienen zur Berechnung von Temperaturdifferenzen, was von größerer Genauigkeit ist als alle absoluten Vorhersagen.

Natürliche Klimaänderungen erschweren eine Ableitung der globalen Erwärmung aufgrund des Treibhauseffektes aus den gemessenen Temperaturen, und so kann man nur eine Wahrscheinlichkeit für die „natürliche“ Änderung des Klimas suchen, was mit der Untersuchung von Wachstumsringen im Norden Skandinaviens versucht wurde. Man findet in der unteren Grafik von Bild 3.17 eine Darstellung des vorhergesagten Temperaturanstiegs im nördlichen Skandinavien sowie eine Kurve, für die man eine 95 %ige Wahrscheinlichkeit der vorhergesagten Werte annimmt. Wenn ein gemessener mittlerer Temperaturanstieg also oberhalb dieser Kurve liegt. so tritt mit 95 %iger Wahrscheinlichkeit eine globale Erwärmung ein. Man sieht auch, daß der vorhergesagte Temperaturanstieg im Sommer (unten in Bild 3.17) unter dem globalen Mittelwert liegt (oben in Bild 3.17).

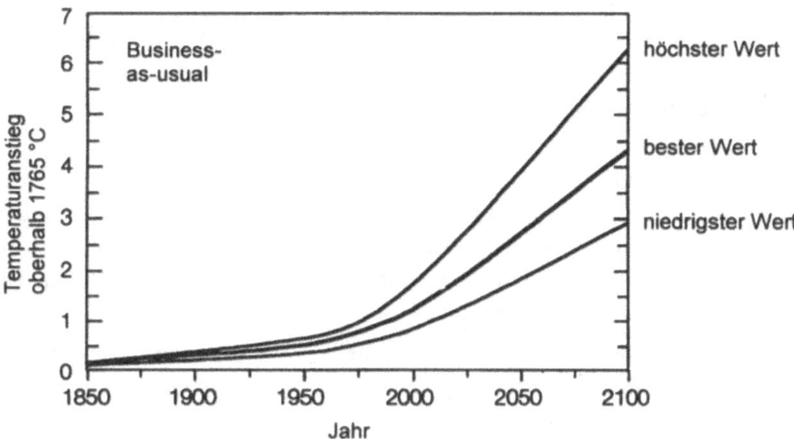

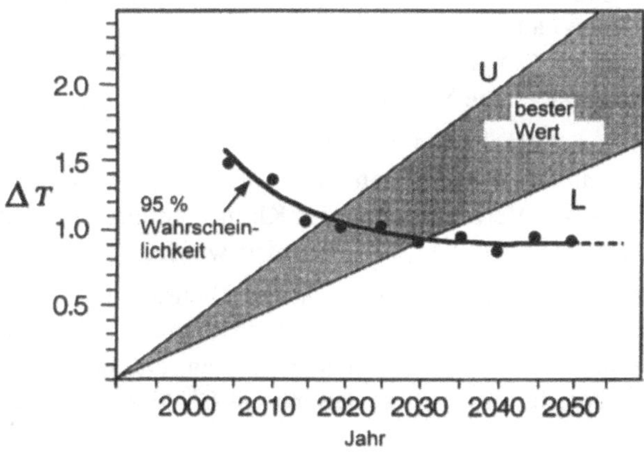

Bild 3.17 Globale Erwärmung. In der oberen Grafik beobachtet man einen Anstieg des globalen Temperaturmittelwertes von 1850 bis 1990 (gemessen) und 1990 bis 2100 (auf Basis eines „*Business-as-usual*-Szenarios" vorhergesagt). In der unteren Grafik ist eine ähnliche Vorhersage für die nordskandinavischen Sommertemperaturen sowie eine Kurve 95 %iger Wahrscheinlichkeit auf Basis der Untersuchung an Wachstumsringen von Bäumen dargestellt. (obere Grafik aus: J.T. Houghton, G.J. Jenkins und J.J. Ephraums (Hrsg.), *The IPPC Scientific Assessment*, Cambridge University Press, 1990, S. 365 ff., Abb. 8 S. xxii; untere Grafik aus: K.R. Briffa *et al.*, *Nature*, 346 (2. August 1990), Abb. 4, S. 438).

Übungen

3.1 Leiten Sie die Gleichungen (3.1) und (3.2) her und zeigen Sie, daß jeder Term einem physikalischen Prozeß entspricht. Beachten Sie den Term-für-Term-Zusammenhang zwischen den beiden Gleichungen und verwenden Sie Bild 3.1, um die in Tabelle 3.2 angegebenen Albedo-Parameter herzuleiten.

3.2 Schreiben Sie ein Computerprogramm für einen PC (z.B. in BASIC), um die Temperaturen T_a und T_s in den Gleichungen (3.1) und (3.2) zu berechnen. Man könnte beide Gleichungen addieren, T_a durch T_s darstellen, dieses in eine der Gleichungen einsetzen und die Nullstelle der entstehenden Funktion z.B. mit einem Halbierungsalgorithmus berechnen. Überprüfen Sie die nach Gl. (3.2) angegebenen Beispiele.

3.3 Überprüfen Sie mit dem in der vorigen Aufgabe erstellten Programm die Entwicklungen in (a), (b) und (e), die eine globale Erwärmung verstärken, wie es unterhalb von Gl. (3.6) angegeben wird.

3.4 Im Text unterhalb von Gl. (3.15) wurde behauptet, daß eine Verdoppelung der CO_2-Konzentration zu einem Temperaturanstieg von 4,2 K führen würde. Aus dem oberen Teil von Bild 3.3 kann abgeleitet werden, daß die CO_2-Konzentration zwischen 1850 und 1990 von 285 auf 360 ppm angestiegen ist. Welchen Temperaturanstieg würden Sie erwarten, wenn der Strahlungszwang proportional zur CO_2-Konzentration verlaufen würde oder wenn es einen logarithmischen Zusammenhang gäbe, wie Modelle ihn vorschlagen?

3.5 Vergleichen Sie Ihre Ergebnisse von Aufgabe 3.4 mit dem beobachteten Temperaturanstieg in Bild 3.15, der üblicherweise mit 0,6 K angegeben wird. Die Differenz können Sie eher der Wärmekapazität der Ozeane als den Veränderungen des Klimas zuschreiben; leiten Sie nun die zeitliche Verzögerung τ_e her, wie sie in Gl. (3.17) definiert wurde.

3.6 Für ein Gasgemisch wie Luft seien die Partialdrücke als p_i, die Dichte als ρ_i und die spezifische Gaskonstanten als $R_i = 10^3\ R'/M_i$ angegeben. Legen Sie mit $\rho = \Sigma\rho_i$ und $x_i = \rho_i/\rho$ die spezifische Masse der Komponente i fest und nehmen Sie an, daß der Gesamtdruck der Summe der Partialdrücke entspricht. Zeigen Sie, daß man in Gl. (3.22) $R = \Sigma x_i R_i$ verwenden müßte.

3.7 Während der Morgenstunden erwärmt die Sonnenstrahlung eine 300 m dicke Luftschicht stündlich um 2 °C. Verwenden Sie $\rho = 1{,}2$ kg m^{-3} und $c_p = 1004$ J kg^{-1} K^{-1}, und berechnen Sie daraus die Sonneneinstrahlung. Vergleichen Sie diese mit dem in Bild 3.1 angegebenen Wert. Bemerkung: Begründen Sie, warum man von einem konstanten Druck ausgehen kann.

3.8 Finden Sie mit Gl. (3.27) die Poisson-Gleichung, die T und p bei der trockenen adiabatischen Expansion verbindet. Warum gilt diese Gleichung nicht mehr bei feuchter Luft, und warum gilt sie trotzdem bei adiabatischer Kompression feuchter Luft?

3.9 Leiten Sie die hydrostatische Gleichung (3.18) aus Gl. (3.32) und den nachfolgenden Gleichungen her, indem Sie die richtigen Näherungen treffen.

3.10 Während der Flut von 1953 floß das Wasser mit einer Geschwindigkeit von 1,25 m s^{-1} in holländische Flußarme (Breite B = 4,8 km). Berechnen Sie den Unterschied der Wasserhöhe an den beiden Seiten der Flußmündung aufgrund der Corioliskraft unter Verwendung des 52. Grades nördlicher Breite. Bemerkung: Die tatsächliche Höhendifferenz war aufgrund der Windscherung dreimal so groß.

Referenzen

[1] Ian M. Campbell, *Energy and the Atmosphere – A Physical-Chemical Approach*, John Wiley, 1977. Eine interessante und leicht lesbare Einführung.

[2] José P. Peixoto und Abraham H. Oort, *Physics of Climate*, American Institute of Physics, New York, 1992. Ein Buch auf Postgraduate-Niveau das viel Wert auf Datenmaterial legt.

[3] J. F. Kasting und O. B. Toon, Climate Evolution, in *Origin and Evolution of Planetary and Satellite Atmospheres* (Hg. S.K. Atreya, J.B. Pollack und M.S. Matthews), University of Arizona Press, Tuscon, AZ, USA, 1989, S. 423-449.

[4] J. E. Lovelock, GAIA, *A New Look at Life on Earth*, Oxford University Press, Oxford, 1979.

[5] J. T. Houghton, G. J. Jenkins und J. J. Ephraums (HG.), *The IPPC Scientific Assessment*, Cambridge University Press, Cambridge, 1990, S. 365 ff., Tab. 2.7 und Abb. 2.4 S. 57.

[6] M. E. Schlesinger, Equilibrium and transient climate warming induced by increased atmospheric CO_2, *Climate Dynamics*, 1 (1986) 35-51.

[7] N. A. Phillips, The general circulation of the atmosphere: a numerical experiment. *Q.J.R. Meteor. Soc.*, 82 (1956) 123-164.

[8] Wallace S. Broeker und George H. Denton, Ursachen der Vereisungszyklen, *Spektrum d. Wiss.*, 3 (1990), S. 88.

Weiterführende Literatur

Holton, James R., *An Introduction to Dynamic Meteorology*, Academic Press, London, 1992. Ein Standardwerk.

Houghton, J. T., G. J. Jenkins, J. J. Ephraums (Hg.), *Intergovernmental Panel on Climate Change, IPCC, United Nations Environmental Protection Agency*, Cambridge University Press, Cambridge, Juni 1990. Das wissenschaftliche Standardwerk mit vielen Ergebnissen und Besprechungen.

McIlveen, Robin, *Fundamentals of Weather and Climate*, Chapman and Hall, London, 1992. Ein sehr lesenswertes Buch mit ausführlichen meteorologischen Diskussionen, aber mathematisch auf einem eher elementaren Niveau.

Schönwiese, Christian-Dietrich und Bernd Diekmann, *Der Treibhauseffekt*, Deutsche Verlags-Anstalt, Stuttgart, 1987.

Seinfeld, John H., *Atmospheric Chemistry and Physics of the Air Pollution*, John Wiley, New York 1986. Dieses allgemeine Buch über Luftverschmutzung enthält auch einige Kapitel über Klima und Wetter, die etwas ausführlicher sind als in McIlveens Buch.

Sørensen, Bent, *Renewable Energy*, Academic Press, London, 1979. Dieses Buch konzentriert sich auf erneuerbare Energien, aber bespricht auch die Sonneneinstrahlung und ihre Ursachen.

4 Energie für die Menschen

Die meisten Autoren stimmen darin überein, daß Gesellschaften ihren Energieverbrauch so ökonomisch wie möglich gestalten sollten. Zum einen sind die leicht zugänglichen Rohstoffe beschränkt, zum anderen trägt ihre Verbrennung, wie schon in Kapitel 3 gezeigt wurde, zu einem schnelleren Klimawechsel bei und verhindert gleichzeitig die Verwendung fossilen Kohlenstoffes zur Herstellung neuer Materialien. Die weitere Erhöhung des Lebensstandards in den sich entwickelnden Ländern wird Energie und Rohstoffe verbrauchen, und so scheint es nur richtig, auch für zukünftige Generationen noch Rohstoffe übrig zu lassen. Ein anderer Punkt ist außerdem, daß der Energieverbrauch an sich schon eine Umweltbelastung darstellt und gerade deshalb ein ökonomischerer Verbrauch sinnvoll wäre.

Der erste Abschnitt dieses Kapitels ist der Wärmeübertragung gewidmet, da sie einen wichtigen Faktor in sämtlichen Arten der Energieumwandlung darstellt. Der Hauptteil des Kapitels beschäftigt sich mit der Erzeugung von nutzbarer mechanischer Energie, Elektrizität und den sogenannten erneuerbaren Energiequellen. Obwohl heutzutage in einigen Ländern die Kernenergie nicht als akzeptable Alternative zur Energieproduktion akzeptiert wird, ist klar, daß Kernkraftwerke noch lange eingesetzt werden müssen. Somit liegen genügend Gründe vor, diese und die durch ihren Betrieb für die Gesellschaft entstehenden Risiken zu besprechen. Ein anderer Grund ist, daß noch immer sehr viele Politiker die Kernkraft als eine akzeptable Methode der Energieproduktion ansehen; gerade aus diesem Grund ist ein Verständnis der Physik nötig, und es ist wichtig, das Konzept des „betriebssicheren" Reaktors zu besprechen. Selbstverständlich werden auch die Entsorgung nuklearen Abfalls und die Gefahren der radioktiven Strahlung für die Gesundheit besprochen, und ein kleinerer Abschnitt wird nebenbei der Berechnung von Betriebskosten gewidmet sein.

Im Laufe des Kapitels wird klar werden, daß jede Art von Produktion nutzbarer Energie ihre eigenen Probleme und Kosten aufwirft, aber wie bei jeder Entscheidung, die die Gersellschaft zu treffen hat, müssen auch hier Risiken und Strategien abgewogen werden. Hierauf wird im letzten Kapitel dieses Buches noch genauer eingegangen.

4.1 Wärmeübertragung

Bei der Nutzung von Wärme trifft man auf zwei miteinander zusammenhängende Probleme. Das erste tritt immer dann auf, wenn man versucht, die Wärme innerhalb eines Hauses, einer Halle, einer Fabrik, eines Wärmespeichers usw. zu halten, denn überall dort sollte die Wärmeübertragung in die Umgebung so gering wie möglich sein. Das zweite Problem tritt auf, wenn die Wärmeübertragung so groß wie möglich sein soll, wie z. B. in Motoren mit Wärmespeichern und einer darin arbeitenden Flüssigkeit, die Wärme aufnehmen und abgeben kann, sowie in Sonnenkollektoren etc. Die Wärmeübertragung wird im folgenden also auf eine sehr allgemeine Weise besprochen.

Die drei Arten der Wärmeübertragung

Wärmeübertragung findet immer vom Ort höherer Temperatur zum Ort niedrigerer Temperatur statt und man kann drei unterschiedliche Mechanismen unterscheiden. Die erste ist die *Wärmeleitung*. Diese tritt innerhalb eines Materials auf und geht mit atomaren Stößen einher, bei denen kinetische Energie übertragen wird. Die Wärmestromdichte q'' wird dabei als diejenige Menge an Wärme in Joule definiert, die pro Sekunde durch eine Fläche von 1 m^2 fließt und hat die Dimension J m^{-2} s^{-1}. Bei einer Fläche A ergibt sich dann der gesamte Wärmeübertrag q als

$$q = Aq'' .$$

Entsprechend dem *Gesetz von Fourier* gibt es einen einfachen Zusammenhang zwischen dem Wärmestrom q'' und dem Temperaturgradienten eines homogenen Materials, der als

$$q'' = -k\nabla T \tag{4.1}$$

ausgedrückt wird. Die *Wärmeleitfähigkeit k* wird in den Einheiten W m^{-1} K^{-1} gemessen, und hängt von der Art des Materials, seiner Temperatur, Dichte und Feuchtigkeit ab. Für inhomogene Materialien kann eine zusätzliche Abhängigkeit vom Ort bestehen. In Tabelle 4.1 sind die Wärmeleitfähigkeiten für einige gebräuchliche Materialien angegeben, generell besteht eine starke Temperaturabhängig für k-Werte. Die letzten beiden Spalten in Tabelle 4.1 werden später behandelt.

Die zweite Art der Wärmeübertragung ist *Konvektion*. Sie tritt besonders dann auf, wenn ein Material Kontakt mit einer Flüssigkeit oder einem Gas hat. Bewegt sich diese Flüssigkeit, so werden die Flüssigkeitsmoleküle an der Grenzfläche die Oberfläche ebenfalls durch Übertragung kinetischer Energie erwärmen aber danach verschwinden die wärmeren oder kälteren Partikel dann in der Flüssigkeit. Man bezeichnet diesen Vorgang als erzwungene Konvektion. Befindet sich die Flüssigkeit ursprünglich in Ruhe, so wird sie nun in Bewegung geraten, da der Wärmeaustausch mit der Oberfläche Dichteänderungen verursacht; dieser Vorgang wird als freie Konvektion bezeichnet und wurde bereits im Abschnitt 3.2 für die Wechselwirkung zwischen Erdoberfläche und Luft besprochen. Entsprechend dem *Newtonschen Gesetz der Abkühlung* ist die Wärmeübertragung proportional zur Temperaturdifferenz an der Grenzfläche:

$$q'' = h(T_S - T_\infty) . \tag{4.2}$$

Der Wärmeübertrag wird wiederum in W m^{-2} gemessen, die Temperatur des Materials wird mit T_s, die der Flüssigkeit mit T_∞ bezeichnet und h ist der *Wärmeübertragungskoeffizienten* . Einige typische Werte sind in Tabelle 4.2 gegeben und man sieht, daß hier eine enorme Bandbreite der Zahlenwerte abgedeckt wird. In der Praxis hängt die Konvektion nicht nur vom betreffenden Material oder von der Flüssigkeit ab, sondern ist an der Grenzfläche auch eine Funktion des Ortes. Tatsächlich ist es keine leichte Aufgabe, für unterschiedliche Voraussetzungen jeweils den Wärmeübertragungskoeffizienten zu berechnen. Fehlen solche Werte gänzlich, so ist man auf die Verwendung empirischer Daten angewiesen.

Tabelle 4.1 Eigenschaften der Wärmeübertragung für einige gebräuchliche Materialien bei $T = 300$ K und Normalbedingungen. (Die Werte für ρ, k und a findet man z. B. in [1], Anhang A; die Werte für b wurden errechnet, wobei die letzten vier b-Werte aus unveröffentlichten Vorlesungsnotizen der Technischen Universität Delft übernommen wurden.)

Material	Dichte ρ ($kg\ m^{-3}$)	Thermische Leitfähigkeit k ($W\ m^{-1}\ K^{-1}$)	Fourierkoeffizient a ($10^{-7}\ m^2\ s^{-1}$)	Kontaktkoeffizient b ($J\ m^{-2}\ K^{-1}\ s^{-1/2}$)
Isolatoren				
Luft	1,161	0,026	225	
Glasfaser (lose)	16	0,043	32	24
Polyuretanschaum	70	0,026	3,6	44
Kork	120	0,039	1,8	92
Mineralwollgranulat	190	0,046		
Papier	930	0,180	1,4	470
Glas	2500	1,4	7,5	1620
Gips	1680	0,22	1,21	635
Baumaterialien				
Mörtel	1860	0,72	4,96	1020
Weiches Holz	510	0,12	1,71	290
Hartholz	720	0,16	1,77	380
Eiche	545	0,19	1,46	499
Bachkiesel	1920	0,72	4,49	1075
Beton	2300	1,4	6,92	1680
Metalle				
Eisen	7870	80,2	228	17000
Aluminium	2700	237	972	24000
Stahl (C, Si)	7800	52	149	13500
Kupfer	8933	401	1166	37000
Andere				
Sand	1515	0,27	2,23	572
Erde	2050	0,52	1,38	1400
Weichgummi	1100	0,13	0,59	540
Baumwolle	80	0,06	5,77	80
Porzellan				1610
Haut		0,37		1120
Linoleum				525
Teppichgewebe				105

Tabelle 4.2 Typische Werte für den Wärmeübertragungskoeffizienten h in W $m^{-2} K^{-1}$.
(Aus: F. P. Incropera und D. P. DeWitt, *Introduction to Heat Transfer*, Wiley, New York, 1990, S. 9)

Phase	freie Konvektion	Erzwungene Konvektion
Gase	2–25	25–250
Flüssigkeiten	50–1 000	50–20 000

Phasenübergang = Sieden oder Kondensation 2 500–100 000

Der dritte Mechanismus der Wärmeübertragung ist die *Temperaturstrahlung*. Ein Körper wird entsprechend seiner Temperatur T_s und maximal wie ein Schwarzer Körper strahlen (siehe Abschnitt 2.1.1). Als *Schwarzer Körper* wird ein Körper definiert, der sämtliche einfallende Strahlung absorbiert, also einen Absorptionskoeffizienten von $\alpha = 1$ und somit einen Reflexionskoeffizienten von $\rho = 0$ hat. Das *Kirchhoffsche Gesetz* besagt nun, daß das Verhältnis von Absorption und Emission alleine durch Temperatur und Wellenlänge festgelegt ist, also unabhängig von allen anderen Eigenschaften des Körpers. Wenn die Absorption maximal ist, also $\alpha = 1$ gilt, dann ist auch die Emission maximal:

$$q'' = \sigma T^4 . \tag{4.3}$$

Handelt es sich nicht um einen Schwarzen Körper, so hat er einen *Emissionskoeffizienten* ε, der den Anteil der emittierten Schwarzkörperstrahlung angibt, und es gilt

$$q'' = \varepsilon\sigma T^4 . \tag{4.4}$$

Diese Vereinfachung gilt aber nur, wenn α und ε nicht von der Wellenlänge λ abhängen; man spricht dann von einem *grauen Körper*. Bei einer Wellenlängenabhängigkeit muß man die Größen α_λ und ε_λ einführen, und die Gleichungen (4.3) und (4.4) entsprechend ändern.

Kehren wir aber zur Wärmeübertragung durch Temperaturstrahlung zurück. Neben der Emission durch den Körper mit $q'' = \varepsilon\sigma T^4$ strahlt auch die Umgebung mit der Temperatur T_∞ zurück. Wenn der Körper in seiner Gesamtheit von dieser Umgebung eingeschlossen ist, wird auch diese als Schwarzer Körper mit σT_∞^4 strahlen. Hiervon wird dann nur der ε-te Teil mit $\varepsilon \leq 1$ absorbiert, da der Körper ja nicht unbedingt ein Schwarzer Körper ist.

Wenn Absorption und Emission von der Wellenlänge unabhängig sind, kann der Wärmeaustausch einfach als

$$q'' = \varepsilon\sigma(T_s^4 - T_\infty^4) \tag{4.5}$$

geschrieben werden.

Im folgenden Teil dieses Kapitels wird die Temperaturstrahlung im wesentlichen ignoriert, und die Konvektion wird lediglich durch den Konvektionskoeffizienten h berücksichtigt.

Analogie zum elektrischen Widerstand

Man betrachte eine gleichmäßig in die y- und z-Richtung ausgedehnte Schicht der Dicke d in x-Richtung. Zur linken, bei $x = x_1$, habe sie die Temperatur T_1, und auf der rechten Seite, bei

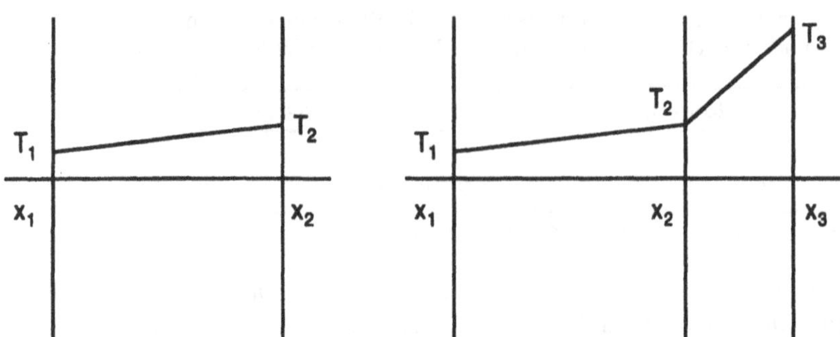

Bild 4.1 Das einfachste Beispiel zur Wärmeleitung: links sieht man zwei Grenzflächen einer Schicht der Dicke d, indem der Temperaturverlauf für den Fall $T_2 > T_1$ eingezeichnet wurde. Auf der rechten Seite ist der gleiche Fall für zwei aneinanderliegende Schichten skizziert.

$x = x_2$, die Temperatur T_2, wie es auch in Bild 4.1 dargestellt ist. Des weiteren nehme man an, es gelte $T_2 > T_1$, und der Zustand sei stationär.

Das Problem ist eindimensional in x-Richtung. Da die Temperatur zeitlich konstant ist, ist der Wärmestrom q unabhängig von x (stationäres Problem) und aus Gl. (4.1) folgt für die Fläche A

$$q = -kA\frac{\mathrm{d}T}{\mathrm{d}x} = \text{konst.} \tag{4.6}$$

Somit ist $T(x)$ eine Gerade zwischen den Punkten (x_1, T_1) und (x_2, T_2) und es gilt

$$T_2 - T_1 = q\frac{d}{kA} = qR\ . \tag{4.7}$$

Die Analogie mit dem Ohmschen Gesetz wird deutlich, wenn man für $T_2 - T_1$ einfach $V_2 - V_1$, und q durch den Strom i ersetzt. Man kann dann

$$R = \frac{d}{kA} \tag{4.8}$$

als den *Wärmewiderstand* der Schicht mit den Einheiten $\mathrm{W}^{-1}\ \mathrm{K}$ definieren. Bei einer Schicht der Fläche $A = 1\ \mathrm{m}^2$ folgt dann mit $R = 1$ für die Dicke $d = k$. Die k-Werte der Tabelle 4.1 können also auch als Dicke einer Schicht der Fläche $A = 1\ \mathrm{m}^2$ und des Widerstands $R = 1$ aufgefaßt werden. Berücksichtigt man dieses, so sieht man sofort, daß die meisten Baumaterialien schlechte Isolatoren sind, und man muß sie erst mit Mineralwolle oder Glasfasern kombinieren, um eine bessere Isolierung zu erzielen.

Betrachten wir nun mehrere gut wärmeleitend aneinanderliegende Schichten gleicher Fläche A. Der Wärmestrom aus der ersten Schicht wird leicht in die zweite übergehen und wir haben an beiden Grenzflächen des Übergangs die gleiche Temperatur. In diesem, auf der rechten Seite von Bild 4.1 dargestellten Fall, ist dann der q-Wert aus Gl. (4.6) für alle Schichten gleich. Auch wenn sie eine unterschiedliche Dicke d und thermische Leitfähigkeit k haben, gelten für zwei Schichten die folgenden Gleichungen:

$$T_3 - T_2 = q\frac{d_2}{k_2 A} = qR_2$$

$$T_2 - T_1 = q\frac{d_1}{k_1 A} = qR_1 \qquad (4.9)$$

$$T_3 - T_1 = q(R_1 + R_2) = qR$$

Die letzte Gleichung zeigt, daß auch thermische Widerstände in Serie addiert werden können, gerade so, wie wir es von elektrischen Widerständen gewohnt sind.

Der Wärmewiderstand kann auch mit Konvektion oder Strahlung verknüpft sein. Aus dem Newtonschen Gesetz der Abkühlung (4.2) folgt, daß der Wärmestrom von einer Oberfläche der Temperatur T_s an einer Flüssigkeit der Temperatur T_∞ als

$$q = hA(T_s - T_\infty) \qquad (4.10)$$

oder

$$T_s - T_\infty = q\frac{1}{hA} = qR \qquad (4.11)$$

geschrieben werden kann. Der mit der Konvektion verknüpfte Wärmewiderstand kann also als $R = 1/(hA)$ ausgedrückt werden.

Für die Temperaturstrahlung ist die Situation etwas komplizierter, da man Gl. (4.5) zunächst in eine Temperaturdifferenz $T_s - T_\infty$ umschreiben muß, wobei T_∞ die Temperatur der Umgebung ist. Man erhält dann

$$T_s - T_\infty = q\frac{1}{A\varepsilon\sigma(T_s - T_\infty)(T_s^2 - T_\infty^2)} = qR\ . \qquad (4.12)$$

Der Wärmewiderstand ist nun allerdings temperaturabhängig, und wenn man diese Tatsache ignorieren möchte, kann man nur mit dem effektiven Widerstand arbeiten. In der Praxis werden Oberflächenkonvektions- und Strahlungswiderstand zu einem einzigen Widerstand R zusammengefaßt, der dann gleich $1/(hA)$ ist.

Für eine aus zwei parallelen Schichten bestehende und mit zwei äußeren Grenzflächen versehene Wand kann das Obenstehende zu einem Gesamtwärmewiderstand zusammengefaßt werden, und es ergibt sich

$$R = \frac{1}{h_1 A} + \frac{d_1}{k_1 A} + \frac{d_2}{k_2 A} + \frac{1}{h_2 A}\ , \qquad (4.13)$$

wobei h_1 und h_2 für beide Seiten den Verlusten (oder Gewinnen) aufgrund von Konvektion und Wärmestrahlung entsprechen. Es sollte hier angemerkt werden, daß in der Praxis der Kontakt zwischen zwei aneinanderliegenden Flächen wegen Unebenheiten keinesfalls ideal sein kann. Dies bedeutet aber eine geringe Temperaturdifferenz der beiden Grenzflächen, und somit einen Kontaktwiderstand der zum Gesamtwiderstand in Gl. (4.13) hinzuaddiert werden muß. Wenn in praktischen Anwendungsbeispielen die Temperaturen konstant und vorgegeben sind, kann man den Wärmestrom durch die Gleichung (4.11) oder mit Hilfe von Zwischentemperaturen aus den Gln. (4.9) errechnen.

Die Wärmebilanz

Die Temperatur innerhalb einer Substanz wird generell sowohl von der Zeit t als auch vom Ort r abhängen. Die Gleichung, die die Temperaturänderungen $T(r,t)$ beschreibt, folgt aus der Erhaltung der Wärme, wobei aber nur Wärmeleitung berücksichtigt wird. Betrachtet man ein Volumenelement dV, so folgt für eine Zeiteinheit

Wärmezunahme = Nettowärmezufuhr durch Wärmeleitung + Erzeugung innerer Wärme,

was zu

$$\frac{\partial}{\partial t} = (\rho c_p T \, \mathrm{d}V) = -\mathrm{div}\, q'' \mathrm{d}V + \dot{q}\, \mathrm{d}V$$

oder

$$\rho c_p \frac{\partial T}{\partial t} = \mathrm{div}\, q'' + \dot{q} \tag{4.14}$$

führt, wobei c_p die spezifische Wärme bei konstantem Druck, und $\dot{q}$ die innerhalb des Volumenelementes pro Zeiteinheit erzeugte Wärme ist. Dieses kann durch chemische oder Kernreaktionen oder auch durch die Anwesenheit einer Wärmesenke auftreten, und das Minuszeichen vor der Divergenz ist durch die Tatsache zu erklären, daß diese Divergenz einem Wärmeaustritt anstatt dem erforderlichen Wärmeeintritt entspricht.

Wendet man die Fourier-Gleichung (4.1) hierauf an, so gilt

$$\rho c_p \frac{\partial T}{\partial t} = \mathrm{div}(k \, \mathrm{grad}\, T) + \dot{q} \ . \tag{4.15}$$

Diese Gleichung ist auch als *Wärmeverteilungsgleichung* oder kurz *Wärmebilanz* bekannt, und läßt sich bei einer Ortsunabhängigkeit der thermischen Leitfähigkeit k zu

$$\rho c_p \frac{\partial T}{\partial t} = k \, \mathrm{div}\, (\mathrm{grad}\, T) + \dot{q} \tag{4.16}$$

vereinfachen, oder mit dem Laplace-Operator als

$$\frac{\partial T}{\partial t} = a \Delta T + \frac{1}{\rho c_p} \dot{q} \tag{4.17}$$

ausdrücken. Dieser Operator ist für verschiedene Koordinatensysteme in Anhang B wiedergegeben. Der Koeffizient $a = k / (\rho c_p)$ in Gl. (4.17) wird *Fourier-Koeffizient* genannt, und ist eine Materialkonstante. In Tabelle 4.1 finden sich einige Werte für gebräuchliche Materialien. Sind keine Wärmequellen oder -senken vorhanden, so kann Gl. (4.17) noch weiter vereinfacht werden:

$$\frac{\partial T}{\partial t} = a \Delta T \ . \tag{4.18}$$

Wenn man diese Gleichungen in zwei oder drei Dimensionen lösen möchte, lohnt es sich, den Laplace-Operator in die entsprechenden Ortskoordinaten zu zerlegen. Die in dieser Gleichung stehende Physik kann man sich anhand einiger eindimensionaler Beispiele klarmachen, die weiter unten diskutiert werden. In diesem Fall reduziert sich die Wärmebilanz zu

$$\frac{\partial T}{\partial t} = a \frac{\partial^2 T}{\partial x^2} \ . \qquad (4.19)$$

Sinusförmige Randbedingungen in einer Dimension

Man betrachte nun ein nur in x-Richtung einseitig beschränktes homogenes Medium. Nimmt man dann an, daß bei $x = 0$ eine periodische Hitzewelle z.B. aufgrund von täglichen oder jährlichen Temperaturschwankungen eintrifft, dann können die Grenzbedingungen wie folgt zusammengefaßt werden:

$$\begin{aligned} x = 0: \quad & T = T_{\mathrm{Ank}} + T_0 \cos \omega t \\ x = \infty: \quad & T = T_{\mathrm{Ank}} \end{aligned} \qquad (4.20)$$

Die Temperaturschwankungen wird man natürlich nicht bis ins Unendliche hin finden.

Die Lösung der Wärmebilanz (4.19) mit den Randbedingungen (4.20) ist eine gedämpfte Sinusschwingung, die sich in positiver x-Richtung fortpflanzt:

$$T = T_{\mathrm{Ank}} + T_0 \,\mathrm{e}^{-Ax} \cos \omega \left(t - \frac{x}{\upsilon} \right) . \qquad (4.21)$$

Setzt man dieses in Gl. (4.19) ein und verlangt, daß die Sinus- und Kosinusterme beide zugleich verschwinden, so ergibt sich eine Lösung für die beiden Parameter A und υ:

$$\begin{aligned} \upsilon &= \sqrt{2a\omega} \\ A &= \sqrt{\frac{\omega}{2a}} \end{aligned} \qquad (4.22)$$

Die Dämpfungstiefe $x_{\mathrm{e}} = 1/A$ ist die Tiefe im Material, bei der die Schwingungsamplitude auf 1/e abgeklungen ist; die Zeitverzögerung $\tau = 1/\upsilon$ ist die Zeit, die die Schwingung zum Passieren einer Strecke von einem Meter benötigt. Verwendet man die Daten aus Tabelle 4.1 so erhält man für eine Betonwand bei der täglichen Temperaturschwankung eine Dämpfungstiefe von ca. 14 cm und eine Zeitverzögerung, die größer als ein Tag ist. Man kann sich auf diese Weise auch ausrechnen, wie tief man Wasserleitungen zur Vermeidung des Einfrierens eingraben muß.

Ein plötzlicher Temperatursprung

Ein ähnliches halbseitig unbegrenztes Medium wie das oben beschriebene erfahre nun an seiner Oberfläche einen plötzlichen Temperatursprung von T_0 nach T_1 (zum Beispiel das Abkühlen eines heißen Schornsteins im Regen oder die Erwärmung eines Fußbodens durch ein auf ihm entfachtes Feuer). Die Randbedingungen lauten dann

$$\begin{aligned} T(x=0, t \geq 0) &= T_1 \\ T(x>0, t=0) &= T_0 \end{aligned} \tag{4.23}$$

Die Lösung der Wärmebilanz-Gleichung (4.19) unter diesen Randbedingungen führt zu der in Gl. (A.5) im Anhang A definierten Fehlerfunktion und es folgt:

$$T = A + Bx + C\,\mathrm{erf}\left(\frac{x}{2\sqrt{at}}\right) \text{ für } \quad t \geq 0 \tag{4.24}$$

oder auch

$$T = T_1 + (T_0 - T_1)\,\mathrm{erf}\left(\frac{x}{2\sqrt{at}}\right) \text{für} \quad t \geq 0 \ . \tag{4.25}$$

Es sollte aber bemerkt werden, daß man aus der Temperaturverteilung $T\ (\boldsymbol{r},\ t)$ wie in Gl. (4.1) durch Differentiation immer die Wärmedichte $\boldsymbol{q}''$ errechnen kann. Im vorliegenden Fall führt dies dann zu

$$\boldsymbol{q}'' = \boldsymbol{e}_x \frac{k(T_1 - T_0)}{\sqrt{\pi a t}} \mathrm{e}^{-x^2/(4at)} \tag{4.26}$$

oder, wenn man den Einheitsvektor $\boldsymbol{e}_x$ fortläßt, bei $x = 0$ zu

$$q'' = \frac{k}{\sqrt{a}} \frac{T_1 - T_0}{\sqrt{\pi t}} = \frac{b}{\sqrt{\pi}} \frac{T_1 - T_0}{\sqrt{t}} \ , \tag{4.27}$$

wobei $b = \sqrt{k \rho c_p}$ die zugehörige Materialkonstante ist, die in der letzten Spalte in Tabelle 4.1 aufgeführt wurde.

Kontakttemperatur

Angenommen, man bringt zum Zeitpunkt $t = 0$ zwei nur halbseitig begrenzte Materialien mit den Temperaturen T_1 und T_2 ($T_1 > T_2$) in einen idealen Kontakt miteinander, dann hat die Grenzfläche zwischen den beiden Materialien eine Kontakttemperatur T_c. Man erhält diese Temperatur aus Gl. (4.27) wenn man davon ausgeht, daß der aus dem einen Material austretende Wärmestrom genau gleich dem in das zweite Material eintretenden ist:

$$\frac{b_1}{\sqrt{\pi t}}(T_1 - T_c) = \frac{b_2}{\sqrt{\pi t}}(T_c - T_2) \ , \tag{4.28}$$

woraus man nach Umformung die gesuchte Kontakttemperatur erhält

$$T_c = \frac{b_1 T_1 + b_2 T_2}{b_1 + b_2} \ . \tag{4.29}$$

Die Anwendung dieser Gleichung ist besonders dann interessant, wenn man sich für die Berührung der menschlichen Haut mit heißen oder kalten Oberflächen interessiert. Die Fußsohlentemperatur liegt beim Menschen etwa bei 30 °C, und man weiß aus eigener Erfahrung, daß die Berührung eines Holzfußbodens (etwa aus Eiche) von 15 °C als nicht unangenehm empfunden wird. Unter Verwendung der Zahlenwerte in Tabelle 4.1 kann man die Kontakttemperatur dann zu 25,4 °C berechnen. Wenn man nun die Temperaturen anderer Böden kennen möchte, die sich beim Betreten ähnlich angenehm anfühlen, so setzt man einfach diese 25,4 °C in Gl. (4.29) ein. Man müßte also Materialien mit einem niedrigen b-Wert suchen, beispielsweise liegt diese Temperatur für Kork dann bei 31 Grad unter Null, wohingegen sie für Beton schon bei 22 °C liegen müßte.

Eine ähnliche Argumentation ist anzuwenden, wenn man wissen möchte, mit welchen Materialien man mit den Händen arbeiten kann. Die Fingertemperatur liegt bei 32 °C und die maximale Kontakttemperatur bei 45 °C. Bei Eisen könnte man höchstens Gegenstände mit einer Temperatur von 46 °C anfassen, bei weichem Holz würden aber sogar 95 °C heiße Gegenstände kein Problem darstellen. Aus diesen Ausführungen wird klar, daß man seine Finger nicht als Thermometer benutzen sollte!

Wärmeerzeugung in einer zylindrischen Röhre

In einem parallel zur Achse unendlich langen System zylindrischer Symmetrie ist die Temperatur T allein eine Funktion der Radialkoordinate r. Entsprechend Gl. (B.2) reduziert sich die Wärmebilanz in Gl. (4.16) dann zu einer eindimensionalen Funktion in r und t. Verschwindet z.B. auch die Zeitableitung im stationären Fall, so erhält man eine noch einfachere Form mit

$$k\frac{1}{r}\frac{\partial}{\partial r}\left(r\frac{\partial T}{\partial r}\right)+\dot{q}=0 \ . \tag{4.30}$$

Als Beispiel wollen wir eine homogene Erwärmung mit $\dot{q}$ innerhalb einer zylindrischen Röhre vom Radius r_0 betrachten, wie sie bei einem stromdurchflossenen Kabel auftritt. Die Röhre wird von außen mit einer Flüssigkeit der Temperatur T_∞ und einer Konvektionsrate h gekühlt. Gesucht wird nun die von der Konvektionsrate h abhängende Oberflächentemperatur T_s für Gleichgewichtsbedingungen. Die Integration von Gl (4.30) führt zu

$$T(r)=-\frac{\dot{q}}{4k}r^2+C_1\ln r+C_2 \ . \tag{4.31}$$

Die Integrationskonstanten erhält man aus den Randbedingungen bei $r=0$:

$$\frac{\mathrm{d}T}{\mathrm{d}r}=0, \quad T(r_0)=T_s \ . \tag{4.32}$$

Die erste Bedingung drückt die Symmetrie an der Zylinderachse bei $r = 0$ aus, die zweite folgt aus der Aufgabenstellung. Man erhält somit als Lösung

$$T(r)=\frac{\dot{q}r_0^2}{4k}\left(1-\frac{r^2}{r_0^2}\right)+T_s \ . \tag{4.33}$$

Die über eine Länge L erzeugte Energie sollte gleich der an der Oberfläche dieses Stückes durch Konvektion austretenden Wärme sein, die aus Gl. (4.2) folgt. Das führt zu

$$\dot{q}(\pi r_0^2 L) = 2\pi r_0 L h(T_s - T_\infty)\,, \tag{4.34}$$

was sich zu

$$\frac{\dot{q} r_0}{2h} = T_s - T_\infty \tag{4.35}$$

vereinfachen läßt. Der Fall einer punktförmigen Quelle mit sphärischer Symmetrie wird bei der Diskussion der Lagerung hochgiftiger Abfälle in Abschnitt 4.5.4 betrachtet werden.

Wärmeaustausch durch Kühlrippen

Die Verbesserung des Wärmeaustauschs ist eine der Möglichkeiten, den Energieverbrauch wirtschaftlicher zu gestalten. Betrachten wir als einfaches Beispiel den eindimensionalen Fall einer Kühlrippe der Länge L, und des Querschnittes A_c, die die Abwärme eines Motors bei $x = 0$ durch eine Flüssigkeit mit der Konvektionsrate h abführt. Die Wärmeleitung durch die Kühlrippe ist durch die Wärmeleitfähigkeit k festgelegt. Der Aufbau ist in Bild 4.2 skizziert und kann z.B. als Kühlrippe am Motorblock eines Motorrads aufgefaßt werden. Zur Vereinfachung wird von einer über den Querschnitt der Kühlrippe konstanten Temperatur ausgegangen, so daß diese nur von x abhängt.

Der einfachste Weg, sich die entsprechenden Gleichungen herzuleiten, ist den Querschnitt zwischen den Punkten x und $x + \mathrm{d}x$ zu betrachten, wie er im rechten Teil von Bild 4.2 dargestellt ist. Die Tatsache, daß die im stationären Fall eintretende Wärme gleich der austretenden ist, führt zu

$$q''(x)A_c = q''(x + \mathrm{d}x)A_c + (\mathrm{d}A_s)h(T_s - T_\infty)\,, \tag{4.36}$$

wobei die Wärmeverluste auf der rechten Seite dem zu den Konvektionsverlusten an einem Oberflächenelement $\mathrm{d}A_s$ addierten, austretenden Wärmestrom entsprechen. Am Endpunkt, bei $x = L$, treten nur Konvektionsverluste auf, und es gilt

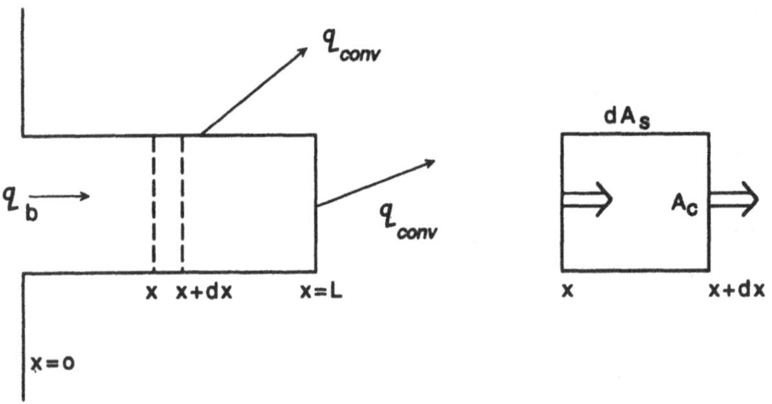

Bild 4.2 Wärmeleitung und Konvektion in einer Kühlrippe gleichmäßigen Querschnittes

$$q''(x=L)A_c = hA_c(T(L)-T_\infty)\ . \tag{4.37}$$

Aus Gl. (4.36) folgt dann

$$-k\frac{dT(x)}{dx}A_c = -k\frac{dT(x+dx)}{dx}A_c + (dA_s)h(T_s - T_\infty)\ . \tag{4.38}$$

Da der Querschnitt A_c konstant ist, und dA_s/dx eine Konstante P bildet, vereinfacht sich die Gleichung zu

$$\frac{d^2T}{dx^2} - \frac{hP}{kA_c}(T_s - T_\infty) = 0\ . \tag{4.39}$$

Mit der Randbedingung bei $x = L$ aus Gl. (4.37) gilt

$$-k\frac{dT}{dx}(x=L) = h(T(L)-T_\infty). \tag{4.40}$$

Die Gleichung (4.39) kann gelöst werden, indem man eine Überschußtemperatur

$$\Theta(x) = T(x) - T_\infty \tag{4.41}$$

einführt, und $T_s = T(x)$ verwendet. Dies führt zu

$$\frac{d^2\Theta}{dx^2} - m^2\Theta = 0;\quad m^2 = \frac{hP}{kA_c} \tag{4.42}$$

mit der allgemeinen Lösung

$$\Theta(x) = C_1 e^{mx} + C_2 e^{-mx}\ . \tag{4.43}$$

Die Integrationskonstanten C_1 und C_2 erhält man durch Einsetzen der Grenzbedingungen am Anfang der Kühlrippe (bei $x = 0$), wo die Temperatur fest ist:

$$\Theta(0) = T_b - T_\infty = \Theta_b \tag{4.44}$$

Dies gilt natürlich auch am Ende der Kühlrippe bei $x = L$. Es gibt dann mehrere Möglichkeiten, aber wir nehmen an, daß in Gl. (4.40) Verluste durch Konvektion vorliegen. Man erhält

$$-k\frac{d\Theta}{dx}\bigg|_{x=L} = h\Theta(L)\ . \tag{4.45}$$

Es folgt dann für die endgültige Lösung:

$$\frac{T(x)-T_\infty}{T_b - T_\infty} = \frac{\cosh m(L-x) + \frac{h}{mk}\sinh m(L-x)}{\cosh mL + \frac{h}{mk}\sinh mL}\ . \tag{4.46}$$

Der gesamte Wärmeübertrag, der durch die Kühlrippe in die umgebende Flüssigkeit stattfindet, ist gleich der am Ort $x = 0$ fließenden Wärme, welche leicht durch Einsetzten der Gleichung (4.46) angegeben werden kann:

$$q_b = -kA_c \left.\frac{dT}{dx}\right|_{x=0} . \tag{4.47}$$

Heizung

Der menschliche Körper benötigt zum Überleben eine Kerntemperatur von 37 °C, und die Erfahrung zeigt, daß innerhalb geschlossener Räume eine Temperatur von 20 °C zu deren Aufrechterhaltung ausreicht. Die Wände strahlen eigene Wärme ab und reduzieren die Luftzirkulation, so daß ein niedrigerer Konvektionskoeffizient h vorliegt. In den meisten Klimazonen ist im Winter aber trotzdem zusätzliche Heizung erforderlich, um die Raumtemperatur bei 20 °C zu halten, während hierzu im Sommer eher eine Kühlung notwendig wäre.

Bei der Beheizung von Privathaushalten, Büros und Industriegebäuden besteht die wichtigste Aufgabe darin, die Wärme so wirtschaftlich und sauber wie möglich zu produzieren. Aus dem ersten Grund ist hier die Verwendung von Elektrizität abzulehnen, und es bietet sich nur eine Gasheizung oder die Verwendung von Abwärme an.

Danach wird man versuchen, die Wärmeverluste über die Wände durch eine wirksame Isolation so gering als möglich zu halten und die Räume nicht heizen oder kühlen, wenn sie nicht benutzt werden. Aus der vorangegangenen Diskussion ist nun klar, daß es weniger die Wärmeleitung k, als vielmehr der Fourier-Koeffizient a ist, der die Wärmeübertragung durch Konvektion festlegt (Gl. (4.17)).

Letztendlich kann man aber auch die Gebäude derart gestalten, daß die Energieanforderungen im Sommer oder Winter so gering wie möglich sind. Dieses kann nur durch einen Energieausgleich bewerkstelligt werden. In diesem Zusammenhang ist es vielleicht interessant, daß in einem durchschnittlichen holländischen Haus etwa 12 % der Wärme durch einstrahlendes Sonnenlicht und immerhin 4 % durch Abstrahlung menschlicher Körperwärme erbracht werden.

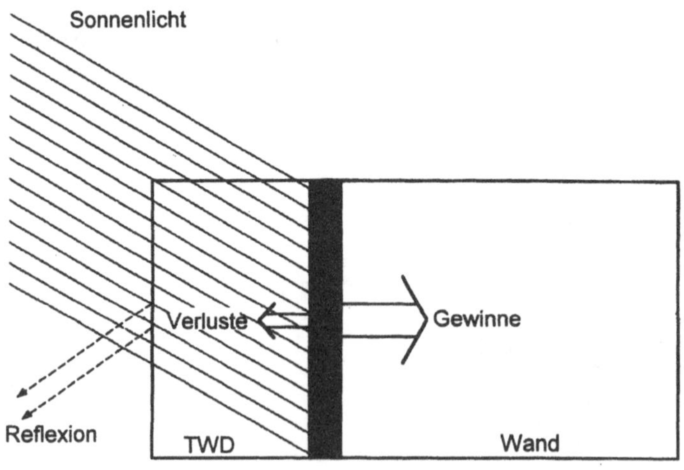

Bild 4.3 Transparente Wärmedämmung. Die Wand auf der rechten Seite ist mit einer transparenten Wärmedämmschicht (TWD) bedeckt.

Transparente Wärmedämmung

Die Entwicklung transparenter Wärmedämmung stellt eine interessante Möglichkeit der Isolierung dar. Das Prinzip ist in Bild 4.3 dargestellt: Die Sonnenstrahlung kommt von links und durchscheint eine Schicht dieser transparenten Wärmedämmung (TWD).

Die Strahlung wird dann von einer geschwärzten Wand absorbiert, die sich somit erwärmt. Die TWD-Schicht hat eine geringere Wärmeleitfähigkeit als die Wand, so daß der Großteil der Strahlungswärme nach innen abfließt. Dort kommt sie dann allerdings wegen der in Gl. (4.21) und Gl. (4.22) besprochenen Dämpfung erst einige Stunden später an, also z.B. in den Abendstunden, wenn es draußen wieder kühl geworden ist.

4.2 Energie aus (hauptsächlich) fossilen Brennstoffen

Die Thermodynamik wird als jener Teil der Physik bezeichnet, die sich vom makroskopischen Standpunkt mit der Beschreibung der Wärmeumwandlung in mechanische Energie und umgekehrt beschäftigt. In diesem Abschnit wollen wir uns mit den wichtigsten thermodynamischen Variablen befassen. Es werden überall dort Beispiele für Wege zur Wärmeumwandlung angegeben, wo wir zwischen extern versorgten Heizungen und Verbrennungsanlagen unterscheiden, bei denen die Wärme im Innern produziert wird. Wasserdampfleitungen werden als ein wirtschaftlicher Weg zum Wärmetransport besprochen werden.

4.2.1 Thermodynamische Variablen

Im einfachsten Fall, einer homogenen Materie einer Phase, wird der makroskopische Zustand des Systems durch zwei voneinander unabhängige Variablen definiert: es sind dies üblicherweise der Druck p und entweder die Temperatur T oder das Volumen V. Für ein Gemisch chemischer Substanzen, das mehrere Phasen (fest, flüssig, gasförmig) enthält, muß zusätzlich die Anzahl der Mole n_i^φ der Substanz i in der Phase φ angegeben werden.

Der *erste Hauptsatz der Thermodynamik* lautet für eine infinitesimale Zustandsänderung

$$\delta Q = \mathrm{d}U + \mathrm{d}W \tag{4.48}$$

Dies besagt, daß die einem System zugeführte Wärme δQ zur Erhöung der inneren Wärme $\mathrm{d}U$ und zur Leistung von Arbeit $\mathrm{d}W$ verwandt wird. Oft wird $\mathrm{d}W$ aber auch als die *an* einem System verrichtete Arbeit bezeichnet, dann muß allerdings das entgegengesetzte Vorzeichen verwandt werden. Für quasistatische, reversible Prozesse, bei denen die Expansion die einzige Art verrichteter Arbeit darstellt, schreiben wir $\mathrm{d}W = p\mathrm{d}V$ und erhalten

$$\delta Q = \mathrm{d}U + p\mathrm{d}V \ . \tag{4.49}$$

In Integralform wird es folgendermaßen geschrieben:

$$Q = U_2 - U_1 + W_{1\to 2} \quad \text{oder} \tag{4.50}$$

$$Q = U_2 - U_1 + \int_1^2 p\,\mathrm{d}V \ . \tag{4.51}$$

Wenn das System aber nicht nur mit pdV infinitesimal expandiert, sondern auch andere Arbeit (z.B. elektromagnetische) in Form von dW_e leistet, muß dieses auf der rechten Seite der Gln. (4.49) und (4.51) angeführt werden:

$$\delta Q = dU + pdV + dW_e \tag{4.52}$$

und

$$Q = U_2 - U_1 + \int_1^2 p\,dV + \int_1^2 dW_e \ . \tag{4.53}$$

Im folgenden gehen wir aber, falls es nicht gesondert erwähnt wird, davon aus, daß vom System nur Volumenarbeit geleistet wird.

Der zweite Hauptsatz kann formuliert werden, indem man die *Entropiefunktion S* verwendet. Das Ansteigen dS der Entropie wird durch

$$dS = \frac{\delta Q}{T} \tag{4.54}$$

definiert, wobei die reversibel zugeführte Wärme δQ durch die absolute Temperatur T geteilt wird. Wenn man noch allgemeiner rechnen, und auch die irreversiblen Prozesse berücksichtigen möchte, so gilt die *Clausius-Ungleichung*

$$dS \geq \frac{\delta Q}{T} \ , \tag{4.55}$$

in der das Gleichheitszeichen für reversible Prozesse steht. Der zweite Hauptsatz der Thermodynamik kann dann so formuliert werden, daß für ein geschlossenes System die Entropie nicht abnimmt:

$$dS \geq 0 \tag{4.56}$$

Die Gleichheit trifft auch hier nur für reversible, die Ungleichheit für irreversible Prozesse zu.

In der Praxis benötigt man zur Beschreibung physikalischer Prozesse mehrere voneinander abhängige Funktionen. Betrachtet man die *Enthalpie H*, die durch

$$H = U + pV \tag{4.57}$$

definiert wird, so folgt bei einer infinitesimalen Zustandsänderung daraus

$$\begin{aligned} dH &= dU + p\,dV + V\,dp \\ dH &= \delta Q + V\,dp \end{aligned} \tag{4.58}$$

Für einen Prozeß, der bei konstantem Volumen V abläuft, führt die zugeführte Wärme δQ zu einer Zunahme der inneren Energie dU laut Gl. (4.49). Üblicherweise verlaufen die meisten Prozesse aber *isobar* ($dp = 0$), und die zugeführte Wärme entspricht der Zunahme der Enthalpie des Systems. Dieses gilt insbesondere bei chemischen Reaktionen oder Phasenübergängen (Verdampfung, Kondensation, Schmelzen etc.). Aus diesem Grunde werden Erwärmungswerte und kalorische Angaben von Brennstoffen oft entsprechend ihrer Enthalpieänderung ΔH pro Kilogramm oder Mol der mit Sauerstoff reagierenden Substanz in Tabellen aufgelistet. Die tabellierten Werte geben die freiwerdende Energie $-\Delta H$ an.

Schaut man sich diese Tabellen genauer an, findet man oft zwei Werte für $-\Delta H$. Dies gilt dann für eine Phase, in der freigewordenes Wasser übrig bleibt: kondensiert das Wasser, so erhält man einen höheren Wert, als wenn es in Form von Wasserdampf entweicht, da dann die latente Wärme im Wasserdampf verloren geht. Es sollte betont werden, daß die Enthalpie eine durch Gl. (4.57) klar festgelegte Funktion ist, wohingegen die „Wärme Q" nicht definiert werden kann. Die zugeführte Wärme δQ ist kein totales Differential während dH eines ist.

Die Enthalpie H erweist sich besonders in den Ingenieurwissenschaften als ein sehr gebräuchliches Mittel, um Strömungen zu betrachten. Wir werden einige Male auf die sogenannten Drosselklappen stoßen, Strömungsengpässe, in denen eine bestimmte Masse sich vom Zustand p_1, V_1 zum Zustand p_2, V_2 ausdehnen kann. Dieser Fall ist in Bild 4.4 dargestellt und wir nehmen an, daß das Ganze ohne Wärmeaustausch mit der Umgebung geschieht, also $Q = 0$ ist. Außerdem sei angemerkt, daß die Masse bei konstanten Drücken p_1, p_2 auf beiden Seiten durch diese Drosselklappe strömt.

Unter Verwendung von Gl. (4.50) schreiben wird dann

$$Q - W = U_2 - U_1 \ , \tag{4.59}$$

wobei $-W$ die am System geleistete Arbeit ist. Da $Q = 0$ gilt, folgt:

$$U_2 - U_1 + W = 0 \ . \tag{4.60}$$

Die Arbeit W ist die Summe zweier Terme

$$W = \int_{V_2}^{0} p_1 \mathrm{d}V + \int_{0}^{V_2} p_2 \mathrm{d}V = -p_1 V_1 + p_2 V_2 \tag{4.61}$$

und somit folgt zusammen mit Gl. (4.60)

$$H_1 = U_1 + p_1 V_1 = U_2 + p_2 V_2 = H_2 \ . \tag{4.62}$$

Dies zeigt uns, daß die Enthalpie in beiden Fällen gleich ist. Mit Gl. (4.61) ist auch klar, daß der Term pV das Ergebnis der vom System geleisteten Arbeit ist.

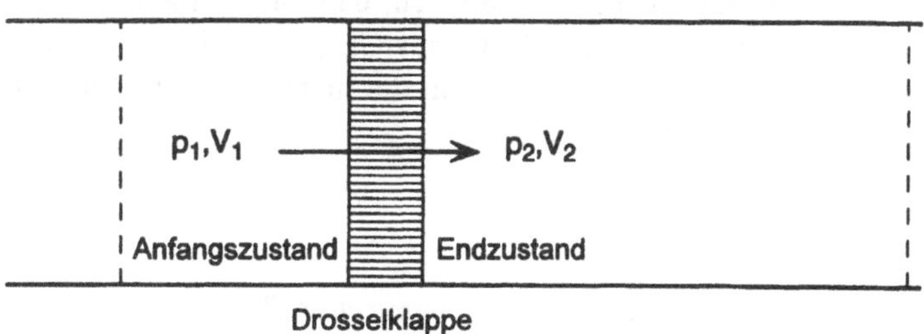

Bild 4.4 Eine Drosselklappe, bei der eine bestimmte Masse durch kleine Löcher beim Strömen von links nach rechts expandiert, ohne daß ein Wärmeaustausch mit der Umgebung stattfindet.

Eine andere nützliche Funktion ist die der *Freien Energie F*, die durch

$$F = U - TS \tag{4.63}$$

definiert wird. Für eine reversible, infinitesimale Zustandsänderung folgt

$$\begin{aligned} dF &= dU - TdS - SdT = dU - \delta Q - SdT \\ &= -dW - SdT \end{aligned} \tag{4.64}$$

Für einen reversiblen, isothermen Prozeß mit $dT = 0$ gilt, daß die *am* System verrichtete Arbeit $-dW$ gleich dem Anstieg der freien Energie ist. Umgekehrt ist die Abnahme der freien Energie bei einem isothermen Prozeß gleich der freiwerdenden, nutzbaren Arbeit, die zur Verfügung gestellt wird. Daher auch der Begriff „freie" Energie.

Eine ähnliche Bedeutung hat aber auch die sogenannte *Gibbssche Freie Energie G*, die durch

$$dG = H - TS \tag{4.65}$$

definiert wird. Für einen reversiblen, infinitesimalen Prozeß gilt mit Gl. (4.58) und Gl. (4.54)

$$\begin{aligned} dG &= dH - TdS - SdT = dU + pdV + Vdp - TdS - Sd \\ &= \delta Q - dW_e + Vdp - \delta Q - SdT \\ &= Vdp - SdT - dW_e \end{aligned} \tag{4.66}$$

Zunächst folgt, daß für isobare, isotherme Prozesse gilt:

$$dG = -dW_e \ , \tag{4.67}$$

also eine nicht-expansive Arbeit dW_e, die die Gibbssche freie Energie gleichermaßen erniedrigt. Diese Gleichung gilt z. B. für die *Brennstoffzelle*, die wir später noch besprechen werden.

Jetzt sind wir aber an einem System mit n_i Molen der Substanzen i mit $i = 1, 2,...$ interessiert. Man kann dann schreiben $G = G\,(p,T, n_i)$ und das Differential dG schreibt sich als

$$dG = \left.\frac{\partial G}{\partial p}\right|_{T,\, n_i} dp + \left.\frac{\partial G}{\partial T}\right|_{p,n_i} dT + \sum_i \left.\frac{\partial G}{\partial n_i}\right|_{T,p} dn_i \ . \tag{4.68}$$

Bei jedem der Terme auf der rechten Seite wird angenommen, daß alle Variablen, bis auf eine, konstant sind. Somit sollten die ersten beiden Terme aus Gl. (4.68) die beiden ersten Terme der Gl. (4.66) wiedergeben, während der letzte Term die nichtexpansive Arbeit beschreibt und gleich $-dW_e$ ist. Gleichung (4.68) kann dann als

$$dG = V\,dp - S\,dT + \sum_i \mu_i dn_i \tag{4.69}$$

geschrieben werden. Die Größen μ_i sind die sogenannten *chemischen Potentiale* und haben die Dimension einer Energie. Wenn nötig, können die Summen in Gl. (4.68) und Gl. (4.69) aufaddiert werden, was aber zu Problemen führt, die hier nicht besprochen werden sollen.

Man betrachte nun eine bei konstanter Temperatur T und konstantem Druck p stattfindende, chemische Reaktion. Die Zunahme der Gibbsschen Freien Energie G aufgrund der

Reaktion hängt nur von dn_i ab und kann leicht durch Ablesen der tabellierten Werte für μ_i, und unter Verwendung von Gl. (4.69) oder durch einfaches Ablesen der pro Mol aufgelisteten Tabellenwerte für ΔG erhalten werden.

Zum Schluß sei noch erwähnt, daß man für endliche, reversible Änderungen nur die Integrale der relevanten Größen zu berechnen braucht; für viele Anwendungen genügt es, einfach ΔW statt dW zu schreiben.

4.2.2 Umwandlung von Wärme in Arbeit und umgekehrt; nutzbare Arbeit

Der schon in Gl. (4.50) erwähnte erste Hauptsatz der Thermodynamik drückt die Erhaltung der Energie aus. Der zweite Hauptsatz gibt den Anteil der nutzbaren Energie an, also diejenige Energie, die in mechanische Arbeit umgewandelt werden kann. Die Argumentation ist folgende:

Man betrachte eine Wärmemaschine in der die Wärme Q aus einem Reservoir höherer Temperatur T_H entnommen wird, die dann eine Arbeit W leistet und dabei die Wärme $Q-W$ (entsprechend dem ersten Hauptsatz) an ein kälteres Reservoir der Temperatur T_C abgibt. Der gesamte Entropiezuwachs des Systems errechnet sich als Summe der jeweiligen Entropieerhöhungen aus Gl. (4.54) für beide Reservoirs zu

$$\frac{Q-W}{T_C} - \frac{Q}{T_H} \geq 0 \ . \tag{4.70}$$

Das ≥ 0 drückt den zweiten Hauptsatz der Thermodynamik aus (Gl. (4.56)), der besagt, daß die gesamte Entropie eines isolierten Systems nicht abnehmen kann. Gleichung (4.70) führt dann zu

$$W \leq Q\left(1 - \frac{T_C}{T_H}\right) . \tag{4.71}$$

Das beste, mit technischen Mitteln zu erreichende Ergebnis ist also die Gleichheit. Die maximale Arbeit W_{max} lautet dann

$$W_{max} = Q\left(1 - \frac{T_C}{T_H}\right) . \tag{4.72}$$

Es ist selbstverständlich, daß zum Leisten einer Arbeit W_{max} gelten muß, daß $T_C < T_H$ ist. Da in der Praxis die Temperatur T_C des kalten Reservoirs immer oberhalb des absoluten Nullpunktes liegt, liegt auch die nutzbare Energie, also der maximal in mechanische Arbeit umwandelbare Anteil, deutlich unterhalb der freiwerdenden Wärmemenge Q. Das theoretische Maximum für die nutzbare Energie wird im Zusammenhang mit dem Carnot-Prozeß später besprochen werden.

Der *Wirkungsgrad* η wird durch

$$\eta = \frac{\text{geleistete Arbeit}}{\text{eingebrachte Wärme}} = \frac{W}{Q} \tag{4.73}$$

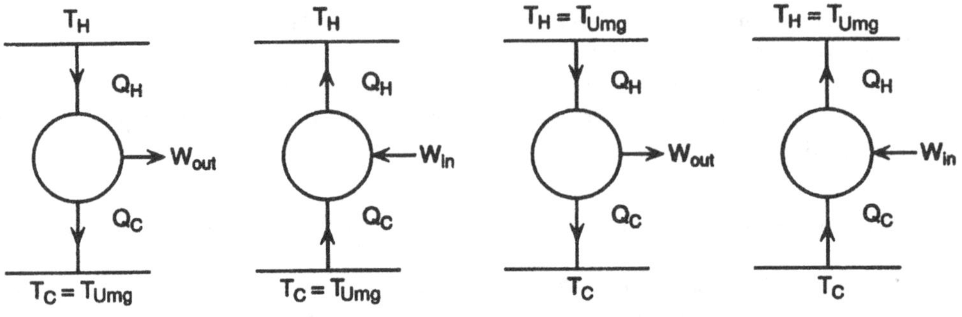

(a) Wärmemaschine (b) Wärmepumpe (c) "kalte" Wärmemaschine (d) Kühlschrank

Bild 4.5 Man sieht vier Wärmemaschinen: (a) eine Wärmemaschine, (b) eine Wärmepumpe, (c) eine „kalte" Maschine – Eine Wärmemaschine, die mit einem Reservoir arbeitet, dessen Temperatur unterhalb der Umgebungstemperatur liegt, (d) ein Kühlschrank. Es ist T_H die Temperatur des warmen Reservoirs, T_C die des kalten, T_{Umg} die Temperatur der Umgebung, Q_H der Wärmeaustausch mit dem warmen, Q_C der mit dem kalten Reservoir, W_{out} der Arbeits-Output, W_{in} der Arbeits-Input. (Aus: P. D. Dunn, *Renewable Energies*, Peter Peregrinus, 1986, S. 76)

definiert. Aus Gl. (4.72) folgt für den maximalen Wirkungsgrad η_{max} von Wärmemaschinen

$$\eta_{max} = 1 - \frac{T_C}{T_H} \qquad (4.74)$$

In der Praxis unterscheidet man zwei Arten von *Wärmemaschinen*: Einer, bei der die Temperatur T_H, die viel größer als die Umgebungstemperatur T_{Umg} ist, in der sich das zweite Reservoir befindet ($T_C = T_{Umg}$), und eine, bei der die höhere Temperatur der Umgebungstemperatur entspricht ($T_H = T_{Umg}$), und bei der die niedrige Temperatur T_C viel kleiner ist. Diese Fälle sind in Bild 4.5a und 4.5c dargestellt, wobei die in Bild 4.5b und d dargestellten Wärmemaschinen mit denen in Bild 4.5a und c identisch sind, bis darauf, daß sie genau in der anderen Richtung arbeiten.

Im *Kühlschrank* in Bild 4.5d wird die Arbeit W_{in} aufgebracht, um die Wärme Q_C aus dem kalten Reservoir zu bekommen, und die Wärme $Q_H = Q_C + W_{in}$ in das Warmereservoir zu bringen. Da die Gesamtentropie nicht abnimmt, darf man

$$\frac{Q_H}{T_H} - \frac{Q_C}{T_C} \geq 0 \qquad (4.75)$$

schreiben, was uns zu

$$W_{in} \geq Q_C\left(\frac{T_H}{T_C} - 1\right) \qquad (4.76)$$

führt.

Der Leistungswert ε wird durch das Verhältnis von freiwerdender Wärme Q_C zu benötigter Energie W_{in} definiert:

$$\varepsilon = \frac{Q_C}{W_{in}} = \frac{Q_C}{Q_H - Q_C} \ . \tag{4.77}$$

Wir kommen noch einmal in Abschnitt 4.2.9 auf die Kühlung zurück.

Ähnliche Gleichungen gelten für die *Wärmepumpe* in Bild 4.5b. Das Kältereservoir kann hier z. B. die kalte Luft außerhalb eines Gebäudes sein, und das warme Reservoir der Innenraum. Zur Erbringung der Arbeit W_{in} wird die Wärme Q_C von außen verwandt, um die Wärme $Q_H = Q_C + W_{in}$ im Inneren zu erzeugen. Die hierbei interessante Größe ist der Leistungswert ε der Wärmepumpe, der die Wärmemenge Q_H angibt, die bei der höheren Temperatur frei wird geteilt durch die Arbeit W_{in}, die erforderlich ist, um diese Wärmemenge freizusetzen. Aus der in diesem Falle auch gültigen Gl. (4.75) folgt

$$\varepsilon = \frac{Q_C}{W_{in}} = \frac{Q_C}{Q_H - Q_C} = \left(1 - \frac{Q_C}{Q_H}\right)^{-1} \leq \left(1 - \frac{T_C}{T_H}\right)^{-1} = \eta_{max}^{-1} \ . \tag{4.78}$$

Da T_C und T_H in Kelvin gemessen werden, kann deren Verhältnis T_C/T_H nahe bei 1 liegen, und der maximale Leistungswert kann Werte von 5 oder 6 erreichen. Es sollte betont werden, daß die obigen Formeln nur in Grenzfällen, also für irreversible, ideale Systeme gelten. In der Praxis liegen die Wirkungsgrade wesentlich niedriger.

Der Wirkungsgrad nach dem zweiten Hauptsatz; nutzbare Arbeit

Der in Gl. (4.73) definierte Wirkungsgrad η ist eine Meßgröße, die in enger Beziehung zur Umwandlung von Wärme in mechanische Energie steht. Allgemeiner definiert man den Wirkungsgrad für einen Wärmeübertragungsprozeß als

$$\eta = \frac{\text{Energie-Output einer Apparatur (Wärme oder Arbeit)}}{\text{notwendiger Energie-Input}} \tag{4.79}$$

In dieser Formel ist neben der Definition des Wirkungsgrades auch die des Leistungswertes ε enthalten, und der Wirkungsgrad kann entweder größer oder kleiner als 1 sein.

Hier muß aber betont werden, daß ein hoher Wirkungsgrad η die Leistung einer Maschine beschreibt, aber nicht unbedingt einer intelligenten Lösung beim Energiegebrauch entspricht. Die Beheizung eines Haushaltes kann zum Beispiel auf verschiedene Arten erfolgen:

(a) durch Heizung mit elektrischen Heizkörpern mit ε nahe bei 1;

(b) durch Heizung mit Wärmepumpen, die elektrisch betrieben, $\varepsilon > 1$ besitzen;

(c) durch Gasheizkörper in allen Räumen, die zwar $\varepsilon \approx 0{,}8$ haben, aber nur bei voller Leistung betrieben werden, wenn sich jemand im Raume befindet;

(d) durch zentrale Beheizung mit einem Gasbrenner;

(e) durch das Einwickeln der betreffenden Bewohner in elektrische Heizdecken.

Wenn es das Ziel ist, es bei geringstmöglichem Energieaufwand einer Person so komfortabel wie möglich zu machen und man von der Möglichkeit (e) absieht, müssen erst einmal alle anderen Aspekte berücksichtigt werden: die Art und Weise, auf die Elektrizität oder Gas produziert werden, die Verluste bis zur Versorgung des Gebäudes usw. Vergleicht man dann die Möglichkeiten (c) und (d), so ist klar, daß (c) die für *diesen Zweck* am wirtschaftlichsten arbeitende Methode darstellt.

Die Kernaussage des oben Genannten ist nun, daß man bei der Betrachtung der Wirksamkeit immer das dahinterstehende Ziel vor Augen haben sollte, und nicht nur auf das Mittel zur Wärmeumwandlung achten darf. Um dieses zu berücksichtigen, wird der *Nutzungswirkungsgrad* oder *effektive Wirkungsgrad* für einen einfachen Output (entweder Wärme oder Arbeit) wie folgt definiert:

$$\eta_e = \frac{\text{nutzbare Wärme / Arbeit eines Systems}}{\text{maximal mögliche Wärme / Arbeit bei gleichem Energie-Input}} \tag{4.80}$$

Diese Zahl wird immer kleiner als 1 sein und gleichzeitig den Zweck des Systems berücksichtigen. Das im Nenner erwähnte Maximum bezieht sich dabei auf das durch die Gesetze der Thermodynamik erlaubte Maximum.

Beispiel: Heizung von Privathaushalten

Wendet man das Konzept des Wirkungsgrades nach dem zweiten Hauptsatz auf die Beheizung privater Haushalte an, so wird eine bestimme Wärmemenge Q_2 in den Haushalt gebracht. Bei Verwendung eines Gasofens wird dazu eine bestimmte Menge Gas benötigt, deren Verbrennung einer Enthalpieänderung $|\Delta H|$ entspricht. Der Wirkungsgrad η aus Gl. (4.79) ist dann

$$\eta = \frac{Q_2}{|\Delta H|} \ . \tag{4.81}$$

Für den effektiven Wirkungsgrad η_e in Gl. (4.80), ist der Zähler Q_2 der gleiche. Um den Nenner zu finden, gehen wir auch von der Verwendung von Gas aus. Der beste Weg wäre hier die Verwendung einer mit Gas betriebenen Wärmepumpe. Das Gas müßte dabei die Arbeit zwischen der kalten Außenluft und dem warmen Haushalt leisten. In diesem Zusammenhang ist es sinnvoll, das Konzept der *verfügbaren Arbeit B* einzuführen, die wie folgt definiert wird:

> Die maximal von einem System oder Brennstoff erzielbare Arbeit, die beim Fortschreiten entlang eines beliebigen Weges, zum Erreichen eines Zustandes im thermodynamischen Gleichgewicht mit der Atmosphäre nutzbar wird. (4.82)

Die Atmosphäre wird verwandt, da sie offensichtlich das Reservoir bei Anwendungen darstellt, es können aber auch andere Reservoirs bei der Definition eingeführt werden. Gegen die Atmosphäre geleistete Arbeit wird in dieser Definition von B nicht berücksichtigt, da sie nicht genutzt werden kann.

Somit wird durch die Verwendung einer Wärmepumpe bei der Heizung eines Haushaltes die maximal nutzbare Arbeit gleich B sein. Der maximale ε-Wert beim Betrieb der Wärmepumpe wird durch Gl. (4.78) gegeben, wobei $T_C = T_0$ der Temperatur der Außenluft und $T_H = T_2$ der Temperatur des Heizkörpers im Haushalt entspricht. Es gilt dann für den effektiven Wirkungsgrad der Heizung

$$\eta_e = \frac{Q_2}{B \times \varepsilon} = \frac{Q_2}{B/(1-T_0/T_2)} = \frac{Q_2}{B}\left(1-\frac{T_0}{T_2}\right) . \tag{4.83}$$

Es zeigt sich, daß sich B und $|\Delta H|$ um weniger als 5 % voneinander unterscheiden. Ignoriert man diese Diskrepanz, so sieht man, daß der effektive Wirkungsgrad um den Faktor $1 - T_0/T_2$ kleiner ist, als der in Gl. (4.79) definierte. Nimmt man an, daß die Außenluft eine Temperatur von etwa $T_0 = 273$ K und der Heizkörper eine Temperatur von $T_2 = 343$ K hat, so beträgt dieser Faktor bereits 20 %. Man sollte zur Beheizung privater Haushalte also in jedem Fall eine Wärmepumpe verwenden.

Der wichtigste Punkt, der hier nochmals betont werden sollte, ist, daß B sich auf die *Arbeit* bezieht. Der Grund hierfür liegt einfach darin, daß Arbeit als die höchste Energieform angesehen werden kann. Arbeit kann mit einem Wirkungsgrad von 1 in Wärme umgewandelt werden, was in umgekehrter Richtung nicht möglich ist. Hebt man eine Masse m auf eine Höhe h, so ist die verfügbare Arbeit $B = m\,g\,h$. Für die einem heißen Reservoir bei der Temperatur T_H entnommene Wärme Q läßt sich die nutzbare Arbeit laut Gl. (4.72) als

$$B = Q\left(1-\frac{T_0}{T_H}\right) \tag{4.84}$$

schreiben, wobei T_0 die Temperatur der Außenluft ist. Es ist klar, daß Wärme bei hohen Temperaturen wertvoller ist, da deren nutzbare Arbeit fast so groß ist wie die Wärmeenergie.

Ein Ausdruck für nutzbare Arbeit

Im folgenden werden wir einen Ausdruck für die nutzbare Arbeit B herleiten, der den effektiven Wirkungsgrad (4.80) mit Hilfe des Entropiebegriffes ausdrückt. Man betrachte dazu ein System, das durch seine Energie U, seine Entropie S und sein Volumen V beschrieben wird. In der Atmosphäre liege ein Druck p_0 und eine Temperatur T_0 vor, und das System kann Arbeit und Wärme mit der Atmosphäre austauschen, bis zum Schluß ein Gleichgewicht mit der Energie U_f, der Entropie S_f und der Temperatur T_f erreicht wird. Die Atmosphäre ist ihrerseits so groß, daß sich deren Zustand nicht ändert. Es werde mit

$$B = (U - U_f) + p_0(V - V_f) - T_0(S - S_f) \tag{4.85}$$

eine Funktion B definiert, die, wie sich zeigen wird, der nutzbaren Arbeit entspricht. Um zu zeigen, daß diese Gleichung für B auch der Definition (4.82) entspricht, betrachte man mit ΔU, ΔV und ΔS Änderungen im System. Es gibt dann einen Wärmestrom Q' in der Atmosphäre, die nutzbare Arbeit W, die dabei an anderen Systemen erbracht wird und die nicht nutzbare Arbeit $W' = p_0\Delta V$, die an der Atmosphäre geleistet wird. Der erste Hauptsatz (4.50) kann dann folgendermaßen umgeschrieben werden:

$$-Q' = \Delta U + W + W' . \tag{4.86}$$

Die Entropieänderung (4.54) kann dann für die Atmosphäre berechnet werden, deren Temperatur T_0 sich nicht geändert hat:

$$(\Delta S)_{\text{system+atm}} - (\Delta S)_{\text{system}} \equiv (\Delta S)_{\text{sa}} - \Delta S = \frac{Q'}{T_0} \,. \tag{4.87}$$

Das System wird zusammen mit der Atmosphäre durch den Index sa bezeichnet, für das System alleine wurde kein Index verwandt. Mit den Gln. (4.86) und (4.87) erhält man dann

$$\begin{aligned} W &= -Q' - \Delta U - W' \\ &= -T_0(\Delta S)_{\text{sa}} + T_0\Delta S - \Delta U - p_0\Delta V \\ &= -T_0(\Delta S)_{\text{sa}} - (\Delta U + p_0\Delta V - T_0\Delta S). \end{aligned} \tag{4.88}$$

Bei der Einführung von B in (4.85) wurde erwähnt, daß U_f, V_f und S_f sich auf den *Endzustand* des Systems beziehen. Wenn sich ΔU, ΔV und ΔS also auf eine Änderung dieses Endzustandes beziehen, gilt

$$W = -T_0(\Delta S)_{\text{sa}} + B \tag{4.89}$$

oder

$$B = W + T_0(\Delta S)_{\text{sa}} \,. \tag{4.90}$$

Man nehme nun an, daß alle anderen Systeme neben dem System und der Atmosphäre nur passive Empfänger von Arbeit sind. Entsprechend dem zweiten Hauptsatz der Thermodynamik (4.56) ist dann $\Delta S_{\text{sa}} \leq 0$. In reversiblen Prozessen gilt dabei die Gleichheit und es folgt, daß B sich als die maximal mögliche, also nutzbare Arbeit aus Gl. (4.87) erweist. Somit ist jetzt die Äquivalenz der Gln. (4.82) und (4.85) gezeigt.

Jetzt ist es möglich, die Definition des Wirkungsgrades nach dem zweiten Hauptsatz (4.80) umzuschreiben, wenn eine Arbeit W geleistet wird. Der Zähler ist dann gleich W, der Nenner ist aber um den Betrag des verloren gegangenen Entropieanstieges (was manchmal auch als verloren gegangene Arbeit bezeichnet wird) größer als W, so daß deshalb folgendes gilt:

$$\varepsilon = \frac{W}{W + T_0(\Delta S)_{\text{sa}}} \,. \tag{4.91}$$

Zum Schluß sollte noch angemerkt werden, daß für einen isobaren und isothermen Prozeß beim Atmosphärendruck p_0 und der Temperatur T_0 der Vergleich von Gl. (4.85) mit der ersten Zeile aus Gl. (4.66) zeigt, daß die Änderung der Gibbsschen Funktion gerade die nutzbare Arbeit ergibt. Da sich die Änderung der Gibbsschen Funktion nicht wesentlich von der Enthalpieänderung unterscheidet, kann man in Gl. (4.83) also auch $B = |\Delta H|$ setzen.

Obwohl sich das Konzept des Wirkungsgrades nach dem zweiten Hauptsatz manchmal als ein nützliches und intelligentes Werkzeug erweist, ist sein praktischer Gebrauch im wesentlichen auf Fälle beschränkt, die verschiedene Anwendungen der gleichen Brennstoffkategorie vergleicht. Man kann z. B. bei der Beheizung von Privathaushalten die Verwendung von Gas, Öl und Kohle vergleichen, aber es wäre etwas übertrieben, diese mit Solarenergie-Wärmetauschern vergleichen zu wollen. Es läßt sich allerdings generell sagen, daß man die nutzbare Arbeit bestmöglich nutzen sollte, wenn man sich erst einmal entschieden hat, welche Quelle man für diese Arbeit verwenden möchte.

Exergie

Manchmal wird das Konzept der *Exergie* verwandt, die als die maximal aus einer bestimmten Wärmemenge zur Verfügung stehende Arbeit definiert wird. Diese Größe ist also die verfügbare Wärme Q, die mit dem Carnot-Faktor aus Gl. (4.74) multipliziert wird, und dann Gl. (4.84) ergibt. Man geht von einer Umgebungstemperatur von T_0 = 298 K aus, und bezeichnet die Temperatur der Wärme mit T_H. Ähnlich wie bei der Elektrizität, wird hier der Exergiefaktor gleich 1 gesetzt, da im wesentlichen die gesamte Energie in Arbeit umgewandelt werden kann.

Das Konzept der Exergie wird oft bei der Argumentation benutzt, daß Wärmemengen bei hoher Temperatur in Elektrizität umgewandelt, und die verbleibende Restwärme als Prozeßwärme genutzt werden sollte. Die verbleibende Wärme mit einer niedrigeren Temperatur könnte dann z. B. zur Beheizung privater Haushalte verwandt werden. Das dabei auftauchende Problem ist allerdings, daß eine derartige Nutzung der Energie eine teure Infrastruktur erfordert, und nicht viele Möglichkeiten bietet, die Energie im individuellen Bereich ökonomisch zu verwenden, da die Wärme produziert und in jedem Falle erzeugt und „angeliefert“ wird.

4.2.3 Wärmemaschinen: Umwandlung von Wärme in Arbeit

Ein Motor enthält üblicherweise immer eine Substanz, die im Wechsel einer Kompression und Expansion unterliegt, so daß nach Vollendung eines vollständigen Kreisprozesses wieder der ursprüngliche Zustand hergestellt wird, wobei zwischendurch auch ein Phasenübergang auftreten kann. Der Nettoeffekt ist dabei die Umwandlung von Wärme in Arbeit, wobei aber weiterhin die im vorigen Abschnitt besprochenen theoretischen Grenzen gelten.

Ein erster Kreisprozeß, der dabei aus theoretischer Sicht von Bedeutung ist, ist der sogenannte *Carnot-Prozeß*. In dem in Bild 4.6 dargestellten Idealfall ist die Situation sowohl in einem pV-Diagramm (links), als auch in einem TS-Diagramm (rechts) dargestellt. Von $1 \rightarrow 2$ wird das Gas adiabatisch komprimiert ($dS = 0$); von $2 \rightarrow 3$ expandiert es isotherm und nimmt dabei eine Wärmemenge $Q_H = T_H(S_3 - S_2)$ auf; von $3 \rightarrow 4$ findet eine adiabatische Expansion statt; von $4 \rightarrow 1$ wird es isotherm komprimiert und setzt dabei eine Wärmemenge $Q_C = T_C(S_4 - S_1) = T_C(S_3 - S_2)$ frei.

Aus dem ersten Hauptsatz (4.48) folgt, daß die Arbeit W als

$$Q_H - Q_C = W = (T_H - T_C)(S_3 - S_2)$$

ausgedrückt werden kann; der thermische Wirkungsgrad η aus Gl. (4.73) läßt sich als

$$\eta = \frac{W}{Q_H} = \frac{Q_H - Q_C}{Q_H} = \frac{T_H - T_C}{T_H} = 1 - \frac{T_C}{T_H} \tag{4.92}$$

schreiben, was gerade dem theoretischen Maximalwert in Gl. (4.74) entspricht.

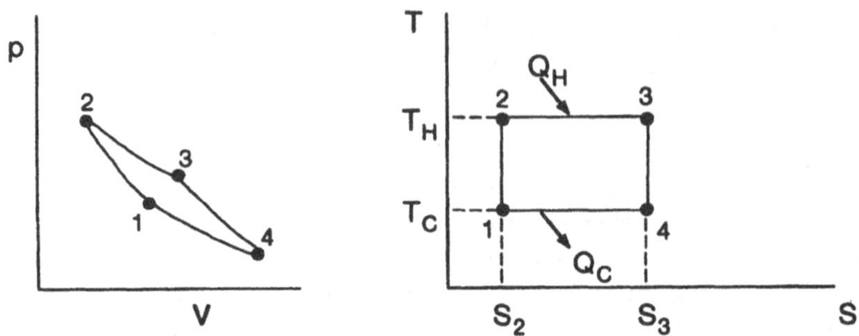

Bild 4.6 Der idealisierte Carnot-Prozeß. Auf der linken Seite sieht man ein *pV*-Diagramm, auf der rechten ein *TS*-Diagramm

Die Arbeit kann also aus dem *pV*-Diagramm abgelesen werden. Die vom System beim Übergang von 2 nach 3 geleistete Arbeit kann als

$$W_{2\to 3} = \int_2^3 p \, \mathrm{d}V$$

ausgedrückt werden. Für den gesamten Kreisprozeß erhält man dann

$$W = \int_1^2 p \, \mathrm{d}V + \int_2^3 p \, \mathrm{d}V + \int_3^4 p \, \mathrm{d}V + \int_4^1 p \, \mathrm{d}V = \oint p \, \mathrm{d}V \quad . \tag{4.93}$$

Natürlich sind die Beiträge $4 \to 1$ und $1 \to 2$ negativ, was uns zu dem geschlossenen Wegintegral $\oint p \, \mathrm{d}V$ führt, das der Fläche innerhalb der Kurve im *pV*-Diagramm entspricht.

In der Praxis werden Carnot-Prozesse aber nicht realisiert, denn es zeigt sich, daß die während eines Kreisprozesses geleistete Arbeit sehr gering ist, da Reibungs- und andere Verluste groß sind.

Man muß dabei erwähnen, daß es bei einer Wärmemaschine irrelevant ist, wie die Wärme entsteht. Sie kann der Sonnenstrahlung, der Abwärme eines Kernreaktors oder einer Flamme entstammen, die durch die Verbrennung von Gas, Öl, Holz oder Kohle entsteht. Der letztgenannte Verbrennungsprozeß kann unter Durchführung der entsprechenden Maßnahmen zum Umweltschutz stattfinden. Schließlich kann die Wärme auch über Fernwärmeleitungen transportiert werden (vgl. Abschnitt 4.2.5).

Es wurden intensive Forschungen zum sogenannten *Stirling*-Motor unternommen, der nach einem schottischen Theologen und Erfinder benannt wurde, der um 1830 gelebt hat. Das idealisierte *pV*-, und *TS*-Diagramm ist in Bild 4.7 dargestellt. Ein Gas (z. B. Luft, Helium oder Sauerstoff) wird dabei für den Übergang $1 \to 2$ isotherm komprimiert und gibt die Wärme Q_C ab; im Übergang $2 \to 3$ wird das Gas bei gleichem Volumen unter Druck gesetzt, was zu einem Temperaturanstieg und der Aufnahme der Wärme Q_R führt; für $3 \to 4$ expandiert das Gas isotherm und nimmt die Wärme Q_H auf; bei $4 \to 1$ fällt der Druck und die Wärme $Q_{R'}$ wird frei.

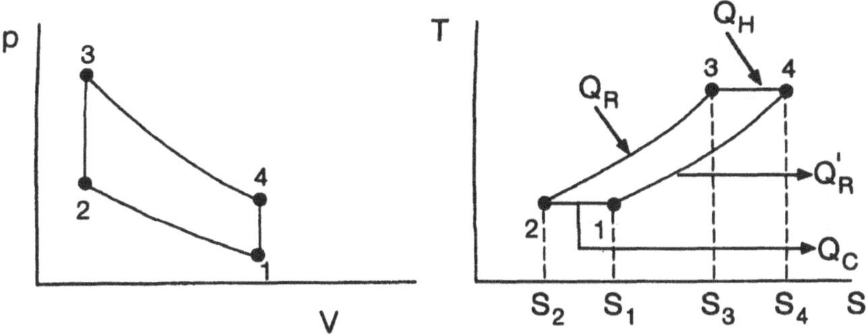

Bild 4.7 Der idealisierte Kreisprozeß für einen Stirling-Motor

In der Praxis heben sich die Werte Q_R und $Q_{R'}$ gegenseitig auf; dies ist leicht zu verstehen, wenn man bedenkt, daß sie beide gleich $\int c_v\, dt$ sind, weil die spezifische Wärme c_V bei konstantem Volumen für die Übergänge 2 → 3 und 4 → 1 annähernd gleich ist. In diesem Fall stimmt auch das Integral $\int T\, \mathrm{d}S$ für beide überein, was näherungsweise zu $S_3 - S_2 = S_4 - S_1$ oder $S_4 - S_3 = S_1 - S_2$ führt. Folgt man der Argumentation, die uns zu Gl. (4.92) geführt hat, so erhält man auch für den Stirling-Prozeß den gleichen Wirkungsgrad wie beim Carnot-Prozeß. Der entscheidende praktische Punkt ist, daß die freiwerdende Wäme $Q_{R'}$ 'geparkt' und bei Bedarf wieder darauf zurückgegriffen werden kann. $Q_{R'}$ geht also nicht verloren. Dieses erfolgt dann mittels eines „Regenerators", der 98 % der Wärme speichert.

In diesem Zusammenhang wurden intensive Forschungen durchgeführt und man versucht auch weiterhin, den Stirling-Motor zu verbessern. Der holländische Elektronikkonzern Philips hat große Anstrengungen unternommen, um diesen Motor in Kraftfahrzeugen einzusetzen. Es kann aber sein, daß auch andere Anwendungen des Stirling-Motors eine ähnliche Bedeutung erlangen werden, da der Motor zum Betrieb lediglich Wärme benötigt. Die Herkunft dieser Wärme ist dabei völlig irrelevant.

Anstelle von Gas kann man zum Betrieb auch Wasserdampf verwenden, was uns zu einer Dampfmaschine mit einem Rankine-Kreisprozeß führt. In Bild 4.8a ist eine schematische Darstellung des Rankine-Kreisprozesses zusammen mit einem idealisierten *TS*-Diagramm gegeben. Am Punkt 1 hat man flüssiges Wasser, das unter Aufbringung einer Pumparbeit W_p adiabatisch komprimiert und dann zu einem Boiler (Punkt 2) transportiert wird. Dort wird die Wärme Q_H isobar zugefügt, indem die Wassertemperatur zunächst beim Druck p_2 bis zum Siedepunkt erhöht wird. Während des Siedens bleibt die Temperatur konstant, und erst wenn die gesamte Flüssigkeit verdampft ist, steigt sie weiter an (Punkt 3). Der Dampf kann sich dann adiabatisch in einer Turbine (oder einem Zylinder mit einem Kolben) ausdehnen, wobei die Arbeit W (Punkt 4) geleistet wird. Hinter der Turbine herrscht ein niedrigerer Druck, so daß das Wasser kondensiert und die Wärme Q_L zwischen den Punkten 3 und 4 freigibt. Man kann dann das gleiche Wasser wiederverwenden oder neues Wasser in den Kreisprozeß einfügen.

Diese thermodynamischen Prozesse können am besten beschrieben werden, wenn man die in Gl. (4.57) definierte Enthalpie H verwendet. Wenn man dem Kreisprozeß verfolgt,

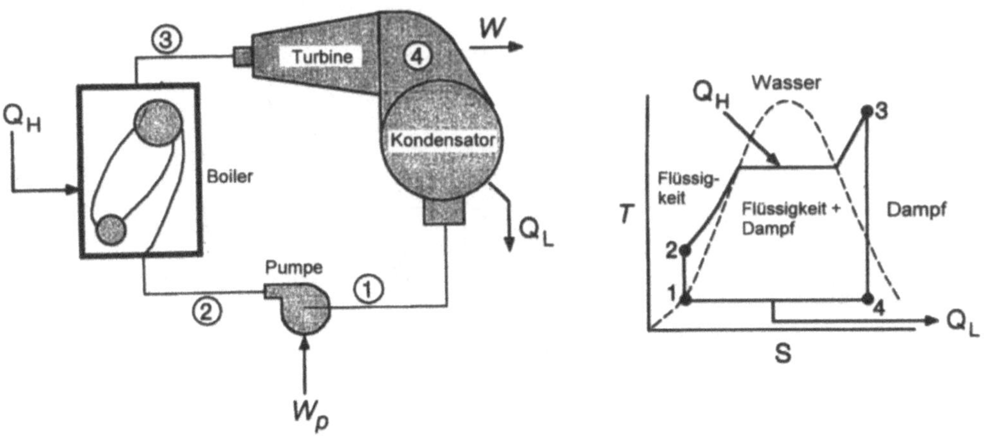

Bild 4.8 Idealisierter Rankine-Kreisprozeß. Die Punkte 1, 2, 3 und 4 entsprechen denen im rechts abgebildeten *TS*-Diagramm. Unterhalb der gestrichelten Linien liegt im Phasendiagramm eine Gleichgewichtsmischung zwischen Flüssigkeit und Dampf vor.

kann man folgendes feststellen: Im Schritt $1 \rightarrow 2$ mit $\delta Q = 0$ gibt es eine Enthalpieerhöhung, da die Pumpe die Arbeit $W_p = -W_{12}$ leistet. Das Minuszeichen berücksichtigt die Tatsache, daß W_{12} als die vom System geleistete Arbei definiert ist. Somit gilt

$$-W_{12} = H_2 - H_1 = \int_1^2 V\,dp = V_1(p_2 - p_1), \tag{4.94}$$

wobei angenommen wurde, daß das Pumpen wohl den Druck, nicht aber das Volumen erhöht, da Wasser inkompressibel ist.

Im Schritt $3 \rightarrow 4$ leistet das System Arbeit, und verliert dementsprechend an Enthalpie, was zu

$$W_{34} = H_3 - H_4 \tag{4.95}$$

führt. Die von der Flüssigkeit (hier dem Wasser) während des Kreisprozesses geleistete Nettoarbeit ist somit

$$W = W_{12} + W_{34} = H_1 - H_2 + H_3 - H_4\ . \tag{4.96}$$

Schritt $2 \rightarrow 3$ erfolgt dabei unter dem Druck p_2 isobar, wie auch der Übergang $4 \rightarrow 1$, allerdings bei dem kleineren Druck p_1. Bei diesen isobaren Schritten ist die zugeführte Wärme gleich dem Enthalpieanstieg (laut Gl. (4.85), und es ist somit

$$Q_H = H_3 - H_2 > 0 \text{ und} \tag{4.97}$$

$$Q_L = H_4 - H_1 > 0\ , \tag{4.98}$$

was mit $W = Q_H - Q_L$ konsistent ist. Der maximale thermische Wirkungsgrad sieht dann folgendermaßen aus:

$$\eta = \frac{W}{Q_H} = \frac{H_3 - H_4 + H_1 - H_2}{H_3 - H_2} = 1 - \frac{H_4 - H_1}{H_3 - H_2} = 1 - \frac{Q_L}{Q_H} \ . \tag{4.99}$$

Es ist natürlich von Vorteil, daß Q_H so groß wie nur möglich ist. Dies wird bewerkstelligt, indem man das Sieden unter hohem Druck p_2 und hoher Temperatur T_2 durchführt. Da die Wärmemengen Q_L und Q_H nur schwerlich direkt gemessen werden können, verwendet man Wertetabellen, in denen die Enthalpie als Funktion von Temperatur und Druck aufgelistet ist, um den maximalen Wirkungsgrad η der Maschine zu berechnen.

4.2.4 Der Verbrennungsmotor: Umwandlung chemischer Energie in Arbeit

In einem Verbrennungsmotor wird ein Gemisch aus Luft und verdampftem Treibstoff durch einen Funken (z. B. im Otto-Motor), oder einen Temperaturanstieg gezündet, der durch eine Kompression verursacht wird (Diesel-Motoren). Diese Motoren sind aber keine Wärmemaschinen im Sinne der zuvor besprochenen, denn es gibt weder ein äußeres Wärmereservoir noch eine thermodynamische Änderung von einem der beteiligten Gase während des Kreisprozesses. Außerdem werden Abgase ausgestoßen, Frischluft zugeführt und Treibstoff injiziert.

In der Praxis liegt das Massenverhältnis der Mischung von Luft zu Treibstoff etwa bei 14 für den Otto-Motor und bei 20 für den Diesel-Motor. Auch der in der Luft enthaltene Stickstoff bleibt im wesentlichen unverändert, weshalb man hierfür eine Näherung für den Kreisprozeß einer inneren Verbrennungsmaschine in eine pV- oder TS-Diagramm aufträgt. Die Umgebungstemperatur kann als niedrigere Temperatur und die Temperatur des Luft/Treibstoffgemisches nach der Zündung als höhere Temperatur gewählt werden.

In Bild 4.9 ist ein Otto-Motor dargestellt. Von $1 \rightarrow 2$ erfährt das ideale Gas (n_1 Mole Luft) eine adiabatische Kompression. Das heißt, daß keinerlei Wärmeübertragung stattfindet ($\delta Q = 0$) und die Entropie konstant bleibt. Dieser adiabatische Prozeß entspricht einer senkrechten Linie im TS-Diagramm in Bild 4.9. Für einen adiabatischen Prozeß gilt die sogenannte Adiabatengleichung

$$T_1 V_1^{\kappa-1} = T_2 V_2^{\kappa-1} \ , \tag{4.100}$$

wobei $\kappa = c_p/c_V$ das Verhältnis der spezifischen Wärmekapazitäten unter konstantem Druck bzw. Volumen ist.

In Schritt $2 \rightarrow 3$ steigt der Druck bei konstantem Volumen. Es wird dann eine Wärmemenge Q_H aufgenommen, die der Explosion im Diesel-Motor entspricht. Geht man von einem konstanten Wert für c_V aus, so folgt

$$Q_H = c_V (T_3 - T_2) \ . \tag{4.101}$$

In Schritt $3 \rightarrow 4$ dehnen sich dann n_1 Mole Luft adiabatisch aus:

$$T_3 V_3^{\kappa-1} = T_4 V_4^{\kappa-1} = T_4 V_1^{\kappa-1} \ . \tag{4.102}$$

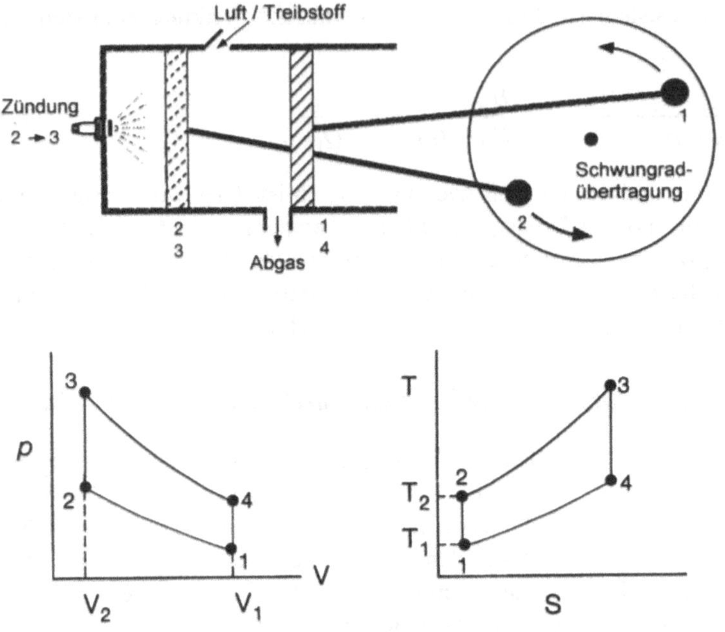

Bild 4.9 Die idealisierte Kreisprozeß beim Otto-Motor. Neben dem *pV*- und dem *TS*-Diagramm ist ein Zylinder mit dem Zylinderkopf dargestellt.

In Schritt 4 → 1 entweicht die Wärmemenge Q_C in ein kaltes Reservoir, was einem Abgasausstoß aus dem Kreisprozeß entspricht. Wie oben gilt dann

$$Q_C = c_V (T_4 - T_1) \ . \tag{4.103}$$

Man beachte, daß nach dem Übergang 4 → 1, n_1 Mole Luft den Kreisprozeß verlassen, so daß das Volumen verschwindet, während im nächsten Augenblick die gleiche Menge frischer Luft angesaugt wird. Wir nehmen an, daß sich diese Effekte gegenseitig aufheben. Mit dem in Gl. (4.73) definierten Wirkungsgrad η eines Kreisprozesses (dem Verhältnis von (nutzbarer) Arbeit und eingebrachter Wärme) erhält man dann für den Otto-Motor

$$\eta = \frac{W}{Q_H} = \frac{Q_H - Q_C}{Q_H} = 1 - \frac{Q_C}{Q_H} = 1 - \frac{T_4 - T_1}{T_3 - T_2} \ . \tag{4.104}$$

Mit den Gln. (4.100) und (4.102) und der Bedingung $V_3 = V_2$ folgt daraus

$$\eta = 1 - \frac{1}{r^{\kappa - 1}} \ , \tag{4.105}$$

wobei $r = V_1/V_2$ als *Kompressionsverhältnis* des Motors bezeichnet wird.

Es folgt, daß ein größeres Kompressionsverhältnis r zu einem höheren Wirkungsgrad des Motors führt. Es gibt hierbei natürlich einen Maximalwert für r, da der Motor sonst vorzündet oder es zu einem Knallen bzw. Klopfen im Motor kommt. Dieser Effekt kann vermieden werden, indem man den Treibstoff z. B. mit Blei „dopt". In der Praxis liegt die Obergrenze für das Kompressionsverhältnis für Verbrennungsmaschinen bei $r = 10$.

Für einen Diesel-Motor werden diese Probleme umgangen, indem man im pV-Diagramm den horizontalen Schritt 2 ⟶ 3 ausführt, wie er in Bild 4.10 zu sehen ist. Im Schritt 1 ⟶ 2 wird die Luft adiabatisch komprimiert, so daß Gl. (4.100) erneut gilt. Die Kompression ist allerdings so stark, daß die Mischung sich nach der Injektion am Punkt 2 selbst entzündet. Dies geschieht isobar, also bewegt sich der Zylinderkolben in Schritt 2 ⟶ 3 nach außen, und die aufgenommene Wärme entspricht

$$Q_H = c_p(T_3 - T_2)\ . \tag{4.106}$$

Die Schritte 3 ⟶ 4 und 4 ⟶ 1 sind die gleichen wie beim Otto-Motor. Um einen Ausdruck für den Wirkungsgrad η zu erhalten, benutzen wir das ideale Gasgesetz mit $p_2V_2/T_2 = p_3V_3/T_3$ und mit $p_2 = p_3$ erhalten wir das sogenannte *cut-off*-Verhältnis

$$r_{cf} = \frac{V_3}{V_2}\ . \tag{4.107}$$

Nach Erreichen des Volumens V_3 wird die Treibstoffzufuhr unterbochen, daher auch der Name cut-off. Aus den Gleichungen (4.103), (4.100), (4.106) (4.107) und dem idealen Gasgesetz folgt dann der Wirkungsgrad:

$$\eta = 1 - \frac{Q_C}{Q_H} = 1 - \frac{1}{\kappa}\frac{T_4 - T_1}{T_3 - T_2} = 1 - \frac{1}{\kappa}\frac{1}{r^{\kappa-1}}\frac{r_{cf}^{\kappa} - 1}{r_{cf} - 1}\ . \tag{4.108}$$

Wenn man einmal von dem Faktor absieht, der das cut-off-Verhältnis r_{cf} enthält, so ist dieser Ausdruck dem Wirkungsgrad η für den Otto-Motor aus Gl. (4.105) sehr ähnlich. Das Kompressionsverhältnis r liegt beim Diesel-Motor zwischen 18 und 25, weshalb dieser Kreisprozeß einen höheren Wirkungsgrad hat als derjenige von Einspritzmotoren. Der Nachteil liegt bei dem Faktor aus Gl. (4.108), der das cut-off-Verhältnis sowohl im Nenner als auch im Zähler enthält. Da κ feststeht, könnte man r_{cf} minimieren, so daß das Verhältnis nahe bei

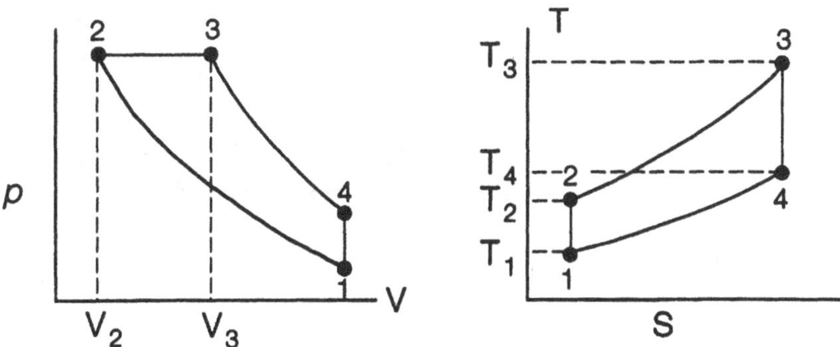

Bild 4.10 Der idealisierte Kreisprozeß beim Diesel-Motor. Der entscheidende Unterschied zum Otto-Motor ist die Tatsache, daß Schritt 2 ⟶ 3 isobar abläuft.

1 liegt. Dieses würde allerdings die Arbeit pro Kreisprozeß reduzieren, und in der Praxis werden daher beide Parameter r_{cf} und κ angepaßt, um den Wirkungsgrad des Motors zu optimieren.

Wir wollen noch erwähnen, daß momentan an der Verbrennung von Methanol, CH_3OH, in einem Diesel-Motor geforscht wird. Da dieser Treibstoff die einfachste nutzbare Verbindung ist, läuft auch die Verbrennung vollständiger und effektiver ab als bei benzingetriebenen Fahrzeugen, bei denen kompliziertere Verbindungen wie C_8H_{18} benutzt werden. Der Nachteil liegt aber wieder darin, daß giftige Substanzen wie Formaldehyd in den Abgasen enthalten sind.

4.2.5 Das Wärmerohr

Ein Wärmerohr soll Wärme ohne nennenswerte Verluste transportieren. Es kann verwendet werden, um Wärmemengen von ihrer Quelle zu einer oder mehreren Wärmemaschinen zu transportieren. Der Grundgedanke basiert auf der Idee eines Thermosiphon wie er in Bild 4.11 dargestellt ist. Hierbei verdampft eine Flüssigkeit am Boden und speichert dabei latente Wärme. An der gekühlten Oberseite kondensiert die Flüssigkeit, wobei die latente Wärme wieder entzogen wird. Danack läuft das Kondensat aufgrund seines Gewichts an den Seiten herunter.

Ein Wärmerohr arbeitet allerdings auch ohne die Hilfe von Gewichtskräften, so daß die Leitung auf der rechten Seite von Bild 4.11 in der Waagerechten liegt. Kapillarkräfte befördern die auf der rechten Seite befindliche, kondensierte Flüssigkeit zur Wärmequelle auf der linken Seite zurück. In der Praxis wird dies mit einer Gaze bewerkstelligt, die die arbeitende Flüssigkeit absorbiert. Die Flüssigkeit bewegt sich in Richtung des negativen Konzentrationsgradienten und somit in die Richtung, wo sie verdampft wird.

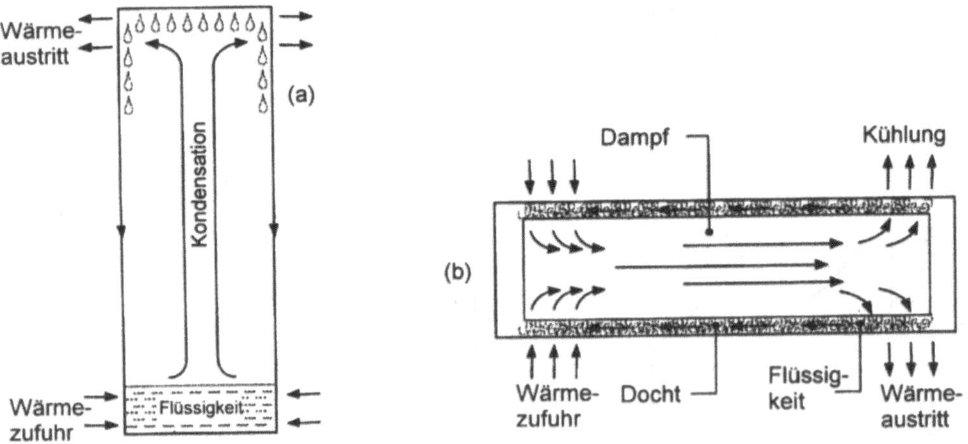

Bild 4.11 Wärmetransport mit einem Thermosiphon (a) und einem Wärmerohr (b)

4.2.6 Elektrizität

Der weltweit überwiegende Teil an Elektrizität wird mit Generatoren produziert. Das Prinzip beruht auf dem Faradayschen Gesetze, welches besagt, daß in einer in einem Magnetfeld rotierenden Spule ein Wechselstrom induziert wird. Auf diese Weise wird die mechanische Rotationsenergie in elektrischen Strom umgewandelt.

Für kleinere Generatoren, wie Fahrraddynamos, werden Permanentmagneten verwendet, um ein stationäres Magnetfeld zu gewährleisten. In Kraftwerken wird üblicherweise eine zusätzliche Spule zu der rotierenden Hauptspule hinzugefügt, die ein eigenes Wechselstromfeld erzeugt, das dann gleichgerichtet wird, um den Elektromagneten mit Gleichstrom zu versorgen.

Die Rotationsenergie der Spulen wird manchmal durch Wasserkraft erbracht, worauf wir am Ende dieses Kapitels noch genauer eingehen werden. Meistens wird sie aber von Maschinen erbracht, wie sie in den Abschnitten 4.2.3 und 4.2.4 erwähnt wurden. Anstatt die arbeitenden Gase oder Flüssigkeiten abwechselnd in Zylindern expandieren zu lassen, läßt man sie oft Arbeit gegen Turbinen verrichten und erzeugt somit direkt Rotationsenergie.

Die Verluste bei der Umwandlung von mechanischer in elektrische Energie sind zwar nicht zu vernachlässigen (und liegen für große Generatoren bei bis zu 10 %), sind aber klein gegen die immensen Verluste aufgrund der Gesetze der Thermodynamik, die den Wirkungsgrad auf Werte unterhalb des Maximums für den Wirkungsgrad im Carnot-Prozeß beschränken.

$$\eta_{\mathrm{max}} = 1 - \frac{T_{\mathrm{C}}}{T_{\mathrm{H}}} \tag{4.109}$$

Hierbei wird die niedrigere Temperatur T_{C} durch die Kühlung bestimmt, die für beide, also die Umgebungsluft in Kühltürmen oder das Wasser von Seen oder Flüssen, nicht unter 290 K liegt. Die höhere Temperatur T_{H} sollte unterhalb der Schmelztemperatur der verwendeten Materialien und Metalle liegen, befindet sich meistens aber sogar deutlich darunter, was später aber noch besprochen wird.

Um die Funktionsweise eines Kraftwerkes oder auch das System der Elektrizitätserzeugung zu verstehen, sollte man zunächst die Tag- und Nachtschwankungen des Energiebedarfs betrachten und dabei auch die saisonalen Unterschiede berücksichtigen. Diese Differenzen sind in Bild 4.12 für einige Industriestaaten dargestellt.

Die Aufgabe der Elektrizitätswerke besteht darin, ein Kraftwerk bei so geringen Gesamtkosten wie möglich zu betreiben. Dieses erreicht man, indem man die Nachfrage in eine Grundnachfrage (die unteren Kurven in Bild 4.12) und einen Spitzenbedarf aufteilt. Somit erhält man zwei Arten von Kraftwerken. Zunächst diejenigen, die geringe Brennstoffkosten aber hohe Kapitalkosten haben (zu diesem Konzept siehe auch Abschnitt 4.3) und schließlich diejenigen, bei denen der Fall genau umgekehrt liegt. Für die Grundnachfrage werden Anlagen benutzt, deren Bau zwar kostspielig, der Brennstoffverbrauch aber gering ist. Sie arbeiten dann (außer bei Wartungsarbeiten) rund um die Uhr, so daß sich die hohen Kapitalkosten auch über eine hohe Zahl geleisteter Kilowattstunden verteilen, und ein noch akzeptabler Preis pro kWh entsteht. Für die Spitzenverbrauchszeiten werden Kraftwerke genutzt, die zwar teure Rohstoffe verbrauchen, aber dafür nur geringe Kapitalkosten verursachen. Natürlich sollte die Gesamtkapazität der Kraftwerke die Maximalbelastungen in Bild 4.12 übersteigen.

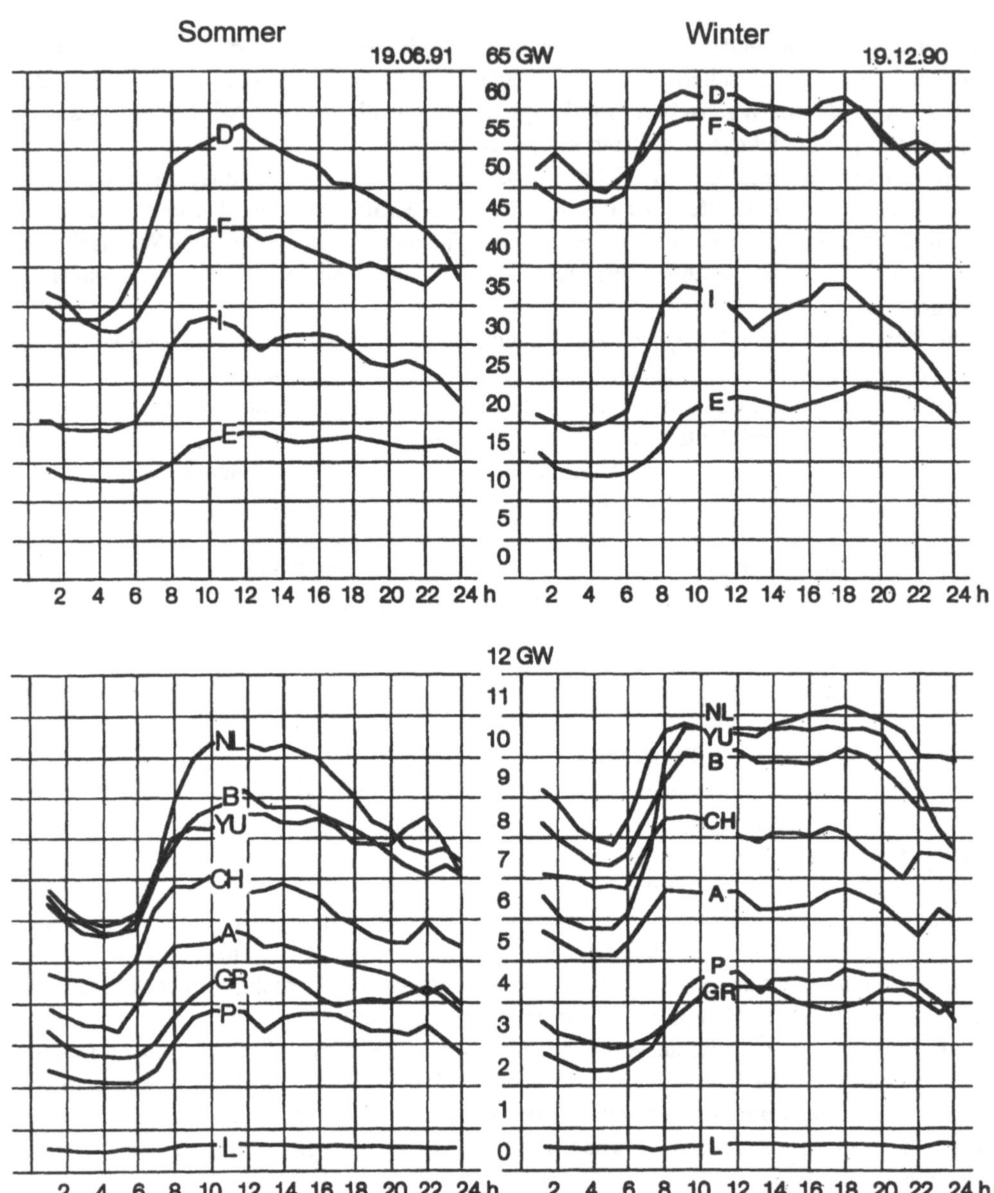

Bild 4.12 Die Netzbelastung bei der Elektrizitätsversorgung einiger Industriestaaten entsprechend ihrer internationalen Kfz-Bezeichnung. Auf der linken Seite sind die Mittsommerwerte, auf der rechten die Mittwinterwerte aufgetragen. Der Gesamtverbrauch an Elektrizität ist etwas höher, da große Unternehmen eigene Kraftwerke zur Versorgung besitzen. (Wiedergabe aus den Halbjahresberichten I-1991, S. 17 und II-1991, S. 17 der UCPTE, Union for the Coordination of Production and Transmission of Electricity)

Groß angelegte Kraftwerke bestehen zumeist aus mehreren Untereinheiten. Die größten sind dabei diejenigen, in denen fossile Brennstoffe zur Produktion von Dampf verbrannt werden oder der Dampf in Kernkraftwerken entsteht. Die Kreisläufe entsprechen dem in Bild 4.8 dargestellten Rankine-Kreislauf. Die höhere Temperatur T_H wird dabei durch die mit der Temperatur ansteigende Korrosion der Materialien bestimmt. Die Festlegung der Temperatur T_H auf etwa 800 K ist also eher eine Frage der Kostenoptimierung, mit der man dann einen Wirkungsgrad von 63 % erreicht. Augenblicklich haben die modernsten Anlagen zur Verbrennung fossiler Brennstoffe lediglich einen Wirkungsgrad von 40 %, denen Werte um 33 % für Kernkraftwerke gegenüberzustellen sind. Der Grund dafür liegt in der Tatsache, daß die höhere Korrosionsanfälligkeit der radioaktiven Brennelemente eine niedrigere Temperatur T_H erfordert. Die großen Kraftwerke zur Produktion von Wasserdampf verursachen mittlere bis große Kapitalkosten, doch liegen die Brennstoffkosten pro kWh relativ niedrig.

Eine weitere Untereinheit bilden die Gasturbinen. Sie nutzen Erdgas als Brennstoff und können in einem sogenannten Brayton-Kreisprozeß sowohl mit innerer, als auch mit äußerer Verbrennung betrieben werden. Der Brennstoff ist relativ teuer, aber Gasturbinen können kostengünstig gebaut und schnell ein- oder ausgeschaltet werden und sind somit ideal für den Einsatz zu Spitzenbedarfszeiten. Die Temperatur T_H kann bei bis zu 1700 K liegen, meistens werden 1400 K aber nicht überschritten. Die Temperatur T_C entspricht dabei der Temperatur des entweichenden Gases, die üblicherweise bei etwa 900 K liegt. Mit diesen beiden Zahlenwerten kann man dann einen Wirkungsgrad von 35 % berechnen, wobei die besten verfügbaren Turbinen mit T_H = 1530 K und T_C = 850 K arbeiten, und auf diese Weise ein maximaler Wirkungsgrad von 44 % erreicht wird.

Die für das ein- und ausströmende Gas angegebenen Temperaturwerte legen die Einführung sogenannter Kraftwerke mit kombiniertem Kreisprozeß nahe. Hier wird das aus einer Turbine austretende Gas genutzt, um den Dampf für eine Dampfturbine aufzuheizen. Bild 4.13 zeigt dies schematisch.

Man nehme an, daß die Wärmezufuhr in die Turbine gleich q_A ist, der Wirkungsgrad bei η_A und ihr Abgas-Output bei $(1 - \eta_A)q_A$ liegt. Führt man der Dampfturbine B mit dem Wirkungsgrad η_B die zusätzliche Wärme q_B zu, so ergibt sich der Gesamtwirkungsgrad des kombinierten Kreisprozesses zu

$$\eta_{tot} = \eta_B + \frac{\eta_A q_A (1 - \eta_B)}{q_A + q_B} . \tag{4.110}$$

Für den Fall $q_B = 0$ vereinfacht sich dieser Ausdruck zu

$$\eta_{tot} = \eta_A + \eta_B - \eta_A \eta_B . \tag{4.111}$$

Liegen die einzelnen Wirkungsgrade bei 30 % und 20 %, so addiert sich der Gesamtwirkungsgrad zu 44 %, was einen deutlichen Gewinn bedeutet. Diese Kombinationen werden für den zwischen Grundnachfrage und Spitzenbedarf gelegenen, mittleren Bedarf genutzt.

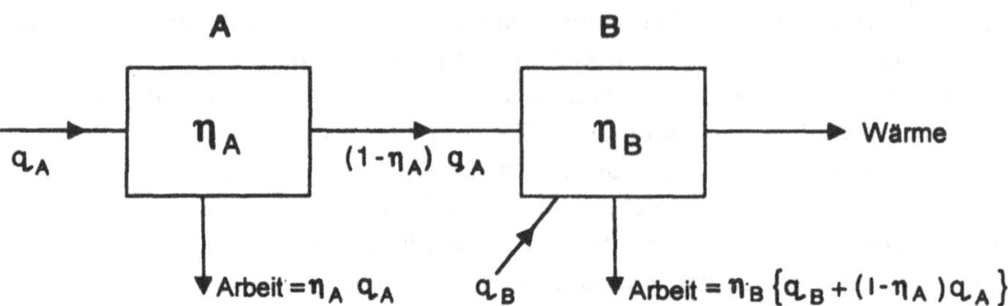

Bild 4.13 Der kombinierte Kreisprozeß zur Stromerzeugung: das Abgas einer Gasturbine wird zur Heizung des Dampfes einer Dampfturbine benutzt

Thermoionische Energieumwandlung

Aufgrund der in den Gleichungen (4.73) und (4.74) dargestellten dramatischen Verluste im Wirkungsgrad, die entstehen, wenn man zur Produktion von Elektrizität den Umweg über die Umwandlung von Wärme und mechanischer Energie wählt, wurden vielerorts Anstrengungen unternommen, eine direkte Möglichkeit zur Umwandlung von Wärme in Elektrizität zu finden. Eine Möglichkeit besteht dabei in der sogenannten thermoionischen Umwandlung. Eine von zwei Elektroden wird dabei so weit erhitzt, daß sie Elektronen emittiert, die an der gegenüberliegenden Elektrode absorbiert werden, und über eine externe Ladung zur ursprünglichen Elektrode zurückkehren.

Das erste Problem besteht darin, daß die Bindungsenergie der meisten Elektronen eines Festkörpers in der Größenordnung von 1 eV liegt, während die kinetische der Elektronen bei Raumtemperatur lediglich gleich kT, also etwa gleich 0,025 eV ist, so daß sehr hohe Temperaturen notwendig sind. Es ist zwar nicht notwendig, auf 40×300 K zu gehen, damit Elektronen emittiert werden, da es eine Verteilung der Elektronen um einen Mittelwert gibt, der bei dem Ferminiveau des Elektrodenmaterials liegt. Trotzdem sind immer noch hohe Temperaturen nötig, und die zweite Elektrode muß gekühlt werden, wobei ihr Ferminiveau unter dem der zweiten Elektrode liegen muß, um überhaupt einen Energiegewinn verzeichnen zu können.

Ein zweites Problem besteht in der Tatsache, daß sich nach der Emission der ersten Elektronen eine Raumladung im Zwischenraum zwischen beiden Elektroden aufbaut. In der Praxis wird also Cäsium verwendet, das aufgrund der hohen Temperatur ionisiert wird und dessen positiv geladene Ionen nach dem Passieren einer Diode die Raumladung neutralisieren.

Experimente zeigen, daß bei Verwendung keramischer Materialien (wegen der hohen Temperaturen) eine Stromdichte von 50 kW m^{-2} verfügbar ist. Die zur Kühlung der zweiten Elektrode verwendete Luft könnte genutzt werden, um elektrische Turbinen oder Wärmemaschinen anzutreiben. Diese Idee findet sich in Bild 4.14 skizziert, und wurde bereits bei Raumflügen eingesetzt, die in großen Entfernungen zur Sonnen stattfanden, und bei denen Sonnenkollektoren nicht mehr funktionieren. Die Wärmezufuhr wurde in diesem Fall durch den radioaktiven Zerfall von ^{238}Pu gewährleistet. Außer bei diesen eher exotischen Anwendungen wurde das Verfahren aber noch nicht in größerem Rahmen eingesetzt, da sein Wirkungsgrad niedrig, die verwendete Technologie aber sehr teuer ist.

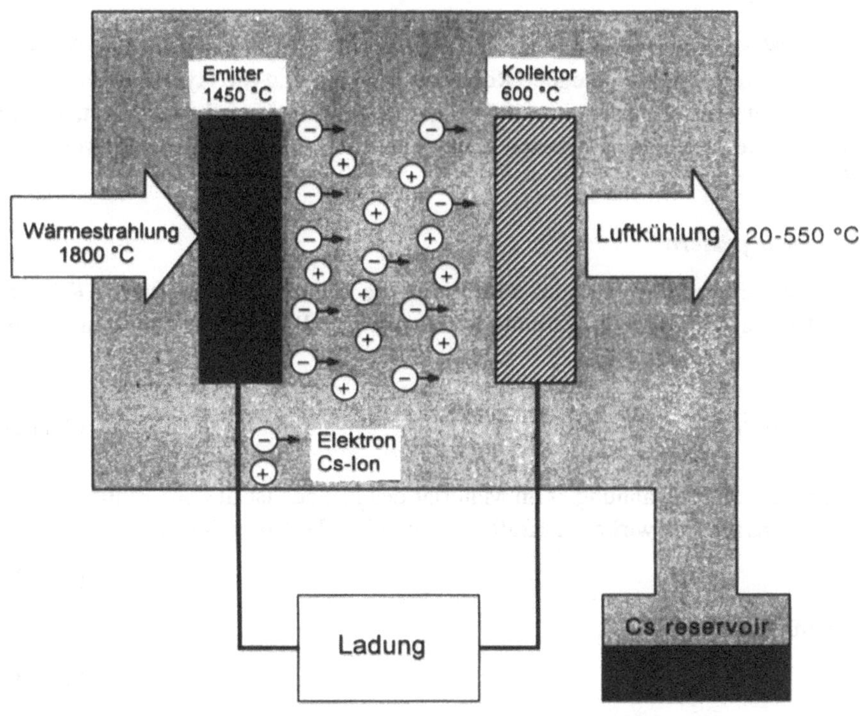

Bild 4.14 Das Prinzip der thermoionischen Umwandlung bei der Stromerzeugung

4.2.7 Energiespeicherung und Energietransport

Bei der Diskussion von Bild 4.12 wurde angemerkt, daß die Nachfrage nach Elektrizität schwankt, was bedeutet, daß man zunächst erst einmal genügend Kraftwerke bauen muß, um die Bedarfsspitzen befriedigen zu können. Da diese Maschinen in den Stunden geringeren Bedarfs, während denen kein Strom verkauft wird, lediglich Kapitalkosten verursachen, hat man sich nach Möglichkeiten der Energiespeicherung umgesehen. Eine andere Möglichkeit für die Speicherung von Energie besteht im Hinblick auf die später noch genauer zu besprechenden erneuerbaren Energien, wie Wind oder Sonnenstrahlung, die nur – wetterabhängig – zeitweilig verfügbar wären. In diesen Fällen wäre eine Speichermöglichkeit sehr praktisch. Außerdem wird auch beim Betrieb eines Kraftfahrzeugs in den Stoßzeiten ein großer Teil kinetischer Energie durch das ständige Bremsen verschwendet. Selbst außerhalb dieser Stoßzeiten trifft dies für Busse zu, die regelmäßig anhalten müssen, um Fahrgäste ein- oder aussteigen zu lassen. Eine Speicherung der Energie würde hier enorme Einsparungen ermöglichen.

Im folgenden erfolgt eine kurze Besprechung über einige Möglichkeiten der im Gebrauch befindlichen Methoden zur Energiespeicherung. In den Abschnitten über erneuerbare Energien wird dann auf einige davon erneut zurückgegriffen.

Schwerkraftspeicherung

Man betrachte zwei Wasserreservoirs in unterschiedlicher Höhe. In Zeiten geringen Wasserbedarfs könnte man es in das höher gelegene Reservoir pumpen und die Hydroelektrizität zu Spitzenbedarfszeiten nutzen (s. Abschnitt 4.4.5). Dieses Verfahren wird praktiziert, indem man sich die Geographie in einigen Regionen zunutze macht, oder z. B. alte Bergwerke als tieferliegenes Reservoir nutzt.

Speicherung in Schwungrädern

Die kinetische Energie eines Schwungrades wird durch die Gleichung eines starren Körpers gegeben, die, für den Fall, daß sich die gesamte Masse am 'Rand' des Rades mit dem Radius R befindet, mit

$$K = \frac{1}{2} I\omega^2 = \frac{1}{2} mR^2\omega^2 \tag{4.112}$$

angegeben werden kann. Die Spannung σ im Material des Randes ist die pro Einheitsfläche am Rand angreifende Kraft. Die wirkende Kraft ist somit eine Zentrifugalkraft

$$m\omega^2 R \,, \tag{4.113}$$

die pro Volumeneinheit auch als

$$r\omega^2 R \tag{4.114}$$

geschrieben werden kann. Da die Spannung die Dimension einer Zentrifugalkraft pro Volumen mal Länge hat, kann die Relation zwischen Materialspannung σ und Zentrifugalkraft $r\omega^2 R$ als

$$\frac{K}{m} = \frac{1}{2} R^2\omega^2 = \frac{\sigma}{2\rho} = K_W \frac{\sigma}{\rho} \tag{4.115}$$

angenommen werden. Man kommt auch durch eine andere Überlegung zu dieser Gleichung: Die Spannung σ/R über einer Speiche des Rades soll gleich der Zentrifugalkraft pro Volumeneinheit am Ende der Speiche sein.

Die kinetische Energie pro Masseneinheit wird auch als spezifische Energie bezeichnet und folgt aus den Gln. (4.112) und (4.115) als

$$\frac{K}{m} = \frac{1}{2} R^2\omega^2 = \frac{\sigma}{2\rho} = K_W \frac{\sigma}{\rho} \;. \tag{4.116}$$

Hierbei ist der Faktor K_W gleich 0,5. Dieser Wert gilt für Schwungräder, deren Masse gleichmäßiger verteilt ist und kann für einige Entwürfe Werte von bis zu 1,0 erreichen. Man sieht, daß die maximal speicherbare spezifische Energie proportional zur Materialfestigkeit vor dem Auftreten von Verformungen und umgekehrt proportional zur Dichte ist. Dies ist einer der Gründe, warum große Anstrengungen im Bereich von Faserwerkstoffen unternommen werden.

Batterien

Elektrische Energie wird traditionell in Batterien gespeichert, in denen im wesentlichen chemische Reaktionen die Speicherung übernehmen. Sie werden auch in Kraftfahrzeugen eingesetzt, aber ihre Kapazität ist begrenzt.

Chemische Speicherung in Brennstoffzellen

Eine andere Möglichkeit der chemischen Speicherung besteht in der chemischen Herstellung von Wasserstoff und dessen Speicherung, bis er unter Freisetzung von Energie zur Oxidation verwendet wird. Dies geschieht in den in Abschnitt 4.4.5 noch zu besprechenden Brennstoffzellen. Für einen Gebrauch in Kraftfahrzeugen stellt sich das Problem der Speicherung des Wasserstoffs. Außer der Speicherung als Gas gäbe es die Möglichkeit einer Einbindung in ein Kristallgitter, aus dem er auch leicht wieder freigesetzt werden kann.

Tabelle 4.3 gibt eine Übersicht über verschiedene Speichermöglichkeiten. Man sieht, daß Benzin eine der am schnellsten verfügbaren Möglichkeiten bietet.

Energietransport

Die Kosten des Energietransportes pro kJ hängen von den Kosten für den Transport des Energieträgers ab. Für die in Tabelle 4.3 aufgelisteten Materialien liegen die Transportkosten pro kJ für Uran natürlich wesentlich niedriger als für Benzin oder gar Batterien.

Ein großer Teil des Öl- oder Gastransportes läuft über Pipelines, aber neben den Betriebskosten sollte man auch die Umweltschäden durch Lecks, insbesondere in der Nähe der Pumpstationen und deren In- und Output betrachten.

Tabelle 4.3 Spezifischer Energieinhalt verschiedener Materialien (kJ/kg). Für Wasserstoff, Methan und Benzin werden die unteren Heizwerte unter der Annahme angegeben, daß die latente Wärme im Dampf nicht genutzt wird. (Aus: A. W. Culp Jr, *Principles of Energy Conversion*, McGraw-Hill, New York, 1991, Tabelle 9.1, S. 482)

Deuterium (D-D Fusion)	$3{,}3 \cdot 10^{11}$	Sturzwasser (Δz = 100 m)	$9{,}8 \cdot 10^{2}$
Uran-235 (Kernspaltung)	$7{,}0 \cdot 10^{10}$	Silberoxid-Zink-Batterie	437
Schweres Wasser (Fusion)	$3{,}5 \cdot 10^{10}$	Bleiakku	119
Reaktorbrennstoff		Schwungrad (gleichmäßige	
(2,5 %ig angereichertes UO_2)	$1{,}5 \cdot 10^{9}$	Spannungsverteilung)	79
Natürliches Uran	$5{,}0 \cdot 10^{8}$	Komprimiertes Gas (Kugelcontainer)	71
95 %iges Oo-210 (radioaktiver Zerfall)	$2{,}5 \cdot 10^{6}$	Schwungrad (zylindrisch)	56
80 %iges Pu-238 (radioaktiver Zerfall)	$1{,}8 \cdot 10^{6}$	Organisches Elastometer	20
Wasserstoff (LHV)	$1{,}2 \cdot 10^{5}$	Schwungrad (Rand-Hebel)	7
Methan (LHV)	$5{,}0 \cdot 10^{4}$	Torsionsfeder	0,24
Benzin (LHV)	$4{,}4 \cdot 10^{4}$	Spiralfeder	0,16
Lithiumhydrid (bei 700 °C)	$3{,}8 \cdot 10^{3}$	Kondensator	0,016

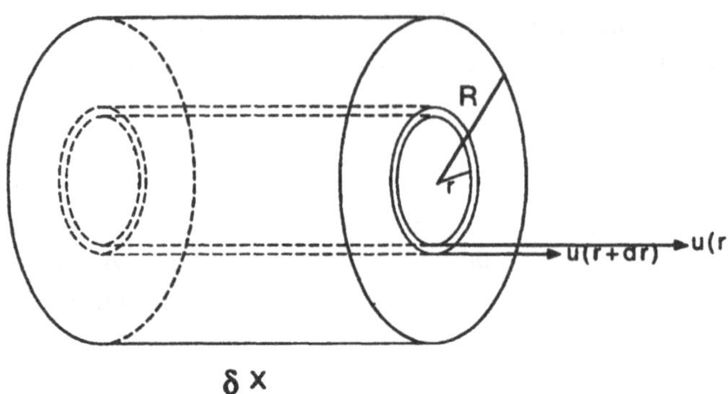

Bild 4.15 Viskositätskräfte in einer horizontalen, waagerechten Röhre

Wir wollen jetzt den Strom P berechnen, der zum Transport eines Flüssigkeitsvolumens V durch eine Röhre mit dem Radius R benötigt wird. Es gebe keine Beschleunigungen und der Druckverlust der Flüssigkeit liege pro Meter bei $G = -\,\mathrm{d}p/\mathrm{d}x$, wobei x der Koordinate in Richtung der Strömung entspricht. Gl. (3.32) gilt auch weiterhin, wenn man die linke Seite für horizontale Strömungen vernachlässigt. Man geht ferner von einer laminaren und axial symmetrischen Strömung aus, deren einzige Veränderung in $u = u(r)$ stattfindet, während alle anderen Geschwindigkeitskomponenten verschwinden. Somit ist

$$0 = \boldsymbol{F}_{\text{Druck}} + \boldsymbol{F}_{\text{Visk.}} \quad (4.117)$$

Dieser Sachverhalt ist auch in Bild 4.15 skizziert, wobei $u(r)$ der horizontalen Geschwindigkeit der Flüssigkeit entspricht.

Man betrachte einen zylindrischen Ring der Dicke dr und der Länge δx. Die viskoelastischen Kräfte an der Innenseite des Rings sind dann entsprechend der bei Bild 3.1 geführten Diskussion gleich

$$-\mu \left.\frac{\mathrm{d}u}{\mathrm{d}r}\right|_r 2\pi r \delta x \;. \quad (4.118)$$

Für die Außenseite gilt ebenfalls

$$+\mu \left.\frac{\mathrm{d}u}{\mathrm{d}r}\right|_{r+\mathrm{d}r} 2\pi (r + \mathrm{d}r)\delta x \;, \quad (4.119)$$

was uns zu der Nettokraft

$$\mu\left[\left(r\frac{\mathrm{d}u}{\mathrm{d}r}\right)_{r+\mathrm{d}r} - \left(r\frac{\mathrm{d}u}{\mathrm{d}r}\right)_r\right] 2\pi\delta x = 2\pi\,\mu\,\delta x\,\mathrm{d}r\frac{\mathrm{d}}{\mathrm{d}r}\left(r\frac{\mathrm{d}u}{\mathrm{d}r}\right) \quad (4.120)$$

führt. Aus der Differentialgleichung (4.117) ergibt sich für die x-Richtung mit Gl. (3.33) dann

$$-\frac{\mathrm{d}p}{\mathrm{d}x} 2\pi\, r\, \mathrm{d}r\delta x + 2\pi\,\mu\,\delta x\,\mathrm{d}r\frac{\mathrm{d}}{\mathrm{d}r}\left(r\frac{\mathrm{d}u}{\mathrm{d}r}\right) = 0 \qquad \text{oder} \quad (4.121)$$

$$Gr + \mu \frac{d}{dr}\left(r \frac{du}{dr} \right) = 0 \tag{4.122}$$

mit der Lösung

$$u(r) = -\frac{1}{4}\frac{Gr^2}{\mu} + A \ln r + B \ . \tag{4.123}$$

Da *u(r)* bei $r = 0$ einen endlichen Wert haben muß, folgt $A = 0$. Für $r = R$ muß aber $u = 0$ gelten und es gilt somit

$$u(r) = \frac{G}{4\mu}(R^2 - r^2) \ . \tag{4.124}$$

Das pro Sekunde den Querschnitt passierende Volumen ist dann

$$V = \int_0^R u(r) 2\pi r \, dr = \frac{GR^4 \pi}{8\mu} \ , \tag{4.125}$$

und die Energie, die zur Bewegung der Flüssigkeit vom Punkt 1 zum Punkt 2 nötig ist, entspricht dem Integral der Kraft pro Einheitsfläche, $(p_1 - p_2)$ mal der lokalen Geschwindigkiet $u(r)$ von $r = 0$ bis $r = R$. Für eine Röhre der Länge L gilt somit

$$P = (p_1 - p_2)V = GLV = \frac{8\mu L V^2}{\pi R^4} \ . \tag{4.126}$$

Es zeigt sich, daß die Erhöhung der Menge der bewegten Flüssigkeit zu einem überproportionalen Anstieg des Energieverbrauchs führt. Es wäre somit günstiger, das Verhältnis *V/R* durch eine Erhöhung von *R* oder Hinzufügung weiterer Röhren konstant zu halten. Es wird auch klar, daß eine Senkung der Geschwindigkeit *u* den gleichen Effekt hätte. In der Praxis kann die Viskosität von Rohöl in der Nähe des Gefrierpunktes sehr groß sein (mehr als 1000 µP). Für Transporte aus Alaska oder Sibirien muß es somit erwärmt werden, um die Viskosität herabzusetzen – die Alaska-Pipeline wird aus diesem Grunde auf 60 °C aufgeheizt.

Elektrizität

Im Falle der Elektrizität erfolgt die Fernversorgung über Hochspannungsleitungen. Man hat dann im wesentlichen Ohmsche Verluste zu beklagen, obwohl auch der Leitung durch die Luft Verluste entstehen. Wenn *R* also der Widerstand der Kabel zwischen Elektrizitätswerk und Endverbraucher ist, lautet der Energieverlust pro Sekunde

$$P_{\text{Verlust}} = I^2 R \ . \tag{4.127}$$

Unter der Annahme, daß Strom und Spannung in Phase fließen, ist die an den Endverbraucher abgesandte Gesamtleistung P_T dann

$$P_T = IV \ . \tag{4.128}$$

Das Verhältnis von abgeschickter und verloren gegangener Leistung lautet demnach

$$\frac{P_{\text{Verlust}}}{P_{\text{T}}} = \frac{I^2 R}{IV} = \frac{IR}{V} = P_{\text{T}} \frac{R}{V^2} \,. \tag{4.129}$$

Dieses Verhältnis sollte so klein wie möglich sein. Eine Reduktion des Widerstandes würde dickere Kabel bedeuten, was zu einer Verteuerung führt. Für bestimmte Anwendungen würde sich der Gebrauch supraleitender Kabel mit $R = 0$ anbieten. Die Kühlung zu den erforderlichen Temperaturen wäre aber wiederum sehr teuer, da man dann flüssiges Helium benötigt. Die jüngsten Entdeckungen der Hochtemperatursupraleitung ergaben, daß man die Kühlung auch mit dem wesentlich günstigeren Flüssigstickstoff durchführen kann. Momentan werden große Anstrengungen unternommen, aus den eher exotischen Materialien, die diese Hochtemperatursupraleitung zeigen, Kabel herzustellen.

Eine andere Möglichkeit, die Verluste gering zu halten, bestünde in einer Erhöhung der Spannung V im Nenner von Gl. (4.129). Die Grenze hierbei wird aber durch mögliche Blitzentladungen der Kabel vorgegeben. Je höher die Spannung V ist, um so höher müßten die Masten der Stromleitungen sein und um so teurer wären Isolierungsketten zwischen den Masten und den Kabeln. Außerdem müßte man die Hochspannung auf Werte heruntertransformieren, die den gebräuchlichen 120-220 V entsprächen. Um die Transformation zu vereinfachen, müßte man daher Wechselstrom verwenden.

Außer den Vorteilen einer solchen Hochspannungs-Wechselstromübertragung existieren aber auch einige Nachteile gegenüber Gleichstromleitungen. Zunächst muß man bei Wechselstromleitungen die Mastenhöhe und die Isolierungen berücksichtigen, die eine um den Faktor $\sqrt{2}$ höhere Spannungsversorgung erfordern. Außerdem erhöht die zeitliche Phasenverschiebung das Risiko für Funkensprung oder Störungen der Radiowellen, und der Strom wird aufgrund des sogenannten *Skin-Effektes* hauptsächlich an der Oberfläche konzentriert sein. Man verwendet deshalb meistens einige parallel nebeneinander verlaufende Kabel, da so ihre Oberfläche vergrößert werden kann.

Dennoch wurden Hochspannungs-Gleichstromleitungen eingeführt, mit dem Nachteil, daß man an beiden Enden der Kabel teure Gleichstrom-Wechselstrom-Wandler aufstellen muß und dieses Unterfangen nur für Fernleitungen lukrativ wird. Gleichstromleitungen werden aber auch für spezielle Anwendungen eingesetzt, so z. B. bei der Stromversorgung zwischen England und Frankreich unter dem Kanal, mit der Frankreich seinen Überschuß aus der nuklearen Stromerzeugung an England exportiert.

Zum Schluß muß noch erwähnt werden, daß es auch Vorschläge gibt, aus Sonnen- oder Windenergie gewonnene Elektrizität zur Produktion von Wasserstoff zu nutzen, der weitertransportiert und dann in Brennstoffzellen zur erneuten Elektrizitätsgewinnung genutzt werden kann. Es zeigt sich allerdings, daß dieses Verfahren nicht mit dem direkten Transport des elektrischen Stromes konkurrieren kann [2].

4.2.8 Reduzierung der Umweltverschutzung

Schadstoffe können im weitesten Sinne als Substanzen definiert werden, die in wesentlich größeren Konzentrationen auftreten, als sie in der – vermeintlich vom Menschen unberührten – Natur vorkommen, und dabei Schäden an Pflanzen, Tieren oder am Menschen verursachen. Sie können in der Luft, im Wasser oder im Boden auftreten und von einem Ort zum anderen transportiert werden. Ihre Ursachen wurden bereits in Bild 1.1 dargestellt: Transportwesen, Produktion von Elektrizität, Müllverbrennung, Verbrennung fossiler Brennstoffe zu Heiz- oder industriellen Zwecken, sowie alle Arten industrieller und landwirtschaftlicher Prozesse.

Man sollte sich der Tatsache bewußt sein, daß direkt emittierte Schadstoffe auch mit natürlichen Substanzen oder untereinander reagieren können, wobei weitere Schadstoffe gebildet werden. Dies geschieht in großem Maßstab und teilweise durch das Sonnenlicht beeinflußt, vor allem in der Atmosphäre, und ist Untersuchungsgegenstand der Atmosphärenchemie. Die Entstehung von photochemischem Smog durch Stickoxide und Kohlenwasserstoffe bildet dabei nur eines von vielen Beispielen.

Unterscheidet man die Schadstoffe nach ihrer chemischen Zusammensetzung, so kann man feststellen, daß sie sich im wesentlichen aus Schwefel-, Stickstoff-, Kohlenstoff- und Halogenverbindungen zusammensetzen. Man kann sie aber gleichermaßen auch nach ihren physikalischen Eigenschaften unterscheiden, und als Gas, Flüssigkeit oder Festkörper nachweisen. Letzteres kann in Form unterschiedlich großer Partikel in der Luft oder festen Abfälle beliebiger Art geschehen. Schwebeteilchen in der Luft können zu einer Erhöhung der Albedo beitragen und zu einer geringfügigen Abkühlung führen, wie schon in Abschnitt 3.1 besprochen.

Zum Schluß kann man an dieser Stelle noch radioaktive Materialien erwähnen, oder die thermische Verschmutzung betrachten. Weiter unten wird eine kurze Diskussion zur Verschmutzung durch die in den vorigen Abschnitten besprochenen Energieproduktion wiedergegeben. Die Radioaktivität wird später im Zusammenhang mit den Abschnitten über die Kernkraft noch genauer betrachtet.

Stickoxide NO_x

Durch das Symbol NO_x werden die Stickoxide NO und NO_2 bezeichnet, die zusammen mit den Kohlenwasserstoffen in der Luft die Hauptursachen für photochemischen Smog bilden. Sie entstehen bei jeder Art von Verbrennung, die in der aus N_2 und O_2 bestehenden Luft unter hohen Temperaturen stattfindet. Stickoxide bilden sich in der Flamme bei einigen tausend Kelvin. Da die Reaktion dabei endotherm verläuft, steigt die Stickoxidproduktion mit wachsender Reaktionstemperatur.

Eine zweite Quelle der Stickoxide ist der in Brennstoffen enthaltene Stickstoff, der in manchen Kohlesorten oder Ölen mit Anteilen von bis zu einem Prozent vorhanden ist. In dem Fall entstehen 80 % der Stickoxide alleine durch den Brennstoff selbst. Da Erdgas nur wenig oder gar keinen Stickstoff enthält, enstehen Stickoxide bei dessen Verbrennung nur aufgrund der hohen Verbrennungstemperaturen.

Die Vermeidung des Stickoxidausstoßes kann auf zweierlei Art erfolgen. Zunächst kann man versuchen, die Verbrennungstemperatur herabzusetzen. Dieses führt aber schnell zu einem schlechteren Wirkungsgrad für den betreffenden Kreisprozeß, und man versucht darum, nur lokale Temperaturspitzen in der Flamme zu vermeiden. Eine andere Möglickeit zur Verringerung der NO_x-Produktion besteht darin, den für die Reaktion verfügbaren Sauerstoff zu reduzieren. Es zeigt sich, daß die Oxidschicht, die die Wände der Brennkammer vor hohen Temperaturen schützt, dann ebenfalls abgebaut wird, und somit in diesem Bereich neue Materialien gefragt sind. Dieses Beispiel soll zeigen, daß die Lösung eines Problems gleichzeitig ein anderes hervorrufen kann.

Für die Stromerzeugung wurden insbesondere im Bereich der *Flüssigbett*-Verbrennungen intensive Forschungen betrieben. Man hat hierbei eine Mischung aus zerkleinerter Kohle und etwas Magnesium- oder Kalziumkarbonat vorliegen, in welche Luft von unten eingeblasen wird. Die Heizröhren eines Dampferzeugers stehen dabei in direktem und gut wärmeleitendem Konntakt mit diesem Bett. Man kann somit die Verbrennung bei niedrigereren Temperaturn von ca. 1200 K durchführen, hat aber bei der Dampfproduktion für den äußeren Verbrennungskreislauf immer noch die gleichen Temperaturen. Dieses Bett hat den Vorteil, daß die Ca- oder Mg-Zugabe zu einer Bindung des Schwefels in Sulfaten führt, die leicht entfernt werden können. Die Flüssigbett-Verbrennung ist allerdings noch nicht sehr verbreitet.

Es ist nicht einfach, die einmal in Kraftfahrzeugen oder den meisten bestehenden Kraftwerken produzierten Stickoxide zu eliminieren, und ein geringfügige Entstehung wird man auch in Zukunft nicht verhindern können. Zur Reduzierung der NO_x-Emissionen werden weiterhin neue Möglichkeiten und Reaktionsmechanismen gesucht, wie z. B. das Einsprühen von Chemikalien wie NH_3 in die Abgase von Kraftwerken, um die Stickoxide zu N_2 zu reduzieren.

Schwefel

Kohle und Öl können nennenswerte Anteile an Schwefel enthalten. Die Emission von Schwefel muß aber vermieden werden, um die Bildung von saurem Regen zu verhindern. Neben den für die Zukunft vielversprechend erscheinenden Flüssigbetten reduziert man den Schwefel in der Praxis durch *Rauchgasberieselung* mit Kalziumkarbonatlösungen, was wiederum zur Bildung von Kalziumsulfat führt, das auf dem üblichen Wege entsorgt werden kann. Eine andere Möglichkeit zur Entfernung des Schwefels aus Abgasen besteht in der Verwendung von Katalysatoren.

Kohlenmonoxid und CO_2

Bei allen Verbrennungsprozessen von fossilen Brennstoffen entsteht CO_2, dessen die Konsequenzen auf die globale Erwärmung später besprochen werden sollen. Technische Möglichkeiten zur CO_2-Reduzierung sind kaum vorstellbar, und man muß sich daher auf eine Entfernung des Kohlendioxides aus den Abgasen beschränken, die durch Bildung von Kalziumkarbonat bewerkstelligt werden kann, das dann unterirdisch abgelagert werden kann.

Im Falle des Kohlenmonoxides CO muß man klar sehen, daß es ebenso bei allen Verbrennungsprozessen entsteht, da für die Reaktion zwischen CO, CO_2, und O_2 die Gleichgewichtsbedingung

$$CO_2 \rightleftharpoons CO + \tfrac{1}{2} O_2 \qquad (4.130)$$

gilt. Die Reaktionskonstante K kann geschrieben werden als*

* Seinfeld benutzt in [3, S. 79] die tabellierten Werte für Standardbedingungen (bei Raumtemperatur), also $\Delta G^0 = 283\ \mathrm{kJ\ mol^{-1}}$. Genauer gesagt sollten die Werte also an die wesentlich höheren Temperaturen, unter denen diese Reaktionen stattfinden, angepaßt werden.

$$K = \frac{[CO][O_2]^{1/2}}{[CO_2]} = e^{-\Delta G^0/RT} = e^{-(\Delta H^0 - T\Delta S)/RT} \qquad (4.131)$$
$$= 3 \cdot 10^4 e^{-33770/T}$$

wobei R wiederum der universellen Gaskonstante entspricht (siehe Anhang C) und ΔG^0 die Änderung der freien Gibbsschen Energie pro Mol und unter Standardbedingungen ist. ΔH^0 entspricht der korrespondierenden Enthalpieänderung und ΔS^0 der Änderung der Entropie. Die Summe der drei Konzentrationen kann mit $[CO_2]$ + [CO] + $[O_2]$ = 1 normiert werden. Bezeichnet man das Verhältnis von Sauerstoff zu Kohlenstoff mit α, so folgt

$$\alpha = \frac{2[CO_2]+[CO]+2[O_2]}{[CO]+[CO_2]} = \frac{\text{Mole O}}{\text{Mole C}} . \qquad (4.132)$$

Die relative CO-Konzentration erhält man dann mit α und T. Betrachtet man die gesamte Verbrennung von Oktan (für Benzin) mit einer exakt ausreichenden Menge an Sauerstoff, so zeigt sich, daß $\alpha = 3{,}125$ ist, was bei 3000K zu einer relativen CO-Konzentration von 0,213 führt.

Partikel

Partikelemissionen aus Kraftwerken werden mit mechanischen Verfahren (z.B, indem man die Abgase auf einer kreisförmigen Bahn stömen läßt, so daß die Partikel durch Zentrifugalkräfte an den Rand gedrängt werden), durch Filter in Staubsaugern, durch eine Naß-Berieselung oder durch Passieren von elektrostatischen Drähten (30-60 kV) kontrolliert, wobei die Teilchen eine elektrische Ladung erhalten, über die sie dann mit geerdeten Platten abgefangen werden.

Thermische Verschmutzung

Alle in diesem Abschnitt besprochenen Maschinen haben einen Wirkungsgrad, der durch den Carnot-Prozeß bestimmt wird (Gl. (4.74)). Das heißt aber nichts anderes, als daß eine sehr große Restwärme in die natürliche Umgebung abfließen muß. Bei größeren Kraftwerken werden die Dampfkondensatoren entweder gekühlt, indem man das aus Seen oder Flüssen entnommene Wasser am Kondensator entlanglaufen läßt oder aber große Kühltürme einsetzt. Im letzten Fall wird das heiße Wasser direkt in den Turm gesprüht, wo es durch Abgabe von Verdunstungswärme an die Luft abkühlt. Dabei wird allerdings Frischwasser zur Versorgung des Kreisprozesses benötigt (nasse Türme). Alternativ kann auch eine Kühlung über den Wärmeaustausch des Kondensators mit den im Kühlturm befindlichen Rohren stattfinden, die durch die aufsteigende Luft gekühlt werden.

Die Kühlung in nassen Türmen ist nicht nur effektiver, sondern führt auch zu einer niedrigeren Temperatur T_C im kühleren Reservoir. Die einströmende Luft wird solange Wasserdampf aufnehmen, bis sie abgesättigt ist, und sich deshalb durch die Abgabe der Verdampfungswärme (oder -enthalpie) abkühlen. Die resultierende Temperatur wird in der Meteorologie als *Feuchte Glockentemperatur* bezeichnet und wird mit Thermometern gemessen, die einen feuchten Thermometerkopf besitzen und die man benutzt, um die Luftfeuchtigkeit zu messen. Der Nachteil von Naßtürmen liegt in den enormen Mengen benötigten Wassers.

Eine Alternative ist die Verwendung der Abwärme zur Beheizung von Privathaushalten oder als Prozeßwärme in der Industrie. In der Praxis ist diese Wärmekopplung für große Kraftwerke nicht sehr günstig, da man beim Transport hohe Energieverluste hat, und lohnt sich nur für kleinere Kraftwerke mit etwa 10 MW_e Leistung zur lokalen Versorgung von Industriekomplexen oder anderen Anlagen, die einen hohen Stromverbrauch haben. Man berechnet die Kapazität dieser Wärmekopplung so, daß die Wärmeanforderungen gerade erfüllt werden, hat dann aber zu bestimmten Zeiten eine Überschußelektrizität oder ein Defizit in der Versorgung. Zur Gewährleistung einer kontinuierlichen Versorgung ist daher eine Anbindung an das Hauptversorgungsnetz erforderlich. Dabei stellt sich die Frage, ob diese Einrichtung den Kauf der zusätzlich benötigten Elektrizität zu einem akzeptablen Preis zuläßt.

Allgemeines

Die Regierungen sind bestrebt, striktere Regulierungen bezüglich der Abgasemissionen von Kraftfahrzeugen und Kraftwerken zu treffen. Hierdurch sind auch Anreize zum Entwurf neuer Motoren geschaffen worden, und es ist klar, daß es bei äußeren Verbrennungsmaschinen, bei denen die Verbrennung wie im Flüssigbett außen abläuft, einfacher ist, die Emissionen unter Kontrolle zu halten, als bei inneren Verbrennungsmaschinen. Aus diesem Grund werden sich erstere also wahrscheinlich eher in der Zukunft durchsetzen.

Andererseits waren die Kraftfahrzeughersteller erfolgreich, wenn es um Befolgung von Vorgaben zum Umweltschutz ging. Um nur ein Beispiel zu nennen: Das einst zur Verhinderung von Klopfgeräuschen im Motor eingeführte Bleiadditiv in Benzin wurde inzwischen durch andere Substanzen ersetzt.

Die staatlichen Maßnahmen tendieren in die Richtung, die Verbrennung fossiler Rohstoffe in Kraftfahrzeugen oder Kraftwerken zu verteuern und damit andere Methoden der Energiegewinnung (siehe nachfolgende Kapitel) wettbewerbsfähiger zu machen.

4.2.9 Kühlung

Kühlung kann in allen Prozessen erreicht werden, in denen eine Wärmekraftmaschine in umgekehrter Richtung arbeitet, wie dies bereits in Bild 4.5 und Gl. (4.76) dargestellt wurde. Somit kann also auch eine Wärmekraftmaschine wie der in Abschnitt 4.2.3 besprochene Stirling-Motor diese Aufgabe übernehmen. In der Praxis sind die erforderlichen Temperaturdifferenzen für eine Kühlung im normalen Hausgebrauch nicht sehr hoch. Auf der einen Seite benötigt man eine geringfügig unterhalb des Gefrierpunktes von Wasser gelegene Temperatur, und andererseits die Raum- oder Umgebungstemperatur. Das praktische Problem bei den Stirling-Motoren war bisher die Entwicklung befriedigender Wärmetauscher zwischen der Maschine und dem zu kühlenden Ort.

Der Dampfkompressions-Kreisprozeß

Durch Verdunstung und Kondensation entsteht eine sehr effektive Möglichkeit zum Wärmeaustausch. Dadurch werden große Wärmemengen absorbiert oder ausgestoßen, und diese Wärme kann zusammen mit der Flüssigkeit innerhalb eines geschlossenen Kreislaufs an Orte befördert werden, an denen sie erzeugt oder verbraucht wird. Der normale Kühlkreislauf besteht darum aus einem Verdampfer und einem Kondensator, wie auch in Bild 4.16 dargestellt.

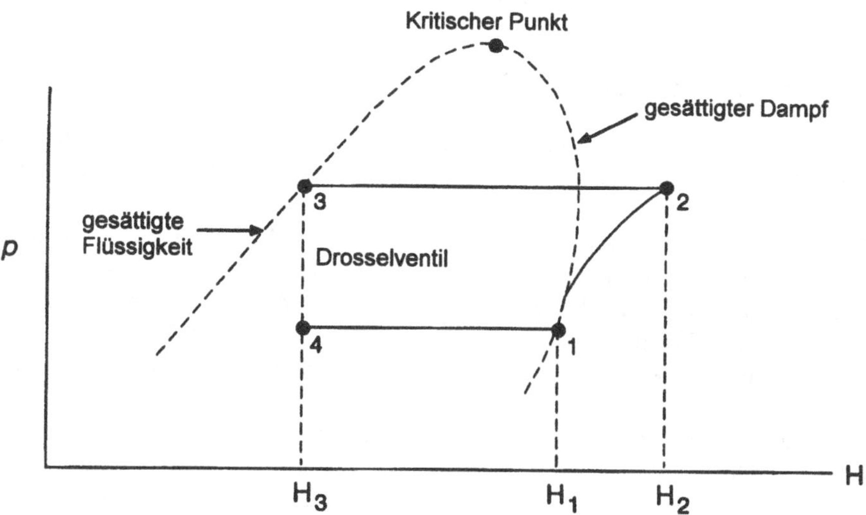

Bild 4.16 Das pH-Diagramm eines handelsüblichen Kühlschrankes. Unterhalb der gestrichelten Linie besteht ein Gleichgewicht zwischen Flüssigkeit und Gasphase. Der linke Teil der Kurve entspricht der gesättigten Flüssigkeit, der rechte Teil zeigt den Bereich des gesättigten Dampfes. Im Zwischenraum liegt eine Mischung der beiden Phasen bei konstanter Temperatur vor.

Zur Erläuterung haben wird eine Auftragung des Druckes über der Enthalpie $H = U + pV$ gewählt. Ähnlich wie in den üblichen pV-Diagrammen bezeichnet die gestrichelte Linie die Grenze zwischen der reinen Flüssigkeit (links) und dem gesättigten Dampf (rechts). Im dazwischen gelegenen Bereich bleibt die Temperatur auf dem Weg von links nach rechts konstant, während sich der Anteil des Dampfes vergrößert.

Folgen wir schrittweise dem Kreisprozeß in Bild 4.16:

a) Von 1 nach 2 wird adiabatisch komprimiert, und man benötigt eine Pumpe, um die Arbeit $W = H_2 - H_1$ zu verrichten. Wie schon im Abschnitt 4.2.1 besprochen, erhöht die Arbeit am System dessen Enthalpie.

b) Am Punkt 2 tritt die Flüssigkeit in den Kondensator ein. Zunächst kühlt sie sich isobar bis zum Erreichen der gestrichelten Linie ab, um dann bei konstanter Temperatur zu kondensieren. Die zugeführte Wärme ist laut Gleichung (4.58) gleich $H_1 - H_4$, was einen negativen Wert ergibt. Das System verliert also Wärme.

c) Von 3 nach 4 expandiert die Flüssigkeit über ein Drosselventil (vgl. Bild 4.4) und es ist $H_3 = H_4$.

d) Von 4 nach 1 findet eine isobare Expansion statt, und die Wärme $H_1 - H_4 > 0$ muß zugeführt werden. Wird dabei der Umgebung Wärme entzogen, so kühlt sich diese ab.

Der in Gleichung (4.77) definierte Leistungskoeffizient ε sieht dann folgendermaßen aus:

$$\varepsilon = \frac{\text{erreichte Kühlung}}{\text{aufgebrachte Arbeit}} = \frac{H_1 - H_4}{H_2 - H_1} \tag{4.133}$$

Um ein Beispiel aus der Praxis zu beschreiben, wollen wir das Kühlmittel $CHClF_2$ etwas genauer betrachten. Es kondensiert bei einer Temperatur von 35 °C (der Temperatur an Punkt 3), und verdampft bei –10 °C (Punkte 1 und 4). $H_4 = H_3$ und H_1 können veröffentlichten Tabellenwerken leicht entnommen werden, aber H_2 zu finden, ist schon nicht mehr so einfach, da die Flüssigkeit überhitzt wird. Man kennt die Entropie $S_2 = S_1$ und den Druck $p_2 = p_3$. Um daraus schließlich H_2 zu erhalten, kann man die publizierten Graphen für $H(S,p)$ verwenden. Die Werte lauten H_3 = 243,1 kJ/kg, H_1 = 401,6 kJ/kg und H_2 = 435,2 kJ/kg, und man kann ε zu 4,72 berechnen (vgl. [4], dem dieses Beispiel entnommen wurde).

Als Kühlmittel wird man eine Flüssigkeit wählen, die eine brauchbare Siedetemperatur aufweist und deren Drücke p_1 und p_2 nicht zu weit vom Atmosphärendruck entfernt liegen. In Bild 4.17 sind einige pV-Kurven für verschiedene Flüssigkeiten aufgetragen. Man sieht, daß die FCKWs, NH_3 und C_4H_{10} entsprechende Temperaturen und Drücke aufweisen. Die Kurve von Propan entspricht fast derjenigen des Kühlmittels $CHClF_2$. C_3H_8 und C_4H_{10} wurden bisher wegen ihrer Brennbarkeit nicht verwendet, und auch NH_3 schied aus, da bereits kleine Lecks zum Auftreten von Kopfschmerzen führten. Somit fiel die Wahl schon seit den dreißiger Jahren auf die FCKWs, da diese inert sind. Seit allerdings bekannt ist, daß FCKWs die Ozonschicht zerstören, wurde begonnen, wieder auf die schon erwähnten anderen Gase zurürckzugreifen. Trotzdem wird es in näherer Zukunft wahrscheinlich dazu kommen, daß Wärmemaschinen mit wirksameren Wärmetauschern die traditionellen Kühlschränke ersetzen oder daß man auf Absorptionskühlanlagen zurückgreifen wird.

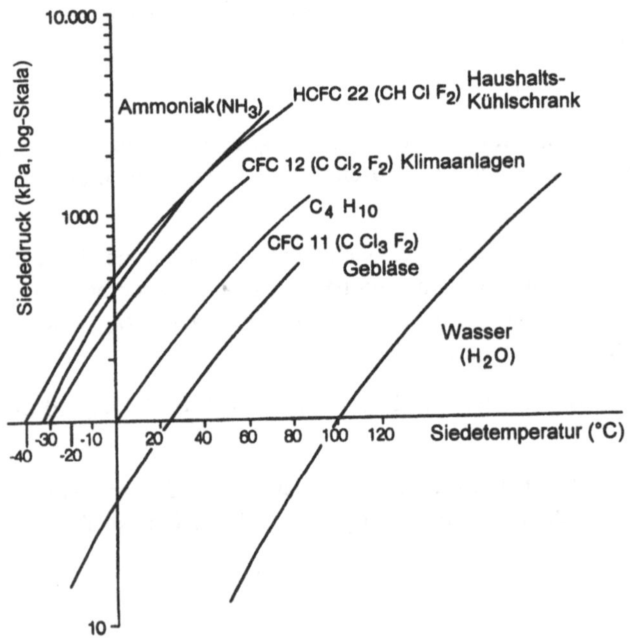

Bild 4.17 Auftragung des Siededruckes über der Siedetemperatur für einige gebräuchliche Flüssigkeiten. Es ist natürlich klar, daß nicht sehr viele Flüssigkeiten in den nutzbaren Temperaturbereich zwischen –10 und +60 °C, bzw. in einem entsprechenden Druckbereich fallen (der nicht zu weit vom Atmosphärendruck bei 100 kPa entfernt liegen sollte).

Absorptionskühlung

Der wesentliche Punkt beim oben besprochenen Dampfkompressions-Kreisprozeß ist, daß relativ hohe Kompressionsenergien notwendig sind, um den benötigten Kondensationsdruck zu gewährleisten. Eine andere Möglichkeit, dieses zu erreichen, besteht darin, den Dampf während der Wärmeentnahme in einer Flüssigkeit aufzunehmen, danach den Druck mit einer einfachen Pumpe zu erhöhen und dann über eine Erwärmung das Freiwerden von Dampf unter hohem Druck zu verursachen. Der Rest des Kreisprozesses stimmt dann mit dem vorher besprochenen überein, und in Bild 4.18 werden diese noch einmal miteinander verglichen, wobei innerhalb des gestrichelten Rechteckes auf einen der beiden Kreisläufe zurückgegriffen wird.

Der Kreislauf ist dann brauchbar, wenn die Abwärme eines anderen Prozesses zur Erwärmen der Mischung verwandt wird, wie es in Schritt 3 in Bild 4.18 dargestellt ist. Diese käme normalerweise von elektrischen Generatoren. Man könnte ihre Abwärme im Winter sogar zum Heizen und im Sommer über das Verfahren der Absorptionskühlung zur Klimatisierung nutzen. In der Praxis wird ein NH_3-Wasser- oder LiBr-Wasser-Gemisch genutzt.

4.2.10 Transport

Fährt ein Fahrzeug (Auto, Lkw oder Bahn) mit einer konstanten Geschwindigkeit u, so gibt es zweierlei Kräfte, die dieser Bewegung entgegenwirken: der Luftwiderstand F_d und der Rollreibungswiderstand F_r. Der Luftwiderstand ist der Widerstand, der sich einem Körper mit der Querschnittsfläche A_f in einer bewegten Flüssigkeit entgegenstellt. Wenn man Windgeschwindigkeiten vernachlässigt, kann dieser als

$$F_d = (\rho / 2) C_d A_f u^2 \qquad (4.134)$$

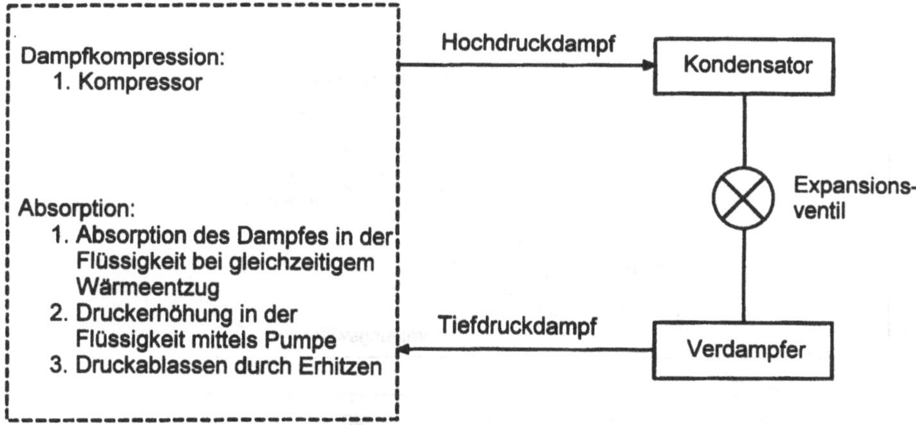

Bild 4.18 Vergleich zweier Kühlsysteme: Dampfkompression und -absorption. (Aus: W. F. Stoecker und J. W. Jones, *Refrigeration and Air Conditioning*, McGraw-Hill, New York, 1982, S. 239)

geschrieben werden, wobei ρ der Dichte der Luft und C_d dem *Widerstandskoeffizienten* entspricht. Man kann diesen Koeffizienten für einige einfache Beispiele, wie die Strömung bei einer niedrigen Reynoldszahl *Re* um eine Kugel mit dem Radius *R*, berechnen (vgl. Gl. (3.49)). In Abschnitt 5.8 werden wir zeigen, daß dies aus dem Stokesschen Gesetz mit

$$F_d = 6\pi R\mu u \tag{4.135}$$

gilt, wobei *R* dem Radius dieser Kugel entspricht. Wird die Reynoldszahl mit Gl. (3.49) als

$$Re = \frac{u(2R)}{\nu} \tag{4.136}$$

definiert, so erhält man den Widerstandskoeffizienten als

$$C_d = \frac{24}{Re} \quad . \tag{4.137}$$

Da der Widerstand in diesem Fall proportional zu u, und nicht wie in Gl. (4.134) zu u^2 verläuft, ist das Konzept des Widerstandskoeffizienten ein künstliches. Das andere Extrem wäre allerdings eine flache Platte: In der einfachsten Näherung würde der Widerstand gleich dem Impuls sein, den eine Platte der Fläche A_f pro Sekunde erfährt, was zu

$$F_d = (\rho u)uA_f \tag{4.138}$$

führt und in dem Widerstandskoeffizienten $C_f = 2$ resultiert. Eine genaue Berechnung ergibt einen Wert, der bei etwa 1,3 liegt. Bei modernen Pkw's liegen die Widerstandskoeffizienten etwa bei 0,3, was allerdings mit deren Stromlinienform und Geschwindigkeit zusammenhängt.

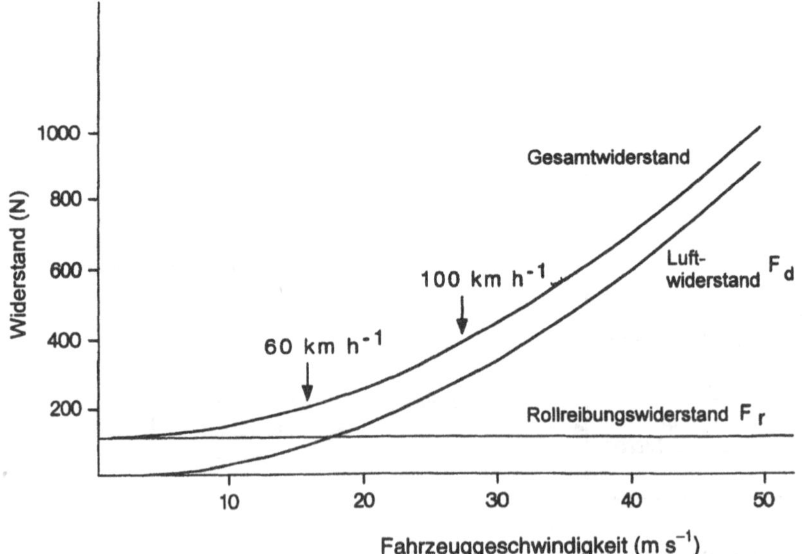

Bild 4.19 Luft- und Rollreibungswiderstand für einen typischen Personenkraftwagen: M = 1130 kg, A_f = 1,88 m^2, C_d = 0,3. Die Berechnungen fanden unter Verwendung von Gl. (4.139) statt

Die andere auf das Fahrzeug wirkende Kraft ist der Rollreibungswiderstand F_r. Er ist proportional zur Fahrzeugmasse M und entsteht hauptsächlich durch den Gewichtsdruck des Fahrzeugs, d.h. die Reifenhaftung auf der Straße bzw. die Entlastung der Reifenanteile, die die Straße gerade nicht mehr berühren. Eine empirische Relation läßt sich mit

$$F_r = C_r gM \tag{4.139}$$

angeben, wobei der Koeffizient C_r von der Qualität der Straßenoberfläche abhängt und zwischen 0,01 bei Asphalt und 0,06 für Sandwege liegt. Der Wert von C_r wird für einen schweren Lkw mit harten Reifen kleiner sein, aber in jedem Falle mit Verschleiß und Abrieb größer werden. Bild 4.19 zeigt für einen typischen Pkw beide Kräfte als Funktion der Geschwindigkeit. Man sieht, daß bei höheren Geschwindigkeiten der Luftwiderstand dominiert. Tatsächlich beruht seit den 70er und 80er Jahren ein großer Teil der Kraftstoffeinsparungen darauf, daß die Masse der Fahrzeuge reduziert wurde.

Der durch die beiden Kräfte verursachte Leistungsverbrauch wäre dann

$$P = (F_d + F_r)u \quad , \tag{4.140}$$

doch ist die tatsächlich durch den Treibstoff aufzubringende Leistung wesentlich höher. Ein Wirkungsgrad von etwa 40 % müßte schon als sehr gut bewertet werden. Man müßte dann noch die inneren Zylinderverluste, Reibungsverluste, Zusatzgerätverluste (Klimaanlage) und Übertragungsverluste abziehen. Zum Schluß blieben dann vielleicht noch gerade 8 % übrig, um die in Gl. (4.140) benötigte Leistung aufzubringen.

4.3 Die Kosten der Energieumwandlung

Produktionsbetriebe unterscheiden zwischen Fixkosten, die vom Betrieb unabhängig sind, und variablen Kosten. Die Fixkosten bestehen im allgemeinen aus den Kapitalkosten, also den Zinsen auf investiertes Kapital, und der Rückzahlung desselben über mehrere Jahre. Die variablen Kosten beinhalten zum Beispiel die Betriebs-, Treibstoff- und Wartungskosten wie Gehälter, Reparaturen etc. Bei einigen Einrichtungen, zum Beispiel denen, die Elektrizität aus Sonnenlicht oder Wind produzieren, sind es nicht die effektiven, sondern vielmehr die eingesparten Treibstoffkosten, die die Wirtschaftlichkeit einer Anlage bestimmen. Um die folgende Diskussion besser verstehen zu können, ist es sinnvoll, vorher einen Blick auf Übung 4.22 zu werfen, da hier eine praktische Anwendung der einzuführenden Konzepte stattfindet.

Wird eine bestimmte Geldmenge P investiert oder auf einem Konto mit einem Zinssatz i_0 angelegt, berechnet man die Zinsen n-mal jährlich und addiert sie zu dem angelegten Kapital hinzu, so ergibt sich der gesamte (zukünftige) Wert $F(t)$, der ursprünglichen Investition nach t Jahren zu

$$F(t) = P\left(1 + \frac{i_0}{n}\right)^{nt} \quad . \tag{4.141}$$

Dies entspricht der Summe einer geometrischen Reihe mit dem Verhältnis $(1 + i_0/n)$. Für $n \to 0$ nähert sich dieses der Exponentialfunktion $P \cdot \exp\{i_0 t\}$, also liegt in Gl. (4.14) ein exponentielles Wachstum vor. Um die Diskussion zu vereinfachen, gehen wir davon aus, daß die Zinseszinsen erst nach Ablauf der von ganzen Jahren ($n = 1$) und mit $i_0 = i$ aufaddiert werden. Gleichung (4.141) reduziert sich dann zu

$$F(t) = P(1+i)^t \quad . \tag{4.142}$$

Natürlich kann man mit

$$\left(1+\frac{i_0}{n}\right)^n = 1+i \tag{4.143}$$

aus i_0 auch einen effektiven Zinssatz i berechnen. Man betrachte nun eine konstante Zahlung A, die am Ende jeden Jahres und über einen Zeitraum von t Jahren stattfindet. Man kann dann jede Einzahlung bis zum Zeitpunkt $t = 0$ über die Inverse Funktion von Gl. (4.142) zurückverfolgen und erhält mit der Summe

$$A\frac{(1+i)^t - 1}{i(1+i)^t} = P \tag{4.144}$$

eine geometrische Reihe, die auch als *augenblicklicher Wert* einer Reihe gleichbleibender Zahlungen bezeichnet wird.

Mathematisch sind der augenblickliche Wert P und die Reihe der Zahlungen A äquivalent. Vom wirtschaftlichen Standpunkt aus trifft dies nicht ganz zu. Investoren werden damit argumentieren, daß man für eine einzige große Investition einen höheren Zinssatz aushandeln könnte (wegen der langfristigen Anlage), als für eine große Zahl kleinerer, monatlicher Zahlungen, die jeden Monat mit den Monatsrechnungen wieder eingeholt werden können. Wegen der kurzfristigen Anlage erhielte man hierfür bestenfalls einen Zinssatz j. Diese Komplizierung soll hier aber nicht näher besprochen werden.

Wir möchten anmerken, daß der augenblickliche Wert P einer Zahlung $F(t)$ für die nächsten t Jahre aus der Umkehrfunktion für Gleichung (4.142) berechnet werden kann:

$$P = \frac{F(t)}{(1+i)^t} \quad . \tag{4.145}$$

Bei der Diskussion von Langzeitinvestitionen darf nicht vergessen werden, daß es wegen der allgemeinen Inflationsrate zu Preissteigerungen kommen kann. Um die wirtschaftliche Durchführbarkeit zum Beispiel für Windenergie bestimmen zu können, muß man die in Zukunft eingesparten Treibstoffkosten abschätzen, die fallen oder steigen können. Beide Effekte zusammen werden zu einer scheinbaren *Steigerungsrate e* führen.

Die Inflation bewirkt, daß eine gleichmäßige Reihe von Zahlungen oder Einzahlungen einen niedrigeren Tageswert hat, als er mit Gl. (4.142) angegeben wird:

$$P = \frac{A\left[(1+e)^t(1+i)^t - 1\right]}{(1+e)^t(1+i)^t(e+i+ei)} \quad . \tag{4.146}$$

In der Praxis werden die Anleger aus ihrer Investition eine Reihe jährlicher Zahlungen entsprechend einer Steigerungsrate e erhalten, die einer gleichmäßigen Preissteigerung entspricht. Man wird den gegenwärtigen Wert benötigen, um ihn mit dem gegenwärtigen Wert der Investitionen zu vergleichen. Liegt die erste Auszahlung nach einem Jahr bei $A(1 + e)$, so liegt der gegenwärtigen Wert einer Reihe von Zahlungen nach insgesamt t Jahren bei

$$P = A(1+e)\frac{\left(\frac{1+e}{1+i}\right)^t - 1}{e-i} \qquad (e \neq i) \tag{4.147}$$

oder

$$P = At \qquad (e = i). \tag{4.148}$$

Die letzte Gleichung zeigt, daß sich Zinsen und Inflation gegeseitig aufheben, wenn $i = e$ gilt.

Angepaßte Jahresendkosten

Vergleicht man Alternativen der Produktion von Elektrizität, so muß man die zukünftigen Zinszahlungen und die Gewinne aus zukünftigen Einnahmen oder Einsparungen mit den Energieaufwendungen vergleichen. Dies muß auf den augenblicklichen Wert P reduziert werden. Alternative Parameter wie die Lebensdauer t können sich dabei natürlich unterscheiden. Aus diesem Grunde fürt man die sogenannten *angepaßten Jahresendkosten* L ein, die den konstanten Einzahlungen an jedem Jahresende bis zum Erreichen der Lebensdauer entsprechen und den augenblicklichen Wert P in Übereinstimmung mit Gl. (4.144) angeben. Man erhält also

$$L = P\frac{i(i+1)^t}{(1+i)^i - 1} \ . \tag{4.149}$$

Der Faktor, mit dem P auf der rechten Seite multipliziert wird, heißt auch *Kapital-Rückgewinnungsfaktor*. Er drückt den Faktor aus, mit dem das Kapital multipliziert werden muß, um die jährlichen Zahlungen für den Zeitraum von t Jahren zu erhalten, damit das Kapital P wiedergewonnen wird.

Restwert

Die Gleichungen (4.144) und (4.147) können benutzt werden, um die mit A bzw $A(1 + e)$ beginnenden jährlichen Zahlungen zu berechnen, die nötig sind, um das investierte Kapital nach t Jahren wiederzugewinnen. Es kann natürlich sein, daß nach t Jahren ein Restwert S verbleibt, der positiv sein kann, wenn die Einrichtung, die Gebäude, das Land etc. verkauft werden können; er kann aber auch negativ sein, wenn eine Entsorgung der Anlage notwendig ist. Dies ist üblicherweise bei Kernkraftwerken oder stark kontaminierten Anlagen der chemischen Industrie der Fall.

Der Restwert nach t Jahren kann mit Gl. (4.142) auf seinen augenblicklichen Wert reduziert werden:

$$S(0) = \frac{S}{(1+i)^{t}} \tag{4.150}$$

Für große Zeiträume ergibt sich somit ein Anteil für S; bei einem Zinssatz von $i = 0{,}08$ liegt er nach $t = 25$ Jahren bei 0,15, nach $t = 100$ Jahren bei weniger als 0,0005. Dieser letzte Umstand ist gerade dann wichtig, wenn man plant, Kernkraftwerke vor ihrer Zerlegung zunächst etwa 100 Jahre nach ihrer Stillegung abkühlen zu lassen. Wegen der großen Zeiträume wiegen diese Kosten während der Lebensdauer der Anlage nicht sehr schwer gegen P oder die angepaßten Kosten L.

Bauzeit

Kapitalkosten einer Anlage werden vor allem auch durch die Bauzeit beeinflußt. Üblicherweise muß die Finanzierungsgesellschaft jährliche Zahlungen leisten, die aufgrund der Inflation um einen Faktor $(1 + e)$ anwachsen. Das Unternehmen muß für seine Zahlungen während der Bauzeit einen Zinssatz von i aufwenden, ohne dieses Geld zurückbekommen zu können.

Die erste Zahlung A findet nach einem Jahr statt, so daß sich die gesamten Zahlungen nach t Jahren inklusive der Zinsen mit

$$F = \frac{A}{i-e}\left[(1+i)^{t} - (1+e)^{t}\right] \qquad (i \neq e) \tag{4.151}$$

angeben lassen. Dieser Wert liegt natürlich über dem einfachen Vielfachen At der jährlichen Zahlungen von A. Bei einem Zinssatz von $i = 0{,}008$ und einer Inflationsrate von $e = 0{,}05$ erhält man nach $t = 6$ Jahren somit $F = 1{,}37\ At$. Für einen Zeitraum von $t = 12$ Jahren erhält man bereits $F = 2{,}01\ At$, so daß sich die Kosten bei einer derart langen Bauzeit bereits verdoppelt haben. Tatsächlich bestand einer der Gründe für die Eskalation der Kosten beim Bau von Kernkraftwerken ganz einfach darin, daß sich die Bauzeiten aufgrund von Umweltvorschriften immer weiter verzögert haben. Wir wollen nebenbei bemerken, daß Gl. (4.151) auch den zukünftigen Wert eingesparter Treibstoffkosten (nach t Jahren) angibt, wenn der Preisantieg des Treibstoffs bei e liegt und die eingesparten Gelder bei einem Zinssatz i auf ein Festkonto angelegt werden.

4.4 Erneuerbare Energieressourcen

Erneuerbare Energien werden als diejenigen Energieressourcen definiert, welche immer unbegrenzt zur Verfügung stehen oder, genauer gesagt, welche solange verfügbar bleiben, wie die Sonne das Leben auf der Erde unterstützt. Die meisten Quellen leiten sich aus der Sonnenstrahlung ab, die die Erde mit etwa $120 \cdot 10^{15}$ W (vgl. Gl. (1.1)) versorgen. Die unten besprochene Sonnenenergie kann als Wärme oder in Form solarer Elektrizität genutzt werden. Die Sonne arbeitet indirekt auch als Antrieb der atmosphärischen Zirkulation, die zum Entstehen einer Windenergie von etwa $1{,}2 \cdot 10^{15}$ W führt. Teile dieser Energie werden auf die Wellen der Ozeane übertragen, und können so vielfältig nutzbar gemacht werden.

Die Sonne bewirkt auch – wahrscheinlich an erster Stelle – die Photosynthese auf der Erde, die zur Speicherung von Energie als Biomasse führt. Diese Kohlenhydrate können auf unterschiedliche Weise als Energiequelle verwendet werden.

Eine der nicht durch die Sonne bedingte, erneuerbare Energiequellen ist die geothermale Energie, also Wärme, die durch den radioaktiven Zerfall in der Erdkruste entsteht. Die Zerfallszeiten liegen in der Größenordnung von Millionen Jahren und dürfen deshalb tatsächlich als erneuerbar gelten. Da die zugrundeliegende Physik im wesentlichen auf Wärmeaustausch beruht, der an mehreren Stellen dieses Buches behandelt wird, werden wir die geothermale Energie hier nicht weiter besprechen.

Dennoch, erneuerbare Energien und insbesondere Sonnen- und Windenergie werden auf wesentlich mehr Arten verwendet, als in den bisherigen Abschnitten beprochen wurde. Man kann sie in kleinem Maßstab auch in ländlichen Gebieten anwenden und insbesondere in sich entwicklenden Gesellschaften nutzen [5].

4.4.1 Solarwärme und Elektrizität

Die an einem bestimmten Punkt auf der Erde eintreffende Sonnenenergie hängt von der geographischen Breite und der Tageszeit ab (siehe Bilder 4.20 und 4.21).

Auf der linken Seite von Bild 4.20 ist die Umlaufbahn der Erde um die Sonne dargestellt. Auf der rechten Seite wird die jährliche Rotation in einem System gezeigt, in dem sich die Erde im Zentrum und in Ruhe befindet. Man sieht, daß die Erdachse gegenüber der Achse der Umlaufbahn geneigt ist (Ekliptik). Der Winkel ε dieser *Inklination* liegt bei $\varepsilon = 23{,}45°$. Durch die tägliche Drehung der Erde beschreibt die Sonne am Himmel eine Umlaufbahn. Aus Bild 4.20 wird ersichtlich, daß die Sonne bei den sogenannten *Tagundnachtgleichen* innerhalb der Äqutorialebenen der Erde steht. An diesen Tagen sind Tag und Nacht jeweils gleich lang.

Die durch die Erdachse und die Sonne gebildete Ebene legt den Kreis auf der Erde fest, an dem Mittag (auf der Sonnenseite) oder Mitternacht (auf der sonnenabgewandten Seite) herrscht. Die *Deklination* δ wird als derjenige Breitengrad definiert, an dem die Sonne mittags im Zenit steht. Es ist klar, daß die Sonne am 22. Dezember den Zenit in 23,45° südlicher Breite (im Wendekreis des Krebses) und am 22. Juni in 23,45° nördlicher Breite (im Wendekreis des Steinbocks) erreicht. Somit ändert sich die Deklination im Laufe des Jahres.

Die Änderung der Deklination δ kann der rechten Seite von Bild 4.20 entnommen werden. Nimmt man an, daß seit der Frühjahrs-Tagundnachtgleiche (am 22. März) N Tage vergangen sind, so wird der Winkel mit der Ekliptik durch

$$\alpha = N\frac{2\pi}{365{,}24} \tag{4.152}$$

gegeben, wobei der Nenner die Zahl der Jahrestage angibt. Man wendet dann den sphärischen Sinussatz auf das vom Punkt A, von der Sonne und vom Punkt der Tagundnachtgleiche gebildete Dreieck an und erhält daraus

$$\frac{\sin\alpha}{\sin(\pi/2)} = \frac{\sin\delta}{\sin\varepsilon} \quad . \tag{4.153}$$

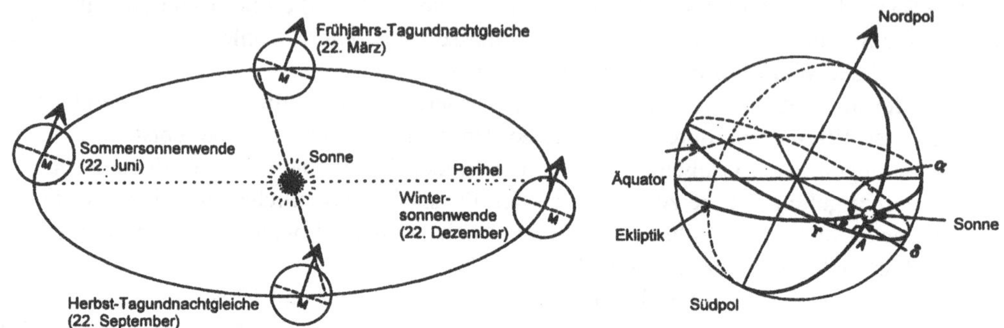

Bild 4.20 Auf der linken Seite ist die Erdumlaufbahn dargestellt. Die gepunktete Linie entspricht der Ellipsenhauptachse; das Perihel liegt in der Nähe der Wintersonnenwende (1993 am 4. Januar). Die Jahreszeiten wurden für die Nordhalbkugel eingetragen, die Tagesangaben können dabei von Jahr zu Jahr um zwei Tage abweichen. Auf der Südhalbkugel liegen sie um ein halbes Jahr verschoben. Die Äquatorialebene der Erde ist jeweils gestrichelt dargestellt. Auf der rechten Seite sieht man die jährliche Bewegung der Sonne vom Erdmittelpunkt aus.

Hieraus folgt, daß

$$\sin\delta = \sin\varepsilon \sin(2\pi N/365{,}24)\ . \tag{4.154}$$

Diese Situation findet sich nochmals in Bild 4.21, in dem die Ebene von Sonne und Erdachse für ein beliebiges Datum eingetragen wurde, wie sie durch die Deklination δ festgelegt wird. Die *Einstrahlung* am Punkt D entspricht der pro Sekunde auf eine horizontale Einheitsfläche eintreffenden Sonnenenergie. Um sie herauszufinden, muß man die Oberflächennormale zu diesem Abschnitt verwenden und $\cos\alpha$ berechnen, wobei α den Winkel zwischen der Flächennormalen und der Verbindungslinie zur Sonne darstellt.

Die Verbindungslinie zur Sonne wird mit dem Erdradius R durch

$$\boldsymbol{MA} = R\sin\delta\, \boldsymbol{e}_1 + R\cos\delta\, \boldsymbol{e}_2 \tag{4.155}$$

gegeben. Der Punkt D vollführt eine tägliche Rotation mit der Frequenz $\omega = 2\pi/(24{\cdot}60{\cdot}60)$ rad s^{-1}. Zusammen mit der jährlichen Korrektur ergibt dies einen Wert von $\omega = 7{,}292{\cdot}10^{-5}$ rad s^{-1}. Der lokale Zenit wird durch

$$\boldsymbol{MD} = R\cos\left(\frac{\pi}{2}-\lambda\right)e_1 + R\sin\left(\frac{\pi}{2}-\lambda\right)(e_2\cos\omega t + e_3\sin\omega t) \tag{4.156}$$

oder

$$\boldsymbol{MD} = R\left[\sin\lambda\, e_1 + \cos\lambda\,(e_2\cos\omega t + e_3\sin\omega t)\right] \tag{4.157}$$

gegeben, wobei $t = 0$ der Mittagszeit entspricht. Die erforderliche Sonneneinstrahlung zur Zeit t auf dem Breitengrad λ erhält man mit

$$\cos\alpha = \frac{\boldsymbol{MA}\cdot\boldsymbol{MD}}{(MA)(MD)} = \sin\lambda\,\sin\delta + \cos\lambda\,\cos\delta\,\cos\omega t \tag{4.158}$$

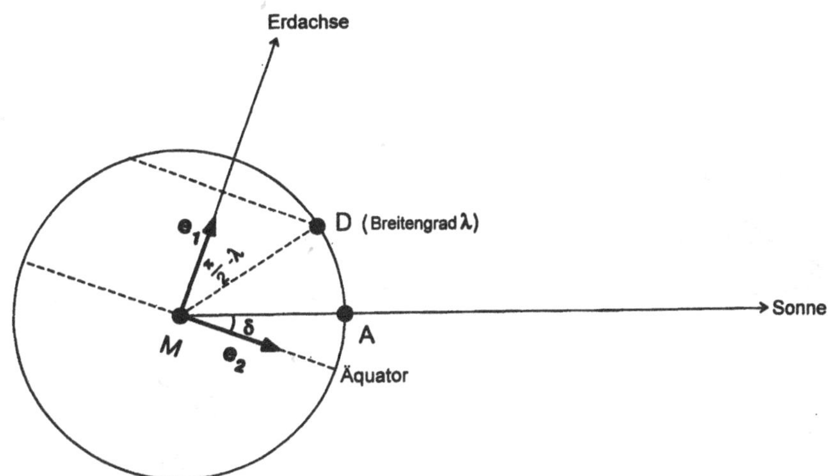

Bild 4.21 Die durch Sonne und Erdachse gebildete Ebene, wobei der Kreis Mittag (oder Mitternacht) auf der Erde entspricht. Die Sonne ist auf dem Breitengrad δ mittags im Zenit. Der Punkt D beim Breitengrad λ durchläuft jeden Tag einen Kreis orthogonal zur Erdachse. Die festen Einheitsvektoren e_1, e_2 und e_3 (nicht eingetragen) ändern sich nicht mit der täglichen Rotation der Erde

Die Zeiten für Sonnenauf- $(-T)$ und -untergang $(+T)$ können mit cos $\alpha = 0$ berechnet werden:

$$\cos\omega T = -\tan\lambda\tan\delta \tag{4.159}$$

Für $\lambda = \pi/2 - \delta$ oder $\lambda = -(\pi/2) - \delta$ erhält man T = 12 Stunden, also geht dort die Sonne niemals unter. Für $\delta > 0$ wird dies durch den arktischen Sommer, bzw. für $\delta < 0$ durch den antarktischen Sommer wiedergegeben.

Die gesamte pro Tag über einer horizontalen Fläche von der Sonne eintreffende Lichtmenge $A(\lambda,\delta)$ wird durch Integration der Gleichung (4.157) vom Sonnenaufgang bis zum Sonnenuntergang (bzw. in den antarktischen- oder arktischen Regionen während der entsprechenden Jahreszeit durch Integration über 24 Stunden) gefunden. Das Ergebnis ist in Bild 4.22 als Funktion des Jahrestages und als Variation von δ in Gl. (4.157) wiedergegeben. Diese Ergebnisse gelten allerdings nur für Orte am höchsten Punkt der Atmosphäre. Aus Bild 4.21 wird klar, daß das Sonnenlicht in höheren Breitengraden eine dickere Atmosphärenschicht zu durchdringen hat, was zu einer größeren Absorption führt. Somit wird trotz der Maxima in Bild 4.22 auch im Sommer mehr Sonnenstrahlung am Äquator eintreffen als über den Polen.

Man betrachte jetzt Punkt D in Bild 4.21. Möchte man auf einer bestimmten Oberfläche soviel Sonnenenergie wie nur möglich einfangen, sollte man diese derart neigen, daß sie senkrecht zum Einfall der Sonnenstrahlen steht (cos α = 1). Um die Ausbeute zu maximieren, sollte man die Orientierung auch im Laufe des Tages der Sonneneinstrahlung anpassen, und sie auch von Tag zu Tag der sich mit den Jahreszeiten ändernden Deklination δ entsprechend korrigieren. Da die zusätzlichen Gewinne einen solchen Aufwand meistens nicht rechtfertigen, orientiert man die Oberfläche so, daß das Sonnenlicht mittags senkrecht ein-

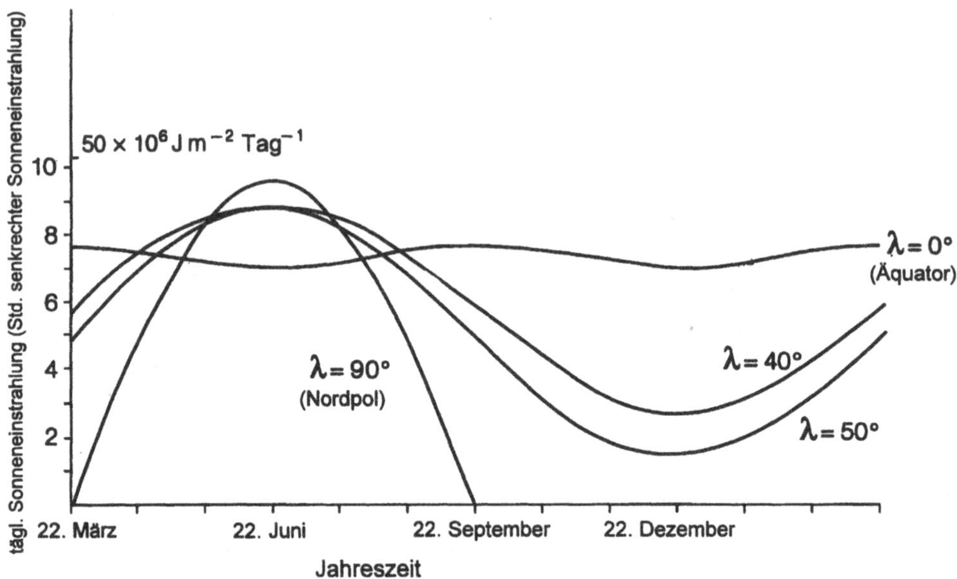

Bild 4.22 Die gesamte jährliche Sonneneinstrahlung in der oberen Atmosphäre über dem Äquator und bei 40, 50 und 90° nördlicher Breite. Sie wird durch die Zahl der Stunden ausgedrückt, an denen die Sonne im Zenit die gleiche tägliche Sonneneinstrahlung hätte. Eine Einheit beträgt $4{,}87 \cdot 10^6$ J m^{-2}.

fällt, wobei der Winkel zum Horizont konstant ist, und man zu Zeiten des höchsten Bedarfs die besten Ergebnisse erzielt: im Winter, wenn man Privathaushalte beheizen muß, oder im Sommer, wenn man die Sonnenenergie zur Kühlung verwenden möchte.*

Hierbei würde die Anvisierung der Sonne lediglich die Menge des *direkt* einstrahlenden Sonnenlichtes beeinflussen. Die indirekte, *diffuse* Strahlung, die an der Erdoberfläche eintrifft, entsteht durch die Streuung des Sonnenlichtes an Partikeln in der Atmosphäre, welche insbesondere von der Luftfeuchtigkeit abhängt. Der Anteil der diffusen Strahlung an der gesamten Strahlung variiert zwischen 20% in Wüstenlandschaften und 60 % in städtischen Ballungsräumen. Werden zur Fokussierung Spiegel verwendet, so wird natürlich nur der parallel, also direkt einfallende Anteil gebündelt, und nicht die diffuse Strahlung.

Weiter unten werden wir die Verwendung der Sonnenstrahlung bei der Erwärmung von Wasser für den Hausgebrauch besprechen, ebenso wie die fortgeschrittene Technologie zur Erzielung hoher Temperaturen bei der Elektrizitätserzeugung. Zum Schluß wollen wird dann noch die direkte Gewinnung von Strom durch die Sonnenstrahlen mit photovoltaischen Methoden erwähnen.

---

* Verwendet man zur Nachverfolgung der täglichen Sonnenbewegung einen Servomotor, so behält man $\cos \omega t = +1$ bei, anstatt diesen von 0 über (+1) zurück zu 0 zu variieren. Da das zeitliche Mittel des $\cos \omega t$ bei $\pi/2$ liegt, sollte man sich überlegen, ob der Gewinn diesen Aufwand rechtfertigt.

Es sollte auch bemerkt werden, daß große Anstrengungen unternommen werden, die Notwendigkeit der Heizung oder Kühlung durch besondere Entwürfe der Gebäude zu reduzieren. Dies geschieht zum Beispiel durch eine immer bessere Isolierung, so daß die Wärme im Winter nicht entweicht, aber andererseits die sowieso eintreffende Strahlung zur Erwärmung genutzt werden kann. (Selbst in den Niederlanden bei etwa 52° nördlicher Breite werden sogar im Winter etwa 12 % der Wärmeversorgung durch die Einstrahlung der Sonne gewährleistet.) Im Sommer wird mit speziellen Verglasungen und „Sonnenblenden" versucht, die eintreffende Wärme zu minimieren. Die Verwendung stromsparender Beleuchtung soll die Wärmeproduktion innerhalb der Gebäude gering halten.

Sonnenkollektoren

Für den Hausgebrauch werden Kollektoren verwandt, die die Sonnenstrahlung absorbieren und sich dabei auf bis zu 80°C aufheizen. Diese Wärme wird auf in Röhren strömendes Wasser übertragen, die sich innerhalb der Kollektoren befinden. Für den einfachsten Fall ist dieses in Bild 4.23 dargestellt, man kann dort die Absorberschicht mit den Kühlröhren erkennen. Die Absorberschicht wird schwarz angestrichen, was zu einem Absorptionskoeffizienten α führt, der nahe bei eins liegt. Der Absorber verliert seine Wärme auf die bereits in Abschnitt 4.1 beschriebenen drei Arten: Wärmeleitung, Konvektion und der Wärmestrahlung. Von entscheidender Bedeutung ist hierbei, daß die Verluste möglichst gering gehalten werden, so daß Wärmeleitungsverluste nur an den Kühlrohren auftritt.

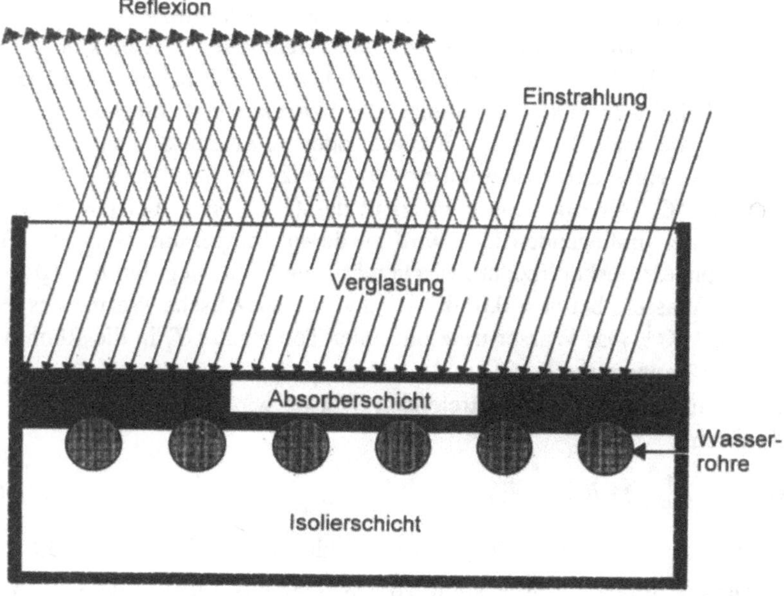

Bild 4.23 Ein einfacher Sonnenkollektor. Die Sonnenstrahlung wird absorbiert und die hierdurch entstehende Wärme dann durch die grau gezeichneten Kühlrohre auf die Kühlflüssigkeit (Wasser) übertragen.

Beginnen wir bei der Besprechung zunächst mit den Strahlungsverlusten, die für einen Schwarzen Körper durch

$$q'' = \sigma T_s^4 \tag{4.159}$$

beschrieben werden. Bei einer Temperatur von 80°C (oder T_s = 353 K) erhält man 880 W m^{-2}, was nicht sehr weit von der maximalen Sonneneinstrahlung von $S \approx 1353$ W m^{-2} liegt. Ohne weitere technische Maßnahmen hätte man hier also kaum einen Nettogewinn zu verzeichnen.

Die Strahlungsverluste können allerdings durch die Verwendung einer „schwarzen Verchromung" oder einer ähnlichen Oberfläche deutlich verringert werden. Diese haben im sichtbaren Wellenlängenbereich, in dem sich auch die Strahlungsmaxima der Sonnestrahlung befinden, eine hohe Absorption α_λ und, in Übereinstimmung mit dem Emissionsspektrum eines Schwarzen Körpers bei 80 °C (vgl. Bild 1.2), im längeren Wellenlängenbereich eine geringere Absorption α_λ. Der Emissionskoeffizient ε_λ ist nur in jenem Bereich groß, in dem der Absorber wegen seiner gegenüber der Spektraltemperatur der Sonne von etwa $T = 5800$ K niedrigeren Temperatur nicht emittiert. Bei Wellenlängen, die vom Absorber emittiert werden, ist α_λ klein, was für diese Wellenlängen zu einem niedrigen Emissionskoeffizienten ε_λ führt.

Die Verluste durch Wärmeleitung, die nicht an die Kühlflüssigkeit übergehen, werden durch eine entsprechende Isolierung reduziert, wie bereits in Bild 4.23 dargestellt wurde.

Die Konvektionsverluste werden schließlich durch die Anbringung einer Verglasung über dem Kollektor verringert. Hierdurch wird insbesondere die in Tabelle 4.2 erwähnte, erzwungene Konvektion mit den hohen Konvektionskoeffizienten h verhindert.

In diesem Zusammenhang wird es interessant sein, einen realistischen Kollektor genauer zu betrachten, wie in Bild 4.23 dargestellt. Er habe eine Fläche von 3 m^2, und eine bei S = 700 W m^{-2} liegende einfallende Wärmestrahlung. Die abdeckende Glasschicht hat eine Transmission von 90 %, während der Rest reflektiere, oder zu einem kleinen Anteil vom Glas absorbiert werde. Bei einer Lufttemperatur von T_{Luft} = 25 °C hat dann das Glas eine Temperatur von T_2 = 30 °C. Der Emissionskoeffizient des Glases liegt bei ε = 0,94. Der Strahlungsaustausch mit der umliegenden Luft wird zu deren Temperatur T_{Umg} = −10 °C korrespondieren. Der Konvektionskoeffizient zwischen Luft und Glas liegt bei h = 10 W $m^{-2}K^{-1}$, die Strömung des Wassers bei m = 0,01 kg s^{-1} und die spezifische Wärme des Wassers bei c_p = 4179 J kg^{-1} K^{-1}. Das Wasser trete mit einer Temperatur T_i in die Röhren ein und verlasse sie mit einer Temperatur T_o.

Der Nettostrom der in den Kollektor eintretenden Wärme wird unter Verwendung der Gln. (4.2) und (4.5) durch

$$q'' = 0{,}9S - \varepsilon\sigma(T_2^4 - T_{\text{Umg}}^4) - h(T_2 - T_{\text{Luft}}) \tag{4.160}$$

gegeben. Setzt man hier die oben gegebenen Zahlenwerte ein, so erhält man $q'' = 385{,}7\ \text{W m}^{-2}$. Die eintreffende Wärme sollte vom Wasser entsprechend der Gleichung

$$q = 3q'' = mc_p(T_o - T_i) \tag{4.161}$$

absorbiert werden, was zu einer Temperaturdifferenz von $T_o - T_i$ = 27,7 °C führt. Der Wirkungsgrad ergibt sich dann zu η = 357,7/700 = 55 %.

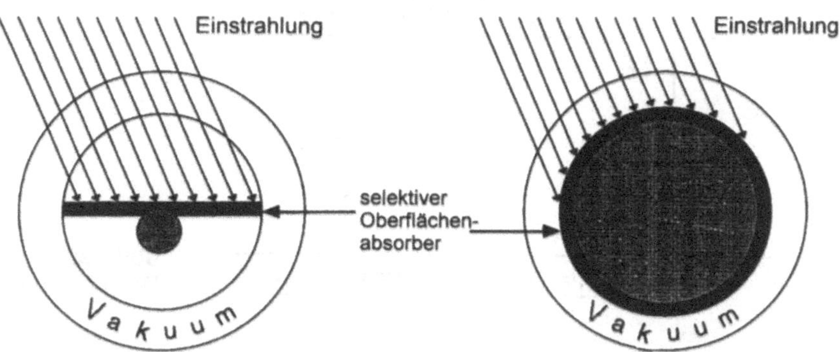

Bild 4.24 Vakuumröhren-Sonnenkollektoren. Die Sonnenstrahlung durchdringt das Vakuum und erreicht den Absorber, der mit einer selektiven Oberfläche geschwärzt wurde. Auf der linken Seite ist diese Oberfläche flach, und man hat eine herkömmliches, wasserführendes Rohr verwendet. Auf der rechten Seite befindet sich diese Oberfläche an der Außenseite eines größeren Kupferrohrs mit hoher Transportkapazität

Man sieht an diesem Beispiel, wie wichtig es ist, die Strahlungsverluste durch den Absorber und die Wärmeverluste durch die Isolierung zu ignorieren. Die Temperatur des Glases kann in der Praxis aufgrund der Konvektion der Luft zwischen Absorber und Glas allerdings höher liegen. Man kann diesen Effekt reduzieren, indem man den Zwischenraum ebenfalls evakuiert. Dann werden aber auch steifere und teurere Konstruktionen, wie die in Bild 4.24 dargestellten Vakuumröhren, notwendig.

Elektrizitätserzeugung aus Sonnenwärme

Zur Stromerzeugung aus Wärme sind, wie schon in Abschnitt 4.2.6 erwähnt, hohe Temperaturen notwendig. Aus diesem Grund werden Spiegel zur Fokussierung der direkten Sonneneinstrahlung erforderlich. Man verwendet hierzu längliche Parabolspiegel, die in ihrer Fokussierungslinie eine Röhre zum Transport der Kühlflüssigkeit haben, die direkt zu einer zentralen Wärmekraftmaschine transportiert wird. Eine andere Möglichkeit des Aufbaus besteht in der Verwendung eines sphärischen Spiegels, in dessen Brennpunkt sich die Wärmekraftmaschine befindet.

Während die Wärme außerhalb des Motors produziert wird, wird mechanische Energie durch die in Abschnitt 4.2.3 besprochenen Wärmekraftmaschinen erzeugt. Es werden dann entweder Dampfmaschinen* oder Stirlingmaschinen eingesetzt. Bei letzteren werden üblicherweise Wärmeleitungen verwendet, um die Wärme über eine Weglänge von etwa 10 Metern vom Brennpunkt zur Wärmekraftmaschine zu transportieren.

* Die erste solar getriebene Dampfmaschine wurde in Paris im Jahre 1866 vorgestellt. Man verwendete zur Bündelung der Sonnenstrahlen einen konischen Spiegel und setzte die Maschine zum Antrieb einer Druckerpresse ein.

Bild 4.25
Der solare Teich

Der solare Teich

Eine amüsante Anwendung stellt der sogenannte solare Teich dar, der in Bild 4.25 skizziert wird. Ein Teich von etwa zwei Metern Tiefe besteht dabei aus zwei dünnen Schichten, einer oberen der Temperatur T_1 und einer unteren der Temperatur T_2. Beide Schichten werden durch Konvektion gut durchmischt und haben eine gleichmäßige Temperatur. Zwischen den beiden Schichten gibt es eine Mittelschicht, deren Salzgehalt mit der Tiefe ansteigt. Eine Hälfte der Sonnenstrahlung wird durch die obere Schicht absorbiert, etwa ein Viertel durch die mittlere und ein weiteres Viertel durch die untere Schicht. Die Absorption der unteren Schicht führt zu einer höheren Temperatur als an der Oberfläche: $T_2 > T_1$, so daß sich die Temperatur der Mittelschicht von T_1 auf T_2 erhöht. Dies würde normalerweise eine Konvektion verursachen, da das wärmere Wasser eine geringere Dichte als das kältere hat, was dadurch verhindert wird, daß diese einen ansteigenden Salzgehalt hat, weshalb ein Dichteanstieg mit der Tiefe entsteht. Verwendet man nun einen Wärmetauscher, so kann die Wärme der untersten Schicht genutzt werden, um Elektrizität oder Prozeßwärme zu gewinnen. Wird die Wärme nicht benötigt, bleibt sie in der unteren Schicht gespeichert.

Photovoltaik: Direkte Umwandlung der Sonnenenergie in Elektrizität

Die direkte Umwandlung von Photonen in elektrische Energie erfolgt mit *Solarzellen*, die aus Halbleitermaterialien bestehen. Die Solarzellen werden zu Modulen zusammengesetzt, die unabhängig voneinander betrieben werden und parallel oder in Serie geschaltet sind. Da Silizium hierbei das am häufigsten verwendete Material ist, wollen wir auf dieses Beispiel zurückgreifen.

Ein Halbleiter ist ein (poly-)kristallines Material, in dem nur eine begrenzte Anzahl an Elektronen frei beweglich sind. Die Kristallstruktur ist derart beschaffen, daß es bestimmte *Energielücken* E_g zwischen dem Valenzband, in dem die äußeren Elektronen gebunden sind, und dem höher gelegenen Leitungsband gibt, in dem die Elektronen frei beweglich sind. Im Falle von Si liegt diese Energielücke bei $E_g = 1{,}12$ eV.

Bei einer Temperatur T entsteht durch die Wechselwirkungen im Kristallgitter eine kinetische Energie, die einen Mittelwert von kT hat. Bei Zimmertemperatur, also $T = 293$ K, liegt kT dann bei 0,025 eV, was bei weitem zu gering ist, um die Energielücke zu überwinden.

Trotzdem gibt es eine Boltzmannsche Wahrscheinlichkeitsverteilung, die die Zahl $n(E)$ dE der Elektronen mit einer Energie zwischen E und E + dE mit

$$n(E)\,\mathrm{d}E = c \cdot \mathrm{e}^{-E/kT}\,\mathrm{d}E \tag{4.162}$$

angibt, wobei c eine Normierungskonstante darstellt. Somit wird es einige Elektronen geben, deren Energie hoch genug ist, um die Energielücke zu überwinden. Für Si bei Raumtemperatur kann die Dichte n dieser *freien Elektronen* mit $n = 1{,}5 \cdot 10^{16}$ m^{-3} angegeben werden. Jedes freie Elektron hinterläßt ein Elektronenloch im Valenzband, das durch eines der zahlreichen anderen Valenzelektronen neu besetzt werden kann. Somit sind auch die Elektronenlöcher frei beweglich, verhalten sich dabei aber wie Elektronen mit einer positiven Ladung. Die Dichte dieser Elektronen-Loch-Paare kann man mit der Dichte der Valenzelektronen vergleichen, die etwa 10^{12}mal so hoch ist. Somit ist n also tatsächlich sehr klein.

Man betrachte nun den in Bild 4.26a zweidimensional dargestellten Si-Kristall. Dreidimensional hätte der Kristall eine Tetraederstruktur mit jeweils gleichen Abständen zwischen benachbarten Atomen. In Bild 4.26a sind die vier, an der kovalenten Bindung der Atome innerhalb der Kristallstruktur beteiligten Valenzelektronen gezeigt. In Bild 4.26b wurde ein Si-Atom durch ein Atom mit fünf Valenzelektronen (wie z. B. Sb, P oder As) ersetzt, was ein zusätzliches Elektron gibt. In Bild 4.26c wurde es durch ein Atom mit nur drei Valenzelektronen (wie B, Al, Ga) ersetzt, so daß in der Kristallstruktur ein Elektron fehlt.

In Bild 4.26b wird das zusätzliche Elektron nur mit einer Energie von 0,05 eV gebunden*, so daß es mehr oder weniger so beweglich ist wie ein freies Elektron; daher auch der Name „Donator-Verunreinigung“. In Bild 4.26c findet sich ein Elektronenloch, das andere Valenzelektronen aufnehemen kann, was zur Entstehung eines im wesentlichen frei beweglichen

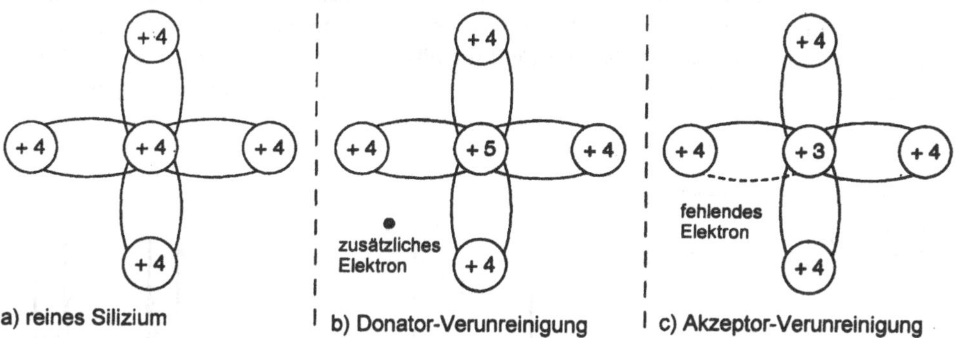

Bild 4.26 Zweidimensionale Darstellung des Siliziumkristalls: a) ohne Verunreinigung, b) mit einem Donator-Atom, c) mit einem Akzeptor-Atom als Ersatz für ein Si-Atom

* Um eine Abschätzung der Bindungsenergie des zusätzlichen Elektrons zu treffen, kann man es als einzelnes Elektron innerhalb eines Coulomb-Feldes $V = -e_2 / (4\,\pi\,\varepsilon_0\,\varepsilon_r\,r_2)$ betrachten. Verwendet man dann die Gleichungen des Wasserstoffatoms im Bohrschen Atommodell sowie eine effektive Elektronenmasse, die bei dem 0,2-fachen der freien Masse liegt, sowie $\varepsilon_r = 11{,}7$, so erhält man für Si eine Bindungsenergie, die dem $2 \cdot 10^{-5}$-fachen der Bindungsenergie im Wasserstoffatom entspricht, also etwa 0,02 eV. Der tastsächliche Wert liegt für Si geringfügig höher, und im Falle von Ge bei etwa 0,01 eV.

chen Elektronenloches führt (Akzeptor-Verunreinigung). Es kann mit Donator- oder Akzeptordichten dotiert werden, die deutlich über der oben erwähnten von $n \approx 10^{16}$ m^{-3} liegen (beim *n-Typ* 10^{25} m^{-3} und für den *p-Typ* 10^{22} m^{-3}). Somit erfolgt die Leitung in Bild 4.26b im wesentlichen über die Donator-Elektronen (*n*-Typ-Si) und in Bild 4.26c über die Löcher (*p*-Typ-Si).

Man betrachte nun einen Einkristall, der üblicherweise eine zylindrische Form besitzt und aus einer Schicht Siliziums vom *n*-Typ über einer Schicht eines *p*-Typ-Kristalls besteht. Der Kristall besitzt die Eigenschaften einer *Solarzelle*, wenn eine der Schichten dünn (≈ 1µm), und die andere etwas dicker ist (bis zu ≈ 100 µm). Das Licht kann durch die dünne Schicht hindurch in den Kristallverband eintreten und die *Grenzschicht* zwischen beiden Schichten erreichen.

Dieser Fall ist in Bild 4.27 für die Abwesenheit von Licht skizziert. An den *n*- und *p*-Seiten wurden jeweils Elektroden angebracht, die über ein äußeres Potential *V* miteinander in Verbindung stehen. Man betrachte zunächst den ersten Fall, in dem die Elektroden nicht angeschlossen wurden. Wie wir noch in Abschnitt 5.1 sehen werden, resultiert eine Konzentrationsdifferenz immer in einem *Diffusionsstrom*, der jener entgegenwirkt. Somit wird der Elektronenüberschuß auf der *n*-Seite die Grenzfläche in Richtung der *p*-Seite passieren, und die Elektronenlöcher der *p*-Seite werden sich in umgekehrter Richtung bewegen. Dies führt zu einer positiven Ladung auf der *n*-Seite und einer negativen auf der *p*-Seite (vgl. (Bild 4.27), wodurch sich ein entgegengesetztes elektrisches Feld von *n* nach *p* ausbildet.

Neben dem Diffusionsstrom gibt es einen Strom in entgegengesetzter Richtung. Eine thermische Anregung des Siliziums, wie sie in Gl. (4.162) beschrieben wird, resultiert in einigen Elektronen auf der *p*-Seite und Löchern auf der *n*-Seite. Weil sie die Grenzfläche in Feldrichtung durchqueren, bezeichnet man diesen Strom im rechten Teil von Bild 4.27 auch als Feldstrom. Die zu dem elektrischen Feld beitragenden Ladungsträger sind nur von geringer Anzahl, und in der Praxis wird ein beliebiges Feld genügen, sie über die Grenze zu bewegen. Der Feldstrom wird somit als vom Feld unabhängig betrachtet und ist lediglich temperaturabhängig. Im Gleichgewicht heben sich Diffusions- und Feldströme (I_0 bzw. $-I_0$)

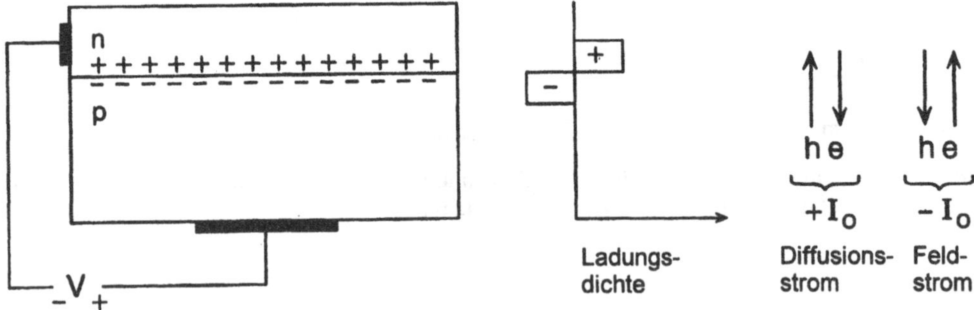

Bild 4.27 Eine Halbleitergrenzfläche ohne Lichteinstrahlung. Auf der linken Seite sind die Elektroden skizziert. Selbst bei nicht verbundenen Elektroden entsteht eine Ladungsverteilung (Mitte). Im Gleichgewicht wird der Diffusionsstrom (rechts) durch einen engegengesetzten Strom ausgeglichen, der durch das elektrische Feld induziert wird (rechts außen).

gegenseitig auf. Tatsächlich wird durch den Aufbau eines elektrischen Feldes dem Diffusionsstrom solange entgegengewirkt, bis dessen Wert I_0 gerade dem Wert des Felstromes gleicht. Würden die Elektroden im linken Teil von Bild 4.27 miteinander verbunden, so könnte kein Strom fließen, und es gäbe keine Potentialdifferenz: $V = 0$. Wir wiederholen, daß der Feldstrom durch Elektronen von der *p*-Seite und Löcher von der *n*-Seite verursacht wird, also von Orten aus, in denen diese Ladungsträger gerade unterrepräsentiert sind.*

Legen wir nun am Pluspol auf der *p*-Seite im linken Teil der Bild 4.27 eine positive Spannung V an, so verringert sich hierdurch das gegenläufige Potential um V, und der Diffusionsstrom vergrößert sich (zur sogenannten Vorspannung). Der Feldstrom wird hierdurch aber nicht beeinflußt, da er gegenüber der Temeratur wesentlich empfindlicher ist, als gegenüber einem äußeren Feld. Somit benötigen die den Diffusionsstrom bildenden Elektronen der *n*-Seite bzw. Löcher der *p*-Seite eine zusätzliche Energie eV, um die Grenzschicht passieren zu können. Tatsächlich unterliegt die Energie dieser Ladungsträger einer durch die Energie kT bestimmten Boltzmann-Verteilung (4.162). Es scheint plausibel und kann gezeigt werden, daß die Erhöhung des Diffusionsstromes ebenfalls ein exponentiales Boltzmann-Verhalten zeigt. Man erhält somit einen (Dioden-) Strom I_D mit

$$I_D = I_0 e^{eV/kT} - I_0 . \tag{4.163}$$

Für $V = 0$ erhält man erwartungsgemäß $I_D = 0$.

Schließlich betrachte man ein Photon, das von der dünneren Halbleiterschicht kommend die Solarzelle erreicht. Angenommen, es hat eine Energie $E > E_g$, so daß hierdurch ein Elektron-Loch-Paar in der Nähe der Grenzfläche, zum Beispiel auf der *n*-Seite erzeugt wird. Das zusätzliche Teilchen (in diesem Fall ein Elektron) kann getrost vernachlässigt werden, da es nur eines unter vielen ist. Das zusätzliche Loch muß aber zu der geringen Anzahl vorhandener Löcher hinzuaddiert werden und verursacht einen zusätzlichen Strom I_s, der in

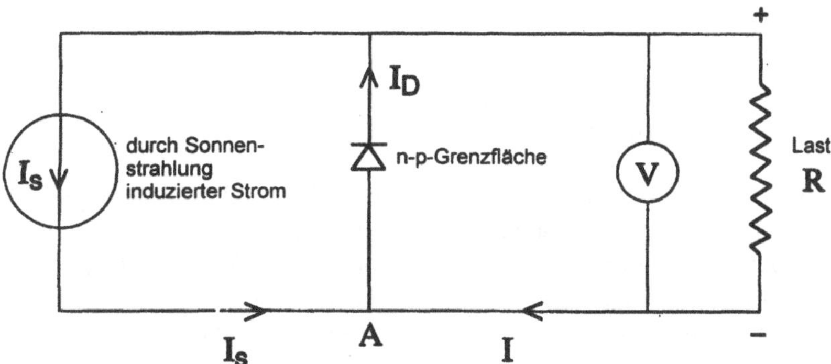

Bild 4.28 Der Stromkreis stellt den durch den photovoltaischen Effekt verursachten Strom I_S, den durch die Potentialdifferenz an der Grenzfläche erzeugten Diodenstrom I_D, und die Last R dar.

* In der Realität verläuft der Prozeß wesentlich komplizierter, als es in diesem Rahmen zusammengefaßt wurde (siehe z. B. [6]).

positiver Richtung von n nach p durch die Grenzfläche fließt, also ein dem Diodenstrom entgegengesetztes Vorzeichen trägt (4.163).

Man kann diese Situation durch zwei entgegengesetzt verlaufende Ströme I_s und I_D beschreiben, wobei das Potential an der Grenzfläche durch eine äußere Last R reduziert wird. Dieser Zustand ist in Bild 4.28 dargestellt, und die Erhaltung des Stromes am Punkt A führt somit zu

$$I = I_D - I_s = I_0(e^{eV/kT} - 1) - I_s \quad . \tag{4.164}$$

Das in Bild 4.29 dargestellte IV-Diagramm entspricht Gl. (4.164). Für $V \to -\infty$ erhält man $I \to -(I_s + I_0)$; für $V = 0$ folgt $I = -I_s$ und für $V \to \infty$ ist klar, daß I sehr steil gegen $+\infty$ verläuft. Die Spannung V, bei der $I = 0$ ist, heißt V_{0c} und wird durch

$$\begin{aligned} 0 &= I_0(e^{eV_{0c}/kT} - 1) - I_s \\ e^{eV_{0c}/kT} &= \frac{I_s}{I_0} + 1 \\ V_{0c} &= \frac{kT}{e} \ln\left(\frac{I_s}{I_0} + 1\right) \end{aligned} \tag{4.165}$$

gegeben. Der Leistungsausstoß P an einem Punkt M des Diagramms in Bild 4.29 ist gleich

$$P = IV$$

und entspricht der Fläche eines Rechtecks im IV-Diagramm.

Wirkungsgrad

Der Wirkungsgrad einer Solarzelle wird durch

$$\eta = \frac{\text{Leistungsausstoß in Wm}^{-2}}{\text{eintreffende Strahlung in Wm}^{-2}} \tag{4.166}$$

definiert. In Bild 4.30 ist das Sonnenspektrum für $T = 5800$ K dargestellt. Die Energielücke $E_g = 1{,}12$ eV von Si führt mit Hilfe der Gleichungen $E = h\nu$ und $c = \nu\lambda$ zu einer Wellenlänge von $\lambda_g = 1100$ nm. Alle im Spektrum auftretenden Photonen mit $\lambda > \lambda_g$ haben eine zu niedrige Energie, um ein Ladungsträger-Loch-Paar erzeugen zu können. Somit tragen rund 23 % aller Photonen nicht zum Wirkungsgrad η bei. Auch dieser Effekt verstärkt sich für Materialien mit einer größeren Energielücke noch weiter.

Photonen mit einer Energie $E > E_g$ erzeugen ein Ladungsträger-Loch-Paar der Energie E. Trotzdem kann aber nur die Energie E_g in Elektrizität umgewandelt werden, und die übrige Energie $E - E_g$ geht als Wärme im Halbleiter verloren. Im Falle des Si führen beide Effekte zusammen dazu, daß nur 44 % der Photonenenergie im Sonnenspektrum nutzbar sind, was eine Obergrenze des Wirkungsgrades in Gl. (4.166) ergibt.

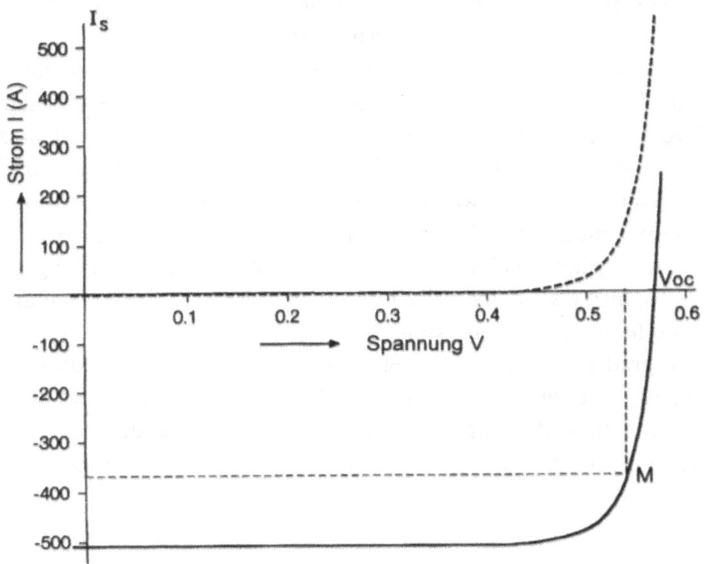

Bild 4.29 *IV*-Diagramm einer Solarzelle mit realistischen Si-Parametern (I_0 = 5,9·10^{-8} A m^{-2}; I_s = 520 A m^{-2}; $k\,T$ = 0,025 eV). Die durchgezogene Linie entspricht der Einstrahlung, die gestrichelte Linie stellt lediglich den Diodenstrom Gl. (4.163) dar.

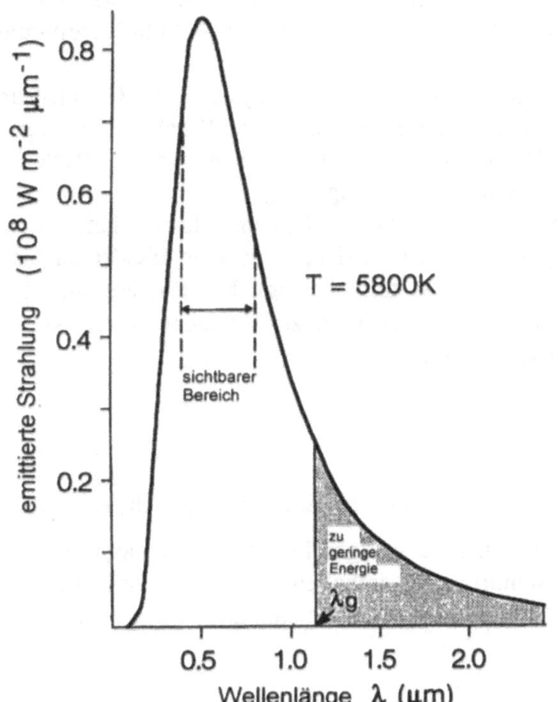

Bild 4.30 Das Sonnenspektrum mit einer Energielücke E_g des Siliziums bei 1100 nm

Wir wollen nun eine realistische Abschätzung für den möglichen Wirkungsgrad treffen. Dazu kann der Strom I_S abgeschätzt werden, wenn man berücksichtigt, daß die mittlere Photonenenergie bei 1,48 eV liegt. Bei einer Einstrahlung von 1000 Wm^{-2} führt dies zu $4{,}2 \cdot 10^{21}$ Photonen pro m^2 und Sekunde. Etwa 77 % davon tragen zum photovoltaischen Effekt bei, was in einem Strom von $I_s = 520$ A m^{-2} resultiert. Der Feldstrom wird in der Literatur oft mit $I_0 = 5{,}9 \cdot 10^{-8}$ A m^{-2} angegeben. Aus Gl. (4.165) folgt somit $V_{0c} = 0{,}57$ V. Für Bild 4.29 wurden diese Zahlenangaben verwendet, doch wurde die maximale Leistung in dieser Auftragung für eine etwas niedrigere Spannung als V_{0c} und einen etwas kleineren Strom als I_s (von ca. 150 W m^{-2}) eingezeichnet. Man kann den maximalen Wirkungsgrad für Silizium somit auf $\eta = 22$ %, also dem halben Wert der oben erwähnten 44 % annehmen. In der Praxis wurden für Si Werte von 23 % gemessen.

Man könnte den Wirkungsgrad durch Verwendung anderer Materialien oder durch die Vergrößerung der Einstrahlung I_s erhöhen, was nach Gl. (4.165) auch zu einer Erhöhung von V_{0c} führen würde. Das ließe sich bewerkstelligen, indem man das einfallende Sonnenlicht bündelt, aber gleichzeitig die Temperatur konstant hält, um I_0 möglichst gering zu halten.

Kosten

Der Wirkungsgrad ist hier nicht der einzige Faktor von Bedeutung, denn insbesondere die Kosten fallen ins Gewicht. Somit werden außer Si-Kristallen auch andere *p-n*-Grenzflächen entwickelt. Für Si konnte man polykristalline Materialien oder sogar dünne Schichten mit einer Stärke von wenigen µm herstellen. Obwohl deren Wirkungsgrad niedriger liegt, ist ihre Massenproduktion leichter, so daß die Kosten pro kWh sinken. Neben Si werden zahlreiche andere Atome oder „Verbindungen" untersucht, die manchmal auch giftige Substanzen wie As enthalten. Bei breiter Verwendung wäre allerdings eine entsprechende Abfallbeseitigung notwendig.

Schließlich sollte noch angemerkt werden, daß photovoltaische Systeme nur Gleichstrom liefern. Werden sie also an ein Versorgungsnetz angeschlossen, so sind Wechselstromwandler notwendig; werden sie zur alleinigen Versorgung eingesetzt, so benötigt man Batterien zur Speicherung des Stroms. Beides führt zu einer Kostensteigerung.

Bereits zu Beginn der 90er Jahre konnten photovoltaische Systeme als ernsthafte Alternative bei der Stromproduktion in Erwägung gezogen werden, wenn kein Elektrizitätsnetz verfügbar war. Wartungskosten fallen kaum an, da es keine beweglichen Bauteile gibt. Die Zuverlässigkeit ist hoch, Solarzellen verursachen (im Gegensatz zu Windgeneratoren) keinen Lärm und führen nicht zu weiterer Umweltverschmutzung.

4.4.2 Windenergie

Die in einem Einheitsvolumen der Luft enthaltene kinetische Energie ist gleich $\frac{1}{2}\rho u^2$. Die Energie, die pro Sekunde eine Fläche orthogonal zur Luftgeschwindigkeit $\boldsymbol{u}$ passiert, ist in einem Volumen der Länge u parallel zur Windrichtung enthalten. Die insgesamt pro Sekunde durch diese Flächeneinheit strömende Energie gleicht der Leistung, die diese Flächeneinheit passiert, ist also gleich

$$\frac{1}{2}\rho u^3 \quad . \tag{4.167}$$

Bildet die Windgeschwindigkeit $\boldsymbol{u}$ einen Winkel β mit der Flächennormalen $\boldsymbol{n}$, so ist die Leistung gleich

$$\frac{1}{2}\rho u^3 \cos\beta \quad . \tag{4.168}$$

Die Dichte ρ liegt bei etwa 1,2 kgm^{-3}, kann mit Gl. (3.22) und R aus Anhang C aber genauer abgeschätzt werden, und man erhält dann

$$\rho = \frac{p}{287T} \quad , \tag{4.169}$$

wobei p in Pascal, und T in Kelvin ausgredrückt werden. Druck und Temperatur können normalerweise leichter gemessen werden als die Dichte.

In den Gln. (4.167) und (4.168) bedeutet die dritte Potenz in u, daß die Windenergie gerade an Orten mit hohen Windgeschwindigkeiten eingefangen werden sollte. Wie noch gezeigt werden wird, impliziert dieses, daß die Generatoren auf hohen Pfeilern angebracht werden müssen, da hier die Reibungsverluste durch die Erdoberfläche gering sind.

Das Betz-Limit

Um die mögliche Energiegewinnung aus einer Luftströmung zu schätzen, betrachten wir eine (in Bild 4.31 schematisch dargestellte) Turbine. Nehmen wir an, daß die Luft von links in die Turbine eintritt. Die weit vor der Turbine befindliche, ungestörte Luft hat eine Geschwindigkeit von u_{ein} und passiert eine Fläche von A_{ein}. Die Luft verläßt die Turbine auf der rechten Seite mit einer Geschwindigkeit u_{aus} beim Passieren einer Fläche A_{aus}. Die Luft ströme im wesentlichen horizontal, alle anderen Komponenten sollen hier vernachlässigt werden.

Man betrachte eine die Turbine pro Sekunde passierende Luftmasse J_{Luft}, ohne daß sich die Dichte ρ ändert. Die Massenerhaltung von A_{ein} bis A_{aus} führt somit zu

$$J_{\text{m}} = \rho A_{\text{ein}} u_{\text{ein}} = \rho A_{\text{aus}} u_{\text{aus}} \quad . \tag{4.170}$$

Innerhalb der Turbine wird dieselbe Masse eine Fläche A mit der Geschwindigkeit u passieren, und es gilt

$$J_{\text{m}} = \rho A u \quad . \tag{4.171}$$

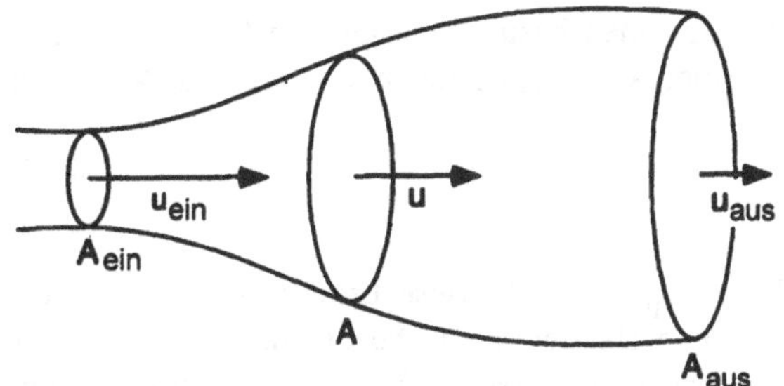

Bild 4.31 Schematische Darstellung einer Windturbine. Die Luft tritt auf der linken Seite in die Turbine ein und verläßt diese unter Energieverlust und mit einem größeren Querschnitt auf der rechten Seite.

Die Turbine ist natürlich so konstruiert, daß $u_{aus} < u_{ein}$ ist, um einen Energiegewinn zu gewährleisten, was aber gleichzeitig bedeutet, daß $A_{aus} > A_{ein}$ sein muß. Der Verlust kinetischer Energie kann für eine Masseneinheit dann als

$$T_{ein} - T_{aus} = \tfrac{1}{2}\left(u_{ein}^2 - u_{aus}^2\right) = \tfrac{1}{2}\left(u_{ein} + u_{aus}\right)\left(u_{ein} - u_{aus}\right) \tag{4.172}$$

geschrieben werden. Entsprechend dem Newtonschen Gesetz ist der Impulsverlust der durchströmenden Luft pro Zeiteinheit gleich der durch die Turbine auf die Luft wirkenden Kraft oder gleich der Kraft F, die die Luft auf die Turbine ausübt. Der pro Zeiteinheit auftretende Impulsverlust des durchströmenden Luftvolumens entspricht der Masse J_m mal deren Geschwindigkeitsabfall:

$$F = J_m(u_{ein} - u_{aus}) \quad . \tag{4.173}$$

Entsprechend Gl. (4.171) wird pro Sekunde eine Luftmasse von ρAu die Turbine passieren, so daß diese Luft eine Strecke von u Metern zurücklegt, also eine Arbeit vom Betrag $W = Fu$ leistet. Diese wird in kinetische Energie der Turbine umgewandelt. Somit ist die pro Masseneinheit übertragene Energie unter Verwendung der Gln. (4.173) und (4.171) gleich

$$\frac{W}{\rho Au} = \frac{F}{\rho A} = \frac{J_m(u_{ein} - u_{aus})}{\rho A} = u(u_{ein} - u_{aus}) \quad . \tag{4.174}$$

Dieses sollte gleich dem Verlust an kinetischer Energie pro Masseneinheit (4.172) sein, was zu

$$u = \tfrac{1}{2}(u_{ein} - u_{aus}) \tag{4.175}$$

führt. Die Geschwindigkeiten u und u_{aus} können mit einem einzigen Parameter a in u_{ein} ausgedrückt werden:

$$\begin{aligned} u &= u_{ein}(1-a) \\ u_{aus} &= u_{ein}(1-2a) \end{aligned} \tag{4.176}$$

Die Leistung P der Turbine entspricht der pro Zeiteinheit übertragenen Energie. Sie wird durch den Parameter a ausgedrückt, indem man Gl. (4.172) mit der pro Zeiteinheit durchströmenden Masse J_m multipliziert. Man erhält dann

$$P = \tfrac{1}{2} J_m\left(u_{ein}^2 - u_{aus}^2\right) = 2\rho A u_{ein}^3 (1-a)^2 a \quad . \tag{4.177}$$

Bei der Konstruktion einer Turbine wird man einen bestimmten inneren Querschnitt A betrachten und sich auf eine gegebene Geschwindigkeit u_{ein} beziehen, um dann das Verhältnis

$$C_p = \frac{P}{\tfrac{1}{2}\rho A u_{ein}^3} \tag{4.178}$$

zu maximieren. Dieses führt zu $a = 1/3$ und $C_p = 16/27$. Diese Leistungsobergrenze einer Turbine mit der Querschnittfläche A wird auch als Betz-Limit bezeichnet [14]. Der in Gl. (4.178) definierte *Leistungskoeffizient* C_p einer Turbine ist das Verhältnis seines Leistungsausstoßes zum Input des Windes, der im Nenner steht. Man sieht, daß der Turbinenquerschnitt A statt A_{ein} benutzt wird, da er im Gegensatz zu A_{ein} bekannt ist. Das Betz-Limit stellt somit die Obergrenze des Leistungskoeffizienten einer Turbine dar, der mit allen praktischen Zahlenwerten verglichen werden kann.

Aerodynamik

Wie in Bild 4.32 dargestellt, gleicht das Rotorblatt einer solchen Turbine der Tragfläche eines Flugzeugs. Die Strömung verursacht somit zwei Kräfte: einen *Sog* in Strömungsrichtung und einen *Auftrieb* orthogonal dazu. In Bild 4.32 wird das Turbinenblatt als horizontal und aufwärts bewegt angenommen in Bezug zur relativen Luftströmung, die, wie gezeigt, eine abwärts gerichtete Komponente ist.

Die relative Windrichtung steht in einem Winkel γ, dem sogenannten *Angriffswinkel* zur Flügelsehne. Die Luftgeschwindigkeit verringert sich dann unterhalb der Blattes und erhöht sich an der Oberseite. Dem *Bernoullischen Gesetz* zurfolge entsteht dadurch eine Druckdifferenz zwischen Ober- und Unterseite, was zur Bildung einer Auftriebskraft führt. Genauer gesagt verursacht die Flügelform eine Wirbelbildung um den Flügel, die die Strömung überlagert. Entlang der Wirbel gilt das Bernoullische Gesetz, welches besagt, daß $(p+\frac{1}{2}\rho u^2)_{\text{Oberseite}} = (p+\frac{1}{2}\rho u^2)_{\text{Unterseite}}$, was zu dem üblichen Ausdruck für den Auftrieb führt:

$$\text{Auftrieb} = p_{\text{Unterseite}} - p_{\text{Oberseite}} = \frac{1}{2}\rho\left(u^2_{\text{Oberseite}} - u^2_{\text{Unterseite}}\right)$$

Der Sog entsteht also lediglich durch den horizontalen Impulsverlust der Luft. Die Rotorblätter werden üblicherweise so konstruiert, daß die Auftriebskraft etwa 20 bis 30 mal so groß wie der Sog ist. In Bild 4.32 ist der Sog also übertrieben dargestellt.*

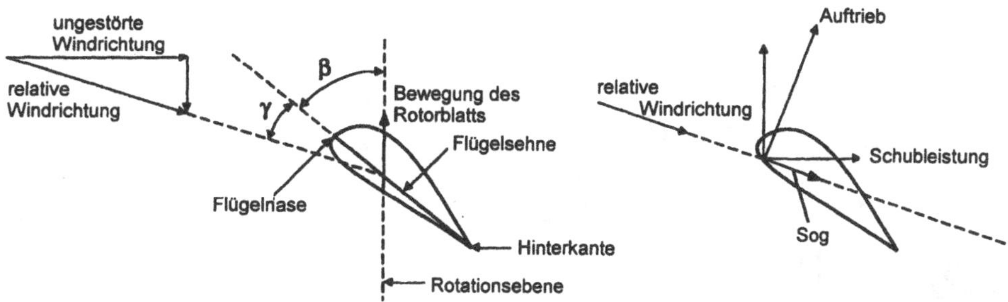

Bild 4.32 Das Rotorblatt entspricht einem horizontalen Turbinenblatt. Es wurden jeweils die Sog- und Auftriebskräfte eingezeichnet. Die horizontale Komponente gibt die von einem Pfeiler aufzufangende Schubleistung an. Da sich das Rotorblatt nach oben bewegen soll, weist die relative Windrichtung, welche die Aerodynamik bestimmt, nach unten. Die axiale Symmetrie um die ungestörte Windrichtung impliziert, daß diese Grafik für alle Rotorblattpositionen gilt.

* Das maximale Verhältnis zwischen Auftrieb und Sog kann in der Größenordnung von 60 bis 150 liegen (siehe [7]).

Man sollte die Auftriebs- und Sogkräfte in ihre horizontalen und vertikalen Komponenten aufspalten. Die horizontale Schubleistung wird vom Pfeiler aufgefangen, auf dem die Turbine mit den Rotorblättern montiert ist. Die vertikale Kraft entspricht dem nutzbaren Anteil, der eine Rotation verursacht und eine elektrische Turbine antreibt. Um die ungestörte Windrichtung liegt eine axiale Symmetrie vor, so daß die Argumentation für alle Positionen des Rotorblattes gilt. Betrachtet man einen etwas weiter von der Achse auf dem Rotorblatt gelegenen Punkt, so vergrößern sich natürlich die Rotationsgeschwindigkeit und damit auch die relative Windgeschwindigkeit. Um einen optimalen Angriffswinkel des Windes zu erhalten, dreht man das Rotorblatt darum ein wenig, andernfalls müßte man Leistungsverluste in Kauf nehmen.

Zum Erzielen hoher Auftriebskräfte sind laminare Strömungen notwendig. Man versucht deshalb Turbulenzen im rückwärtigen Wirbelbereich zu vermeiden, indem man einen mittleren Angriffswinkel wählt.

Wirbeleffekte

In einem Windpark steht eine Vielzahl von Turbinen in einer regelmäßigen Anordnung. Es stellt sich hier die Frage, wie schnell die Geschwindigkeitsminderung des Windes aufgrund der Leistungsverluste kompensiert wird. In der einfachsten Näherung wird eine Turbine betrachtet (Bild 4.33). Für die Wirbeleffekte im rückwärtigen Bereich wird angenommen, daß der Gesamtimpuls über einen Zylinder parallel zur Windgeschwindigkeit erhalten bleibt.

Die Form des Wirbeltrichters im rückwärtigen Bereich wird dazu als einfacher Konus genähert betrachtet. Man kann die Geschwindigkeit $u(x)$ im Abstand x durch die Erhaltung der Masse innerhalb eines um die Turbine gelegenen Zylinders mit dem Radius r berechnen:

$$(r^2 - r_{\text{aus}}^2)u_{\text{ein}} + r_{\text{aus}}^2 u_{\text{aus}} = r^2 u(x) \tag{4.179}$$

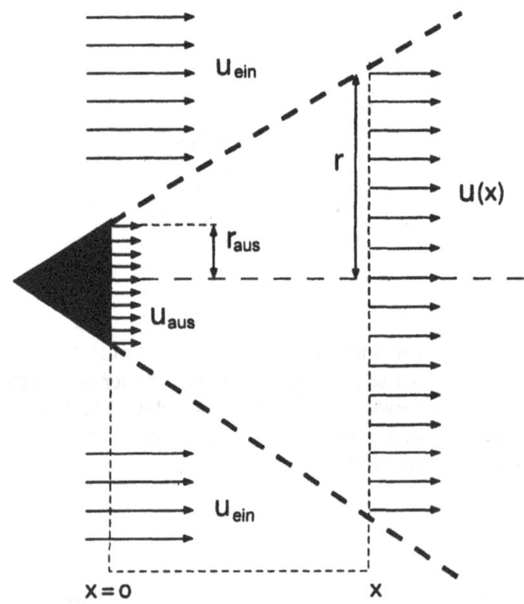

Bild 4.33 Konische Näherung des Wirbeltrichters im rückwärtigen Bereich einer Windturbine. Es gilt im gesamten Trichter Massenerhaltung.

Mit Hilfe der Gln. (4.170), (4.171) und (4.176) kann man r_{aus} durch den Turbinenradius R über $r_{aus} = R\sqrt{(1-a)/(1-2a)}$ ausdrücken. Die konische Näherung impliziert, daß $r - r_{aus} = \alpha x$ gilt, woraus

$$u(x) = u_{ein}\left[1 - \frac{2a}{\left(1 + \frac{\alpha x}{R\sqrt{(1-a)/(1-2a)}}\right)^2}\right] \tag{4.180}$$

folgt. Als semiempirischen Ausdruck kann man $\alpha = 1/[2\ln(h/z_0)]$ angeben, wobei h der Höhe der Turbine entspricht und z_0 ein weiter unten noch zu besprechender Rauhigkeitsparameter ist. Bei einer Höhe von 11 m und einer Oberflächenrauhigkeit von 2,5 cm erhält man $\alpha = 0{,}082$. Verwendet man den Betz-Wert $a = 1/3$, so findet man nach 10 Turbinenradien eine Geschwindigkeit von $u = 0{,}73u_{ein}$ und nach 20 Radien schließlich $u = 0{,}86u_{ein}$. In der Praxis muß man allerdings auch die Reibung an äußeren Luftschichten berücksichtigen, die eine zusätzliche Geschwindigkeitserhöhung und Turbulenzen hervorrufen, welche den Verwirbelungseffekt reduzieren können. Gleichung (4.180) scheint somit eine vernünftige Näherung. In einem realen Windpark muß man zusätzlich die Überlagerung der Wirbeltrichter berücksichtigen, die auf eine ähnliche Weise berechnet werden kann.

Orts- und Zeitabhängigkeit

Eine der Schwierigkeiten bei der Nutzung der Windenergie ist die Tatsache, daß das Geschwindigkeitsfeld des Windes nicht, wie oben stillschweigend angenommen wurde, uniform und homogen ist, sondern daß es orts- und zeitabhängig ist. Bezüglich der Zeitabhängigkeit muß man beachten, daß die Windgeschwindigkeit stark fluktuiert, was zu noch größeren Fluktuationen bei der auf eine Turbine übertragenen Leistung führt. Dies erzeugt zusätzliche Belastungen der Turbinenkonstruktion, deren Betrieb auch unter ungünstigen Bedingungen möglich sein sollte. Außerdem heißt dies aber auch, daß ein gleichmäßiger Betrieb der Anlage, wie er zur Gewährleistung der Leistungsanforderungen notwendig ist, nicht möglich ist, und daß Möglichkeiten zur Energiespeicherung gefunden werden müssen, um die Gewährleistung eines Anteiles von mehr als 10 % der Nachfrage nach Strom sicherzustellen.

Für solche Turbinen müssen Standorte gewählt werden, an denen nachweislich hohe Windgeschwindigkeiten herrschen. Die vertikale Abhängigkeit der Windgeschwindigkeit bleibt in einer weiteren physikalischen Untersuchung zu überprüfen.

An der Erdoberfläche ist die Windgeschwindigkeit gleich Null, da die Luftmoleküle am Boden anhaften. Man findet hier die laminare Schicht, bei der Reibungskräfte dominieren. Die Dicke d dieser Schicht kann ermittelt werden, wenn man für die in Gl. (3.50) definierte Reynoldszahl die Bedingung

$$Re = \frac{UL}{\nu} = \frac{u_* \delta}{\nu} \tag{4.181}$$

voraussetzt, die bei etwa 10 liegen sollte. In dieser Gleichung bezeichnet die Geschwindigkeit u_* die Reibungs- oder Schergeschwindigkeit. Sie steht mit der parallel zur Oberfläche verlaufenden Tangentialspannung τ in Verbindung, die entlang der Oberfläche als Kraft pro Flächeneinheit definiert wird (und als der vertikale Impulstransport pro Zeit- und Flächeneinheit bezeichnet werden kann). Eine andere wichtige Größe der Grenzschicht stellt die Dichte ρ der Luft dar; eine Dimensionsanalyse (wie sie in Abschnitt 5.5 besprochen wird) ergibt die folgende Definition der Reibungsgeschwindigkeit:

$$u_* = \sqrt{\frac{\tau}{\rho}} \quad . \tag{4.182}$$

Die Erfahrung zeigt, daß sich oberhalb der laminaren Schicht die Windgeschwindigkeit mit der Höhe vergrößert. Der einfachste mögliche Ausdruck hierfür wäre

$$\frac{\partial u}{\partial z} = \frac{u_*}{kz} \ , \tag{4.183}$$

wobei u der dominanten horizontalen Geschwindigkeit entspricht und k die sogenannte Von-Karman-Konstante ist, die bei etwa 0,4 liegt. Gleichung (4.183) führt mit

$$u = \frac{u_*}{k} \ln z + B = \frac{u_*}{k} \ln \frac{z}{z_0} \tag{4.184}$$

zu einer logarithmischen Abhängigkeit. Hierbei stellt z_0 ein Maß für die Oberflächenrauhigkeit dar. Für $z = z_0$ verschwindet u also. In der Praxis liegt z_0 bei etwa 10 % der Länge der die Oberflächenrauhigkeit bestimmenden Länge der Grashalme. Gleichung (4.184) gilt nur näherungsweise, wenn z von ähnlicher Größe wie z_0 ist. Für Höhen mit $z > z_0$ gilt sie bis in Höhen von einigen hundert Metern. Konstrukteure sind üblicherweise nur an der Änderung von u mit der Höhe interessiert und verwenden dabei eine empirische Formel:

$$\frac{u_1}{u_2} = \left(\frac{z_1}{z_2} \right)^{0,17} \quad . \tag{4.185}$$

Es ist klar, daß die Änderung der Windgeschwingigkeiten mit der Höhe bei Turbinen mit Rotorblättern von 20 Metern Länge von wesentlicher Bedeutung sind. Probleme bei der Konstruktion treten insbesondere durch die turbulenten Änderungen der Windgeschwindigkeiten mit der Zeit auf, die im Bereich des Bewegungsradius der Rotorblätter vorkommen.

4.4.3 Wellen

Meereswellen entstehen durch Winde, die auf die Unregelmäßigkeiten der Meeresoberfläche einblasen. Um die von Meereswellen erbrachten Leistungen abschätzen zu können, betrachten wir sehr tiefe Meere, in denen die Gravitation die einzige wirksame Kraft darstellt. Ein Wasserelement wird zwar durch seine Gleichgewichtsposition (x,y,z,t) definiert, doch nimmt es im allgemeinen die um s davon abweichende Position ein. Der lokale Druck $p(x,y,z,t)$

wird als die Abweichung vom Gleichgewichtsdruck definiert. In der Nähe der Oberfläche ($z = 0$) wird dieser durch darüberliegende, zusätzliche Wassermassen bestimmt, und man hat

$$p = \rho g s_z \quad . \tag{4.186}$$

Wir wollen nun die kinetische Energie der Wellenbewegung unter den einfachsten Voraussetzungen berechnen. Zunächst nehmen wir an, daß überall rot $\boldsymbol{s} = 0$ gilt, also

$$\boldsymbol{s} = -\nabla\psi \tag{4.187}$$

ist. Aus der Bewegungsgleichung (3.32) verwenden wir lediglich den Druckterm, da sich Gewichtskraft und Gleichgewichtsdruck gegenseitig aufheben und die anderen vernachlässigt werden können:

$$\rho \frac{\mathrm{d}\boldsymbol{u}}{\mathrm{d}t} = -\operatorname{grad} p \quad . \tag{4.188}$$

Die nächste Vereinfachung ist die Gleichsetzung der zeitlichen Ableitung mit der lokalen Ableitung, indem die nichtlinearen Terme aus Gl. (3.51) vernachlässigt werden. Mit $\boldsymbol{u} = \mathrm{d}\boldsymbol{s}/\mathrm{d}t \approx \partial \boldsymbol{s}/\partial t$ erhält man

$$\frac{\partial^2 \boldsymbol{s}}{\partial t^2} = -\frac{1}{\rho}\nabla p \quad . \tag{4.189}$$

Mit Gleichung (4.187) führt dieses zu

$$\frac{\partial^2}{\partial t^2}(-\nabla\psi) = -\frac{1}{\rho}\nabla p \tag{4.190}$$

oder

$$\rho \frac{\partial^2 \psi}{\partial t^2} = p \quad . \tag{4.191}$$

Zusammen mit den Gln. (4.186) und (4.187) erhält man schließlich

$$g\frac{\partial \psi}{\partial z} = \frac{\partial^2 \psi}{\partial t^2} \quad . \tag{4.192}$$

Geht man davon aus, daß es keinen auswärts gerichteten Nettostrom gibt, also div $\boldsymbol{s} = 0$ ist, so folgt mit Gl.(4.187), daß div grad $\psi = 0$ ist. Hängt ψ nur von einer einzigen horizontalen Richtung x, der Vertikalen z und der Zeit t ab, so gilt

$$\frac{\partial^2 \psi}{\partial x^2} + \frac{\partial^2 \psi}{\partial t^2} = 0 \quad . \tag{4.193}$$

Unter Verwendung der Ausbreitungsgeschwindigkeit v lautet eine Lösung dieser Gleichung dann

$$\psi = \frac{a}{k} \sin k(x - vt) e^{kz} \quad . \tag{4.194}$$

Dieses verschwindet erwartungsgemäß für $z \to -\infty$. Es ist jetzt einfach, die Verschiebung s aus Gl. (4.187), sowie die Geschwindigkeit $ds/dt \approx \partial s/\partial t$ des Wasserelementes zu bestimmen.

Die kinetische Energie einer Volumeneinheit kann durch Einsetzen gefunden werden:

$$T = \tfrac{1}{2}\rho\left(\frac{\partial s}{\partial t}\right)^2 = \tfrac{1}{2}\rho a^2 k^2 v^2 e^{2kz} \quad . \tag{4.195}$$

Für eine vertikale Wassersäule mit dem Querschnitt einer Flächeneinheit erhält man die gesamte kinetische Energie T_{ges} durch Integration von Gl. (4.195):

$$T_{ges} = \tfrac{1}{4}\rho a^2 k v^2 \quad . \tag{4.196}$$

Zusammen ergeben die Gln. (4.192) und (4.194) für die Wellengeschwindigkeit v den Wert

$$v^2 = \frac{g}{k} \quad . \tag{4.197}$$

Schließlich muß man T_{ges} nur noch mit der Geschwindigkeit v multiplizieren, um die Leistung, also die pro Meter und Sekunde orthogonal vorbeiströmende Energie zu erhalten:

$$P = \tfrac{1}{4}\rho g v a^2 \quad . \tag{4.198}$$

In der Praxis kann man nur einen Bruchteil dieser Leistung verwenden, da es nicht möglich ist, die gesamte Wassersäule zu verwenden.

Energiewandler

Um eine Vorstellung von einer Apparatur zur Umwandlung der Wellenenergie zu bekommen, zeigen wir in Bild 4.34 ein Gerät, das von Masuda entworfen und benutzt wurde. Das Meerwasser unterliegt dabei einer senkrechten Bewegung $s(x,t)$. Eine auf dem offenen Wasser schwimmende Boje hat in der Mitte eine offene Röhre, durch die Seewasser eintreten kann. Die die Boje passierenden Wellen (4.194) werden eine vertikale, harmonische Bewegung $Z(x,t)$ der Boje sowie eine ähnliche vertikale Bewegung $s_1(x,t)$ des Wassers im Innern der Röhre verursachen. Die drei Bewegungen verlaufen nicht in Phase und besitzen unterschiedliche Amplituden:

$$\begin{aligned} s &= a \sin k(x - vt) \\ Z &= Z_0 \sin k(x - vt - \delta_z) \\ s_1 &= s_0 \sin k(x - vt - \delta_1) \end{aligned} \tag{4.199}$$

Dies bedeutet, daß das Wasser bezüglich der Boje eine auf-und-ab-Bewegung vollführen wird. Man kann diesen Effekt in traditionellen Fischerbooten beobachten, die noch ein Loch in der Mitte ihres Rumpfes haben: Das Wasser bewegt sich im Vergleich zum Boot auf und ab. Die Ventile in Bild 4.34 wurden derart angebracht, daß die mit einem Generator verbundene Schraube sich aufgrund der Luft über dem steigenden und fallenden Wasserspiegel immer in die gleiche Richtung bewegt, wobei die Luft nach oben entweicht.

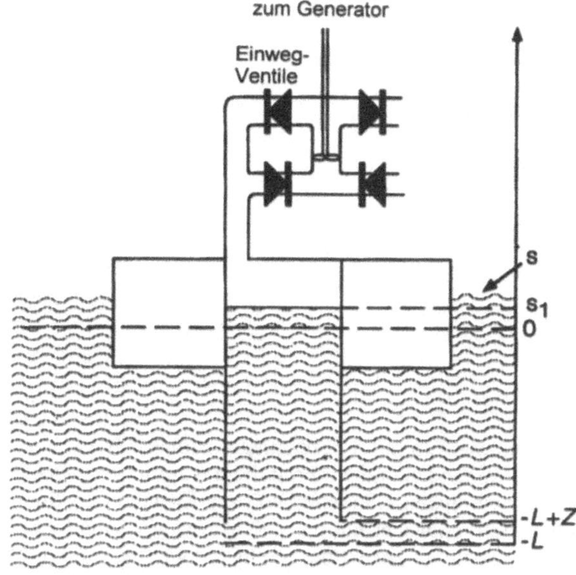

Bild 4.34 Masudas pneumatische Apparatur zur Umwandlung der Wellenenergie. (Aus: Bent Sørensen, *Renewable Energy*, Academic Press London, 1979, Abb. 257, S. 450)

4.4.4 Bioenergie

In Gl. (1.2) haben wir die Grundgleichung der Photosynthese angegeben, die zur Synthese von Kohlehydraten ($C_6H_{12}O_6$) dient:

$$6H_2O + 6CO_2 + 4{,}66 \cdot 10^{-18}\,J \Leftrightarrow C_6H_{12}O_6 + 6O_2 \quad . \tag{4.200}$$

Diese Reaktionsgleichung zeigt unmittelbar den Vorteil der Photoynthese bei der Absorption des Sonnenlichts. Die Sonnenenergie wird nicht nur genutzt, sondern im Gegensatz zu Solarzellen oder Windturbinen hierbei sogar in Form von freier chemischer Energie gespeichert. Dies wird durch das vereinfachte Schema in Bild 4.35 dargestellt.

Der aus einem Substratmolekül S und einem Chlorophyllmolekül Chl bestehende Grundzustand Chl S kann durch Absorption einer Energie $h\nu_0$ in einen angeregten Zustand Chl*S übergehen. Dieser kann mit einer Reaktionsgeschwindigkeit k_1 (die die Verluste durch Umwandlung in Wärme oder Triplettbildung einschließt) in den Grundzustand zurückfallen oder seine Energie zur Bildung eines Produktmoleküles P mit einer Reaktionsgeschwindigkeit k_{sp} verwenden. Hierbei wird diese Energie gespeichert, und es kann mit einer Reaktionsgeschwindigkeit k_b ebenso wieder zur Bildung des angeregten Zustands Chl*S kommen. Wir wollen anmerken, daß die Reaktionsgeschwindigkeit als die Zahl der Übergänge pro Molekül und Sekunde definiert wird. Typische Zahlenwerte sind in Tabelle 4.4 angegeben.

Tabelle 4.4 Typische Reaktionsgeschwindigkeiten bei der Photosynthese

k_1	k_{sp}	k_i (hoch)	k_i (niedrig)
10^9	$2 \cdot 10^{10}$	10	10^{-4}

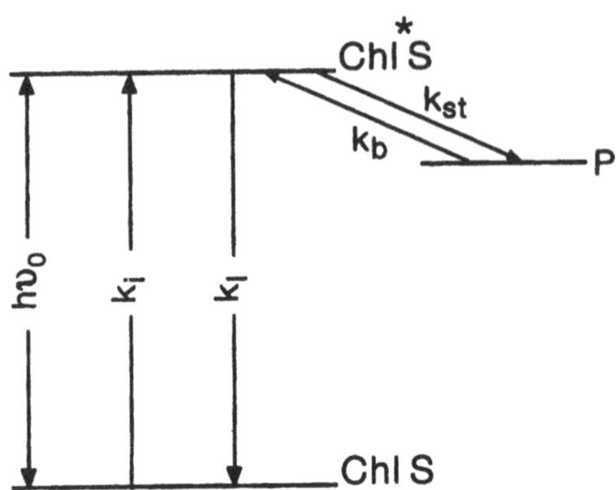

Bild 4.35 Der Grundmechanismus der Photosynthese. Ein mit S bezeichnetes Molekül ist zusammen mit Chlorophyll-Molekülen Chl bei der Reaktion vorhanden und wird mit diesem zusammen als Chl S bezeichnet. Dieses wird mit einer Reaktionsgeschwindigkeit k_i in einen höheren Zustand Chl*S angeregt. Der angeregte Zustand des Chlorophylls zerfällt entweder mit einer Reaktionsgeschwindigkeit k_l (Verlust), oder wandelt das Molekül S mit einer (Speicher-)Reaktionsgeschwindigkeit k_{sp} in ein Molekül P um. Die Energie wird dabei in P gespeichert, das aber mit einer Reaktionsgeschwindigkeit k_b wieder zerfallen kann.

Wirkungsgrad

Bild 4.35 zeigt eine sehr schematische Darstellung der Reaktion (4.200). Tatsächlich findet man zunächst eine Oxidation des Wassers

$$2H_2O \rightarrow O_2 + 4H^+ + 4e^- \ , \qquad (4.201)$$

die von einer Reduktion des CO_2 gefolgt wird

$$CO_2 + 4H^+ + 4e^- \rightarrow (H_2CO) + H_2O \ , \qquad (4.202)$$

wobei der Nettoeffekt dem Inhalt von Gl. (4.200) entspricht. Zur Durchführung der Reaktion werden in Gl. (4.201) vier Photonen und in Gl.(4.202) ebenfalls vier Photonen benötigt. Somit sind für Gl. (4.200) mindestens acht Photonen erforderlich. Die Wellenlänge dieser Photonen muß im Bereich von $400 < \lambda < 700$ nm liegen, dem sogenannten photosynthetisch aktiven Bereich. Betrachten wir zunächst die niedrigste mögliche Photonenenergie bei λ = 700 nm. Die Energie dieses Photons ist gleich $E = h\nu = hc/\lambda = 0{,}284 \cdot 10^{-18}$ J. Acht dieser Lichtquanten haben somit eine Energie von $2{,}27 \cdot 10^{-18}$ J, und speichern pro H_2O-Molekül eine Energie von $4{,}66 \cdot 10^{-18}$ J/6 = $0{,}78 \cdot 10^{-18}$ J. Der Wirkungsgrad der Energiespeicherung liegt für Licht von 700 nm Wellenlänge somit bei 0,78/2,27 = 0,34.

Im natürlichen Sonnenlicht haben die meisten der absorbierten Photonen eine höhere Energie, was zu einer Herabsetzung des Wirkungsgrades auf die Hälfte führt. Es tritt ein Verlust von etwa 20 % durch Reflektion und von weiteren 40 % durch Atmung auf. Somit läge der maximale Wirkungsgrad der Photosynthese lediglich bei 0,34·0,5·0,8·0,6 = 8 %. Eine genauere Berechnung ergibt einen Wert von nur 6,7 % oder – unter der Annahme, daß zehn statt nur acht Photonen notwendig sind – sogar nur 5,5 %.* Die Landwirtschaft in fruchtbaren Regionen erzielt einen Wirkungsgrad von etwa 1 %, wenn man den gesamten jährlichen Gewinn mit der insgesamt pro Jahr einfallenden Sonnenstrahlung vergleicht. Es sei angemerkt, daß der Energieinhalt von Düngemitteln von der pro Jahr gewonnenen Energie in Form von Biomasse subtrahiert werden muß, um den Nettogewinn an Energie zu berechnen.

Speicherung

Um die maximal erreichbaren Wirkungsgrade photosynthetischer Speicherung bei einer bestimmten Lichtintensität zu berechnen, muß der Inhalt von Bild 4.35 etwas genauer untersucht werden. Der Photosyntheseprozeß wird hier in einem Schritt als Umwandlung von Licht in Gibbssche freie Energie beschrieben, die bereits in den Gln. (4.68) und (4.69) definiert wurde. Die Gibbssche freie Energie pro Molekül wird auch als chemisches Potential μ bezeichnet. Dieses hängt mit

$$\mu(T) = \mu^0 + kT \ln[\mathrm{Chl}] \tag{4.203}$$

von der absoluten Temperatur ab, wobei wir den mit einer Konzentration [Chl] vorliegenden Grundzustand des Chlorophylls als Beispiel berücksichtigt haben. Die Differenz des chemischen Potentials $\Delta\mu$ kann für den angeregten und den Grundzustand als

$$\Delta\mu = \mu^0(\mathrm{Chl}^*) + kT \ln[\mathrm{Chl}^*] - \mu^0(\mathrm{Chl}) - kT \ln[\mathrm{Chl}] \tag{4.204}$$

$$\Delta\mu = h\nu_0 + kT \ln\frac{[\mathrm{Chl}^*]}{[\mathrm{Chl}]} \tag{4.205}$$

geschrieben werden. Die Differenz des chemischen Potentials bei $T = 0$ entspricht gerade der Anregungsenergie für den Chl^*-Zustand. Wir bemerken nebenbei, daß im Dunkeln und im thermischen Gleichgewicht $\Delta\mu$ gleich Null ist, und erhalten die Boltzmann-Verteilung (4.162):

$$[\mathrm{Chl}^*] = [\mathrm{Chl}] e^{-h\nu_0/kT} \quad . \tag{4.206}$$

Vernachlässigen wir zunächst die Rückreaktion P → S in Bild 4.35. Im *Gleichgewicht* ist die Bildungsrate von Chl^* gleich dessen Zerfallsrate:

$$k_i [\mathrm{Chl}] = (k_1 + k_{sp})[\mathrm{Chl}^*] \quad . \tag{4.207}$$

Die Ausbeute ϕ_{sp}^0 des Speicherprozesses wird durch

$$\phi_{sp}^0 = \frac{k_{sp}}{k_1 + k_{sp}} \tag{4.208}$$

* Damit Gl. (4.202) tatsächlich abläuft, wird ATP benötigt, dessen Bildung ebenfalls zwei Photonen erfordert. Somit werden für den Ablauf von Gl. (4.200) tatsächlich zehn Photonen benötigt [8].

gegeben. Damit die Photosynthese funktioniert, muß $k_{sp} >> k_1$ sein oder $\phi_{sp}^0 \approx 1$ gelten, was in der Natur tatsächlich der Fall ist (siehe Tabelle 4.4).

Schalten wir nun das Sonnenlicht ein und berücksichtigen dabei das unvermeidbare Auftreten der Umkehrreaktion mit k_b. Wird das Licht wieder ausgeschaltet, so liegt ein Gleichgewicht vor, wenn die Bildung von [Chl*S] gerade dessen Zerfall gleicht, da die Bildung von Chl S verschwindet:

$$k_b[P] = (k_1 + k_{sp})\left[\mathrm{Chl}^*\mathrm{S}\right]_{\mathrm{dunkel}} \quad . \tag{4.209}$$

Da $k_{sp} >> k_1$ ist, scheint Gl. (4.209) ein Gleichgewicht zwischen P und $\mathrm{Chl}^*\mathrm{S}_{\mathrm{dunkel}}$ zu sein, was in etwa das gleiche chemische Potential erfordert:

$$\mu(\mathrm{Chl}^*\mathrm{S})_{\mathrm{dunkel}} = \mu(P) \tag{4.210}$$

Wird das Licht eingeschaltet, so enthält die linke Seite von Gl. (4.209) auch die Bildung des angeregten Zustands durch die Absorption des Lichts mit Chl S. Im Gleichgewicht erhält man

$$k_b[P] + k_i[\mathrm{Chl\ S}] = (k_1 + k_{sp})\left[\mathrm{Chl}^*\mathrm{S}\right]_{\mathrm{hell}} \quad . \tag{4.211}$$

Die Ausbeute $\phi_{sp}^{\mathrm{Glgew.}}$ bei der Speicherung im Gleichgewicht ist

$$\phi_{sp}^{\mathrm{Glgew.}} = \frac{k_i[\mathrm{Chl\ S}] - k_1\left[\mathrm{Chl}^*\mathrm{S}\right]_{\mathrm{hell}}}{k_i[\mathrm{Chl\ S}]} \quad . \tag{4.212}$$

Unter Verwendung der Gln. (4.211), (4.209) und (4.208) wird dieses zu

$$\phi_{sp}^{\mathrm{Glgew.}} = \phi_{sp}^0 - \frac{k_1}{k_i}\frac{\left[\mathrm{Chl}^*\mathrm{S}\right]_{\mathrm{dunkel}}}{[\mathrm{Chl\ S}]} \quad . \tag{4.213}$$

Wir wollen nun Gl. (4.203) für $\mathrm{Chl}^*\mathrm{S}_{\mathrm{dunkel}}$ und Chl S formulieren:

$$\begin{aligned}\mu(\mathrm{Chl}^*\mathrm{S})_{\mathrm{dunkel}} &= \mu^0(\mathrm{Chl}^*\mathrm{S})_{\mathrm{dunkel}} + kT\ln\left[\mathrm{Chl}^*\mathrm{S}\right]_{\mathrm{dunkel}} \\ &= \mu^0(\mathrm{Chl\ S})_{\mathrm{dunkel}} + h\nu_0 + kT\ln\left[\mathrm{Chl}^*\mathrm{S}\right]_{\mathrm{dunkel}}\end{aligned} \tag{4.214}$$

$$\mu(\mathrm{Chl\ S}) = \mu^0(\mathrm{Chl\ S}) + kT\ln[\mathrm{Chl\ S}] \quad . \tag{4.215}$$

In Gl. (4.214) wurde μ^0(Chl S) verwendet, um den Grundzustand zu bezeichnen, und wir haben gesehen, daß dieser vom Vorhandensein des Lichts unabhängig ist. Wir verwenden nun Gl. (4.210), um $\mu(P)$ mit Gl. (4.214) gleichzusetzen, subtrahieren Gl. (4.215) und erhalten schließlich

$$\ln\frac{\left[\mathrm{Chl}^*\mathrm{S}\right]_{\mathrm{dunkel}}}{[\mathrm{Chl\,S}]}=\frac{\mu(P)-\mu(\mathrm{Chl\,S})-h\nu_0}{kT}=\frac{\Delta\mu_{\mathrm{sp}}-h\nu_0}{kT}\quad, \tag{4.216}$$

wobei $\Delta\mu_{\mathrm{sp}}$ der gespeicherten freien Energie entspricht. Aus den Gln. (4.216) und (4.217) kann man für realistische Beispiele für die Ausbeute der Speicherung $\phi_{\mathrm{sp}}^{\mathrm{Glgew.}}$ im Gleichgewicht berechnen.

Man kann allerdings auch genau umgekehrt argumentieren. Wir benötigen natürlich eine hohe Speicherungsausbeute $\phi_{\mathrm{sp}}^{\mathrm{Glgew.}}$, die zum Beispiel bei 0,9 liegen soll. Aus Gl. (4.206) und Tabelle 4.4 folgt dann, daß $\phi_{\mathrm{sp}}^{0}=0{,}95$ ist. Mit den Daten aus der gleichen Tabelle erhält man bei starker Sonneneinstrahlung

$$\Delta\mu_{\mathrm{sp}}-h\nu_0=-0{,}54\ \mathrm{eV}\quad, \tag{4.217}$$

während für schwaches Sonnenlicht

$$\Delta\mu_{\mathrm{sp}}-h\nu_0=-0{,}82\ \mathrm{eV} \tag{4.218}$$

gilt. Offensichtlich gibt es nur einen Wert für $\Delta\mu_{\mathrm{sp}}$. Trotzdem sollte dieser aber deutlich unterhalb der Energie der einfallenden Photonen von etwa 2 eV liegen, um auch in den unteren Bereichen der Pflanze einen guten Wirkungsgrad bei der Speicherung zu erzielen. Man rufe sich in Erinnerung, daß die Photosynthese sowohl bei der Energieumwandlung, als auch bei der Speicherung einen hohen Wirkungsgrad haben sollte – die Natur mußte hier also einen Kompromiß eingehen.

Stabilität

Die während eines Zeitraumes Δt, in dem das Licht eingeschaltet ist, gespeicherte freie Gibbssche Energie ist

$$G_{\mathrm{sp}}=k_{\mathrm{i}}\Delta t[\mathrm{Chl\,S}]\phi_{\mathrm{sp}}^{\mathrm{Glgew.}}[\mu(P)-\mu(\mathrm{Chl\,S})]\ . \tag{4.219}$$

Im Dunkeln liegt der Verlust der freien Energie aufgrund der rückwärts ablaufenden Reaktion pro Sekunde bei

$$R_1=k_1\left[\mathrm{Chl}^*\mathrm{S}\right]_{\mathrm{dunkel}}[\mu(P)-\mu(\mathrm{Chl\,S})]\ . \tag{4.220}$$

Das entspricht Nacht oder Winter und einer Untergrenze der Verluste nach der Ernte. Man erhält die Zeit

$$t_1=\frac{G_{\mathrm{sp}}}{R_1}=\frac{k_{\mathrm{i}}\Delta t[\mathrm{Chl\,S}]\phi_{\mathrm{sp}}^{\mathrm{Glgew.}}}{k_1\left[\mathrm{Chl}^*\mathrm{S}\right]_{\mathrm{dunkel}}}\quad, \tag{4.221}$$

nach deren Ablauf die gespeicherte Energie wieder verloren ist (Übung 4.28).

Nutzung von Biomasse

Wenn man keine Zeit hat, auf eine Versteinerung zu warten, gibt es auch andere Möglichkeiten zur Gewinnung von Bioenergie. Die einfachste Möglichkeit besteht in der Trocknung und folgenden Verbrennung von Biomasse; eine andere bestünde in deren Kompostierung. Fortgeschrittene Methoden schließen die Produktion von Biogasen aus Kohlenhydraten ein, deren wesentlicher Bestandteil CH_4 ist. Dies wird noch immer auf traditionelle Weise auf Bauernhöfen durchgeführt, die keinen Anschluß an ein öffentliches Versorgungsnetz haben. (Sie haben einen in der Erde vergrabenen Drucktank, in dem verfaulende Pflanzenreste Methan produzieren.) Das Gas ist natürlich einfacher als biologische Rohstoffe zum Kochen und Heizen zu gebrauchen. Eine andere Möglichkeit der Biogasproduktion besteht in der Verwendung von Jauche. Eine einzelne Kuh kann zum Beipiel 1 m^3 oder 26 MJ Biogas pro Tag produzieren.

Schließlich kann man aber auch Ethanol oder andere Flüssigbrennstoffe aus biologischen Rohstoffen gewinnen. Sie können bei der Verbrennung in Kraftfahrzeugen eingesetzt werden.

Eine interessante Möglichkeit der Energieproduktion, mit der man zwei Fliegen mit einer Klappe schlägt, bietet die Gasbildung aus Biomasse wie z. B. Zuckerrohr, wobei dieses dann zum Betrieb einer Gasturbine eingesetzt wird, die daraus sehr effizient Strom und Wärme erzeugt. Ein Teil der entstehenden Wärme wird dann wiederum bei der Gasbildung eingesetzt, und man könnte auf diese Weise ein Gleichgewicht unterhalten: Es muß genau soviel Zuckerrohr gepflantzt werden, wie in Gas umgewandelt werden kann. Es gibt also keine Nettoproduktion von CO_2, da für jedes sich zersetzende Zuckermolekül durch das Wachstum der Pflanzen wiederum ein neues entsteht und dabei CO_2 gebunden wird. Wichtig ist, daß keine anderen Gase entweichen, die den Treibhauseffekt verstärken würden. Der wesentliche Nettoeffekt ist dann die Umwandlung von Sonnenenergie in Elektrizität.

Erinnern wir uns, daß CH_4 auch zur Produktion gasförmigen Wasserstoffs genutzt werden kann, der gespeichert oder transportiert werden und in Brennstoffzellen zur Stromerzeugung eingesetzt werden kann (siehe Abschnitt 4.4.5).

Auch wird weiterhin über die Realisierbarkeit einer biologischen Photozelle diskutiert und geforscht. Beim Photosyntheseprozeß wird zwischen den beiden Seiten der Zellmembran eine Potentialdifferenz aufgebaut. Diese Coulomb-Energie kann dann in chemische Energie umgewandelt werden. Vielleicht ist es möglich, diesen Prozeß zu unterbrechen, sobald die Ladungstrennung stattgefunden hat, und dadurch eine Batterie mit einer hohen Stabilität zu entwerfen: die biologische Photozelle. Eine andere Möglichkeit bestünde in der Nutzung der Photosynthese, um vermarktungsfähige C_xH_y-Verbindungen ohne Zwischenschritte zu produzieren.

4.4.5 Wasserkraft und Brennstoffzellen

Obwohl wir diesen Themen nicht sehr viel Platz widmen werden, sollten sie trotzdem erwähnt werden, da sie bei der Produktion erneuerbarer Energien wichtig sind.

Wasserkraft

Wasserkraftwerke befinden sich üblicherweise an einem Staudamm, wo das Wasser über Röhren und Turbinen aus dem Stausee abfließen kann. Die maximal mögliche Leistung kann unter der Annahme abgeschätzt werden, daß sämtliche potentielle Energie mgh in kinetische Energie, und diese wiederum vollständig in elektrische Energie umgewandelt wird. Bei einer Wasserdichte ρ und einen Fluß von Q m^3 s^{-1} führt dieses zu

$$P = \rho g h Q \ \mathrm{Js}^{-1} \approx 10 h Q \ \mathrm{kW} \quad . \tag{4.222}$$

In wesentlich kleinerem Maßstab könnte man einen Teil der kinetischen Energie eines Flusses in eine Kreisbewegung und somit in Elektrizität umwandeln. Bei einer Geschwindigkeit u und einen eingefangenen Strom von Q m^3 s^{-1} erhält man

$$P = \tfrac{1}{2} Q \rho u^2 \approx \tfrac{1}{2} Q u^2 \ \mathrm{kW} \quad . \tag{4.223}$$

Die Turbinen müßten für die jeweilige Anwendung maßgefertigt werden. In großen Kraftwerken kann ihr Wirkungsgrad bei über 90 % liegen.

Die Brennstoffzelle

In Brennstoffzellen wird chemische Energie wie bei einer Batterie direkt in Elektrizität umgewandelt. Der Vorteil gegenüber der Batterie ist, daß sie kontinuierlich mit Brennstoff versorgt werden kann. Die am häufigsten diskutierten und in der Entwicklung befindlichen Brennstoffzellen sind solche, in denen Wasserstoff, Methan oder Erdgas oxidiert werden. Da dies Gase sind, können sie leicht transportiert werden. Wasserstoff kann durch elektrische Hydrolyse von Wasser gewonnen werden, während Methan in der Natur durch die Verwesung von Biomasse entsteht, ein Prozeß, den man natürlich künstlich beschleunigen kann. Das im wesentlichen aus Methan bestehende Erdgas befindet sich an vielen Orten in der Natur.

Um das Funktionsprinzip genauer zu erläutern, ist eine Wasserstoff-Sauerstoffzelle in Bild 4.36 skizziert. Zwischen Anode und Kathode befindet sich eine saure Elektrolytlösung. Der gasförmige Wasserstoff tritt in eine poröse Anode ein, in der er mit einem Elektrolyt und einem Katalysator in Kontakt kommt und dabei positive Ionen (Protonen) entsprechend der Gleichung

$$2\mathrm{H}_2 \rightarrow 4\mathrm{e}^- + 4\mathrm{H}^+ \tag{4.224}$$

freisetzt. Die Protonen bewegen sich durch den Elektrolyt zur Kathode, wobei die Ionen nach der Reaktion

$$4\mathrm{e}^- + 4\mathrm{H}^+ + \mathrm{O}_2 \rightarrow 2\mathrm{H}_2\mathrm{O} \tag{4.225}$$

entladen werden, so daß der Nettoeffekt schließlich die Oxidation des Wasserstoffs zu Wasser ist:

$$2\mathrm{H}_2 + \mathrm{O}_2 \rightarrow 2\mathrm{H}_2\mathrm{O} \quad . \tag{4.226}$$

Die Elektronen bewegen sich, getrieben von einer äußeren Ladung, von der Anode zur Kathode und bauen dabei eine Potentialdifferenz auf. Somit wird die chemische Energie in elektrische Energie W_e umgewandelt. Wie schon im Abschnitt 4.2.1 besprochen, wird die gespeicherte chemische Energie durch die Enthalpie H des Systems beschrieben. Bei der Oxidation (4.226) ist die Enthalpieänderung negativ, und $-\Delta H$ entspricht der freigesetzten Energie. Diese Energie wird benutzt, um die elektrische Arbeit W_e zu leisten, zusätzlich wird die Wärme $-T\Delta S$ frei. Folglich gilt

$$-\Delta H \geq \Delta W_e - T\Delta S \quad , \tag{4.227}$$

wobei das Größerzeichen zeigt, daß chemische Energie z. B. aufgrund von irreversiblen Prozessen verloren gehen kann. Es folgt analog zu Gl. (4.67)

$$\Delta W_e \leq -(\Delta H - T\Delta S) = -\Delta G \quad . \tag{4.228}$$

Der maximale Wirkungsgrad einer Brennstoffzelle lautet damit

$$\eta_{\max} = \frac{\text{Output}}{\text{Input}} = \frac{\Delta W_e}{-\Delta H} = \frac{-\Delta G}{-\Delta H} \quad . \tag{4.229}$$

In Tabellenwerken findet man den maximalen Wirkungsgrad einer Wasserstoff-Brennstoffzelle mit 0,83 angegeben, während er bei einer Methanzelle bei 0,92 liegt. Kurioserweise sei angemerkt, daß in einigen Fällen $-\Delta G > -\Delta H$ gilt, was bedeuten würde, daß die Brennstoffzelle die Umgebung abkühlt und die Wärme zur Elektrizitätsgewinnung verwendet.

Die Spannung V einer Brennstoffzelle kann aus tabellierten Werten der Gibbsschen freien Energie und unter Verwendung von Gl. (4.228) hergeleitet werden. Man betrachte n Mole Wasserstoff in Gl. (4.226). Die Gibbssche freie Energie kann dann als

$$\Delta G = n\mu = nN_A e^{\Phi} \tag{4.230}$$

geschrieben werden, wobei N_A die Avogadro-Konstante, und e^{Φ} die freie Gibbssche Energie pro Ion angibt. Die elektrische Energie ΔW_e erhält man dann mit

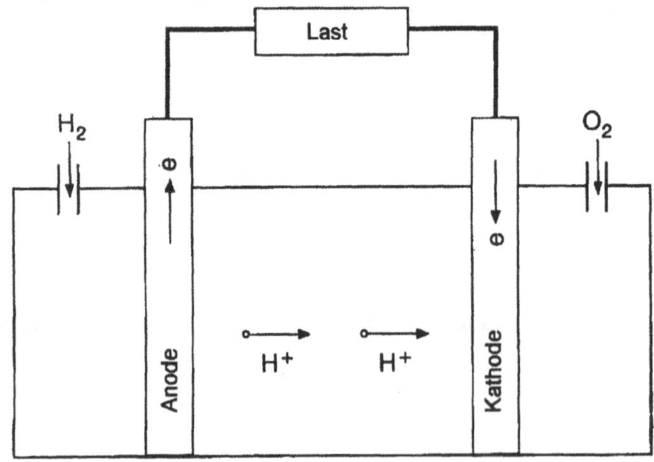

Bild 4.36 Beispiel einer Brennstoffzelle. Wasserstoff tritt in der Nähe der Anode ein, führt dabei zur Bildung positiver Ionen, die in einer sauren Elektrolytlösung zur Kathode wandern, wo sie mit dem dort eintretenden Sauerstoff reagieren und schließlich Wasser bilden.

$$\Delta W_{\mathrm{e}} = n_{\mathrm{e}} N_{\mathrm{A}} e V \ , \tag{4.231}$$

worin n_e der Zahl der Mole an Elektronen entspricht. Da $n = n_e$ ist, folgt aus den Gln. (4.230), (4.231) sowie (4.228) mit dem Gleichheitszeichen, daß

$$V = \Phi = \frac{\Delta G}{n N_{\mathrm{A}} e} \ . \tag{4.232}$$

Aus Tabellenwerken kann man entnehmen, daß die freie Gibbssche Bildungsenergie für Wasser gleich $237 \cdot 10^3$ J mol^{-1} ist; für ein Wassermolekül müssen zwei Elektronen ausgetauscht werden, also ist $n_e = 2$. Setzt man dies ein, so folgt schließlich

$$V = 1{,}23 \ \text{Volt} \ . \tag{4.233}$$

4.5 Kernenergie

Die Energie, die aus kontrollierten Kernreaktionen gewonnen werden kann, entstand mit der Bildung des Sonnensystems vor etwa 10^{10} Jahren. Die dahinterstehende Idee läßt sich am einfachsten durch einen Blick auf Bild 4.37, einer Auftragung der Bindungsenergie pro Nukleon über der Massenzahl A für stabile oder sehr langlebige Isotope erklären. Die Kurve weist ein in der Nähe von $A = 60$ gelegenes Maximum auf, also in der Nähe von ^{56}Fe. Selbst ein oberflächlicher Blick auf Bild 4.37 zeigt, daß die Spaltung eines Kerns mit $A = 235$ in zwei Kerne mit $A = 118$ eine Energie von etwa 1 MeV pro Nukleon freisetzen würde, was insgesamt einem Wert von 236 MeV entspräche. Obwohl die Kernspaltung im allgemeinen nicht zwei gleichschwere Kerne erzeugt, wie wir noch weiter unten sehen werden, stimmt die Größenordnung trotzdem. Tatsächlich ergibt sich bei der Spaltung eines Kerns mit $A = 235$ ein Mittelwert von 200 MeV. In ähnlicher Weise könnte auch die Fusion leichterer Kerne eine Energiefreisetzung verursachen, wie man ganz links im Graphen erkennen kann.

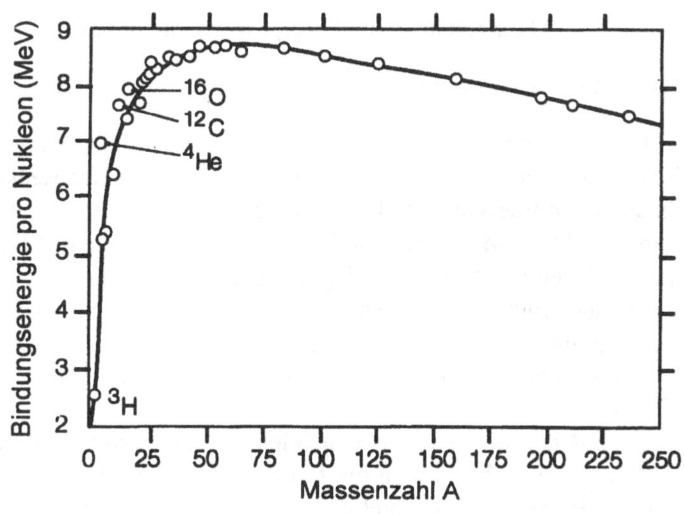

Bild 4.37
Bindungsenergie pro Nukleon in Abhängigkeit von der Massenzahl für stabile Kerne

Um die Größenordnung der freiwerdenden Energie richtig einschätzen zu können, sollte man sich daran erinnern, daß die Verbrennung fossiler Brennstoffe durch chemische Reaktionsmechanismen erfolgt, also durch eine Umordnung der Elektronen in atomaren oder molekularen Bahnen, mit Energien in der Größenordnung einiger eV. Da die Zahl der Elektronen ungefähr gleich derjenigen der Nukleonen ist, ergibt sich für die Kernenergie ein Energiegewinn in der Größenordnung von 10^6, was im Prinzip durch eine um den gleichen Faktor stattfindende Verminderung der Brennstoffmenge, die für die Erzeugung einer bestimmten Energie notwendig ist, und die Reduzierung der Menge des anfallenden Abfalls widergespiegelt würde. Das traditionelle Argument für die Verwendung von Kernenergie ist, daß man mit einem Faktor von einer Million bei weitem ausreichende Sicherheit erkaufen kann.

Dieser Faktor von einer Million verursacht den Unterschied zwischen einer Gesellschaft der Kernenergie und der traditionellen, industriellen Gesellschaft. Es ist dabei interessant, dieses mit der in einer vorindustriellen Gesellschaft verwendeten Gravitationsenergie zu vergleichen. Der freie Fall eines Nukleons aus einer Höhe von 10 m, wie sie bei Wasserkraft oder durch den Menschen erzeugten Energien auftritt, würde eine Energie von 10^{-6} eV erbringen, was wiederum um den Faktor von einer Million kleiner ist als die bei chemischen Reaktionen freiwerdende Energie.

In diesem Abschnitt besprechen wir zunächst, wie ein Kernkraftwerk arbeitet. Im nächsten Abschnitt folgt eine kurze Diskussion der Kernfusion. In Abschnitt 5.4.3 folgt eine Diskussion gesundheitlicher Aspekte und in Abschnitt 4.5.4 schließlich einige Punkte zum Brennstoffkreislauf von Atomkraftwerken einschließlich der Handhabung radioaktiver Abfälle.

4.5.1 Stromerzeugung durch Kernspaltung

Die wichtigsten Punkte der Kernspaltung werden in Lehrbüchern zur Kernphysik beschrieben. Der Betrieb eines Kernreaktors zur Produktion von Strom gehört zum Bereich der Reaktorphysik. Weiter unten wird lediglich die grundsätzliche Funktionsweise eines Reaktors besprochen.

Der durch langsame Neutronen in ^{235}U eingeleitete Spaltungsprozeß kann durch

$$^{235}\mathrm{U} + \mathrm{n}\ (\text{langsam}) \rightarrow {}^{236}\mathrm{U} \rightarrow \mathrm{X} + \mathrm{Y} + \nu\mathrm{n}\ (\text{schnell}) \qquad (4.234)$$

beschrieben werden. Dabei wird ein langsames Neutron durch einen ^{235}U-Kern eingefangen, bildet einen ^{236}U-Compound-Kern, und unter Freisetzung einer zur Bildung zweier Reaktionsprodukte X und Y ausreichend hohen Energie entsteht zusätzlich eine Anzahl ν schneller Neutronen. Bei ^{235}U liegt deren Anzahl im Mittel bei $\nu \approx 2{,}43$, für andere spaltbare Materialien kann sie geringfügig davon abweichen (für ^{239}Pu liegt sie bei 2,87 und für ^{233}U bei 2,48). Diese schnellen Neutronen haben mittlere Energien von etwa 2 MeV. Die langsamen, die Kernspaltung einleitenden Neutronen haben eine Energie, die zu dem thermischen Gleichgewicht der Umgebung korrespondieren. Bei $T = 293$ K liegt das Maximum der Maxwell-Verteilung bei $kT = 0{,}025$ eV.

Die Spaltprodukte X und Y, von denen in der Praxis eine Vielzahl von Paaren existiert, zerfallen normalerweise noch weiter. In manchen Fällen führt das zu einer *verzögerten Neutronenemission.* Das Spaltprodukt ^{87}Br hat zum Beispiel eine β-Zerfalls-Halbwertszeit von 55,6 Sekunden. Ein Teil des Zerfalls führt in einen angeregten Zustand von ^{87}Kr, der sehr schnell ein Neutron emittiert. Etwa 0,65% der Neutronen, die durch den Compound-Kern ^{236}U emittiert werden, sind um eine mittlere Zeit von $t_d \approx 9$ s verzögert.

Der Gewinn an Bindungsenergie für den Prozeß (4.234) liegt bei etwa 200 MeV. Der Hauptteil davon (165±5 MeV) geht in die kinetische Energie der größeren Spaltprodukte; da diese aber eine sehr kleine mittlere freie Weglänge haben (≤ 1 mm), wird sie sehr schnell in Wärme umgewandelt. In einem Kernspaltungsreaktor wird diese Wärme über eine Wärmekraftmaschine (siehe Abschnitt 4.2.3) zur Produktion von elektrischem Strom genutzt. Es lohnt sich also offensichtlich, das Kraftwerk unter hohen Temperaturen zu betreiben. In Bild 4.38 ist das System eines Kernreaktors schematisch dargestellt. Man erkennt den Reaktorkern, der einen Moderator besitzt, um die schnellen Neutronen so weit abzubremsen, daß der Prozeß (4.234) von neuem beginnen kann. Man sieht, daß das Kühlmittel des Reaktorkerns über einen Wärmetauscher Wasserdampf für eine Dampfturbine erzeugt. Manchmal wird es aber auch selbst als Moderator eingesetzt. Der in der Grafik dargestellte Reflektor und die Kontrollstäbe sollen später besprochen werden. Einige typische Parameter zum Betrieb des Reaktors sind in Tabelle 4.5 aufgelistet, aus der man die Art des verwendeten Brennstoffs, dessen Anreicherungsgrad, den Moderator und das Kühlmittel ablesen kann.

Um den Kernspaltungsreaktor näher zu besprechen sind einige Definitionen nötig. Wir erinnern uns daran, daß die Zerfallskonstante λ als durch die Zahl der innerhalb einer Zeit dt zerfallenen Kerne dN definiert wird und die proportional zur Zahl N ist:

$$dN = -\lambda N dt \quad . \tag{4.235}$$

Diese Gleichung führt zu

$$N = N_0 e^{-\lambda t} \quad , \tag{4.236}$$

und man erhält die Halbwertszeit, zu der $N = N_0/2$ gilt:

$$T_{1/2} = \frac{\ln 2}{\lambda} \quad . \tag{4.237}$$

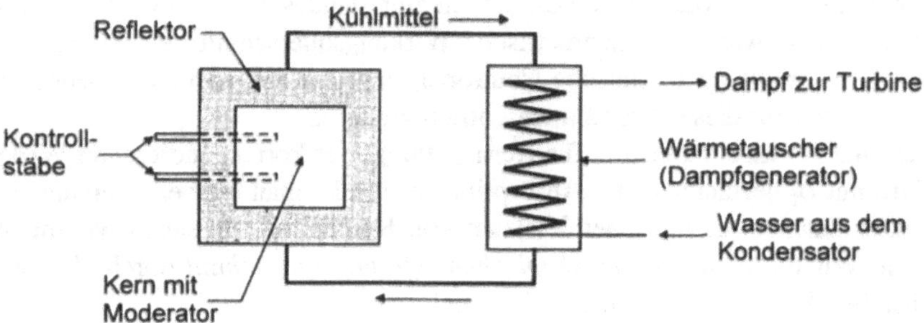

Bild 4.38 Schematische Darstellung eines Reaktorsystems. Die Wärme des Reaktorkerns wird durch das Kühlmittel transportiert. Mit einem Reflektor wird versucht, so viele Neutronen wie möglich im Reaktor zu halten, während die Kontrollstäbe dazu dienen, nötigenfalls überzählige Neutronen zu absorbieren.

Tabelle 4.5 Typische Daten gebräuchlicher Reaktoren.[a] (Aus James J. Duderstadt und Louis J. Hamilton, *Nuclear Reactor Analysis*, Wiley, New York, 1992, S. 634-5).

	PWR	BWR	CANDU	HTGR
Brennstoff	UO_2	UO_2	UO_2	UC, ThO_2
Anreicherung (% ^{235}U)	≈2,6	≈2,9	natürlich	93,5
Moderator	H_2O	H_2O	D_2O	Graphit
Kühlmittel	H_2O	H_2O	D_2O	He
Elektrische Leistung (MW_e)	1150	1200	500	1170
Kühlmitteltemperatur beim Abfluß (°C)	332	286	293	755
Maximale Brennstofftemperatur (°C)	1788	1829	1500	1410
Nettowirkungsgrad (%)	34	34	31	39
Druck im Reaktor (bar = 10^5 Pa)	155	72	89	50
Umwandlungsverhältnis[b]	≈0,5	≈0,5	≈0,45	≈0,7
Spezifische Leistung (MW_{th}/Tonne Brennstoff)	37,8	25,9	20,4	77

[a]PWR = Druckwasserreaktor, in dem der Druck die Wasserdampfbildung verhindert. Der Dampf wird in einer zweiten Schleife durch einen Wärmetauscher produziert. BWR = Siedewasserreaktor – hier wird der Dampf im Reaktor selbst produziert. CANDU = Kanadischer Deuterium-Uran-Reaktor. HTGR = Hochtemperatur-Gaskühlungsreaktor.

[b]Das aufgeführte Umwandlungsverhältnis entspricht der Zahl der spaltbaren Plutoniumkerne, die pro Spaltprozeß aus dem im Reaktor vorhandenen ^{238}U und Pu gebildet wird.

Die mittlere Lebensdauer wird mit

$$\frac{1}{N_0}\int t(-\mathrm{d}N) = -\frac{1}{N_0}\int_0^\infty t\frac{\mathrm{d}N}{\mathrm{d}t}\mathrm{d}t = \frac{1}{\lambda} \tag{4.238}$$

definiert. Der Wirkungsquerschnitt σ für eine Reaktion wie (4.234) wird in barn gemessen (1 barn = 10^{-28} m^2); dies drückt die Fläche aus, die ein einfallendes Teilchen vom Kern „sieht". Für den Prozeß (4.234) würde der geometrische Wirkungsquerschnitt bei 1,7 barn liegen; der gemessene Querschnitt für thermische Neutronen liegt bei 582 barn, was bedeutet, daß die Wahrscheinlichkeit für diese Reaktion wesentlich größer ist.

Der Prozeß (4.234) ist ein Beispiel für Kernspaltung; der korrespondierende Wirkungsquerschnitt wird mit σ_f bezeichnet. Bei Absorption verwendet man σ_a, bei Streuung σ_s usw. In einem Reaktor hat man es mit einer Vielzahl von Kernen zu tun, sagen wir mit N pro Volumeneinheit. Wir führen den *makroskopischen Wirkungsquerschnitt* durch Verwendung der Großbuchstaben Σ, Σ_f, Σ_a, Σ_s, usw. ein, der durch

$$\Sigma = N\sigma \tag{4.239}$$

und für die anderen Σ-Werte analog definiert wird.

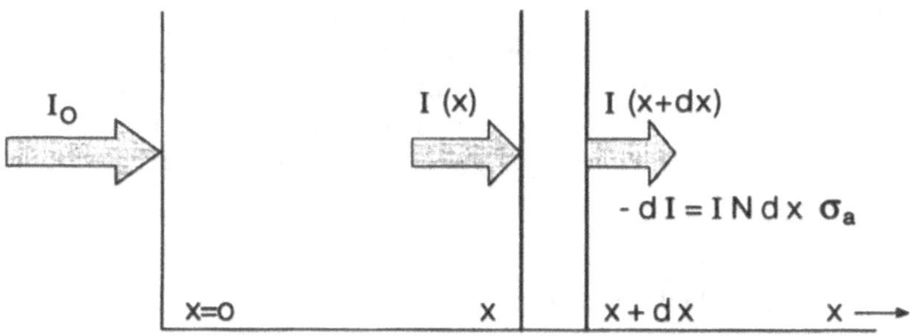

Bild 4.39 Der makroskopische Absorptionsquerschnitt Σ_a wird als die relative Verringerung der Intensität $-dI/dx$ am Ort x definiert, die allein durch Absorption entsteht. Also ist $\Sigma_a = N\sigma_a$.

Diese Größen sind nützlich, da sie in direktem Zusammenhang mit der mittleren freien Weglänge bestimmter Prozesse stehen. Man betrachte ein semi-infinites Material, dessen Grenzfläche in der yz-Ebene liege. Ein Neutronenstrahl der Intensität I_0 (die Zahl der pro Sekunde eine Fläche von einem m^3 passierenden Neutronen) treffe, wie in Bild 4.39 dargestellt, von der negativen x-Richtung kommend, auf dieses Material. Man berücksichtige nur die Absorption der Neutronen mit dem Wirkungsquerschnitt σ_a. An einem bestimmten Ort x ist die Intensität auf $I(x)$ abgefallen. In der folgenden Scheibe mit Dicke dx und einer Fläche von $1\ m^3$ finden sich $N\,dx$ Absorptionszentren. Die relative Intensität fällt somit um die gesamte Fläche ab, die der Strahl „sieht":

$$-dI = INdx\sigma_a = I\Sigma_a dx \tag{4.240}$$

$$I = I_0 e^{-\Sigma_a x} \tag{4.241}$$

Die nach Gl. (4.240) in der Schicht dx absorbierten Neutronen haben einen Weg der Länge x zurückgelegt. Die mittlere freie Weglänge λ_a der einfallenden Neutronen ist demnach

$$\lambda_a = \frac{I}{I_0}\int x(-dI) = \frac{I}{I_0}\int_0^\infty I\Sigma_a x\,dx = \frac{I}{\Sigma_a} \tag{4.242}$$

definiert. Betrachten wir nun aber einen mit Uran betriebenen Kernspaltungsreaktor etwas näher. Natürlich vorkommendes Uran besteht zu 99,3% aus ^{238}U, und einem restlichen Anteil von 0,7% des leichteren Isotops ^{235}U. Aus Gründen, die sehr bald klar werden, wird der Anteil an ^{235}U oft um einige Prozent angereichert.

Wir beginnen mit der Betrachtung von n langsamen Neutronen, die vom Brennstoff, also in unserem Fall dem Uran absorbiert werden sollen.* Einige von Ihnen werden durch ^{235}U

* Auch in der Natur fängt ^{238}U Neutronen ein, was über ^{239}U und ^{239}Np zur Bildung von ^{239}Pu führt (siehe Bild 4.49). Das dabei entstehende ^{238}Pu ist selbst spaltbar und führt am Ende des Brennstoffkreislaufs selbst zu 50 % der Kernspaltungen. Plutonium hat etwas andere Eigenschaften als ^{235}U, was bedeutet, daß man die Reaktorparameter bezüglich der Brennstoff-Lebensdauer anpassen muß. Diese Komplikation beeinflußt aber nicht die hier gegebene Herleitung.

aufgefangen, ohne daß eine Spaltung stattfindet (Wirkungsquerschnitt σ_c), ebenso wie auch einige der ^{238}U-Kerne nicht gespalten werden. Somit liegt die tatsächliche Zahl der entstehenden schnellen Neutronen niedriger als νn. Man nehme an, daß es $N(235)$ Atome ^{235}U und $N(238)$ Atome ^{238}U gebe. Nur die ersteren werden durch thermische Neutronen gespalten. Die Zahl η der schnellen Neutronen, welche pro absorbiertem, langsamem Neutron entstehen, wird als Kernspaltungsausbeute bezeichnet:

$$\eta = \nu \frac{N(235)\sigma_f(235)}{N(235)[\sigma_f(235)+\sigma_c(235)]+N(238)\sigma_c(238)} . \tag{4.243}$$

Diese $\eta\, n$ schnellen Neutronen sollten durch Stöße mit einem sogenannten *Moderator* zum Abbremsen gezwungen werden. Der Wirkungsquerschnitt von ^{238}U ist für Neutronenenergien von einigen MeV sehr klein. Mit sinkender Energie steigt er soweit an, bis schließlich der sehr große thermische Wirkungsquerschnitt erreicht wird. In Grundkursen zur Mechanik wird gezeigt, daß eine Masseneinheit, die mit A Masseneinheiten kollidiert, einen Anteil $(A + 1)^{-1}$ ihrer Energie verliert. Somit sollte die Masse A des Moderators also möglichst klein sein. Die Neutronen sollten sehr schnell abgebremst werden, da ansonsten die Wahrscheinlichkeit groß ist, daß sie auch in anderen Prozesse als (4.234) verloren gehen, wie wir in Kürze sehen werden. In der Praxis verwendet man H_2O (leicht verfügbar, kann aber auch selbst Neutronen absorbieren), schweres Wasser D_2O (teuer, hat aber dafür einen kleinen Absorptionsquerschnitt σ_a für Neutronen; bei der Absorption wird radioktives Tritium gebildet, das leicht entweichen kann) oder Kohlenstoff in Form von Graphit (leicht verfügbar, kleines σ_a, aber mit einer Masse A = 12 an der Grenze). Wir sehen in Tabelle 4.5, daß das als Moderator benutzte Wasser gleichzeitig als Kühlmittel eingesetzt wird. Aus Sicherheitsgründen sollte der Druck innerhalb eines Reaktors nicht deutlich über 100 bar liegen, und man sieht deshalb in Bild 4.17, daß Druckwasserreaktoren nicht bei höheren Temperaturen als 300 °C betrieben werden.

Folgen wir nun dem Schicksal der ηn schnellen Neutronen. Bevor es zur Abbremsung kommt, werden einige von ihnen eine Spaltung in ^{238}U und ^{235}U verursachen, was zur einem *Schnellspaltungsfaktor* ε führt, der geringfügig größer als 1 ist. Dies führt zur Bildung von $\varepsilon\eta n$ schnellen Neutronen. Für einen Reaktor begrenzter Größe wird ein Teil l_f davon entweichen, was zu einer Zahl von

$$\eta\varepsilon(1-l_f)n$$

Neutronen führt, die abgebremst werden können. Der in Bild 4.38 dargestellte Reflektor soll die Verluste l_f reduzieren.

Während des Abbremsens treffen die Neutronen auf einige Hindernisse. Inbesondere gibt es einige scharfe Resonanzen im Absorptionsquerschnitt von n + ^{238}U, so daß es nicht zur Spaltung kommt. Erreicht ein Neutron während des Abbremsens eine Resonanzenergie, so geht es für den Spaltprozeß verloren. Dies wird durch Einführung einer *Resonanz-Entweichwahrscheinlichkeit* p berücksichtigt. Offensichtlich ist hier ein leichterer Moderator besser geeignet als ein schwerer, da die Resonanzenergie übersprungen werden kann.

Nach dem Abbremsen können einige der langsamen Neutronen vor Erledigung ihrer Aufgabe aus dem Reaktor entweichen; dies wird durch einen Leckfaktor l_s für langsame Neutronen berücksichtigt, und es bleiben

$$\eta\varepsilon p(1-l_{\mathrm{f}})(1-l_{\mathrm{s}})n$$

langsame Neutronen übrig. Schließlich wird nur ein Anteil f, der sogenannte *thermische Nutzungsfaktor*, vom Brennstoff selbst absorbiert. Der Rest wird durch den Moderator und die Verkleidung der Brennelemente absorbiert. Somit gilt für die Zahl kn der verfügbaren Neutronen für einen weiteren Spaltungskreislauf

$$kn = \eta\varepsilon pf(1-l_{\mathrm{f}})(1-l_{\mathrm{s}})n \ . \tag{4.244}$$

Hierbei wird k als *Multiplikationsfaktor* des Reaktors bezeichnet. Für einen sehr großen Reaktor, einen theoretisch unendlich großen, verschwindet der Leckfaktor, was zur Vierfaktor-Formel

$$k_{\infty} = \eta\varepsilon pf \tag{4.245}$$

führt. Für einen typischen Reaktor liegt dieser Wert bei 1,10 oder 1,20. Unter Berücksichtigung der Leckfaktoren könnte der Faktor k einen Wert von k = 1 erreichen, wie es für eine stabile Operation notwendig ist.

Sehen wir uns nun Gl. (4.245) etwas genauer an. Die Größen ε und η sind beide größer als 1, während p und f kleiner als 1 sind. Was η betrifft, so wird es sich laut Gl. (4.243) mit der Anreicherung des Urans vergrößern. In natürlichem Uran liegt der Wert bei 1,33, in 5%ig angereichertem Uran liegt er bereits bei η = 2,0, was dicht am Wert für reines ^{235}U von 2,08 liegt.

Das zu spaltende Material wird üblicherweise in Form von langen Stäben vorbereitet, die in einem Moderatormedium liegen. Nimmt man an, daß sich das Moderator/Brennstoff-Verhältnis vergrößert, so sinkt der thermische Nutzungsfaktor f, wohingegen die Wahrscheinlichkeit p eines Entweichens aus der Resonanzabsorption gleichzeitig ansteigt (da es weniger absorbierende Kerne gibt, und eine bessere Moderierung zu einer höheren Wahrscheinlichkeit zur Überspringung der Resonanzen führt). Das Ergebnis ist, daß das Produkt pf bei einem bestimmten Moderator/Brennstoff-Verhältnis ein Maximum aufweist. Dies wird in Bild 4.40 dargestellt.*

Die Eigenschaft des Maximalwerts k_{∞} führt uns direkt zu einer Stabilitätsbeurteilung. In Bild 4.40 wird eine Auftragung für natürliches Uran gegeben, wobei D_2O als Moderator verwendet wurde. Man sieht, daß das Maximum von k_{∞} größer als eins ist. Wird der Leckverlust berücksichtigt, so wird der resultierende Multiplikationsfaktor k ein ähnliches Maxi-

* Die Größe dieses Verhältnisses hängt vom Durchmesser d ab. Die p bestimmende Resonanzabsorption ist so stark, daß sie an der Oberfläche der Brennelemente auftritt, wenn ein langsames Neutron aus dem Moderator entweicht. Wird d bei einer konstanten Menge an Brennstoff vergrößert, so bedeutet dies eine Verkleinerung der relativen Oberfläche und somit eine Vergrößerung von p. Es zeigt sich, daß bei einer Mischung natürlichen Urans mit Graphit als Moderator der Maximalwert k_{∞} als Funktion des Moderator/Brennstoff-Verhältnisses für d = 3 cm bei k_{∞} = 1,05 liegt, während die mittlere freie Weglänge der Neutronen im Moderator bei etwa 54 cm liegt. Man hat hiervon beim Versuchsaufbau von 1942 in Chicago Gebrauch gemacht. Selbst bei geringen Verlusten könnte man k = 1,0 erreichen. Natürlich gilt beim Entwurf eines Reaktors der erste Blick k_{∞}.

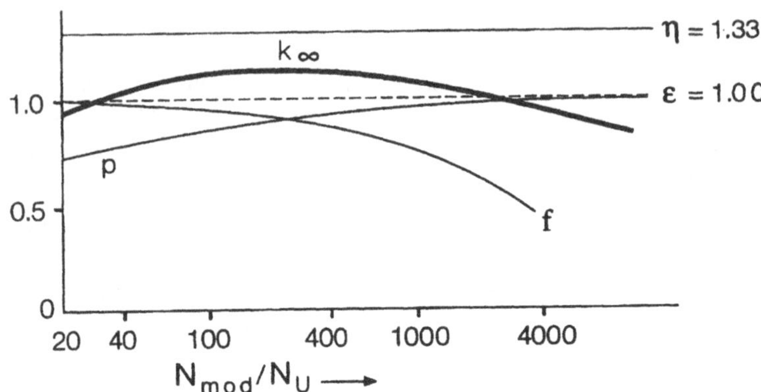

Bild 4.40 Physikalische Reaktorparameter bei der Verwendung von Uran als Brennstoff und D_2O als Moderator. In der Waagerechten findet man das Verhältnis ihrer Atome oder Moleküle. (Aus den Vorlesungsnotizen von Dr. J. E. Hoogenboom, IRI, Delft, Niederlande)

malwert-Verhalten zeigen. Man nehme nun an, daß der Reaktor in Bild 4.40 bei einem bestimmten Verhältnis N_{mod}/N_U arbeitet, $k = 1$ ist und die Temperatur steigt. Im Falle der Verwendung von Wasser als Moderator wird sich dieses ausdehnen oder sieden, was eine Senkung von N_{mod}/N_U bewirkt. Würde der Reaktor im linken Bereich vom Maximum betrieben, so sänke der Wert für k, er würde kleiner als eins, und der Reaktorbetrieb verlangsamte sich. Würde der Reaktor auf der rechten Seite des Maximums berieben, so stiege der Wert für k, was zu $k > 1$ und einem Anstieg der Reaktorleistung führen würde, die sich selbst weiter verstärken würde.

Die Reaktorgleichungen

Im Falle eines endlich großen Reaktors sind die Verluste an langsamen und schnellen Neutronen zu berücksichtigen. Sie hängen von den Neutronenströmen am Rande des Reaktors ab, die mit der Diffusionsgleichung berechnet werden müssen. In der Praxis formuliert man diese Gleichung für einen endlichen Reaktor und fordert, daß der Reaktor im Gleichgewicht betrieben wird. Die Zeitabhängigkeit der Neutronenströme sollte dann verschwinden, und man erhält die sogenannte „kritische Größe" des Reaktors. Wir sollten prinzipiell zwischen Neutronen unterschiedlicher Energien unterscheiden. Aus Gründen der Vereinfachung nehmen wir hier an, daß es nur Neutronen mit einer einzigen Energie gibt. Im folgenden formulieren wir die Differentialgleichungen und deren Lösungen. Als Variable kann dabei entweder der Neutronenstrom ϕ oder die Dichte n gewählt werden. Bei konstanter Geschwindigkeit u sind diese Größen über $\phi = nu$ proportional zueinander. Im folgenden werden wir die Neutronendichte n verwenden.

Man betrachte nun ein Volumenelement. Die Erhaltung der Gesamtzahl der Neutronen kann als

$$\partial n/\partial t = \text{Quellen} - \text{Absorption} - \text{Leckverluste} \qquad (4.246)$$

ausgedrückt werden. Beginnend mit der Absorption, formulieren wir die Terme auf der rechten Seite zunächst genauer. Man kann sie als $\Sigma_a\, n\, u$ schreiben, da $1/\Sigma_a$ laut Gl. (4.22) der mittleren freien Weglänge entspricht. Teilt man die Geschwindigkeit u durch diese Größe, so erhält man die Zahl der Absorptionen pro Neutron pro Sekunde; multipliziert mit n ergibt sich die Zahl der Absorptionen pro m^3 und Sekunde. Die Quellen können einfach als k_∞ multipliziert mit der Absorption dargestellt werden, da die Verlustterme separat aufgeführt werden.

Die Verluste aus einem Volumenelement können als div $\boldsymbol{J}$ geschrieben werden, wobei $\boldsymbol{J}$ der Neutronenstrom ist, also der Nettowert der pro m^2 und Sekunde vorbeiströmenden Neutronen. Es handelt sich hierbei wie in Gl. (4.1) um einen Diffusionseffekt, der im Abschnitt 5.1 noch ausführlicher besprochen wird. Somit ist $\boldsymbol{J}$ proportional zum Gradienten der Neutronendichte n. Aus historischen Gründen wird dieses allerdings durch $\phi = nu$ ausgedrückt, und man erhält

$$\boldsymbol{J} = -D \operatorname{grad}(nu) \ . \tag{4.247}$$

Der *Diffusionskoeffizient D* hat die Dimension einer Länge. Nimmt man ihn als konstant an, so läßt sich der Verlustterm –div $\boldsymbol{J}$ in Gl. (4.246) als

$$-div\,\boldsymbol{J} = -D \operatorname{div} \operatorname{grad}(nu) = D\Delta(nu) \tag{4.248}$$

schreiben. Betrachtet man alle Terme zusammen, so folgt

$$\frac{dn}{dt} = k_\infty \Sigma_a nu - \Sigma_a nu + D\Delta(nu) \ . \tag{4.249}$$

Es ist sinnvoll, nebenbei die letzten beiden Terme zu betrachten, die den abnehmenden Strom darstellen. Man erhält die Gleichung

$$-\Sigma_a nu + D\Delta(nu) = 0 \ . \tag{4.250}$$

Wird diese für den eindimensionalen Fall gelöst, so findet man einen exponentiellen Abfall

$$nu = (nu)_0\, e^{-x/L} \ , \tag{4.251}$$

was zeigt, daß

$$L^2 = D / \Sigma_a \tag{4.252}$$

dem Quadrat der *Diffusionslänge L* entspricht. In Tabelle 4.6 ist für einige Moderatoren die Größe von L wiedergegeben. Innerhalb der Brennstäbe hat man allerdings andere Zahlenwerte.

Wir kehren zu Gl. (4.249) zurück und vereinfachen diese zu

$$\frac{dn}{dt} = (k_\infty - 1)\Sigma_a nu + D\Delta(nu) \ . \tag{4.253}$$

Tabelle 4.6 Eigenschaften thermischer Neutronen in verschiedenen Moderatoren bei $T = 293$ K. (Aus Samuel Glasstone und Alexander Sesonske, *Nuclear Reactor Engineering*, 3. Aufl., Van Nostrand, New York, 1981, S. 148 und 233)

Moderator	ρ (10^3 kg/m^3)	L(m)	D(mm)	Lebensdauer l(s)[a]
Wasser	1,00	0,0275	1,6	$2{,}1 \cdot 10^{-4}$
D_2O	1,10	1,00	8,5	0,14
Be	1,85	0,21	5,4	$3{,}9 \cdot 10^{-3}$
Graphit	1,70	0,54	8,6	$1{,}6 \cdot 10^{-2}$

[a] Die Lebensdauer bezieht sich auf ein unendlich ausgedehntes Medium.

Der stationäre Reaktor

Im stationären Reaktorzustand sollte die Zeitabhängigkeit aus Gl. (4.253) verschwinden. Geht man von einem homogenen Reaktor (Brennstoff vermischt mit Moderator) aus, so verändern sich die Parameter in Gl. (4.253) nicht mit dem Ort. Dies führt zu

$$\Delta n + B^2 n = 0 \qquad (4.254)$$

mit

$$B^2 = (k_\infty - 1)\frac{\Sigma_\mathrm{a}}{D} = \frac{k_\infty - 1}{L^2} \quad . \qquad (4.255)$$

Man betrachte nun einen rechteckigen Reaktor mit den Längen a, b und c in x-,y- und z-Richtung. Mit $n = n_x(x)\, n_y(y)\, n_z(z)$ und $B^- = B_x^- + B_y^- + B_z^-$ kann die Differentialgleichung (4.254) dann separiert werden, und in der x-Richtung ergibt sich

$$\frac{\mathrm{d}^2 n_x}{\mathrm{d}x^2} + B_x^2 n_x = 0 \ , \qquad (4.256)$$

$$n_x = n_{x0} \cos\frac{\pi x}{a} \ , \qquad (4.257)$$

$$B_x^2 = \left(\frac{\pi}{a}\right)^2 \ . \qquad (4.258)$$

Für die y- und z-Richtungen folgen analoge Ergebnisse. Hier wird angenommen, daß die Dichte im Zentrum des Reaktors bei $(x, y, z) = (0,0,0)$ maximal ist und im Innern keine Dichteknoten auftreten; außerdem verschwinde die Dichte bei $x = \pm\, a/2$, $y = \pm\, b/2$ und $z = \pm\, c/2$.*

* Die Werte a, b und c sind etwas größer als die tatsächliche Größe des Reaktors, da es einen nach außen gerichteten Strom gibt. Diese kleine Abweichung wird im folgenden vernachlässigt.

Aus den Gln. (4.255) und (4.258) läßt sich die kritische Größe des Reaktors dann mit

$$\frac{k_\infty - 1}{L^2} = \left(\frac{\pi}{a}\right)^2 + \left(\frac{\pi}{b}\right)^2 + \left(\frac{\pi}{c}\right)^2 \tag{4.259}$$

berechnen. Ein größerer Reaktor wäre überkritisch, da weniger Neutronen durch Austrittsverluste verloren gingen.

Der Zusammenhang zwischen k und k_∞

Der Unterschied zwischen k und k_∞ besteht in den Austrittsverlusten an Neutronen aus dem Reaktor. Man kann diese durch die Definition einer Nicht-Austrittswahrscheinlichkeit P mit

$$P = \frac{\text{absorbierte Neutronen}}{\text{absorbierte Neutronen} + \text{Leckverluste}} = \frac{\Sigma_a nu}{\Sigma_a nu - D\Delta(nu)} \tag{4.260}$$

abschätzen. Der Zähler wurde bereits bei Gl. (4.249) besprochen. Der zweite Term im Nenner, der den Leckverlusten entspricht, kann als die in Gl. (4.248) definierte div $\boldsymbol{J}$ wiedererkannt werden. Unter Verwendung von Gl. (4.254) kann man Δn durch $-B^2 n$ ersetzten, was zusammen mit Gl. (4.252) zu

$$P = \frac{1}{1 + L^2 B^2} \tag{4.261}$$

führt. Aufgrund der Definition folgt schließlich

$$k = Pk_\infty \ . \tag{4.262}$$

Zeitabhängigkeit eines Reaktors

Der nächste Schritt wäre die Lösung der zeitabhängigen Gleichung (4.253). Dies ist sehr kompliziert, weshalb wir eine Abkürzung wählen. Wie vordem schon bemerkt, entstehen bei der Kernspaltung (4.234) prompte Neutronen und ein kleiner Teil β verzögerter Neutronen. Vernachlässigt man letztere zunächst, so läßt sich sagen, daß aus N spaltenden Neutronen nach einem bestimmten Zeitraum kN langsame Neutronen entstehen. Dieser Zeitraum ist durch zwei Effekte festgelegt: die Abbremsung der schnellen Neutronen und die Diffusion im Moderator, bevor sie absorbiert werden. Hier dominiert die Diffusionszeit l, die in Tabelle 4.6 angegeben wurde.

Man könnte daraus schließen, daß die Zahl der Neutronen sich innerhalb eines Zeitraums $\mathrm{d}t = l$ um $\mathrm{d}N = (k\text{-}1)N$ erhöht. Man beachte, daß der Faktor k_∞ schon die Austrittsverluste berücksichtigt. Division der Gleichungen liefert

$$\frac{\mathrm{d}N}{\mathrm{d}t} = (k-1)\frac{N}{l} \ . \tag{4.263}$$

Für $k = 1$ ist der Reaktor mit $N = N_0$ stabil. Nimmt man allerdings an, daß der Multiplikationsfaktor zum Zeitpunkt $t = 0$ auf $k = 1 + \rho$ ansteigt, so folgt

$$\frac{dN}{dt} = \frac{\rho N}{l} , \qquad (4.264)$$

was zu

$$N = N_0 e^{rt/l} \qquad (4.265)$$

führt. Dies impliziert eine Zeitkonstante des Kernkraftwerkes von

$$\tau = \frac{l}{\rho} , \qquad (4.266)$$

welche die Zeit darstellt, nach der sich die Neutronendichte um einen Faktor e erhöht. Bei einem Reaktor, in dem Wasser als Moderator verwendet wird, kann man aus Tabelle 4.6 ablesen, daß sich die Zeitkonstante mit $l \approx 10^{-4}$s und $\rho = 10^{-3}$ zu 0,1 s ergäbe, was deutlich zu kurz wäre, um Gegenmaßnahmen zu treffen, da sich nach 10 Sekunden der Neutronenstrom bereits um einen Faktor 10^{43} vergrößert hätte.

Es muß erwähnt werden, daß für einen Reaktor vom Typ „Schneller Brüter", der nur mit schnellen Neutronen arbeitet, die Zeit l durch die sehr kurze Zeit festgelegt wird, in der die Neutronen ihre mittlere freie Weglänge passieren; sie liegt bei etwa 10^{-7} s, was bei gleich geringem Anstieg der Reaktivität zu $\tau = 0{,}1$ führt.

Obwohl die Zeit von 0,1 ms viel zu gering für ein menschliches Eingreifen oder die Verwendung automatischer Mechanismen ist, gilt das gleiche auch für Zeiträume von 0,1 s. Wie wir noch zeigen werden, ist es allerdings ein glücklicher Zufall, daß die verzögerten Neutronen bei einem geringen Anstieg der Reaktivität zu einer viel größeren Zeitkonstante führen.

Nehmen wir an, daß zum Zeitpunkt $t = 0$ N_0 Neutronen für die Spaltung zur Verfügung stehen. Der Multiplikationsfaktor steigt dann zur Zeit $t = 0$ wiederum von $k = 1$ auf $k = 1 + \rho$ an, was schließlich zur Entstehung von $kN_0 = (1 + \rho)N_0$ neuen Neutronen führt. Jetzt müssen wir allerdings zwischen den prompten und sich nach einer Zeit l vermehrenden Neutronen und den verzögerten Neutronen unterscheiden, die sich erst nach einer mittleren Zeit von t_d vermehren (oder $t_d + l$, was wegen der vorhin erwähnten Zahlenwerte im wesentlichen gleich t_d ist).

Man betrachte nun einen Zeitpunkt $t > 0$, an dem es N langsame Neutronen gibt, die innerhalb der nächsten Augenblicke zur Kernspaltung führen. Nach einem Zeitraum $dt = l$ führen die entstandenen prompten Neutronen zur Entstehung von weiteren $(1-\beta)kN$ neuen langsamen Neutronen, und nach einer Zeit $dt = t_d$ führen die verzögerten Neutronen zum Entstehen von βkN langsamen Neutronen. Berechnen wir die Reproduktionszeit der langsamen Neutronen vom Zeitpunkt der verursachten Kernspaltung bis zu dem Zeitpunkt, wenn deren „Kinder" eine neue Kernspaltung verursachen.

Nach der Kernspaltung produzieren die prompten Neutronen nach einer Zeit $dt = l$

$$(1-\beta)kN = (1-\beta)(1+\rho)N \approx (1+\rho-\beta)N \qquad (4.267)$$

spaltende Neutronen. Ist $\rho < \beta$, so gibt es innerhalb dieses kurzen Zeitraums keinen Nettoanstieg der Neutronenzahl. Man muß also auch die verzögerten Neutronen berücksichtigen. Die Reproduktionsrate der verzögerten Neutronen liegt im wesentlichen bei t_d, so daß die mittlere Reproduktionszeit dt (wegen $\beta t_d \approx 0{,}05$ s) bei

$$dt = (1-\beta)l + \beta t_d \approx \beta t_d \tag{4.288}$$

liegt. In dieser Zeit steigt die Zahl der Neutronen um

$$dN = (k-1)N \approx \rho N \tag{4.289}$$

an, was zu einer ähnlichen Differentialgleichung wie (4.264) und zu einer Zeitkonstanten für einen Anstieg um einen Faktor e von $\tau = \beta t_d/\rho$ führt. Mit $\rho = 10^{-3}$ ergibt sich die Zeitkonstante für einen mit Wasser moderierten Reaktor zu 50 s, was zur Kontrolle des Reaktors ausreicht.

Für größere Werte von ρ, also einen größeren Anstieg des Multiplikationsfaktors k, wird die Zeitkonstante kleiner. Für $\rho > \beta$ führt Gl. (4.267) zu einem Ansteigen der Neutronenzahl, der sogar für die sofort freiwerdenden Neutronen alleine gilt. Beginnend bei $t = 0$ erhält man zunächst ein exponentielles Wachstum mit einer Zeitkonstante $l/(\rho - \beta)$, doch wird sich diese nach einer Zeit $t = t_d$ dem Wert λ/ρ annähern.*

Passive und inhärente Sicherheit

Wenn man den Definitionen der „International Atomic Energy Agency" (IAEA) folgt, die u.a. gegründet wurde, um die „friedliche Nutzung der Kernenergie" zu fördern, unterscheidet man zwischen drei verschiedene Komponenten der Sicherheitsmaßnahmen. Eine *passive* Komponente benötigt keinerlei äußere Komponente, um in Kraft zu treten, wie z. B. eine Sprinkleranlage, die zur Brandbekämpfung verwendet wird. Als *aktive* Komponenten werden alle anderen Komponenten des Sicherheitssystems bezeichnet, wie z. B. die Feuerwehr.

Eine *inhärente* Sicherheit wird durch die Eliminierung bestimmter Gefahren erreicht, ermöglicht durch die Wahl der Materialien oder Konzepte. Als Beispiel könnte hier ein Betongebäude erwähnt werden, das im Innern mit Glas- und Tonwaren gefüllt ist und keine brennbaren Materialien enthält. Das Konzept der inhärenten Sicherheit läßt sich auch in der chemischen Industrie nutzbringend anwenden. Möchte man Treibstoff über ein Röhrensystem unter einem Druck von $7 \cdot 10^5$ Pa und bei einer Temperatur von etwa 100 °C transportieren, so führt bereits das kleinste Leck zu einer Explosion; bei einer Temperatur von nur 10 °C wäre dies dagegen sehr unwahrscheinlich. Das Röhrensystem sollte also so beschaffen sein, daß es mit einer gewissen inhärenten Sicherheit benutzt werden kann [10].

Aus dieser Diskussion wird klar, daß passive Sicherheitsmaßnahmen vom Design des Reaktors abhängen. Das Schlimmste, was während des Betriebs eines Reaktors passieren könnte, wäre ein Temperaturanstieg aufgrund versagender Kühlung. Eine passive Sicherheitsmaßnahme wäre es, die Betriebsparameter des Reaktors so zu gestalten, daß er einen negativen Temperaturkoeffizienten dk/dT besitzt, so daß die Reaktivität bei einem Anstieg der Temperatur absinken und somit auch die Temperatur wieder fallen würde. Der Temperaturkoeffizient sollte andererseits keinen so negativen Wert haben, daß man bei einem kalten Reaktor einen Multiplikationsfaktor von $k \gg 1$ benötigen würde; man sieht, daß das Design dann relativ kompliziert ist.

---

* Eine ausführlichere, mit Gl. (4.253) beginnende Herleitung, die auch sechs verschiedene Gruppen verzögerter Neutronen berücksichtigt, findet sich in [9].

Ein negativer Temperaturkoeffizient wurde bereits in Bild 4.40 in Zusammenhang mit der Moderierung dargestellt. Ein weiteres Beispiel zur passiven Sicherheit ist die Nutzung des Dopplereffekts. Steigt die Temperatur des Reaktors an, so verbreitern sich die Absorptionslinien des ^{238}U. Für Neutronen bedeutet das aber, daß die Neutronen in einem breiteren Energiebereich absorbiert werden, was mit einer sinkenden Wahrscheinlichkeit p einhergeht, daß die Neutronen der Resonanzabsorption entweichen. Mit der steigenden Temperatur verringern sich also die Multipliktionsfaktoren k_∞ und k, was zu einem negativen Temperaturkoeffizienten führt. Diese Argumentation ist allerdings nur gültig, wenn die Resonanzabsorption bei ^{238}U ein signifikanter Effekt ist, was nur dann stimmt, wenn der Reaktor mit Uran arbeitet, das nicht zu hoch angereichert wurde.

Die oben erwähnten Punkte wurden beim Entwurf fast aller Reaktoren berücksichtigt, außer bei Reaktoren vom Tschernobyl-Typ. Die Ursache des Unfalls 1986 in Tschernobyl, in der damaligen Sowjetunion, war ein Reaktorexperiment, bei dem die Ingenieure bestimmte Sicherheitssignale deaktiviert hatten. Während des Experiments stieg der k-Wert über einen Wert von 1 an, was nicht mehr rechtzeitig korrigiert wurde. Dies führte zum Entstehen einer hohen Temperatur, der Zerstörung der Brennstäbe und deren Versenkung im Kühlmittel. Reaktionen zwischen heißem Wasser und dem Zr der Brennstabsverkleidung führten zum Entstehen von Wasserstoff, was wiederum eine chemische Explosion auslöste, mit dem Resultat, daß die Ummantelung (die schwächer war, als im Westen üblich) zerbarst [11].

Der andere, gut bekannte Unfall in einem Kernkraftwerk geschah 1979 in Harrisburg, in den USA. Dort hatte sich ein Ventil nicht vollständig geschlossen, der Aufseher interpretierte die Alarmsignale falsch und traf Entscheidungen, die zum Verlust des Kühlmittels führten. Die Zerfallswärme konnte nicht abgeführt werden, und es kam zu einer Schmelze von großen Teilen des Reaktors. Diese sogenannte Kernschmelze war als Möglichkeit bekannt, und die Ummantelungen der westlichen Reaktoren wurden deshalb so konstruiert, derartige Unfälle zu überstehen. Trotzdem konnte in Harrisburg radioaktives Material in die Umgebung entweichen, wenn auch in einem wesentlich geringeren Ausmaß als in Tschernobyl, wie noch in Abschnitt 4.5.3 genauer ausgeführt wird.

Die Betreiber der Kernkraftwerke haben durch eine Verbesserung der bestehenden Sicherheitsmaßnahmen auf diese Unfälle reagiert und fassen auch neue Entwürfe ins Auge, die im wesentlichen auf passive Systeme und inhärent sicheren Konstruktionen beruhen. Letztere sollten im wesentlichen zwei Aspekte berücksichtigen. Erstens sollte sich der Reaktor durch Ausnutzung physikalischer Gesetze selbst „herunterfahren", sobald sich die Temperatur des Reaktorkerns signifikant erhöht. Zweitens sollte die Zerfallswärme der zahlreichen radioaktiven Nuklide innerhalb des Reaktors allein aufgrund von physikalischen Gesetze abgeführt werden, nachdem der Reaktor „heruntergefahren" wurde.

Als Beispiel nennen wir das PIUS-Design, das bisher allerdings noch keine Verwendung in der Praxis gefunden hat.* Als Kühlmittel des Reaktors wird, wie in Bild 4.38 dargestellt, unter hohem Druck stehendes Wasser verwendet, welches um den Reaktorkern herumgepumpt wird. Das Wasser wird auch als Moderator verwendet, und man benutzt 3,5%ig angereichertes Uran als Brennstoff. Der hohe Druck von etwa 5 MPa führt dazu, daß das Wasser

* Zu PIUS und anderen Sicherheitskonzepten siehe auch [12]

auf bis zu 290 °C aufgeheizt werden kann, bevor es zu sieden beginnt. Der Reaktorkern befindet sich in einem Kaltwasserreservoir, dessen Inhalt stark mit Bor angereichert wurde. Bor hat über einen großen Energiebereich einen sehr großen Wirkungsquerschnitt für die Neutronenabsorption (σ_a = 759 barn für thermische Neutronen). Somit würde sich der Reaktor bei einem Eindringen von Wasser in den Reaktorkern sofort abkühlen.

Der Reaktor ist derart konstruiert, daß an zwei Punkten des Reservoirs eine offene Verbindung mit dem umgepumpten heißen Wasser besteht. Der Pumpendruck und die unterschiedliche Dichte der beiden Wassersorten verhindern, daß das borhaltige Wasser in den Reaktorkern eindringen kann. Es besteht außerdem ein empfindliches hydraulisches Gleichgewicht, das zusammenbrechen würde, wenn die Kühlflüssigkeit zu sieden begänne, so daß es im Fall eines Temperaturanstiegs dazu käme, daß die absorbierende Flüssigkeit in den Reaktorkern gelänge und damit den Reaktor abkühlen und „abschalten" würde. Wasser ist in so großen Mengen vorhanden, daß seine Wärmekapazität ausreichte, um die Abwärme der zerfallenden Nuklide über einen ausreichend langen Zeitraum aufzunehmen.

Eine weitere vielversprechende Entwicklung ist der gasgekühlte Hochtemperaturreaktor (HTGR). Der Brennstoff besteht aus einzelnen, jeweils mit mehreren keramischen Schichten versehenen Teilchen, die hohen Temperaturen standhalten können. Einige Wissenschaftler hegen allerdings Zweifel, da das Moderatormaterial Graphit brennbar ist. Aus diesem Grund gehen die Diskussionen hierüber weiter.

Hier sei abschließend gesagt, daß es immer eine Notwendigkeit zur Möglichkeit einer aktiven Beeinflussung des Multiplikationsfaktors k, also z. B. zum Ein- und Abschalten des Reaktors geben wird. Wenn die Brennstäbe mit der Zeit verschleißen, werden die Spaltprodukte auch ohne eine weitere Spaltung Neutronen absorbieren und somit zu einer sehr deutlichen Herabsetzung von k führen. Außerdem wird sich der ^{235}U-Anteil während des Reaktorbetriebs verbrauchen. Obwohl der letztgenannte Effekt durch die Bildung spaltbaren Plutoniums (wie später in Bild 4.49 dargestellt) zumindest teilweise kompensiert wird, macht die Alterung des Brennmaterials eine Anpassung der Reaktorparameter während des Betriebs notwendig. In Bild 4.38 sind die sogenannten Kontrollstäbe dargestellt, die stark Neutronenabsorbierende Materialien wie das vorhin erwähnte Bor enthalten. Zum Beginn des Reaktorbetriebs befinden sich die Stäbe komplett im Reaktor und werden mit der Alterung des Brennstoffs immer weiter herausgezogen. Eine neuere Entwicklung ist die Verwendung von Gd im Brennmaterial. Die ungeraden Isotope von Gd haben ebenfalls einen hohen Neutronen-Absorptionsquerschnitt. Wenn sie im Lauf der Zeit zu geraden Isotopen werden, wird die Absorption wesentlich kleiner. Dieser Effekt gleicht somit die Alterung des Brennstoffs aus.

Atomare Sprengstoffe

Atombomben funktionieren nach den oben erläuterten Prinzipien. Ein Sprengstoff arbeitet nur mit schnellen Neutronen, da keinerlei Zeit zur Abbremsung zur Verfügung steht. Die Spaltung von ^{235}U- oder ^{239}Pu-Kernen wird eingeleitet durch die Zusammenführung zweier unterkritischer Massen oder auch durch eine Kompression mit herkömmlichen Sprengstoffen, bis eine kritische Dichte erreicht wird. Man beachte, daß der makroskopische Wirkungsquerschnitt (4.239) bei einer höheren Dichte anwächst und nach den Gln. (4.252) und (4.259) die kritische Größe sinkt. Je nachdem, wie stark die tatsächliche Dichte den kritischen Wert übersteigt, kann ein Multiplikationsfaktor von $k = 1{,}5$ bis $k = 1{,}6$ ereicht werden.

Fusionsbomben arbeiten entsprechend den in Abschnitt 4.5.2 angeführten Prinzipien, wobei die für die Fusion notwendigen Temperaturen durch eine klassische Kernspaltungsexplosion erzeugt werden.

4.5.2 Die Stromerzeugung aus der Kernfusion

Aus Bild 4.37 wurde schon abgeleitet, daß eine Fusion der leichtesten Kerne zur Energiegewinnung dienen könnte. In der Praxis sind die folgenden Reaktionen möglich:

$$^{2}D+^{3}T \rightarrow ^{4}He+^{1}n+17{,}6\ \mathrm{MeV} \tag{4.270}$$

$$^{2}D+^{2}D \rightarrow ^{3}He+^{1}n+3{,}27\ \mathrm{MeV} \tag{4.271}$$

$$^{2}D+^{2}D \rightarrow ^{3}T+^{1}H+4{,}03\ \mathrm{MeV} \tag{4.272}$$

$$^{2}D+^{3}He \rightarrow ^{4}He+^{1}H+18{,}3\ \mathrm{MeV} \tag{4.273}$$

In diesen Gleichungen wurde Deuterium und Tritium als ^2D und ^3T bezeichnet, obwohl die richtige Notation sicherlich ^2H und ^3H wäre.

Aus den Gleichungen (4.270) bis (4.273) wird klar, daß die positiv geladenen Atomkerne eine erhebliche Coulomb-Barriere zu überwinden haben, bevor die anziehenden Kernkräfte zu den genannten Energiegewinnen führen können. Die Coulomb-Barriere liegt bei 500 oder 600 keV, aber wegen des quantenmechanischen Tunneleffekts wird der maximale Wirkungsquerschnitt über der Barriere im Falle der ^2D + ^3T-Reaktion schon bei 100 keV, und für die anderen Reaktionen bei wenigen Hundert keV erreicht. In der näheren Zukunft konzentriert sich das Interesse auf die erste Reaktion (4.270).

Im Prinzip wird ein Plasma aus Deuterium und Tritium auf Energien von etwa 10 keV aufgeheizt. Die dabei auftretenden kinetischen Energien korrespondieren über die Maxwell-Verteilung, deren Maximum bei kT liegt, zu einer Temperatur T. Bei 10 keV entspräche das einer Temperatur von $T = 10^8$ K. In diesem Bereich der Physik ist es daher üblich, die Temperaturen in keV auszudrücken. Da die Ionisationsenergie des betroffenen Wasserstoffatoms etwa 13,5 eV beträgt, sind bei den vorliegenden hohen Energien alle Atome ionisiert, und man erhält eine elektrisch neutrale Mischung aus Elektronen und Atomkernen, also ein *Plasma*. Nebenbei sei bemerkt, daß sich die Temperaturen der Ionen und Elektronen dabei unterscheiden können.

Das zur Aufrechterhaltung des Plasmas notwendige Deuterium ist reichlich verfügbar. Tatsächlich kommt unter 6700 Wasserstoffmolekülen im Wasser je ein Deuterium vor. Der Hydrolyse-Wirkungsgrad des Wassers hängt von der Masse der Atome ab. Durch (wiederholte) Hydrolyse kann man also reines Deuterium erhalten. Die dazu erforderliche (elektrische) Energie ist als (geringer) Kostenaufwand der Fusion zu bewerten. Tritium mit seiner Halbwertszeit von 12,3 Jahren wird durch Beschießen von Lithium mit Neutronen gewonnen, welches ebenfalls reichlich verfügbar ist. Es gibt Pläne, das Plasma mit einer Lithiumschicht zu umgeben, so daß die bei der Reaktion (4.270) freiwerdenden Neutronen gleichzeitig das erforderliche Tritium erzeugen.

Die Elektronen und Ionen des Plasmas dürfen keinesfalls auf die Wände treffen, da ansonsten viele fremde Kerne aus diesen herausgeschlagen und deshalb alle Fusionsreaktionen sofort unterbrochen würden. Aus diesem Grunde hält man das Plasma in einem Magnetfeld gefangen. Etwa 80% der gesamten Forschungen werden mit der sogenannten Tokamak-Anordnung (Bild 4.41) durchgeführt, was ein russisches Wort für die Bezeichnung einer toroidalen magnetischen Kammer ist.

Im folgenden wollen wir das Energiegleichgewicht (Gewinne und Verluste) in einem Plasma besprechen und dazu eine Volumeneinheit betrachten. Das Plasma wird für einen endlichen Zeitraum τ_E eingefangen sein, der durch Instabilitäten, durch den Bruchteil der Ionen, der überhaupt auf die Wände auftrifft, durch die Kollisionen zwischen Ionen und Elektronen, und schließlich durch die Synchrotronstrahlung bestimmt wird, die durch die schraubenförmigen Bahnen, auf denen sich die Teilchen bewegen, entstehen. Ist n die Zahl der Ionen pro m^3, so bleibt die Zahl der Elektronen gleich. Die Energie pro m^3 ist somit gleich $2n \cdot 3kT/2 = 3nkT$. Der Verlust, der durch die erwähnten Prozesse pro Sekunde entsteht, kann demnach mit

$$\frac{3nkT}{\tau_E} \tag{4.274}$$

angegeben werden.

Einen weiteren Energieverlust verursacht die beim Zusammentreffen geladener Partikel auftretende Bremsstrahlung. Die Zahl der Kollisionen ist proportional zu $n(n-1)$, was ungefähr gleich n^2 ist, und pro Zeiteinheit außerdem proportional zu deren Geschwindigkeit u. Diese Geschwindigkeit wird im Mittel durch die Quadratwurzel der kinetischen Energie bestimmt sein, und somit durch $(kT)^{1/2}$. Der Verlust durch die Bremsstrahlung kann also mit $\alpha n^2 (kT)^{1/2}$ angegeben werden, wobei α eine Proportionalitätskonstante darstellt. Die gesamte Verlustleistung des Plasmas pro m^3 ist also

$$P_L = \alpha n^2 (kT)^{1/2} + 3n \frac{kT}{\tau_E} \tag{4.275}$$

Die Energieerzeugung wird durch die Reaktionsgeschwindigkeit R bestimmt, die proportional zur Dichte der Deuteriumkerne n_d, der Tritiumkerne n_t und dem Wirkungsquerschnitt des Vorgangs* multipliziert mit der Zahl der Kollisionen ist. Letztere ist durch die relative Geschwindigkeit u gegeben, so daß man $\langle \sigma u \rangle$ erhält. Die Mittelung $\langle\ \rangle$ wird mittels Einsetzen der Maxwell-Verteilung für beide Teilchen und Separierung von Massenschwerpunkts- und Relativenergien durchgeführt. Somit ergibt sich die Zahl der Reaktionen in $m^{-3}\,s^{-1}$ zu

$$R = n_d n_t \langle \sigma u \rangle \ . \tag{4.276}$$

* Der Wirkungsquerschnitt wird als die Zahl der Reaktionen, dividiert durch die Zahl der einfallenden Teilchen pro m2 und Sekunde, definiert. Somit gibt Gl. (4.276) genau die Reaktionsgeschwindigkeit R an.

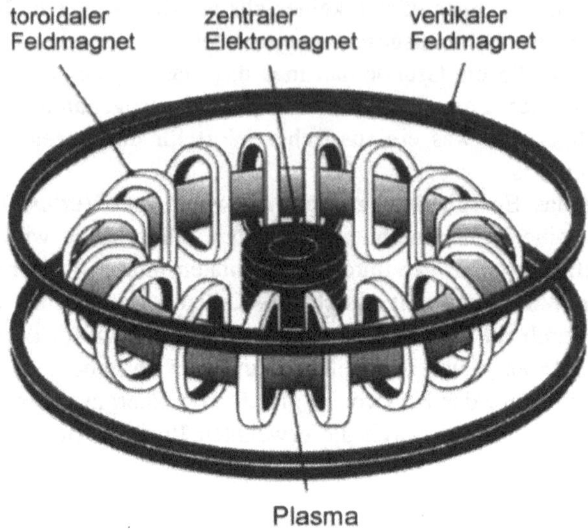

Bild 4.41 Schema des Tokamak-Aufbaus. Das Hauptmagnetfeld ist toroidal; das vertikale Feld gewährleistet die zentripetale Lorentz-Kraft, durch welche die Ionen auf dem Toroid gehalten werden. Die anderen Magnete erzeugen Induktionsströme, mit denen das Plasma soweit wie erforderlich aufgeheizt werden kann

Sowohl der Wirkungsquerschnitt als auch die Mittelung hängen von der Energie kT ab. Das daraus resultierende Verhalten ist in Bild 4.42 dargestellt. Zwischen 10 und 20 keV gleicht diese Kurve in doppelt logarithmischer Auftragung fast einer Geraden, die man wie folgt angeben kann:

$$\langle \sigma u \rangle = 1{,}1 \cdot 10^{-24} (kT)^2 \quad \mathrm{m^3 s^{-1}} \; , \quad \text{wenn } (kT) \text{ in keV angegeben ist} \, . \tag{4.277}$$

Aus Gründen der Vereinfachung setzen wir $n_\mathrm{d} = n_\mathrm{t} = n/2$, was zu folgender Produktionsrate für die thermonukleare Energie führt:

$$P_\mathrm{th} = \langle \sigma u \rangle E \frac{n^2}{4} \; , \tag{4.278}$$

wobei E die Energie von 17,6 MeV ist, die während der Reaktion frei wird. Der Grenzwert zur Produktion von Fusionsenergie würde erreicht, wenn man die zum Erhalt der Anordnung notwendige Energie ignoriert und die Energieproduktion größer wäre als der Energieverlust. Diese Aussage kann weiter präzisiert werden, was zur Formulierung des sogenannten *Lawson-Kriteriums* führt. Dessen Herleitung erfordert einen Aufbau, wie er in Bild 4.43 skizziert wurde.

Die äußere Heizleistung P_H wird aufgebracht, um den Verlusten aus Gl. (4.275) zu begegnen. Die gesamte, das Plasma verlassende Leistung P_T ist die Summe aus P_L und T_th:

$$P_\mathrm{T} = P_\mathrm{L} + P_\mathrm{th} = n^2 \left[\frac{\langle \sigma u \rangle E}{4} + \alpha (kT)^{1/2} \right] + \frac{3nkT}{\tau_\mathrm{E}} \; . \tag{4.279}$$

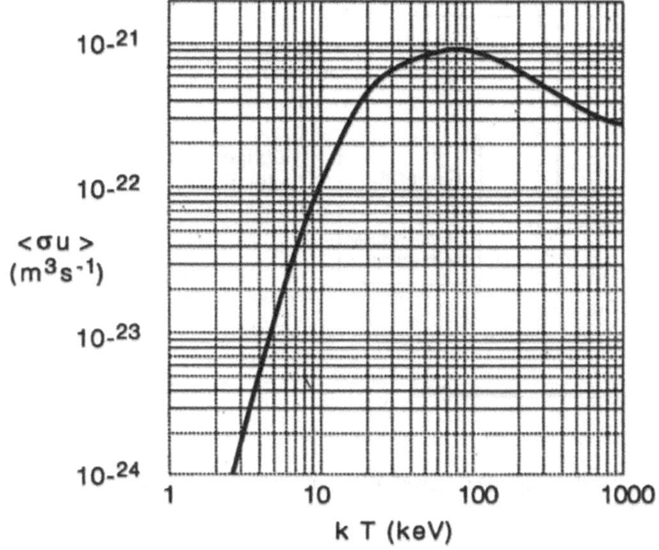

Bild 4.42 Die Rate $<\sigma u>$ für die Reaktion $^2D + {}^3T$ als Funktion der Energie. (Aus: John Wesson, *Tokamaks*, Clarendon Press, Oxford 1987, Abb. 1.3.1, S. 7)

Es wird angenommen, daß der Generator einen Bruchteil η der Leistung in nutzbare Energie umwandeln kann, so daß das Kriterium für einen Energiegewinn folgendermaßen lautet:

$$\eta P_T = \eta (P_L + P_{th}) > P_L \tag{4.280}$$

oder

$$P_{th} > (1-\eta) \frac{P_L}{\eta} . \tag{4.281}$$

Dies führt zu

$$n\tau_E > \frac{3kT}{\left(\frac{\eta}{1-\eta}\right)\frac{1}{4}\langle\sigma u\rangle E - \alpha(kT)^{1/2}} . \tag{4.282}$$

Die rechte Seite dieser Ungleichung ist in Bild 4.44 dargestellt. In dem Diagramm wurden für Lawsons Parameter Werte von $\eta = 1/3$, $\alpha = 3{,}8 \cdot 10^{-29}\ J^{1/2}\ m^3\ s^{-1}$ und $\langle\sigma u\rangle$ aus Bild 4.42 verwendet. Aus Bild 4.44 kann das Lawson-Kriterium dann zu

$$n\tau_E > 0{,}6 \cdot 10^{20}\ m^{-3}s \tag{4.283}$$

abgelesen werden. Eine andere Möglichkeit, das Energiegleichgewicht zu betrachten, würde erfordern, daß das Plasma, wenn es einmal gezündet wurde, seine eigene Energie aufbringt. Dies könnte erreicht werden, wenn die Energie der vier Kerne in Gl. (4.270) innerhalb des Plasma gehalten werden kann und man deren geringe Reichweite und hohe Ladung ausnutzt. Diese Bedingung wird als

$$P_\alpha > P_L \tag{4.284}$$

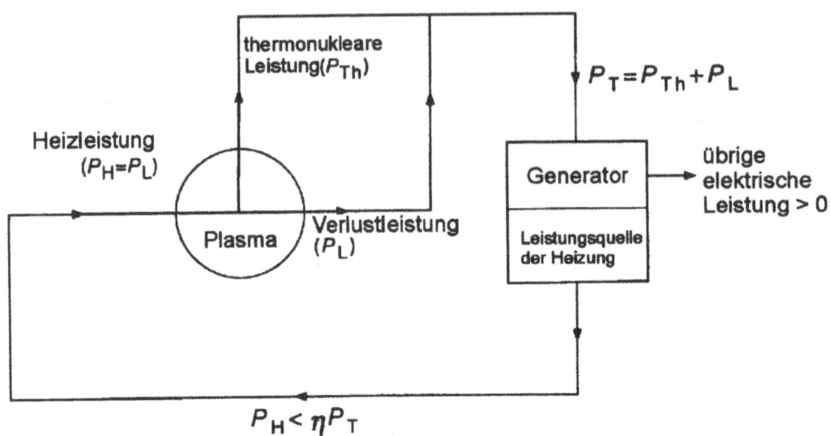

Bild 4.43 Leistungsströme bei der Herleitung des Lawson-Kriteriums. (Aus: John Wesson, *Tokamaks*, Clarendon Press, Oxford 1987, Abb. 1.4.1, S. 9)

geschrieben, wobei

$$P_\alpha = \frac{n^2}{4}\langle \sigma u \rangle E_\alpha \tag{4.285}$$

auf die gleiche Weise formuliert wird wie die thermische Leistung in Gl. (4.278). Wegen des Massenverhältnisses in Gl. (4.270) gilt hier $E_\alpha = E/5$. Kombiniert man die Gln. (4.284), (4.285) und (4.275) unter Vernachlässigung des Beitrags der Bremsstrahlung zu P_L, so folgt

$$n\tau_E > \frac{12(kT)}{E_\alpha \langle \sigma u \rangle} \,. \tag{4.286}$$

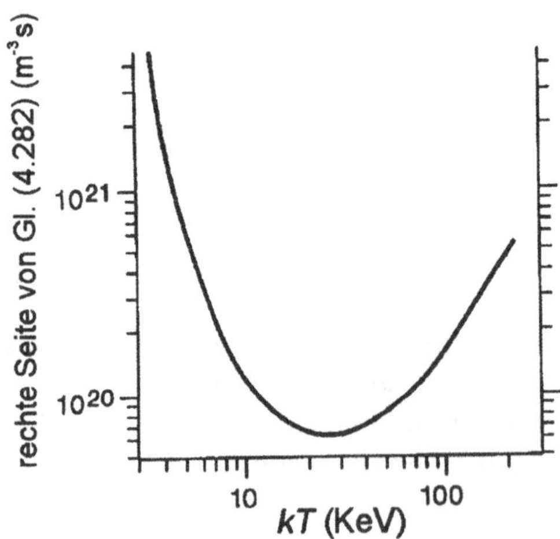

Bild 4.44 Die rechte Seite von Gl. (4.282) als Funktion der Energie *kT*

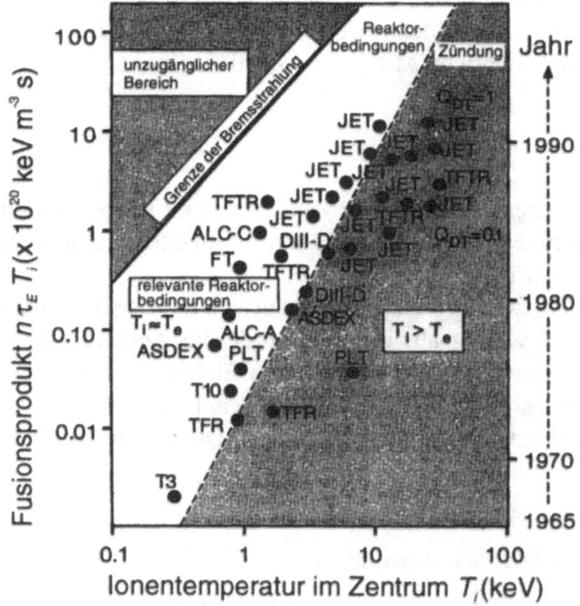

Bild 4.45 Diagramm der Fusionsqualität als Funktion der Plasmatemperatur für verschiedene Experimente. (Aus: *Nuclear Fusion, Energy for Centuries to Come*, JET office for Public Relations, S. 12) Man beachte, daß die Ungleichung (4.287) sich auf den oberen Bereich der Grafik bezieht. Die gestrichelte Linie stellt eine Verfeinerung von Gl. (4.283) dar.

Ersetzt man die in Gl. (4.277) angegebene Näherung für $<\sigma u>$ im Energiebereich von 10 bis 20 keV, so erhält man

$$n\tau_E(kT) > 30\cdot 10^{20}\ \mathrm{m^{-3}s\ keV}\ . \qquad (4.287)$$

Die linke Seite der Gl. (4.287) ist das sogenannte *Fusionsprodukt*. Sein Wert zeigt zusammen mit der erreichten Temperatur an, wie weit sich ein bestimmter Versuchsaufbau von den Fusionsbedingungen entfernt befindet. In Bild 4.45 findet sich ein Fusionsdiagramm, in dem die Daten für verschiedene Versuchapparaturen kombiniert wurden. Man erkennt den guten Zustand des JET, Joint European Torus, in Großbritannien, der ein gemeinsames Projekt von Ländern der Europäischen Union und der Schweiz ist.

Alle wichtigen Industriestaaten arbeiten inzwischen gemeinsam an einem Projekt, das als ITER bezeichnet wird (International Thermonuclear Experimental Reactor). Dessen Konstruktion sollte im Jahre 2005 abgeschlossen sein, und er sollte dann mehr Energie produzieren, als beim Betrieb verbraucht wird. Kommerzielle Produktion elektrischen Stroms würde allerdings weitere 30 Jahre benötigen.

4.5.3 Strahlung und Sicherheit

Es ist allgemein bekannt, daß die Arbeit oder das Leben mit radioaktiven Materialien ein Gesundheitsrisiko bedeutet. Beginnen wir zunächst mit der Definition von Faktoren.

Radioaktivität

Die Radioaktivität einer Probe beträgt ein Becquerel (1 Bq), wenn pro Sekunde ein Atomkern der Probe zerfällt: [Bq] = [s^{-1}]. Eine ältere Maßeinheit stellt das Curie dar, das der Radioaktivität von einem Gramm Radium entspricht. Mit 1 Ci = $37 \cdot 10^9$ Bq das Curie genau definiert.

Dosis und Äquivalentdosis

Ein Lebewesen empfängt die Dosis von einem *Gray* (1 Gy), wenn es pro kg Körpergewicht eine Energie von 1 Joule aufnimmt. [Gy] = [J kg^{-1}]. Eine ältere Maßeinheit ist das rad (absorbierte Strahlungsdosis) mit 1 rad = 0,01 Gy.

Die Strahlenschäden menschlicher Gewebe hängen aber nicht nur von der Dosis, sondern auch von der Art der aufgenommenen Strahlung ab. Deshalb wurde die Äquivalentdosis eingeführt: das Produkt der Dosis mit einem Qualitätsfaktor Q. Die Einheit ist das *Sievert* (Sv), das die Dimension [J kg^{-1}] hat. Eine ältere Einheit ist das rem (engl. radiation equivalent man), wobei 1 rem = 0,01 Sievert (Mann-Strahlenäquivalent). Der Qualitätsfaktor Q hat die folgenden Werte:

a) $Q = 1$ für Röntgen- und Gammastrahlen sowie Elektronen.

b) $Q = 2{,}3$ für Neutronen mit Energien $\leq 0{,}025$ eV (thermisch).

c) $Q = 10$ für alle anderen Neutronen sowie Protonen und ähnliche Teilchen mit einer Ladung von 1. Der Qualitätsfaktor für Neutronen könnte für bestimmte Anwendungen als Funktion der Neutronenenergie genauer angegeben werden.

d) $Q = 20$ für α-Teilchen und ähnliche Teilchen mit einer Ladung, die größer als 1 ist.

Ein durchschnittlicher Mensch empfängt aufgrund von Strahlung aus natürlichen Quellen wie der Atmosphäre oder dem Boden jährlich eine Äquivalentdosis von ungefähr 2 mSv. Der genaue Wert hängt von der geographischen Lage ab. Heute erhält der Mensch durch medizinische Anwendungen und von Baumaterialien (insbesondere Beton) zusätzliche Strahlungsdosen. Für den Durchschnittsbürger eines Industrielandes lag der Wert dieser Strahlung im Jahre 1987 bei 2,5 mSv.

Es gibt offizielle Grenzwerte für die als akzeptabel bewertete Äquivalentdosis. Die internationale Strahlenschutzkommission ICRP (International Commission on Radiological Protection) hat Grenzwerte empfohlen, die natürliche und medizinische Zusatzbelastungen nicht berücksichtigen. In vereinfachter Form werden diese in Tabelle 4.7 wiedergegeben. Die Grenzwerte liegen höher für Personen, die in radiologischen Bereichen arbeiten, also aufgrund ihrer Arbeit mit Strahlungsquellen in Berührung kommen, die als „Berufsrisiko" anzusehen sind. Es wurden Überlegungen angestellt, diese Werte um einen Faktor von 2,5 herabzusetzen. Die einfachste Betrachtungsweise für Strahlung aus nicht-natürlichen Quellen ist wohl die ,daß für die normale Bevölkerung die natürliche Dosis von 2 mSv pro Jahr nicht überschritten werden sollte, oder auch, daß sie in der Größenordnung der geographischen Variationsbreite der Strahlenbelastung liegen sollte. Unter diesen Gesichtspunkten scheinen die in Tabelle 4.7 gegebenen Zahlenwerte vernünftig zu sein.

Tabelle 4.7 Obere, von der ICRP (1966) empfohlene Grenzwerte und deren geplante Änderung bis zum Jahr 2000 (die aktuellen Regelungen beschreiben Dosen für jeweils einzelne Organe).

	ICRP (mSV/Jahr)	Vorgeschlagen für 2000 (mSv/Jahr)
Gesamtbevölkerung	1,7	0,4
Öffentlicher Dienst	5	2
Arbeiter radiologischer Betriebe	50	20

Selbst wenn man mit einer weiter unten noch zu besprechenden Strahlendosis ein quantitatives Risiko verbinden kann, gibt es drei grundlegend unterschiedliche Betrachtungsweisen beim Umgang mit Strahlungsrisiken:

a) Vermeidung jeglicher Risiken.

b) Das Risiko sollte immer in Relation zum möglichen Nutzen stehen.

c) Jede Dosis unterhalb der politisch vereinbarten Grenzwerte ist akzeptabel.

Die Grenzwerte in Tabelle 4.7 werden heute im Sinn von Punkt (c) interpretiert, während früher Punkt (b) maßgebend war.

In Kapitel 8 werden das Thema des Risikos und die damit verbundenen Verfahrensweisen in allgemeinem Zusammenhang besprochen. Einige der Punkte, die eher speziell für Radioaktivität gelten, werden hier schon besprochen.

Eine etwas genauere Betrachtungsweise ist es, die Strahlungsrisiken mit anderen gesellschaftlichen Risiken in Beziehung zu setzen, und sie dementsprechend zu quantifizieren. Für letzteres bräuchte man eine Dosis-Wirkung-Beziehung für verschiedene Negativeinflüsse. In diesem Zusammenhang konnte man Informationen sowohl aus dem Schicksal der Atombombenopfer Hiroshimas und Nagasakis von 1945 gewinnen als auch von Personen, die zu medizinischen Zwecken bestrahlt wurden. Man unterscheidet üblicherweise zwischen *nichtstatistischen* oder *deterministischen* Effekten, bei denen die Strahlung oberhalb eines bestimmten Grenzwerts Zellen oder Gewebe zerstört und bei denen die Gefährlichkeit des Effekts von der Dosis abhängt, und den *statistischen* Effekten. Für letztere existieren keine Grenzwerte. Die Wahrscheinlichkeit einer Wirkung hängt von der Dosis ab, die Gefährlichkeit allerdings nicht. Beispiele hierfür sind Krebs oder genetische Veränderungen. Bild 4.46 stellt die Dosis-Wirkung-Beziehungen qualitativ dar. Daten hat man lediglich für Dosen, die sich auf der rechten Seite von D_2 befinden. Für kleinere Dosen sind die Effekte radioaktiver Strahlung nur schwer von anderen Schadensursachen zu unterscheiden, und die Kurvenform basiert lediglich auf Modellrechnungen. Die Kurve in Bild 4.46 zeigt ein Maximum, da bei höheren Dosen die bestrahlten Zellen geschwächt oder abgetötet werden, so daß sie sich nicht mehr vermehren und somit keinen Krebs oder genetische Defekte mehr verursachen können.

Selbstverständlich muß man die Effekte für kleine Dosen extrapolieren. Eine lineare Extrapolation führt zu einer Überbewertung biologischer Einwirkungen, da der Organismus manchmal fähig ist, kleinere Schädigungen an Zellen selbst zu beheben. Diese Interpretationsschwierigkeiten erklären auch, warum die Grenzwerte in Tabelle 4.7 herabgesetzt wurden: Die japanischen Daten sind mißinterpretiert worden. Bei der Hiroshima-Bombe wurde

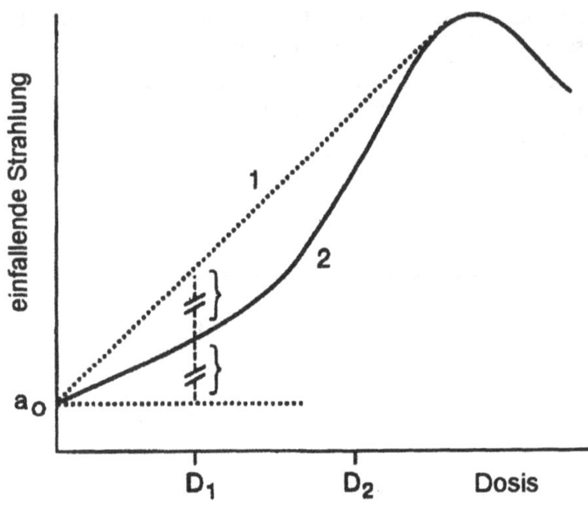

Bild 4.46 Dosis-Wirkung-Beziehung statistischer Effekte. Die Kurve basiert links von D_2 auf Modellrechnungen und nur rechts davon auf bekannten Daten. Für eine Dosis D_1 werden die ICRP-Grenzwerte aufgrund von linearen Extrapolationen hergeleitet. Diese werden als ungefährlich erachtet. Der Zahlenwert a_0 entspricht der natürlichen Strahlenbelastung.

von einer viel größeren Explosionswirkung ausgegangen, als sie in Wirklichkeit war (15 Kilotonnen statt 12,5 Kilotonnen TNT); außerdem wurde die Luftfeuchtigkeit (die zu einer Herabsetzung der Strahlungsintensität führt) nicht gebührend berücksichtigt.

Der normale Gebrauch der Kernenergie

Regierungen haben genaue Vorschriften zur radioaktiven Emission von Kernkraftwerken erlassen. Die gesamte Strahlungsdosis in den Niederlanden, die gegenwärtig durch Kernenergie entsteht (d. h. über die Gesamtbevölkerung summiert) wird auf eine Dosis von jährlich 0,1 mSv pro Person geschätzt. In Ländern wie Frankreich, die eine größere Zahl an Atomkraftwerken und anderen Nuklearbetrieben besitzen, kann dieser Wert höher liegen. Die individuelle Dosis wird in den Niederlanden zu 10^{-10} Sv pro Jahr berechnet. Diese Dosen werden hauptsächlich über die Nahrung und insbesondere durch Fisch aufgenommen, da diese hohe biologische Konzentrationen an ^{60}Co enthalten. Die Daten liegen deutlich unterhalb der Grenzwerte aus Tabelle 4.7, es ist an dieser Stelle jedoch eine Warnung angebracht: Die lokalen Dosen können wesentlich höher als die erwähnten Mittelwerte liegen.

Unfälle

Da beim normalen Betrieb nur geringe Emissionen auftreten, ist es sinnvoller, einen Blick auf die Folgen möglicher Unfälle zu werfen. Während der letzten Jahre gab es zwei größere Unfälle in Kernkraftwerken: Harrisburg in den USA 1979 und Tschernobyl in der damaligen UdSSR (heute Ukraine) 1986.

Der Reaktorkern in Tschernobyl enthielt $40 \cdot 10^{18}$ Bq radioaktiven Materials. Fast die gesamte Menge der in Form von inertem Gas vorliegenden Radioaktivität ($1{,}7 \cdot 10^{18}$ Bq) konnte dabei ebenso entweichen, wie etwa 1 bis $2 \cdot 10^{18}$ Bq in anderen Materialien. Ein Großteil der Radioaktivität war langlebig: etwa $4 \cdot 10^{16}$ Bq mit einer Halbwertszeit von etwa 10^4 Tagen und weitere $6 \cdot 10^{13}$ Bq mit einer Halbwertszeit in der Größenordnung von 10^6 Tagen. Diese werden also für einige Zeit in der Umwelt vorhanden bleiben. Es wird geschätzt, daß es allein in Europa aufgrund dieses Unfalles in den auf den Unfall folgenden 50 Jahren zu mehr als 39 000 Todesfällen aufgrund von Krebs kommen wird. Es bleibt also Meinungssache, ob ein solches Risiko zu einem zukünftigen Verbot der Weiterentwicklung der Kernenergie führen sollte (vgl. Abschnitt 8.1).

Es gab noch weitere Unfälle im Ural, in der Nähe von Swerdlowsk, bei denen sowohl 1957 als auch 1967 ein Kessel mir radioaktiven Abfällen aufgrund des Temperaturanstiegs durch die Zerfallswärme explodierte. Dabei wurde ein Gebiet von etlichen Kilometern mit ^{90}Sr (Halbwertszeit 28 Jahre) und ^{137}Cs (Halbwertszeit 30 Jahre) kontaminiert. Da es sich hierbei um β-Strahler handelt, führen sie beim Einbau in Körpergewebe zu den größten Schäden. Die Kontamination in der Größenordnung von 10^{10} km^{-2} betraf eine Fläche von etlichen Quadratkilometern.

Die Folgen des Unfalls in Harrisburg waren wesentlich weniger gravierend: Es wurden etwa 10^{17} Bq in Form von inerten Gasen und etwa $6{,}5 \cdot 10^{11}$ Bq ^{131}I frei. Eine einzelne Person hätte dabei eine Dosis von 0,8 mSv absorbieren können, aber in einem Umkreis von 80 km lag die mittlere Dosis für die Bevölkerung nur noch bei einem Hundertstel dieses Wertes.

Kernfusion

Vom Standpunkt der Sicherheit aus betrachtet bietet die Fusion von Deuterium und Tritium in einem Plasma einige Vorteile gegenüber der Kernspaltung. Der Grund dafür liegt in der Tatsache, daß zu keinem Zeitpunkt mehr als etwa ein Gramm an Deuterium und Tritium tatsächlich im Plasma vorhanden ist. Die Radioaktivität von einem Gramm Tritium liegt bei $370 \cdot 10^{12}$ Bq. In den Wänden des Reaktorgefäßes kann etwa 1 kg Tritium vorhanden sein, und vielleicht sind noch etwa 1 bis 2 weitere Kilogramm in der unmittelbaren Umgebung des Reaktors gelagert. Tritium ist das bei weitem gefährlichste Material in Verbindung mit der Fusion. Da es gasförmig ist, kann es bei einem Unfall leicht entweichen. Außerdem ist das Atom selbst so klein, daß es leicht durch die Wände eines Behälters entweichen kann. Die gesamte Radioaktivität des vorhandenen Tritiums beliefe sich auf etwa 10^{16} Bq, was immer noch einige Größenordnungen kleiner ist als die in einem konventionellen Kernkraftwerk vorliegende Radioaktivität.

Natürlich gibt es auch in den Wänden des Fusionsreaktors eine hohe Radioaktivität wegen der langen Einstrahlung durch Neutronen, etwa 10^{20} Bq im Edelstahl eines 1000 MW_e Kraftwerkes. Dies liegt in der gleichen Größenordnung wie bei einem Kernspaltungsreaktor (10^{21} Bq), aber im Gegensatz dazu kann ein Fusionsreaktor keine Kernschmelze erleiden. Treten irgendwelche Krisen auf, so kollabiert das Plasma und beendet dadurch die Fusion. Man beachte, daß die Reaktionen (4.272) und (4.273) keine Neutronen produzieren, also vom Standpunkt der Strahlenbelastung aus einen deutlichen Vorteil bieten würden.

Da Tritium die größten Gefahren birgt, wurden Studien bezüglich des täglichen Routineausstoßes unternommen. Für Menschen die in der unmittelbaren Umgebung des Reaktors wohnen, würde sich dieser auf etwa 0,015 mSv pro Jahr belaufen, also deutlich unter den Grenzwerten von Tabelle 4.7 liegen. Man nimmt an, daß beim schlimmsten möglichen Unfall weniger als 200 g Tritium entweichen könnten. Dieses würde in einem Abstand von

1 km zu einer Dosis von 60–80 mSv führen. Da dieses immer noch vergleichbar mit der zulässigen Dosis für einen Arbeiter in radiologischen Anlagen ist, würde dies kein unvertretbares Risiko bedeuten – soweit die heutige Argumentation.*

4.5.4 Handhabung des Brennstoffkreislaufs; Abfälle

Der in Bild 4.47 dargestellte Brennstoffkreislauf ist ein Grundkonzept bei der Nutzung der Kernspaltung. Im folgenden werden die unterschiedlichen Bestandteile des Brennstoffkreislaufs unter Berücksichtigung dreier Aspekte beschrieben:

a) Schutz gegen die Produktion atomarer Sprengköpfe durch Regierungen oder terroristische Gruppen,

b) Gesundheitliche Gefahren während des Betriebs der Anlage,

c) Langzeitfolgen (lange) nach der Stillegung der Anlagen.

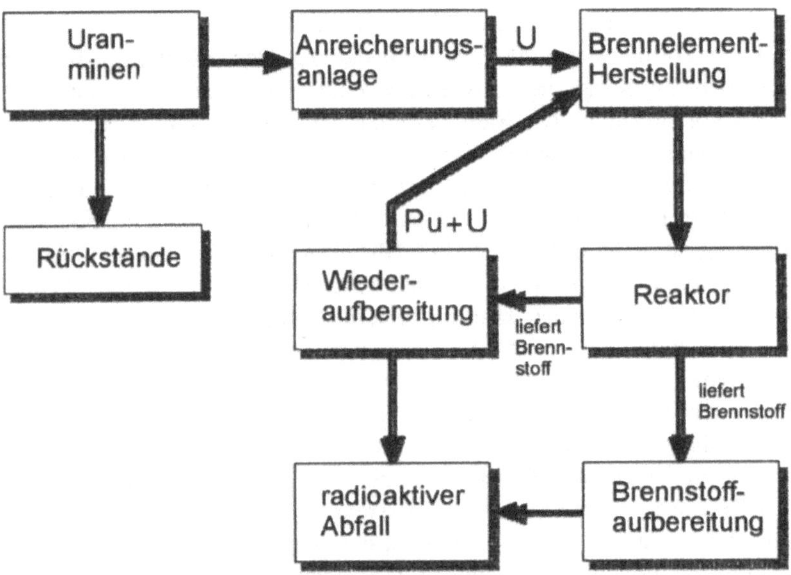

Bild 4.47 Der atomare Brennstoffkreislauf. Aus dem Reaktor verwertet man entweder das restliche U und Pu nach einer Wiederaufbereitung oder bereitet die Brennelemente zur Lagerung als radioaktiven Abfall auf (kein echter Kreislauf).

* Die für die Strahlenbelastung angegebenen Zahlenwerte beziehen sich nur auf die Gesamtdosis. Für eine ausführlichere Diskussion sollte man auch die Organe im menschlichen Körper betrachten, in denen sich die Elemente wie T, Sr, Cs und I ansammeln, bzw. die Schäden, die diese dort hervorrufen würden.

Uranminen

Das erforderliche Uran wird in oxidischer Form in Minen abgebaut, in denen es oft an andere Oxide chemisch gebunden vorkommt. Die reicheren Erze enthalten etwa 1-4 kg Uran pro Tonne Erz. Dieses wird vor Ort zum sogenannten „gelben Kuchen" verarbeitet, der etwa 80% an U_3O_8 enthält. Die Rückstände bestehen aus Resten, die immer noch genügend Uran enthalten, um in die Umgebung entweichendes ^{222}Rn-Gas zu erzeugen. Tatsächlich befinden sich noch etwa 85% der radioaktiven Substanzen in den Rückständen. In der Natur würden sie dort gleichermaßen vorkommen, aber jetzt befinden sie sich in der freien Umwelt, üblicherweise am Boden von Wasserbecken am Produktionsort.

Anreicherung

Das Isotop ^{235}U macht nur etwa 0,7 % des natürlichen vorkommenden Urans aus, der Rest ist ^{238}U. Obwohl es möglich ist, Kernkraftwerke mit natürlichem Uran zu betreiben (vgl. Tabelle 4.5), wird von den meisten Kraftwerksbetreibern Uran bevorzugt, das einen Anteil von 3-4% an ^{235}U enthält. Wie schon nach Gl. (4.245) erläutert wurde, macht eine höhere Anreicherung für die Stromproduktion keinen Sinn.

Für atomare Sprengstoffe sind höhere Anreicherungen von ^{235}U notwendig. Tabelle 4.8 gibt die kritschen Massen (nicht die kritische Größe) für angereichertes Uran wieder, das von einem Mantel natürlichen Urans umgeben ist, um die Neutronen zum Spaltkern zu reflektieren. Aus der Tabelle wird deutlich, daß die Isotopentrennung angewandt werden kann, um atomare Sprengstoffe zu erhalten. Die Trennung funktioniert nur unter Ausnutzung physikalischer Prinzipien, da die atomare Struktur der Uranatome, und damit deren chemisches Verhalten, absolut identisch ist. Eine chemische Trennung würde hier nicht funktionieren. Wir werden jetzt die physikalischen Grundlagen von drei Trennungsverfahren beschreiben:

(a) *Gasdiffusion.* Uran wird zunächst in das Gas UF_6 umgewandelt. Bei einer bestimmten Temperatur werden alle Moleküle die gleiche kinetische Energie $mu^2/2$ haben. Somit haben die Moleküle mit unterschiedlichen Uran-Isotopen eine geringfügig verschiedene Geschwindigkeit. Dieses führt zu geringfügig unterschiedlichen Durchtrittswahrscheinlichkeiten durch ein poröses Medium: Das leichtere Molekül wird etwas einfacher durchdringen. Wiederholt man diesen Vorgang in einer Kaskade, so steigt der Grad der Anreicherung.

(b) *Gaszentrifuge.* Ein Teilchen der Masse m, das mit einem Drehimpuls L rotiert, besitzt eine Rotationsenergie von $L^2/(2mr^2)$, wobei L sein Drehmoment und r der Abstand zum Zentrum ist. Gibt man gasförmiges UF_6 in eine Zentrifuge, sollte hiermit ein Kraftfeld erzeugt werden, das den Zentrifugalkräften der Moleküle entgegenwirkt. Man kann auch sagen, daß die Zentrifuge ein äußeres Potentialfeld vom Betrag $V = - L^2/(2mr^2) = - mu^2/2$ erzeugt. In einem solchen äußeren Feld ordnen sich die Moleküle entsprechend einer Boltzmann-Verteilung

$$n = n_0\,\mathrm{e}^{-V/(kT)} = n_0\,\mathrm{e}^{(mu^2)/(2kT)} \qquad (4.288)$$

Tabelle 4.8 Die kritische Masse von Uran gegen Anreicherung mit einem 15 cm starken Reflektor aus natürlichem Uran. (Von Taylor, nach einem APS-Bericht.)

Anreicherung % ^{235}U	Kritische Masse (kg)	^{235}U-Anteil (kg)
100	15	15
80	21	17
60	37	22
40	75	30
20	250	50
10	1300	130

an, wobei n_0 die Zahl der Moleküle an dem Ort ist, an dem das Feld verschwindet, also auf der Achse der Zentrifuge. Man sieht, daß diese Gleichung auch die Masse enthält, wie es schon bei der Gasdiffusion der Fall gewesen ist. Somit wird eine Serie von Zentrifugen das Uran bis zum gewünschten Grad anreichern.

(c) *Laserseparation.* Die Massendifferenz der beiden Urankerne bedingt geringfügig unterschiedliche Größe und Form der beiden Kerne, was zu einem geringfügig unterschiedlichen Coulomb-Feld führt, in dem sich die Elektronen der Atome bewegen. Außerdem wird auch der Schwerpunkt in beiden Fällen voneinander verschieden sein. Zusammen führen diese Effekte zu einer leichten Isotopenverschiebung, einem kleinen Energieunterschied in den atomaren Zuständen der Kerne.

Die Konfiguration der wichtigsten äußeren Elektronen im Uran ist $(5f)^6(6d)(7s)^2$, es gibt also eine ungerade Zahl von Elektronen in inneren Schalen. Die Wellenfunktionen der s-Elektronen dehnen sich über den Atomkern aus und „spüren“ somit auch Änderungen im Coulomb-Feld. Die resultierende Isotopenverschiebung ist wegen der Doppler- und Hyperfeinstrukturaufspaltung für einige Zustände größer als die Linienbreite. In ^{238}U tritt außerdem keine Hyperfeinstrukturaufspaltung auf, da der Kernspin Null ist. Aus diesem Grund unterscheiden sich die Energieniveaus der Elektronen stark genug, um verdampfte Atome separieren zu können, wenn sie mit einem Laser angeregt werden, dessen Frequenz genügend scharf ist.

Das Prinzip wird in Bild 4.48 gezeigt, in dem die korrespondierenden ^{235}U-Energieniveaus im ^{238}U -Spektrum als gestrichelte Linien eingetragen sind. Es zeigt sich, daß wegen Selbstionisationseffekten über einen dreistufigen Prozeß zwischen bestimmten ^{235}U-Niveaus relativ große Ionisationsquerschnitte erreicht werden können. Daraufhin werden die ^{235}U-Ionen von den ^{238}U-Atomen durch Anlegung eines elektrischen Feldes getrennt. Der Druck darf dabei nicht zu hoch sein, da ansonsten ein Ladungsübersprung zum Auftreten von ^{238}U-Ionen führen würde. Somit werden immer noch mehrere sukzessive Separationen benötigt, um eine genügend hohe Anreicherung in ausreichenden Mengen zu erzielen und daraus atomare Sprengköpfe zu produzieren. Im Gegensatz zu den beiden vorher erwähnten Trennverfahren sind hierbei keine großen Investitionen oder größere Anlagen erforderlich. Man muß lediglich die (noch immer geheim gehaltenen) Anregungsfrequenzen kennen. Da es über 500 000 Linien im Spektrum gibt, ist dieser „PIN-Code“ nur schwer zu knacken. Außerdem ist die Technologie zur Verdampfung metallischen Urans bei hohen Temperaturen wegen dessen extrem aggressiver Eigenschaften extrem kompliziert.

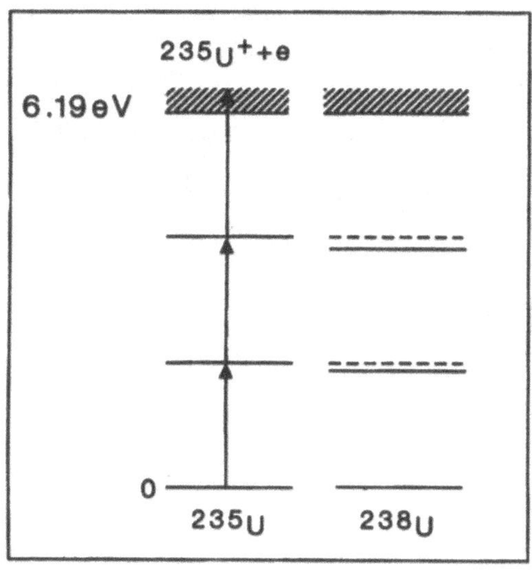

Bild 4.48 Laserseparation von ^{235}U und ^{238}U. Es wird ein drei-Stufen-Prozeß mit einem hohen Wirkungsquerschnitt gezeigt. Die Hyperfeinstrukturaufspaltung von ^{235}U ist nicht dargestellt. (Von Diakov, persönliche Mitteilung)

Die ersten beiden Verfahren sind gut bekannt und erprobt. Die dritte Technik wird sich erst in den 90er Jahren vollständig entwickeln, obwohl eine Kommerzialisierung in Aussicht ist.

Kernreaktor

Nach der Herstellung des Brennstoffs (siehe unten) werden die Brennelemente in den Spaltungsprozeß eingebracht, der in Abschnitt 4.5.1 beschrieben wurde. Wir setzten voraus, daß man nur mit angereichertem Uran arbeitet. Wegen der hohen Neutronendichte wird auch ein großer Anteil der Neutronen absorbiert, was zu schwereren Kernen führt, wenn von Zeit zu Zeit ein Proton durch ein Neutron ersetzt wird, was, wie in Bild. 4.49 dargestellt, von einem β-Zerfall begleitet ist.

Man erkennt die Bildung transuraner Kerne, deren Anteil mit der Zeit ansteigen wird. Dieses führt zu einer verstärkten Absorption und zu kleiner werdenden Multiplikationsfaktoren η und k, und der Brennstoff muß dann ersetzt werden. Beginnt man den Prozeß mit einem Kilogramm Uran, das etwa 30 g ^{235}U enthält, so wird es typischerweise ersetzt, wenn es noch etwa 8 Gramm ungenutztes ^{235}U und weitere 6 g Plutonium enthält, wovon mehr als die Hälfte spaltbares ^{239}Pu darstellt. Dieses Isotop hat eine Halbwertszeit von 24 000 Jahren, so daß sein Zerfall während des Brennstoffkreislaufs vernachlässigbar ist.

Wiederaufbereitung

Die Tatsache, daß in den verbrauchten Brennelementen noch immer sehr viel spaltbares Material enthalten ist, begründet eine Wiederaufbereitung. In einer chemischen Anlage werden Uran und Plutonium voneinander und von anderen Materialien getrennt: nicht nur den Actiniden aus Bild 4.49, sondern auch den durch X oder Y in Gl. (4.234) dargestellten Spaltprodukten, sowie deren Tochterkernen. Man stellt dann das sogenannte MOX her, ein

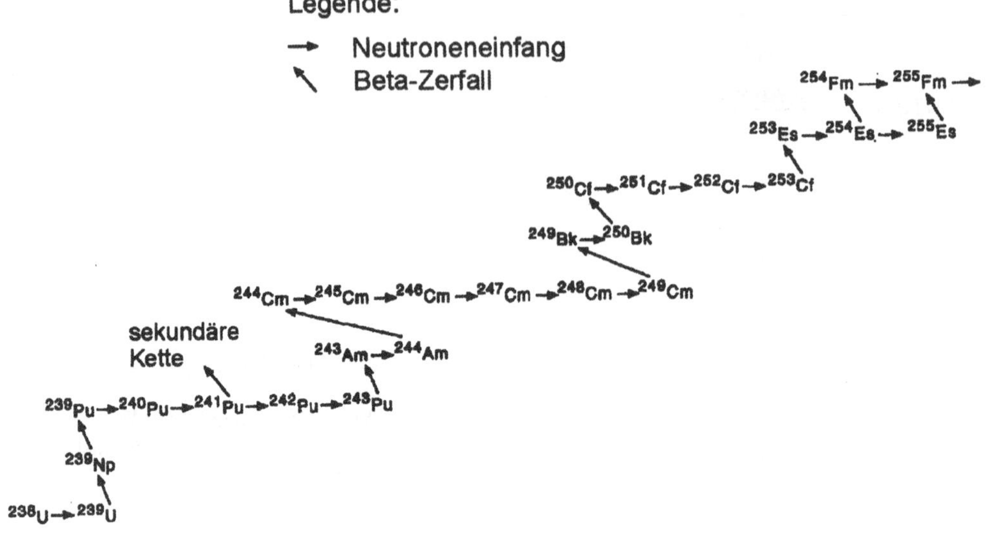

Bild 4.49 Bildung der transuranen Kerne in Kernreaktoren. Man erkennt die Neutroneneinfänge und den gelegentlichen β-Zerfall.

gemischter, oxidischer Brennstoff, der aus einer Plutonium-Mischung und entweder natürlichem Uran oder dem Uranrückstand aus dem Anreicherungsprozeß besteht. MOX wird dann zu einem Drittel bei der Neubestückung des Reaktors mit Brennstoff verwendet, wobei das Plutonium im wesentlichen ^{235}U als spaltbares Material ersetzt.

Brennstoffzubereitung

Werden die verbrauchten Brennelemente nicht aufbereitet, so präpariert man sie zur Lagerung. Man verwendet in diesem Fall keinen „Brennstoffkreislauf", sondern eher einen Einweg-Prozeß.

Radioaktiver Abfall

Die Entstehung radioaktiver Abfälle kann bei der Produktion von Elektrizität aus Kernenergie nicht vermieden werden. Durch den Betrieb von Kernkraftwerken ist heute schon Abfall entstanden, der aus der natürlichen Umgebung ferngehalten werden muß. Tabelle 4.9 gibt einige Schätzungen zur Radioaktivität von Brennelementen, die jedes Jahr aus einem typischen Leichtwasserreaktor mit einer Leistung von 1000 MW_e entnommen werden. Es sei erwähnt, daß die wesentlich kleineren Werte für die Komponenten des Reaktors hierbei nicht berücksichtigt wurden.

Aus den in Tabelle 4.9 gegebenen Zahlenwerten kann man ersehen, daß die verbrauchten Brennelemente üblicherweise einige Zeit auf dem Gelände des Kernkraftwerks gelagert werden. Wenn sie „abgekühlt" sind, also die Aktivität der kurzlebigen, radioaktiven Nuklide aufgehört hat, können sie entweder aufbereitet oder entsorgt werden. Bevor wir die Abfallaufbereitung besprechen, wollen wir noch einige Bemerkungen über den Aspekt der Kernwaffenfähigkeit im Brennstoffkreislauf machen.

Tabelle 4.9 Radioaktivität der einem typischen Leichtwasserreaktor von 1 000 MW_e pro Jahr entnommenen, verbrauchten Brennelemente nach einer Zeit t in 10^{16} Bq. (Basiert auf: Jack J. Kraushaar und Robert A. Ristinen, ***Energy and the Problems of a Technical Society***, Wiley, New York, 1984, S. 144; A. V. Nero, *A Guidebook to Nuclear Reactors*, University of California Press, Berkeley, 1979; und H. Küsters, *Atomwirtschaft*, Juni 1990, S. 287.)

	$t = 0$	$t = 6$ Monate	$t = 10$ Jahre	$t = 300$ Jahre
Spaltprodukte	15000	480	37	$\approx 4 \cdot 10^{-4}$
Actinide	4500	16,5	9,5	≈ 2
Brennstoffhülle	16	3,7	0,4	vernachlässigbar
Gesamt	19500	500	47	≈ 2

Verbreitung

Es ist wohl allgemeingültig, daß eine Welt, in der viele Länder über Atomwaffen (also den Sprengstoff in Verbindung mit Raketen oder Flugzeugen) verfügen, nicht als sehr sicher gelten kann. Noch schlimmer ist die Aussicht, daß Nichtregierungs- oder Terroristengruppen in den Besitz der Waffen geraten könnten. So weit die rationale Begründung der Nichtverbreitungs-Verträge und der Sicherheitsvorkehrungen.

An diesem Punkt sollte erwähnt werden, daß die meisten Länder sich den Nichtverbreitungs-Verträgen (NPT – Non-Proliferation Treaty) angeschlossen haben und daß neben den bekannten „Atom"staaten (USA, Großbritannien, Frankreich, Rußland und China) alle anderen vereinbart haben, keine atomare Kettenreaktion bei der Waffenproduktion einzusetzen. Im Austausch dafür garantieren sie sich gegenseitig jede notwendige Unterstützung bei der friedlichen Nutzung der Kernenergie. Die Internationale Atomenergie-Agentur (IAEA) mit Sitz in Wien überwacht, daß sich alle beteiligten Staaten an die Vertragsregelungen halten (was mit Hilfe von Kontrollkommissionen geschieht). Die IAEA unterstützt aber auch sehr intensiv die zivile Nutzung der Kernenergie. Die zur Waffenproduktion einsetzbare Technologie wird auch als sensitive Technologie bezeichnet.

Die wichtigsten Aufgaben sind in diesem Zusammenhang:

a) *Anreicherung*. Obwohl die meisten Länder ihre Anreicherungsanlagen unter internationale Kontrolle gestellt haben, scheint dies für die Laserseparation nur schwer durchsetzbar zu sein. Im allgemeinen entwickeln sich alle drei Technologien dahingehend, daß sie auch in kleinem Rahmen und mit weniger Energieaufwand durchgeführt werden können, so daß die entsprechenden Anlagen schwerer aufzufinden sind.

b) *Kernreaktoren*. Die einfachste Art der Produktion spaltbaren Materials besteht im Hinzufügen einer zusätzlichen Probe natürlichen Urans in einen laufenden Reaktor. Wenn dies nur für einen kurzen Zeitraum getan wird, kann sich die Reaktionskette aus Bild 4.49 gar nicht erst ausbilden. An Plutoniumisotopen findet man hauptsächlich ^{239}Pu, dessen kritische Masse bei einer starken Hülle aus natürlichem Uran nur etwa 4,5 kg beträgt, was einer Kugelform mit einem Volumen von 0,28 Litern entspricht (ohne den Reflektor läge sie bereits bei 10,2 kg). Obwohl sich die kritische Masse durch die Hinzufügung anderer Pu-Isotope nicht wesentlich erhöht, wird die Konstruktion einer zuverlässigen Bombe schwieriger. Chemische Separation des Pu von anderen Atomen in der bestrahlten Probe ist eine auch in den meisten anderen Ländern leicht realisierbare Möglichkeit.

c) *Wiederaufbereitung.* Da hierbei die Trennung des Plutoniums von den anderen Elementen beabsichtigt ist, gibt es also eine Menge an verfügbarem Pu. Die unvermeidbaren, geringfügigen Ungenauigkeiten beim Pu-Nachweis in der Buchführung könnten genutzt werden, um Pu aus dem Prozeß zu entfernen.

Das Problem des Schutzes der verschiedenen Bestandteile des Brennstoffkreislaufs gegen einen militärischen Mißbrauch wird mit steigenden Mengen verfügbaren Plutoniums ebenfalls wachsen. Die „beste" Art, dieses Problem bei ansteigender Nutzung der Kernenergie zu behandeln, besteht darin, so viele Bestandteile des Brennstoffkreislaufs wie möglich am selben Ort unterzubringen und diesen unter internationalen Schutz, Inspektion und Bewachung zu stellen. Lediglich die Kernkraftwerke müßten wegen der Kosten beim Transport der Elektrizität sinnvoll verteilt werden (vgl. Abschnitt 4.2.7); ihr Brennstoff könnte allerdings vermischt werden, um einen Mißbrauch zu vereiteln.

Umgang mit radioaktivem Abfall

Wir kennen verschiedene Kategorien von radioaktivem Müll, die nicht nur durch atomare Strom- (oder Waffen-) produktion, sondern auch durch medizinischen Gebrauch entstehen. Die offiziellen Definitionen werden in Tabelle 4.10 wiedergegeben, in der für die Abfälle mGy-Einheiten (milli-Gray, vgl. Abschnitt 4.5.3) verwendet werden, was einer Dosis entspricht, die der Arbeiter bei einem ungeschützten Umgang mit den Abfällen aufnehmen würde. Die für die Abfälle benutzten Kategorien werden als geringefährlicher (LLW = *Low Level Waste*), gefährlicher (MLW = Medium Level Waste) und höchstgefährlicher (HLW = *High Level Waste*) Abfall bezeichnet.

Abfälle, die nicht sehr langlebig sind, können an der Luft oder in Wasser gelagert werden, bis ihre Aktivitätsrate als vertretbar gering gilt. Die langlebigeren Kerne verursachen das größere Problem. Wie man aus Tabelle 4.9 ersehen kann, vollzieht sich der Zerfall einer Mischung von Actiniden wegen der großen Halbwertszeiten nur sehr langsam.

Man versucht das Volumen der Abfälle durch Verfestigung zu verringern, dies geschieht durch Verdampfung der flüssigen Bestandteile. Danach werden die Abfälle in eine Hülle aus Glas eingeschlossen, und man versucht geologische Formationen zu finden, in denen sie auch für geologische Zeiträume an einem Entweichen in die Umwelt gehindert werden.

Tabelle 4.10 Abfallkategorien entsprechend der Festlegungen der IAEA

		Strahlung
Fest		
Kategorie	1 (LLW)	< 2 mGy/h
	2 (MLW)	2-20 mGy/h
	3 (HLW)	> 20 mGy/h
Flüssig		
Kategorie	1	$< 4 \cdot 10^{-5}$ GBq/m^3
	2	$4 \cdot 10^{-5} - 4 \cdot 10^{-2}$ GBq/m^3
	3	$4 \cdot 10^{-2} - 4$ GBq/m^3
	4	> 4 GBq/m^3

Granit

Es ist leicht, Fehler zu begehen. An einem amerikanischen Testplatz in tiefgelegenem Granit wurde z. B. angenommen, daß eingelagerte Pu-Komponenten in die Haarrisse des Gesteins eindringen und dort absorbiert werden würden. Man erkannte aber, daß die Nettogeschwindigkeit der Pu-Verbindungen um einige Größenordnungen größer war, als man vorher berechnet hatte [13]. Grund dafür ist die Tatsache, daß das Plutonium von Kolloidmolekülen aufgenommen wurde, die wegen ihrer Größe nicht in die Haarrisse, sondern nur in breitere Risse eindringen konnten, in denen die Grundwassergeschwindigkeit wesentlich höher liegt. Es wird noch in Kapitel 8 besprochen werden, inwiefern begangene Fehler dazu führen, eine gesamte Technologie zu verwerfen, oder ob ein „Lernzeitraum" akzeptiert wird.

Salzstöcke

Man betrachte nun die Lagerung hochradioaktiver (HLW-) Abfälle aus Kernkraftwerken in einer tief unter der Erde gelegenen Formation und nehme als Beispiel einen Salzstock. Es müssen dann die folgenden Aspekte berücksichtigt werden:

(a) der Temperaturanstieg im Salz in Abhängigkeit von Ort und Zeit;

(b) spätere Veränderungen in mechanischen Eigenschaften, Bewegungen oder Kriechverhalten;

(c) die möglichen Veränderungen der Kristallstruktur des Salzes, in der potentielle Energie gespeichert ist und plötzlich freigesetzt werden und somit eine Beschädigung der Schutzschicht verursachen könnte;

(d) radioaktive Austrittsverluste durch die Glashülle oder andere Container in die natürliche Umgebung.

Um eine Vorstellung von den Größenordnungen zu bekommen, betrachten wir die Lagerung der hochradioaktiven Abfälle von einigen Kernkraftwerken, die zusammen etwa 3600 MW_e Leistung in ihrer Lebensdauer produziert haben, nachdem die Abfälle bereits etwa 10 Jahre zwischengelagert wurden, um „abzukühlen".* Die ursprüngliche Wärmeproduktion dieser hochreaktiven Abfälle (13 Jahre nach Entfernung aus dem Reaktor) liegt bei 24 MW_{th}. Die Abfälle werden in 19 Einheiten aufgeteilt, und die Salzparameter werden mit k = 4,885 W m^{-1} und $\rho c_p = 1{,}88 \cdot 10^6$ J m^{-3} K^{-1} angenommen. Dieses würde bei einem Abstand von 10 Metern von der Strahlungsquelle zu einem Temperaturanstieg um 206 K führen. Realistischere Berechnungen berücksichtigen die Tatsache, daß die Quelle in der vertikalen Richtung über mehr als zehn Meter ausgedehnt ist, was nach etwa 15 Jahren in der unmittelbaren Umgebung zu einem Temperaturanstieg um 90 K führt.

---

* Diese Daten entstammen einer Studie im Auftrag der Niederlande, die als Doktorarbeit von Dr. Jan Prij durchgeführt wurde.

Übungen

4.1 Eine nicht isolierte Heißwasserleitung durchläuft einen Raum der Temperatur 20 °C. Der äußere Durchmesser der Leitung betrage 30 mm, die Temperatur liege bei 90 °C und sie habe eine Emissivität von 0,7. Der Konvektionskoeffizient für Wärme sei $h = 15$ W m^2 K^{-1}. Berechnen Sie den Wärmeverlust an der Oberfläche der Röhre pro Meter und Sekunde. Ihr Ergebnis sollte gleich 136 W m^{-1} sein. (Aus F. P. Incropera und D. P. DeWitt, *Introduction to Heat Transfer*, Wiley, New York, 1990, Beispiel 1.2, S. 11–12.)

4.2 Die Backsteinmauer eines Ofens habe eine Wärmeleitfähigkeit von $k = 0{,}72$ W m^{-1} K^{-1} sowie eine Oberflächenemissivität von $\varepsilon = 0{,}8$ und sei 0,15 m dick. Die Temperatur an der Außenfläche liegt bei 100 °C, der Koeffizient für freie Konvektion h ist für Luft gleich 20 W m^{-2} K^{-1}, und die Umgebungstemperatur beträgt 20 °C. Die Temperatur der innenliegenden Backsteine sollte nach Ihrer Berechnung dann bei 609 °C liegen. (Aus F. P. Incropera und D. P. DeWitt, *Introduction to Heat Transfer*, Wiley, New York, 1990, Beispiel 1.5, S. 20.)

4.3 Eine Glasscheibe von 5 mm Stärke hat eine Wärmeleitfähigkeit von $k = 1{,}4$ W m^{-1} K^{-1}. Die Temperatur an der Innenseite beträgt 20 °C, an der Außenseite herrsche eine Temperatur von 5 °C. Berechnen Sie die Verluste durch Wärmleitung, wenn das Fenster eine Fläche von 3 m^2 hat.

4.4 Ein Thermopenfenster besteht aus zwei Scheiben von je 2 mm Stärke, die durch eine Luftschicht von 4 mm getrennt sind.. Verwenden Sie die Werte aus Tabelle 4.1, um die Stärke einer einzelnen Glasscheibe mit demselben Wärmewiderstand zu berechnen. Berechnen Sie die Verluste durch Wärmeleitung bei einem Fenster von 3 m^2 Fläche, wenn die Innentemperatur bei 5 °C und die Außentemperatur bei 20 °C liegt. Vergleichen Sie das Ergebnis mit Übung 4.3.

4.5 Ein quadratischer Chip von 5 mm Breite wird an der Unterseite und an den Seiten isoliert. An der Oberseite wird er durch einen Luftstrom von 15 °C Wärme und einem Konvektionskoeffizienten $h = 200$ W m^{-1} K^{-1} gekühlt. Berechnen Sie die maximale Leistung des Chips, wenn dessen Temperatur einen Wert von 90 °C nicht überschreiten darf und nur Konvektionswärme berücksichtigt (Aus F. P. Incropera und D. P. DeWitt, *Introduction to Heat Transfer*, Wiley, New York, 1990, Beispiel 1.13, S. 31.)

4.6 Man betrachte eine semiinfinite Betonwand, die den täglichen Temperaturschwankungen ausgesetzt ist. Berechnen Sie die Dämpfungstiefe zu 0,14 m und die Zeitverzögerung zu 27,7 Stunden. Führen Sie die gleichen Rechnungen für den jahreszeitlichen Kreislauf durch.

4.7 In welcher Tiefe sollte eine Wasserleitung eingegraben werden, so daß sie in keinem Fall einfrieren kann. Berechnen Sie den Wert für einen Boden mit einer mittleren Temperatur von $T_{mit} = 10$ °C und einer jährlichen Schwankungsamplitude von 15 °C. Ihr Ergebnis sollte 0,48 m betragen.

4.8 Man betrachte einen Betonfußboden der Temperatur $T_0 = 0$ °C, der zum Zeitpunkt $t = 0$ mit einer Temperatur T_1 in Kontakt kommt. Berechnen Sie die Zeit, nach der diese

Temperaturveränderung in einer Tiefe von 0,5 m nachweisebar ist, also 1% der Temperaturdifferenz gemessen werden kann. Ihr Ergebnis sollte 7,6 Stunden betragen.

4.9 Untersuchen Sie die Wärmestromdichte q'' beim Problem des in Gl. (4.27) gegebenen, plötzlichen Temperaturwechsels an der Fläche $x = 0$. Beschreiben Sie das Verhalten, wenn die Zeit gegen unendlich wächst. Sie sollten sehen, daß es keinen Grund gibt, den Fußboden einer Fabrikhalle, die ständig in Gebrauch ist, zu heizen.

4.10 Wenden Sie Gl. (4.10) an, um die Temperaturen verschiedener Fußbodenbeläge zu finden, die eine für barfüßiges Betreten erforderliche Kontakttemperatur gewährleisten. Überprüfen Sie insbesondere auch die im Text erwähnten Temperaturen.

4.11 Die Zunge des Menschen hat einen Wert b von 1400 Einheiten und eine Temperatur von 37°C. Vergleichen Sie die Kontakttemperatur eines Metallgeländers mit der eines Geländers aus weichem Holz, wenn deren Temperatur jeweils 5 °C beträgt. In welchem Fall würde eine Zunge an dem Geländer festfrieren? (Sollte dies tatsächlich einmal passieren, so gießen Sie warmes Wasser über die Zunge.)

4.12 Die Heckscheibe eines Autos ist 4 mm dick. Ihr Beschlagen wird von innen durch einen Luftstrom von 40 °C gewährleistet, der einen Wärmekonvektionskoeffizienten von h = 30 W m^{-2} K^{-1} hat. Die Luft an der Außenseite hat eine Temperatur von −10 °C und einen Wärmekonvektionskoeffizienten von h = 65 W m^{-2} K^{-1}. Berechnen Sie die Innen- und Außentemperatur der Fensterfläche. (Aus F. P. Incropera und D. P. DeWitt, *Introduction to Heat Transfer*, Wiley, New York, 1990, Beispiel 3.2, S. 143.)

4.13 Dasselbe Fenster wie in Übung 4.12 werde bei gleicher Außenluft jetzt durch eine elektrische Heckscheibenheizung an der Innenseite auf 15 °C angewärmt. Die Temperatur der Innenluft betrage 25 °C und es liege ein Wärmekonvektionskoeffizient von h = 10 W m^{-2} K^{-1} vor. Welche Leistung muß pro Flächeneinheit erbracht werden? (Aus F. P. Incropera und D. P. DeWitt, *Introduction to Heat Transfer*, Wiley, New York, 1990, Beispiel 3.3, S. 143.)

4.14 Zur Isolierung eines zylindrischen Heißwassertanks von 2 m Höhe und 80 cm Durchmesser werde auf allen Seiten eine Schicht von 40 mm Polyurethanschaum eingesetzt. Der Tank befindet sich in einer Umgebung mit einer Temperatur von 10°C und h = 10 W m^{-2} K^{-1}. Wieviel kWh Leistung sind täglich erforderlich, um die Temperatur an der Innenseite des Tanks auf 55 °C zu halten? Berechnen Sie die zylindrische Wand durch Verwendung von Gl. (B.2) und weisen Sie eine logarithmische Temperaturschwankung nach. Fügen Sie auch die Temperaturverluste an Boden und Deckel hinzu, so sollten Sie einen Tageswert von 4,15 kWh erhalten. (Aus F. P. Incropera und D. P. DeWitt, *Introduction to Heat Transfer*, Wiley, New York, 1990, Beispiel 3.30, S. 150.)

4.15 Radioaktiver Müll mit k = 20 W m^{-1} K^{-1} wird in einem sehr langen, kugelförmigen Container mit k = 15 W m^{-2} K^{-1} gelagert, der einen Innenradius von 50 cm und einen Außenradius von 60 cm hat. Die Wärme entsteht mit einer gleichmäßigen Rate von $q = 10^5$ W m^{-3} und die Außenfläche ist gleichmäßig strömendem Wasser mit h = 1000 W m^{-2} K^{-1} und T = 25 °C ausgesetzt. (Aus F. P. Incropera und D. P. DeWitt, *Introduction to Heat Transfer*, Wiley, New York, 1990, Beispiel 3.74, S. 160.)

4.16 Eine 30 cm dicke Backsteinwand wird mit einer transparenten Wärmedämmung verkleidet. Die schwarze Oberfläche erfährt eine Temperaturschwankung von 20 °C. Geben Sie die Zeit an, nach der das Maximum des Wärmeflusses die Innenseite der Wand erreicht.

4.17 Zeigen Sie, daß die freie Energie F für isotherme Prozesse der maximal nutzbaren Energie entspricht. Zeigen Sie gleichfalls, daß die freie Gibbssche Energie G dem Maximum der nicht-Volumenarbeit bei isothermen und isobaren Prozessen entspricht. Verwenden Sie die Clausius-Ungleichung.

4.18 Versuchen Sie die Berechnungen in Gl. (4.130) bis (4.132) nachzuvollziehen und erstellen Sie eine Tabelle für einige a-Werte in der Nähe von 3,125 und für eine Temperatur von etwa 3 000 K. Überprüfen Sie, ob der Molenbruch mit steigender Temperatur und höherem Treibstoff zu Luft-Verhältnis ansteigt.

4.19 Betrachten Sie das bei Bild 4.16 besprochene Beispiel eines Dampfkompressions-Kühlschranks. Finden Sie mit Hilfe der angegebenen Werte für das Kühlmittel und dem Wissen, daß die Einrichtung eine Kühlleistung von 50 kWh liefert, den Kühleffekt, die Flußrate (die Menge des strömenden Kühlmittels in kg/s) und die Kompressionsleistung, die die Arbeit für den Schritt von 1 nach 2 ermöglicht. Geben Sie außerdem den COP an, und vergleichen Sie Ihren Wert mit dem im Text angegebenen.

4.20 Ein Fahrzeug hat eine Frontfläche A von 1,94 m^2, einen Wert C_d von 0,30 und eine Masse von 1160 kg. Auf einer Strecke von 16,7 Kilometern wird bei einer Geschwindigkeit von 90 km/h 1 Liter Benzin verbraucht. Berechnen Sie die Gesamtleistung sowie den Anteil, der nur gegen Reibungsverluste aufgebracht werden muß. Geben Sie den Treibstoffanteil an, der nur zur Eliminierung der Reibungsverluste benötigt wird und verleichen Sie ihre Ergebnisse mit den unter Gl. (4.140) angegebenen Werten.

4.21 Zur Abzahlung eines Hauses nehme man einen Kredit von 100 000 DM auf, der innerhalb der folgenden 25 Jahre bei einem Zinssatz i von 10% zurückgezahlt werden muß. Berechnen Sie unter Verwendung von Gl. (4.144) die jährlich anfallenden Zahlungen. Wie sieht der Kapital-Rückgewinnungsfaktor vom Standpunkt des Kreditgebers aus?

4.22 Ein Hausbesitzer erwägt die Installation eines Warmwasser-Sonnenkollektors mit einer zu erwartenden Lebensdauer von 20 Jahren für 3 000 ECU. Diese Summe nimmt er zu einem am Schluß zahlbaren Zinssatz i_1 von 10% als Kredit auf, und der Restwert wird auf 500 ECU geschätzt. Die eingesparten Treibstoffkosten werden mit einer Kostensteigerung von $e = 0{,}06$ angenommen und das eingesparte Kapital (A_1 nach einem Jahr) könnte zu einem Zinssatz $i_2 = 0{,}05$ auf einem Sparbuch angelegt werden. Berechnen Sie die nach 20 Jahren insgesamt eingesparten Treibstoffkosten als Funktion von A_1. Berechnen Sie auch die beim Kostenausgleich anfallende Rechnung A_0.

4.23 Geben Sie den Breitengrad λ ihres Wohnortes und das aktuelle Datum an. Berechnen Sie die Tageslänge unter Verwendung von Gl. (4.158) und vergleichen Sie dies mit der Angabe in Ihrer Tageszeitung (oder messen Sie die Zeit selbst nach). Äußern Sie sich zu etwaigen Abweichungen, die aber nicht größer als 20 Minuten sein sollten.

4.24 Berechnen Sie die Konstante c aus Gl. (4.162) mit der Forderung $\int n(E)\,dE = 1$.

Zeigen Sie auch, daß die mittlere Energie bei $\overline{E} = kT$ liegt.

4.25 Die Zahl der Photonen der Energie E bei einem schwarzen Körper der Temperatur T kann mit

$$u(E)=\frac{aE^3}{e^{E/(kT)}-1}$$

angegeben werden, wobei kT mit $T = 5\,800$ K gleich 0,5 eV ist und a eine Normierungskonstante darstellt. Wie bereits im Text erklärt, tragen Photonen einer Festkörper-Solarzelle mit einer Energielücke E_g für $E < E_g$ nicht zur Strahlung bei. Geben Sie die Voraussetzungen für einen maximalen Wirkungsgrad als Funktion von E_g an. Berechnen Sie E_g mittels eines einfachen Computerprogramms. Der Zahlenwert sollte bei etwa 1,5 eV liegen. Berechnen Sie den (maximalen) Wirkungsgrad für eine Silizium-Photozelle mit $E_g = 1{,}12$ eV.

4.26 Aus den Meßdaten der Windgeschwindigkeiten kann man eine Wahrscheinlichkeit $f(U)$ für das Auftreten einer bestimmten Geschwindigkeit U herleiten. Die Weibull-Verteilung

$$f(U)=\frac{k}{a}\left(\frac{U}{a}\right)^{k-1} e^{-(U/a)^k}$$

stellt in den meisten Fällen eine gute empiriche Näherung für die Meßdaten dar. Die Parameter k und a erhält man üblicherweise durch doppelt logarithmisches Auftragen von

$$G(U)=1-\int_0^U f(U)\,dU\ .$$

(a) Interpretieren Sie $G(U)$.

(b) Erfragen Sie die Daten für $G(U)$ bei einer lokalen meteorologischen Station und geben Sie k und a an. Für den Flughafen von Amsterdam ist $k = 1{,}85$ und $a = 6{,}9$ m s^{-1}.

(c) Geben Sie den Mittelwert von U^3 als Funktion von k und a an.

(d) Berechnen Sie den jährlichen Energieinhalt der Luft, die eine meteorologische Station pro m^2 passiert. (Für den Flughafen von Amsterdam liegt der Wert bei $6{\cdot}10^9$ J m^{-2} pro Jahr.)

4.27 Gleichung 4.194) wurde für unendlich große Meerestiefen hergeleitet. Formulieren Sie eine wellenförmige Lösung für Gl. (4.193) und einen Ozean der Tiefe D mit der Randbedingung $s_z = 0$ bei $z = -D$. Berechnen Sie die Ausbreitungsgeschwindigkeit v im allgemeinen Fall. Im Grenzübergang $D \rightarrow \infty$ kehrt man wieder zu Gl. (4.197) zurück.

4.28 Berechnen Sie die Zeit, die notwendig ist, um die innerhalb einer achtstündigen Photosyntheseaktivität erzeugte Energie abzubauen, wenn man $k_i = 10$ s^{-1} und $ki = 10^{-4}$ s^{-1} für verschiedene Werte von $\Delta\mu_{sp}$ und innerhalb der durch die Gln. (4.217) und (4.218) definierten Grenzen betrachtet. Welcher Wert für $\Delta\mu_{sp}$ wäre erforderlich, wenn man nach einem Monat noch über 90 % der gespeicherten Energie verfügen möchte?

4.29 Verwenden Sie Tabellen zur chemischen Thermodynamik, um den maximalen Wirkungsgrad der Wasserstoff- und Methan-Brennstoffzelle zu berechnen.

4.30 Zeigen Sie, daß die tägliche Spaltung von einem Gramm ^{235}U in einem Reaktor zur Erzeugung einer Leistung von 1 MW_{th} führt.

4.31 Formulieren Sie die Gleichungen für einen sphärischen Kernreaktor und leiten Sie eine Formel für den kritischen Radius R her.

4.32 Die Spaltung von ^{235}U erzeugt Neutronen mit einer Energie von etwa 1 MW. Der Wirkungsquerschnitt bei der Spaltung von ^{235}U liegt bei etwa 2,1 barn und die Dichte bei $19 \cdot 10^3$ kg m^{-3}. Berechnen Sie den makroskopischen Querschnitt Σ_f für die Spaltung einer Probe puren Urans ^{235}U bei diesen Energien und der korrespondierenden freien Weglänge. Der Diffusionskoeffizient D kann für diese Energien aus dem Streuquerschnitt zu $D = 1{,}72 \cdot 10^{-2}$ m berechnet werden. Berechnen Sie B^2 durch Uminterpretierung von Gl. (4.245). Geben Sie die kritische Größe einer reinen ^{235}U-Kugel sowie deren kritischer Masse an, indem Sie die Ergebnisse von Übung 4.31 verwenden.*

4.33 Plutoniumnitrat $PuO_2(NO_3)_2$ werde in Wasser gelöst. Zeigen Sie, daß die minimale Konzentration für eine kritische Lösung bei 9 g/kg ^{239}Pu liegt. Was schließen Sie daraus für die Lagerung von Lösungen? Sie können dabei die folgenden Daten verwenden: Für ^{239}Pu hat man $\nu = 3{,}0$, einen Spaltungsquerschnitt $\sigma_f = 664$ barn, einen Einfangquerschnitt von $\sigma_c = 361$ barn. Für N liegt der Einfangquerschnitt σ_c bei 1,78 barn, für Wasser ist $\sigma_c = 0{,}66$ barn. Vernachlässigen Sie alle Oberflächeneffekte. (Aus R. Stephenson, *Introduction to Nuclear Engineering*, McGraw-Hill, New York, 1954, Bsp. 4.13, S. 160) Wir wollen nun die ^{239}Pu-Konzentration verdoppeln und betrachten einen endlich großen Reaktor mit geringer Austrittswahrscheinlichkeit. Leiten Sie mit Gl. (4.259) die kritische Größe des Reaktors her. Da Strahlungsverluste durch schnelle Neutronen entstehen, verwende man für die Diffusionslänge einen höheren Zahlenwert, als er in Tabelle 4.6 angegeben wurde, z. B. den Wert $L = 0{,}06$ m.

4.34 Bei der Herleitung von Gl. (4.287) wurde der Beitrag durch die Bremsstrahlung vernachlässigt. Überprüfen Sie mit den im Text angegebenen Parametern, ob dies für Energien von $kT = 10$ keV zulässig ist.

4.35 Diskutieren Sie die Wärmediffusion einer Punktquelle im Ursprung, die zwischen t und $t + dt$ zu $F(t)dt$ führt. Lösen Sie die Wärmegleichung (4.15) zunächst für eine instantane Punktquelle zur Zeit $t = 0$ und dann für eine kontinuierliche Punktquelle. Die entstehenden Integrale erfordern eine genauere Angabe von $\Phi(t)$. Geben Sie das Ergebnis für $\Phi(t) = \Phi_0$ analytisch an. Für ein zerfallendes $\Phi(t)$ können Sie es auch numerisch berechnen. Es sei bemerkt, daß diese Aufgabe in einem anderen Zusammenhang auch in Abschnitt 5.1 gelöst wird.

* Bei einer genaueren Berechnung sollte man die Tatsache berücksichtigen, daß die Neutronendichte außerhalb der Kugel verschwindet, was die Masse näherungsweise um den Faktor 3 herabsetzt. Fügt man an der Außenseite der Kugel einen 235U -Reflektor hinzu, so würden die austretenden Neutronen reflektiert und die kritische Masse erneut um den Faktor 3–15 kg verringert werden. (vgl. Tab. 4.8)

Referenzen

[1] Frank P. Incropera und David P. DeWitt, *Introduction to Heat Transfer*, John Wiley, New York, 1990. Nützlich für Abschnitt 4.1. Ein Standardlehrbuch mit vielen Übungen, von denen einige für den vorliegenden Text übernommen wurden.

[2] Gerald W. Braun, Alexandra Suchard und Jennifer Martin, Hydrogen and Electricity as carriers of solar and wind energy for the 1990s and beyond, *Solar Energy Materials*, **24** (1991) 62–75.

[3] John H. Seinfeld, *Atmospheric Chemistry and Physics of Air Pollution*, John Wiley, New York, 1986. Hilfreich bei Abschnitt 4.2. Dieses Buch wurde auf einem etwas höheren Niveau geschrieben, als der vorliegende Text.

[4] W. F. Stoecker und J. W. Jones, *Refrigeration and Air Conditioning*, McGraw-Hill, New York, 1982.

[5] P. D. Dunn, Renewable Energies: Sources, Conversion, and Application, Peter Peregrinus, 1986. Benötigt für Kapitel 4.2 und 4.6. Besondere Berücksichtigung der Entwicklungsländer; die Mathematik wird einfach gehalten, die Physik ist anregend.

[6] Neil W. Ashcroft und N. David Mermin, *Solid State Physics*, Holt, Rinehart and Winston, New York, 1976, Kap. 29.

[7] J. B. Dragt, Wind Energy Conversion, *Europhys. News*, **24** (1993) 27–30.

[8] David O. Hall, Solar Energy Conversion through biology – could it be a practical energy source? Fuel, 57 (Juni 1978) 322–333.

[9] Samuel Glasstone und Alexander Sesonske, *Nuclear Reactor Engineering*, 3. Aufl., Van Nostrand, New York, 1981. Hilfreich für Abschnitt 4.5. Ein klassisches Lehrbuch zur Reaktortechnik.

[10] Trevor A. Kletz, *Cheaper, Safer Plants, or Wealth and Safety at Work*, Institute of Chemical Engineers, Rugby, Warwickshire, 1985.

[11] H. van Dam, *Rep. Prog. Phys.*, **11** (1992) 2025–77; vgl. S. 2073.

[12] Charles W. Forsberg und William J. Reich, Worldwide advanced nuclear Power reactors with passive and inherent safety: what, why, how and who, Oak Ridge Report ORNL/TM-11907, 1991. Hilfreich bei Abschnitt 4.5.

[13] R. W. Buddemeier und J. R. Hunt, Trnsport of colloidal contaminants in groundwater: radionuclide migration at the Nevada test site. *Applied Geochemistry*, **3** (1988) 535–48.

[14] Albert Betz, *Einführung in die Theorie der Strömungsmaschinen*, Braun, Karlsruhe, 1959, S. 226.

Weiterführende Literatur

Atkins, P. W., *Physikalische Chemie*, VCH Verlagsges., Weinheim, 1995. Ein schöner Text der sich insbesondere als Hintergrund zur chemischen Thermodynamik von Abschnitt 4.2 eignet.

Culp, Jr, Archie W., *Principles of Energy Conversion*, McGraw-Hill, New York, 1991. Obwohl es vom Ingenieurwissenschaftlichen Standpunkt aus geschrieben wurde, finden sich auch für Physiker zahlreiche nützliche Informationen insbesondere Für die Abschnitte 4..2 und 4.3.

Devins, Delbert W., *Energy, Its Physical Impact on the Environment*, John Wiley, New York, 1982. Ein Buch mit ausführlichen Erklärungen und physikalische Grundlagen; für die größten Teile von Kapitel 4 hilfreich.

Duderstadt, James J. und Louis J. Hamilton, *Nuclear Reactor Analysis*, John Wiley, New York, 1992. Eine Standardreferenz zu Abschnitt 4.5.1.

Efficient Use of Energy, American Institute of Physics Conference, Proceedings Nr. 25, American Institute of Physics, New York, 1978. Nützlich für Abschnitt 4.2, der Schwerpunkt liegt auf dem Wirkungsgrad nach dem zweiten Hauptsatz und dem wirtschaftlichen Energieverbrauch.

Johnson, Gary L., *Wind Energy Systems*, Prentice Hall, Englewood Cliffs, New Jersey, 1985. Hilfreich bei Abschnitt 4.4, der Text ist aber eher ingenieurwissenschaftlich orientiert.

Krenz, Jerold H., *Energy Conversion and Utilization*, Allyn and Bacon, Boston, 1976. Ein Buch, das sich auf dem gleichen Niveau wie das vorliegende befindet, aber den politischen Gesichtspunkt etwas stärker betont.

Palz, Wolfgang, *Solar Electricity*, UNESCO, 1978. Eine gut geschriebene Einführung für Abschnitt 4.4.1. Es gibt zahlreiche Details über die Abläufe innerhalb einer Solarzelle.

Report to the APS by the study group on nuclear fuel cycles and waste management, *Rev. Mod. Phys.*, **50**, Nr. 1, Teil II, 1978. Hilfreich für Abschnitt 4.5. Dieser Bericht hat seinen Schwerpunkt auf der zugrundeliegenden Physik und deren Kosten; er enthält Argumente zur weiteren Ausbreitung der Technologie.

Wesson, John, *Tokamaks*, Clarendon Press, Oxford, 1987. Hilfreich für Abschnitt 4.5.

Zemansky, Mark W. und Richard H. Dittmann, *Heat and Thermodynamics*, McGraw-Hill, 1981. Nützlich für Abschnitt 4.2 – ein Standardwerk der Thermodynamik.

5 Schadstofftransport

Die beste Art, mit Schadstoffen umzugehen, ist sicherlich, ihre Entstehung zu verhindern. Dies ist allerdings aus sozialen oder technischen Gründen leider nicht immer möglich, und es bestehen dann drei mögliche Vorgehensweisen:

a) Die Umwandlung der Schadstoffe in unschädliche Substanzen unter Verwendung chemischer oder biologischer Verfahren oder durch Bestrahlung.

b) Die Ausdünnung der Schadstoffe bis zum Erreichen von Konzentrationen, die als unschädlich erachtet werden können. Hier sollte aber die Tatsache ins Gedächtnis gerufen werden, daß es biologische Mechanismen gibt, die diese Ausdünnung durch erneute Konzentration wieder rückgängig machen. Fische filtern zum Beispiel enorme Mengen an Wasser und entnehmen diesem nicht nur ihre Nahrung sondern auch giftige Elemente wie Quecksilber (Hg).

c) Die Unterbringung der Schadstoffe an sicheren Orten, von denen aus sie nicht in die Umwelt geraten können.

In Bezug auf die Ausdünnung könnte der Physiker sich turbulenter Strömungen bedienen, die überall in der Natur vorkommen. Eine bei einem Verbrennungsprozeß entstehende Rauchschwade läuft durch die in der Luft vorhandenen Wirbel auseinander und verschwindet schließlich.

Allgemeiner gesagt, ist der hier relevante Bereich die Physik der Transportprozesse, die unterschieden werden in:

a) Impulstransport in Flüssigkeiten, der in der Strömungsdynamik behandelt wird,

b) Energietransport, insbesondere der schon in Abschnitt 4.1 besprochene Wärmetransport, und

c) Materietransport.

Die genannten Prozesse werden alle von ähnlichen Gleichungen bestimmt. Weiter unten in Abschnitt 5.4 werden die fundamentalen *Navier-Stokes-Gleichungen* hergeleitet und gleichzeitig deren Einschränkungen aufgezeigt. Als Einführung wird in Abschnitt 5.1 die Diffusion besprochen, in Abschnitt 5.2 das Fließverhalten von Flüssen und in Abschnitt 5.3 das Fließverhalten des Grundwassers. Diese Prozesse können mit einfachen Grundlagen verstanden werden.

Die Navier-Stokes-Gleichungen sind nichtlinear und in fast allen Fällen nur mit Hilfe der leistungsfähigsten Computer numerisch anzugehen. Die Methoden beruhen fast immer darauf, ein Gitternetz über den zu untersuchenden räumlichen Bereich zu legen, um dann örtliche und zeitliche Ableitungen an den Gitterpunkten zu berechnen. Dies impliziert aber, daß die Berechnungen immer für die betreffende Geometrie durchgeführt und für alle anderen Geometrien wiederholt werden müssen und daß außerdem alle Phänomene, die in kleineren Größenordnungen ablaufen als der des Gitters, nur näherungsweise oder durch Modelle beschrieben werden können.

Aus diesem Grunde ist es wichtig, ein Gefühl für die dahinterstehende Physik zu entwickeln. Die etwas überholten analytischen Methoden liefern höchstens einen Bezugsrahmen für genauere Berechnungen; obwohl sie üblicherweise leicht an einem PC durchgeführt werden können, dienen sie höchstens als Vorstellung für die gewünschten Näherungen. In Abschnitt 5.2 werden wir sehen, daß die turbulente Diffusion der Hauptmechanismus für die Dispersion von Schmutzstoffen ist, und in Abschnitt 5.5 wird dann in zusammengefaßter Form die traditionelle Diskussion über Turbulenzen dargestellt, um zu zeigen, daß es für eine erste Näherung meistens ausreicht, angepaßte Parameter in den Gleichungen zur Bestimmung des Diffusionstypus zu verwenden. Ein vereinfachtes Vorgehen wird dann in Abschnitt 5.6 gezeigt, in dem das ungefähre Verhalten einer Rauchschwade in der Luft durch Gaußsche Formeln beschrieben wird, dem sogenannten Gaußschen Rauchschwaden-Modell, das in der Praxis besser funktioniert als man erwarten würde.

In Abschnitt 5.7 werden turbulente Wirbel und Wasserstrahlen in ihrer einfachsten Form mittels intensivem Gebrauch der Dimensionsanalyse besprochen, um die entscheidenden Lösungen der Gleichungen in einer Näherung nullter Ordnung zu finden. Zum Schluß wird in Abschnitt 5.8 das Verhalten kleiner Partikel in der Atmosphäre zusammengefaßt.

Der Text wurde so strukturiert, daß der Leser die eher theoretischen Abschnitte 5.4 und 5.5 überspringen kann, ohne den Zusammenhang zu verlieren.

5.1 Diffusion

Ein Schadstoff wird sich von einer bestimmten Stelle innerhalb eines Gases oder einer Flüssigkeit aus im Laufe der Zeit über deren gesamten Ausdehnungsbereich verteilen, auch wenn sich das Gas oder die Flüssigkeit insgesamt in Ruhe befindet. Die physikalische Ursache dieses Vorganges sind die Kollisionen zwischen den Atomen und Molekülen: Ist die Größe der suspendierten Moleküle mit der der Moleküle des umgebenden Mediums vergleichbar, so spricht man von *molekularer Diffusion*, sind diese deutlich größer, so spricht man von *Brownscher Molekularbewegung*. Man kann die molekulare Diffusion beobachten, wenn man unter Ausschluß aller anderen Einflüsse einen Tropfen Tinte in stehendes Wasser gleicher Temperatur gibt.

Es sollte aber auch erwähnt werden, daß die molekulare Diffusion normalerweise ein untergeordneter Effekt zur Verteilung von Schadstoffen ist. Wichtiger sind hierbei Flüssigkeitsströme (Flüsse, Ozeane), Gase und die mit ihnen verbundene Turbulenz, was aber in einem späteren Abschnitt besprochen werden soll. Trotzdem gibt es allerdings Beispiele molekularer Diffusion, die vom Standpunkt des Umweltschutzes aus wichtig sind, so z. B. die Diffusion hochradioaktiver Substanzen in Tonen oder stehendem Grundwasser. Ein weiterer Grund, molekulare Diffusion zu besprechen, ist, daß die angewandten Techniken auch bei turbulenten Strömungen im großen Maßstab angewandt werden können.

Die Konzentration $C(x,y,z) = C(r)$ einer diffundierenden Substanz wird als ihre Masse ΔM geteilt durch das Volumen der Probe ΔV definiert, in dem es verteilt ist:

$$C = \frac{\Delta M}{\Delta V} . \tag{5.1}$$

Hierbei wird angenommen, daß ΔV groß im Vergleich zu a^3 ist, mit a als mittlerer freier Weglänge zwischen den diffundierenden Molekülen oder Teilchen. Außerdem geht man wie üblich davon aus, daß $C(r)$ eine stetig differenzierbare Funktion ist und daß die Konzentration C so klein ist, daß die durch die Diffusion in einem Volumenelement verursachte Massenveränderung vernachlässigt werden kann.

Der Fluß $\boldsymbol{F}$ zeigt in die Richtung, in die die suspendierenden Teilchen sich bewegen; sein Betrag F entspricht der Masse der innerhalb einer Sekunde (s) durch eine Fläche von einem m^2 und in Richtung von $\boldsymbol{F}$ diffundierenden Teilchen. Die Beziehung zwischen dem Fluß und der Konzentration C ist als *Ficksches Gesetz* bekannt:

$$\boldsymbol{F} = -D\nabla C \ . \tag{5.2}$$

Die Konstante D wird als *Diffusionskoeffizient* oder *Diffusionskonstante* bezeichnet und hängt von der Temperatur, dem Molekulargewicht usw. ab; sie kann wie das Ficksche Gesetz aus der kinetischen Gastheorie hergeleitet werden. Einige Zahlenwerte werden in Tabelle 5.1 wiedergegeben, und man sieht, daß das Ficksche Gesetz (5.2) gerade analog zu Gl. (4.1) ist, welche den Wärmefluß q beschreibt, der proportional zum Temperaturgradienten verläuft. Aus diesem Grunde wird Gl. (4.1) auch oft als Gesetz der Wärmediffusion bezeichnet.

Es sollte außerdem noch erwähnt werden, daß das Ficksche Gesetz auch in Gl. (4.247) besprochen wurde, wo der Neutronenfluß J als proportional zum Gradienten der Neutronendichte n angenommen wurde.

Die Konzentration C kann eine Funktion der Zeit t sein, und mit $C = C(r,t)$ und der Kontinuitätsgleichung oder der Erhaltung der sich verteilenden Masse erhält man

$$\frac{\partial C}{\partial t} + \nabla \cdot \boldsymbol{F} = 0 \ . \tag{5.3}$$

Betrachtet man den Fall einer Dispersion in laminarem Fluß mit einer vom Ort r unabhängigen Geschwindigkeit $\boldsymbol{u}$, dann hat auch der Fluß $\boldsymbol{F}$ eine durch die Geschwindigkeit $\boldsymbol{u}$ bedingte Komponente

$$\boldsymbol{F} = \boldsymbol{u}C - D\nabla C \tag{5.4}$$

Tabelle 5.1 Diffusionskoeffizienten D in $m^2\ s^{-1}$ bei 25 °C und Normaldruck. (Aus: L. P. B. M. Janssen und M. M. C. G. Warmoeskerken, *Transport Phenomena Data Companion*, Edward Arnold, London, 1987, S. 143.)

	$D(m^2\ s^{-1})$
CO_2 in Luft	$16{,}4 \times 10^{-6}$
Wasserdampf in Luft	$25{,}6 \times 10^{-6}$
C_6H_6 (Benzol) in Luft	$8{,}8 \times 10^{-6}$
CO_2 in Wasser	$1{,}60 \times 10^{-9}$
N_2 in Wasser	$2{,}34 \times 10^{-9}$
H_2S in Wasser	$1{,}36 \times 10^{-9}$
NaCl in Wasser	$1{,}30 \times 10^{-9}$

Der erste Term auf der rechten Seite beschreibt den Fluß bei einer Konzentration C und einer Geschwindigkeit $\boldsymbol{u}$. Dieser Effekt wird auch als Advektion der Teilchen mit dem Fluß bezeichnet. Die Massenerhaltung ergibt dann durch Kombination von Gl. (5.3) und Gl. (5.4)

$$\frac{\partial C}{\partial t}+\boldsymbol{u}\cdot\nabla C-D\Delta C=0 \ ,$$

wobei angenommen wird, daß $\boldsymbol{u}$ und D ortsunabhängig sind. Man erhält durch Umstellung

$$\frac{\partial C}{\partial t}+\boldsymbol{u}\cdot\nabla C=D\Delta C \ . \tag{5.5}$$

Die linke Seite ist die totale Ableitung der Funktion $C\,(x(t), y(t), z(t), t)$ nach der Zeit:

$$\frac{\mathrm{d}C}{\mathrm{d}t}=\frac{\partial C}{\partial t}+\frac{\partial C}{\partial x}\frac{\partial x}{\partial t}+\frac{\partial C}{\partial y}\frac{\partial y}{\partial t}+\frac{\partial C}{\partial z}\frac{\partial z}{\partial t}=\frac{\partial C}{\partial t}+\nabla C\boldsymbol{u}=\frac{\partial C}{\partial t}+\boldsymbol{u}\nabla C \ . \tag{5.6}$$

Hierbei sind in $C\,(x, y, z)$ die Koordinaten $x(t)$, $y(t)$, $z(t)$ zeitabhängig, so daß man dem Fluß folgt und ihre zeitlichen Ableitungen die Geschwindigkeit $\boldsymbol{u}$ ergeben.

Es ist dabei hilfreich, Gl. (5.6) im eindimensionalen Fall zu betrachten. Vernachlässigt man die Diffusion und beschränkt sich auf die Advektion, so läßt sich der lokale Anstieg ∂C am Punkt (x,t) in folgender Form schreiben

$$\partial C=C(x,t+\mathrm{d}t)-C(x,t)=C(x-\mathrm{d}x,t)-C(x,t) \ , \tag{5.7}$$

weil die Konzentration C am Punkt $(x, t + \mathrm{d}t)$ gleich der am Punkt $(x - \mathrm{d}x, t)$ ist. Die Geschwindigkeit ist dabei gegeben durch $u = \mathrm{d}x / \mathrm{d}t$. Taylorentwicklung (bis zur linearen Ordnung in x) ergibt

$$\partial C=C(x,t)-\frac{\partial C}{\partial x}\mathrm{d}x-C(x,t)=-\frac{\partial C}{\partial x}\frac{\mathrm{d}x}{\mathrm{d}t}\mathrm{d}t=-u\frac{\partial C}{\partial t}\mathrm{d}t$$

$$\frac{\partial C}{\partial t}=-u\frac{\partial C}{\partial x} \qquad \text{oder} \tag{5.8}$$

$$\frac{\partial C}{\partial t}+u\frac{\partial C}{\partial x}=0 \ ,$$

was gerade die eindimensionale Form von Gl. (5.5) darstellt. Tatsächlich haben wir in Gl. (5.7) davon Gebrauch gemacht, daß $\mathrm{d}C/\mathrm{d}t = 0$ wenn man der Strömung folgt. Gl. (5.8) stellt somit lediglich einen Sonderfall von Gl. (5.6) dar.

Kommen wir aber zurück auf Gl. (5.6), so sollte erwähnt werden, daß diese Gleichung für jede beliebige Größe gilt, die eine Funktion des Ortes und der Zeit ist. Man kann also die Operatoridentität folgendermaßen formulieren:

$$\frac{\mathrm{d}}{\mathrm{d}t}=\frac{\partial}{\partial t}+\boldsymbol{u}\cdot\nabla \ . \tag{5.9}$$

Hierbei kann $\boldsymbol{u}$ zeit- und ortsabhängig sein. Bei der Herleitung von Gl. (5.5) aus Gl. (5.4) wurde angenommen, daß $\nabla\cdot\boldsymbol{u}=0$ gilt; man kann dann Gl. (5.5) umschreiben zu

$$\frac{\mathrm{d}C}{\mathrm{d}t}=D\Delta C \ . \tag{5.10}$$

Diese Gleichung gilt sowohl für ruhende als auch für bewegte Flüssigkeiten/Gase mit $\nabla \cdot \boldsymbol{u} = 0$, und in beiden Fällen wurde D als konstant angenommen. Die Diffusionsgleichung (5.10) ist identisch mit derjenigen, der wir bei der Wärmediffusion in Gl. (4.18) begegnet sind, so daß hierfür die gleichen Beispiele wie in Abschnitt 4.1 angegeben werden können, diese jedoch eine andere physikalische Bedeutung haben. Hier wollen wir statt dessen aber einige andere Beispiele besprechen.

Instantane Flächenquelle in drei Dimensionen

Betrachten wir ein in Ruhe befindliches, homogenes Medium, also $\boldsymbol{u} = 0$ und D = konst. Nimmt man den Fall, daß die Konzentration lediglich eine Funktion von x und unabhängig von y, bzw. z ist, so vereinfacht sich Gl. (5.5) zu

$$\frac{\partial C}{\partial t} = D \frac{\partial^2 C}{\partial x^2} \quad . \tag{5.11}$$

Eine Lösung dieser Gleichung wäre dann, wie man durch Substitution (Übung. 5.3) nachprüfen kann, die Gauß-Funktion

$$C(x,t) = \frac{Q}{2\sqrt{\pi D t}} \mathrm{e}^{-x^2/(4Dt)} \quad . \tag{5.12}$$

Der Vorfaktor wurde so gewählt, daß für $t \to 0$ eine Deltafunktion resultiert, die in Anhang A genauer besprochen wird.

$$C(x, t \to 0) = Q\delta(x) \tag{5.13}$$

Man kann deshalb die Lösung (5.12) als die Situation auffassen, bei der zum Zeitpunkt $t = 0$ eine Menge von Q kg m^{-2} in der Ebene $x = 0$ frei wird (eine instantane Flächenquelle). Man kann Gl. (5.12) aber auch als die Lösung des eindimensionalen Problems auffassen, bei dem die Menge Q bei $x = 0$ zur Zeit $t = 0$ frei wird (eine instantane Punktquelle in einer Dimension). Hiervon wird in Abschnitt 5.3 weitestgehend Gebrauch gemacht. Für Zeiten $t > 0$ verteilt sich die Konzentration symmetrisch und es gilt das gleiche Integral

$$\int_{-\infty}^{\infty} C \,\mathrm{d}x = Q \quad . \tag{5.14}$$

Eine andere Möglichkeit, sich die Gauß-Verteilung (5.12) anzusehen, besteht über den mittleren quadratischen Abstand σ, bis zu dem die Teilchen diffundiert sind:

$$\sigma^2 = \frac{1}{Q} \int_{-\infty}^{\infty} C x^2 \mathrm{d}x = 2Dt \qquad \text{oder} \tag{5.15}$$

$$C = \frac{Q}{\sigma\sqrt{2\pi}} \mathrm{e}^{-x^2/(2\sigma^2)} \quad , \tag{5.16}$$

wobei die Zeitbhängigkeit in σ verborgen ist.

Eine Wolke endlicher Größe

Man betrachte nun eine zum Zeitpunkt $t = 0$ frei werdende „Wolke“ mit den Anfangsbedingungen

$$\begin{aligned} &C = C_0 \text{ für } -\frac{b}{2} < x < \frac{b}{2}, \qquad t = 0, \\ &C = 0 \text{ sonst}, \qquad t = 0. \end{aligned} \tag{5.17}$$

Diese Wolke wird dann orthogonal zur Ebene $x = 0$ diffundieren. Man kann Gl. (5.11) mit diesen Anfangsbedingungen lösen, wenn man die Wolke als eine Überlagerung einer Vielzahl von Deltafunktionen betrachtet:

$$C_0 \delta(x - x')\mathrm{d}x' \ ,$$

von denen eine jede die Lösung (5.16) hat, wenn der Ursprung nach $x = x'$ verlegt wird:

$$\frac{C_0 \mathrm{d}x'}{\sigma\sqrt{2\pi}} \mathrm{e}^{-(x-x')^2/(2\sigma^2)} \ . \tag{5.18}$$

Die vollständige Lösung ergibt sich dann zu

$$\frac{C_0}{\sigma\sqrt{2\pi}} \int_{-b/2}^{b/2} \mathrm{e}^{-(x-x')^2/(2\sigma^2)} \mathrm{d}x' \ , \tag{5.19}$$

wobei man berücksichtigen sollte, daß $\sigma^2 = 2Dt$, also unabhängig von x' ist. Da das Problem in ähnlicher, wenn auch nicht gleicher Form schon in Gl. (4.2) besprochen wurde, scheint es kaum überraschend, daß erneut die Fehlerfunktion in der Lösung von Gl. (5.19) auftritt. Folgen wir den in Anhang A angegebenen Definitionen aus Gl. (A.5), so gilt

$$C(x) = \frac{C_0}{2}\left[\operatorname{erf}\left(\frac{b/2 + x}{\sigma\sqrt{2}}\right) + \operatorname{erf}\left(\frac{b/2 - x}{\sigma\sqrt{2}}\right)\right] \ . \tag{5.20}$$

Instantane Linien- und Punktquellen in drei Dimensionen

Gleichung (5.16) ergab die Lösung der Diffusionsgleichung (5.10) für eine instantane Flächenquelle bei $x = 0$ zur Zeit $t = 0$. In Analogie kann man für die Lösung einer instantanen Linien- oder Punktquelle schreiben

$$C = \frac{Q}{\left(\sigma\sqrt{2\pi}\right)^n} \mathrm{e}^{-r^2/(2\sigma^2)} \ , \tag{5.21}$$

wobei r den Abstand zur Quelle und n die Anzahl der kartesischen Koordinaten (x,y,z) angibt, die r definieren. Für $n = 1$ und $r^2 = x^2$ reduziert sich dieses auf Gleichung (5.16). Es gibt nur eine relevante Dimension, so daß das Problem dem schon erwähnten eindimensionalen Problem äquivalent ist. Für eine instantane Linienquelle gibt es zwei relevante Dimensionen, man würde in Gl. (5.21) $n = 2$ setzten und $r^2 = x^2 + y^2$. Für eine instantane

Punktquelle benötigt man alle drei Dimensionen und es gilt $n = 3$ und $r^2 = x^2 + y^2 + z^2$. Durch Substitution kann man zeigen, daß Gl. (5.21) zutrifft (vgl. Übung 5.3). In allen drei Fällen gilt

$$\sigma^2 = 2Dt \; . \tag{5.22}$$

Es ist klar, daß σ in Metern und die Konzentration C in kg m^{-3} ausgedrückt wird, so daß Q für eine Flächenquelle in kg m^{-2}, für eine Linienquelle in kg m^{-1}, und für eine Punktquelle in kg ausgedrückt wird. Für eine Punktquelle in einer Dimension wird C also in kg m^{-1} ausgedrückt und Q wiederum in kg.

Kontinuierliche Punktquellen in drei Dimensionen

Man betrachte eine im Ursprung befindliche Punktquelle, die zum Startzeitpunkt $t = 0$ beginnt, kontinuierlich mit einer Rate von q kg s^{-1} zu emittieren. Innerhalb eines Zeitintervalls dt' wird also $q\,dt'$ emittiert. Zu einer bestimmten Zeit t findet man an einem Ort r die Konzentration $C(r,t)$ durch Integration der Gl. (5.21) für $n = 3$, also durch Addition aller individuellen und augenblicklichen „Stöße“ zu Zeiten t' vor t. Man muß bemerken, daß $\sigma^2 = 2Dt$ in Gl. (5.21) explizit aufgeschrieben werden sollte, da zur Zeit t der Beitrag eines Stoßes bei t' gefunden wird, indem man $\sigma^2 = 2D(t - t')$ setzt. Man erhält

$$C = \frac{q}{8(\pi D)^{3/2}} \int_0^t e^{-r^2/[4D(t-t')]} \frac{dt'}{(t-t')^{3/2}} \; . \tag{5.23}$$

Man sollte versuchen, dieses in eine der Fehlerfunktion (A.5) oder deren Umkehrfunktion (A.7) ähnliche Form zu bringen. Durch Substitution von $\beta^2 = r^2 / 4D(t - t')$ ergibt sich

$$C(r) = \frac{q}{4\pi Dr} \operatorname{erfc}\left(\frac{r}{2\sqrt{Dt}}\right) \; . \tag{5.24}$$

Punktquelle bei gleichmäßigem Wind

Betrachten wir nun eine Punktquelle, die sich in einer gleichförmigen und zur x-Achse parallelen Strömung (von Luft oder Wasser) mit der Geschwindigkeit $\boldsymbol{u}$ befindet. Für eine *instantane* Punktquelle, die sich zur Zeit $t = 0$ im Ursprung befindet, verwendet man das mit der Flüssigkeit mitbewegte System x', y', z'. Man erhält somit aus Gl. (5.21)

$$C = \frac{Q}{\left(\sigma\sqrt{2\pi}\right)^3} e^{-(x'^2 + y'^2 + z'^2)/(2\sigma^2)} \; . \tag{5.25}$$

Unter Verwendung einer Galilei-Transformation ergibt sich für ein ruhendes Koordinatensystem dann

$$C = \frac{Q}{\left(\sigma\sqrt{2\pi}\right)^3} \mathrm{e}^{-\left[(x'-ut)^2+y'^2+z'^2\right]/\left(2\sigma^2\right)} \quad , \tag{5.26}$$

wobei man beachten muß, daß $\sigma^2 = 2Dt$ gilt. Es läßt sich überprüfen, daß die Konzentration C in Gl. (5.26) derjenigen aus Gl. (5.5) entspricht, die für eine gleichmäßige Strömung mit der Geschwindigkeit $\boldsymbol{u}$ zutrifft (vgl. Übung 5.5). Nebenbei sei bemerkt, daß im eindimensionalen Fall die Lösung (5.12) angewandt werden kann, in der man x durch $x - ut$ ersetzt.

Um die Konzentration C zu finden, die durch eine *kontinuierliche* Punktquelle im Ursprung bei einer gleichmäßigen Strömung u erzeugt wird, verknüpft man die Vorgehensweisen die zu den Gleichungen (5.23) und (5.26) geführt haben. Man betrachtet wie in Gl. (5.23) einen Delta-Stoß zur Zeit t' der Größe $q\,\mathrm{d}t'$. Der Integrand aus Gl. (5.23) enthält den Faktor r^2, der sich jetzt als

$$r^2 = (x')^2 + (y')^2 + (z')^2$$

liest. Um zu einem ruhenden Koordinatensystem zurückzukehren schreibt man

$$\begin{aligned} x' &= x - u(t-t') \\ y' &= y \quad , \\ z' &= z \end{aligned}$$

da für $t = t'$ beide Koordinatensysteme übereinander liegen. Dieses Argument führt zum Integral

$$C = \frac{q}{8(\pi D)^{3/2}} \int_0^t \mathrm{e}^{-\left\{\left[x-u(t-t')\right]^2+y^2+z^2\right\}/\left[4D(t-t')\right]} \frac{\mathrm{d}t'}{(t-t')^{3/2}} \quad . \tag{5.27}$$

Vereinfacht man diesen Ausdruck durch Substitution von $\beta^2 = r^2 / 4D(t-t')$, so erhält man ein Integral mit den Integrationsgrenzen $r / 2\sqrt{Dt}$ und ∞. Da dieses die einzige verbliebene Zeitabhängigkeit darstellt, nimmt man den Grenzwert für $t \to \infty$, um die untere Grenze gleich Null zu setzen, und erhält aus einer Integraltabelle

$$C = \frac{q}{4\pi r D} \mathrm{e}^{-u(r-x)/(2D)} \quad , \tag{5.28}$$

wobei $r^2 = x^2 + y^2 + z^2$ gilt. Die Beziehung (5.28) beschreibt eine sich verteilende Schwebstoffwolke in einer Strömung u nach einer sehr langen Zeit t. In Bild 5.1 sieht man Linien gleicher Konzentration in der Ebene $z = 0$. Man kann $\bar{x} = ux / D$ und $\bar{y} = uy / D$ als dimensionslose Variablen verwenden und erhält dann aus Gl. (5.28) folgende Lösung

$$C = \frac{qu}{4\pi\bar{r}D^2} \mathrm{e}^{-(\bar{r}-\bar{x})^2/(2D)} \quad , \tag{5.29}$$

mit $\bar{r}^2 = \bar{x}^2 + \bar{y}^2$. Setzt man dann $\tilde{C} = 4\pi D^2 C / (qu)$, so folgt

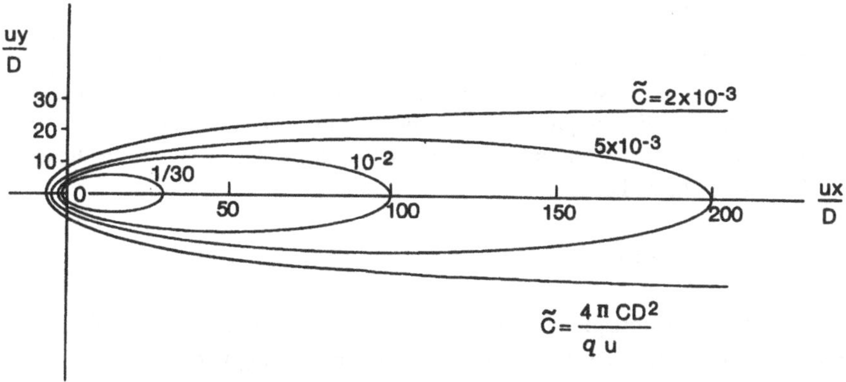

Bild 5.1 Linien konstanter Konzentration in der Ebene $z = 0$ nach langer Zeit für eine kontinuierliche Punktquelle, die sich in einem gleichförmigen Geschwindigkeitsfeld in x-Richtung am Ursprung befindet. (Aus: G. D. Csanady, Turbulent Diffusion in the Environment, Reidel Publishing, Dordrecht, Niederlande, 1973, Abb. 1.9a, S. 18)

$$\tilde{C} = \frac{1}{\bar{r}} e^{-(\bar{r}-\bar{x})/2} \quad . \tag{5.30}$$

In Bild 5.1 wird deutlich, wie „schmal" die Wolke ist. Für große x (stromabwärts) kann man deshalb in den üblichen Variblen x, y und z nähern:

$$r = x + (y^2 + z^2)/(2x)$$

und findet für große x-Werte (und nach einer langen Zeit t)

$$C = \frac{q}{2\pi u \sigma^2} e^{-(y^2+z^2)/(2\sigma^2)} \tag{5.31}$$

mit $\sigma^2 = 2Dx/u$. Die Exponentialfunktion beschreibt die zur Strömung orthogonale Dispersion. Die Standardabweichung σ ist offensichtlich proportional zur Entfernung x, in der die Dispersion auftrat und gleichermaßen auch proportional zur Zeit t, die die Dispersion benötigte, um zum Ort x zu gelangen. Sie hängt nicht von Wolken ab, die vor- oder nachher abgegeben wurden. Also haben einzelne Wolken keinerlei Einfluß, und die Diffusion entlang der x-Achse ist in den Grenzwerten für große t und x vernachlässigbar.

Mit Gl. (5.31) kann man direkt den Ausdruck für eine unendlich lange Linienquelle niederschreiben, die mit einer Rate von q kg m^{-1} s^{-1} und orthogonal zur gleichförmigen Strömung emittiert. Die Linie soll in z-Richtung verlaufen, so daß die z-Abhängigkeit verschwindet. Wegen Gl. (5.21) muß man mit $\sigma\sqrt{2\pi}$ multiplizieren und erhält dann

$$C = \frac{q}{\sqrt{4\pi D x u}} e^{y^2 u/(4Dx)} \quad . \tag{5.32}$$

Einfluß der Randbedingungen

Werden die entsprechenden Randbedingungen gewählt, so gelten diese Differentialgleichungen auch noch, wenn Wände vorhanden sind. Betrachtet man dazu das eindimensionale Problem einer instantanen Flächenquelle ohne äußere Winde, wobei sich die Wolken in x-Richtung bewegen, so ist beim Vorhandensein einer Wand am Ort $x = -L$ an dieser Stelle die Strömung F gleich Null und es gilt

$$F = -D\frac{\partial C}{\partial x} = 0 \quad (x = -L) \ . \tag{5.33}$$

Obwohl Gl. (5.12) die Diffusionsgleichung (5.11) löst, sieht man, daß die Randbedingungen nicht erfüllt werden. Mathematisch betrachtet muß man eine imaginäre Quelle bei $x = -2L$ hinzufügen, die die gleiche Strömung bei $x = -L$, aber in umgekehrter Richtung erzeugen würde. Die Summe der beiden Lösungen ist wiederum eine Lösung der linearen Gleichung und erfüllt diesmal die Randbedingungen; die endgültige Lösung sieht dann folgendermaßen aus:

$$C = \frac{Q}{2\sqrt{\pi D t}}\left[e^{-x^2/(4Dt)} + e^{-(x+2L)^2/(4Dt)}\right] \quad (x > -L) \ . \tag{5.34}$$

Dieses ist ausreichend, um die Diffusionsgleichung für die Luft zu lösen, wobei der Boden als Wand dienen würde. Für einen Fluß ergäben sich Randbedingungen bei $x = L$ und $x = -L$. Fügt man eine imaginäre Quelle bei $x = -2L$ hinzu, soerhält man die rechte Randbedingung bei $x = -L$, aber nicht die bei $x = L$. Um beide Randbedingungen gleichzeitig zu erhalten, benötigt man daher eine ganze Serie von Spiegelquellen bei $x > -2L$, $-4L$, $-6L$,... und $x > 2L$, $4L$, $6L$,.... Es folgt dann

$$C = \frac{Q}{2\sqrt{\pi D t}}\sum_{n=-\infty}^{\infty} e^{-(x+2nL)^2/(4Dt)} \tag{5.35}$$

5.2 Strömungen in Flüssen

Die uns hier interessierende Frage ist, wie sich die Schadstoffe flußabwärts verteilen, die bei einer Fabrik eingeleitet werden. Natürlich erwartet man, daß sich der Schadstoff verteilt und somit flußabwärts eine geringere Konzentration, aber über einen größeren Bereich verteilt, gefunden wird. Die Strömungsrichtung wird weiterhin in x-Richtung liegen, und auch die mittlere Strömungsgeschwindigkeit $\boldsymbol{u}$ weist in diese Richtung. Die Senkrechte liegt in z-Richtung, und die y-Koordinate zeigt in die verbleibende Richtung – horizontal bzw. orthogonal auf der Strömungsrichtung.

Die dreidimensionale Diffusionsgleichung bei einer Strömung der Geschwindigkeit $\boldsymbol{u}$ wurde bereits in Abschnitt 5.1 hergeleitet. Der Fluß $\boldsymbol{F}$ wurde in Gl. (5.4) als die Summe der Advektion $\boldsymbol{u}C$ und der Diffusion geschrieben:

$$\mathbf{F} = \boldsymbol{u}C - D\nabla C \ . \tag{5.36}$$

Danach wurde die Kontinuitätsgleichung (5.3) angewandt, was zu

$$\frac{\partial C}{\partial t} + \nabla(\boldsymbol{u}C) - \nabla(D\nabla C) = 0 \tag{5.37}$$

führte. Bei konstanter Geschwindigkeit $\boldsymbol{u}$ und zusätzlich mit einer vom Ort unabhängigen Diffusionkonstante D kann die resultierende Gleichung als

$$\frac{\partial C}{\partial t} + \mathbf{u} \cdot \nabla C - D\Delta C = 0 \tag{5.38}$$

oder

$$\frac{\mathrm{d}C}{\mathrm{d}t} - D\Delta C = 0 \tag{5.39}$$

geschrieben werden, wobei wiederum die totale Ableitung $\mathrm{d}C/\mathrm{d}t$ verwandt wurde. Es ist wichtig, die bei der Formulierung dieser Gleichungen vorausgesetzten Bedingungen zu beachten, da in echten Strömungen die Geschwindigkeit ortsabhängig und die Diffusionskoeffizienten für die x-, y- und z-Richtung unterschiedlich sein können. Dieses würde für Gl. (5.36) zu einem komplizierteren Ausdruck führen.

Eine eindimensionale Näherung

Die einfachste Möglichkeit, das Problem anzugehen, besteht darin, es auf eine Dimension zu reduzieren. Man nehme dazu an, daß der Schadstoff über die gesamte Breite und Tiefe gleichmäßig zugeführt wird, so daß die einzige relevante Koordinate in x-Richtung ist, die parallel zur Strömung liegt, und man dann eine eindimensionale Form für Gl. (5.38) findet.

In einem Fluß, wie er in Bild 5.2 dargestellt ist, findet man eine Geschwindigkeitsverteilung $u(y)$ mit einem in der Mitte der Strömung liegendem Maximum. Man betrachte nun zwei dicht beeinander liegende Teilchen, von denen sich eines ein wenig in y-Richtung bewegt, während das andere in Ruhe verharrt. Das erste Teilchen erhält im Gegensatz zum zweiten eine zusätzliche Geschwindigkeit in x-Richtung und entfernt sich deshalb schneller vom Ursprung als das zweite ohne Diffusion. Dies bedeutet aber, daß der effektive Diffusionskoeffizient größer als die Diffusionskonstante sein muß. Bevor wir auch auf Turbulenzen eingehen, werden wir zunächst aber nur die molekulare Diffusion besprechen.

Um die relevanten Gleichungen herzuleiten, ist es nötig, über die Breite W (engl. = *width*) gemittelte und über die Tiefe $h(y)$ gewichtete Größen einzuführen. Wir nehmen zusätzlich an, daß sich diese Variablen nicht in der Senkrechten (z-Richtung) ändern und definieren außer $u(y)$ noch $\overline{u}$ durch

$$\overline{u} = \frac{1}{A}\int_0^W u(y)h(y)\mathrm{d}y \quad , \tag{5.40}$$

wobei A die Querschnittsfläche des Flusses ist. Man beachte, daß die Größe $A\overline{u}$ das innerhalb einer Zeiteinheit diesen Querschnitt passierende Wasservolumen darstellt. Über die Schadstoffkonzentration $C(x,y,t)$ wird ein Mittelwert $\overline{C}$ definiert:

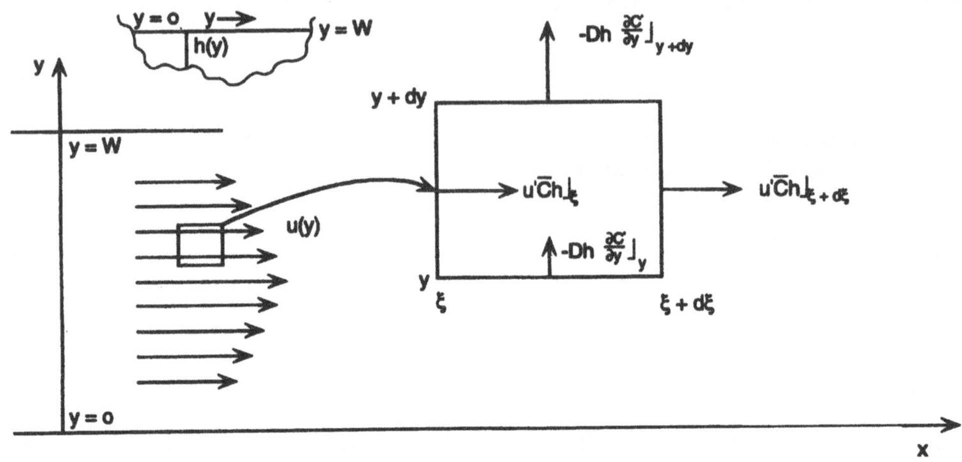

Bild 5.2 Interpretation der eindimensionalen Dispersionsgleichung. Auf der linken Seite ist eine Strömung skizziert, von der ein kleiner Ausschnitt auf der rechten Seite vergrößert dargestellt ist. Die angegebenen Variablen beziehen sich auf ein mit der Durchschnittsgeschwindigkeit mitbewegtes Koordinatensystem.

$$\overline{C} = \frac{1}{A}\int_0^W C(x, y, t)h(y)dy \quad . \tag{5.41}$$

Mit den Mittelwerten können die genauen Werte als

$$u(y) = \overline{u} + u'(y) \tag{5.42}$$

geschrieben werden, woraus folgt, daß

$$\frac{1}{A}\int u'(y)h(y)dy = 0 \tag{5.43}$$

ist. Wir definieren außerdem

$$C(x, y, t) = \overline{C}(x, t) + C'(x, y, t) \, . \tag{5.44}$$

Die Diffusionsgleichung in drei Dimensionen wurde bereits in Gl. (5.39) angegeben und lautet

$$\frac{\mathrm{d}C}{\mathrm{d}t} = D\Delta C \quad , \tag{5.45}$$

wobei auf der linken Seite ein totales Differential steht. Es fällt nicht schwer, hiermit eine Galilei-Transformation durchzuführen, so daß man sich in einem System befindet, in dem die mittlere Geschwindigkeit verschwindet:

$$\xi = x - \overline{u}t, \quad y = y, \quad t = t. \tag{5.46}$$

Jetzt kann man das totale Differential nach der Zeit umschreiben und erhält dann

$$\frac{\mathrm{d}}{\mathrm{d}t}=\frac{\partial}{\partial t}+\frac{\partial \xi}{\partial t}\frac{\partial}{\partial \xi}=\frac{\partial}{\partial t}+(u-\overline{u})\frac{\partial}{\partial \xi}=\frac{\partial}{\partial t}+u'\frac{\partial}{\partial \xi} , \tag{5.47}$$

wobei allerdings angenommen wurde, daß die Strömung nur in ξ-Richtung erfolgt. Es ergibt sich daraus

$$\frac{\partial}{\partial t}\left(\overline{C}+C'\right)+u'\frac{\partial}{\partial \xi}\left(\overline{C}+C'\right)=D\left[\frac{\partial^2}{\partial \xi^2}\left(\overline{C}+C'\right)+\frac{\partial^2 C'}{\partial y^2}\right] . \tag{5.48}$$

In dieser Gleichung kann die Diffusion in ξ-Richtung auf der rechten Seite vernachlässigt werden, da die Geschwindigkeitsänderung aufgrund der Diffusion in y-Richtung überwiegt. Mit Hilfe einiger Argumente des britischen Mathematikers Taylor können die meisten der übrigen Terme vernachlässigt werden, und es folgt für die angegebenen Randbedingungen

$$u'\frac{\partial \overline{C}}{\partial \xi}=D\frac{\partial^2 C'}{\partial y^2} \quad \text{mit} \quad \frac{\partial C'}{\partial y}=0 \text{ für } y=0,\, W . \tag{5.49}$$

Anstatt die Taylorschen Argumente zusammenzufassen ist es sinnvoller, sich die rechte Seite von Bild 5.2 nochmals genauer anzusehen, die ja den Fluß im bewegten Koordinatensystem darstellt. Man betrachte ein Rechteck, um die eintretenden und austretenden Strömungen zu analysieren. In der x-Richtung wird dabei nur der Advektionsfluß ($u'\overline{C}h$) berücksichtigt, was heißt, daß die Advektion durch die gemittelte Konzentration bestimmt wird, und die Änderungen von u' und h in ξ-Richtung vernachlässigt werden können. In der y-Richtung tritt nur die bestimmte Diffusion auf (die Ableitung von C nach y), die gleich der Ableitung von C' nach y ist. Für ein Rechteck im bewegten Koordinatensystem bleibt die gesamte Schadstoffmenge konstant, woraus bei der Verwendung der ersten Terme der Taylor-Entwicklung nach ξ und y sofort folgt

$$u'h\frac{\partial \overline{C}}{\partial \xi}=\frac{\partial}{\partial y}\left(Dh\frac{\partial C'}{\partial y}\right). \tag{5.50}$$

Bei konstanter Diffusion D und Tiefe h erhält man daraus tatsächlich Gl. (5.49). Wir merken an, daß Gl. (5.50) eine Gleichgewichtssituation voraussetzt, in der sich Zu- und Abfluß gegenseitig aufheben, was nur nach ausreichend langen Zeiträumen erreicht wird.

Im folgenden verwenden wir Gl. (5.50), da sie allgemeiner ist, und integrieren zweimal

$$\frac{\partial \overline{C}}{\partial \xi}\int_0^y \frac{1}{Dh(y_2)}\int_0^{y_2} u'(y_1)h(y_1)\mathrm{d}y_1\mathrm{d}y_2 = C'(y)-C'(0) , \tag{5.51}$$

wobei die Randbedingungen aus Gl. (5.49) verwandt wurden. Der Schadstoffstrom durch eine Flächeneinheit orthogonal zur ξ-Richtung ist somit

$$J(\xi)=\frac{1}{A}\int_0^W Cu'h\mathrm{d}y$$
$$=\frac{\partial\overline{C}}{\partial\xi}\frac{1}{A}\int_0^W u'(y)h(y)\int_0^y\frac{1}{Dh(y_2)}\int_0^{y_2}u'(y_1)h(y_1)\mathrm{d}y_1\mathrm{d}y_2\mathrm{d}y \quad . \tag{5.52}$$

Hier wurde die Konzentration C durch $C'(y) - C'(0)$ ersetzt. Die Differenz zu $C(x,y,t)$ ist gleich $\overline{C}(x,t)+C'(0)$, welche unabhängig von y sind. Das mit $u'h$ gewichtete Integral verschwindet wegen Gl. (5.43) und man kann Gl. (5.52) umschreiben zu

$$J=-K\frac{\partial\overline{C}}{\partial\xi} \quad , \tag{5.53}$$

$$K=-\frac{1}{A}\int_0^W u'(y)h(y)\int_0^y\frac{1}{Dh(y_2)}\int_0^{y_2}u'(y_1)h(y_1)\mathrm{d}y_1\mathrm{d}y_2\mathrm{d}y \quad , \tag{5.54}$$

worin Gl. (5.54) den *longitudinalen Dispersionskoeffizienten* K definiert. Schließlich führt die Massenerhaltung genau wie bei der Diffusion in Gl. (5.3) zu

$$\frac{\partial\overline{C}}{\partial t}=\frac{\partial J}{\partial\xi}=\frac{\partial}{\partial\xi}\left(K\frac{\partial\overline{C}}{\partial\xi}\right) \quad . \tag{5.55}$$

Wenn K von ξ unabhängig ist, erhält man die eindimensionale Gleichung

$$\frac{\partial\overline{C}}{\partial t}=K\frac{\partial^2\overline{C}}{\partial\xi^2} \quad . \tag{5.56}$$

Man kann ins ruhende System zurückkehren, indem man beachtet, daß man auf der linken Seite im wesentlichen das totale Differential des Mittelwertes $\overline{C}$ hat. Auf der rechten Seite gleicht die partielle Ableitung nach ξ derjenigen nach x und man erhält die *eindimensionale Dispersionsgleichung*

$$\frac{\partial\overline{C}}{\partial t}+\overline{u}\frac{\partial\overline{C}}{\partial x}=K\frac{\partial^2\overline{C}}{\partial\xi^2} \quad , \tag{5.57}$$

die Gl. (5.5) entspricht, wenn man D durch K ersetzt. Dieser Parameter ist umgekehrt proportional zur Diffusionskonstanten D und hängt stark von der Strömungsgeschwindigkeit u' des Flusses durch die Querschnittsfläche aus Gl. (5.54) ab. Wenn $u' = 0$ ist, bedeutet dies z.B. die Abwesenheit transversaler Vermischung, was mit den Ergebnissen $K = 0$ und $J = 0$ für das bewegte System übereinstimmt. Liegt keine Diffusion vor ($D = 0$), so folgt $K = \infty$, was nach Gl. (5.56) bedeuten würde, daß $\partial\overline{C}/\partial\xi$ in Übereinstimmung mit Gl. (5.49) verschwände.

Die durch D beschriebene molekulare Diffusion ist sehr gering, und aus Gl. (5.21) und Tabelle 5.1 kann man ersehen, daß es nach dem Freiwerden von Salz in einem ruhenden Gewässer ganze 12 Jahre dauern würde, bevor innerhalb eines Kubikmeters eine dem Mittelwert entsprechende Dispersion erreicht wird (Übung 5.7). Im Falle advektiver Dispersion wird die Zahl der Jahre von K bestimmt, welches wiederum von der Geschwindigkeitsverteilung $u'(y)$ abhängt. In einem realistischen Fall (Übung 5.8) kann K bei 0,0008 $m^2\ s^{-1}$ liegen, und das Salz benötigt ganze zehn Minuten, um im quadratischen Mittel eine Ausbreitung von 1 m zu erreichen. Die letzte Zahl sollte nicht zu wörtlich genommen werden, da der in Gl. (5.57) beschriebene Zustand erst nach längerer Zeit erreicht wird.

Der Einfluß von Turbulenzen

Wenn das Wasser wie in Flüssen in Bewegung ist, überwiegt der physikalische Effekt der Turbulenz. Man kann dieses leicht überprüfen, indem man einige Dosen Farbstoff im Abstand von einer Minute in die Strömung entleert: die Farbe wird sich jedesmal anders verteilen. Man kann diesen Effekt auf Instabilitäten im Fließverhalten zurückführen, die nicht nur in Flußbetten mit einer komplizierten Geometrie sondern auch innerhalb einer langen Röhre auftreten, wenn die Reynoldszahl einen kritischen Wert übersteigt. In Abschnitt 5.5 werden solche Turbulenzen physikalisch beschrieben. Im wesentlichen werden Turbulenzen auf die gleiche Weise wie die Diffusion als ein statistischer Prozess beschrieben, die ja als Konsequenz aus den Zusammenstößen vieler Moleküle auftritt. In der Praxis wird lediglich die Konstante D für molekulare Diffusion durch eine entsprechende Konstante ε für turbulente Diffusion ersetzt.

Als Voraussetzung dazu ist es aber notwendig, den einfachen Fall einer gleichförmigen Strömung in einem Fluß konstanter Tiefe d und Breite W zu betrachten. Man nehme außerdem an, daß der Querschnitt rechteckig ist und das Gefälle S eine Strömung mit konstanter Geschwindigkeitsverteilung erzeugt. Diese Situation ist in Bild 5.3 skizziert, und die beiden nach Abschnitt 4.4.2 pro Längeneinheit und Breite W einwirkenden Kräfte sind die Gewichtskraft und die tangentiale Spannung am Rand.

Es ist dann τ_0 die in Abschnitt 4.4.2 als Kraft pro Flächeneinheit definierte Oberflächenspannung. Da keine Beschleunigungen vorliegen, folgt

$$W\tau_0 = \rho W d g \sin\alpha \quad . \tag{5.58}$$

Das Gefälle S kann für $\sin\alpha$ eingesetzt werden, und man erhält schließlich

$$\tau_0 = \rho d g S \quad . \tag{5.59}$$

Für das Gefälle S kann auch jede andere Kraft eingesetzt werden, die eine Druckdifferenz in der Strömung verursacht. Eine charakteristische Geschwindigkeit zur Beschreibung der unteren Grenzschicht der Strömung ist die Reibungsgeschwindigkeit u_*. Sie wurde bereits in Gl. (4.182) eingeführt, hat die entsprechende Dimension und hängt von den relevanten dynamischen Größen ab. Man erhält

$$u_* = \sqrt{\frac{\tau_0}{\rho}} = \sqrt{gdS} \quad . \tag{5.60}$$

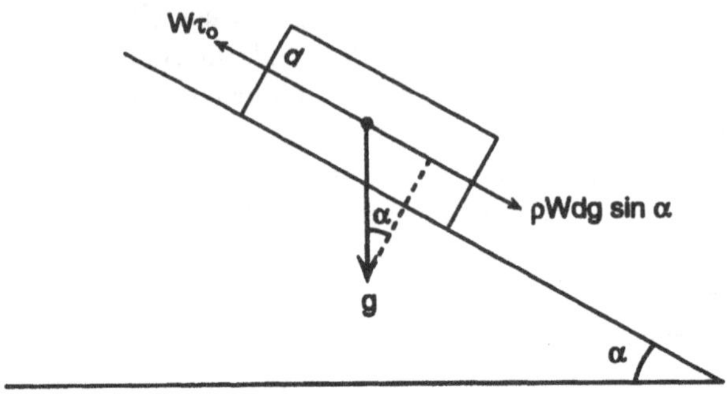

Bild 5.3 Stationäre Flüssigkeitsbewegung unter Einfluß von Gravitations- und Reibungskräften im Gleichgewicht.

In der Literatur zur Hydraulik wird diese Herleitung üblicherweise für eine zylindrische Röhre mit dem Radius R gegeben, wobei $R/2$ dann d in Gl. (5.59) entspricht. Man definiert nun den hydraulischen Radius r_h als das Verhältnis von Querschnittsfläche zu benetztem Umfang. Somit ist $r_h = R/2$ und wir erhalten Gl. (5.59) mit r_h statt d. Die Flußtiefe d ist wesentlich kleiner als die Breite. Man erhält für den hydraulischen Radius in etwa die Tiefe d, was uns wiederum zu Gl. (5.59) führt.

Zur Betrachtung eines realen Flusses kann man zur Definition des Flusses $\boldsymbol{F}$ in Gl. (5.36) zurückkehren und die Turbulenz einbringen, indem man den Diffusionskoeffizienten D durch drei Werte ε_x, ε_y und ε_z ersetzt, die die turbulente Vermischung in den drei Dimensionen berücksichtigen. Man schreibt dann

$$\boldsymbol{F} = \boldsymbol{u}C - \varepsilon_x \frac{\partial C}{\partial x}\boldsymbol{e}_x - \varepsilon_y \frac{\partial C}{\partial y}\boldsymbol{e}_y - \varepsilon_z \frac{\partial C}{\partial z}\boldsymbol{e}_z \tag{5.61}$$

mit $\boldsymbol{e}_x$, $\boldsymbol{e}_y$ und $\boldsymbol{e}_z$ als Einheitsvektoren in die drei Raumrichtungen. Die ε-Werte werden als *Wirbelviskositäten* bezeichnet. Da sich für die Grenzschicht auch Turbulenzen ergeben ist es verständlich, daß u_* im Ausdruck für ε auftritt. Damit die Dimension von ε wieder stimmt, muß die Geschwindigkeit mit einer Länge multipliziert werden, wofür die mittlere Tiefe d der Strömung ein guter Kandidat zu sein scheint. Für den Wert entlang der Senkrechten setzt man üblicherweise

$$\varepsilon_z = 0{,}067 u_* d\,,$$

während für den ε_y-Wert die Zahlenangaben deutlich von der Art der Strömung abhängig sind:

$$\begin{aligned} \varepsilon_y &= 0{,}15 u_* d && \text{gerader Kanal} \\ \varepsilon_y &= 0{,}24 u_* d && \text{Bewässerungskanal} \\ \varepsilon_y &= 0{,}6 u_* d && \text{Mäanderströmungen} \end{aligned} \tag{5.63}$$

Diese Werte habe aber alle große Abweichungen und die letzte Dezimalstelle ist nicht von Bedeutung. Obwohl die vertikalen Turbulenzen kleiner als die horizontalen sind, ist die Tiefe normalerweise so viel kleiner als die Breite, daß man von einer schnellen Durchmischung über die Tiefe ausgeht, und ε_z vernachlässigt.

In der (longitudinalen) x-Richtung kann man die direkte turbulente Diffusion ignorieren, da wegen des in Bild 5.2 verdeutlichten und zur Gl. (5.53) führenden Argumentes die transversale turbulente Diffusion bei der Dispersion in der Strömungsrichtung überwiegen wird. Die eindimensionale Dispersion wird wieder durch Gl. (5.57) beschrieben. Der Faktor K wird aber nur unter der Voraussetzung durch Gl. (5.54) angegeben, daß der Molekulare Diffusionskoeffizient durch ε_y ersetzt wird. Es gilt dann

$$K = -\frac{1}{A}\int_0^W u'h(y)\int_0^y \frac{1}{\varepsilon_y h(y_2)}\int_0^{y_2} u'h(y_1)\mathrm{d}y_1\mathrm{d}y_2\mathrm{d}y \quad . \tag{5.64}$$

Zur Verdeutlichung dieser Methode werden nun einige einfache Beispiele besprochen. Man sollte nicht vergessen, daß eine Vielzahl von Näherungen gemacht wurden und in der Praxis meist empirische Werte für K eingesetzt werden. Einige Annahmen wie z. B. die Konstanz der Querschnittsfläche A kann man fallenlassen, dadurch werden die Gleichungen aber nur komplizierter.

Beispiel: Ein Katastrophenmodell für den Rhein

Man nehme an, eine Fabrik würde zu einem bestimmten Zeitpunkt die Menge M (in kg) einer giftigen Substanz in einen europäischen Fluß wie z. B. den Rhein einleiten. Als erste Näherung für die Beschreibung der Veränderung der Schadstoffkonzentration verwendet man die eindimensionale Gleichung (5.57):

$$\frac{\partial \overline{C}}{\partial t} + \overline{u}\frac{\partial \overline{C}}{\partial x} = K\frac{\partial^2 \overline{C}}{\partial \xi^2} \quad . \tag{5.65}$$

Da dies die eindimensionale Form von Gl. (5.5) ist, hat die Lösung die eindimensionale Form von Gl. (5.26), und man erhält

$$\overline{C}(x,t) = \frac{M}{2\sqrt{\pi K t}}\mathrm{e}^{-(x-\overline{u}t)^2/(4Kt)} \quad , \tag{5.66}$$

wobei man die effektive Diffusionskonstante K aus Gl. (5.64) benutzt hat. Mit der an einem bestimmten Punkt vorbeifließenden Menge Wasser S in $m^3\ s^{-1}$, und dem Wert der Verschmutzung $\overline{u}\overline{C}$ in kg s^{-1} ergibt sich die pro Sekunde vorbeifließende Konzentration φ zu

$$\varphi = \frac{\overline{u}\overline{C}}{S} = \frac{M/S}{\sqrt{4\pi K t/\overline{u}^2}}\mathrm{e}^{-(t-x/\overline{u})^2/(4Kt/\overline{u}^2)} \quad . \tag{5.67}$$

In der Praxis teilt man den Fluß in Querstreifen, in denen die Parameter K und S im wesentlichen konstant sind. Einmündende Flüsse werden dann durch die Erhöhung von S von einem Streifen zum nächsten berücksichtigt und der Parameter K kann durch Zugabe von Farbstoffen in den Fluß bestimmt werden. Die Ergebnisse einiger Modellrechnungen sind in Bild 5.4 dargestellt. Man sieht, daß sich im Laufe der Zeit die Maximalkonzentration verringert und die Ausbreitung vergrößert. Da sich im Laufe der Zeit auch die Flußbreite vergrößert, verläuft die an einem Punkt gemessene Konzentration nicht symmetrisch in der Zeit. Es wird sich ein „Schwanz" bilden, der jedoch in der Praxis viel ausgeprägter ist, als mit der einfachsten Theorie vorhergesagt wird.

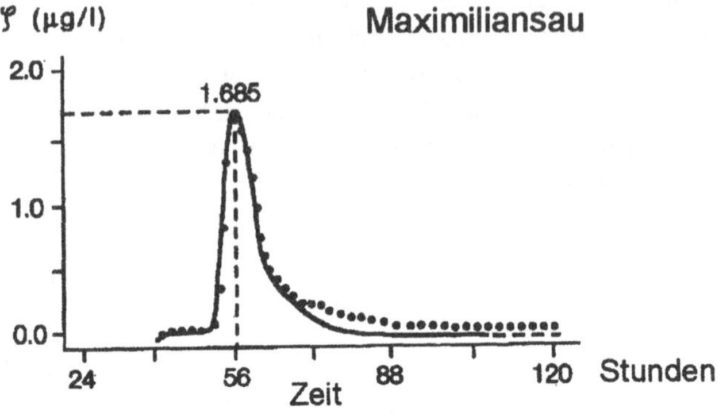

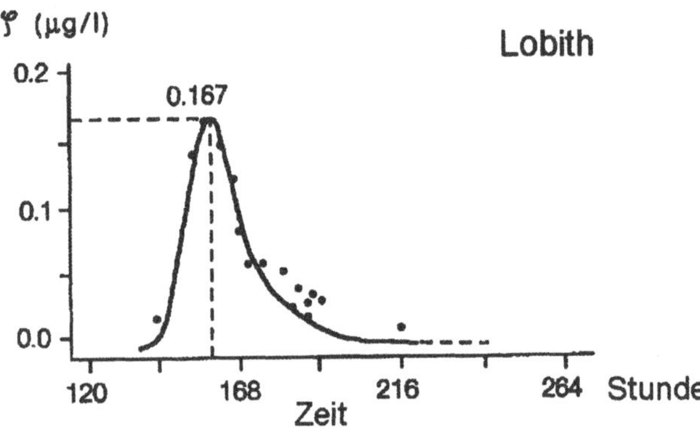

Bild 5.4 Auf einem Katastrophenmodell basierende Berechnungen für den Rheins im Vergleich mit Kalibrierungsexperimenten. Der obere Teil des Bildes bezieht sich auf Maximiliansau, etwa 210 km vom „Katastrophenort" entfernt, der untere Teil auf Lobith, das sich in einer Entfernung von etwa 710 km vom „Katastrophenort" befindet. (Aus: A. van Mazijk, Hardy Wiesner und Christian Leibundgut, *Das Alarmmodell für den Rhein – Theorie und Kalibrierung der Version 2.0-DGM 36*, 1992, Civiele Techniek, Delft, Niederlande, H2, S. 42-7)

Eine kontinuierliche Punktemission

Nehmen wir an, Abwässer werden in einen Kanal konstanter Breite W und Tiefe d mit einer Rate von q kg m^{-3} s^{-1} am Ort $x = y = 0$ eingebracht. Es findet dann eine schnelle vertikale Durchmischung statt, so daß die Quelle durch eine vertikale Linienquelle der Stärke q/d ersetzt werden kann, mit d als konstanter Tiefe. Wenn die Flußränder vernachlässigt werden können, wird die Konzentration nach einen längeren Zeitraum durch Gl. (5.32) näherungsweise angegeben, wobei die Diffusionskonstante D durch ε_y und die Geschwindigkeit u durch den Mittelwert $\overline{u}$ ersetzt wird:

$$C = \frac{q}{d\sqrt{4\pi\varepsilon_y x\overline{u}}} \mathrm{e}^{-y^2\overline{u}/(4\pi\varepsilon_y x)} \quad . \tag{5.68}$$

Das Resultat wäre exakt, wenn die Geschwindigkeit über den Flußquerschnitt konstant wäre, und man die Ufer ignorienen könnte.

Die Ufer des Flusses bei $y = 0$ und $y = W$ (bei konstanter Breite W) implizieren Randbedingungen, da die Strömung am Rand verschwindet, also $\mathrm{d}C / \mathrm{d}y = 0$ ist. Wenn die Quelle die Koordinaten $x = 0$, $y = y_0$ hat, können die Seitenwände berücksichtigt werden, indem man eine doppelte. unendliche Reihe von Spiegelquellen bei $y - y_0 = 0, \pm 2W, \pm 4W, \ldots$ bzw. $y + y_0 = 0, \pm 2W, \pm 4W, \ldots$ einführt, wie in Gl. (5.35) erläutert wurde.

Um dieses Problem weiter auszuarbeiten, definieren wir einige dimensionslose Größen:

$$C_0 = \frac{q}{\bar{u} d W}; \quad x' = \frac{x \varepsilon_y}{\bar{u} W^2}; \quad y' = \frac{y}{W}; \quad y_0' = \frac{y_0}{W}; \tag{5.69}$$

so daß sich Gl. (5.68) umschreiben läßt zu

$$\frac{C}{C_0} = \frac{1}{\sqrt{4\pi x'}} e^{-y'^2/(4x')} \quad . \tag{5.70}$$

Man kann jetzt leicht eine zu Gl. (5.35) analoge Reihe formulieren:

$$\frac{C}{C_0} = \frac{1}{\sqrt{4\pi x'}} \sum_{n=-\infty}^{\infty} \left[e^{-(y'-y_0-2n)^2/(4x')} + e^{-(y'+y_0-2n)^2/(4x')} \right] \tag{5.71}$$

Das Ergebnis ist in Bild 5.5 für eine Flußmitteneinleitung ($y_0 = W/2$) dargestellt.

Dort wurden Profile für die Flußmitte und für ein Ufer aufgetragen und für $x' = 0{,}1$ beobachtet man eine bis auf 5% vollständige Durchmischung. Nimmt man $x' = 0{,}1$ als Standard für die Einleitung in der Flußmitte, so folgt für die Mischlänge aus Gl. (5.69)

$$L = \frac{0{,}1 \cdot \bar{u} W^2}{\varepsilon_y} \tag{5.72}$$

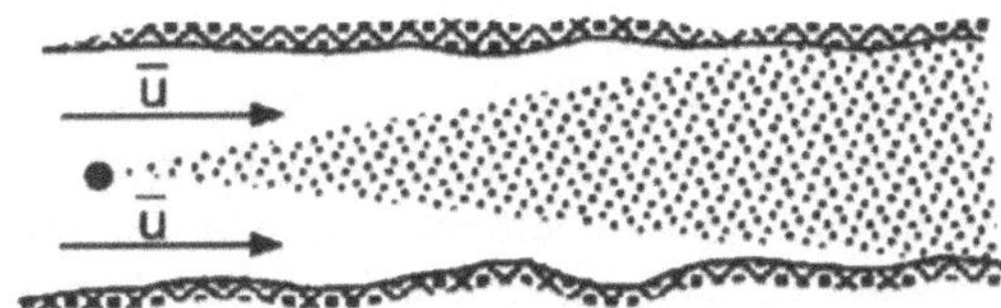

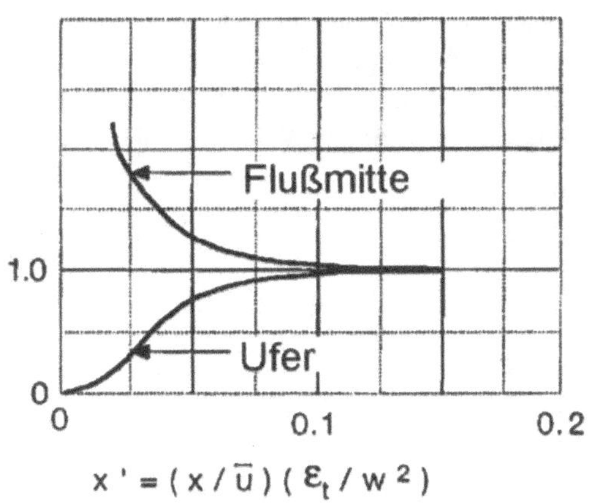

Bild 5.5 Konzentrationsprofil für eine gleichmäßige Einleitung in der Flußmitte. Die Kurve „Flußmitte" zeigt die Konzentration als Funktion des Abstandes entlang der Flußmitte, die Kurve „Rand" das gleiche für eines der beiden Flußufer.

*Beispiel: Verdünnung der Verschmutzung**

Ein Industriebetrieb leite pro Tag 10 Millionen Liter Abwasser mit einer Schadstoffkonzentration von 200 ppm ein, so daß gilt $q = 24\ \text{m}^3\ \text{s}^{-1}\text{ppm}$. Ferner gehe man von einem leicht mäandrierenden, sehr breiten Flußbett der Tiefe $d = 10$ m, einer mittleren Fließgeschwindigkeit von 1 m s^{-1} und einer Reibungsgeschwindigkeit $u_* = 0{,}1\ \text{m s}^{-1}$ aus. Das Problem soll nun sein, die Breite der „Wolke" und die Maximalkonzentration 300 m stromabwärts zu messen. Aus Gl. (5.63) folgt $\varepsilon_y = 0{,}6\ \text{m}^2\ \text{s}^{-1}$. Wird die Breite der Wolke auf beiden Seiten durch die doppelte Halbwertsbreite definiert, so führt Gleichung (5.68) dann zu einer Breite b mit

$$b = 4\sigma = 4\sqrt{2\varepsilon_y x / \overline{u}} = 76\ \text{m} \quad . \tag{5.73}$$

Die maximale Konzentration wird an der Stelle gefunden, an der der Exponent von Gl. (5.68) gleich 1 ist, also bei

$$C = \frac{q}{d\sqrt{4\pi\varepsilon_y x\overline{u}}} = 0{,}05\ \text{ppm} \quad . \tag{5.74}$$

Beispiel: Mischungslänge

Eine Industrieanlage leitet einen Schadstoff in der Mitte einer langgestreckten, rechtwinkligen Röhre der Tiefe $d = 2$ m, der Breite $W = 70$ m und der Neigung $S = 0{,}0002$ mit einer mittleren Geschwindigkeit von 0,6 m s^{-1} ein. Welches ist die Weglänge L, nach der eine vollständige Durchmischung stattgefunden hat? Aus Gl. (5.60) folgt, daß $u_* = 0{,}06\ \text{m s}^{-1}$ ist, aus Gl. (5.63) daß $\varepsilon_y = 0{,}019\ \text{m}^2\ \text{s}^{-1}$ und aus Gl. (5.72) schließlich $L = 15$ km.

Im Hinblick auf die gemachten Näherungen können die oben hergeleiteten Ergebnisse höchstens als Näherungen erster Ordnung betrachtet werden. Außerdem sollte klar sein, daß K nicht einfach aus Gl. (5.64) errechnet werden kann, da $u'(y)$ im allgemeinen nicht bekannt ist. In der Praxis macht man also einige Messungen, um K für eine bestimmte Strömung zu bestimmen.

Wie können nun also die Gleichungen verbessert werden? Eine erste Möglichkeit besteht in der Annahme, daß K von x abhängt, was einer x-Abhängigkeit der Tiefe h, der Querschnittsfläche A oder des Geschwindigkeitsfeldes u' gleichkäme. Wenn man die Herleitung von Gl. (5.55) wiederholt, sieht man, daß diese bei einer geringen Variation mit x eine gute Näherung ergäbe:

$$\frac{\partial\overline{C}}{\partial t} = \overline{u}\frac{\partial\overline{C}}{\partial x} = \frac{\partial}{\partial x}\left(K\frac{\partial\overline{C}}{\partial x}\right) \quad . \tag{5.75}$$

* Aus: H.B. Fischer, E.J. List, R.C.Y. Koh, J. Imberger und N.H. Brooks, *Mixing in Inland and Coastal Waters*, Academic Press, New York, 1979, Beispiel 5.1, S. 117.

Eine andere Möglichkeit bestünde darin, zu Gl. (5.36) zurückzukehren, und den Diffusionskoeffizienten D durch die drei Koeffizienten für turbulente Diffusion, ε_x, ε_y und ε_z zu ersetzten. Da die vertikale Durchmischung schnell geschieht, kann man mit Mittelwerten rechnen, indem man d mit einer Konzentration $\overline{C}$ statt C berechnet, was einer Betrachtung der gesamten Flüssigkeitssäule gleichkommt. Gleichermaßen können gemittelte Ströme angegeben werden:

$$\overline{F}_x = \left(u_x \overline{C} - \varepsilon_x \frac{\partial \overline{C}}{\partial x} \right) d \,, \qquad \overline{F}_y = \left(u_y \overline{C} - \varepsilon_y \frac{\partial \overline{C}}{\partial y} \right) d \,, \tag{5.76}$$

wobei die Ströme sich jetzt auf die durch eine Einheitsfläche hindurchtretende Masse beziehen. In Gl. (5.76) wurde allerdings die Tatsache übergangen, daß man den Mittelwert einer Ableitung nicht einfach durch die Ableitung des Mittelwertes ersetzen darf. Die Erhaltung der Masse in der xy-Ebene führt zu

$$\frac{\partial (\overline{C} d)}{\partial t} + \frac{\partial}{\partial x}\left(u_x \overline{C} d \right) + \frac{\partial}{\partial y}\left(u_y \overline{C} d \right) = \frac{\partial}{\partial x}\left(\varepsilon_x d \frac{\partial \overline{C}}{\partial x} \right) + \frac{\partial}{\partial y}\left(\varepsilon_y d \frac{\partial \overline{C}}{\partial y} \right) . \tag{5.77}$$

Für ε_y werden die in Gl. (5.63) angegebenen Werte eingesetzt, für ε_x wird der Wert

$$\varepsilon_x = 5{,}93\, u_* \, d$$

als beste Schätzung angenommen. Wenn man die y-Ableitungen in Gl. (5.77) vernachlässigt, gelangt man zu Gl. (5.75), wobei man den K-Wert aus Gl. (5.78) verwenden kann, falls kein anderer verfügbar ist. Für eine vollständige zweidimensionale Berechnung mit Gl. (5.77) ist der genaue Wert von ε_x aus den vorher besprochenen Gründen nicht wichtig, so daß man ruhig Gl. (5.78) verwenden kann.

5.3 Grundwasserströme

In kontaminierten Böden können Giftstoffe im Grundwasser gelöst und durch Grundwasserströme weiterverbreitet werden. Das Grundwasser kann dadurch Stromabwärts zum Trinken oder für die Verwendung in Industrie und Landwirtschaft unbrauchbar werden. Die Strömungen des Grundwassers werden durch die *Darcy-Gleichungen* oder das *Darcy-Gesetz* bestimmt, die nach dem französischen Ingenieur Henry Darcy benannt wurden. Er gründete diese Beziehungen auf Experimente zum Sickerverhalten des Grundwassers in Filterbecken, die er in Zusammenhang mit dem Entwurf einer Wasserversorgung für Dijon 1856 unternahm. Diese Gleichungen werden nach einer kurzen Diskussion zur Struktur des Bodens und nicht abgesetzter Sedimente näher besprochen.

Tabelle 5.2 Hydraulische Leitfähigkeit k, Teilchengröße d und Kapillar-Steighöhe h_c für einige Böden. (Daten aus verschiedenen, bis in die fünfziger Jahre zurückdatierten Quellen zur Hydraulik.)

	k (m s^{-1})	d (mm)	h_c (cm)
Ton	$10^{-10} - 10^{-8}$	< 0,002	200 – 400
Schlick	$10^{-8} - 10^{-6}$	0,002 – 0,06	70 – 150
Sand	$10^{-5} - 10^{-3}$	0,06-2	12 – 35
Split	$10^{-2} - 10^{-1}$	> 2	

Natürliche Böden setzten sich aus aus körnigen Materialien zusammen, die in den Zwischenräumen Wasser und Luft enthalten. Die Porosität n wird als der Quotient aus Porenvolumen und Gesamtvolumen definiert. Für sandige Böden erhält man n-Werte zwischen 0,35 und 0,45, bei Tonen und Torf liegen die Werte für n üblicherweise zwischen 0,4 und 0,6. Da aber nicht alle Poren zur Grundwasserströmung beitragen (z.B. Poren mit nur einer Öffnung) wird, wo es nötig scheint, darum eine effektive Porosität $\varepsilon \leq n$ eingeführt. Einige charakteristische Teilchengrößen für Bodenbestandteile sind in Tabelle 5.2 dargestellt.

Man betrachte nun das gleichmäßige Fließen des inkompressiblen Grundwassers ohne Änderung der Wasserspeicherung im Boden und nehme hierzu ein Volumenelement $d\tau = dx\, dy\, dz$, dessen kartesische z-Koordinate senkrecht nach oben weist. Der Druck des Wassers wird mit $p(x, y, z)$ angegeben, und die pro Volumeneinheit insgesamt auf dieses einwirkende Kraft ist gleich $\boldsymbol{F}$. Man erhält dann (siehe auch Bild 5.6)

$$F_z d\tau = -\rho g d\tau + p(x, y, z) dx dy - p(x, y, z + dz) dx dy + f_z d\tau \ . \tag{5.79}$$

Hier ist f_z die z-Komponente der Reibungskraft $\boldsymbol{f}$ pro Volumeneinheit. Auf der rechten Seite fehlt der Term für die Gravitation in x- und y-Richtung. ρ stellt die Dichte des Wassers und g die Gravitationsbeschleunigung dar.

Die Reibungskraft $\boldsymbol{f}$ bestimmt man, indem man näherungsweise annimmt, daß das Volumenelement viele Poren enthält. Aus diesem Grunde können die Darcy-Gleichungen unter der Annahme

$$\boldsymbol{f} = -\frac{\mu}{\kappa}\boldsymbol{q} \tag{5.80}$$

hergeleitet werden. Hierbei ist $\boldsymbol{q}$ der spezifische Ausstoß-Vektor, also der Flüssigkeitsausstoß in m^3 s^{-1} pro Flächeneinheit in m^2. Die Einheit von $\boldsymbol{q}$ ist somit m s^{-1} und er ist proportional zur mittleren Geschwindigkeit $\boldsymbol{u}$

$$\boldsymbol{u} = \frac{\boldsymbol{q}}{n} \ , \tag{5.81}$$

da das für die Strömung verfügbare Volumen n-mal kleiner als das Gesamtvolumen ist ($\varepsilon \leq n$ unberücksichtigt). Die Reibung $\boldsymbol{f}$ ist natürlich entgegengesetzt zu $\boldsymbol{q}$ gerichtet. Die Konstante μ in Gl. (5.80) stellt die dynamische Viskosität der Flüssigkeit dar, κ die Permeabilität des Mediums, einem Parameter des Bodens, der normalerweise mit der Größe der Poren ansteigt.

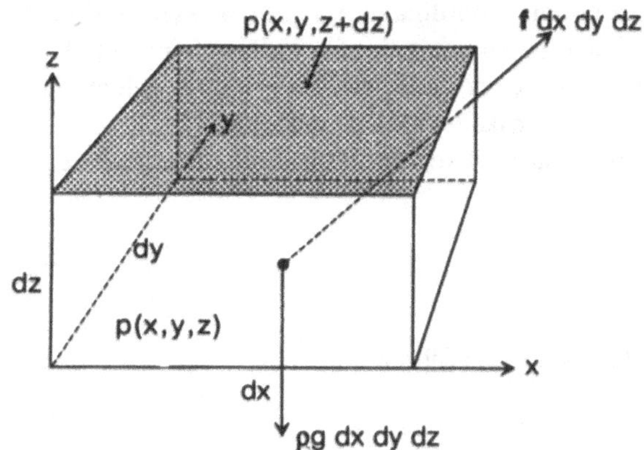

Bild 5.6 Zur Herleitung des Gesetzes von Darcy

Unter Verwendung von Gl. (5.80) findet man aus Gl. (5.79), daß

$$F_z = -\rho g - \frac{\partial p}{\partial z} - \frac{\mu}{\kappa} q_z \tag{5.82}$$

sowie analoge Gleichungen für die y- und z-Richtungen (allerdings ohne Gravitationsterm) gelten. Die linke Seite dieser Gleichunen wird gleich Null gesetzt, da die Beschleunigung des Grundwassers vernachlässigt werden kann, und man erhält schließlich

$$\begin{aligned} &\frac{\partial p}{\partial x} + \frac{\mu}{\kappa} q_x = 0\,, \\ &\frac{\partial p}{\partial y} + \frac{\mu}{\kappa} q_y = 0\,, \\ &\frac{\partial p}{\partial z} + \frac{\mu}{\kappa} q_z + \rho g = 0\,. \end{aligned} \tag{5.83}$$

Diese Gleichung kann durch die Einführung von

$$\phi = z + \frac{p}{\rho g} \tag{5.84}$$

weiter vereinfacht werden, wenn man annimmt, daß die Dichte ρ des Wassers konstant ist. Es folgt

$$\boldsymbol{q} = -\frac{\kappa \rho g}{\mu} \operatorname{grad}\phi \ . \tag{5.85}$$

Die Größe ϕ wird auch als Grundwasserspiegel bezeichnet* und stellt die Höhe des Wasserspiegels in einer offenen, vertikalen Teströhre dar, die, wie in Bild 5.7 dargestellt, oberhalb

* Nach DIN 4049 wird diese Höhe der freien Wasseroberfläche als Standrohrspiegelhöhe bezeichnet [A.d.Ü.]

von $z = 0$ steht. Das untere Ende der Röhre hat die Koordinate z und der Wasserstand liegt in Bezug auf $z = 0$ bei ϕ. Der Druck p ist in Übereinstimmung mit Gl. (5.84) gleich dem hydrostatischen Druck der Wassersäule am Boden der Röhre, also $p = (\phi - z)\,\rho g$. Andere Namen für ϕ sind auch Piezometerhöhe, Grundwasseroberfläche oder -druckfläche.

Darcy leitete Gl (5.85) experimentell her und fand so Werte für die *hydraulische Leitfähigkeit*

$$k = \frac{\kappa \rho g}{\mu}\,, \tag{5.86}$$

die zu den Darcy-Gleichungen oder dem Darcy-Gesetz führen:

$$\boldsymbol{q} = -k \ \mathrm{grad}\phi \tag{5.87}$$

Die folgenden Kommentare sollen obige Diskussion ergänzen:

a) Die Annahme, daß die Dichte konstant ist, ist nichttrivial. Eine Änderung des Salzgehaltes in Abhängigkeit vom Ort kommt in der Praxis durchaus vor. Dieser Effekt wurde ignoriert.

b) Die hydraulische Leitfähigkeit k ist proportional zu κ, der Permeabilität des Mediums. Sie hängt somit stark von der Größe der Poren ab. Einige empirische Werte sind in Tab. 5.2 wiedergegeben.

c) Außer in der Nähe von Quellen und Senken sind die horizontalen Komponenten des Wasserausstoßes q (oder der Geschwindigkeit $\boldsymbol{u}$) wesentlich größer als die vertikale q_z (u_z). Es wurde angenommen, daß der vertikale Ausstoß q_z am Ort (x,y) verschwindet, also $q_z = 0$ gilt. An dieser Stelle ist dann der Grundwasserspiegel ϕ von der Tiefe, bis zu der die Prüfröhre herabgelassen wird, unabhängig. Indem man die Tiefe verringert, würde man irgendwann den Zustand $p = 0$ erreichen, also das Gleichgewicht zwischen lokalem und Atmosphärendruck. Diese Punkte definieren in Abhängigkeit von (x,y) die sogenannte *phreatische Oberfläche.* Diese Oberfläche muß nicht horizontal liegen, da q_z in lokalem Maßstab nicht vollständig verschwinden wird. Es muß zusätzlich erwähnt werden, daß man die phreatische Oberfläche auch ohne die Anwesenheit einer vertikalen

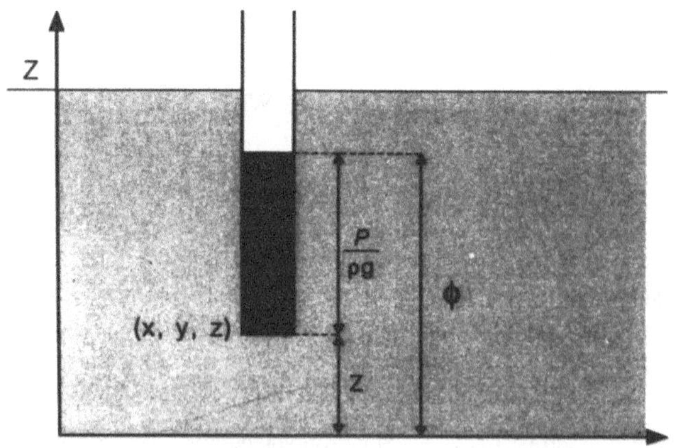

Bild 5.7 Illustration zur Definition des Grundwasserspiegels ϕ. Die willkürlich gewählte Höhe $z = 0$ entspricht der Unterkante des Bildes.

Strömungskomponente findet, indem man die Prüfröhre wie in Bild 5.7 skizziert, bis zu einer bestimmten Tiefe absenkt, und die Höhe z, für die $p = 0$ gilt, aus Gl. (5.84) bestimmt. In der Praxis kann es aber zu einem Kapillarsog kommen, der das Wasser in den engen Poren zu einem über der phreatischen Oberfläche gelegenen Niveau anhebt (vgl. Tabelle 5.2). Im Boden entsteht somit eine ungesättigte Zone, auf die wir später noch zu sprechen kommen. Die Grenzschicht zwischen gesättigtem und ungesättigtem Boden wird als *Grundwassertisch* bezeichnet. Hat man flach geöffnete Röhren, Brunnen oder Abflüsse, so liegt der Wasserstand auf Höhe der phreatischen Oberfläche, ist also mit dem Niveau des Grundwassertisches identisch.

d) Die Herleitung von Gl. (5.87) setzte ein isotropes Medium voraus. Ist der Boden anisotrop, so verallgemeinert man üblicherweise die Beziehung zwischen $\boldsymbol{q}$ und grad ϕ in eine Tensorgleichung mit dem Tensor $\boldsymbol{k}$:

$$\boldsymbol{q} = -\boldsymbol{k}\cdot\mathrm{grad}\phi$$

Dieses kann bei Böden mit verschiedenen Schichten auftreten, in denen die horizontale Permeabilität k größer als die vertikale ist. Man kann auch zeigen, daß der Tensor $\boldsymbol{k}$ symmetrisch ist, also durch eine lokale Rotation des Koordinatensystems in Diagonalform gebracht werden kann. Gl. (5.87) reduziert sich dann auf drei Gleichungen, von denen jede einzelne eine eigene hydraulische Leitfähigkeit besitzt. Für eine sich langsam ändernde Schichtstruktur wird eine Achse eher vertikal liegen, mit der Leitfähigkeit k_V, und die anderen beiden werden horizontal bei einem Wert k_h liegen.

e) Bei der Herleitung der Darcy-Gleichungen (5.87) wurde angenommen, daß viskose Trägheitskräfte vernachlässigt werden können. Für Gl. (3.49) entspricht das einer kleinen Reynoldszahl Re, wie sie in Gl. (3.50) als $Re = \rho UL / \mu = UL / \nu$ definiert wurde. Für Wasser gilt $\nu \approx 10^{-6} m^2 s^{-1}$, und mit einer Wassergeschwindigkeit von $U = 0{,}25\cdot 10^2$ m s^{-1}, sowie einer Teilchengröße $L = 0{,}04\cdot 10^{-2}$ m erhält man $Re = 1$. Aus Tabelle 5.2 kann man entnehmen, daß die Darcy-Gleichungen sogar für groben Sand gelten, wenn die Geschwindigkeit des Grundwassers nicht größer als 0,25 cm s^{-1} ist.

Bei allen Anwendungen der Darcy-Gleichungen in der Praxis sollte man die obigen Kommentare in Erinnerung behalten.

Vertikale Strömung in ungesättigten Bereichen

Der ungesättigte Boden ist für das Leben von essentieller Bedeutung. In einer feuchten Umgebung verursacht Sauerstoff eine Vielzahl chemischer Reaktionen und eine große Anzahl biologischer Mikroorganismen beeinflussen die chemische und biologische Zusammensetzung. Wir werden deshalb einige wenige Aspekte vertikaler Wasserbewegungen in diesem Bereich besprechen, diese dann aber für den Rest des Buches übergehen.

Das Wasser in den ungesättigten Bereichen wird als Bodenfeuchte bezeichnet und übt gegenüber der Atmosphäre einen negativen Druck aus. Ohne Strömung ist der Kapillarsog oberhalb der phreatischen Fläche gleich dem Druck, der dem negativen Wert des Druckes in Metern Wassersäule entspräche. Genauer ausgedrückt wird der Saugpegel mit $\psi = p / (\rho g)$ angegeben.

Beschränken wir uns aber nur auf vertikale Strömungen, so ergeben die Darcy-Gleichungen folgendes:

$$q_c = -k\frac{d}{dz}(\psi + z) = -k\left(\frac{d\psi}{dz} + 1\right) . \tag{5.88}$$

Insbesondere im ungesättigten Bereich ist die hydraulische Leitfähigkeit $k = k(\psi)$, die auch als Kapillarleitfähigkeit bezeichnet wird, wegen des wechselnden Feuchtigkeitsgehaltes eine Funktion von Ort und Zeit. Die Strömung ist je nach der Ableitung des Saugpegels nach oben oder unten gerichtet. Den Grenzfall (keine Strömung) erhält man mit

$$\frac{d\psi}{dz} = -1 . \tag{5.89}$$

Für negativere Werte wird die Strömung q_c positiv, also nach oben gerichtet, wie es bei der Verdunstung zutrifft. Für weniger negative Werte beobachtet man eine nach unten gerichtete Strömung, was der Infiltration nach einem Regen entspräche. Verschwindet der Sog, so nähert sich die Ableitung dem Nullpunkt und Gl. (5.88) reduziert sich zu $q_c = k_0$, wobei k_0 sich der hydraulischen Sättigungsleitfähigkeit nähert.

Erhaltung der Masse

In Bild 5.17 wird gezeigt, daß die Erhaltung der in einem Volumen eingeschlossenen Masse uns zur Kontinuitätsgleichung führt:

$$\operatorname{div}(\rho \boldsymbol{q}) + \frac{\partial \rho}{\partial t} = 0 . \tag{5.90}$$

Bei gleichmäßiger Strömung ist die Dichte zeitlich konstant und auch für die meisten Anwendungsbeispiele können wir eine Änderung von ρ mit der Position vernachlässigen. Man erhält also

$$\operatorname{div} \boldsymbol{q} = 0 . \tag{5.91}$$

Hängt die hydraulische Leitfähigkeit k nicht vom Ort ab, erhalten wir aus den Gleichungen (5.85) und (5.91) die *Laplace-Gleichung*

$$\operatorname{div} \operatorname{grad}\phi = \frac{\partial^2 \phi}{\partial x^2} + \frac{\partial^2 \phi}{\partial y^2} + \frac{\partial^2 \phi}{\partial z^2} = 0 . \tag{5.92}$$

Diese Gleichung wird in allen Einführungskursen zur Elektrodynamik besprochen, und die dort erwähnten Eigenschaften gelten natürlich auch weiterhin. Man kann in Analogie zur Elektrodynamik auch noch durch die Einführung von Punktquellen und Punktsenken analog den positiven oder negativen Ladungen im Coulomb-Feld einführen oder die Methode der Spiegelladungen verwenden. Tatsächlich ergibt die mathematische Gleichung (5.92) mit unseren Randbedingungen exakt die gleichen Lösungen. Es liegt wiederum am Physiker, die richtigen Interpretationen zu finden und sich über die den Gleichungen zugrundeliegenden Voraussetzungen klar zu sein.

Stationäre Strömung

Einige relevante Beispiele sollen die Anwendung der Gleichungen verdeutlichen. Man nehme an, daß

a) Der Boden isotrop und mit Flüssigkeit (Wasser) gesättigt ist.

b) Das Strömungsbild unabhängig von der Zeit, also stationär ist.

c) Die Strömung im wesentlichen in einer vertikalen x-z-Ebene auftritt, also von der y-Koordinate unabhängig ist: $\phi = \phi(x, z)$.

Die Darcy-Gleichungen lauten dann:

$$q_x = -k\frac{\partial\phi}{\partial x} \tag{5.93}$$

$$q_z = -k\frac{\partial\phi}{\partial z} \tag{5.94}$$

Vertikale Strömung

Man betrachte die in Bild 5.8 dargestellte Situation. Es gibt zwei horizontale Schichten: Die obere ist nur schwach durchlässig wie z.B. Ton, die untere gut durchlässig wie z.B. Sand. Es bildet sich so eine wassertragende Schicht, ein *Aquifer*. Der Sand kann durch die obere Schicht unter Druck geraten, was einen positiven Grundwasserspiegel $\phi = H$ erzeugt, wie er im linken Teil in Bild 5.8a dargestellt ist. Die obere Schicht ist gesättigt und der Grundwasserpegel erreicht genau die Oberfläche mit $z = 0$. Außerdem gibt es einen vertikalen Strom $q_z = q_0$ unbekannter Größe in der oberen Schicht. Für die untere Schicht mit ihren viel größeren Poren werden Strömungen vernachlässigt.

Man betrachte zunächst die obere Schicht. Aus $q_x = 0$ und Gl. (5.93) folgt, daß ϕ unabhängig von x ist. Substituiert man $q_z = q_0$ auf der linken Seite von Gl. (5.94), so folgt

$$\phi = -\frac{q_0 z}{k} + \text{ konst.} \quad .$$

Da für die obere Schicht $\phi(0) = 0$ gilt, erhält man

$$\phi = -\frac{q_0 z}{k} \quad . \tag{5.95}$$

Für den Druck $p(z)$ gilt wegen Gl. (5.84)

$$p(z) = \rho g(\phi - z) = -\rho g z\left(\frac{q_0}{k} + 1\right) \quad . \tag{5.96}$$

Man betrachte nun die untere Schicht. Da Strömungen vernachlässigt werden, ist der Druck rein hydrostatisch:

$$p(z) = \rho g(h - z) \quad . \tag{5.97}$$

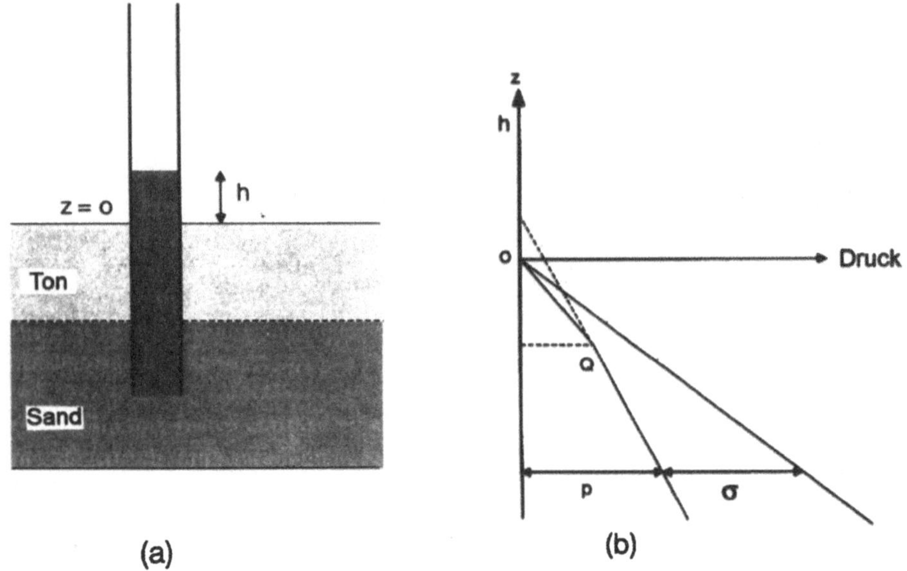

Bild 5.8 Vertikale Strömungen. In (a) sind zwei Schichten dargestellt; Die untere unterliegt dem Druck durch die obere und wird durch die Umgebung versorgt, so daß der Grundwasserspiegel über der Oberfläche $z = 0$ liegt. In (b) sind der Grundwasserdruck p und der interne Druck σ' aufgetragen. Man beachte, daß $p_{tot} = p + \sigma'$.

Die Kurve $p(z)$ wurde in Bild 5.8b so aufgetragen, daß der Druck an der Grenzfläche der beiden Schichten stetig ist. Da h gemessen werden kann, folgt der Ausstoß q_0 aus der Anpassung der beiden Kurven im Punkt Q von Bild 5.8. Man beachte, daß $p(z)$ den Druck des Grundwassers im Porensystem darstellt. Auch der Gesamtdruck p_{tot} soll nun in Abhängigkeit von der Tiefe aufgetragen werden: er stellt bei einem bestimmten z das Gewicht der darüberliegenden, feuchten Säule dar. Nimmt man zur Vereinfachung an, daß die Dichte des feuchten Bodens lediglich eine Konstante ρ_f darstellt, so findet man für den Gesamtdruck

$$p_{tot}(z) = -\rho_f g z \ . \tag{5.98}$$

Auch dies wurde in Bild 5.8b dargestellt. Der Gesamtdruck p_{tot} kann als die Summe des Wasserdrucks p und des internen Bodendrucks σ', wie er in Bild 5.8b dargestellt wurde, aufgefaßt werden. Aus Gl. (5.97) folgt, daß die Ableitung vom Druck p des Sandes gerade gleich ρg und darum konstant ist. Steigt der Grundwasserspiegel h an, so bewegt sich der Punkt Q in Bild 5.8b nach rechts. Schließlich verschwindet der Innendruck im Ton, so daß dieser auseinanderbricht. Im Extremfall verschwindet der innere Bodendruck fast völlig, und der Boden kann praktisch kein Gewicht tragen: *Treibsand.*

Strömung unter einer Wand

Man betrachte eine sehr dicke, durchlässige, horizontal gelegene Schicht unterhalb von $z = 0$, wie sie in Bild 5.9 dargestellt ist. Bei $x = 0$ findet sich eine senkrechte Wand, die den Grundwasserspiegel auf der linken Seite $\phi(x < 0, z = 0) = 0$ von dem auf der rechten Seite bei $\phi(x > 0, z = 0) = H$ trennt.

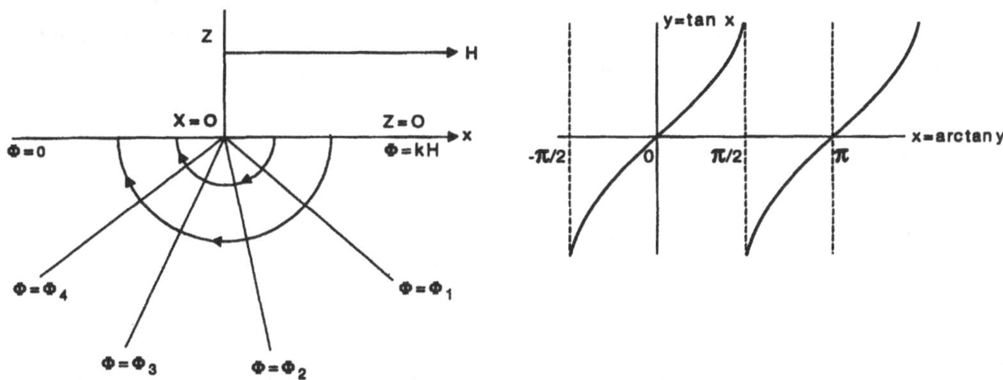

Bild 5.9 Strömung unter einer Wand. Auf der rechten Seite liegt der Grundwasserspiegel auf der Höhe H, Linien mit konstantem ϕ und Stromlinien sind ebenfalls eingezeichnet. Der rechte Teil des Bildes zeigt die Definition $x = \arctan y$.

Ein Beispiel aus der Praxis ist vielleicht der Versuch, verschmutztes Wasser auf der rechten Seite einer Wand zu halten. Bild 5.9 zeigt den Extremfall ohne andere Randbedingungen. Das Ergebnis sei hier ohne die Herleitung einfach angeführt

$$\phi = \frac{H}{\pi} \arctan \frac{z}{x} \, . \tag{5.99}$$

Der Arkustangens $\arctan y = \tan^{-1} y$ ist hier auf unkonventionelle Art definiert: Geht man für y von $-\infty$ nach 0, so durchläuft die Funktion den Bereich von $\pi / 2$ bis π anstatt wie üblich von $-\pi / 2$ bis 0. Bei $y = 0$ gibt es eine Unstetigkeit, und von $0 < y < \infty$ durchläuft die Funktion wie gewohnt den Bereich von 0 bis $\pi / 2$. Für die Ableitungen ergeben sich hieraus aber keine Abweichungen, und man kann somit leicht zeigen, daß Gl. (5.99) die Laplace-Gleichung erfüllt.

Als nächstes untersuchen wir die in Bild 5.9 gegebenen Randbedingungen. Für $x < 0$ und z, das von negativen Werten gegen Null strebt, geht ϕ in den Grenzwert $\arctan(+0) = 0$ über, für $x > 0$ und wiederum $z \to -0$ geht ϕ gegen den Grenzwert H. Auch mit dieser unkonventionellen Definition sind also die Randbedingungen erfüllt. Substituiert man ϕ in den Darcy-Gleichungen (593) und (5.94) so folgt

$$q_x = \frac{kH}{\pi} \frac{z}{x^2 + z^2} , \tag{5.100}$$

$$q_z = -\frac{kH}{\pi} \frac{x}{x^2 + z^2} \, . \tag{5.101}$$

Für $z = 0$ erhält man

$$q_z = -\frac{kH}{\pi x} \, . \tag{5.102}$$

Damit läuft für $x > 0$ hier das Wasser nach unten und für $x < 0$ nach oben. Die Wassermenge Q, die auf der rechten Seite zwischen $a < x < b$ pro Tiefeneinheit in der y-Richtung des Reservoirs abfließt, findet man durch Integration von Gl. (5.102):

$$Q = \int_a^b q_z \mathrm{d}x = \frac{kH}{\pi} \ln \frac{b}{a} \ . \tag{5.103}$$

Man sieht, daß für a und b realistische Zahlenwerte eingesetzt werden sollten, da das Integral Q für $a = 0$ oder für $b = \infty$ gegen Unendlich geht.

Die Methode komplexer Variablen

Eine allgemeine Methode, kompliziertere Probleme anzugehen, besteht in der Verwendung komplexer Variablen. Wir beginnen mit der Einführung der Funktion

$$\Phi = k\phi \ . \tag{5.104}$$

Die Darcy-Gleichungen erhalten nun eine noch einfachere Form:

$$\boldsymbol{q} = -\mathrm{grad}\Phi \ . \tag{5.105}$$

Wenn man sich für horizontale Strömungen z.B. zwischen Senken und Quellen interessiert, muß man sich zur Anwendung komplexer Funktionen auf zwei Dimensionen beschränken, entweder wie oben besprochen x und z oder aber x und y. Wegen Gl. (5.84) ist die zugrundeliegende mathematische Behandlung in beiden Fällen identisch, und da wir die Variable z als komplexe Zahl verwenden möchten, wählen wir x und y als Koordinaten.

Gleichung (5.105) zeigt, daß Φ als zweidimensionales *Potential* interpretiert werden kann. Linien mit Φ = konst. werden deshalb als Äquipotentialkurven bezeichnet. Der Ausstoßvektor $\boldsymbol{q}$ steht immer senkrecht auf diesen Kurven.

Eine andere, in diesem Zusammenhang wichtige Funktion ist die Stromfunktion Ψ. Die Massenerhaltung führte zusammen mit den passenden Voraussetzungen zur Kontinuitätsgleichung (5.91). Für zwei Dimension gilt hier

$$\frac{\partial q_x}{\partial x} + \frac{\partial q_y}{\partial y} = 0 \ . \tag{5.106}$$

Da diese Gleichung für alle (x,y) gilt, wissen wir aus der Mathematik, daß es eine Funktion Ψ mit den folgenden Eigenschaften gibt

$$q_x = -\frac{\partial \Psi}{\partial y} , \tag{5.107}$$

$$q_y = +\frac{\partial \Psi}{\partial x} \ . \tag{5.108}$$

Der Vektor $\boldsymbol{q}$ steht senkrecht auf dem Vektor $(\partial\Psi/\partial x, \partial\Psi/\partial y)$, da ihr Skalarprodukt verschwindet. Somit stehen auch die Kurven Ψ = konst. und Φ = konst. senkrecht aufeinander, und die Linien mit Ψ = konst. sind damit die Stromlinien, die überall die Richtung von $\boldsymbol{q}$

besitzen. In Bild 5.9, das die Ströming unter einer Wand beschreibt, sind die Kurven mit Φ = konst. und die orthogonalen Stromlinien dargestellt. Man prüfe selbst nach, daß Ψ ebenfalls die Laplace-Gleichung erfüllt.

Die Stromfunktion Ψ ist mit dem Ausstoß Q verknüpft. Man betrachte Bild 5.10 und sehe sich die Punkte A und B sowie den zusätzlichen Punkt C an, für den gilt: $x_C = x_A$ und $y_C = y_B$. Es wurden außerdem die Ströme Q_{AC}, Q_{CB} und Q_{AB} über die jeweiligen Linien eingetragen. Ist H die Dicke der vom Grundwasser durchströmten Schicht, wie sie in der x-y-Ebene gemessen wird, dann gilt für den Zufluß in die Fläche ABC mit Gl. (5.108)

$$Q_{AC} = H\int_A^C q_x \mathrm{d}y = -H\int_A^C \frac{\partial \Psi}{\partial y}\mathrm{d}y = H(\Psi_A - \Psi_C)$$

$$Q_{AC} = -H\int_C^B q_y \mathrm{d}x = H(\Psi_C - \Psi_B)$$

Das Minuszeichen in der unteren Gleichung entspricht der (willkürlichen) Auftragung in Bild 5.10. Wegen der Kontinuität (keine Massenansammlung) sind Zu- und Abfluß gleich:

$$Q_{AB} = Q_{AC} + Q_{CB} = H(\Psi_A - \Psi_B)\,. \tag{5.109}$$

Durch Kombination der Gleichungen (5.105), (5.107) und (5.108) erhält man

$$\frac{\partial \Phi}{\partial x} = \frac{\partial \Psi}{\partial y}\,, \tag{5.110}$$

$$\frac{\partial \Phi}{\partial y} = -\frac{\partial \Psi}{\partial x}\,. \tag{5.111}$$

Man erkennt hier die *Cauchy-Riemann-Gleichungen* wieder, die „notwendig und hinreichend" für die Existenz der analytischen Funktion

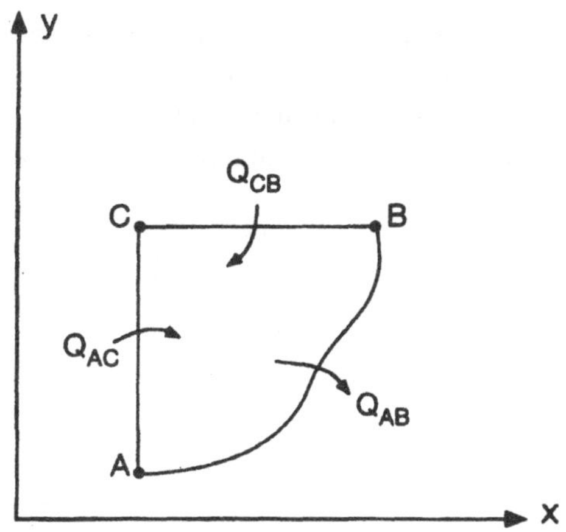

Bild 5.10
Interpretation der Strömungsfunktion Ψ

$$\Omega = \Phi + i\Psi \tag{5.112}$$

in den komplexen Variablen $z = x + iy$ sind. Das Ziel der Berechnungen ist es, die Funktionen $\Phi(x,y)$ und $\Psi(x,y)$ für eine wasserführende Schicht zu bestimmen. Man benötigt dazu ihren Wert am Rand, die sich aus der Physik des Problems ergeben. Stromlinien können zum Beispiel nur in einer Quelle oder an einer Oberfläche beginnen und in einer Senke oder an einer anderen Wasseroberfläche enden.

Vor der Einführung von PCs wurde viel Mühe für die Berechnung von $\Omega(z)$ insbesondere mit analytischen Verfahren aufgewandt, da diese ja die Lösungen für $\Phi(x,y)$ und $\Psi(x,y)$ beinhaltet. Man hat hierzu die Methode der *konformen Abbildung* verwandt, mit deren Hilfe komplizierte Randbedingungen in einfache, z. B. rechteckige, umgewandelt werden. Heutzutage werden diese Verfahren durch numerische Berechnungen der Differentialgleichungen ersetzt, denn hierbei ist es einfacher, die Änderungen der Dichte ρ und der Leitfähigkeit k mit der Position zu berücksichtigen, und das komplette dreidimensionale Problem zu lösen. Die analytischen Verfahren behalten aber trotzdem ihren Wert, da mit ihnen erste Näherungen erzielt werden können, und man eine Vorstellung vom Aussehen der numerischen Lösung bekommt. Weiter unten sind einige Beispiele gegeben.

Die Dupuit-Näherung

Im dritten Kommentar unterhalb von Gl. (5.87) wurde das Konzept des Grundwasserspiegels unter der Annahme einer hauptsächlich horizontalen Strömung $\boldsymbol{q}$ erläutert. Demzufolge ist der Grundwasserpegel ϕ allein eine Funktion der horizontalen Komponenten: $\phi = \phi(x,y)$. Diese Vereinfachung wird auch als *Dupuit-Näherung* bezeichnet.

Die Dupuit-Näherung gilt nicht in dem in Bild 5.8 dargestellten Fall, in dem zwei horizontale Schichten mit einem unterschiedlichen Grundwasserspiegel dargestellt sind, und sie darf auch nicht in der Nähe der in Bild 5.9 vorliegenden Wand angewandt werden, da hier große vertikale Komponenten für den Fluß erwartet werden (vgl. Gl. (5.102)). Die Näherung gilt allerdings für eine große Anzahl von Problemen, die *unbeschränkte Aquifere* betreffen. Dies sind wasserführende Schichten, bei denen die obere Wasserfläche über Poren mit der Atmosphäre in Verbindung stehen. Wie schon zuvor bemerkt ist der Grundwasserdruck an der phreatischen Oberfläche gleich dem Atmosphärendruck (oder verschwindet wenn man nur die Differenz zum Atmosphärendruck betrachtet).

Unbeschränkte Aquifere bilden die oberste wasserführende Schicht und es wird angenommen, daß die darunterliegende Schicht undurchlässig oder höchstens halbdurchlässig ist. Somit bilden die unbeschränkten Aquifere den engsten Kontakt mit der menschlichen Umgebung. Die Gleichungen, die deren Strömungen beschreiben, können durch einen Blick auf Bild 5.11 hergeleitet werden.

Die undurchlässige Schicht liege bei $z = 0$ und der Grundwasserspiegel ist mit $h(x,y)$ anstatt dem üblichen $\phi(x,y)$ dargestellt. Der gesamte Massenfluß durch die Schicht in einem Streifen der Einheitsbreite wird unter Verwendung von Gl. (5.87) angegeben:

$$\rho h\boldsymbol{q} = -k\rho h \operatorname{grad} h \, . \tag{5.113}$$

Wegen der Massenerhaltung folgt daraus

$$\operatorname{div}(\rho h\boldsymbol{q}) = 0 \tag{5.114}$$

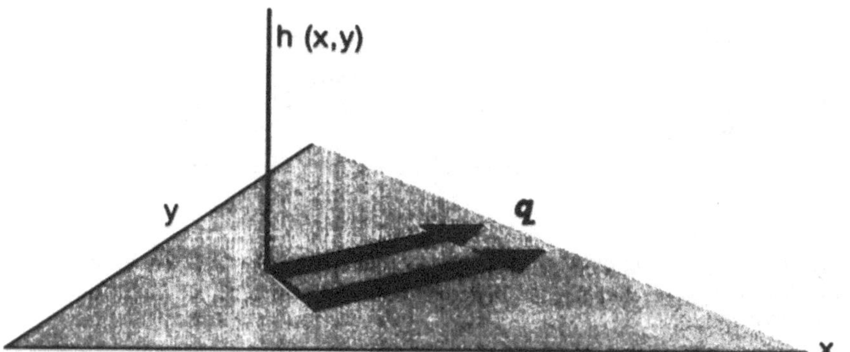

Bild 5.11 Strömung durch einen unbeschränkten Aquifer mit dem Grundwasserspiegel $h(x,y)$

oder, unter der Annahme daß ρ und k konstant sind,

$$\frac{\partial}{\partial x}\left(h\frac{\partial h}{\partial x}\right)+\frac{\partial}{\partial y}\left(h\frac{\partial h}{\partial y}\right)=0$$

$$\frac{\partial^2 h^2}{\partial x^2}+\frac{\partial^2 h^2}{\partial y^2}=0 \tag{5.115}$$

Dies ist eine Laplace-Gleichung für h^2, während Gl. (5.92) für $\phi = h$ gilt. Der Unterschied bezieht sich auf die Tatsache, daß Bild 5.11 die gesamte Bewegung durch einen vertikalen Querschnitt beschreibt und dabei die Ortsabhängigkeit von h berücksichtigt. Gl. (5.92) ist natürlich die allgemeine und trotzdem richtig, man muß dabei dann aber auch die vertikalen Bewegungen explizit berücksichtigen.

Eindimensionale Strömung

Man betrachte zwei parallele Kanäle, die durch einen Aquifer getrennt sind und auf derselben undurchlässigen Schicht liegen. Das Problem kann in einer Dimension dann durch $h = h_0(x)$ mit $h(0) = h_1$ und $h(L) = h_2$ beschrieben werden und ist in Bild 5.12 dargestellt.

Die Lösung lautet

$$h^2 = h_1^2 - \left(h_1^2 - h_2^2\right)\frac{x}{L} \; . \tag{5.116}$$

In Bild 5.12 bildet $h(x)$ eine Parabel, die die beiden Wasserspiegel verbindet. Der Ausstoß pro Einheitsbreite ist über der gesamten Wassersäule am Ort x gleich

$$hq = -kh\frac{\mathrm{d}h}{\mathrm{d}x} = -\frac{1}{2}k\frac{\mathrm{d}h^2}{\mathrm{d}x} = \frac{k}{2L}\left(h_1^2 - h_2^2\right), \tag{5.117}$$

was wegen der Massenerhaltung unabhängig von x ist. Die Laplace-Gleichung (5.92) kann jetzt angewandt werden um abzuschätzen, ob der vertikale Ausstoß q_z tatsächlich vernachlässigt werden kann. Man erhält

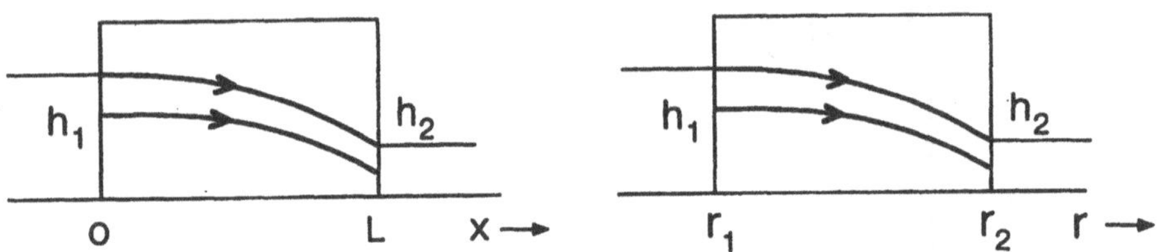

Bild 5.12 Eindimensionale Strömung durch eine geradlinige (links) oder runde Wand (rechts). Die Parabeln stellen die Lösungen der Gleichungen dar. In der Praxis findet man in beiden Fällen oberhalb von h_2 eine Durchsickerungsfläche.

$$\begin{aligned}&\frac{\partial q_x}{\partial x}+\frac{\partial q_z}{\partial z}=0\\&q_z=kz\frac{\partial^2 h}{\partial x^2}\end{aligned}\tag{5.118}$$

oder, nach Verwendung der Gleichungen (5.116) und Gl. (5.117) und einigen Umformungen,

$$q_z=-\frac{zq^2}{kh^3}.\tag{5.119}$$

Diese negativen Geschwindigkeit ist dort am größten, wo der Grundwasserspiegel bei $z = h$ liegt. In der Realität enden die oberen Stromlinien auf der rechten Seite etwas oberhalb von h_2, was zur Ausbildung einer *Durchsickerungsfläche* führt.

Zylindrische Symmetrie

Bei Problemen mit einer zylindrischen Geometrie verwendet man die Koordinaten (ρ,θ,z), und der Laplace-Operator sieht gemäß Gl. (B.2) folgendermaßen aus:

$$\Delta^2=\text{div grad}=\frac{1}{r}\frac{\partial}{\partial r}\left(r\frac{\partial}{\partial r}\right)+\frac{1}{r^2}\frac{\partial^2}{\partial\theta^2}+\frac{\partial^2}{\partial z^2}\tag{5.120}$$

Können die z- und θ-Koordinaten vernachlässigt werden, bleibt nur der erste Term auf der rechten Seite von Gl. (5.120) übrig.

Ein kreisförmiger Teich

Ein für die Umwelt relevanteres Beispiel als die in Bild 5.12 auf der linken Seite skizzierte Situation stellt wahrscheinlich ein Teich dar, der auf der rechten Seite im gleichen Bild dargestellt ist. Ein Teich mit dem Radius r_1 sei von einer Erdwand mit dem Außenradius r_2 umgeben. Der Grundwasserspiegel liege außerhalb (h_2) etwas höher als innerhalb (h_1). Der Ausstoß möglicherweise verschmutzten Wassers kann damit mit der Gleichung von Dupuit (5.115) in Zylinderkoordinaten berechnet werden, wenn man $h = h(r)$ setzt. Es ergibt sich

$$h^2(r) = h_1^2 - \left(h_1^2 - h_2^2\right)\frac{\ln r - \ln r_1}{\ln r_2 - \ln r_1}. \tag{5.121}$$

Der Ausstoßvektor $h\boldsymbol{q} = -kh \operatorname{grad} h$ liegt in radialer Richtung, woraus folgt

$$hq_r = -kh\frac{\partial h}{\partial r} = \frac{k}{2r}\frac{h_1^2 - h_2^2}{\ln r_2 - \ln r_1}. \tag{5.122}$$

Der gesamte Ausstoß wird durch $Q = 2\pi rhq_r$ angegeben und ist wegen der Erhaltung der Masse von r unabhängig:

$$Q = \pi k\frac{h_1^2 - h_2^2}{\ln\left(r_2 / r_1\right)}. \tag{5.123}$$

Einfache Strömung in einem beschränkten Aquifer

Ein beschränkter Aquifer ist ein gesättigte, wasserführende Schicht, die zwischen zwei eher undurchlässigen Schichten liegt. Man nehme an, daß die Schicht mit einer konstanten Dicke H waagerecht liegt; da die Schicht gesättigt ist, ist eine Anwendung der Dupuit-Gleichung nicht sinnvoll. Der Grundwasserspiegel ϕ liege oberhalb der Oberfläche und werde mit $\phi = h(x,y)$ bezeichnet. Entsprechend der oben geführten Diskussion führt man zur Beschreibung der Strömung eine Potentialfunktion $\Phi = kh(x,y)$ und eine Funktion $\Psi(x,y)$ ein. Wir besprechen zwei Beispiele für Strömungen in beschränkten Aquiferen.

Strömung um eine Quelle oder Senke

Das erste Beispiel behandelt eine Quelle oder eine Senke innerhalb dieser Schicht. Wir wollen annehmen, daß sie ein vertikales, zylindrisches Loch mit dem Radius $R \le r_1$ ist. Innerhalb der Schicht liegt der Grundwasserspiegel am Ort $r = r_1$ bei $\phi = h_1$, etwas weiter entfernt am Ort $r = r_2$ bei $\phi = h_2$. Je nachdem, ob Wasser aus dem Zylinder heraustritt oder einströmt, hat man dann $h_1 < h_2$ oder $h_1 > h_2$, man spricht dann von einer Senke bzw. einer Quelle.

Die Zylindersymmetrie führt innerhalb der Schicht dann zu einer vereinfachten Laplace-Gleichung mit $r_1 < r < r_2$:

$$\frac{1}{r}\frac{\partial}{\partial r}\left(r\frac{\partial \Phi}{\partial r}\right) = 0 .$$

Man erhält hieraus wie bei der Herleitung von Gl. (5.121)

$$\Phi(r) = kh_1 - k(h_1 - h_2)\frac{\ln r - \ln r_1}{\ln r_2 - \ln r_1}. \tag{5.124}$$

Der radiale Ausstoß q_r ist also

$$q_r = -\frac{\partial \Phi}{\partial r} = \frac{k(h_1 - h_2)}{r\left(\ln r_2 - \ln r_1\right)}. \tag{5.125}$$

Die gesamte Durchsickerung Q *von außen nach innen* im Abstand r kann mit

$$Q = -2\pi r H q_r = -\frac{2\pi k H(h_1 - h_2)}{\ln r_2 - \ln r_1} \tag{5.126}$$

berechnet werden. Man sieht, daß sich Gl. (5.126) auf die Form (5.123) reduzieren läßt, wenn gilt $H = (h_1 + h_2)/2$, was uns aber nicht irreführen sollte, da die physikalische Situation eine andere ist. Gl. (5.126) stellt eine Grundgleichung für Pumpen-Tests dar, die zur Bestimmung der sogenannten Transmissivität kH aus der Durchsickerung Q und dem resultierenden Sog $(h_1 - h_2)$ dienen.

Die Freiheit zur Wahl der Lage der Ebene $z = 0$ nutzt man aus, um für einen beliebigen Außenradius $r = r_2$ dann $h_2 = 0$ zu wählen. Setzt man Gl. (5.126) in Gl. (5.124) ein und ersetzt r_1 durch r, so folgt

$$\Phi = \frac{Q}{2\pi H}\ln\frac{r}{r_2} \ . \tag{5.127}$$

Schaut man sich nun die Gleichungen (5.125) und (5.126) an, so sieht man, daß das Wasser für $Q < 0$ nach außen (Senke) und für $Q > 0$ nach innen (Quelle oder Brunnen) fließt. Die Äquipotentiallinien $\Phi =$ konst. bilden Kreise in der x-y-Ebene um $x = y = 0$, die Stromlinien $\Psi =$ konst. müssen radial liegen. In Polarkoordinaten werden sie als

$$\Psi = c_1\theta \tag{5.128}$$

geschrieben. Die Konstante c_1 findet man aus der Tatsache, daß die Differenz $-\mathrm{d}\Psi$ zwischen den Punkten r, θ und $r, \theta + \mathrm{d}\theta$ der Massenstrom für eine Einheitsdicke durch das sie verbindende Kreissegment sein muß (vgl. Gl. (5.109)). Somit gilt

$$-\mathrm{d}\Psi = r\,\mathrm{d}\theta q_r = r\,\mathrm{d}\theta\frac{\partial\Phi}{\partial r} \ , \tag{5.129}$$

$$\frac{1}{r}\frac{\partial\Psi}{\partial\theta} = \frac{\partial\Phi}{\partial r} \ . \tag{5.130}$$

Gleichung (5.130) ist dabei allgemein gültig. Mit $\Psi = c_1\theta$ führt Gl. (5.127) zu

$$\Psi = \frac{Q}{2\pi H}\theta \ . \tag{5.131}$$

Die in Gl. (5.112) eingeführte, komlpexe Funktion $\Omega = \Phi + \mathrm{i}\Psi$ wird zu

$$\begin{aligned} \Omega = \Phi + \mathrm{i}\Psi &= \frac{Q}{2\pi H}(\ln r + \mathrm{i}\theta) - \frac{Q}{2\pi H}\ln r_2 \ , \\ &\frac{Q}{2\pi H}z - \frac{Q}{2\pi H}\ln r_2 \ , \end{aligned} \tag{5.132}$$

wobei $z = x + \mathrm{i}y = re^{\mathrm{i}\theta}$ verwendet wurde.

Der Vorteil, hier eine komplexe Funktion zu verwenden, liegt darin, daß man so auch kompliziertere Probleme lösen kann: man sieht, daß die Laplace-Gleichung linear in Φ ist.

Das heißt aber, daß z. B. für ein kompliziertes Problem mit vielen Quellen und Senken die Summe der korrespondierenden Funktionen Φ aufgrund des *Superpositionsprinzips* wiederum eine Lösung der Laplace-Gleichung darstellt. Man kann somit aus der resultierenden Funktion Φ mit Gl. (5.105) das Strömungsmuster berechnen.

Eine Quelle oder Senke in einer gleichmäßigen Strömung

Als Beispiel zur Anwendung des Superpositionsprinzips betrachte man eine Quelle oder Senke in einer gleichmäßigen Strömung mit einem Ausstoß U in negativer x-Richtung. Für die gleichmäßige Strömung gilt

$$\boldsymbol{q} = -U\boldsymbol{e}_x = -\operatorname{grad}\Phi = -\frac{\partial\Phi}{\partial x}\boldsymbol{e}_x - \frac{\partial\Phi}{\partial y}\boldsymbol{e}_y \ , \tag{5.133}$$

wobei $\boldsymbol{e}_x$ und $\boldsymbol{e}_y$ die Einheitsvektoren in positiver x- und y-Richtung sind. Es folgt, daß $\Phi = U\,x$ ist und damit (vgl. Gl. (5.110)) $\Psi = U\,y$; außerdem gilt für eine *gleichmäßige Strömung*

$$\Omega = U(x + i\,y) = Uz\,. \tag{5.134}$$

Hat man noch eine weitere Quelle oder Senke, so addiert man einfach Gl. (5.132) zu diesem Feld hinzu, was zu der folgenden komplexen Funktion führt:

$$\Omega = \frac{Q}{2\pi H}\ln z + Uz - \frac{Q}{2\pi H}\ln r_2 = \Phi + i\Psi\ . \tag{5.135}$$

Aus dieser Gleichung folgt dann

$$\Phi = Ux + \frac{Q}{4\pi H}\ln\frac{x^2+y^2}{r_2^2}\,, \tag{5.136}$$

$$\Psi = Uy + \frac{Q}{2\pi H}\arctan\frac{y}{x}\,. \tag{5.137}$$

Wegen $z = x + \mathrm{i}y = re^{\mathrm{i}\theta}$ kann man die Funktion Ψ als

$$\Psi = Ur\sin\theta + \frac{Q}{2\pi H}\theta \tag{5.138}$$

schreiben. Die Linien mit Ψ = konst. entsprechen dann den Stromlinien, wie sie auch in Bild 5.13 dargestellt sind.

Einfache Zeitabhängigkeit in einem beschränkten Aquifer

Betrachten wir nun einen Fluß, der mit einem beschränkten Aquifer konstanter Dicke H in Verbindung steht. Im Gleichgewicht liegt der Grundwasserspiegel h_0 innerhalb des Aquifers, wie in Bild 5.14 dargestellt, auf gleicher Höhe wie der Wasserspiegel des Flusses. Die Situation ist im wesentlichen eindimensional mit der Variablen x, wobei $x = 0$ die Grenzfläche zwischen Fluß und Aquifer definiert.

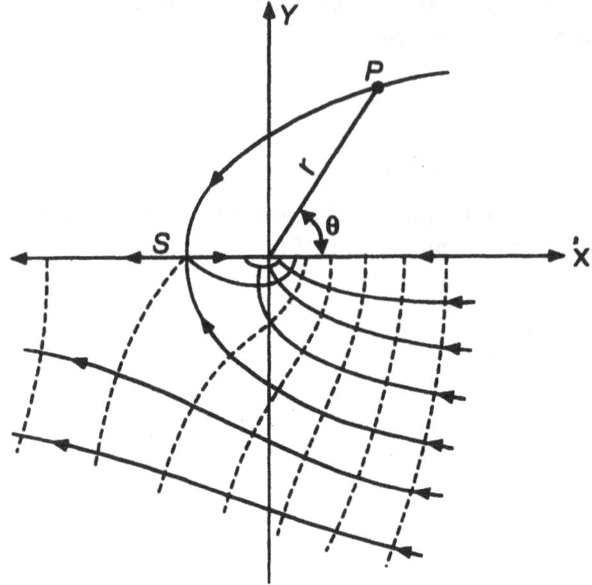

Bild 5.13 Strömungsbild für einen im Ursprung liegenden Brunnen ($Q > 0$) mit einem gleichmäßigen Ausstoß U in negativer x-Richtung. Man beachte den Stagnationspunkt S mit $q_x = 0$.

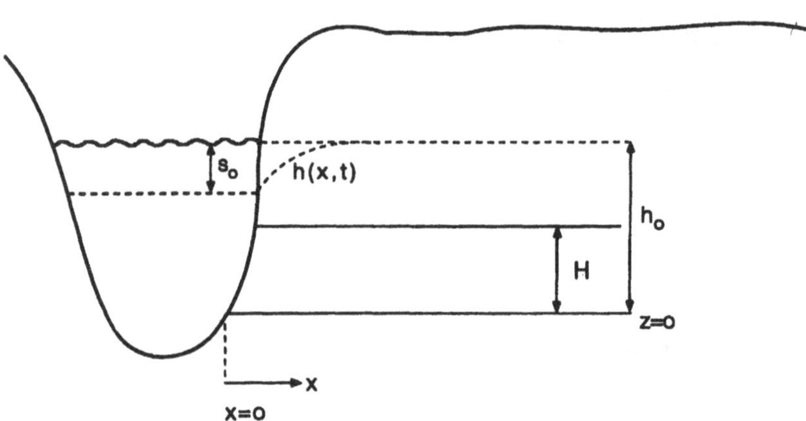

Bild 5.14 Fluß in Verbindung mit einem Aquifer. Zur Zeit $t = 0$ fällt der Wasserspiegel um s_0.

Nimmt man an, daß der Wasserspiegel des Flusses zum Zeitpunkt $t = 0$ plötzlich auf die Höhe $h_0 - s_0$ abfällt und danach auf diesem Pegel bleibt, so wird sich der Aquifer in den Fluß entleeren; es entsteht ein zeitabhängiger Wasserspiegel $h(x,t)$. Der gesamte Ausstoß über eine Breite von 1 m und die Gesamthöhe H des Aquifers ist dann

$$\rho H \boldsymbol{q} = -k\rho H \nabla h \; . \qquad (5.139)$$

Der sogenannte *Speicherkoeffizient* oder die *Speicherkapazität S* eines Aquifers wird als die pro Anhebungs- oder Absenkungseinheit des Grundwasserspiegels über eine horizontale Einheitsbreite aufgenommene oder freigegebene Wassermenge definiert.* Die Änderung der Speicherung in einem beschränkten Aquifer entsteht durch die Kompressibilität des Wassers und das Teilchengerüst. Somit ist die Menge des einen Anstieg $\mathrm{d}h$ des Grundwasserspiegel verursachenden, aufgenommenen Wassers gleich

$$\rho S \,\mathrm{d}h\,. \tag{5.140}$$

Die Erhaltung der Masse in der x-y-Ebene erfordert

$$\operatorname{div} \rho h \boldsymbol{q} + \frac{\partial(\rho S h)}{\partial t} = 0\,. \tag{5.141}$$

Nimmt man an, daß ρ und S konstant sind, so führt die Verwendung von Gl. (5.139) zu

$$-k\rho H \Delta h + \rho S \frac{\partial h}{\partial t} = 0\;. \tag{5.142}$$

In dem hier betrachteten eindimensionalen Fall gilt

$$\frac{\partial^2 h}{\partial x^2} = \frac{S}{kH}\frac{\partial h}{\partial t}\;. \tag{5.143}$$

Dieses ist genau die gleiche eindimensionale Form der Wärmeleitungsgleichung (4.19) mit $a = kH/S$. Der plötzliche Anstieg des Wasserspiegels s_0 im Fluß ist einem plötzlichen Temperatursprung vergleichbar (4.23). Aus diesem Grunde entspricht die Lösung von Gl. (5.143) derjenigen von Gl. (4.25) und wir schreiben

$$h(x,t) = h_0 - s_0 + s_0 \operatorname{erf}\left(\frac{x}{2}\sqrt{\frac{S}{kHt}}\right)\,. \tag{5.144}$$

Für $t = 0$ findet man tatsächlich $h = h_0$ und für $t \to \infty$ gilt $h = h_0 - s_0$.

Schadstofftransport

Eine mögliche erste Näherung für die Zeit, die ein bestimmtes Volumen verunreinigten Grundwassers für die Überwindung der Strecke L braucht, ist $L\,/\,u$. Dabei ist $u = q\,/\,n$ die wahre Geschwindigkeit des Wassers aus Gl. (5.81).

In der Praxis ist man eher an der komplizierteren Frage interessiert, nämlich wie sich eine Konzentrationverteilung $c(r,t)$ in dem mit der Geschwindigkeit u fließenden Grundwasser bewegen würde. Hierbei beschreibt c die Schadstoffmasse pro Volumeneinheit des Grundwassers. Man muß dabei beachten, daß sich das Grundwasser durch weite und engere Poren

* Für einen beschränkten Aquifer ist $S < 0{,}001$; der spezielle Wert bei sandigen Böden variiert zwischen 0,15 bei feinem Sand und 0,30 bei grobkörnigen Böden. (Aus: Vorlesungskript von J. J. de Vries, Amsterdam)

hindurchbewegt, die zu einer sogenannten ***hydrodynamischen Dispersion*** führen. Da die Ursache für Kollisionen der Teilchen mit ihrer Umgebung die gleiche wie bei der Diffusion ist, sind die resultierenden Differentialgleichungen auch gleich. Nach Gl. (5.5) gilt also

$$\frac{\partial c}{\partial t} = D\Delta c - (\mathbf{u} \cdot \nabla)c \ . \tag{5.145}$$

Der erste Term von Gl. (5.145) beschreibt die Dispersion, die sich aus hydrodynamischer Dispersion und der normalen, in Abschnitt 5.1 beschriebenen Diffusion zusammensetzt. Bleibt das Grundwasser unbewegt ($\boldsymbol{u} = 0$), so reduziert sich der Dispersionskoeffizient D auf einen Diffusionskoeffizienten. In den meisten praktischen Anwendungen überwiegt die hydrodynamische Dispersion und man kann die molekulare Diffusion vernachlässigen.

Der zweite Term in Gl. (5.145) beschreibt die *Advektion* der Konzentration c durch das Grundwasser, also die Bewegung der Schadstoffe mit dem Grundwasser. Gleichung (5.145) wird wegen ihrer Zusammensetzung aus zwei Anteilen auch *Dispersions-Advektions-Gleichung* genannt. In vielen Fällen kann man eine eindimensionale Form einer möglicherweise krummlinigen Koordinate x verwenden:

$$\frac{\partial c}{\partial t} = D\frac{\partial^2 c}{\partial x^2} - u\frac{\partial c}{\partial x} \ . \tag{5.146}$$

Selbst eine einfache Gleichung wie (5.146) kann nur im einfachen Fall analytisch gelöst werden. Man verwendet für D und u meistens empirische Schätzwerte oder berechnet u mit den in diesem Abschnitt besprochenen Methoden, um Gl. (5.146) dann numerisch zu lösen.

Neben Dispersion und Advektion tritt oft noch ein dritter Prozess auf: die *Adsorption* von Schadstoffen an den festen Bodenbestandteilen des Erdreichs. Zur Beschreibung dieses Vorganges muß man noch einen dritten Term zu Gl. (5.146) hinzufügen und erhält

$$\frac{\partial c}{\partial t} = D\frac{\partial^2 c}{\partial x^2} - u\frac{\partial c}{\partial x} - \frac{\rho_b}{n}\frac{\partial S}{\partial t} \ . \tag{5.147}$$

Hierbei ist S die Masse des am festen Teil des Mediums pro Masseneinheit des Festkörpers adsorbierten Schadstoffs und ρ_b die Festkörperdichte des porösen Stoffs. Das Verhältnis $S\rho_b/n$ beschreibt somit die pro Einheit des Porenvolumens adsorbierte Schadstoffmasse, was einer Konzentration c entspricht. Man kann Gl. (5.147) durch Einsetzen von $D = u = 0$ überprüfen und sieht außerdem, daß die einzige Möglichkeit zu einer Erhöhung der Konzentration c in der Verringerung der Adsorption S besteht.

In der Praxis erweist sich

$$S = \kappa c \tag{5.148}$$

als eine gute Näherung, wobei κ die Verteilung der Schadstoffe auf Festkörper und Wasser ausdrückt. Gleichung (5.147) kann dann umgeschrieben werden zu

$$\left(1 + \frac{\kappa\rho_b}{n}\right)\frac{\partial c}{\partial t} = D\frac{\partial^2 c}{\partial x^2} - u\frac{\partial c}{\partial x} \ . \tag{5.149}$$

Diese Gleichung ist die Grundlage für die Reinigung eines kontaminierten Bodenstückes. Man bohrt dazu üblicherweise einige Löcher in den Boden: eines in die Mitte der kontaminierten Stelle, aus dem das Wasser herausgepumpt wird, und einige weitere im Umkreis, um dort sauberes Wasser hineinzupumpen. Das in der Mitte entnommene Wasser wird gereinigt und außerhalb des verschmutzten Bereichs ins Grundwasser zurückgeführt. Auf diese Art wird der Boden schließlich gereinigt.

Für manche Chemikalien kann die Adsorption κ sehr hoch liegen, so daß man auf der linken Seite von Gl. (5.149) einen großen Faktor $R = 1 + \kappa\rho_b / n$ erhält: für PCBs (Polychlorierte Biphenyle) kann er sogar bei $R \approx 1000$ liegen. Wenn man die Dispersion in Gl. (5.149) vernachlässigt, würde das bedeuten, daß sich die Geschwindigkeit u, mit der der Boden gereinigt wird, in erster Näherung von u auf u/R verringert. Bei einem typischen Wert von u = 1m/Tag benötigt man somit große Zeiträume und hat hohe Ausgaben, um den Boden zu reinigen.

Es sollte angemerkt werden, daß sich die hier geführte Diskussion auf im Grundwasser gelöste Substanzen bezieht, die möglicherweise an den Bodenpartikeln adsorbiert sind. Viel komplizierter ist die Bewegung von Öl im Boden, das aus einem lecken Tank austritt. Man muß dann verschiedene Phasen beschreiben: Öl, Wasser und evtl. Luft. Dies liegt jedoch außerhalb des Rahmens dieses Buches.

5.4 Die Gleichungen der Strömungsdynamik

Die Strömungsdynamik ist der Teilbereich der Physik, der sich mit Flüssigkeiten beschäftigt, was sowohl Gasbewegungen (Aerodynamik), als auch die Mechanik von Flüssigkeiten (Hydrodynamik) einschließt. Eine Flüssigkeit wird dadurch charakterisiert, daß ihre Bestandteile leicht formveränderlich sind, oder, um genauer zu sein, daß beliebige Kräfte ein Volumen verformen können, das eine bestimmte Masse beinhaltet. Im vorliegenden Abschnitt werden die grundlegenden Eigenschaften von Flüssigkeiten besprochen und die fundamentalen Navier-Stokeschen Differentialgleichungen hergeleitet. Zum Schluß kommen wir zum Konzept der Reynoldszahl zurück, die schon in Kapitel 3.3 eingeführt wurde, und beschreiben einige Eigenschaften sich bewegender Flüssigkeiten.

Das Ziel dieses Abschnittes ist die Erkenntnis, daß die Lösung der grundlegenden Bewegungsgleichungen schwierig ist und häufig Vereinfachungen gemacht werden müssen. Hier wird also das vereinfachte Vorgehen in den vorigen beiden Abschnitten gerechtfertigt und der nächste Abschnitt vorbereitet.

Der Spannungstensor

Man betrachte ein Flüssigkeitselement mit einem ebenen Oberflächenelement $\boldsymbol{\delta A}$, wobei dieser Vektor $\boldsymbol{\delta A} = \boldsymbol{n}\delta A$ dabei nach außen, also auf andere Flüssigkeitselemente zeigt. Die außen liegende Flüssigkeit übt auf das betrachtete Element eine Kraft

$$\boldsymbol{\Sigma}(\boldsymbol{n},\boldsymbol{r},t)\delta A \tag{5.150}$$

aus, die auf eine Einheitsfläche bezogen als Spannung bezeichnet wird (und einen Vektor darstellt!). Sie steht nicht unbedingt senkrecht auf der Oberfläche, da innere Reibung tangentiale Komponenten erzeugen kann. Wegen des 2. Newtonschen Gesetzes (*actio = reactio*) zeigen die Spannungsvektoren zweier aneinandergrenzender Flüssigkeitselemente in entgegengesetzte Richtungen. Somit ist die Spannung $\boldsymbol{\Sigma}$ eine ungerade Funktion in $\boldsymbol{n}$ und stellt, da sie durch die Oberfläche wirkt, eine Oberflächenkraft der Dimensionen N m^{-2} dar.

Betrachtet man nun ein tetraedrisches Volumenelement mit drei senkrecht aufeinanderstehenden Flächen und einer geneigten Fläche der Größe $\boldsymbol{\delta A} = \boldsymbol{n}\delta A$, so wird aus Bild 5.15 klar, daß die orthogonal stehenden Flächen die jeweiligen Projektionen von δA auf diese Ebenen darstellen:

$$\begin{aligned} \delta A_1 &= \boldsymbol{n} \cdot \boldsymbol{a} \delta A \\ \delta A_2 &= \boldsymbol{n} \cdot \boldsymbol{b} \delta A \\ \delta A_3 &= \boldsymbol{n} \cdot \boldsymbol{c} \delta A \end{aligned} \tag{5.151}$$

Die Summe der auf dieses Flüssigkeitselement wirkenden Kräfte kann deshalb als

$$\begin{aligned} &\boldsymbol{\Sigma}(\boldsymbol{n})\delta A + \boldsymbol{\Sigma}(-\boldsymbol{a})\delta A_1 + \boldsymbol{\Sigma}(-\boldsymbol{b})\delta A_2 + \boldsymbol{\Sigma}(-\boldsymbol{c})\delta A_3 \\ &= \left(\boldsymbol{\Sigma}(\boldsymbol{n}) - \boldsymbol{\Sigma}(\boldsymbol{a})\boldsymbol{a} \cdot \boldsymbol{n} - \boldsymbol{\Sigma}(\boldsymbol{b})\boldsymbol{b} \cdot \boldsymbol{n} - \boldsymbol{\Sigma}(\boldsymbol{c})\boldsymbol{c} \cdot \boldsymbol{n}\right)\delta A \end{aligned} \tag{5.152}$$

geschrieben werden, wobei davon Gebrauch gemacht wurde, daß $\boldsymbol{\Sigma}$ eine ungerade Funktion ihres Vektorargumentes ist. Man betrachte nun die i-te Komponente des Vektors (5.152), wobei $i = 1, 2, 3$ den Komponenten x, y und z entspricht, und verwende die Summenkonvention

$$\boldsymbol{a} \cdot \boldsymbol{n} = a_j \cdot n_j ,$$

in der über gleiche Indizes summiert wird. Dann gilt für die i-te Komponente von (5.152)

$$\left\{\Sigma_i(\boldsymbol{n}) - \left[a_j \Sigma_i(\boldsymbol{a}) + b_j \Sigma_i(\boldsymbol{b}) + c_j \Sigma_i(\boldsymbol{c})\right] n_j\right\} \delta A \ . \tag{5.153}$$

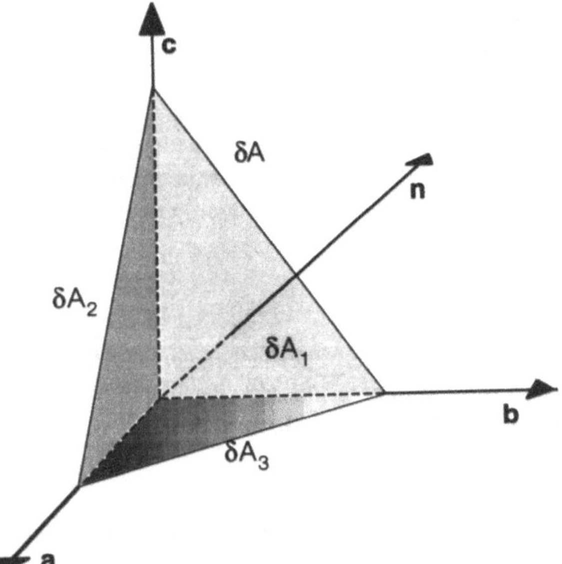

Bild 5.15 Ein Volumenelement mit drei orthogonal aufeinander stehenden Flächen und einer vierten, ebenen Fläche δA.

Man betrachte jetzt die Bewegungsgleichung für das Volumenelement:

Masse · Beschleunigung = gesamte innere Kraft + gesamte Oberflächenkraft (5.154)

Die linke Seite dieser Gleichung ist proportional zu δV, der gesamtem inneren Kraft, und proportional zu L^3, wenn L die lineare Dimension des Elements darstellt. Die gesamte Oberflächenkraft ist proportional zur Oberfläche, also proportional zu L^2 und verschwindet, wenn man L gegen Null gehen läßt. Aus diesem Grunde dominiert die Oberflächenkraft (5.153) auf der rechten Seite von (5.154), während die anderen gegen Null gehen. Für kleine Elemente sollte daher die gesamte Oberflächenkraft (5.153) identisch verschwinden:

$$\Sigma_i(\boldsymbol{n}) = \sigma_{ij} n_j \ , \tag{5.155}$$

wobei man die Summation über j beachten sollte. Der *Spannungstensor* σ_{ij} ist eine Größe mit neun Komponenten, er verknüpft die Vektoren $\boldsymbol{\Sigma}$ und $\boldsymbol{n}$ und wird als Tensor bezeichnet, da Gl. (5.155) in jedem beliebigen Koordinatensystem gültig ist (obwohl natürlich die Komponenten davon abhängen). In der Mathematik wird bewiesen, daß die beiden Indizes sich unter einer Koordinatentransformation wie Vektoren verhalten.

Selbstverständlich könnten die neun Komponenten von σ_{ij} wie in Gl. (5.153) definiert werden, doch ist es anschaulicher, Gl. (5.155) für die Definition zu verwenden, wenn wir wissen, wie sich σ_{ij} unter einer Transformation verhält. Wenn man also erst einmal den Spannungstensor σ_{ij} an einer Position $\boldsymbol{r}$ kennt, dann kann man mit Gl. (5.155) die Oberflächenkraft an ein beliebiges Oberflächenelement berechnen. Betrachten wir ein Element σ_{ij} in einem bestimmten Koordinatensystem. Nimmt man nun ein zur j-Richtung senkrechtes Oberflächenelement, das damit einen Normalenvektor $\boldsymbol{n} = \boldsymbol{e}_j$ besitzt, dann gilt in Übereinstimmung mit Gl. (5.155) $\Sigma_i = \sigma_{ij}$. Somit ist σ_{ij} die i-te Komponente der Kraft, die prosenkrecht zur j-Richtung stehenden Einheitsfläche ausgeübt wird. Die Diagonalelemente σ_{11} etc. werden als *Normalspannungen*, alle anderen als *Tangentialspannungen* (oder manchmal *Scherspannungen*) bezeichnet. In Bild 5.16 ist diese Situation für den zweidimensionalen Fall dargestellt.

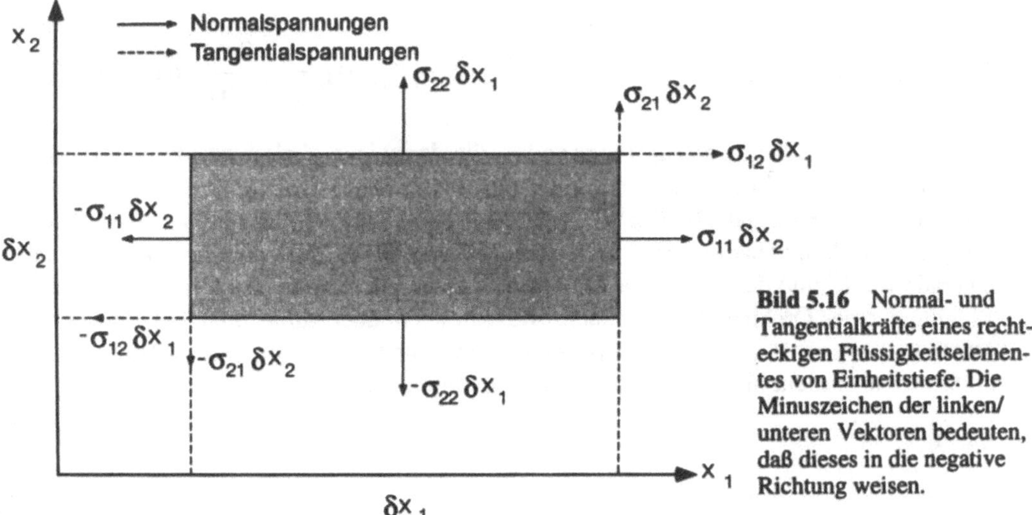

Bild 5.16 Normal- und Tangentialkräfte eines rechteckigen Flüssigkeitselementes von Einheitstiefe. Die Minuszeichen der linken/unteren Vektoren bedeuten, daß dieses in die negative Richtung weisen.

Für eine Transformationen zwischen kartesischen Koordinatensystemen existieren zwei grundlegende Tensoren:

(a) Der *Kronecker-Delta-Tensor* mit Elementen δ_{ij} so, daß $\delta_{ij} = 1$ für $i = j$ und sonst $\delta_{ij} = 0$ gilt.

(b) Der *Levi-Civita-Tensor* mit Elementen ε_{ijk} so, daß
   (i) $\varepsilon_{ijk} = +1$ wenn die Zahlen i, j und k eine positive (zyklische) Permutation der Zahlen 1, 2 und 3 darstellen,
   (ii) $\varepsilon_{ijk} = -1$ wenn die Zahlen i, j und k eine negative Permutation darstellen, und
   (iii) $\varepsilon_{ijk} = 0$ in allen anderen Fällen, also wenn mindestens zwei Indizes gleich sind.

Man nehme nun erneut das Flüsssigkeitselement mit dem Punkt O auf der einen Innenseite und betrachte das Drehmoment $\boldsymbol{\tau}$, das die Oberfläche um O ausübt. Für ein bestimmtes Oberflächenelement δA erhält man den Beitrag

$$\boldsymbol{\tau} = \boldsymbol{r} \times \Sigma \delta A \ . \tag{5.156}$$

Unter Verwendung des Levi-Civita-Tensors schreibt man dieses als

$$\tau_i = \varepsilon_{ijk} x_j \Sigma_k \delta A = \varepsilon_{ijk} x_j \sigma_{lk} n_l \delta A \ , \tag{5.157}$$

wobei man erneut von der Summenkonvention Gebrauch macht. Die i-te Komponente des Gesamtdrehmomentes ist dann

$$\int \varepsilon_{ijk} x_j \sigma_{lk} n_l \delta A = \int \varepsilon_{ijk} x_j \sigma_{lk} (\delta A)_l \ . \tag{5.158}$$

Dies ist ein geschlossenes Oberflächenintegral. Der Integrand kann als das Skalarprodukt des Vektors $\boldsymbol{\omega}$ mit dem Oberflächenlement δA betrachtet werden: $\boldsymbol{\omega} \cdot \delta A$, das hier durch den wiederholten Index l dargestellt ist. Die Tatsache, daß es noch einen freien Index i gibt, hat keinerlei Einfluß auf diese Interpretation. Aus dem Gaußschen Satz folgt, daß das Oberflächenintegral in Gl. (5.158) gleich einem Volumenintegral ist (wobei die Divergenz-Summation über l erfolgt):

$$\int \frac{\partial}{\partial x_l}\left(\varepsilon_{ijk} x_j \sigma_{kl}\right) \mathrm{d}\tau = \int \varepsilon_{ijk}\left(\delta_{lj}\sigma_{kl} + x_j \frac{\partial \sigma_{kl}}{\partial x_l}\right)\mathrm{d}\tau = \int \varepsilon_{ijk}\left(\sigma_{kj} + x_j \frac{\partial \sigma_{kl}}{\partial x_l}\right)\mathrm{d}\tau \tag{5.159}$$

Wir werden jetzt eine Argumentation verwenden, die derjenigen ähnlich ist, die uns zu Gl. (5.155) geführt hat. Die lineare Dimension des Flüssigkeitselementes werde durch L dargestellt. Es sei angemerkt, daß Größen wie σ_{ij}, seine Divergenz, Geschwindigkeit und Beschleunigung von L unabhängig sind. Im letzten Teil von Gl. (5.159) verhält sich der erste Term gerade wie L^3 und der zweite wie L^2.* Zusammen ergeben die beiden Terme die zeitliche Ableitung τ_i des Drehimpulses, der sich, wie man leicht überprüfen kann, gerade wie L^4 verhält. Geht L gegen Null, so dominiert der L^3-Term aus Gl. (5.159), was zu Widersprüchen führt, wenn er nicht identisch verschwindet. Somit muß gelten

$$\varepsilon_{ijk}\sigma_{kj} = 0 \ . \tag{5.160}$$

* Das im Text vernachlässigte Drehmoment der inneren Kräfte wird sich ebenfalls wie L^4 verhalten.

Schreiben wir dieses für i = 1 aus so folgt, daß $\sigma_{23} - \sigma_{32} = 0$ und ähnliches gilt für i = 2 und i = 3. Der Spannungstensor ist also symmetrisch, $\sigma_{kj} = \sigma_{jk}$. Dies gilt natürlich in jedem beliebigen Koordinatensystem.

Aus der Mathematik wissen wir, daß es für einen symmetrischen Tensor (durch eine sogenannte Hauptachsentransformation) immer möglich ist, diesen in Diagonalform zu bringen. Wenn man ein rechtwinkliges Flüssigkeitselement betrachtet, dessen Ebenen senkrecht zur lokalen Hauptachse liegen, so beobachtet man dann nur Normalspannungen. Es ist allerdings zu beachten, daß der Spannungstensor σ_{ij} ortsabhängig sein kann. In einem solchen Fall würden sich die Achsen ebenfalls mit der Position ändern.

Es kann leicht gezeigt werden, daß der Spannungtensor für eine *in Ruhe befindliche Flüssigkeit* überall isotrop ist: $\sigma_{11} = \sigma_{22} = \sigma_{33} = (\sigma_{ii})/3$ (siehe hierzu Übung (5.22)). Dies führt zu der Definition

$$\sigma_{ij} = -p\delta_{ij} \ , \tag{5.161}$$

wobei p als statischer Flüssigkeitsdruck bezeichnet wird. Dieser Druck p ist normalerweise positiv, weshalb Normalspannungen üblicherweise negativ sind, was einer Kompression entspricht.

Bewegungsgleichungen

Bei der Herleitung der Bewegungsgleichungen für ein Flüssigkeitselement muß dessen Beschleunigung beachtet werden. Das totale Differential d$\boldsymbol{u}$/dt sollte entsprechend seiner Definition in Gl. (5.9) verwendet werden. Man erhält die Masse eines Volumenelementes dτ aus dem Produkt mit seiner Dichte ρ. Das Produkt von Masse und Beschleunigung sieht dann wie folgt aus:

$$\frac{\mathrm{d}\boldsymbol{u}}{\mathrm{d}t}\rho \mathrm{d}\tau \ . \tag{5.162}$$

Die *Volumenkräfte* werden mit $\boldsymbol{F}$ bezeichnet, der resultierenden Kraft pro Masseneinheit. Für das betrachtete Elemente ergibt dies

$$\boldsymbol{F}\rho \mathrm{d}\tau \ . \tag{5.163}$$

Die *Oberflächenkräfte* werden durch den Spannungstensor σ_{ij} dargestellt. Betrachtet man einen Teil $\boldsymbol{n}$ dA des Flüssigkeitselementes, so wird die i-te Komponente der Oberflächenkraft mit Gl. (5.155) durch

$$\sigma_{ij} n_j \delta A \tag{5.164}$$

gegeben. Die i-te Komponente der gesamten, auf das Element wirkenden Oberflächenkraft ist das Integral über die geschlossene Oberfläche

$$\oint \sigma_{ij} (\delta A)_j \ . \tag{5.165}$$

Wie es schon in Gl. (5.158) der Fall gewesen ist, kann man hier den Gaußschen Satz anwenden

$$\int \frac{\partial}{\partial x_j}(\sigma_{ij})\mathrm{d}\tau \ . \tag{5.166}$$

Für ein kleines Flüssigkeitselement kann man das Integral vernachlässigen und sieht, daß die i-te Komponente von Gl. (5.162) gleich der i-ten Komponente der gesamten Kraft sein muß

$$\frac{\mathrm{d}u_i}{\mathrm{d}t}\rho\mathrm{d}\tau = F_i\rho\mathrm{d}\tau + \frac{\partial}{\partial x_j}\sigma_{ij}\mathrm{d}\tau \ .$$

Dies gilt für Elemente beliebiger Form. Wenn man die Gleichung durch $\mathrm{d}\tau$ teilt, erhält man

$$\rho\frac{\mathrm{d}u_i}{\mathrm{d}t} = \rho F_i + \frac{\partial\sigma_{ij}}{\partial x_j} \ . \tag{5.167}$$

Man sieht, das die Oberflächenkräfte nur zur Impulsänderung beiträgt, wenn die Divergenz von σ_{ij} im zweiten Index von Null verschieden ist. Andernfalls wird zwar die *Form* des Elementes verändert, nicht aber sein Impuls.

Newtonsche Flüssigkeiten

Um mit den Bewegungsgleichungen (5.167) fortzufahren, muß man noch mehr über den Spannungstensor σ_{ij} wissen. Für eine in Ruhe befindliche Flüssigkeit ergab sich in Gl. (5.161), daß

$$\sigma_{ij} = -p\delta_{ij} \ . \tag{5.168}$$

Bei einer bewegten Flüssigkeit findet man üblicherweise Tangentialspannungen, so daß Gl. (168) nicht angewandt werden kann. Man vergleicht diese dann üblicherweise mit einem Audruck wie in Gl. (5.168) und führt deshalb die skalare Größe

$$p = \frac{1}{3}\sigma_{ii} \tag{5.169}$$

ein, die sich für eine in Ruhe befindliche Flüssigkeit auf Gl. (5.168) reduziert. Im allgemeinen ist dies immer noch ein Skalar, da die Summation über i eine Invarianz unter Rotationen erzeugt. Man bezeichnet p hierbei auch als den „Druck" an einem bestimmten Punkt in der Flüssigkeit.

Mit der Definition in Gl. (5.169) erhält man den allgemeinen Ausdruck für den Spannungstensor

$$\sigma_{ij} = -p\delta_{ij} + d_{ij} \ . \tag{5.170}$$

Der Tensor d_{ij} entsteht alleine aufgrund der Bewegung der Flüssigkeit und hat wegen Gl. (5.169) eine verschwindende Spur: $d_{ii} = 0$.

Um die Elemente d_{ij} zu finden, müssen einige Annahmen gemacht werden. Die wichtigste ist, daß die Diagonalelemente σ_{ii} durch Reibung mit benachbarten Flüssigkeitselementen unterschiedlicher Geschwindigkeit entstehen – bei gleicher Geschwindigkeit hätte man ja keine Reibung. Für eine Flüssigkeit, die nur Scherbewegungen in x-Richtung unterliegt, erwartet man bei einer Erhöhung der Geschwindigkeit in x-Richtung für die y-Richtung

$$d_{12} = d_{21} = \mu \frac{\partial u_1}{\partial x_2} . \qquad (5.171)$$

Diese Annahme wurde bereits von Newton gemacht – daher der Name Newtonsche Flüssigkeit und sie wurde auch schon in Gl. (3.34) benutzt, ohne sie aber näher zu erläutern. Die Konstante μ wird als *Viskosität* der Flüssigkeit bezeichnet und stellt ein Maß für die lokale Reibung zwischen den Flüssigkeitselementen dar.

Nimmt man an, daß d_{ij} in der Ableitung erster Ordnung nach u_i linear ist, so erwarten wir

$$d_{ij} = 2\mu\left(e_{ij} - \frac{1}{3}\delta_{ij}\Delta \right), \qquad (5.172)$$

$$e_{ij} = \frac{1}{2}\left[\frac{\partial u_i}{\partial x_j} + \frac{\partial u_j}{\partial x_i} \right], \qquad (5.173)$$

$$\Delta \boldsymbol{u} = \operatorname{div} \boldsymbol{u} = e_{ii} . \qquad (5.174)$$

Für eine einfache Scherbewegung in x-Richtung reduziert sich Gl. (5.172) tatsächlich auf Gl. (5.171). Wenn man Gl. (5.173) gelten läßt, ist es offensichtlich, daß der Divergenzterm in Gl. (5.172) subtrahiert werden muß, da ja $d_{ii} = 0$ gilt.*

Die Navier-Stokes-Gleichung

Mit Hilfe der Gleichungen (5.170) für σ_{ij} und (5.172) für d_{ij} ist es jetzt möglich, die Bewegungsgleichung (5.167) zu lösen. Man erhält daraus die bekannte *Navier-Stokes-Gleichung*:

$$\rho \frac{\mathrm{d}u_i}{\mathrm{d}t} = \rho F_i - \frac{\partial p}{\partial x_i} + \frac{\partial}{\partial x_j}\left[2\mu\left(e_{ij} - \frac{1}{3}\delta_{ij}\Delta \boldsymbol{u} \right)\right]. \qquad (5.175)$$

Man sollte beachten, daß die Größen in der Klammer ortsabhängig sind, und daß einige Näherungen sinnvoll erscheinen (aber natürlich nicht immer angebracht sind):

(a) Die Viskosität μ ist nicht ortsabhängig. Da μ aber stark temperaturabhängig ist sollte der Temperaturgradient dann aber klein sein oder sogar ganz verschwinden.

(b) Die Flüssigkeit ist inkompressibel, hat also eine orts- und zeitunabhängige Dichte ρ. Die Gleichung zu Massererhaltung

$$\frac{\partial \rho}{\partial t} + \operatorname{div}(\rho \boldsymbol{u}) = 0 \qquad (5.177)$$

führt somit zu div $\boldsymbol{u} = \Delta\, \boldsymbol{u} = 0$. Zur Vollständigkeit sei auf die Herleitung der Gleichung der Massenerhaltung (5.176) in Bild 5.17 verwiesen.

* Batchelor gibt in [1] einen allgemeinen Beweis für die Gleichungen (5.172), (5.173) und (5.174) unter der Annahme der Linearität. Sie gelten allerdings nur für isotrope Flüssigkeiten, also Flüssigkeiten mit einer isotopen inneren Struktur. Für Flüssigkeiten, die aus langen Kettenmolekülen bestehen, würde die Gleichung nicht gelten.

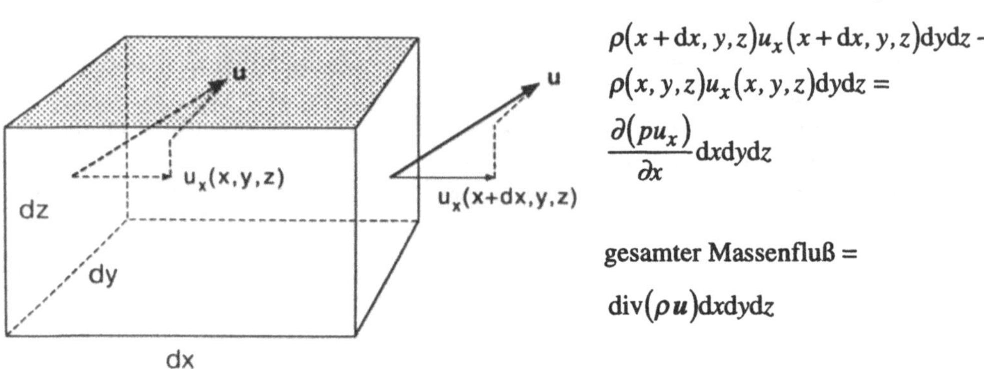

Bild 5.17 Massenausstrom pro Volumeneinheit: div (ρ $\boldsymbol{u}$). Die Erhaltung der Masse fordert Gleichheit mit $-\partial r/\partial t$.

Mit diesen beiden Näherungen kann man Gl. (5.175) umschreiben und erhält

$$\rho\frac{\mathrm{d}\boldsymbol{u}}{\mathrm{d}t}=\rho\boldsymbol{F}-\nabla p+\mu\Delta\boldsymbol{u}\ . \tag{5.177}$$

Der Beweis wird in Übung 5.23 geführt.

Gravitation

Unter der Annahme, daß die Volumenkräfte allein durch Gravitation verursacht werden, folgt mit Gl. (5.163), in der $\boldsymbol{F}$ als Kraft pro Masseneinheit definiert wurde, daß

$$\boldsymbol{F}=\boldsymbol{g}$$

ist, was bei Substitution in Gl. (5.177) zu

$$\rho\frac{\mathrm{d}\boldsymbol{u}}{\mathrm{d}t}=\rho\boldsymbol{g}-\nabla p+\mu\Delta\boldsymbol{u} \tag{5.178}$$

führt. Nebenbei sei bemerkt, daß die Beschleunigung $\mathrm{d}\boldsymbol{u}/\mathrm{d}t$ im wesentlichen vom Verhältnis μ/ρ bestimmt wird, was im Gegensatz zur Viskosität μ als *kinematische Viskosität* bezeichnet wird.

Für eine in Ruhe befindliche Flüssigkeit folgt mit Gl. (5.178), daß man unter Verwendung eines Ortsvektors $\boldsymbol{r}$ schreiben kann

$$p=p_0+\rho\boldsymbol{g}\cdot\boldsymbol{r}\ . \tag{5.179}$$

Es ist dann $\rho\boldsymbol{g}-\nabla p=0$ und die beiden ersten Terme in Gl. (5.178) heben sich gegenseitig auf. Es ist offensichtlich, daß der Druck in (5.179) nur hydrostatischer Natur ist, so daß es sinnvoll scheint, die Abweichung von (5.179) als den *veränderten Druck P* durch

$$p=p_0+\rho\boldsymbol{g}\cdot\boldsymbol{r}+P \tag{5.180}$$

zu definieren, was zu

$$\rho \frac{\mathrm{d}\boldsymbol{u}}{\mathrm{d}t} = -\nabla \boldsymbol{P} + \mu \Delta \boldsymbol{u} \tag{5.181}$$

führt. Der Konvention entsprechend schreibt man der veränderten Druck, also die Abweichung vom Atmosphärendruck als ein kleines p. Wir werden im folgenden dieser Konvention folgen.

Die Reynoldszahl

Betrachtet man die i-te Komponente in Gl. (5.181), so gilt

$$\rho \frac{\mathrm{d}u_i}{\mathrm{d}t} = -\frac{\partial p}{\partial x_i} + \mu \frac{\partial^2 p}{\partial x_j \partial x_j} u_i \,. \tag{5.182}$$

Auf der linken Seite setzen wir $\mathrm{d}/\mathrm{d}t = \partial/\partial t + \boldsymbol{u} \cdot \nabla$, so daß gilt

$$\rho \left(\frac{\partial u_i}{\partial t} + u_j \frac{\partial}{\partial x_j} u_i \right) = -\frac{\partial p}{\partial x_i} + \mu \frac{\partial^2 u_i}{\partial x_j \partial x_j} \,. \tag{5.183}$$

Es sei angemerkt, daß bei der Herleitung von Gl. (5.181) und Gl. (5.183) die folgenden Näherungen gemacht wurden:

(a) μ ist konstant,

(b) die Flüssigkeit ist inkompressibel, also ρ = konst. und

(c) die einzige wirkende Kraft ist die Gravitation.

Wir schreiben jetzt Gl. (5.183) mit ihren Randbedingungen, die durch dimensionslose, aber das physikalische Problem charakterisierende Größen dargestellt werden. Es wird in jedem Fall eine wesentliche Länge L geben, z.B. eine Strecke zwischen den Rändern, und eine spezifische Geschwindigkeit U, z. B. die konstante Geschwindigkeit eines starren Randes. Wir definieren:

$$\boldsymbol{u}' = \frac{\boldsymbol{u}}{U}, \quad \boldsymbol{r}' = \frac{\boldsymbol{r}}{L}, \quad t' = \frac{tU}{L}, \quad p' = \frac{p}{\rho U^2} \,. \tag{5.184}$$

Setzt man diese in Gl. (5.183) ein, so folgt

$$\begin{aligned} &\frac{\partial u_i'}{\partial t'} + u_j' \frac{\partial u_j'}{\partial x_j'} = -\frac{\partial p'}{\partial x_i'} + \frac{1}{Re} \frac{\partial^2 u_i'}{\partial x_j' \partial x_j'} \,, \\ &Re = \frac{\rho L U}{\mu} \,. \end{aligned} \tag{5.185}$$

Es kann leicht überprüft werden, daß alle in Gl. (5.185) auftauchenden Variablen wie auch Re dimensionslos sind, wobei die Reynoldszahl Re schon in Gl. (3.50) aufgetaucht ist. Es folgt, daß Ströme, deren Randbedingungen mit den gleichen Größen L und U und der gleichen Reynoldszahl Re ausgedrückt werden können auch durch die gleiche Gleichung (5.185) beschrieben werden, daß sie also *dynamisch gleich* sind. In der Praxis ist der Gebrauch der dynamischen Gleichheit weit verbreitet, um Modelle für komplizierte Strömungen zu finden.

Die Reynoldszahl wurde schon in Gl. (3.49) als ein Maß für das Verhältnis der Trägheitskräfte auf der linken Seite der Gl. (5.182) und der Viskositätskräfte auf der äußerst rechten Seite derselben Gleichung eingeführt. Dieses Verhältnis kann mit Hilfe der dimensionslosen Größen als

$$\left|\frac{\rho \mathrm{d}u_i/\mathrm{d}t}{\mu\partial^2 u_k/\partial x_j\partial x_j}\right| = Re \times \left|\frac{\mathrm{d}u_i'/\mathrm{d}t'}{\partial^2 u_k'/\partial x_j'\partial x_j'}\right| \tag{5.186}$$

geschrieben werden. Wir haben hierzu vorausgesetzt, daß U und L in Gl. (5.184) derart gewählt wurden, daß Zähler und Nenner auf der rechten Seite in der Größenordnung von eins liegen. *Re* ist in diesem Fall dann tatsächlich das Verhältnis von Trägheits- und Viskositätskräften. In der Praxis zeigt sich, daß für große Reynoldszahlen Wirbel in der Strömung auftreten, und daß selbst geringe Instabilitäten in einer laminaren Strömung dann zum Auftreten von Turbulenzen führen.

Als Schlußbemerkung sei erwähnt, daß Gl. (5.185) höchst nichtlinear ist. Durch die Multiplikation von u_j mit seiner Ableitung ist es unmöglich, allgemeine analytische Lösungen zu finden. Man kann nicht weiter gehen, als qualitative Diskussionen zu führen, oder numerische Näherungen zu betrachten.

Beispiel: Strömung durch eine Röhre

Als abschließendes Beispiel wollen wir das Problem einer Strömung durch eine Röhre mit kreisförmigem Querschnitt betrachten. Man nehme hierzu an, daß die Strömung in x-Richtung erfolgt. In der Praxis interessieren die Energieverluste aufgrund von Reibung, die daher rühren, daß die Geschwindigkeit u_x am Rand der Röhre kleiner als in der Mitte der Röhre ist.

Für eine gerade Röhre kreisförmigen Querschnittes zeigt sich, daß Strömungen bis zu einer Reynoldszahl von $Re = 2000$ laminar verlaufen. In Spiralen tauchen erst bei $Re = 6000$–7600 Wirbel auf, was vom Krümmungsradius der Spirale abhängt (der hierbei 50- bzw. 15mal dem Röhrendurchmesser entspricht). Eine gekrümmte Röhre stabilisiert also die Strömung und führt zu geringeren Energieverlusten.

5.5 Turbulenz

Jeder, der einen schnell dahinfließenden Strom betrachtet, wird sich an dem ständig wechselnden Bild der Wirbel freuen, genauso wie sich auch jeder sicherlich der sich ständig ändernden Form einer Rauchwolke erinnert, die einem Schornstein entweicht. Eines der interessantesten Charakteristika ist sicher, daß Wirbel in allen Größenordnungen auftreten, von der kleinsten bis hin zur größten. Es scheint einleuchtend, daß diese Phänomene allzu kompliziert sind, um durch Berechnungen nachvollzogen werden zu können, und daß man in einigen Bereichen Näherungen machen muß, um in anderen Bereichen verläßliche Resultate zu erhalten. Selbst bei den fortschrittlichsten Computerprogrammen muß man Annahmen machen, die auf eher klassischen Betrachtungen beruhen.

Turbulenzen treten bei hohen Reynoldszahlen auf, also wenn der Einfluß der Viskositätskräfte, wie in Gl. (5.186) besprochen wurde, gering ist. Beobachtungen zeigen, daß große Wirbel ihre kinetische Energie solange auf kleinere übertragen, bis die Viskosität diese zum Verschwinden bringt, und ihre Energie in Wärme umgewandelt wird. Dieser Energietransport stellt weniger eine zufällige Erscheinung als vielmehr ein wesentliches Merkmal für Turbulenzen dar, was heißen soll, daß man die Einflüsse durch Viskositätskräfte keinesfalls vernachlässigen darf.

Ein anderer Punkt, der beachtet werden sollte, ist, daß Turbulenzen eine Eigenschaft der Strömung und nicht der strömenden Flüssigkeit sind. Bei geringen Fließgeschwindigkeiten treten Turbulenzen nicht auf, wohl aber Viskositätskräfte, und selbst wenn diese nur klein sind, so sind sie immer vorhanden.

In diesem Abschnitt werden zunächst einige der klassischen Vorgehensweisen wie z.B. Dimensionsanalysen oder Größenordnungsabschätzungen verfolgt, danach sollen die Navier-Stokes-Gleichungen betrachtet und über die Zeit gemittelt werden. Es werden dann noch ähnliche Gleichungen für Wärme- oder Energietransporte hinzugefügt und Verfahren zu deren numerischer Lösung angezeigt.

Dimensionsanalyse und Maßstäbe

Die grundlegenden Größen in der Mechanik sind das Kilogramm, der Meter und die Sekunde oder, etwas allgemeiner, die Masse M, die Länge L und die Zeit T. Jeder Physikstudent wird „gedrillt", darauf zu achten, daß auf beiden Seiten einer Gleichung immer die gleichen Dimensionen auftreten. In der Strömungslehre wird dieses Verfahren genutzt, um physikalische Größen zu finden, die in dem betrachteten Problem auftreten können.

Auf diese Weise wurde in den Gleichungen (4.181) und (4.182) die Reibung zur Beschreibung der Geschwindigkeit einer Grenzschicht eingeführt. Sie wurde außerdem verwandt, um in Gl. (4.183) einen einfachen Ausdruck für das Ansteigen der Geschwindigkeit mit der Höhe herzuleiten:

$$\frac{\partial u}{\partial z} = \frac{u_*}{kz} \,. \tag{5.187}$$

In diesem Fall wurde die dimensionslose Konstante k in die Gleichung eingeführt, da dieses Verfahren nicht notwendigerweise bedeutet, daß die Konstante gleich eins sein muß.

Um die Größenordnungen molekularer und turbulenter Diffusion vergleichen zu können, wählen wir zunächst eine angepaßte Längenskala, um Zeiten zu vergleichen, und dann eine Zeit, um Längen zu vergleichen. In einem System mit der frei gewählten Länge L lassen sich die zeitlichen Größenordnungen von molekularer und turbulenter Diffusion vergleichen. Aus der Diffusionsgleichung (5.10) folgend kann man eine Größenordnungsabschätzung folgender Form machen:

$$\frac{\delta C}{T_{\mathrm{m}}} \approx D \frac{\delta C}{L^2} \,, \tag{5.188}$$

wobei δC eine Konzentrationsdifferenz darstellt, die durch molekulare Diffusion nach einer Strecke der Länge L und einer Zeit T_{m} erreicht wird. Ist u die Geschwindigkeit für die turbulente Bewegung der Wirbel in einem Raum, so ist

$$T_t \approx \frac{L}{u}$$

die entsprechende zeitliche Größe. Das Verhältnis der beiden Zeiten lautet dann

$$\frac{T_t}{T_m} \approx \frac{L}{u}\frac{D}{L^2} = \frac{D}{uL} \approx \frac{\nu}{uL} = \frac{1}{Re} , \tag{5.190}$$

wobei von der Tatsache Gebrauch gemacht wurde, daß der Diffusionskoeffizient D und die kinematische Viskosität ν der Luft von der gleichen Größenordnung sind (siehe auch Anhang C und Tab. 5.1). Die kinematische Viskosität stellt dabei die dynamischen Eigenschaften des Problems dar, wie man an der vereinfachten Navier-Stokes-Gleichung (5.181) und ihrer Definition $\nu = \mu / \rho$ sieht. Der interessante Punkt ist hier das Auftauchen der Reynoldszahl, was uns zeigt, daß ein turbulenter Transport meistens viel schneller verläuft als molekulare Diffusion. Würde man z.B. eine Zigarette in einem großen Saal anzünden, so könnte man sie nach ein paar Minuten auch in der hintersten Ecke riechen.

Bei unserem zweiten Beispiel geht es um einen Zeitmaßstab zur Beschreibung der Atmosphärengrenzschicht an der sich drehenden Erde. Die Coriolis-Beschleunigung eines sich mit der Geschwindigkeit u bewegenden Teilchens wird mit $2\Omega u$ sin β mit β als geographischer Breite angegeben. Der Zeitmaßstab sei $T = 1 / f$ mit $f = 2\Omega u \sin \beta$. Für die mittleren Breiten ist $T \approx 10^4$ s und ohne Turbulenzen wäre das Verhältnis zwischen Längen- und Zeitmaßstab wiederum durch Gl. (5.188) gegeben, woraus man

$$L_m^2 \approx DT \tag{5.191}$$

erhält, und was bei bekannten Werten für D und T zu $L_m \approx 20$ cm führt. Der Längenmaßstab für Turbulenzen ist durch die Geschwindigkeit u der größten Wirbel in der Grenzschicht wie in Gl. (5.189) zu

$$L_t \approx uT \tag{5.192}$$

festgelegt. Die Reynoldszahl wird durch turbulenet Bewegungen festgelegt. Für das Verhältnis der Längenmaßstäbe kann man somit schreiben

$$\frac{L_t}{L_m} = \sqrt{\frac{L_t^2}{L_m^2}} \approx \sqrt{\frac{L_t u}{a}} \approx \sqrt{\frac{L_t u}{\nu}} = \sqrt{Re} , \tag{5.193}$$

wobei wiederum die Reynoldszahl auftritt. Für die atmosphärische Grenzschicht liegt sie in der Größenornung von $Re \approx 10^7$.

Die Diskussion beschränkte sich soweit nur auf die größten Wirbel, die Energieausbreitung geschieht jedoch bei durch kleinsten. Die Rate ε, mit der sich die Energie pro Masseneinheit ausbreitet, hat die Dimension J s^{-1} kg^{-1}, was sich zu m^2 s^{-3} umformen läßt. Der diese Ausbreitung bestimmende dynamische Faktor muß also die kinematische Viskosität mit der Dimension m^2 s^{-1} sein. Jetzt ist es möglich, die sogenannten Kolmogoroff-Maßstäbe für die Länge η, die Zeit τ und die Geschwindigkeit w als

$$\eta = \left(\frac{\nu^3}{\varepsilon}\right)^{1/4} \quad \text{(m)}$$
$$\tau = \left(\frac{\nu}{\varepsilon}\right)^{1/2} \quad \text{(s)} \tag{5.194}$$
$$w = (\nu\varepsilon)^{1/4} \quad (\text{m s}^{-1})$$

abzuleiten, wobei man leicht prüfen kann, daß $w = \eta / \tau$. Die Reynoldszahl sieht jetzt folgendermaßen aus:

$$Re = \frac{w\eta}{\nu} = 1 \; . \tag{5.195}$$

Dies zeigt, daß in diesen Größenordnungen die Viskosität dominiert.

Man bezeichne nun die Längenskala der großen Wirbel mit l und die Geschwindigkeit ihrer Flüssigkeitspakete mit u. Die grundlegende Annahme ist nun, daß ein Flüssigkeitspaket seine Energie abgegeben hat, wenn es eine Strecke der Größenordnung l in der Zeit l/u zurückgelegt hat. Die kinetische Energie einer Masseneinheit ist von der Größenordnung u^2, so daß der Energieverlust pro Sekunde gleich u^3/l ist. Im Mittel sollte dies gleich der Rate ε sein, mit der die kleinsten Wirbel ihre kinetische Energie in Wärme umwandelt. Es gilt

$$\varepsilon = \frac{u^3}{l} \; . \tag{5.196}$$

Hiermit ist es jetzt möglich, die Größe η der kleinsten Wirbel mit der Länge l der größten in Beziehung zu setzen:

$$\frac{\eta}{l} = \left(\frac{\nu^3}{l}\right)^{1/4} \left(\frac{1}{l^4}\right) = \left(\frac{\nu^3}{u^3 l^3}\right)^{1/4} = \left(\frac{ul}{\nu}\right)^{-3/4} = Re^{-3/4} \; . \tag{5.197}$$

Die Größenordnung der kleinsten Wirbel ist also sehr klein, und auch für Zeiten und Geschwindigkeiten läßt sich ähnliches feststellen. Bei Reynoldszahlen der Größenordnung $Re \approx 10^4$ sieht man in Gl. (5.197), daß sich die Längen um Größenordnungen von 10^3 unterscheiden. Numerische Berechnungsverfahren sollten aber beide Wirbel zur gleichen Zeit berücksichtigen, was technisch nicht möglich ist und die Notwendigkeit physikalisch angemessener Näherungen aufzeigt.

Eine ähnliche Beziehung gilt für die Zeitmaßstäbe:

$$\frac{\tau}{t} = \frac{\tau}{l/u} = \left(\frac{\nu u^2}{\varepsilon l^2}\right)^{1/2} = Re^{-1/2} \; . \tag{5.198}$$

Die Winkelgeschwindigkeiten der Wirbel, oder präziser die Wirbelgeschwindigkeiten, sind umgekehrt proportional zu den Zeitmaßstäben, so daß sie bei den kleinsten Wirbeln am größten sind, wie man rein intuitiv auch vermuten würde.

Es sollte aber auch erwähnt werden, daß außer der Reynoldszahl auch einige andere dimensionslose Größen zur Beschreibung von Strömungen benutzt werden. Dies geschieht hauptsächlich beim Entwurf von Modellversuchen, in denen die relevanten dimensionslosen Größen reproduziert werden. Von diesen Modellversuchen schließt man dann auf das Verhalten realer Strömungen zurück. Dieses näher zu erläutern würde aber den Rahmen des Buches sprengen.

Zeitlich gemittelte Bewegungsgleichungen

Bei der Beschreibung des Schadstofftransports interessieren normalerweise nur Größenordnungen, die wesentlich größer als die Wirbel selbst sind, also erst recht größer sind als die kleinsten Wirbel. Man teilt die Strömung aus diesem Grunde in einen gemittelten und einen fluktuierenden Anteil auf. Vorher kommen wir jedoch noch einmal auf die genauen Bewegungsgleichungen zurück, die ein Flüssigkeitspaket beschreiben. Üblicherweise wird angenommen, daß die Flüssigkeit inkompressibel ist und ein konstante Viskosität μ hat, so daß die Navier-Stokes-Gleichungen in der Form von Gl. (5.177) niedergeschrieben werden können. Diese wurden die hier in der Indexschreibweise wiedergegeben, wobei die übliche Summenkonvention für gleiche Indizes gilt:

$$\rho \frac{\mathrm{d}u_i}{\mathrm{d}t} = \rho F_i - \frac{\partial p}{\partial x_i} + \mu \frac{\partial^2 u_i}{\partial x_j \partial x_j} . \tag{5.199}$$

Die Inkompressibilität (ρ = konst.) führt zusammen mit Gl. (5.176) zu

$$\frac{\partial u_i}{\partial x_i} = 0 . \tag{5.200}$$

Entsprechend Gl. (5.145) oder Gl. (5.57) werden außerdem Schadstoffe der Konzentration c transportiert und die Temperaturdifferenzen sind entsprechend Gl. (4.17) bestrebt, sich auszugleichen. Man kann dies zu

$$\frac{\partial \phi}{\partial t} + u_i \frac{\partial \phi}{\partial x_i} = \lambda \frac{\partial^2 \phi}{\partial x_i \partial x_i} + S_\phi \tag{5.201}$$

zusammenfassen, wobei ϕ entweder die Konzentration c oder die Temperatur T sein kann. Man kan hier anmerken, daß Gl. (5.201) die Transportvorgaänge verallgemeinert, da auch die Advektion berücksichtigt wird. Der letzte Term auf der rechten Seite beschreibt eine Quelle von Konzentration (einen Abwasserkanal) oder Wärme (Kühlwasser).

Schließlich gibt es auch noch eine Zustandsgleichung

$$\rho = \rho(T, p) . \tag{5.202}$$

Für Gase werden wir die ideale Gasgleichung (3.22) verwenden, aber für Flüssigkeiten wie Wasser wird eine empirische Gleichung ausreichen.

Die Inkompressibilität einer Flüssigkeit bedeutet nicht notwendigerweise, daß ihre Dichte ρ konstant ist, da wegen Gl. (5.202) auch Temperaturänderungen zu Dichteschwankungen führen können. Die an dieser Stelle normalerweise benutzte Vereinfachung wird auch als *Boussinesq*-Näherung bezeichnet. Ihre Annahme besteht darin, daß der Haupteffekt von Temperaturänderungen der senkrechte Auftrieb eines „Wasserpaketes“ sein wird, wenn es in Umgebungen mit verschiedener Temperatur, und damit unterschiedlicher Dichte gelangt. Da die Schwankungen in jedem Falle gering sind, verbleibt der Trägheitsterm auf der rechten Seite von Gl. (5.199) auf einem mittleren Niveau mit einer Gesamtdichte ρ_0. Der Druckterm auf der rechten Seite beschreibt den durch die Umgebung ausgeübten hydrostatischen Druck auf dieses Wasserpaket, und der erste Term enthält dessen tatsächliche Dichte ρ. Ist die Temperatur des Wasserpakets also größer als die der Umgebung ist, so wird hierdurch eine Auftriebskraft erzeugt, da die Dichte und damit auch die Gewichtskraft ρF_i kleiner als der Druck nach oben ist. Teilt man Gl. (5.199) durch ρ_0, so führt die Boussinesq-Näherung zu

$$\frac{\mathrm{d}u_i}{\mathrm{d}t} = \frac{\rho}{\rho_0} F_i - \frac{1}{\rho_0}\frac{\partial p}{\partial x_i} + \nu \frac{\partial^2 u_i}{\partial x_j^2} , \tag{5.203}$$

wobei die kinematische Viskoität erneut auftritt. Die Innere Kraft F_i wurde in Gl. (5.163) als Kraft pro Einheitsmasse definiert. In Umgebungsströmen setzt diese sich sowohl aus der Gewichtskraft, als auch aus der in Gl. (3.36) eingeführten Corioliskraft zusammen:

$$\boldsymbol{F}_{\text{Coriolis}} = -2\boldsymbol{\Omega} \times \boldsymbol{u} . \tag{5.204}$$

Da die Ströme hauptsächlich in horizontaler Richtung auftreten, ist nur die senkrechte Komponente der Winkelgeschwindigkeit der Erde relevant, und der Vektor $2\boldsymbol{\Omega}$ kann durch den Vektor $(0,0,f)$ ersetzt werden. Zusammen mit der Boussinesq-Näherung bleibt nur noch die Dichte ρ im Gewichtsterm übrig:

$$\frac{\rho}{\rho_0} F_i = \frac{\rho}{\rho_0} g_i - \varepsilon_{ijn} f_j u_n . \tag{5.205}$$

Hierbei ist ε_{ijn} der vor Gl. (5.156) definierte Levi-Civita-Tensor, der das Kreuzprodukt in Komponenten darstellt.

Der nächste Schritt besteht darin, die Strömung in einen mittleren, nur langsam mit der Zeit variierenden und einen schnell fluktuierenden Strom aufzuteilen. Man benötigt hierzu ein nicht näher bestimmtes Zeitintervall, über dem man die Mittelung durchführen kann. Es muß nur im Vergleich zu den Zeitmaßstäben der Wirbel groß sein, aber trotzdem klein genug, um eine allgemeine Änderung in der Zeit zu berücksichtigen. Sämtliche Größen werden als Summe über den mittleren Anteil und einen fluktuierenden Anteil geschrieben. Letzterer wird durch gestrichenen Variablen dargestellt. Man erhält

$$u_i = U_i + u_i', \quad p = P + p', \quad \phi = \Phi + \phi', \quad \rho = \overline{\rho} + \rho' . \tag{5.206}$$

Die durch einen Querstrich gekennzeichnete Mittelung über den oben angesprochenen Zeitintervall führt zu

$$\overline{u}_i = U_i , \quad \overline{u_i'} = 0 . \tag{5.207}$$

Verwendet man die zeitlich gemittelte Kontinuitätsgleichung (5.200), so sieht man, daß diese auch für den Hauptstrom gilt:

$$\frac{\partial U_i}{\partial x_i} = 0 \ . \tag{5.208}$$

Durch Subtraktion der Gleichungen (5.200) und (5.208) ergibt sich ferner, daß die Kontinuitätsgleichung auch für den fluktuierenden Anteil gilt:

$$\frac{\partial u_i'}{\partial x_i} = 0 \ . \tag{5.209}$$

Bevor wir fortfahren, wollen wir die linke Seite der Gl. (5.203) unter Verwendung von Gl. (200) etwas genauer ausschreiben:

$$\frac{\mathrm{d}u_i}{\mathrm{d}t} = \frac{\partial u_i}{\partial t} + u_j \frac{\partial u_i}{\partial x_i} = \frac{\partial u_i}{\partial t} + u_j \frac{\partial}{\partial x_i}\left(u_j u_i\right) \tag{5.210}$$

Der letzte Term auf der rechten Seite ist dabei die Ursache der Turbulenzen. Seine Nichtlinearität impliziert, daß Ursache und Wirkung nicht proportional zueinander verlaufen, sondern im Gegenteil eine 5 %ige Änderung in u zu einer 10 %igen Änderung im quadratischen Term führt, der wiederum zu größeren Turbulenzen führt usw.

Im nächsten Schritt kann man die Aufspaltung der Terme aus Gl. (5.206) in Gl. (203) einsetzen, und über die Zeit mitteln. Nimmt man an, daß die zeitliche Mittelung und die Differentiation vertauscht werden dürfen, so zeigt sich, daß sich die Fluktuationen auf der rechten Seite gegenseitig aufheben, daß also alle Größen durch ihre zeitlichen Mittelwerte ersetzt werden können. Für die linke Seite verwenden wir die rechte Seite von Gl. (5.210) und erhalten daraus

$$\frac{\partial\overline{\left(U_i + u_i'\right)}}{\partial t} + \frac{\partial}{\partial x_j}\overline{\left(\left(U_j + u_j'\right)\left(U_i + u_i'\right)\right)} = \frac{\partial U_i}{\partial t} + \frac{\partial}{\partial x_j}\left(U_j U_i\right) + \frac{\partial}{\partial x_j}\overline{\left(u_j' u_i'\right)} \ . \tag{5.211}$$

Die Bewegungsgleichungen (5.203) können jetzt umgeschrieben werden zu

$$\frac{\partial U_i}{\partial t} + \frac{\partial}{\partial x_j}\left(U_j U_i\right) = \frac{\overline{\rho}}{\rho_0} g_i - \varepsilon_{ijn} f_i U_n - \frac{1}{\rho_0} + \frac{\partial P}{\partial x_i} + \nu \frac{\partial^2 U_i}{\partial x_j^2} - \frac{\partial}{\partial x_j}\overline{\left(u_i' u_j'\right)} \ . \tag{5.212}$$

Um diese Gleichung interpretieren zu können, muß man berücksichtigen, daß die Bewegungsgleichung (5.203) aus Gl. (5.167) hergeleitet wurde, welche auch als

$$\frac{\mathrm{d}u_i}{\mathrm{d}t} = F_i + \frac{1}{\rho}\frac{\partial \sigma_{ij}}{\partial x_j} \tag{5.213}$$

geschrieben werden kann. Hierbei enthält der Spannungstensor σ_{ij} die Oberflächenkräfte, die einen Impulstransport in x-Richtung ergeben, wenn die Divergenz von σ_{ij} im zweiten Index von Null verschieden ist. Betrachten wir nun die letzten beiden Terme von Gl. (5.212):

$$\nu \frac{\partial^2 U_i}{\partial x_j^2} - \frac{\partial}{\partial x_j}\overline{\left(u_i' u_j'\right)} = \frac{1}{\rho}\frac{\partial}{\partial x_j}\left[\mu \frac{\partial U_i}{\partial x_j}\right] - \frac{\partial}{\partial x_j}\overline{\left(u_i' u_j'\right)} \ . \tag{5.214}$$

Man sieht, daß beide Terme auch als die Divergenz einer Spannung interpretiert werden können. Der erste Term entspricht dem Einfluß der Viskosität auf das mittlere Geschwindigkeitsfeld U_i, genauso wie in Gl. (5.171) und Gl. (5.172). Im zweiten Term wird $\overline{\left(u_i'u_j'\right)}$ als Reynolds-Spannung nach dem Wissenschaftler bezeichnet, der sie als erster formuliert hatte. Wären die Fluktuationen der Strömung unkorreliert, dann würde $\overline{\left(u_i'u_j'\right)}$ für $i \neq j$ verschwinden. Es zeigt sich, daß die turbulente Bewegung stark korreliert ist. Deshalb verursacht die Divergenz des Reynolds-Termes einen Impulstransport des mittleren Stromes in x-Richtung und koppelt die turbulente Bewegung mit der mittleren Strömung.

Wir sollten jetzt den Reynolds-Term in Gl. (5.212) loswerden, und definieren zur Diskussion dieses Impulstransportes die sogenannte Wirbelgeschwindigkeit ν_T als

$$-\overline{u_i'u_j'} = \nu_T\left(\frac{\partial U_i}{\partial x_j} + \frac{\partial U_j}{\partial x_i}\right) - \frac{2}{3}k\delta_{ij} \quad . \tag{5.215}$$

Der Term mit dem Kronecker-Delta wird leicht verständlich, wenn man die Diagonalelemente von Gl. (5.215) notiert:

$$\begin{aligned}\overline{u_1'^2} &= -2\nu_T\frac{\partial U_1}{\partial x_1} + \frac{2}{3}k \\ \overline{u_2'^2} &= -2\nu_T\frac{\partial U_2}{\partial x_2} + \frac{2}{3}k \\ \overline{u_3'^2} &= -2\nu_T\frac{\partial U_3}{\partial x_3} + \frac{2}{3}k\end{aligned} \tag{5.216}$$

Addiert man diese Größen, so verschwindet wegen der Kontinuitätsgleichung (5.208) die Summe der ersten Terme auf der rechten Seite, so daß nur noch

$$\overline{u_1'^2} + \overline{u_2'^2} + \overline{u_3'^2} = 2k \tag{5.217}$$

übrigbleibt, was die Interpretation von k als *turbulente kinetische Energie pro Masseneinheit* erklärt.*

Als nächstes formulieren wir eine Dimensionsgleichung für die Wirbelviskosität ν_T. Sie sollte die Dimension $m^2\ s^{-1}$ ergeben. Betrachtet man die Gleichungen (5.215), (5.216) und (5.217), so scheint es passend, $k^{1/2}$ als die entsprechende Geschwindigkeit und l als Länge zur Beschreibung der großen Wirbel zu benutzen. Man erhält

$$\nu_T = c_\mu' l\sqrt{k} \ , \tag{5.218}$$

* Der nächste Schritt könnte sein, P in Gl. (5.212) als $P + (2k\rho_0)/3$ neu zu definieren, und den k-Term zu vernachlässigen. Man könnte gleichfalls auch die Gravitation im hydrostatischen Druck aufnehmen, wie es in Gl. (5.181) geschah.

wobei c_μ ein empirische Konstante ist. Man muß die Tatsache berücksichtigen, daß k als turbulente kinetische Energie pro Masseneinheit ortsabhängig sein wird, so daß hierfür eine Gleichung gefunden werden muß. Diese Gleichung sei an dieser Stelle ohne Herleitung gegeben, um dies zu illustrieren:*

$$\begin{aligned}\frac{\partial k}{\partial t}+\frac{\partial}{\partial x_j}\left(U_j k\right) &= -\overline{\left(u'_j u'_i\right)}\frac{\partial U_i}{\partial x_j}\\ &\quad -\frac{\partial}{\partial x_j}\left[\frac{\overline{p'u'_j}}{\rho_0}+\overline{u'_j k'}-\nu\left(\frac{\partial k}{\partial x_j}+\frac{\partial}{\partial x_i}\overline{u'_i u'_j}\right)\right]\\ &\quad -\varepsilon_{ijn} f_j \overline{u'_i u'_n}+\frac{g_i}{\rho_0}\overline{\left(u'_i \rho'\right)}-\varepsilon\,,\end{aligned} \tag{5.219}$$

wobei ε durch

$$\varepsilon = \nu\overline{\frac{\partial u'_i}{\partial x_j}\left(\frac{\partial u'_i}{\partial x_j}+\frac{\partial u'_j}{\partial x_i}\right)} \tag{5.220}$$

gegeben wird und

$$k' = \frac{u'_i u'_i}{2} \tag{5.221}$$

ist. Die Gleichung (2.219) kann wie folgt zusammengefaßt werden:

$$A + B = C + D + E + F + G\,. \tag{5.222}$$

Die einzelnen Terme können folgendermaßen interpretiert werden:

A = Lokale Änderungsrate

B = Advektiver Transport (vgl. (Gl. (5.201))

C = Spannungserzeugung durch Wechselwirkung von Reynolds-Spannung und mittlerem Geschwindigkeitsgradienten; Dieser Term erscheint mit umgekehrtem Vorzeichen, also als Energieverlust, auch in einer ähnlichen Gleichung für die kinetische Energie der mittleren Strömung

D = Transport durch Diffusion (wenn er als Gradient gelesen wird)

E = Coriolis-Spannung

F = Erzeugung oder Aufhebung von Auftriebskräften; man beachte, daß ρ' die Abweichung von ρ darstellt und an Temperaturschwankungen gekoppelt ist, die aus Gl. (5.201) abgeleitet werden können.

G = Da die Definition (5.220) die Viskosität ν enthält, wird dieser Term als die Dissipation der turbulenten kinetischen Energie betrachtet.

* Man findet die Herleitung von Gl. (5.219) bei Svensson ([2], S. 119, Gl. (2.5)). Auf eine etwas allgemeinere Art wird sie bei Rodi ([3], S. 34, Gl. (2.60)) hergeleitet.

Es gibt allerdings einige Abweichungen bei der Erzeugung der turbulenten kinetischen Energie in Term *C*, der Erzeugung/Aufhebung von Auftriebskräften in Term *F* und dem durch den Term *G* repräsentierten Verbrauch dieser Energie als Wärme. Man geht hier durch gleichzeitiges Lösen der Gleichungen (5.212), (5.215), (5.218), (5.219) und (2.220) vor, nachdem man die Näherungen aus Gl. (5.219) angewandt hat.

Eine andere Möglichkeit besteht darin, auch für ε eine Gleichung zu formulieren. Dieses führt uns zum sogenannten ε-k-Modell, bei dem immer noch eine Vielzahl von Näherungen nötig sind, das aber dafür das Verhalten der Dissipation ε berücksichtigt.

Eine weitere Vorgehensweise ist, sämtliche Anstrengungen in die Berechnung der gemittelten Strömungsgleichung (5.212) zu investieren und die Reynolds-Spannungen durch einfache Modelle direkt zu nähern. Dieses ist sinnvoll, wenn man Wärme- oder Massenströme vernachlässigen und somit Gl. (5.201) übergehen kann.

5.6 Gaußsche Abluftfahnen in der Luft

Dieser Abschnitt ähnelt in gewisser Weise Abschnitt 5.2, in dem Schadstofftransport in Flüssen besprochen wurde. Wir werden uns jetzt dem Transport der Luft zuwenden. Dazu ist es lehrreich, die entsprechenden Zeitmaßstäbe zu betrachten. Tabelle 5.3 zeigt die Eigenschaften für den horizontalen Transport, Tabelle 5.4 für den vertikalen Transport von Schadstoffen.

Man sieht, daß der horizontale Transport schneller abläuft als der vertikale, weil Winde hauptsächlich eine horizontale Komponente besitzen. Trotzdem geht aber auch der vertikale Transport viel schneller vonstatten, als man es alleine aufgrund molekularer Diffusionsprozesse ausrechnen würde (vgl. Abschnitt 5.1), was man den Konvektionsvorgängen in der Atmosphäre zuschreiben muß. Bei beiden Arten des Transportes sorgen Turbulenzen in der Atmosphäre für eine schnelle Durchmischung und Verteilung der Schadstoffe.

Die Diskussionen im vorliegenden Abschnitt werden sich auf Punktquellen wie Schornsteine konzentrieren. In Bild 5.18 ist die Rauchschwade einem Schornstein für verschiedene Temperaturgradienten innerhalb der Atmosphäre dargestellt. Auf der linken Seite ist die Abhängigkeit der adiabatischen Temperatur von der Höhe als gestrichelte Linie dargestellt. Die durchgezogene Linie entspricht der tatsächlichen Temperatur, wie sie zu den in Bild 3.9 dargestellten stabilen und instabilen Zuständen führt. Man kann annehmen, daß die aus dem

Tabelle 5.3 Horizontaler Transport von Schadstoffen in der Atmosphäre. (Aus: H. van Dop, *Luchtverontreiniging: Bronnen, verspreiding, Transformatie en Depositie*, KNMI, De Bilt, z.j., S. 11)

Abstand	Zeitmaßstab
1 – 10 km	Sekunden
3 – 30 km	Stunden
100 – 1000 km	Tage
Erdhalbkugel	Monate
gesamter Erdball	Jahre

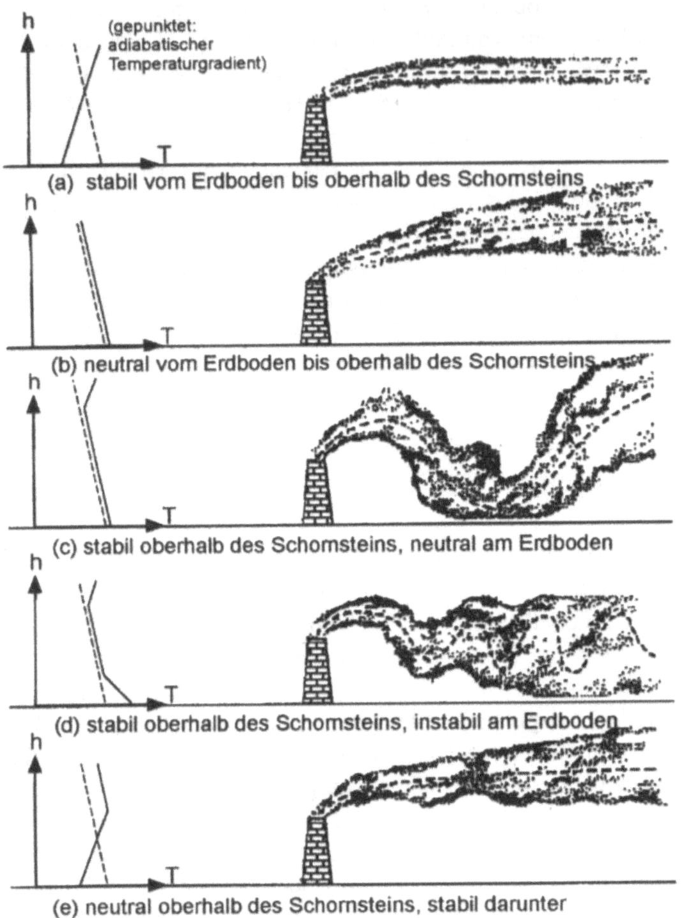

Bild 5.18 Formen der Rauchschwaden eines hohen Schornsteins (100m) unter verschiedenen Bedingungen. Auf der linken Seite geben die gestrichelten Linien die adiabatischen Temperaturprofile als Funktion der Höhe wieder; die durchgezogenen (zur Übersichtlichkeit leicht nach rechts verschobenen) Linien geben die „tatsächlichen" Profile verschiedene Fälle an. Nach Betrachtung von Bild 3.9 versteht man das Verhalten eines Luftpakets, das sich in der Form der Rauchschwaden auf der rechten Seite niederschlägt. (Aus: van Dop, a.a.O., S. 18)

Tabelle 5.4 Vertikaler Schadstofftransport in der Atmosphäre. Die Zeitmaßstäbe sind für den vertikalen Transport der Schadstoffe von der Erdoberfläche bis zu den erwähnten Schichten angegeben. Die Grenzen dieser Schichten variieren mit der Tageszeit, die Troposphäre bestimmt das Wetter (vgl. Abschnitt 3.2); die Stratosphäre dient als abschließende Schicht. (Aus: van Dop, a.a.O., S. 11)

Schicht	Ausdehnung	Zeitmaßstab
Grenzschicht	Erdoberfläche bis 100 m / 3 km	Minuten bis Stunden
Troposphäre	100 m / 3 km bis 10 km / 15 km	Tage bis Wochen
Stratosphäre	10 km / 15 km bis zu 50 km	Jahre

Schornstein entweichende Luft etwas wärmer als die Umgebung ist und somit aufsteigt. Was danach passiert, hängt vom Temperaturprofil ab, wie es auf der rechten Seite in Bild 5.18 dargestellt ist. Die entstehenden Rauchschwaden werde jedem bekannt erscheinen, der schon einmal einen Schornstein betrachtet hat.

Es ist klar, daß eine realistische Berechnung der Schadstoffdispersion sowohl die Kenntnis des Temperaturprofils als auch die einer realistischen geographischen Beschreibung der betrachteten Region voraussetzt. Man kann das Strömungsfeld des Windes aus den meteorologischen Variablen berechnen und muß unter Verwendung einiger Näherungen zur Beschreibung der Turbulenzen dann entsprechend Abschnitt 5.4 die Navier-Stokes-Gleichung für ein emittiertes Luftpaket lösen.

Eine solche Berechnung wird (falls sie korrekt durchgeführt wurde) wichtig, wenn es aufgrund irgendeines technischen Versagens zum plötzlichen Ausstoß einer gefährlichen Substanz kommt. Dadurch können in einem entsprechend kurzen Zeitraum die zu unternehmenden Schritte berechnet oder Verhaltensmaßregeln formuliert werden. Wird eine Reihe solcher Berechnungen durchgeführt und hinterher die Ergebnisse gemittelt, so ergibt sich, daß im Mittel schon recht einfache Modelle ausreichen, um die den Boden erreichenden Schadstoffe vorherzusagen. In den meisten Fällen ist es schon ausreichend, einen mittleren Ausstoß oder, was auf das gleiche herauskommt, einen Wert für den Gesamtausstoß eines Jahres zu kennen. Aus diesem Grund dienen die unten besprochenen, einfachen Modelle als eine brauchbare Näherung [4].

Man nehme an, daß es eine überwiegend horizontale Windgeschwindigkeit U gibt, deren Richtung in der x-Richtung des Koordinatensystems liegen soll. Es gibt Advektion bei dieser Geschwindigkeit und turbulente Diffusion in allen drei Koordinatenrichtungen. Ausgehend von Gl. (5.61) und unter Verwendung der Erhaltung der Schadstoffmasse erhält man dann eine ähnliche Differentialgleichung wie Gl. (5.77), wobei die Viskositätskoeffizienten ε der Wirbel sich jetzt auf die Luft beziehen:

$$\frac{\partial C}{\partial t}+U\frac{\partial C}{\partial x}=\varepsilon_x\frac{\partial^2 C}{\partial x^2}+\varepsilon_y\frac{\partial^2 C}{\partial y^2}+\varepsilon_z\frac{\partial^2 C}{\partial z^2} \quad . \tag{5.223}$$

Hierbei ist C die Konzentration der Schadstoffe in kg m^{-3}. Rein formal ist Gl. (5.223) identisch mit Gl. (5.5), welche sich auf die molekulare Diffusion bezog, es wurde aber der eindeutige Diffusionskoeffizient D durch drei verschiedene Koeffizienten für die drei Raumrichtungen ersetzt. Der physikalische Hintergrund von Gl. (5.223) ist die Tatache, daß die turbulente Diffusion wie auch die molekulare Diffusion ein zufälliger Prozess ist. Da man über den statistischen Charakter hinaus nichts über die physikalischen Prozesse weiß, sind die Differentialgleichungen vollkommen identisch.

Es muß allerdings angemerkt werden, daß aus genaueren statistischen Berechnungen folgt, daß die Wirbelviskositäten ε in Gl. (5.223) im allgemeinen auf komplizierteste Art ortsabhängig sind, so daß eine Lösung nicht einfach zu formulieren ist. Vernachlässigt man diese Komplikation und geht von konstanten Wirbelviskositäten aus, so läßt sich eine Lösung für Gl. (5.223) relativ leicht mit Blick auf Gl. (5.26) formulieren:

$$C=\frac{Q}{(2\pi)^{3/2}\sigma_x\sigma_y\sigma_z}\exp\left[-\frac{(x-Ut)^2}{2\sigma_x^2}-\frac{y^2}{2\sigma_y^2}-\frac{z^2}{2\sigma_z^2}\right] \quad . \tag{5.224}$$

Diese Gleichung ist sogar besser als ihre Herleitung. Wären die Wirbelviskositäten tatsächlich konstant, so würden sich die Ausdrücke σ_x, σ_y und σ_z in analoger Weise wie bei Gl. (5.15) finden lassen. In der Praxis unterscheiden sie sich und können auf verschiedene Arten ermittelt werden:

(a) mit Hilfe der statistischen Analyse und in Kombination mit weiter unten noch einzuführenden Messungen;

(b) aus empirischen Beziehungen, die in Bild 5.20 genauer besprochen werden;

(c) durch genaue Berechnungen der Atmosphäre, die hier aber nicht besprochen werden sollen;

(d) durch Verwendung von sogenannten K-Modellen für die ε-Werte, die hier auch nicht näher besprochen werden können.

Statistische Analyse der Standardabweichungen

Man betrachte eine Punktquelle, die schubweise Teilchen ausstößt. Die tatsächlichen Geschwindigkeiten der Teilchen bewegen sich um eine Hauptströmung $(U,0,0)$ herum, und werden durch $(U + u,v,w)$ beschrieben. Der zeitliche Mittelwert der Geschwindigkeiten u, v und w verschwindet dabei genauso, wie die jeweiligen Mittelwerte dieser Größen über alle Teilchen verschwinden. Trotzdem gibt es in realen Strömungen eine Korrelation zwischen der Geschwindigkeiten zu einer Zeit t und den Geschwindigkeiten zu einem etwas späteren Zeitpunkt $t + \tau$. Was bei den hier betrachteten statistischen Modellen von Bedeutung ist, ist nicht das Verhalten eines Teilchen in einem bestimmten Schub, sondern das mittlere Verhalten vieler Teilchen in vielen Schüben. Die Korrelation sollte also in einer gemittelten Form beschrieben werden.

Die in diesem Abschnitt besprochene Konzentration C muß man also als einen Mittelwert über eine Vielzahl von durch die Quelle ausgestoßenen Schüben auffassen. Wir fordern, daß sie mit der Wahrscheinlichkeit übereinstimmt, ein Teilchen an einer bestimmten Position vorzufinden. Berachtet man nun ein Koordinatensystem in dem $U = 0$ gilt. Dann wird das Geschwindigkeitsfeld durch (u,v,w) beschrieben und die Mittelung über viele Schübe durch einen Querstrich gekennzeichnet. Die Zeit t ist jetzt umsomehr ein Parameter, der die Zeit angibt, die seit der Emission der Teilchen vergangen ist, über die gemittelt wird. In einem stationären Prozeß ist eine Mittelung über viele Schübe zeitunabhängig:

$$\overline{u(t)} = 0, \quad \overline{u^2(t)} = \overline{u^2} = \text{konst.} \tag{5.225}$$

Für v und w gelten ähnliche Beziehungen. Wir definieren die Autokorrelationsfunktion $R(\tau)$ durch

$$R(\tau) = \frac{\overline{u(t)u(t+\tau)}}{\overline{u^2}} \; . \tag{5.226}$$

Diese Funktion drückt aus, wiesehr sich ein Teilchen noch nach einer Zeit τ an seine ursprüngliche Geschwindigkeit erinnert. Der statistische Charakter der Bewegung drücke sich dadurch aus, daß nach einer Mittelung über alle Schübe die Abhängigkeit von t verschwindet, die Autokorrelationsfunktion also nur noch von τ abhängt. Man kann dann den Ausdruck (5.226) für $t = 0$ niederschreiben, und ebenso für $t = -\tau$. Beide sollten mit $R(\tau)$ übereinstimmen, aber letzterer kann auch als $R(-\tau)$ interpretiert werden. Aus diesem Grund sollte die Autokorrelationsfunktion $R(\tau)$ eine gerade Funktion in τ sein. Andere sichere Werte sind $R(0) = 1$ und $R(\infty) = 0$, da das Teilchen nach einer langen Zeit seine früheren Geschwindigkeiten vergessen haben wird.

Für ein einzelnes Teilchen mit $x(t = 0) = 0$ gilt

$$x(t) = \int_0^t u(t')\mathrm{d}t' \tag{5.227}$$

oder auch

$$\frac{\mathrm{d}}{\mathrm{d}t}x^2(t) = 2x\frac{\mathrm{d}x}{\mathrm{d}t} = 2\int_0^t u(t')u(t)\mathrm{d}t' = 2\int_{-t}^0 u(t+\tau)u(t)\mathrm{d}\tau \ , \tag{5.228}$$

wobei in der letzten Gleichung τ als Integrationsvariable mit $t' = t + \tau$ gewählt wurde. Gleichung (5.228) kann jetzt wie Gl. (5.225) über viele Schübe gemittelt werden, was unter Verwendung von Gl. (5.226) und der Tatsache, daß $R(\tau)$ gerade ist, zu

$$\frac{\mathrm{d}}{\mathrm{d}t}\overline{x^2} = 2\int_{-t}^0 \overline{u(t)u(t+\tau)}\,\mathrm{d}\tau = 2\int_{-t}^0 \overline{u^2}R(\tau)\mathrm{d}\tau = 2\overline{u^2}\int_0^t R(\tau)\mathrm{d}\tau \tag{5.229}$$

führt. Gl. (5.229) wird auch als *Taylorsches Theorem* bezeichnet.

Als nächstes betrachte man eine Teilchenwolke um $x = 0$. Ihr Größe wird durch den Mittelwert x^2 sämtlicher Teilchen beschrieben und kann somit durch Integration von Gl. (5.229) gefunden werden:

$$\overline{x^2} = 2\overline{u^2}\int_0^t dt'\int_0^t R(\tau)d\tau \ . \tag{5.230}$$

Integriert man dieses partiell, so folgt

$$\overline{x^2} = 2\overline{u^2}\int_0^t (t-\tau)R(\tau)d\tau \ . \tag{5.231}$$

Dies zeigt, daß die Autokorrelationsfunktion die Größe der Rauchschwade angibt. Der nächste Schritt ist eine Näherung der Autokorrelationsfunktion, indem man ihre oben besprochenen Werte für $\tau = 0$ und $\tau = \infty$ sowie die Tatsache berücksichtigt, daß sie gerade ist. Für nicht zu kleine Zeiten kann man die Autokorrelationsfunktion durch

$$R(\tau) = \mathrm{e}^{-\tau/t_\mathrm{L}} \qquad (\tau \to \infty) \tag{5.232}$$

nähern. Diese Funktion zeigt für $\tau = \infty$ das richtigen Verhalten, ist aber bei $\tau = 0$ nicht gerade. Setzt man Gl. (5.232) in Gl. (5.231) ein, so erhält man nach Integration über y

$$\sigma_y^2 = 2\overline{v^2} t_L^2 \left(\frac{t}{t_L} + e^{-t/t_L} - 1 \right). \tag{5.233}$$

Für die x- und z-Richtung können ähnliche Gleichungen formuliert werden. Für Zeiten, die klein im Vergleich mit Zeiten der Turbulenz t_L sind, kann Gl. (5.233) durch

$$\sigma_x = u_m t = \sqrt{\overline{u^2}}\, t\,, \quad \sigma_y = v_m t = \sqrt{\overline{v^2}}\, t\,, \quad \sigma_z = w_m t = \sqrt{\overline{w^2}}\, t \tag{5.234}$$

angenähert werden. Für kleine Zeiträume ändern sich die Standardabweichungen also linear in der Zeit.

Bevor wir aber experimentelle und empirische Verfahren zu genaueren Berechnung der Standardabweichung besprechen, kehren wir zunächst zur „Gauß-Wolke" (5.224) zurück. Die Normierung wird derart vorgenommen, daß zu beliebigen Zeiten t das Volumenintegral $\int C\,\mathrm{d}V = Q$ ist. Dieses impliziert aber, daß die zuvor gefundene Lösung (5.224) eine Punktquelle bei $x = y = z = 0$ beschreibt, die zur Zeit $t = 0$ eine Masse Q an Teilchen emittiert.

Das Ergebnis für eine kontinuierliche Punktquelle, die pro Sekunde q Teilchen emittiert, kann mit Gl. (5.25) in ähnlicher Weise gefunden werden. Man nimmt an, daß die Gleichungen (5.234) zu allen Zeiten gelten, setzt sie in eine Gleichung wie Gl. (5.26) ein, und integriert über alle Zeiten:

$$C(x,y,z) = \frac{q}{(2\pi)^{3/2}} \int_0^\infty exp\left[-\frac{(x-Ut')^2}{2\sigma_x^2} - \frac{y^2}{2\sigma_y^2} - \frac{z^2}{2\sigma_z^2} \right] \frac{dt'}{\sigma_x \sigma_y \sigma_z}\,. \tag{5.235}$$

Eine recht mühsame Integration über die Zeit ergibt

$$C = \frac{q u_m}{(2\pi)^{3/2} v_m w_m r^2} \exp\left(-\frac{U^2}{2u_m^2} \right) \left[1 + \sqrt{\frac{\pi}{2}} \frac{Ux}{u_m r} \exp\left(\frac{U^2 x^2}{2u_m^2 r^2} \right) \operatorname{erfc}\left(-\frac{Ux}{u_m r\sqrt{2}} \right) \right] \tag{5.236}$$

mit

$$r^2 = x^2 + \frac{u_m^2}{v_m^2} y^2 + \frac{u_m^2}{w_m^2} z^2\,, \tag{5.237}$$

wobei man das negative Argument der Fehlerfunktion erfc beachten sollte. Für eine stromabwärts gelegene Distanz kann man (unter Vernachlässigung der Diffusion in Strömungsrichtung) $r \to x$ und $U / u_m \to \infty$ schreiben, und beobachtet, daß der zweite Term in Gl. (5.236) dominiert. Verwendet man Gl. (5.234) und $x = U\,t$, so folgt daraus

$$C = \frac{q}{2\pi\sigma_y \sigma_z U} \exp\left(-\frac{y^2}{2\sigma_y^2} - \frac{z^2}{2\sigma_z^2} \right), \tag{5.238}$$

was sehr ähnlich, wenn nicht sogar identisch mit Gl. (5.31) ist, die mit σ-Werten hergeleitet wurde, die sich wie die Quadratwurzel der Zeit t verhalten. Dies kommt wohl von der gleichen Interpretation, da in beiden Fällen die x-Abhängigkeit verlorengeht, wenn man die Diffusion in Richtung der Hauptströmung vernachlässigt. Außerdem kann in beiden Fällen das Integral über eine Querschnittsfläche der Stömung mit Hilfe von

$$\int C \, dy \, dz = q / U \tag{5.239}$$

berechnet werden. Der in beiden Herleitungen übereinstimmende Punkt ist, daß die Diffusion nur quer zur Strömung stattfindet. Betrachtet man einen Zeitraum dt, in dem q dt Teilchen in Form einer Scheibe emittiert werden, so hat diese Scheibe nach einer Zeit t die Strecke $x = Ut$ zurückgelegt, und die Breite der Scheibe beträgt dx = U dt. Multipliziert man das Integral (5.239) mit der Dicke dx der Scheibe, so findet man tatsächlich eine Zahl von q dt Teilchen, die in der Zeit dt emittiert worden sind.

Eine Gauß-Wolke aus einem hohen Schornstein

Man betrachte einen Schornstein der Höhe h, der kontinuierlich eine Zahl von q Teilchen pro Sekunde ausstößt. Die Vertikale liege in z-Richtung, so daß die Koordinaten der Quelle bei (0, 0, h) liegen. Am Boden, bei $z = 0$, hat man vollständige Reflexion; es werden also alle herunterfallenden Teilchen wieder zurückgeworfen. Um dieses zu erreichen, müssen wir uns bei (0, 0, $-h$) eine Scheinquelle wie in Gl. (5.34) denken. Die Wolke aus Gl. (5.238) kann allgemein zusammengefaßt werden zu

$$C = \frac{q}{2\pi U \sigma_y \sigma_z} \left[\exp\left(-\frac{y^2}{2\sigma_y^2} - \frac{(z-h)^2}{2\sigma_z^2} \right) + \exp\left(-\frac{y^2}{2\sigma_y^2} - \frac{(z+h)^2}{2\sigma_z^2} \right) \right] . \tag{5.240}$$

Vom Gesundheitsstandpunkt aus ist die Konzentration der Schadstoffe in Bodennähe interessant, die durch

$$C = \frac{q}{\pi U \sigma_y \sigma_z} \exp\left(-\frac{y^2}{2\sigma_y^2} - \frac{h^2}{2\sigma_z^2} \right) \tag{5.241}$$

angegeben wird.* Die maximale Konzentration findet man dann gerade unterhalb der Achse der Rauchwolke bei $y = 0$:

$$C = \frac{q}{\pi U \sigma_y \sigma_z} \exp\left(-\frac{h^2}{2\sigma_z^2} \right) , \tag{5.242}$$

wobei sich der Abstand zum Schornstein in den Parametern σ_y und σ_z verbirgt. Die Konzentration C in Gl. (5.242) ist in Bild 5.19 als Funktion von σ_z/h aufgetragen, was einem Maßstab für den Abstand zum Schornstein entsprechen sollte. Die Ordinate wird dabei mit $a = \sigma_y / \sigma_z$ als $C\, Uah^2/q$ geschrieben.

---

* Wird die Rauchschwade vollständig vom Boden absorbiert, ist es nicht länger nötig, eine Spiegelquelle einzuführen. Die Konzentration in der Luft erreicht dann den halben Wert von dem in Gl. (5.241).

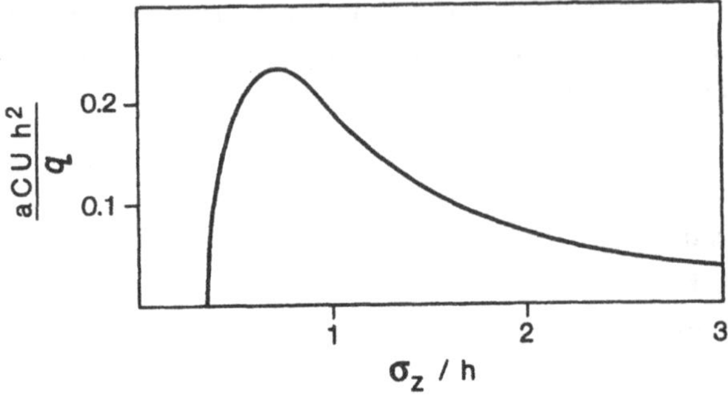

Bild 5.19 Bodennahe Konzentration unter der Hauptachse einer horizontalen Rauchschwade mit $a = \sigma_y / \sigma_z$ (Aus: G. T. Csanady, ***Turbulent Diffusion in the Environment***, Reidel Publishers, Dordrecht, Niederlande 1973, Abb. 3.6, S. 68)

In Bild 5,19 kann man bei $\sigma_z / h = 2^{-1/2}$ ein Maximum beobachten, dessen Wert bei 0,23 ≈ $2/\pi e = a\, C\, U\, h^2/q$ liegt. Das heißt aber, daß die maximale Konzentration in Bodennähe umgekehrt proportional zum Quadrat der Höhe des Schornsteins ist – einer der Gründe, hohe Schornsteine zu bauen. Es muß aber angemerkt werden, daß Bild 5.19 sich auf einen Punkt unterhalb der Rauchschwade bezieht; vergrößert sich der Abstand zu diesem Punkt, zeigt Gl. (5.241) ein zusätzliches Gauß-Potential, was bedeutet, daß die Konzentration dann stark abfällt.

Die in Gl. (5.241) und Gl. (5.242) angegebenen Parameter σ_y und σ_z sind stark abhängig von:

(a) Der Höhe. Die Turbulenzen verstärken sich bei zunehmendem Abstand von ihrer Ursache – dem Boden.

(b) Der Oberflächenbeschaffenheit. Entsprechend dem in Gl. (4.184) definierten Parameter z_0 vergrößert sich die Konzentration mit steigender Oberflächenrauhigkeit.

(c) Der Stabilität der Atmosphäre. Höhere Stabilität verursacht geringere Turbulenzen.

Wir gehen jetzt näher auf zwei Berechnungsmöglichkeiten von σ_y und σ_z ein. Die erste davon ist empirisch und ordnet den Atmosphärenbedingungen Stabilitätskategorien von A (sehr instabil) bis F (relativ stabil) zu, die in Tabelle 5.5 definiert werden. Unter Verwendung der Atmosphärenbedingungen A bis F wurden dann empirische Beziehungen zwischen σ_y und σ_z und dem Abstand x zur Quelle gefunden. In Bild 5.20 finden sich die Ergebnisse für eine bodennahe Quelle in flachem Gelände. Um die Höhe h und die Unebenheit z_0 zu berücksichtigen, muß man die Zahlenwerte in Bild 5.20 semi-empirisch korrigieren. (Diese zusätzliche Komplikation wird üblicherweise nicht beachtet).

Man sollte sich der zahlreichen, oben gemachten Näherungen bewußt sein, und wir wollen hier nur die Tatsache erwähnen, daß die Windgeschwindigkeit U meistens nicht konstant ist, wovon hier aber ausgegangen wurde. Dies kann jedoch leicht durch einen Blick auf eine Rauchschwade oder ein Fähnchen in der Hand eines Kindes bestätigt werden. Ein weiterer Punkt ist die Tatsache, daß die Rauchschwaden in Bild 5.18 im Gegensatz zu den bei den Rechnungen berücksichtigten Wolken eine gekrümmte Form haben.

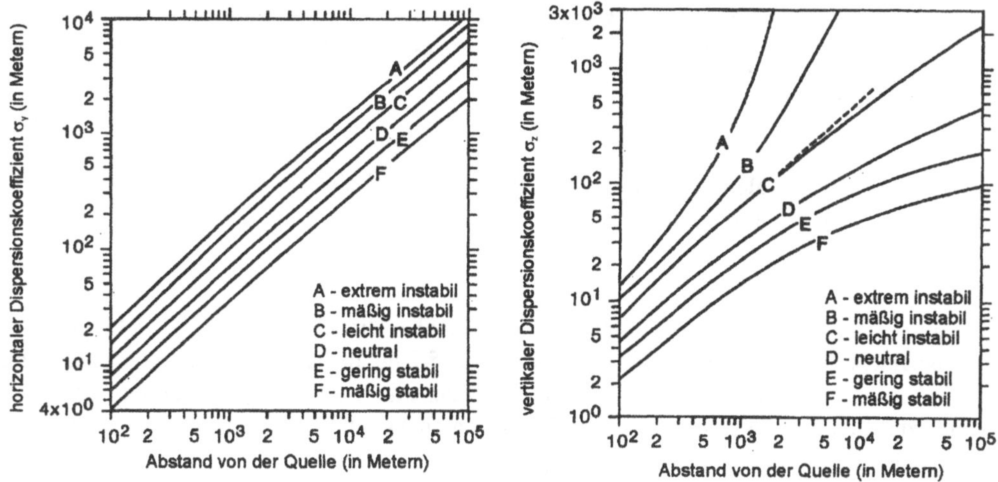

Bild 5.20 Die Dispersionskoeffizienten σ_y und σ_z in Abhängigkeit vom Abstand von der Quelle und den in Tabelle 5.5 definierten Stabilitätszuständen der Atmosphäre (Aus F. A. Gifford, *Nuclear Safety*, 2 (1961) 47, Abb. 39a/b)

Tabelle 5.5 Die Pasquill-Stabilitätskategorien (Aus: G. T. Csanady, *Turbulent Diffusion in the Environment*, Reidel, Dordrecht, Niederlande 1973)

	Tagsüber mit Sonneneinstrahlung			Nachts	
Oberflächen-Windgeschwindigkeit (m s^{-1})	Stark	Mäßig	Gering	Bedeckt oder Bewölkung ≥4/8	Bewölkung ≤3/8
2	A	A–B	B	–	–
2–3	A–B	B	C	E	F
3–5	B	B–C	C	D	E
5–6	C	C–D	D	D	D
6	C	D	D	D	D

A – extrem instabil, B – mäßig instabil, C – leicht instabil, D – neutral, E – gering stabil, F – mäßig stabil

Direkte Berechnung von σ_y und σ_z

Ein eher physikalischer Weg zur Bestimmung der Standardabweichungen σ_y und σ_z besteht darin, die Turbulenz in einen schnell und einen langsam variierenden Anteil aufzuspalten [5,6]. Betrachtet man zunächst den sich schnell ändernden Anteil, so sieht man, daß dieser durch Konvektion und Stabilitätsveränderungen zustande kommt. Man kann Gl. (5.233) anwenden und entweder Messungen oder Modellrechnungen durchführen, um $\overline{v^2}$ und $\overline{w^2}$ zu erhalten. Der Parameter t_L in den Gleichungen (5.232) und (5.233) bezieht sich auf Autokorrelation von Teilchen, wenn man der Turbulenz im Laufe der Zeit folgt. Führt man also

Messungen der Windgeschwindigkeiten $v(t)$ und $w(t)$ an einem bestimmten Punkt durch, so erhält man Ergebnisse im sogenannten Eulerschen Zeitmaß. Man verwendet die empirische Beziehung

$$t_L = 3T_e \,, \tag{5.243}$$

um die beiden Zeitskalen miteinander zu verknüpfen. Es zeigt sich, daß man in guter Näherung für die Höhen $0{,}1z_i < z < 0{,}9z_i$ auch

$$\sigma_{zq} \approx \sigma_{yq} \tag{5.244}$$

schreiben kann, wobei z_i die Mischungshöhe ist, also die Dicke der Grenzschicht an der Erdoberfläche (vgl. Tab. 5.4). Der Index q in Gl. (5.244) bezieht sich auf den schnell (engl. *quick*) variierenden Anteil der Turbulenz. Der langsam (engl. *slow*) variierende Anteil der Standardabweichung resultiert aus dem horizontalen Windfeld. Man nimmt an, daß nur σ_y beeinflußt wird. Also ist

$$\sigma_{zs} \approx 0 \tag{5.245}$$

und Gl. (5.234) kann zu

$$\sigma_{ys} \approx v_m t \tag{5.246}$$

umgeschrieben werden, da sich das Windfeld nur langsam ändert. Hier bezeichnet t wie auch schon in Gl. (5.233) die Zeit, die seit der Emission der Teilchen vergangen ist. Da die mittlere Geschwindigkeit v_m gemessen oder berechnet werden kann, erhält man somit σ_{ys}.

Die Standardabweichungen σ_y und σ_z können schließlich mit

$$\sigma_y^2 = \sigma_{yq}^2 + \sigma_{ys}^2 \tag{5.247}$$

$$\sigma_z^2 = \sigma_{zq}^2 \approx \sigma_{yq}^2 \tag{5.248}$$

errechnet werden. Mit den Ergebnissen kann man aus Bild 5.20 die Pasquill-Klasse herleiten, die zu diesen Werten korrespondiert. Man kann diese Klasse aber auch direkt aus Tabelle 5.5 ablesen, muß aber feststellen, daß man hieraus nur irreführende Resultate erhält. Für flaches Gelände erhält man die Kategorie D (neutral) in 70 % aller Fälle, wohingegen aus den Gleichungen (5.247) und (5.248) dies lediglich in 35 % der Fälle richtig ist.

Der Bau eines Schornsteins

Plant man, eine Fabrik zu bauen, die einen Schornstein benötigt, um die Schadstoffe zu „entsorgen", so stellt sich die wichtige Frage nach den zu erwartenden Schadstoffkonzentrationen am Erdboden. Andersherum gesagt, gibt es vielleicht einen Grenzwert für die Schadstoffkonzentrationen in der Umgebung, so daß man die minimale Höhe des Schornsteins berechnen könnte.

Man könnte dazu mit Hilfe der Gleichungen (5.243) bis (5.248) das Geschwindigkeitsfeld $u'(t)$, $v'(t)$ und $w'(t)$ am zukünftigen Standort des Schornsteins messen, müßte dabei aber berücksichtigen, daß die Windgeschwindigkeiten sich vom Erdboden bei $z = 0$ bis zur Schornsteinhöhe h vergrößern. Man geht dazu üblicherweise von einem logarithmischen

Anstieg der Geschwindigkeiten aus, wie er in Gl. (4.184) hergeleitet wurde, und wendet ihn auf eine neutrale Situation der Atmosphäre an:

$$U(z) = \frac{u_*}{k} \ln \frac{z}{z_0} \ . \tag{5.249}$$

Hierbei stellt z_0 die vormals eingeführte Oberflächenunebenheit dar. Verwendet man den mittleren Wert für $U(z)$ zwischen $z = z_0$ und $z = h$, so erhält man die Geschwindigkeit U bei einer Höhe $z = h/e$. Dies ist die Höhe, bei der die Vorbereitungsmessungen durchgeführt werden sollten.

5.7 Turbulente Strahlen und Wolken

Bei Problemen der Abwasserentsorgung kann man ein Abwasserrohr betrachten, das pro Sekunde ein Wasservolumen Q mit einer bestimmten Schadstoffkonzentration C_0 ausstößt. Wir beschränken uns hierzu auf runde Röhren mit einem Radius R, die in einen See oder ein Meer der Tiefe H münden. Die sich stellende Frage lautet dann, wie sich die einströmende Wassermenge im umliegenden Wasser verdünnt und verteilt, und nach welcher Wegstrecke eine akzeptable Schadstoffkonzentration erreicht wird. Man kann hierzu annehmen, daß der Ausstoß turbulent verläuft, da in diesem Fall die Mischung mit dem Wasser der Umgebung optimal ist.

An der Einleitung hat das Abwasser einen Impuls ρM und eine mittlere Geschwindigkeit W. Man erhält daraus die Gleichungen

$$Q = \pi R^2 W \, , \tag{5.250}$$

$$M = \pi R^2 W^2 \, . \tag{5.251}$$

Man beachte, daß man auf beiden Seiten der Gleichung (5.251) die Dichte ρ ergänzen kann, was sich aber wieder herauskürzt. Außer Volumen und Impuls kann das eingeleitete Abwasser aber auch einen Auftrieb B erfahren, der durch eine Dichtedifferenz und/oder einen unterschiedlichen Salzgehalt gegenüber dem Umgebungswasser hervorgerufen wird. Man kann diese Auftriebskraft an der Mündung des Rohres dadurch finden, daß man das Abwasservolumen Q der Dichte ρ und das Umgebungswasser der Dichte $(\rho + \Delta\rho_0)$ betrachtet. Hierbei ist $\Delta\rho_0$ der Dichteunterschied des eingeleiteten Wassers am Ende der Röhre – daher der Index 0. Die nach unten gerichtete Gewichtskraft ist gleich $\rho Q g$ und die nach oben gerichtete Kraft beträgt nach Archimedes $(\rho + \Delta\rho_0)Qg$, was zu einer Auftriebskraft ρB führt, die durch

$$B = \frac{\Delta\rho_0}{\rho} g Q \tag{5.252}$$

definiert wird, wobei die Dichte auf die rechte Seite gebracht wurde.

Außerhalb der Röhre kann man immer noch dem Strom folgen. Der Einfachheit halber gehen wir von einer konstanten Dichte ρ über den Querschnitt aus, und können dann einen Massenstrom $\rho\mu$ durch

$$\rho\mu = \int \rho w \,\mathrm{d}A \qquad \text{oder} \qquad \mu = \int w \,\mathrm{d}A \tag{5.253}$$

definieren. μ stellt hierbei den Volumenstrom dar, und man integriert über dessen Querschnittsfläche, wobei w die orthogonal zu dieser Fläche verlaufenden Geschwindigkeit ist. Turbulente Anteile der Geschwindigkeit wurden vernachlässigt, da sie maximal 10 % der mittleren Geschwindigkeiten ausmachen. Man kann den Impulsübertrag $\rho\, m$ mit

$$\rho m = \int \rho w^2 \,\mathrm{d}A \qquad \text{oder} \qquad m = \int w^2 \,\mathrm{d}A \tag{5.254}$$

und auch den Auftriebsstrom $\rho\beta$ auf ähnliche Weise festlegen:

$$\rho\beta = \int g\Delta\rho w \,\mathrm{d}A \qquad \text{oder} \qquad \beta = \int \frac{\Delta\rho}{\rho} g w \,\mathrm{d}A \ , \tag{5.255}$$

wobei hier $\Delta\rho$ der Dichteunterschied zwischen einströmendem und Umgebungswasser ist.

Entsprechend der Konvention spricht man von einer ***reinen Wolke***, wenn am Ende der Röhre $Q = M = 0$ gilt, so daß die Auftriebskraft B die einzige verbleibende Größe von Interesse darstellt. Eine Rauchschwade über einem Feuer wäre ein Beispiel für einen solchen Fall. In ähnlicher Weise spricht man von einem einfachen Strahl, wenn ein Strom in ohne Auftriebskraft B, also bei gleicher Dichte des ausströmenden und des Umgebungswassers, seinen ursprünglichen Impuls M und Volumenstrom Q beibehält.

Wenn man die Bewegungsgleichungen für ein Volumenpaket der ausgestoßenen Flüssigkeit lösen möchte, darf man nicht nur die Anfangsbedingungen von Gl. (5.250) bis (Gl. (5.252) berücksichtigen, sondern muß auch die physikalischen Eigenschaften des umgebenden Wassers beachten, also z.B. eine Schichtung (aufgrund einer variierenden Dichte in Höhe oder Tiefe, deshalb der Index 0 in Gl. (5.252)) oder kreuzende Strömungen, wie sie im vorigen Abschnitt bei der Besprechung einer Rauchschwade erwähnt wurden. Man muß nach den in Abschnitt 5.5 eingeführten Methoden verfahren und dabei eine Vielzahl empirischer Größen einführen.

In diesem Abschnitt werden wir eine Näherung nullter Ordnung vorstellen, wie sie von Ingenieuren in weiten Bereichen verwandt wird, wenn die Parameter leicht gemessen werden können. Eine etwas genauere Vorgehensweise besteht darin, die Bewegungsgleichungen in den Bereichen zu lösen, in denen die Strömung ein einfaches physikalisches Verhalten zeigt, und diese Lösungen dann in passender Weise miteinander zu verknüpfen.*

Weiter unten werden wir diese Ingenieurmethode veranschaulichen, da sie auch von Physikern für eine Überprüfung nullter Ordnung herangezogen werden. Es sollen nur einige einfache Beispiele besprochen und das umgebende Gewässer so einfach wie möglich beschrieben werden, also ohne Berücksichtigung von Schichtbildung oder kreuzenden Strömungen.

* Diese wurde im Buch von Fischer *et al.* ([7], Abschnitt 9.3.2) genauer ausgearbeitet. Eine weiterführende Behandlung der Auftriebskräfte kann in der Veröffentlichung von Hussain und Rodi [8] gefunden werden.

Dimensionsanalyse

Ein Ingenieur wird die relevanten physikalischen Größen zur Lösung eines bestimmten Problemes herausfinden, und diese nach ihren Dimensionen aufschlüsseln: die Länge L, die Zeit T und die Masse m. Gibt es dabei n Variablen, dann müssen die Gleichungen in ihren Dimensionen darin übereinstimmen, woraus man $n - 3$ dimensionslose Variablengruppen konstruieren kann, die miteinander in Beziehung stehen. In den unten dargestellten einfachen Fällen hat man im wesentlichen $n - 3$, manchmal auch nur $n - 2$ Beziehungen, und diese Beispiele sollen somit als „Beweis" für die allgemeingültige Aussage gelten.

Die Dimensionen der wichtigsten Variablen können wie folgt leicht aus den Gln. (5.250) bis (5.255) identifiziert werden:

$$[\mu] = [Q] = \frac{L^3}{T}$$
$$[m] = [M] = \frac{L^4}{T^2} \tag{5.256}$$
$$[\beta] = [B] = \frac{L^4}{T^3}$$

Die Masse taucht hierbei nicht mehr auf, da sie in der Definition herausgekürzt wurde.

Bild 5.21 zeigt die relevanten Größen auf: z ist der Abstand von der Öffnung und x der Abstand von der zentralen Achse des Strahls oder der Wolke, welche der Einfachheit halber senkrecht dargestellt ist. Die ebenfalls eingezeichnete lokale Geschwindigkeit w muß man sich als zeitlichen Mittelwert vorstellen. Sowohl für die Geschwindigkeitsverteilung $w(x)$ als auch für die Konzentrationsverteilung $C(x)$ des Schadstoffes gehen wir von einer Gaußschen Form aus, also von einem an der Achse liegenden Maximum. Dies entspricht auch der Argumentation in den vorhergehenden Abschnitten, und ist mit Sicherheit die einfachste symmetrische Form. Es gilt also

$$w = w_m e^{-(x/b_w)^2} \tag{5.257}$$

und

$$C = C_m e^{-(x/b_T)^2}, \tag{5.258}$$

wobei w_m und C_m die Werte an der Achse des Strahls oder der Wolke darstellen und b_w bzw. b_T die Breite der Gaußschen Verteilung angeben.

Der einfache Strahl

Aus Einfachheitsgründen besprechen wir den einfachen Strahl als einen horizontalen Ausstoß mit den Parametern Q und M, während $B = 0$ ist. Aus den drei Größen Q, M und z sowie den beiden Dimensionen L und T folgt, daß es hier $3 - 2 = 1$ dimensionslose, die Physik beschreibende Größe gibt. Da wir die Abhängigkeit der Parameter vom Abstand z herausfinden möchten, versuchen wir also einen relevanten Längenmaßstab zu finden. Dieser sollte nur von den beiden Ausgangsparametern Q und M abhängen, die man mit der folgenden Definition zu einem Längenmaßstab kombinieren kann:

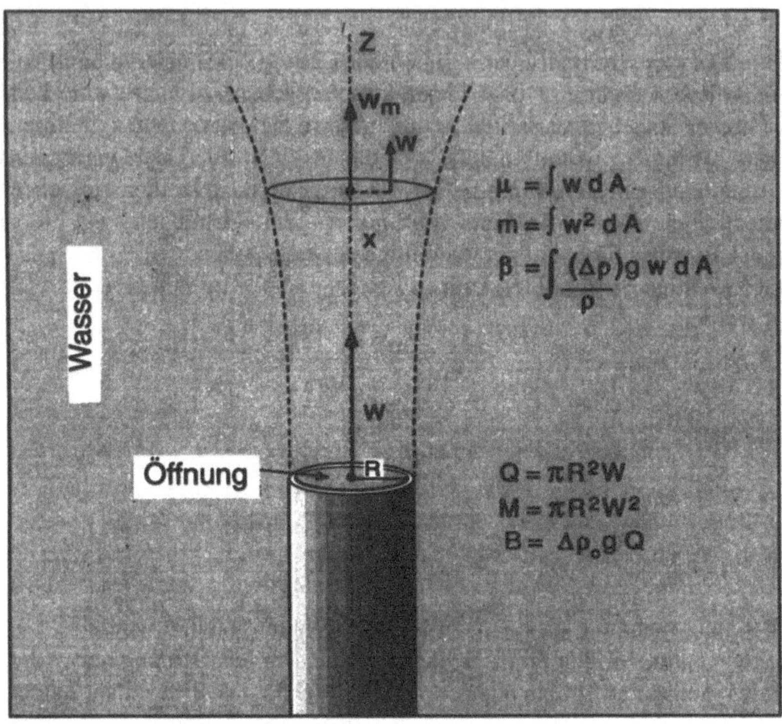

Bild 5.21 Definition der Parameter eines einfachen Strahls oder einer (vertikalen) Wolke

$$l_Q = \frac{Q}{\sqrt{M}} . \tag{5.259}$$

Dies ist identisch mit $A^{1/2}$, wobei A die ursprüngliche Querschnittsfläche des Strahls ist.

Da w_m die Dimension einer Geschwindigkeit hat, und M/Q die einzige in den Ausgangsbedingungen formulierbare Geschwindigkeit darstellt, kann die Abhängigkeit der Geschwindigkeit w_m von den relevanten Parametern nur die Form

$$w_m \frac{Q}{M} = f\left(\frac{z}{l_Q}\right) \tag{5.260}$$

haben, wobei f eine unbekannte Funktion der dimensionslosen Distanz zur Quelle ist. Wir können allerdings trotzdem die asymptotischen Eigenschaften von f herleiten. Für kleine z sollte sich die Funktion f dem Wert 1 nähern, da sich w_m dem Wert W nähert, und die Gleichungen (5.250) und (5.251) gelten. Interessanter ist der Grenzwert, bei dem z/l_Q gegen Unendlich strebt. Dieses kann auf dreierlei Art geschehen:

(a) $z \to \infty$ bei festem l_Q, und somit festen Werten für Q und M;

(b) $l_Q \to 0$ für $Q \to 0$ mit festen Werten für z und M;

(c) $l_Q \to 0$ für $M \to \infty$ mit festen Werten für z und Q.

Der entscheidende Punkt ist hierbei, daß alle drei Grenzwerte die gleiche physikalische Strömung beschreiben. Das impliziert aber, daß ein großer Wert von z in gewisser Weise einem kleinen Wert von Q entspricht, so daß die Strömung für einen großen Wert für z von dem Impuls M bestimmt wird. Daher muß Q aus der Relation (5.260) herausafllen, M jedoch darin enthalten bleiben. Somit muß

$$w_m \frac{Q}{M} = a_1 \frac{l_Q}{z} \qquad (z >> l_Q) \tag{5.261}$$

gelten. Setzt man die Definition (5.259) ein, so erhält man die gerade erwähnten Eigenschaften. Die empirische Konstante a_1 kann zu 7,0 ± 0,1 bestimmt werden, was heißt, daß die Meßpunkte sehr gut der Gleichung (5.261) entsprechen.

Auf die gleiche Weise kann man Beziehungen für die Breitenparameter b_w und b_T finden. Schreibt man b ohne Index, so gilt für beide Parameter ganz allgemein

$$\frac{b}{l_Q} = f\left(\frac{z}{l_Q}\right) . \tag{5.262}$$

Auch hier sollte Q für große z aus den Gleichungen verschwinden, was bedeutet, daß b/l_Q und z/l_Q zueinander proportional sein müssen. Experimente zeigen, daß

$$\frac{b_w}{z} = 0{,}107 \pm 0{,}003 \qquad (z >> l_Q) \tag{5.263}$$

und

$$\frac{b_T}{z} = 0{,}127 \pm 0{,}004 \qquad (z >> l_Q) \tag{5.264}$$

gilt. Der Volumenstrom μ sollte in einiger Entfernung proportional zum Volumenstrom Q sein, was bedeutet, daß

$$\frac{\mu}{Q} = f\left(\frac{z}{l_Q}\right) \tag{5.265}$$

sein muß, wobei f wiederum eine unbekannte Funktion darstellt. Für große Werte z sollte Q von untergeordneter Bedeutung sein, und man erhält dann wie schon zuvor

$$\frac{\mu}{Q} = c_j \frac{z}{l_Q} \qquad (z >> l_Q) . \tag{5.266}$$

Diese Größe muß dann selbstverständlich als die *mittlere Verdünnung* des Strahls betrachtet werden. Der Wert für c_j kann aus vorhergehenden Abschätzungen berechnet werden. Setzt man Gl. (5.257) in Gl. (5.253) ein, so erhält man nach Integration

$$\mu = \pi w_m b_w^2 \qquad (z >> l_Q) . \tag{5.267}$$

Unter Verwendung der Gln. (5.261), (5.259) und (5.263) erhält man für c_j aus Gl. (5.266) einen Wert von 0,25.

Betrachtet man für den Schadstoff im Strahl eine Ausgangskonzentration von C_0, so ergibt sich unter Verwendung des Volumenausstoßes Q pro Sekunde die ursprüngliche Schadstoffmasse pro Sekunde Y einfach zu

$$Y = QC_0 \ . \qquad (5.268)$$

Die Konzentration C_m an der Achse hat, geteilt durch Y, die Dimension von Q^{-1}, also T / L^3. Für große Werte von z darf die Variable Q nicht in den Gleichungen auftauchen, M sollte aber vorhanden sein. Man muß also aus M und z eine Variable mit den gleichen Dimensionen bilden können, was uns zu

$$\frac{C_m}{Y} = \frac{a_2}{z\sqrt{M}} \qquad (z >> l_Q) \qquad (5.269)$$

oder

$$\frac{C_m}{C_0} = a_2 \frac{Q}{z\sqrt{M}} = a_2 \frac{l_Q}{z} \qquad (z >> l_Q) \qquad (5.270)$$

führt. Der Wert von a_2 wurde experimentell auf 5,64 geschätzt.

*Beispiel eines einfachen Strahls**

Man betrachte einen Strahl mit $Q = 1\ m^3/s$ und einer Geschwindigkeit $W = 3$ m/s, der sich in eine Flüssigkeit der gleichen Dichte ergießt. Es ist also $M = QW = 3\ m^4/s^2$, und die in diesem Problem relevante Längeneinheit ist $l_Q = Q / \sqrt{M} = 0{,}58$ m. Die Aufgabe sei nun, die charakteristischen Größen des Strahls in einem horizontalen Abstand von 60 m zu berechnen.

Zunächst berechnen wir dazu $z / l_Q = 104$. Aus Gl. (5.261) und dem dortigen Wert für a_1 folgt $w_m = 0{,}20$ m/s. Der Abfall der Schadstoffkonzentration entlang der Achse kann mit Gl. (5.266) bestimmt werden, und beträgt mit $c_j = 0{,}25$ dann $\mu/Q = 26$.

Die einfache Wolke

Die einfache Wolke wird durch die Eigenschaft $Q = M = 0$ definiert, hat also lediglich einen Auftrieb B und steigt senkrecht in die Höhe. Die relevanten physikalischen Größen sind B und der Abstand z zur Quelle. Auch hier möchte man die Massen- und Impulsströme für eine bestimmte Entfernung berechnen. Da man annimmt, daß auch hier ein turbulentes Strömungsverhalten vorliegt, kann man wiederum die Viskosität der Flüssigkeit vernachlässigen.

Betrachtet man die Dimensionen von B und z, so findet man $(B/z)^{1/3}$ als einziges Maß für die Geschwindigkeit. Für die Geschwindigkeit w_m entlang der Achse erhält man somit

* Aus H. B. Fischer, E. J. List, R. C. Y Koh, J. Imberger und N. H. Brooks, *Mixing in Inland and Coastal Waters*, Academic Press, New York, 1979, Beispiel 9.1, S. 328.

$$w_m = b_1\left(\frac{B}{z}\right)^{1/3} , \tag{5.271}$$

wobei b_1 experimentell zu 4,7 bestimmt wird. Der integrierte Impulsstrom m kann nur auf eine Art aus B und z erzeugt werden, was uns zu dem Ausdruck

$$m = b_2 B^{2/3} z^{4/3} \tag{5.272}$$

führt, wobei man für b_2 experimentell 0,35 erhält. Schließlich kann der Volumenstrom μ mit einem experimentell gemessenen Faktor $b_3 = 0{,}15$ als

$$\mu = b_3 B^{1/3} z^{5/3} \tag{5.273}$$

geschrieben werden. Für den späteren Gebrauch werden wir diese Formeln ein wenig umordnen, indem wir sie durch μ in Abhängigkeit von m darstellen:

$$\mu = \frac{b_3}{\sqrt{b_2}}\sqrt{mz} = c_p\sqrt{mz} \qquad \text{für eine } \textit{einfache Wolke,} \tag{5.274}$$

wobei mit der letzten Gleichheit $c_p = 0{,}254$ festgelegt wird. Für einen einfachen Strahl hatten wir in Gl. (5.266) eine ähnliche Gleichung gefunden, die auch als

$$\mu = c_j\sqrt{M}\,z \qquad \text{für einen } \textit{einfachen Strahl} \tag{5.275}$$

geschrieben werden kann. Der Unterschied der beiden Gleichungen besteht in der Tatsache, daß in der Gleichung für den einfachen Strahl der ursprüngliche Impulsstrom M auftaucht, während in der Gleichung für die einfache Wolke nur der lokale Fluß auftritt. Tatsächlich steigt der Fluß für eine Wolke, wie es schon in Gl. (5.273) gefunden wurde, mit $z^{5/3}$ an. Dies geschieht aufgrund des Auftretens von Auftriebskräften, was zu zusätzlichen Geschwindigkeitskomponenten führt. Somit kann c_p auch als Wachstumsfaktor einer Wolke, und c_j als Wachstumsfaktor eines Strahls bezeichnet werden.

Die Gleichungen (5.272) und (5.273) können zu einer dimensionslosen Größe zusammengefaßt werden:

$$\frac{\mu B^{1/2}}{m^{5/4}} = \frac{b_3}{b_2^{5/4}} = R_p , \tag{5.276}$$

wobei, wegen der oben angegebenen Zahlenwerte, $R_p = 0{,}557$ ist.

Schließlich ist aus Gründen des Umweltschutzes von Bedeutung, die Abnahme der Schadstoffkonzentration entlang der Wolkenachse C_m zu ermitteln, indem man sie mit dem ursprünglichen Strom Y vergleicht. Diese sollte eine Funktion der Auftriebskraft B und des Abstands z von der Quelle sein. Schaut man sich die Dimension von C_m / Y genauer an, so gibt es nur eine mögliche Lösung:

$$\frac{C_m}{Y} = \frac{b_4}{B^{1/3} z^{5/3}} , \tag{5.277}$$

wobei $b_4 = 9{,}1$ empirisch bestimmt wurde.

*Beispiel einer einfachen Wolke**

Ein Süßwasserzufluß mit $Q = 1\ m^3/s$ liege in einer Meerestiefe von 70 m. Die Schadstoffkonzentration betrage $C_0 = 1\ kg/m^3$ und führt zu einem Schadstoffausstoß von $Y = 1\ kg/s$. Der Auftrieb B kann mit Gl. (5.252) berechnet werden Es sei für den Süßwasserzufluß eine Temperatur von 17,8 °C gegeben, während das Seewasser nur 11,1 Grad warm ist, und einen Salzgehalt von 3,25 % aufweist. Unter Verwendung von tabellierten Dichtewerten für unterschiedliche Salzgehalte sowie der Dichte des Frischwassers erhält man einen Auftrieb von $B = 0{,}257\ m^4/s^3$.

Die Aufgabe besteht nun darin, die Schadstoffkonzentration C_m aus Gl. (5.277), den Volumenstrom μ mit Gl. (5.273) und schließlich die Verdünnung μ/Q in einem Abstand von 60 m von der Quelle, also in einer Wassertiefe von 10 m zu berechnen. Mit den angegebenen Gleichungen und Parametern ergibt sich $C_m = 0{,}016$, $\mu = 88\ m^3/s$ und $\mu/Q = 88$. Der Volumenstrom ist soviel höher als der ursprüngliche Strom von $1 m^3/s$, weil die Geschwindigkeit w durch den Auftrieb steigt.

Man sollte dabei beachten, daß die in der Realität verwendeten Entsorgungsleitungen in Meeren üblicherweise aus langen Röhren bestehen, die das Wasser durch eine Vielzahl von kleinen Löchern ausstoßen. Diese müßten als eine Linienquelle beschrieben werden, und die entstehende Wolke müßte konsequenterweise als zweidimensionale Wolke mit anderen Differentialgleichungen beschrieben werden. Tatsächlich wären sogar die Maßeinheiten verschieden, man hätte dann Q in L^2T^{-1}, M in L^3T^{-2} und B in L^3T^{-3}.

Ein Strahl mit vertikalem Auftrieb

In diesem Falle wären alle drei Anfangsgrößen B, Q und M ungleich Null. Um das Problem zu vereinfachen, finde der Ausstoß in der Senkrechten und in ein stehendes und homogenes Gewässer statt, dessen Dichte geringfügig höher liegt, so daß der Strahl einen Auftrieb erfährt. Es müssen also auch B, Q, M und der Abstand z herausgefunden werden. Da sie alle drei nur Längen- und Zeiteinheiten enthalten, gibt es 4 – 2 = 2 dimensionslose Größen, die die Physik dieses Vorgangs beschreiben. Aus Vergleichsbarkeitsgründen ist es sinnvoll, Längenmaßstäbe wie zum Beispiel den Abstand zur Quelle als Bezugsrahmen zu verwenden, der in physikalischen Einheiten gemessen wird. Man verwendet also wiederum

$$l_Q = \frac{Q}{\sqrt{M}} \,. \tag{5.278}$$

Der andere Maßstab muß B enthalten, und wir verwenden

$$l_M = \frac{M^{3/4}}{B^{1/2}} \,, \tag{5.279}$$

obwohl auch eine andere Kombinationsmöglichkeit bestünde. Auch diesmal ist die Geschwindigkeit w_m in der Mitte des Strahls die relevante Größe, die es zu suchen gilt. Sie wird von Q, B und M abhängen, und eine Funktion

---

* Aus: H. B. Fischer *et al.*, a.a.O., S. 332.

$$f\left(\frac{z}{l_Q},\frac{z}{l_M}\right) \tag{5.280}$$

der dimensionslosen Größen z/l_Q und z/l_M sein.

Zunächst betrachten wir deshalb ein Strom mit $Q = 0$. In diesem Fall ist $B^{1/2}M^{-1/4}$ die einzige Größe mit der Dimension einer Geschwindigkeit und l_M der einzige Längenmaßstab. Somit muß w_m folgende Form haben:

$$w_m \frac{M^{1/4}}{B^{1/2}} = f\left(\frac{zB^{1/2}}{M^{3/4}}\right) . \tag{5.281}$$

Diese Gleichung ist allgemeingültig. Für kleine Werte B erhält man etwas ähnliches wie den einfachen Strahl, und die Geschwindigkeit sollte nicht von B abhängen. Kleine Werte für B können auch als der Grenzwert $B \to 0$ betrachtet werden. Die Funktion auf der rechten Seite von G. (5.281) macht allerdings keinen Unterschied zwischen $B \to 0$, $z \to 0$ oder $M \to \infty$, so daß sich für kleine Werte von z die Abhängigkeit in B auf beiden Seiten der Gleichung (5.281) herauskürzen sollte. Dies führt zu

$$w_m \frac{M^{1/4}}{B^{1/2}} \to c_1 \frac{M^{3/4}}{zB^{1/2}} = c_1 \frac{l_M}{z} \qquad (z << l_M) , \tag{5.282}$$

wobei „kleine“ Werte für z in Übereinstimmung mit dem einzig vorhandenen Längenmaßstab interpretiert werden sollten, also l_M. Im Grenzwert für sehr große z unterscheidet die rechte Seite der Gl. (5.281) nicht zwischen großen z und kleinen M. Aus diesem Grunde sollten diese beiden sich im Grenzwert gegenseitig aufheben. Deshalb erhalten wir

$$w_m \frac{M^{1/4}}{B^{1/2}} \to c_2 \left(\frac{M^{3/4}}{zB^{1/2}}\right)^{1/3} = c_2 \left(\frac{l_M}{z}\right)^{1/3} \qquad (z << l_M) . \tag{5.283}$$

Betrachtet man nur die z-Abhängigkeit von w_m, so sieht man durch Vergleich von Gl. (5.283) mit Gl. (5.71), daß der auftreibende Strahl sich für große z wie eine Wolke verhält, daß also der ursprüngliche Impuls M „vergessen“ ist. Wenn man aber den etwas allgemeineren Fall mit $Q \neq 0$ betrachtet, bei dem der Längenmaßstab l_Q auftritt, so erwartet man für $z >> l_Q$ ebenfalls, daß der ursprüngliche Impuls vergessen sein wird, wir kehren also zu unserem einfachen Strahl zurück. Große z sind wiederum äquivalent zu kleinen Q-Werten, und somit sollte der Ausdruck für w_m unabhängig von Q sein. Gl. (5.283) zeigt also das asymptotische Verhalten für große z.

Ähnlich sieht man beim Vergleich von Gl. (5.282) mit Gl. (5.261), daß die auftreibende Wolke sich für kleine Werte von z wie ein normaler Strahl verhält – der Auftrieb hatte offensichtlich noch keine Gelegenheit, das Strömungsverhalten zu beeinflussen. Dies gilt auch im allgemeineren Fall für $Q \neq 0$, und wir erwarten deshalb, daß Gl. (5.266) auch dann eine gute Näherung darstellt, auch wenn diese Gleichung eigentlich nur für große Werte von z gilt.

Das Verhältnis zwischen l_Q und l_M wird dabei ein wichtiger Faktor des Strahls sein, und wird als

$$R_0 = \frac{l_Q}{l_M} = \frac{QB^{1/2}}{M^{5/4}} \tag{5.284}$$

definiert. Zur Behandlung des einfachen Strahls und der einfachen Wolke sollten aber noch zwei weitere Größen definiert werden. Zunächst legenwir den dimensionslosen Volumenstrom $\overline{\mu}$ durch

$$\overline{\mu} = \frac{\mu B^{1/2}}{R_\mathrm{p} M^{5/4}} \tag{5.285}$$

fest, wobei μ der lokale Volumenstrom aus Gl. (5.253) ist, und R_p in Gl. (5.276) definiert wurde. Mit Hilfe von Gl. (5.284) findet man

$$\overline{\mu} = \frac{\mu}{Q}\frac{R_0}{R_\mathrm{p}} \ . \tag{5.286}$$

Eine zweite dimensionslose Größe ist dann noch

$$\zeta = \frac{c_\mathrm{p}}{R_\mathrm{p}}\frac{z}{l_M} = c_\mathrm{p}\frac{z}{l_Q}\frac{R_0}{R_\mathrm{p}} \ . \tag{5.287}$$

Man betrachte Gl. (5.266) für den Volumenstrom eines voll ausgebildeten Strahls, und schreibe sie unter Verwendung von $\overline{\mu}$ und z um. Das auftauchende Verhältnis $c_j \,/\, c_p$ wird wegen der vorhin gegebenen Zahlenwerte mit 1 gleichgesetzt, und man erhält

$$\overline{\mu} = \zeta \qquad (\zeta \ll 1) \ . \tag{5.288}$$

Man muß hier ($\zeta \ll 1$) hinzufügen, da die Strahlgleichung (5.266) ja nur für kleine z gültig war. Die korrespondierende Gleichung für den Volumenstrom einer einfachen Wolke wurde in Gl. (5.273) angegeben und kann erneut unter Verwendung von $\overline{\mu}$ und ζ umgeschrieben werden, sollte aber dabei nur für große ζ gelten. Es folgt dann

$$\overline{\mu} = \frac{b_3 R_\mathrm{p}^{2/3}}{c_\mathrm{p}^{5/3}}\zeta^{5/3} = \zeta^{5/3} \qquad (\zeta \gg 1) \ . \tag{5.289}$$

Für einen realen Strahl mit Auftrieb kann man die Abhängigkeit von $\overline{\mu}$ und ζ messen, und es zeigt sich, daß die Gln. (5.288) und (5.289) tatsächlich die Grenzfälle darstellen. Dies ist in Bild 5.22 dargestellt. Die gepunkteten Kurven entsprechen der Situation außerhalb der Quelle, in der die Strömung noch aufgebaut werden muß.

Beispiel eines einfachen Strahls mit Auftriebskräften [7]

Man betrachte das eben besprochene Problem in Verbindung mit der einfachen Wolke, aber mit einem zusätzlichen Impuls. Eine Süßwassereinleitung mit $Q = 1\ m^3/s$ liege in einer Meerestiefe von 70 m. Die Schadstoffkonzentration betrage $C_0 = 1\ kg/m^3$, daraus folgt ein Schadstoffausstoß von $Y = 1$ kg/s. Für den Auftrieb gilt wieder $B = 0{,}257\ m^4/s^3$, der Impuls folgt dann zu $M = QW = 3\ m^4/s^2$.

Die Aufgabe bestehe nun darin, den Volumenstrom μ sowie die Verdünnung μ/Q in einer Höhe von 60 m oberhalb der Quelle, also 10 m unter der Wasseroberfläche zu berechnen. Zunächst berechnet man die entsprechenden Parameter $l_Q = Q/M^{1/2} = 0.577$ m und $l_M = M^{3/4}/B^{1/2} = 4{,}5$ m, was zeigt, daß man sich sehr schnell in einem Bereich mit $z >> l_M$ befindet, und damit ein wolkenähnliches Verhalten des Strahls erhält. Es folgt weiterhin $R_0 = l_Q/l_M = 0{,}128$, und für einen Abstand von 60 Metern von der Quelle erhält man aus Gl. (5.287) und mit den obigen Zahlenwerten $z = 0{,}6$. Aus Bild 5.22 kann man ablesen, daß $\bar{\mu} \approx 20$ ist, und aus Gl. (5.286) erhält man zusammen mit den bekannten Werten für R_0 und R_p für den Anstieg des Volumenstromes $\mu/Q \approx 87$.

Für eine einfache Wolke mit den gleichen Parametern, aber $M = 0$ fanden wir im wesentlichen den gleichen Wert von 87,7. Man würde eigentlich erwarten, daß der erste Wert (87) etwas größer wäre als der zweite, aber die Werte wurden ja auch einer doppelt logarithmisch aufgetragenen Kurve entnommen, so daß alleine hierdurch Fehler entstehen können. Für einen Strahl ohne Auftrieb lag der Wert lediglich bei 26. Also ist es der Auftrieb, der ein Ansteigen des Stromes und damit eine bessere Verdünnung verursacht.

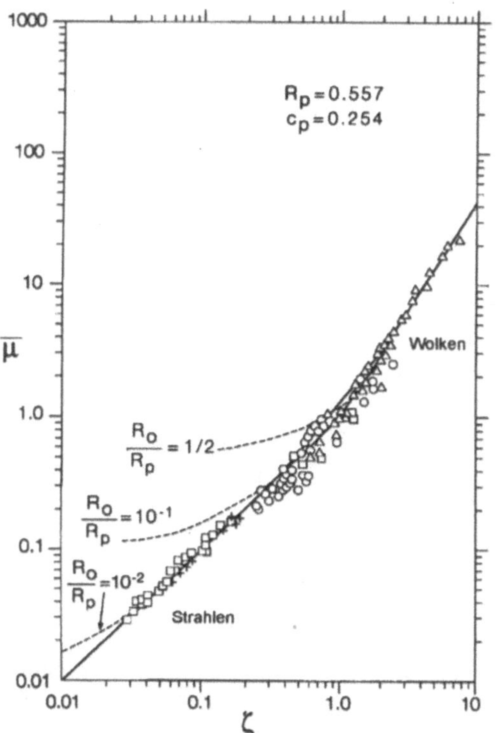

Bild 5.22 Die Beziehung zwischen $\bar{\mu}$ und ζ in einem realen Strahl mit Auftriebskräften. Die gepunkteten Kurven bezeichnen Bereiche nahe der Quelle, an denen die Strömung sich noch nicht vollständig ausgebildet hat. (Daten aus Ricou und Spalding, *J. Fluid Mech.*, **11** (1961) 21-31, S. 31; übernommen aus Fischer *et al.* [7], S. 336)

5.8 Physik der Schwebeteilchen

Die stets in der Atmosphäre vorhandenen Teilchen verursachen verschiedene Effekte: Sie streuen die Strahlung teilweise in den Weltraum zurück, können als Kondensationskeim für Regentropfen dienen, in dem dann eine Vielzahl von chemischen Prozessen ablaufen, und schließlich können sie auch allergische Reaktionen in der menschlichen Lunge oder im Rachen hervorrufen. Sie setzen die Sichtweite herab und können in hohen Konzentrationen auch als Dunst in der Atmosphäre sichtbar sein.

Die Teilchen können entweder natürliche Quellen besitzen, also von Vulkanen oder Stürmen herrühren, oder menschlichen Ursprungs sein, wie es bei allen Arten von Verbrennungsprodukten der Fall ist. In diesem Abschnitt werden wir einiges Datenmaterial hierzu angeben, und im wesentlichen zwei Aspekte diskutieren: Zeitmaßstäbe bei der Bildung eines Säuretropfens und den Sog auf ein einzelnes Teilchen.

Daten

Bild 5.23 zeigt den Volumenanteil verschiedener Aerosolpartikel als Funktion des Logarithmus ihres Durchmessers D_p. Auf der Abszisse findet sich also eine logarithmische Skalierung, und auf der Ordinate wurde der Volumenanteil aufgetragen.

Man erkennt, daß Kraftfahrzeuge relativ kleine Partikel produzieren, wohingegen natürliche Ursachen (Wüste, Ozean) eher zur Produktion größerer Partikel führen. Es sollte erwähnt werden, daß der Effekt kleiner Partikel sogar größer sein kann, als es in der Kurve erkennbar ist, da ihre relative Oberfläche mit abnehmender Partikelgröße schnell ansteigt und diese das weitere Wachstum der Partikel bestimmt.

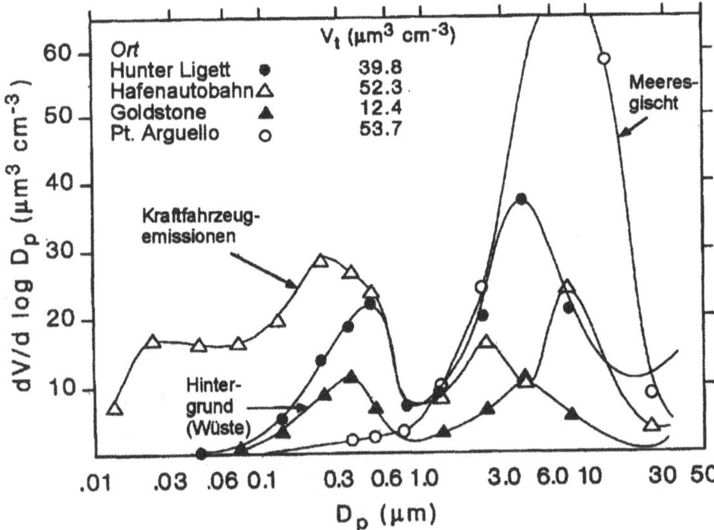

Bild 5.23 Volumenanteil von Aerosolpartikeln an vier sehr unterschiedlichen Orten in Kalifornien. (Aus: G. M. Hidy, Summary of the California aerosol characterization experiment, *Journal of the air pollution control association*, 25 (1975) 1106-14)

SO_2-*Aufnahmein einem Regentropfen*

Wir wollen nun das gasförmige SO_2 in der Atmosphäre betrachten (das zum Beispiel durch Kohleverbrennung in einem Kraftwerk entsteht), und uns die Zeiträme ansehen, in denen es von einem Regentropfen mit dem Radius R absorbiert wird (in diesem Abschnitt beziehen wir uns ausführlich auf Kapitel 6 bei Seinfeld [9]). Es sind dabei fünf verschiedene Zeitschritte von Bedeutung, die auch in Bild 5.24 dargestellt wurden:

(a) Diffusion in der Gasphase an die Oberfläche des Tropfens,

(b) Passieren der Luft-Wasser-Grenzfläche,

(c) Dissoziation in Wasser und Ionenbildung (HSO_3^- und SO_3^{2-}),

(d) Diffusion im Tropfen und

(e) Oxidation von HSO_3^- und SO_3^{2-} über Zwischenreaktionen zu SO_4^{2-} .

Der in (c) beschriebene Vorgang läuft so schnell ab, daß wir überall, wo SO_2 auftritt, von einem Gleichgewicht ausgehen können. Die Vorgänge (a) und (d) werden beide durch die Gleichung (5.10) bestimmt, die in Kugelkoordinaten als

$$\frac{\partial c}{\partial t} = D_g \left(\frac{\partial^2 c}{\partial r^2} + \frac{2}{r} \frac{\partial c}{\partial r} \right) \qquad (5.290)$$

geschrieben werden kann. Hier wurde der in Anhang B verwendete Ausdruck des Laplace-Operators in Kugelkoordinaten verwandt (Gl. (B.3)). Wir beginnen zunächst mit der Betrachtung von Punkt (a), der Diffusion aus der Gasphase mit der Konzentration c_∞ an die Oberfläche des Tropfens mit $c_s(t)$. Die Diffusionskonstante erhält zusätzlich einen Index g, weil wir uns zunächst noch in der Gasphase befinden. Da wir uns lediglich für Zeitskalen interessieren, nehmen wir an, daß der Regentropfen zur Zeit t = 0 plötzlich auftaucht, und mit $c_s(t)$ = 0 ein idealer Absorber für alle Zeiten ist. Somit kann man die Randbedingungen wie folgt formulieren:

$$c(r > R, t = 0) = c_\infty , \quad c(r \to \infty, t) = c_\infty , \quad c(R, t) = c_s(t) = 0. \qquad (5.291)$$

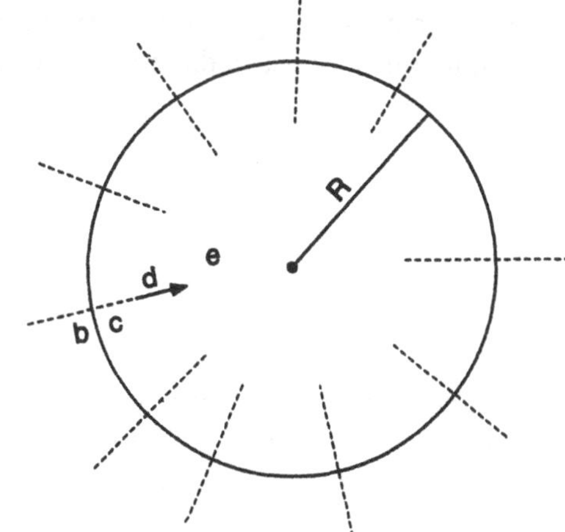

Bild 5.24 Absorptionsstadien von gasförmigem SO_2 in einem Regentropfen

Das physikalische Problem ähnelt dem der kontinuierlichen Punktquelle in Abschnitt 5.1, nur daß man es mit dem zeitlich umgekehrten Problem einer kontinuierlichen Senke endlicher Dimensionen zu tun hat. Aus Gl. (5.24) können wir eine Lösungsmöglichkeit erraten:

$$c = A + \frac{B}{r}\operatorname{erfc}\left(\frac{r-R}{2\sqrt{D_g t}}\right), \tag{5.292}$$

die sogar korrekt ist, wie man durch Einsetzten leicht überprüfen kann. Die Randbedingungen führen zusammen mit den Eigenschaften der komplementären Fehlerfunktion erfc(x) zu den Werten für A und B und ergeben die Lösung

$$c(r,t) = c_\infty + \frac{c_\infty R}{r}\operatorname{erfc}\left(\frac{r-R}{2\sqrt{D_g t}}\right). \tag{5.293}$$

Setzt man nun das Argument der erfc-Funktion gleich eins, so erhält man eine charakteristische Zeit:

$$\tau = \frac{(r-R)^2}{4D_g} . \tag{5.294}$$

Dies bedeutet, daß der den Änderungen zugrundeliegende Zeitmaßstab sich mit größeren Abständen ebenfalls vergrößert. Die offensichtliche Distanz zur Abschätzung der gesamten Gasdiffusion ist $r = 2\,R$, woraus folgt

$$\tau_{\text{Luft}} = \frac{R^2}{4D_g} . \tag{5.295}$$

Betrachten wir nun Vorgang (d), die Diffusion der Ionen in den Tropfen. Man kann hier erneut Gl. (5.290) verwenden, benötigt aber eine Diffusionskonstante D_a für die feuchte Phase (engl. *aqueous*). Die Randbedingungen unterscheiden sich allerdings stark: Für den Zeitraum vor $t = 0$ ist die Konzentration im Tropfen gleich Null, aber dann tritt plötzlich eine Oberflächenkonzentration c_s auf, die zwar immer noch konstant, aber ungleich Null ist. Setzt man $c_s = 0$, so geschieht innerhalb des Tropfens nichts, und man erhält in diesem Fall die Randbedingungen:

$$\begin{aligned}
&\text{(a)} \quad c(r,t=0) = 0 && (r \le R)\\
&\text{(b)} \quad \frac{\partial c}{\partial r} = 0 && (r = 0, t > 0)\\
&\text{(c)} \quad c(R,T) = c_s && (t > 0)\\
&\text{(d)} \quad c(r,t \to \infty) = c_s && (r \le R)
\end{aligned} \tag{5.296}$$

Die betreffende Physik entspricht einer Implosion, bei der sich die Konzentration von allen Punkten der Tropfenoberfläche in Richtung auf das Zentrum bewegt. Zur Abschätzung der hier zutreffenden zeitlichen Größenordnungen könnte man eine Gleichung ähnlich Gl.

(5.295) verwenden, da sie schon die richtigen Einheiten besitzt. Da es aber auch nicht schwieriger ist, hier genauer vorzugehen, werden wir eine Lösung annehmen, die Gl. (5.292) ähnlich ist:

$$c(r,t) = A + \frac{B}{r} f(r,t) \; . \tag{5.297}$$

Dieses führt zu einer einfachen Gleichung für $f(r,t)$ mit

$$\frac{\partial f}{\partial t} = D_\mathrm{a} \frac{\partial^2 f}{\partial r^2} \; . \tag{5.298}$$

Als nächstes führt man eine Variablenseparation für die Abhängigkeit von t und r durch:

$$f(r, t) = g(r)h(t) \tag{5.299}$$

und erhält dann

$$\frac{1}{D_\mathrm{a} h} \frac{\partial h}{\partial t} = \frac{1}{g} \frac{\partial^2 g}{\partial r^2} = -q \; . \tag{5.300}$$

Hierbei ist q eine aus den Randbedingungen zu bestimmende Konstante. Gl. (5.300) führt zu

$$f = \sin(\sqrt{q} r) \mathrm{e}^{-qD_\mathrm{a} t} \; . \tag{5.301}$$

Diese kann man dann in Gl. (5.297) einsetzen, und die Randbedingung (d) in Gl. (5.296) führt dann zu $A = c_\mathrm{s}$, wobei wir nebenbei bemerken möchten, daß $q > 0$ sein muß, um für große Zeiten t endliche Ergebnisse zu gewährleisten. Die Randbedingung (c) in Gl. (5.296) impliziert, daß der Sinus an der Oberfläche verschwindet:

$$c_\mathrm{s} + \frac{B}{R} \sin(\sqrt{q} R) \mathrm{e}^{-qD_\mathrm{a} t} = c_\mathrm{s} \qquad \text{für alle} \quad t > 0 \; . \tag{5.302}$$

Damit gilt für beliebige natürliche Zahlen n

$$\tau_\mathrm{Tropfen} = \frac{R^2}{\pi^2 D_\mathrm{a}} \; . \tag{5.303}$$

Die Zeitkonstante für dieses Problem folgt aus der Exponentialfunktion mit $n = 1$ und ergibt sich zu

$$\tau_\mathrm{Tropfen} = \frac{R^2}{\pi^2 D_\mathrm{a}} , \tag{5.304}$$

was auf den ersten Blick kleiner erscheint als Gl. (5.295). In der Praxis sind die Diffusionskonstanten allerdings stark verschieden. Tabelle 5.1 ergibt Werte wie $D_\mathrm{g} = 10^{-5}$ m^2 s^{-1} oder $D_\mathrm{a} = 10^{-9}$ m^2 s^{-1} und Tabelle 5.6 zeigt typische Ergebnisse für einige Tropfengrößen. Die Diffusion innerhalb des Tropfens ist gering.

Um den Vorgang unter (b), also das Passieren der Grenzfläche zwischen Luft und Wasser, zu beschreiben, müssen wir einige Ergebnisse aus der kinetischen Gastheorie verwenden. Beginnen wir dazu mit dem Gesetz von Henry, das besagt, daß es bei einem Gleichgewicht eine einfache Beziehung gibt zwischen der Konzentration einer Substanz A (in unserem Fall SO_2) innerhalb des Tropfens [A (aq)] und in der Luft [A (g)]. Aus diesem Grunde gilt an beiden Seiten der Grenzfläche

$$\frac{[\mathrm{A(aq)}]}{[\mathrm{A(g)}]} = H_{\mathrm{A}} RT \ . \tag{5.305}$$

Hierbei ist H_{A} die Henry-Konstante einer Substanz A, die in einem breiten Bereich von $1{,}3 \cdot 10^{-3}$ für O_2 über SO_2 bei 1,24 bis hin zu $2{,}1 \cdot 10^5$ im Falle von HNO_3 variieren kann, alle in Mol pro Liter und atm bei $T = 298$ K angegeben. Die Konstante R in Gl. (5.305) ist die universellen Gaskonstante, T die Temperatur in Kelvin.

Die Konstante H_{A} läßt sich aber auch mit Hilfe des idealen Gasgesetzes (3.22) für ein reines Gas ausdrücken: Die Konzentration der Substanz A in kg m^{-3} wird dadurch mit dem Dampfdruck p_{A} verknüpft:

$$H_{\mathrm{A}} = \frac{[\mathrm{A(aq)}]}{RT[\mathrm{A(g)}]} = \frac{[\mathrm{A(aq)}]}{p_{\mathrm{A}}} = \frac{c_{\mathrm{s}}}{p_{\mathrm{s}}} = \frac{c^*}{p_\infty} \tag{5.306}$$

Die Konzentration innerhalb des Tropfens wurde dabei als Oberflächenkonzentration $c_{\mathrm{s}}(t)$ und p_{A} als Oberflächendruck $p_{\mathrm{s}}(t)$ umgeschrieben; Da der Henry-Koeffizient zeitunabhängig ist, kann man genausogut die Gleichgewichtskonzentration c^* und den Gleichgewichtsdruck p_∞ einsetzen, die nach langen Zeiten erreicht werden.

Um die charakteristische Zeit für das Passieren der Grenzfläche zu berechnen, gehen wir nicht länger von einer konstanten Oberflächenkonzentration c_{s} aus, sondern betrachten nun die die Oberfläche passierenden Ströme. Die Situation ist in Bild 5.25 skizziert, wobei $R_{-\mathrm{g}}$ den Strom aus der Gasphase, $R_{+\mathrm{g}}$ denjenigen aus den Tropfen in die Gasphase und R_{+1} den daraus resultierenden Nettostrom in den Tropfen hinein berechnet.

Für ein einzelnes Molekül erscheint die Tröpfchenoberfläche so groß, daß sie als eben angesehen werden kann, so daß wir die Tatsache verwenden können, daß die Zahl der pro Einheitsfläche und Zeiteinheit auf der Oberfläche eintreffenden Moleküle gleich

$$\frac{1}{4}[A(g)]\,\overline{u} \tag{5.307}$$

ist. Es sei dann $\overline{u}$ die mittlere Geschwindigkeit der betrachteten Moleküle, die durch

Tabelle 5.6 Charakteristische Diffusionszeiten in Luft und Wasser bei verschiedenen Tropfengrößen. Berechnet unter Verwendung der Gleichungen (5.295) und (5.304) sowie den Werten $D_{\mathrm{g}} = 10^{-5}$ $m^2 s^{-1}$ und $D_{\mathrm{a}} = 10^{-9}$ $m^2 s^{-1}$.

R(m)	10^{-3}(1 mm)	10^{-4}	10^{-5} (10 mm)
τ_{Luft}	$2{,}5 \cdot 10^{-2}$	$2{,}5 \cdot 10^{-4}$	$2{,}5 \cdot 10^{-6}$
τ_{Tropfen}	10^2	1	10^{-2}

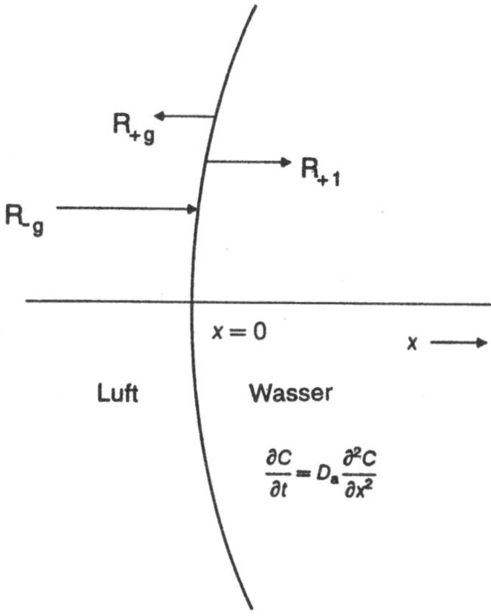

Bild 5.25 Ströme an der Grenzfläche Luft-Wasser im Tropfen. Die Grenzfläche kann bei $x = 0$ als eben angesehen werden.

$$\bar{u} = \sqrt{\frac{8kT}{\pi m}} = \sqrt{\frac{8k\,N_A\,T}{\pi\,m\,N_A}} = \sqrt{\frac{8RT}{M\pi}} \tag{5.308}$$

gegeben wird. Hierbei ist m die Masse der Moleküle, N_A die Avogadro-Konstante und M die Molmasse von A. Diese Ergebnisse können aus der Geschwindigkeitsverteilung nach Maxwell-Boltzmann abgeleitet werden:

$$f(u_x, u_y, u_z) = f(\boldsymbol{u}) = \left(\frac{m}{2\pi kT}\right)^{3/2} e^{-mu^2/(2kT)} \quad . \tag{5.309}$$

Die Konzentration [A (g)] wird durch das ideale Gasgesetz (3.22) vorgegeben, wobei p_A der Partialdruck des Gases A in der Gasphase ist. Die Zahl der auf der Oberfläche eintreffenden Moleküle kann also als

$$\frac{1}{4}\frac{p_A}{RT}\sqrt{\frac{8RT}{M\pi}} = \frac{p_A}{\sqrt{2\pi MRT}} \tag{5.310}$$

geschrieben werden. Der Anteil, der tatsächlich die Grenzfläche passiert, benötigt noch einen zusätzlichen Anpassungsfaktor α:

$$R_{-g} = \alpha \frac{p_A}{\sqrt{2\pi MRT}} = \alpha \frac{p_\infty}{\sqrt{2\pi MRT}} \quad . \tag{5.311}$$

Hier bedeutet p_A den gesamten Partialdruck von A in der Luft, der auch gleich p_∞ ist. Der Rückstrom R_{+g} wird derselben Gleichung gehorchen, allerdings mit dem Oberflächendruck

$p_s(t)$, der der augenblicklichen Oberflächenkonzentration $c_s(t)$ entspricht, denn wären beide Drücke gleich p_∞, so wären auch beide Ströme gleich groß. Also sieht der in den Tropfen fließende Nettostrom wie folgt aus:

$$R_{+1} = R_{-g} - R_{+g} = \frac{[p_\infty - p_s(t)]\alpha}{\sqrt{2\pi MRT}} \quad . \tag{5.312}$$

Mit Gl. (5.306) kann man die Partialdrücke durch Konzentrationen ersetzen, so daß der Nettostrom unter Verwendung des Konzentrationsgradienten aus Gl. (5.22) umgeschrieben werden kann zu

$$-D_a \frac{\partial c}{\partial x}\bigg|_{x=0} = R_{+1} = \frac{\alpha(c^* - c_s)}{H_A\sqrt{2\pi MRT}} \quad . \tag{5.313}$$

Die charakteristische Zeit sollte aus der Diffusionsgleichung mit Gl. (5.313) als Randbedingung folgen. Wir können sie auch mit einer einfachen Dimensionsanalyse herleiten. Wir kennen die Maßeinheit von D_a, die in $m^2\ s^{-1}$ ausgedrückt wird. Aus Gl. (5.313) folgt dann

$$\left(\frac{\alpha}{H\sqrt{2\pi MRT}}\right) = \left(\frac{m}{s}\right) . \tag{5.314}$$

Um die Maßeinheit einer Zeit zu erhalten, schreiben wir

$$\tau_p = D_a \left(\frac{H\sqrt{2\pi MRT}}{\alpha}\right)^2 = \frac{2\pi MRTD_a H^2}{\alpha^2} \quad . \tag{5.315}$$

Dieses Ergebnis erweist sich als richtig. Es bleibt anzumerken, daß der Henry-Faktor in quadratischer Form auftritt, was eine starke Abhängigkeit von der betrachteten Substanz bedeutet. Da M in g mol^{-1} ausgedrückt wird, erhalten wir $\tau_p = 1{,}51 \cdot 10^{-12}\ MH^2/\alpha^2$ s, was für SO_2 einen Wert von $\tau_p = 1{,}5 \cdot 10^{-10}$ s ergibt. Somit erfolgt der Durchtritt durch die Grenzfläche wesentlich schneller als die Diffusion (siehe Tabelle 5.6).

Den fünften Schritt, die Oxidation von HSO_3^- und SO_3^{2-} innerhalb des Regentropfen, werden wir hier nicht mehr besprechen. Es ist klar, daß bei der Oxidation mit Ozon auch dessen Übergang in den Wassertropfen, und danach auch die Reaktionsgeschwindigkeiten der Oxidation berücksichtigt werden müssen. Wir werden diesen Abschnitt aber mit der Herleitung des Stokesschen Gesetzes für den auf einen fallenden Regentropfen wirkenden Sog beenden.

Sogwirkung auf ein einzelnes Teilchen

Man betrachte ein kugelförmiges Teilchen mit dem Radius R. Wir werden jetzt des *Stokessche Gesetz* für den auf ein solches Teilchen ausgeübten Sog in einer Flüssigkeit (Luft, Wasser oder jede andere Flüssigkeit) für kleine Geschwindigkeiten, also bei kleinen Reynoldszahlen Re herleiten. In einem solchen Fall benötigen wir nur die Druck- und Viskositätsterme der Bewegungsgleichung. Kombiniert man Gl. (3.33) und Gl. (3.34) oder sieht sich Gl. (5.177) an, so folgt

$$\nabla\left(\frac{p-p_0}{\mu}\right)=\Delta \boldsymbol{u} \tag{5.316}$$

und

$$\nabla\cdot\boldsymbol{u}=0\,. \tag{5.317}$$

Hierbei ist $\boldsymbol{u}$ die Geschwindigkeit der Flüssigkeit mit $\boldsymbol{u} = \boldsymbol{u}(x, y, z, t)$ und p_0 der Druck in einer größeren Entfernung, in der der Einfluß der Kugel auf das Geschwindigkeitsfeld vernachlässigbar ist. Die Gleichungen (5.316) und (5.317) folgen aus den Navier-Stokes-Gleichungen, die eine von Ort und Zeit unabhängige Newtonsche Viskosität μ erfordern. Wir haben außerdem eine inkompressible Flüssigkeit vorausgesetzt.

Diese Situation wurde auf der linken Seite von Bild 5.23 dargestellt, und es ist klar, daß um die vertikale Achse eine axiale Symmetrie vorliegt. Als Koordinaten werden dann am besten Polarkoordinaten (r, θ, ϕ) verwandt, wobei $\boldsymbol{u}$ wegen der axialen Symmetrie von ϕ unabhängig sein sollte, und auch keine ϕ-Komponente enthalten sollte.

Die Tatsache, daß das Problem im wesentlichen zweidimensional ist, erleichtert die Einführung einer Stromfunktion Ψ, wie sie uns auch schon bei der Besprechung von Grundwasserströmungen in Abschnitt 5.3 begegnet ist. In Gl. (5.106) haben wir die Kontinuitätsgleichung niedergeschrieben, die im wesentlichen derjenigen in Gl. (5.317) dieses Abschnittes entsprach. Wir haben in Abschnitt 5.3 dann die Stromfunktion $\Psi(x,y)$ eingeführt, und die Strömung durch Ableitungen von Ψ dargestellt, die die Kontinuitätsgleichung erfüllen.

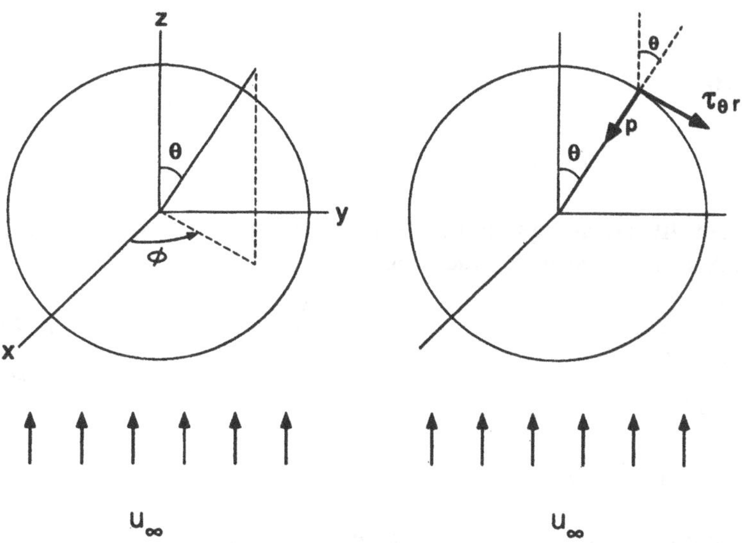

Bild 5.26 Herleitung des Stokesschen Gesetzes. Die Strömung erfolgt von unten nach oben, wobei an der Oberfläche von einer Haftbedingung ausgegangen wird. Auf der linken Seite sieht man das Koordinatensystem, auf der rechten Seite die an der Oberfläche der Kugel angreifenden Kräfte. Der Sog wird durch die Komponenten der Druck- und Tangentialkräfte in Richtung der Strömung bestimmt.

Dieser Vorgang kann ebenfalls in Kugelkoordinaten dargestellt werden. Drückt man Gl. (5.317) darin aus, so erhält man

$$\frac{1}{r^2}\frac{\partial}{\partial r}(r^2 u_r) + \frac{1}{r\sin\theta}\frac{\partial}{\partial\theta}(u_\theta \sin\theta) = 0\,, \tag{5.318}$$

wobei die Vektorgleichungen (B.6) aus dem Anhang B angewandt wurden. Die Kontinuitätsgleichung in der Form von Gl. (5.318) wird für alle (r, ϕ, θ) erfüllt, wenn man eine Stromfunktion mit

$$u_r = \frac{-1}{r^2\sin\theta}\frac{\partial\Psi}{\partial\theta} \tag{5.319}$$

$$u_\theta = \frac{1}{r\sin\theta}\frac{\partial\Psi}{\partial r} \tag{5.320}$$

einführt. Die weitere Vorgehensweise ist folgende: Man nimmt die r- und die θ-Komponenten aus Gl. (5.316) und differenziert beide bezüglich der anderen Koordinate, um p zu eliminieren. Nach einiger Algebra führt dieses zu einer Gleichung für Ψ, in der Ableitungen von bis zum vierten Grad auftreten. Wir werden die Herleitung an dieser Stelle nicht angeben, sondern eine Abkürzung wählen, indem wir uns die Randbedingungen des Problems genauer ansehen.

Die erste Randbedingung ist, daß die Flüssigkeit an der Oberfläche der Kugel nicht komprimiert wird oder anhaftet, was bedeutet, daß beide Komponenten von $\boldsymbol{u}$ für $r = R$ verschwinden:

$$\begin{aligned} u_r &= -\frac{1}{r^2\sin\theta}\frac{\partial\Psi}{\partial\theta} = 0 \qquad \text{bei} \quad r = R \\ u_\theta &= \frac{1}{r\sin\theta}\frac{\partial\Psi}{\partial r} = 0 \qquad \text{bei} \quad r = R \end{aligned} \tag{5.321}$$

Die andere Bedingung betrifft das asymptotische Verhalten für $r \to \infty$, wo $\boldsymbol{u}$ sich einer ungestörten Geschwindigkeit $u_\infty \boldsymbol{e}_z$ nähert. Hieraus folgt

$$u_\infty\cos\theta = u_r = -\frac{1}{r^2\sin\theta}\frac{\partial\Psi}{\partial\theta}\,, \quad -u_\infty\sin\theta = u_\infty = \frac{1}{r\sin\theta}\frac{\partial\Psi}{\partial r}\,. \tag{5.322}$$

Beide Gleichungen werden für

$$\Psi = -\frac{1}{2}u_\infty r^2\sin^2\theta \qquad (r \to \infty) \tag{5.323}$$

erfüllt. Dieses legt für kleinere Werte von r eine ähnliche Separation nahe:

$$\Psi = f(r)\sin^2\theta\,. \tag{5.324}$$

Tatsächlich führt das Einsetzen der Geschwindigkeitskomponenten in Gl. (5.316) sowie die Eliminierung von p zu

$$f'''' = -\frac{4f'''}{r^2} + \frac{8f'}{r^3} - \frac{8f}{r^4} = 0\,. \tag{5.325}$$

Versucht man $f = r^4$ als mögliche Lösung, so ergeben sich vier Nullstellen bei $n = -1, +1, +2, +4$. Somit lautet die allgemeine Lösung

$$f(r) = \frac{A}{r} + Br + Cr^2 + Dr^4\,. \tag{5.326}$$

Für $r \to \infty$ zeigt sich aus Gl. (5.323), daß der dominierende Term quadratisch in r verlaufen muß, woraus sich

$$\Psi = \left(\frac{A}{r} + Br - \frac{1}{2}u_\infty r^2\right)\sin^2\theta \tag{5.327}$$

ergibt. Die Anhaft-Bedingung (5.231) kann zusammen mit den Definitionen (5.319) und (5.320) benutzt werden, um die verbleibenden Konstanten A und B zu finden, und man erhält

$$u_r = u_\infty\left[1 - \frac{3}{2}\frac{R}{r} + \frac{1}{2}\left(\frac{R}{r}\right)^3\right]\cos\theta\,, \quad u_\theta = -u_\infty\left[1 - \frac{3}{4}\frac{R}{r} + \frac{1}{4}\frac{R^3}{r}\right]\sin\theta\,. \tag{5.328}$$

Die Druckverteilung $p(r, \theta)$ kann mit Hilfe der Bewegungsgleichungen (5.316) gefunden werden:

$$p = p_0 - \frac{3}{2}\frac{\mu u_\infty}{R}\left(\frac{R}{r}\right)\cos\theta\,. \tag{5.329}$$

Dieses Ergebnis kann durch Substitution überprüft werden, doch sollte man die Gleichungen (B.8) und (B.9) verwenden, da der Laplace-Operator nicht mit den Ableitungen nach r oder θ kommutiert.

Um den Sog zu berechnen, sollten wir sowohl den orthogonal zur Oberfläche der Kugel angreifenden Druck als auch die tangentiale Scherung berücksichtigen. Die genaue Situation ist im rechten Teil von Bild 5.26 dargestellt. Der Druck wirkt an der Innenseite der Kugel, die Tangentialkraft wie dargestellt entlang der Oberfläche. Lediglich die Komponente des Druckes in Richtung der Strömung ergibt einen Beitrag, da sich der Rest wegen der axialen Symmetrie wegheben. Mit $r = R$ folgt aus Gl. (5.329) dann

$$-p\cos\theta = -p_0\cos\theta + \frac{3}{2}\frac{\mu u_\infty}{R}\cos^2\theta\,. \tag{5.330}$$

Der erste Term verschwindet bei einer Integration über die gesamte Oberfläche, so daß das verbleibende Integral folgerndermaßen aussieht:

$$\frac{3}{2}\frac{\mu u_\infty}{R}\int_0^\pi \cos^2\theta\; 2\pi R^2 \sin\theta\, d\theta = 2\pi\mu R u_\infty\,. \tag{5.331}$$

Die Scherung wird durch Gl. (5.171) bestimmt (oder auch durch Gl. (3.34)), wobei es Konvention war, daß $\tau_{\theta r}$ diejenige Kraft ist, die ein Flüssigkeitselement bei kleinem r in der θ-

Richtung auf ein Element bei einem größerem r aufgrund der steigenden θ-Geschwindigkeit in der r-Richtung ausübt. Wir interessieren uns für die Kraft, die von der Flüssigkeit auf die Kugel ausgeübt wird, und fügen deshalb ein Minuszeichen hinzu:

$$-\tau_{\theta r} = -\mu \left.\frac{\partial u_\theta}{\partial r}\right|_{r=R} = \frac{3}{2}\mu u_\infty \frac{1}{R}\sin\theta . \tag{5.332}$$

Wie aus dem rechten Teil von Bild 5.26 folgt, müssen wir die $+z$-Komponente dieser Kraft zusammen mit einem zusätzlichen Sinusterm $\sin\theta$ verwenden, und erhalten das Integral

$$\int_0^\pi \frac{3}{2}\mu u_\infty \frac{1}{R}\sin^2\theta \, 2\pi R^2 \sin\theta \, \mathrm{d}\theta = 4\pi\mu R u_\infty . \tag{5.333}$$

Der gesamte Sog entspricht der Summe der beiden Integrale (5.331) und (5.333):

$$F_{\mathrm{Sog}} = 6\pi\mu R u_\infty , \tag{5.334}$$

was als Stokessches Gesetz bekannt ist. Für große Teilchen muß man noch die Gewichtskraft hinzufügen

$$F_{\mathrm{Gewicht}} = \frac{4}{3}\pi R^3 \rho g . \tag{5.335}$$

Bei der Herleitung des Stokesschen Gesetzes wurden allerdings die Trägheitskräfte vernachlässigt. Experimentell kann man zeigen, daß für Reynoldszahlen $Re < 0{,}1$ das Gesetz gültig ist, während für $Re = 1$ der tatsächliche Wert der Sogkraft etwa 13 % höher liegt, als er mit dem Stokesschen Gesetz ausgerechnet werden würde. Wir sollten erwähnen, daß sich die Flüssigkeit für sehr kleine Teilchendurchmesser nicht wie ein Kontinuum verhält. In einem solchen Fall müßte man einen weiteren empirischen Faktor hinzufügen, um das Verhalten des Teilchens korrekt zu beschreiben.

Als abschließende Bemerkung für dieses Kapitels sollte betont werden, wie sehr empirische Beziehungen in die Physik der Transportprozesse eingeht.

Übungen

5.1 Die Diffusion von CO_2 in N_2 wird bei 15 °C durch $D = 0{,}185 \cdot 10^{-4}\ \mathrm{m^2\,s^{-1}}$ angegeben. Berechnen Sie die Zeiten, nach denen der mittlere quadratische Abstand σ bei 0,01, 1 und 100 m liegt (3,16 s, 8,8 Stunden, 10 Jahre). Anhand dieser Zahlenwerte wird nochmals deutlich, daß andere Mechanismen für die atmosphärische Verteilung von Gasen verantwortlich sind.

5.2 Wer mathematisch interessiert ist, zeige, daß die Konzentration C im Zentrum einer endlich großen Wolke (5.20) bei $x = 0$ für kleine Zeiten t unverändert bleibt ($C = C_0$), und für größere Zeiten durch eine instantane Flächenquelle gut genähert werden kann. Geben Sie Schätzungen für die Begriffe „große" und „kleine" Zeiten an.

5.3 Überprüfen Sie die Lösungen (5.21) durch direktes Einsetzen in die Diffusionsgleichung (5.10). Zeigen Sie, daß Q in allen Fällen der Menge des von der Quelle zur Zeit $t = 0$

ausgestoßenen Materials ist. Beachten Sie, daß die letzte Aussage unvollständig ist. Definieren Sie Q genauer.

5.4 Betrachten Sie Gl. (5.24) am Ort r und für $t \to \infty$. Berechnen Sie die Konzentration $C(r)$. Diese strebt nicht gegen Unendlich. Führen Sie die gleiche Rechnung für Linien- und Flächenquellen durch. Hier sollte für $t \to \infty$ auch $C \to \infty$ gelten. Finden Sie eine physikalische Begründung hierfür.

5.5 Zeigen Sie, daß die in Gl. (5.24) angegebene Konzentration C die Differentialgleichung (5.5) erfüllt.

5.6 Die für Gl. (5.31) gegebene Interpretation sollte auch durch die von der genäherten Konzentration C erfüllte Differentialgleichung folgen. Untersuchen Sie die Diffusionsgleichung (5.5) oder (5.10) und passen Sie diese derart an, daß Gl. (5.31) eine Lösung darstellt.

5.7 Betrachten Sie eine instantane Punktquelle von NaCl für den dreidimensionalen Fall. Verwenden Sie dann G. (5.21), um die Zeit zu berechnen, in der der Tropfen einen mittleren quadratischen Abstand von 1 m vom Ursprung hat. Berechnen Sie außerdem die Zeit in der im Abstand von einem Meter die Konzentration auf einen Anteil $f = 10^{-3}$ derjenigen Konzentration abgesunken ist, die im gleichen Moment am Ursprung vorliegt.

5.8 Betrachten Sie zwei parallele, ebene Platte im Abstand h. Die obere bewege sich mit der Geschwindigkeit $U/2$ nach rechts, die untere mit der gleichen Geschwindigkeit nach links. Zwischen den Platten befinde sich eine Flüssigkeit, die von diesen mit $\overline{u} = 0$ mitbewegt wird. Berechnen Sie K mit Gl. (5.54) $K = U^2h^2/(120D)$. Setzen Sie dazu die Werte $U = 10^{-2}$ m s^{-1}, $h = 10^{-3}$ m und $D = 10^{-9}$ m^2 s^{-1} ein. Verwenden Sie die Gln. (5.57) und (5.21) mit $n = 1$, um die Zeit zu berechnen, in der ein zur Zeit t = 0 ausgestoßener Tropfen NaCl eine mittlere quadratische Ausdehnung von einem Meter in Richtung der lokalen Strömung hat.

5.9 Wenden Sie Gl. (5.65) auf den Rhein an (Bild 5.4). Wenden Sie dann dieselbe Gleichung auf Maximiliansau und Lobith mit $K = 1760$ m^2 s^{-1}. Leiten Sie einen Wert für die mittlere Geschwindigkeit $\overline{u}$ her und diskutieren Sie das Aussehen der Kurven für das genauere Rhein-Modell im Vergleich mit Ihren einfachen Berechnungen.

5.10 Zeichnen Sie die Quelle und die zu Gl. (5.71 führenden Spiegelquellen. Vergleichen Sie eine zentrale Einleitung $y_0 = W/2$ mit einer seitlichen Einleitung mit $y_0 = 0$. Begründen Sie, warum eine Substitution mit $W \to 2W$ zu einem Wechsel von zentraler Einleitung zu seitlicher Einleitung korrespondiert. Zeigen Sie, daß man in Bild 5.5 dann Mittellinie durch „Quellenseite“ und „Seite“ durch „gegenüberliegende Seite“ ersetzen muß. Wie sieht die Mischungslänge (5.72) in diesem Fall aus?

5.11 Man betrachte zwei Kanäle, die jeweils 2 m^3 pro Sekunde führen und in einen gemeinsamen Kanl münden, der eine Breite von 7 m hat, 0,70 m tief ist und ein Gefälle von 0,001 hat. In einem der Ströme gebe es einen Tracer der Konzentration C_0, im anderen kommt dieser nicht vor. Am Anfang des gemeinsamen Kanals kann man davon ausgehen, daß die Tracer-Konzentration C_0 über die halbe Breite vorliegt. Die Frage lautet nun, nach welcher Strecke im Strom eine Durchmischung von mindestens 95 % vorliegt. Für eine erste Schätzung sollten Sie den Parameter L aus Gleichung (5.72) verwenden, nachdem er wie in Übung 5.10 korrigiert wurde. Eine genauere Berechnung kann nach einer Verallgemeinerung von

Gl. (5.71) unternommen werden, bei der man eine Reihe von Linienquellen mit $0 < y_0' < 0{,}5$ betrachtet, und dann über y_0' integriert. Man erhält schließlich eine Reihe von erf-Funktionen.

5.12 Man gehe davon aus, daß Sand aus kugelförmigen Körnern mit dem Radius R besteht und betrachte ein Volumen, in dem diese sich in einer kubischen Anordnung finden. Zeigen Sie, daß die Porosität n dann gleich 0,48 ist. Beachten Sie, daß man bei einer dichtestmöglichen rhomboedrischen Anordnung einen Wert von $n = 0{,}26$ erhält.

5.13 Erklären Sie den Begriff der hydraulischen Leitfähigkeit für k in Gl. (5.86).

5.14 Diskutieren Sie Ähnlichkeiten und – sofern vorhanden – den Unterschied bei der Anwendung der Laplace-Gleichungen auf elektrostatische Probleme bzw. die Strömung des Grundwassers. Betrachten Sie dazu inbesondere zwei zweidimensionale Beispiele unter Verwendung von Spiegelladungen/-quellen:

(a) Eine Quelle in der Nähe eines geraden Kanals; zeichnen Sie die Stromlinien von der Quelle zum Kanal.

(b) eine Quelle in der Nähe einer undurchdringlichen Grenzfläche.

5.15 Entsprechend der unterhalb von Gl. (5.98) geführten Diskussion entsteht Treibsand bei einem bestimmetn Grundwasserspiegel h. Die Tiefe der oberen Schicht in Bild 5.8 sei nun gleich d. Leiten Sie jetzt mit ρ und ρ_w eine Bedingung für h/d her, bei deren Erfüllung es zum Entstehen von Treibsand kommt.

5.16 Betrachten Sie einen abgeschlossenen Aquifer der Dicke T und eine Quelle der Stärke Q am Ort $x = -d$ sowie eine Senke der Stärke $-Q$ am Ort $+d$. Stellen Sie für beide die komplexe Funktion Ω auf, addieren sie diese und zeigen Sie, wie die Stromlinien gefunden werden können.

5.17 Berechnen Sie Q aus Gl. (5.103) mit $H = 10$ m, $b = 30$ m, $a = 5$ m und $k = 10^{-9}$ m s^{-1} (für Ton). Wiederholen Sie die Rechnung für Sand mit $k = 10^{-4}$ m s^{-1}.

5.18 Berechnen Sie hq aus Gl. (5.117) mit $L = 10$ m, $b = 30$ m, $h_1 = 5$ m, $h_2 = 3$ m und den gleichen Werten für k wie in Übung 5.17.

5.19 Beim Beispiel einer in einer gleichmäßigen Strömung gelegenen Quelle ($Q > 0$) mit dem Ausstoß U in negativer x-Richtung gibt es einen Punkt auf der negativen x-Achse, an dem $q_x = 0$ gilt. Finden Sie diesen Punkt und berechnen Sie den Wert der Strömungsfunktion Ψ für die Stromlinie durch S. Geben Sie den Schnittpunkt mit der y-Achse an.

5.20 Die Dispersions-Advektionsgleichung (5.146) beschreibt eine Punktquelle bei gleichmäßigem Wind, der durch die Gln. (5.25) und (5.26) gegeben wird, beweisen Sie dies.

5.21 Ein Fluß fließe durch ein Feld. Der Wasserspiegel des Flusses entspricht dem Wasserstand eines abgeschlossenen Aquifers, der mit diesem in Verbindung steht. Zum Zeitpunkt $t = 0$ steigt der Wasserspiegel des Flusses plötzlich um δh. Verwenden Sie die Massenerhaltung, um eine Differentialgleichung herzuleiten, und zeigen Sie, daß die Lösung in Form einer erfc-Funktion geschrieben werden kann.

5.22 Zeigen Sie, daß der Spannungstensor für eine in Ruhe befindliche Flüssigkeit isotrop ist. Hierzu sollten Sie ein lokales Koordinatensystem verwenden, in dem die Nichtdiagonalelemente des Tensors verschwinden. Betrachten Sie eine kleine Kugel und diskutieren Sie die Kräfte, die an einem Element der Oberfläche mit der Flächennormalen (n_1,n_2,n_3) angreifen. Zeigen Sie, daß ein nicht-isotroper Spannungstensor zu Verformungen der Kugel, also zu einem Widerspruch führen würde.

5.23 Vollziehen Sie die Herleitung von Gl. (5.177) nach. Beachten Sie, daß dabei die Bedingung div $\boldsymbol{u} = 0$ zweifach verwendet wird.

5.24 Zeigen Sie, daß Gl. (5.169) als der Mittelwert der Normalkomponenten der Spannung eines Oberflächenelementes interpretiert werden kann, wenn man über alle Raumrichtungen mittelt.

5.25 Betrachten Sie eine vertikale Ebene, an der ein dünner Flüssigkeitsfilm der Dicke d aufgrund seines Gewichtes herunterläuft. Es gibt keinerlei Beschleunigung, aber die Viskosität μ ist ungleich Null. Schreiben Sie die Bewegungsgleichung für ein Volumenelement der Dicke $(d-x)$ an der Außenseite der Strömung auf, indem Sie nur die Viskosität und die Gewichtskraft verwenden, und berechnen Sie die nach unten gerichtete Geschwindigkeit u_y als funktion des Abstandes x von der Wand. Die Strömung verlaufe laminar, so daß die Geschwindigkeit u_y lediglich von x abhängt, und bei $x = 0$ verschwindet $(u_y(0) = 0)$.

5.26 Verwenden Sie die Gln. (5.188), (5.189) und (5.190), um die Zeiten für eine molekulare und turbulente Diffusion in einem beheizten Raum zu berechnen. Um letztere zu berechnen, kann man davon ausgehen, daß Luft, die über einem Heizkörper um etwa 10 Grad erhitzt wird, auf einer Strecke von 10 cm beschleunigt wird. Die resultierende Geschwindigkeit u sollte um einen sinnvollen Faktor verringert werden, da sie sich durch die wärmere Luft an der Decke hindurchkämpfen muß.

5.27 Leiten Sie Ausdrücke für die Verhältnisse der Zeit- und Geschwindigkeitsmaßstäbe der kleinsten Kolmogoroff-Wirbel bezüglich der größeren Wirbel her, welche durch u, l und $t = l/u$ bestimmt sind.

5.28 Führen Sie eine Schätzung der durch die Boussinesq-Näherung gemachten Fehler durch, die besagt hatte, daß Dichteschwankungen nur aus Auftriebseffekten herrühren. Man betrachte zwei Flüssigkeitselemente gleichen Volumens V, die sich im Abstand Z in einen See der Tiefe $B = 200$ m befinden. Der Dichtegradient wird durch $\varepsilon' = -(\mathrm{d}\rho/\mathrm{d}z)/\rho_0$ gegeben, wobei ρ_0 der Dichte am Grund des Sees entspricht. ε' ist ungefähr gleich 10^{-4}. Geben Sie die Masse beider Flüssigkeitselemenete an und setzten Sie diese dem gleiche Druckgradienten β aus. Schätzen Sie die durch den Druckgradienten β entstehende Beschleunigungsdifferenz für ein Element am Boden und ein anderes an der Oberfläche des Sees ab.

5.29 Stellen Sie Gl. (5.241) graphisch als Funktion von x/h und y/h dar. Führen Sie die Größe $K = (CUh^2)/q$ ein, und zeichnen Sie eine Isokline für $K = 0{,}10$ ein. Verwenden Sie dabei $i_y = 0{,}2$ und $i_z = 0{,}1$. Beachten Sie die äußerst 'schlanke' Wolke.

5.30 Geben Sie Bild 5.19 mit Hilfe von Gl. (5.242) wider.

5.31 Leiten Sie Gl. (5.234) direkt aus Gl. (5.231) her, indem Sie für kleine Zeiträume von $R(\tau) = 1 - (\tau/t_m)^2$ ausgehen. Beachten Sie, daß es sich hierbei um eine gerade Funktion in τ handelt.

5.32 Der gesamte Schadstoffausstoß durch einen einfachen Strahl sei durch $Y = QC_0$ angegeben. An einem weiter entfernt gelegenen Punkt z kann man den Schadstoff-Durchfluß pro Sekunde als das Integral über den Querschnitt C_w berechnen, wobei für C und w asymptotische Ausdrücke verwendet werden können. Führen Sie diese Integration durch und setzten Sie die in Abschnitt 5.7 experimentell bestimmten Parameter dazu ein. Sie werden $0{,}83QC_0$ als Ergebnis erhalten, was kleiner als der erwartete Wert QC_0 ist. Wodurch ensteht dieser Unterschied?

5.33 Bei dem Beispiel der einfachen Wolke wurde angemerkt, daß tatsächlich im Meer eingesetzte Einleitungen üblicherweise aus einer langen Röhre bestehen, die kleine Löcher besitzt, durch die der Schadstoff austreten kann. Sie müssen somit als Linienquelle beschrieben werden, und die entstehende Wolke ist somit auch zweidimensional und linienförmig, was zu neuen Differentialgleichungen führt. Überprüfen Sie die auftretenden Maßeinheiten mit Q in L^2T^{-1}, M in L^3T^{-2} und B in L^3T^{-3}.

5.34 Verwenden Sie die Randbedingungen, um das Weglassen des Kosinusanteils in der Lösung von Gl. (5.301) zu begründen. Schreiben Sie die vollständige Reihenentwicklung der Lösung dieses Problemes für einen kugelförmigen Tropfen mit einer „implodierenden" Konzentration nieder.

5.35 Leiten Sie Gl. (5.307) her.

5.36 Leiten Sie Gl. (5.308) aus der Maxwell-Boltzmann-Gleichung (5.309) her.

Referenzen

[1] G. K. Batchelor, *An Introduction to Fluid Dynamics*, Cambridge University Press, 1970. Ein gutes Buch für alle mathematische Aspekte von Strömungen, wie sie in Abschnitt 5.4 und den Übungen besprochen werden.

[2] Urban Svensson, A mathematical model for the seasonal thermocline, Department of Water Resources and Engineering, Report 1002, Lund, Schweden, 1978. Nützlich für Abschnitt 5.5; der Anhang enthält ausführliche Herleitungen.

[3] Wolfgang Rodi, *Turbulence Models and Their Application in Hydraulics*, A State of the Art Review, International Association for Hydraulic Research, Delft, Niederlande, Juni 1980.

[4] Gerhard Zuba, Air pollution modelling in complex terrain, in *Computer Science for Environmental Protection* (Hrsg. M. H. Hälker und A. Jaeschke), Springer, Berlin, 1991, S. 375–84.

[5] J. J. Erbrink, Simple determination of the atmospheric stability class for application in dispersion modelling, using wind fluctuations, *Kema Scientific & Technical Reports*, 7(6) (1989), 361–99.

[6] J. J. Erbrink, A practical model for the calculation of σ_y and σ_z for use in an on-line Gaussian dispersion model for tall stacks, based on wind fluctuation, *Atmospheric Environment*, 25A (2) (1991), 277–83.

[7] Hugo B. Fischer, E. John List, Robert C. Y. Koh, Joerg Imberger und Norman H. Brooks, *Mixing in Inland and Coastal Waters*, Academic Press, New York, 1979. Hilfreich für die Abschnitte 5.1, 5.2, 5.5 und 5.7. Wir haben für Grafiken und Beispiele sehr stark auf dieses Buch zurückgegriffen.

[8] M. S. Hussain und W. Rodi, A trubulence model for buoyant flows and its application to vertical buoyant jets, in *Turbulent Buoyant Jets and Plumes* (Hrsg. Wolfgang Rodi), Peramon, Oxford, 1982. Dieses Buch enthält den aktuellen Stand der Technik zum Zeitpunkt der Veröffentlichung und enthält ausführliche Herleitungen zu Abschnitt 5.5.

[9] John H. Seinfeld, *Atmospheric Chemistry and Physics of Air Pollution*, John Wiley, New York, 1986.

Weiterführende Literatur

Csanady, G. T., *Turbulent Diffusion in the Environment*, Reidel, Dordrecht, Holland, 1973. Für die Abschnitte 5.1 und 5.6 mit Schwerpunkt auf Grundlagen der unkontrollierten Bewegung.

Cunge, J. A., F. M. Holly Jr und A. Verwey, *Practical Aspects of Computational River Hydraulics*, Pitman, London, 1980. Für die Vertiefung von Abschnitt 5.2.

de Marsily, G., *Quantitative Hydrology, Groundwater Hydrology for Engineers*, Aademic Press, 1986. Ein gutes Buch in bester französischer Tradition. Hilfreich für Abschnitt 5.3.

Harr, Milton E., *Groundwater and Seepage*, Dover, New York, 1991. Wiederauflage eines 1962 erschienenen Buches mit Schwerpunklegung auf komplexen Funktionen. Hilfreich bei Abschnitt 5.3, aber anderes Vorzeichen bei ϕ.

Tennekes, H. und J. L. Lumley, A first course in turbulence, MIT Press, Cambridge, Mass., 1972. Ein klarer Text für den Gebrauch i Abschnitt 5.3.

Tritton, D. J., *Physical Fluid Dynamics*, Clarendon Press, Oxford, 1988. Zu den Abschnitten 5.4 und 5.5.

Verruyt, A., Theory of Groundwater Flow, Macmillan, London, 1982. Ein praktischer Text zum Abschnitt 5.3, der numerische Lösungsverfahren erläutert.

Vreugdenhil, Cornelis B., *Computational Hydraulics*, Springer Berlin, 1989. Nützlich bei Berechnungen zu Anwendungen aus den Abschnitten 5.2 und 5.3.

6 Lärm

Lärmbelästigung ist eines der Phänomene, gegenüber dem manche Menschen empfindlicher sind als andere. Der Besitzer eines Werkstatt wird gut schlafen können, wenn seine Maschinen alle arbeiten (und wahrscheinlich aufwachen, wenn sie alle stillstünden), wohingegen seine Nachbarn dieses als extreme Lärmbelästigung empfinden werden. Trotzdem werden von den Regierungen Meßkriterien benutzt, um Lärm zu kontrollieren.

Dieses Kapitel beschäftigt sich mit Lärm und Lärmreduzierung. In Abschnitt 6.1 werden wir die Grundlagen der Akustik darlegen, also die Eigenschaften, die Schall und Schallwellen bestimmen. In Abschnitt 6.2 werden wir dann kurz auf die menschliche Schallrezeption eingehen und die korrespondierenden Maßstäbe und Kriterien der Lärmbelästigung besprechen.

Lärmreduzierung kann durch Schallisolierung von Gebäuden, Schallstreuung und Schallabsorption geschehen. Diese Themen werden in Abschnitt 6.3 eingehender behandelt. Die beste Lösung ist natürlich, den Schallpegel an der Quelle zu reduzieren. Hat man diesbezüglich Probleme mit seinen Nachbarn, so tut man gut daran, sie auf einen Kaffee einzuladen und eine gemeinsame Lösung gegen die Lärmbelästigung anzustreben. Entsteht der Lärm durch Maschinen, so muß man sich an die technischen Grenzwerte halten. In Abschnitt 6.4 werden wir das Prinzip der aktiven Schallbekämpfung besprechen, in der Schallwellen entgegengesetzter Phase zu den ursprünglichen Schallwellen hinzugefügt werden, um so den Schallpegel zu reduzieren.

Um unsere Erklärungen zu vereinfachen, werden wir in den Fällen, in denen es angebracht erscheint, ebene Wellen als Beispiel betrachten. Der Formalismus wird etwas allgemeiner gehalten, als es für ebene Wellen notwendig wäre, um dem Leser den Zugang zur Literatur zu ermöglichen.

6.1 Grundlagen der Akustik

Man betrachte ein homogenes Medium der Dichte ρ_0, das sich unter dem Druck p_0 in Ruhe befindet. Eine lokale Dichteschwankung besitzte den Druck $p_0 + p(\boldsymbol{r},t)$, und bewege sich mit einer Geschwindigkeit c_0 durch das Medium. Diese Fluktuation führt zu einer Dichte $\rho_0 + \rho(\boldsymbol{r},t)$ und zu Teilchengeschwindigkeiten $\boldsymbol{u}(\boldsymbol{r},t)$. Es entsteht eine akustische Störung für die, wie wir noch sehen werden, $p << p_0$ und $\rho << \rho_0$ gilt.

Das einfachste Beispiel zur Bewegung dieser Störung ist auf der linken Seite von Bild 6.1 dargestellt. Man erkennt eine Flüssigkeit (oder ein Gas) in einer Röhre, die auf der linken Seite von einem beweglichen Kolben verschlossen wird. Der Kolben bewegt sich mit der Geschwindigkeit u nach rechts, komprimiert die Luft dabei geringfügig und zwingt alle kleinen Luftpakete, sich im gleichen Augenblick ebenfalls mit u nach rechts zu bewegen.

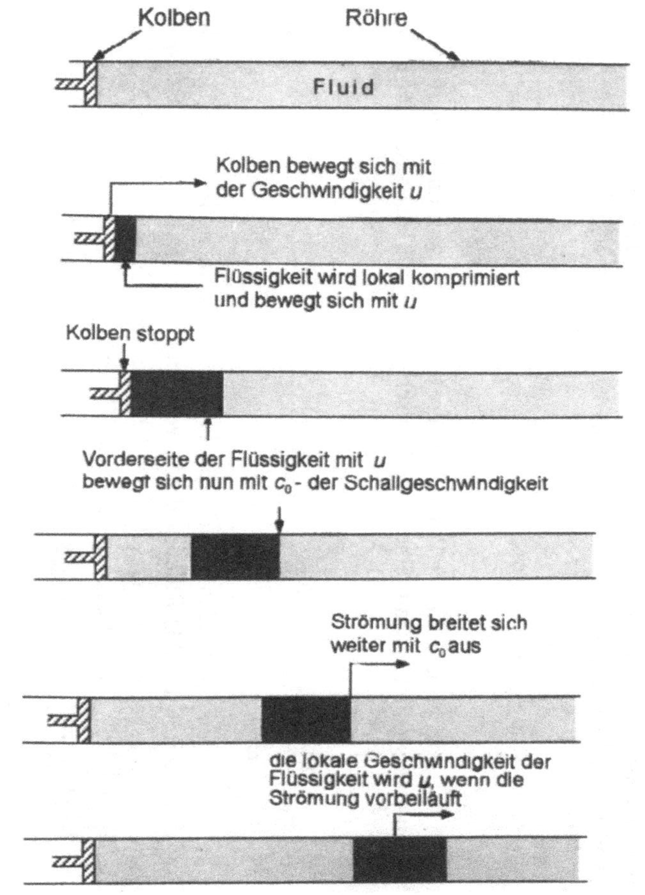

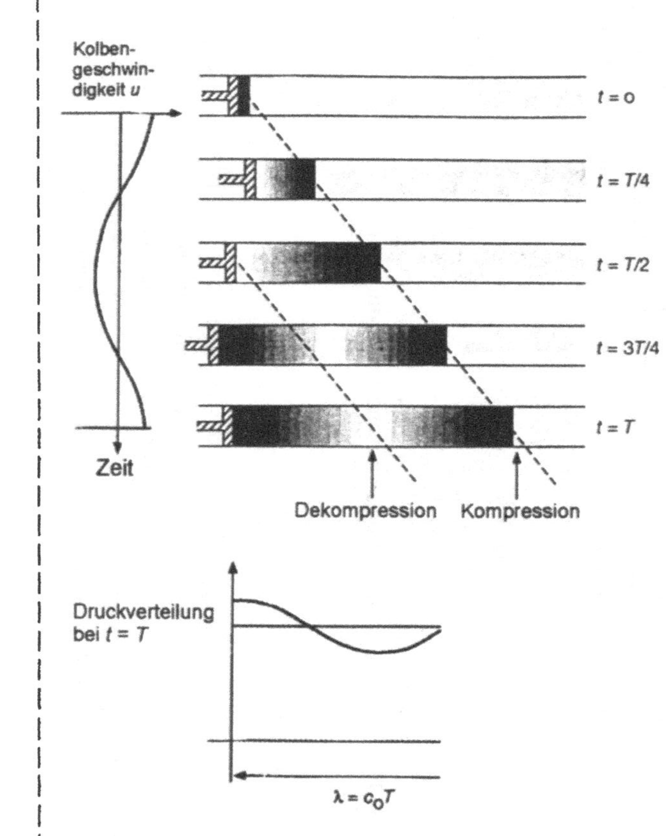

Bild 6.1 Schallausbreitung. Der einfachste Fall ist auf der linken Seit dargestellt: Ein Kolben bewegt sich mit der Geschwindigkeit u, und hält dann an. Das komprimierte Flüssigkeitspaket bewegt sich mit einer Ausbreitungsgeschwindigkeit c_0. Auf der rechten Seite vollführt der Kolben eine harmonische Bewegung. Man erkennt die Kompression und Dekompression der Flüssigkeit. (Aus: *Active Control of Sound*, P. A. Nelson, und S. J. Elliot, Academic Press, 1992, Abb. 1.1 und 1.2 auf S. 2 und S.4)

(Eine höhere Geschwindigkeit würde ein Vakuum verursachen, und zu einer Abbremsung des Kolbens führen.) Da sich, wie wir noch sehen werden, die Dichteschwankung mit einer Geschwindigkeit $c_0 >> u$ bewegt, kann man in Bild 6.1 (b und c, links) sehen, daß sich die rechte Seite der komprimierten Luft schneller bewegt, als der Kolben. Beim Anhalten des Kolbens (Bild 6.1c, links) bewegt sich die Störung weiter nach rechts. Ohne Luftreibung haben die Luftpakete alle die gleiche Geschwindigkeit u nach rechts. Ist die Störung vorbei, so kehren alle Luftpakete wieder in den ursprünglichen Zustand mit p_0, ρ_0 und der Geschwindigkeit $u = 0$ zurück. Sie haben sich lediglich ein bißchen nach rechts bewegt.

In einem etwas komplizierteren Versuchsaufbau, der auf der rechten Seite von Bild 6.1 dargestellt ist, vollführt der Kolben eine harmonische Bewegung mit

$$x(t) = A\sin(\omega t) \ , \tag{6.1}$$

$$u(t) = \omega A\cos(\omega t) \ . \tag{6.2}$$

In diesem Fall besteht die im unteren Bereich des rechten Teils von Bild 6.1 dargestellte Störung aus einer Kompression, einer Dekompression und einer erneuten Kompression. Zur Zeit $t = T = (2\pi)/\omega$, also nach einer vollständigen Bewegungsperiode, befindet sich der Kolben wieder in seiner Ausgangsposition. Die Vorderseite der Störung hat sich dann gerade um eine Wellenlänge λ bewegt, was uns zu der folgenden, gut bekannten Gleichung führt

$$\lambda = c_0 T \ . \tag{6.3}$$

Die Dezibel-Skala für den Schalldruckpegel

Im allgemeinen sind die lokalen Druckschwankungen $p(t)$ unregelmäßig und nicht harmonisch. Es gibt somit keine wohldefinierte Amplitude, und der Druckpegel wird durch den geometrischen Mittelwert p_{rms} (rms = *root mean square*) definiert:

$$p_{\mathrm{rms}}^2 = \overline{p^2(t)} = \lim_{T\to\infty} \frac{1}{T} \int_{-T/2}^{T/2} p^2(t)\,\mathrm{d}t \ . \tag{6.4}$$

Die Werte von p_{rms}, denen man in der Praxis begegnet, bewegen sich im Bereich von 10^{-5} und 10^3 Pa. Man verwendet deshalb eine logarithmische Skala, um einen *Schalldruckpegel* L_{p} mit

$$L_p = 10\log_{10} \frac{p_{\mathrm{rms}}^2}{p_{\mathrm{ref}}^2} = 20\log_{10} \frac{p_{\mathrm{rms}}}{p_{\mathrm{ref}}} \tag{6.5}$$

zu definieren. Im folgenden werden wir die Basis 10 nicht mehr notieren, da sie mit der Notation log impliziert wird. Als Referenzdruck verwendet man $p_{\mathrm{ref}} = 2\cdot10^{-5}$ Pa, was der unteren Wahrnehmungsgrenze des menschlichen Ohrs bei einer Frequenz von 1000 Hz entspricht.* Die Einheit des Schalldruckpegels ist das *Dezibel* (dB). Somit entspricht die Hörschwelle bei 1 kHz gerade dem Mittelwert: $p_{\mathrm{ref}} = p_{\mathrm{rms}}$ mit $L_{\mathrm{p}} = 0$ dB. Eine andere Konse-

* Die Hörgrenze ist individuell unterschiedlich (vgl. Bild 6.5). Die Wahl von 1000 Hz wurde getroffen, bevor genauere Normen festgelegt wurden.

quenz dieser Definition ist, daß eine Verdoppelung von p_{rms}^2 einem Anstieg von L_p um 3 dB entspricht. Beispiele für Schalldruckpegel sind in Tabelle 6.1 angegeben, in der der Vervollständigkeit halber auch p_{ref} noch einmal angegeben wurde.

Schallgeschwindigkeit

Betrachten wir erneut das eindimensionale Problem in Bild 6.1, um einen Ausdruck für die Schallgeschwindigkeit c_0 herzuleiten. Die wesentlichen Punkte sind in Bild 6.2 dargestellt, in welchem sich der Kolben auf der linken Seite mit der Geschwindigkeit u bewegt. Nach einer Zeit t hat er sich um ein Wegstück ut nach rechts bewegt, und die rechte Seite der Kompression befindet sich am Ort c_0t. Die in der unteren Hälfte des Bildes dargestellte Masse kann aus der ungestörten Situation mit $\rho_0 c_0 t S$ hergeleitet werden, wobei S die Querschnittsfläche des Kolbens ist. Wendet man das Newtonsche Gesetz auf die in der unteren Hälfte in Bild 6.2 dargestellte Situation an, so ist die nach rechts wirkende Kraft gleich $(p_0 + p)S$; die nach links wirkende Kraft lautet p_0S. Es gilt also

$$pS = \frac{\mathrm{d}}{\mathrm{d}t}(\rho_0 c_0 t S u) = \rho_0 c_0 S u \ , \tag{6.6}$$

woraus

$$p = \rho_0 c_0 u \tag{6.7}$$

folgt. Somit findet man zwischen den wichtigsten akustischen Größen der Druckschwankung p und der Geschwindigkeit u der Luftpakete einen einfachen proportionalen Zusammenhang. Im allgemeinen wird die ***akustische Impedanz*** z durch

$$z(x) = \frac{p(x)}{u(x)} \tag{6.8}$$

definiert, was im vorliegenden Fall eine reelle Zahl ergibt.

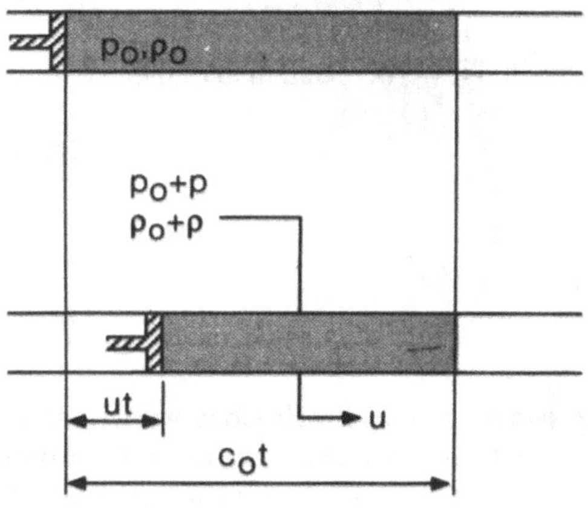

Bild 6.2 Der Kolben auf der linken Seite komprimiert das vor ihm liegende Volumen. Man beachte, daß sich die rechte Kante mit der Geschwindigkeit c_0 bewegt. (Aus: *Active Control of Sound*, P. A. Nelson, und S. J. Elliot, Academic Press, 1992, Abb. 1.4, S. 7)

Tabelle 6.1 Typische Druckänderungen p_{rms} und die dazugehörigen Schalldruckpegel L_p. Die Zahlenwerte geben lediglich Größenordnungen an. (Aus: *Active Control of Sound*, P. A. Nelson, und S. J. Elliot, Academic Press, 1992, Tab. 1.1, S. 5)

	p_{rms} (Pa)	L_p (dB)
3 m Abstand zu Düsentriebwerk	200	140
Preßlufthammer	60	130
Autohupe in 1 m Entfernung	20	120
Rockband	6	110
Schwermaschine; Schwerlaster	2	100
Zug bei 120 km/h in 25 m Abstand; Orchester	0,6	90
Staubsauger; Nahe Autobahn	0,2	80
Fernseher	0,06	70
Unterhaltung	0,02	60
Großraumbüro	0,006	50
Bibliothek	0,002	40
Krankenhaus	0,000 6	30
Sendestudio	0,000 2	20
Fallen von Laub	0,000 06	10
Hörschwelle bei 1 kHz	0,000 02	0

Wir setzen unsere Herleitung für die Schallgeschwindigkeit c_0 durch einen Blick auf die Massenerhaltung fort. In Bild 6.2 sollte die Masse für die zwei dargestellten Fälle gleich sein. Es gilt also

$$\rho_0 c_0 tS = (\rho_0 + \rho)(c_0 t - ut)S \tag{6.9}$$

oder

$$\rho_0 c_0 = (\rho_0 + \rho)(c_0 - u) \ . \tag{6.10}$$

Da $\rho << \rho_0$ und $u << c_0$, kann der Term ρu vernachlässigt werden, und man erhält

$$u = \frac{\rho c_0}{\rho_0} \tag{6.11}$$

Zusammen mit Gl. (6.7) findet man dann

$$c_0^2 = \frac{p}{\rho} \ . \tag{6.12}$$

Wir erinnern uns daran, daß der gesamte Druck durch $(p_0 + p)$ beschrieben wurde und die gesamte Dichte gleich $(\rho + \rho_0)$ ist. Die Druckschwankungen werden sich (außer bei extrem hohen Dichten) so schnell fortpflanzen, daß ein Luftpaket einer adiabatischen Zustandsänderung unterliegt. Für ideale Gase gilt also die Poisson-Gleichung, die üblicherweise mit $pV^{\kappa} =$

konstant angegeben wird, wobei $\kappa = c_p/c_V$ ist, also das Verhältnis der spezifischen Wärme bei konstanten Druck bzw. konstantem Volumen. Die Poisson-Gleichung impliziert, daß $p\rho^{-\kappa}$ konstant ist, was sich in unserer Notation folgendermaßen ausdrückt:

$$p_0\rho_0^{-\kappa} = (p_0 + p)(\rho_0 + \rho)^{-\kappa} \ . \tag{6.13}$$

Diese kann vereinfacht werden, wenn man die Gleichung durch $\rho_0^{-\kappa}$ teilt, und nur den ersten Term der Taylor-Reihe für $\rho/(\rho_0)$ betrachtet:

$$p_0 = (p_0 + p)\left(1 + \frac{\rho}{\rho_0}\right)^{-\kappa} \approx (p_0 + p)\left(1 - \kappa\frac{\rho}{\rho_0}\right). \tag{6.14}$$

Man erhält somit

$$p = \kappa\frac{\rho p_0}{\rho_0} \tag{6.15}$$

und daraus zusammen mit Gl. (6.12) schließlich

$$c_0^2 = \frac{\kappa p_0}{\rho_0} \ . \tag{6.16}$$

Es sollte allerdings nochmals erwähnt werden, daß diese Gleichung nur für ideale Gase gilt.

Zahlenwerte für Luft

Bei Luft unter Atmosphärendruck, also mit p_0 = 1,013·10^5 Pa, und einer Temperatur von 20 °C findet man eine Dichte von ρ_0 = 1,205 kg m^{-3}. Mit κ = 1,4 erhält man eine Geschwindigkeit von c_0 = 343 m s^{-1}. In Wasser würde man mit einer anderen Zustandsgleichung c_0 = 1500 m s^{-1} erhalten.

Wie wir noch in Abschnitt 6.2 sehen werden, ist daß menschliche Ohr über einen Frequenzbereich von 20 bis 20 000 Hz empfindlich. Mit Gl. (6.3) entspricht das einem Wellenlängenbereich von 17 m bis 17 mm, was auch der Größenordnung von Objekten gleicht, mit denen der Mensch im Alltagsleben Umgang hat. In Wasser würden die Wellenlängen zwischen 75 m und 75 mm liegen.

Die charakteristische akustische Impedanz $z = r_0c_0$ kann zu 413 kg m^{-2} s^{-1} berechnet werden und liegt im Fall von Süßwasser bei 1,5·10^6 kg m^{-2} s^{-1}. In Tabelle 6.1 sieht man, daß die größten Dichteschwankungen in der Praxis bei p_{rms} = 0,6 Pa liegen. Bei einer akustischen Impedanz von 413 kg m^{-2} s^{-1} erhält man mit Gl. (6.7) für die mittlere Geschwindigkeit einen Wert von u_{rms} = 1,5 mm s^{-1}, der niedrig genug liegt, um die Vernachlässigung des Produktes $u\rho$ zu gestatten.

Die Wellengleichung

Ein Luftpaket, das Druckschwankungen unterliegt, wird den schon weiter vorne in diesem Buch angesprochenen Bewegungsgleichungen gehorchen. Wir können entweder Gl. (3.32) betrachten, die nur die Kräfte des Druckgradienten berücksichtigt, oder aber Gl. (5.177), wenn wir die Viskosität zu $\mu = 0$ setzten. In unserer Schreibweise folgt mit der Dichte $\rho + \rho_0$ und $\boldsymbol{u} = \boldsymbol{u}(x,y,z,t) = \boldsymbol{u}(x(t),y(t),z(t),t)$ dann

$$(\rho + \rho_0)\frac{\mathrm{d}\boldsymbol{u}}{\mathrm{d}t} = -\nabla(p + p_0). \tag{6.17}$$

Die linke Seite stellt die Beschleunigung des Luftpaketes dar, wie sie durch

$$\frac{\mathrm{d}\boldsymbol{u}}{\mathrm{d}t} = \frac{\partial \boldsymbol{u}}{\partial t} + (\boldsymbol{u} \cdot \nabla)\boldsymbol{u} \tag{6.18}$$

angegeben werden kann (vgl. Gln. (5.6) und (5.9)). Wir hatten schon weiter oben angemerkt, daß die Geschwindigkeit $\boldsymbol{u}$ in den meisten praktischen Fällen sehr klein ist. Wir können darum diese Gleichungen *linearisieren*, indem wir den letztem Term aus Gl. (6.18) einfach vernachlässigen. Außerdem soll ρ im Term $(\rho + \rho_0)(\partial \boldsymbol{u}/\partial t)$ unberücksichtigt bleiben, so daß wir schließlich

$$\rho_0 \frac{\partial \boldsymbol{u}}{\partial t} + \nabla p = 0 \tag{6.19}$$

erhalten. Der nächste Schritt besteht darin, die für alle Volumenelemente geltende Erhaltung der Masse anzuwenden. Die grundlegende Beziehung wurde bereits in Bild. 5.17 hergeleitet:

$$\nabla \cdot ((\rho + \rho_0)\boldsymbol{u}) = -\frac{\partial}{\partial t}(\rho + \rho_0), \tag{6.20}$$

wobei die rechte Seite die Abnahme der Masse in einer Volumeneinheit und die linke Seite den Nettoabfluß der Masse angibt. Vernachlässigt man erneut ρ in $(\rho + \rho_0)\boldsymbol{u}$, so folgt

$$\rho_0 \nabla \cdot \boldsymbol{u} + \frac{\partial \rho}{\partial t} = 0 . \tag{6.21}$$

Wir nehmen nun die Divergenz von Gl. (6.19) und benutzen Gl. (6.21), um schließlich

$$-\frac{\partial^2 \rho}{\partial t^2} + \Delta p = 0 \tag{6.22}$$

zu erhalten. Für die Fortpflanzung von Dichteschwankungen hatten wir aus Gl. (6.12) die einfache Beziehung $p = c_0^2 \rho$ erhalten, die nach Einsetzen in Gl. (6.22) zur *Wellengleichung* führt:

$$\Delta p - \frac{1}{c_0^2}\frac{\partial^2 p}{\partial t^2} = 0 . \tag{6.23}$$

Diese unterscheidet sich von den Wärmeleitungsgleichungen (4.15) oder (4.19), in denen nur die erste Ableitung nach der Zeit auftritt, und nur gedämpfte Lösungen vorkommen.

Harmonische Wellen in der komplexen Darstellung

Eine Lösung der Wellengleichung (6.23) stellt die sich in positive x-Richtung fortpflanzende, ebene Welle dar:

$$p(\boldsymbol{r},t)=f\left(t-\frac{x}{c_0}\right). \tag{6.24}$$

Für $t \rightarrow t + 1$ führt die Substitution $x \rightarrow x + c_0$ zum gleichen Argument einer beliebigen Funktion f, so daß die Fortpflanzungsgeschwindigkeit tatsächlich gleich c_0 ist. Als Beispiel einer ebenen Welle wollen wir eine harmonische Funktion mit der Fequenz ω anführen:

$$p(x,t)=|A|\cos(\omega t-kx+\phi_A), \tag{6.25}$$

wobei die überflüssigen y- und z-Abhängigkeiten vernachlässigt wurden. Vergleicht man Gl. (6.24) und Gl. (6.25), so sieht man sofort, daß $k/\omega = 1/c_0$ ist, beziehungsweise

$$c_0=\frac{\omega}{k}=2\pi\frac{f}{k}. \tag{6.26}$$

Die harmonische Funktion (6.25) wiederholt sich selbst nach einer Wellenlänge λ, und man sieht, daß

$$k\lambda=2\pi \tag{6.27}$$

ist, wobei k die Wellenzahl ist. Die beiden Gleichungen (6.26) und (6.27) führen zusammen mit $\omega T = 2\pi$ wieder zu Gl. (6.3).

Die Phase ϕ_A ist zur Betrachtung der Interferenz von zwei oder mehr Wellen von Bedeutung. Üblicherweise schreibt man die harmonische Welle (6.25) als komplexe Funktion:

$$p(x,t)=A\,e^{j(\omega t-kx)}, \tag{6.28}$$

$$A=|A|e^{j\phi_A}, \tag{6.29}$$

wobei $j=\sqrt{-1}$ ist. Es ist klar, daß man den physikalischen Druck $p(x,t)$ erhält, wenn man nur den Realteil von Gl. (6.28) betrachtet. Man beachte außerdem, daß die Vorzeichenkonvention im Exponenten von Gl. (6.28) gerade dem Gegenteil derjenigen in der Quantenmechanik entspricht.

In einer allgemeineren Darstellung würde man lediglich eine einzige Frequenz ω betrachten, also nicht von einem harmonischen Verhalten im Raum ausgehen. Man kann dann Gl. (6.24) zu

$$p(\boldsymbol{r},t)=p(\boldsymbol{r},t)e^{j\omega t}=|p(\boldsymbol{r})|e^{j(\omega t+\phi)} \tag{6.30}$$

vereinfachen. Hierbei kann $p(\boldsymbol{r})$ eine komplexe Funktion darstellen, und bei den abschließenden Berechnungen sollte wiederum nur der Realteil des Ergebnisses für $p(\boldsymbol{r},t)$ betrachtet werden. Substitution von Gl. (6.30) in die Wellengleichung (6.23) ergibt schließlich die Helmholtz-Gleichung

$$\Delta p + \left(\frac{\omega}{c_0}\right)^2 p = 0 \tag{6.31}$$

oder

$$\Delta p + k^2 p = 0\,. \tag{6.32}$$

Superposition von Wellen

Betrachten wir nun zwei verschiedene Lösungen der Wellengleichung (6.23), z.B. $p_1(\boldsymbol{r},t)$ und $p_2(\boldsymbol{r},t)$. Da es sich um lineare bzw. linearisierte Gleichung handelt, bildet auch die Summe dieser Lösungen

$$p(\boldsymbol{r},t) = p_1(\boldsymbol{r},t) + p_2(\boldsymbol{r},t) \tag{6.33}$$

wieder eine Lösung. Haben die beiden Wellen die gleiche Frequenz ω, so können sie beide in der Form von Gl. (6.30) geschrieben werden. Da auch die Helmholtz-Gleichung (6.32) linear ist, ist auch diese Summe eine Lösung:

$$p(\boldsymbol{r}) = p_1(\boldsymbol{r}) + p_2(\boldsymbol{r})\,. \tag{6.34}$$

In Abschnitt 6.4 werden wir die Lärmreduzierung durch Hinzufügung eines Signales $p_2(\boldsymbol{r})$ zu dem ungewünschten Lärm $p_1(\boldsymbol{r})$ besprechen. Schreibt man

$$p_1(\boldsymbol{r}) = |p_1| e^{j\phi_1}\,, \tag{6.35}$$

$$p_2(\boldsymbol{r}) = |p_2| e^{j\phi_2}\,, \tag{6.36}$$

so erhält man daraus

$$L_{p,\,\text{Summe}} = L_{p,1} + 10\log\left[1 - 2\frac{|p_2|}{|p_1|}\cos(\phi_2 - \phi_1) + \frac{|p_2|^2}{|p_1|^2}\right]. \tag{6.37}$$

Hierbei haben wir die Definition (6.5) für den Schalldruckpegel sowie die Tatsache verwendet, daß die Mittelwerte der $\sin^2$- und $\cos^2$-Funktionen über eine ganze Zahl von Perioden gerade gleich 1/2 sind.

In Bild 6.3 ist der Anstieg des Schalldruckpegels $L_{p,\,\text{Summe}} - L_{p,\,1}$ als Funktion des Verhältnisses der Amplitudenbeträge $|p_1|/|p_2|$ und der Phasendifferenz $\phi_2 - \phi_1$ dargestellt. Offenkundig müssen die Phasen und Amplituden genau zueinander passen, um eine nennenswerte Reduzierung von etwa 15 dB zu erhalten, die einem Faktor von etwa $2^5 = 32$ entspräche.

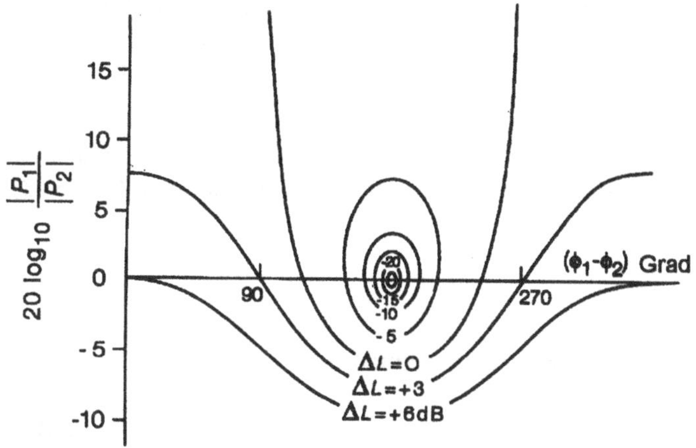

Bild 6.3 Erhöhung des Schalldruckpegels $L_{p,\,\text{Summe}} - L_{p,\,1}$ beim Hinzufügen einer zweiten Schallquelle mit dem Amplitudenbetrag $|p_2|$ und einem relativen Phasenwinkel $\phi_2 - \phi_1$ zum Geräusch p_1

Akustische Impedanz

Betrachten wir zunächst eine einzige Frequenz ω. Genauso wie der Druck $p(\boldsymbol{r},t)$ können auch die lokalen Geschwindigkeiten $\boldsymbol{u}$ komplex dargestellt werden:

$$\boldsymbol{u}(\boldsymbol{r},t) = \boldsymbol{u}(\boldsymbol{r})e^{j\omega t} = |\boldsymbol{u}(\boldsymbol{r})|e^{j(wt+\phi)}\,, \tag{6.38}$$

wobei wiederum am Ende der Rechnung nur der Realteil von $\boldsymbol{u}(\boldsymbol{r},t)$ gebraucht wird. Setzt man dieses in Gl. (6.19) ein, so folgt

$$\rho_0 j\omega \boldsymbol{u}(\boldsymbol{r}) + \Delta p = 0\,, \tag{6.39}$$

wobei die Zeitabhängigkeit $e^{j\omega t}$ unterdrückt wurde.

Wenden wir dies nun auf den *eindimensionalen harmonischen* Fall an, in dem $p(x) = A\,e^{-jkx}$ ist (vgl. Gl. (6.28)), dann folgt

$$\rho_0 jwu + \frac{\partial p}{\partial x} = \rho_0 jwu - jkp = 0 \tag{6.40}$$

oder

$$u(x) = \frac{k}{\rho_0 \omega} p(x) = \frac{1}{\rho_0 c_0} p(x)\,. \tag{6.41}$$

Die akustische Impedanz

$$z(x) = \frac{p(x)}{u(x)} = \rho_0 c_0 \tag{6.42}$$

hat den in Gl. (6.7) angegebenen Wert.

Einen anderen Ausdruck erhält man bei auslaufenden kugelsymmetrischen Wellen mit

$$p(r)=\frac{Ae^{-jkr}}{r} \; . \tag{6.43}$$

Man kann unter Verwendung von Gl. (B.4) mit dem Δ-Operator in Kugelkoordinaten leicht überprüfen, daß $p(r)$ die Helmholtz-Gleichung (6.32) erfüllt. Setzt man dann Gl. (6.43) in die radiale Komponente aus Gl. (6.39) ein, so erhält man

$$jw r_0 u_r(r) - jkp(r) - \frac{1}{r} p(r) = 0 \; . \tag{6.44}$$

Die akustische Impedanz sieht in diesem Fall folgendermaßen aus:

$$z(r)=\frac{p(r)}{u_r(r)}=\rho_0 c_0 \frac{jkr}{1+jkr} \; . \tag{6.45}$$

Für $k >> 1$ oder $r >> \lambda/(2\pi)$ reduziert sich dieses auf den Wert für die ebene Welle. In großen Abständen zur Schallquelle haben wir somit die Impedanz einer ebenen Welle vorliegen. Für $kr << 1$ wird die Impedanz rein imaginär, und Druck $p(r)$ und Geschwindigkeit $u_r(r)$ haben eine Phasenverschiebung von 90° gegeneinander.

Akustische Intensität und Leistung

Die Energie eines Luftpaketes setzt sich aus einem kinetischen und einem potentiellen Anteil zusammen. Betrachten wir zunächst ein ungestörtes Luftvolumen V_0. Seine kinetische Energie kann als

$$E_k = \tfrac{1}{2}\rho_0 V_0 u^2 \tag{6.46}$$

geschrieben werden, wobei die Produkte der kleinen Terme erneut vernachlässigt wurden. Die potentielle Energie kann als die an dem Luftpaket verrichtete Arbeit aufgefaßt werden:

$$E_p = -\int_{V_0}^{V} p \, \mathrm{d}V \; . \tag{6.47}$$

Die Massenerhaltung führt zu $(\rho + \rho_0)V = \rho_0 V_0$ und $V\,\mathrm{d}\rho + (\rho + \rho_0)\mathrm{d}V = 0$. In erster Ordnung folgt

$$\mathrm{d}V = -\frac{V}{\rho+\rho_0}\mathrm{d}\rho \approx -\frac{V_0}{\rho_0}\mathrm{d}\rho \; . \tag{6.48}$$

Um das Integral in Gl. (6.47) berechnen zu können, müssen wir zur Variablen p übergehen, was durch Verwendung von Gl. (6.12) geschehen kann. Wir finden, daß zusammen mit Gl. (6.48) für die potentielle Energie (6.47) dann wegen $\mathrm{d}\rho = \mathrm{d}p / c_0^2$ folgendes gilt:

$$E_p = \int_0^p \frac{pV_0 \mathrm{d}p}{\rho_0 c_0^2} = \frac{1}{2}\frac{p^2}{\rho_0 c_0^2} V_0 \; . \tag{6.49}$$

Die Energiedichte ε ist die Summe der kinetischen (6.46) und der potentiellen (6.47) Energie, geteilt durch das Volumen V_0:

$$\varepsilon = \frac{1}{2}\rho_0 u^2 + \frac{1}{2}\frac{p^2}{\rho_0 c_0^2} \ . \tag{6.50}$$

Wir wollen nun einen Ausdruck für die *Schallintensität* $\boldsymbol{I}$ herleiten, also der Energie, die ein Luftvolumen pro Zeiteinheit durch eine Flächeneinheit verläßt. Wir werden diesen Ausdruck aber nur für den eindimensionalen Fall herleiten. Die pro Längeneinheit entweichende Energie sollte gleich der Abnahme der Energiedichte sein. Diese eindimensionale Form der Energieerhaltung impliziert, daß

$$\frac{\partial I_x}{\partial x} = -\frac{\partial \varepsilon}{\partial t} = -\rho_0 u \frac{\partial u}{\partial t} - \frac{p}{\rho_0 c_0^2}\frac{\partial p}{\partial t} \tag{6.51}$$

gelten muß. Wir werden die Terme auf der rechten Seite nun als Ortsableitungen in x darstellen. Für den ersten Term verwenden wir dazu Gl. (6.19) und sehen, daß er gleich $u \cdot \partial p/\partial x$ ist. Beim zweiten Term verwenden wir erneut Gl. (6.12), um zur Variablen ρ, und die eindimensionale Form von Gl. (6.21), um zu $\partial u/\partial x$ überzugehen. Wir erhalten schließlich

$$\frac{\partial I_x}{\partial x} = u\frac{\partial p}{\partial x} + p\frac{\partial u}{\partial x} = \frac{\partial (pu)}{\partial x} \ . \tag{6.52}$$

Integration über x führt zu

$$I_x = pu \ . \tag{6.53}$$

Im allgemeinen, dreidimensionalen Fall scheint es sinnvoll den Ausdruck

$$\boldsymbol{I} = p(\boldsymbol{r},t)\boldsymbol{u}(\boldsymbol{r},t) \tag{6.54}$$

als den lokalen Leistungsfluß zu definieren. Die Maßeinheit dieser Größe ist W m^{-2}, was also tatsächlich einem Energiestrom pro Flächeneinheit entspricht.

Für eine Welle mit einer einzigen Frequenz ω erhält man die zeitlich gemittelte Schallintensität mit

$$\boldsymbol{I} = \frac{1}{T}\int_{-T/2}^{T/2} p(\boldsymbol{r},t)\boldsymbol{u}(\boldsymbol{r},t)\mathrm{d}t \ . \tag{6.55}$$

Hierbei werden für $p(\boldsymbol{r},t)$ und $\boldsymbol{u}(\boldsymbol{r},t)$ nur die Realteile eingesetzt. Unter Verwendung der Gln. (6.30) und (6.38) erhält man nach Separierung der Real- und Imginärteile von $p(\boldsymbol{r},t)$ und $\boldsymbol{u}(\boldsymbol{r},t)$ dann

$$\begin{aligned}\boldsymbol{I} &= \frac{1}{T}\int_{-T/2}^{T/2}(p_R\cos\omega t - p_I\sin\omega t)(\boldsymbol{u}_R\cos\omega t - \boldsymbol{u}_I\sin\omega t)\mathrm{d}t \\ &= \tfrac{1}{2}(p_R\boldsymbol{u}_R + p_I\boldsymbol{u}_I) = \tfrac{1}{2}Re\left[p^*(\boldsymbol{r})\boldsymbol{u}(\boldsymbol{r})\right] \ .\end{aligned} \tag{6.56}$$

Für *ebene harmonische Wellen* in x-Richtung wenden wir Gl. (6.42) an und finden

$$I = \frac{|p(x)|^2}{2\rho_0 c_0} . \tag{6.57}$$

Aus Gl. (6.28) wird klar, daß $|p(x)|$ für eine ebene harmonische Welle der Amplitude der Welle entspricht. Aus Definition (6.4) folgt, daß $p_{\text{rms}}^2 = |p(x)|^2/2$ ist, weshalb

$$I = \frac{p_{\text{rms}}^2}{\rho_0 c_0} \tag{6.58}$$

mit der Dimension W m^{-2} gilt. Da sich die Werte von p_{rms}^2 über mehrere Zehnerpotenzen erstrecken (vgl. Tab. 6.1), verwenden wir erneut eine logarithmische Skala:

$$L_I = 10 \log \frac{I}{I_{\text{ref}}} , \tag{6.59}$$

wobei $I_{\text{ref}} = 10^{-12}$ W m^{-2} ist. Für eine bestimmte Frequenz erhalten wir aus Gl. (6.5)

$$L_p = 10 \log \frac{p_{\text{rms}}^2}{p_{\text{ref}}^2} = 10 \log \left(\frac{I \rho_0 c_0 I_{\text{ref}}}{I_{\text{ref}}\, p_{\text{ref}}^2} \right) , \tag{6.60}$$

$$L_p = L_I + 10 \log \frac{\rho_0 c_0 I_{\text{ref}}}{p_{\text{ref}}^2} = L_I + 0{,}14 \quad . \tag{6.61}$$

Der kleine Zahlenwert von 0,14 gilt im Falle von Luft bei 20 °C, und verschwindet bei einer Lufttemperatur, für die $\rho_0 c_0 = 400$ kg m^{-2} s^{-1} gilt. Es kann hier hinzugefügt werden, daß Meßinstrumente üblicherweise auf das Druckfeld reagieren und L_p angeben. Dieses Feld verhält sich lokal häufig wie eine ebene Welle; somit gelten die Gln. (6.57) und (6.61), und bei den meisten praktischen Anwendungen kann der relativ kleine Zahlenwert von 0,14 vernachlässigt werden.

Für eine *harmonische Kugelwelle* verwenden wir Gl. (6.45), um

$$\begin{aligned} I_r &= \frac{1}{2} Re\left[p^*(r) u_r(r)\right] = \frac{1}{2} Re\left[p^*(r) \frac{p(r)}{jkr r_0 c_0} (1 + jkr) \right] \\ &= \frac{1}{2\rho_0 c_0} |p(r)|^2 \, Re\left(\frac{1 + jkr}{jkr} \right) = \frac{|p(r)|^2}{2\rho_0 c_0} \end{aligned} \tag{6.62}$$

zu erhalten. Die gesamte ausgesandte Schalleistung in Watt kann man erhalten, indem man über ein Kugelvolumen mit dem Radius r integriert, woraus unter Verwendung von Gl. (6.43) für $p(r)$ dann

$$W = \frac{4\pi r^2 |p(r)|^2}{2\rho_0 c_0} = \frac{2\pi |A|^2}{\rho_0 c_0} \tag{6.63}$$

folgt. Die Schalleistung W variiert zwischen 10^{-9} und 10^4 W, also einer Skala, die derjenigen von p_{rms}^2 gleicht und den doppelten Bereich von p_{rms} überspannt. Man verwendet also auch hier eine logarithmische Skalierung, und drückt den Schalleistungspegel L_W als

$$L_W = 10 \log \frac{W}{W_{\mathrm{ref}}} \tag{6.64}$$

aus. Hierbei ist der Referenzpegel $W_{\mathrm{ref}} = 10^{-12}$ W. In Tabelle 6.2 sind einige typische Werte angegeben. Das Beispiel der Kettensäge macht deutlich, daß lediglich ein Bruchteil der Arbeitsleistung eines Gerätes in akustische Leistung umgewandelt wird.

Der Ausstoß an Schalleistung W ist eine Geräteeigenschaft, die in Gl. (6.63) als Punktquelle angenommen wurde. Aus dieser Gleichung folgt

$$|p(r)|^2 = \frac{\rho_0 c_0 W}{2\pi r^2} = 2 p_{\mathrm{rms}}^2 \; . \tag{6.65}$$

Der Schalldruckpegel $L_p(R)$ im Abstand R von einer Punktquelle kann mit

$$L_p(R) = 10 \log \frac{p_{\mathrm{rms}}^2}{p_{\mathrm{ref}}^2} = 10 \log\left(\frac{\rho_0 c_0 W_{\mathrm{ref}}}{p_{\mathrm{ref}}^2} \right) - 10 \log(4\pi R^2) + 10 \log \frac{W}{W_{\mathrm{ref}}} \tag{6.66}$$

angegeben werden. Mit den obigen Daten erhält man daraus

$$L_p(R) = L_W - 10 \log(4\pi R^2) + 0{,}14 \; , \tag{6.67}$$

wobei der Zahlenwert 0,14 bereits erklärt worden ist.

Zunächst sollte man beachten, daß man die Abstände zu Schallquelle angeben muß, da sich Tabelle 6.1 auf Punktquellen bezieht. Dies wurde für das Düsentriebwerk tatsächlich durchgeführt. Wenn man Gl. (6.63) zum Vergleich der beiden Zahlenangaben verwendet, findet man bis auf einige Dezibel tatsächlich gute Übereinstimmung.

Ein anderer Punkt ist der Abfall des Schalldruckpegels L_p mit größer werdendem Abstand R. Aus Gl. (6.67) folgt für eine Punktquelle, daß die Verdoppelung des Abstandes (Ersetzen von $R \rightarrow 2R$) zu einer Reduzierung des Schalldruckpegels L_p um 6 dB führt.

Tabelle 6.2 Typische Schalleistungswerte (Aus: Nelson und Elliott, a.a.O., Tab.1.2, S. 29 und L. E. Kinsler, A. R. Frey, A. B. Coppers und J. S. Sanders, *Fundamentals of Acoustics*, 3. Aufl., Wiley, New York, 1982, S. 275)

	Ausstoß W (W)	L_W (dB)
Düsentriebwerk	10000	160
Kettensäge	1	120
Lauter Schrei	$1 \cdot 10^{-3}$	90
Laute Unterhaltung	$2 \cdot 10^{-4}$	83
Normale Unterhaltung	$1 \cdot 10^{-5}$	70
Flüstern	$1 \cdot 10^{-9}$	30

Im Fall einer Linienquelle, zum Beispiel dem gleichmäßgen Dröhnen einer Autobahn, muß man zunächst zur Wellengleichung (6.33) zurückkehren, und diese für Zylinderkoordinaten lösen. Der Einfachheit halber betrachten wir hierzu nur eine einzige Frequenz ω, die uns zur Helmholtz-Gleichung (6.32) bringt, welche durch Verwendung von Gl. (B.2) zunächst vereinfacht werden muß. Die Lösung ergibt Bessel-Funktionen und soll als Übung dienen. Wir wollen lediglich für $kr >> 1$ die asymptotische Lösung erwähnen:

$$p(r) \approx \frac{A}{\sqrt{r}} e^{-jkr} \quad . \tag{6.68}$$

Diese Gleichung kann in die Helmholtz-Gleichung eingesetzt werden, und man erkennt ihre Gültigkeit, wenn man die Terme der Ordnung r^{-2} gegenüber den Termen der Ordnung r^{-1} vernachlässigt. Das gesamte Leistungsausstoß W_1 pro Längeneinheit kann durch Integration über einen Zylinder gefunden werden und ist gleich

$$W_1 = \frac{2\pi R|A|^2}{2\rho_0 c_0} \quad . \tag{6.69}$$

Man definiert den Schallpegel üblicherweise durch

$$L_{W_1} = 10 \log \frac{W_1}{W_{\text{ref}}} \quad , \tag{6.70}$$

und verwendet den gleichen Wert $W_{\text{ref}} = 10^{-12}$ W wie zuvor. Dies führt zu einer ähnlichen Gleichung wie für die Punktquelle (6.67):

$$L_p = L_{W_1} - 10 \log(2\pi R) + 0{,}14 \quad . \tag{6.71}$$

In diesem Fall führt eine Verdoppelung des Abstandes R lediglich zu einer Verringerung des Schalldruckpegels um 3 Dezibel.

Wir möchten noch anmerken, daß die Gln. (6.57) und (6.71) sich auf die Wellenausbreitung im leeren Raum beziehen. Schallquellen, die sich gerade oberhalb des Bodens befinden, strahlen lediglich in den Halbraum ab. Man kann somit sehr effektiv die Leistung verdoppeln oder die betrachtete Fläche halbieren. Auf beiden Wegen erhöht sich der Schalldruckpegel um 3 dB.

Überlagerung von unabhängigen Schall-(druck-)pegeln

Die Überlagerung von zwei Schallquellen der gleichen Frequenz wurde schon in Gl. (6.33) besprochen. Für zwei unterschiedliche Frequenzen schreibt man

$$p_{\text{rms}}^2 = \lim_{T \to \infty} \frac{1}{T} \int_{-T/2}^{T/2} \left[p_1^2(\boldsymbol{r},t) + p_2^2(\boldsymbol{r},t) + 2p_1(\boldsymbol{r},t) p_2(\boldsymbol{r},t) \right] \mathrm{d}t \quad , \tag{6.72}$$

wobei die Funktionen $p_1(\boldsymbol{r},t)$ und $p_2(\boldsymbol{r},t)$ reell sind. Stehen die Schallquellen in keinerlei Beziehung zueinander, so tritt der gemischte Term $2p_1p_2$ genauso häufig mit positivem wie mit negativem Vorzeichen auf, hebt sich also insgesamt auf, und es gilt

$$p_{\mathrm{rms}}^2 = p_{1,\,\mathrm{rms}}^2 + p_{2,\,\mathrm{rms}}^2 \tag{6.73}$$

oder

$$L_p = 10 \log \frac{p_{1,\,\mathrm{rms}}^2 + p_{2,\,\mathrm{rms}}^2}{p_{\mathrm{ref}}^2} \ . \tag{6.74}$$

Sind beide Schallquellen im Abstand $\boldsymbol{r}$ gleich stark, so folgt

$$L_p = L_1 + 3 \text{ dB} \ . \tag{6.75}$$

Umgekehrt verringert sich der Schalldruckpegel um 3 dB, wenn eine der Quellen entfernt wird.

Der Schall zweier in einem Raum befindlicher Radios, bei denen der gleiche Sender eingestellt wurde, ist stark korreliert. Man muß noch einmal zu Bild 6.3 zurückkehren, um das Interferenzmuster zu beschreiben.

Die Dezibel-Skalen für L_p, L_I und L_W wurden für beliebig in der Zeit veränderliche Felder wie in Gl. (6.4) definiert. Natürlich kann man immer eine Fouriertransformation auf $p(\boldsymbol{r},t)$ und $\boldsymbol{u}(\boldsymbol{r},t)$ anwenden, und einzelne Frequenzen $f = \omega/(2\pi)$ betrachten. Das gesamte Druckfeld ist dann einfach die Summe der Fourier-Komponenten, also eine verallgemeinerte Form von Gl. (6.72). Auch hier mitteln sich die gemischten Terme wegen ihrer Vorzeichen weg, und man kann die Gln. (6.5), (6.59) und (6.64) wie folgt verallgemeinern:

$$L_p = 10 \log \frac{p_{1,\,\mathrm{rms}}^2 + p_{2,\,\mathrm{rms}}^2 + p_{3,\,\mathrm{rms}}^2 + \ldots}{p_{\mathrm{ref}}^2} \ , \tag{6.76}$$

$$L_I = 10 \log \frac{I_1 + I_2 + I_3 + \ldots}{I_{\mathrm{ref}}} \ , \tag{6.77}$$

$$L_W = 10 \log \frac{W_1 + W_2 + W_3 + \ldots}{W_{\mathrm{ref}}} \ . \tag{6.78}$$

Muß man die Schalldruckpegel von zwei oder mehr Quellen aufaddieren, so muß man erst zu ihren Mittelwerten $p_{1,\,\mathrm{rms}}^2$ und $p_{2,\,\mathrm{rms}}^2$ zurückkehren und danach G. (6.76) anwenden. Es ergibt sich dann

$$L_p = 10 \log(10^{L_{\mathrm{p1}}/10} + 10^{L_{\mathrm{p2}}/10}) \ . \tag{6.79}$$

Analoges folgt für L_I und L_W. In Tabelle 6.3 haben wir darum die dB-Skalen zusammengefaßt und noch zwei Größen aufgeführt, die in Abschnitt 6.2 benötigt werden.

Tabelle 6.3 Zusammenfassung der Dezibel-Skalen

Variable	Größe	Re-Wert	Definition	Bemerkung
Druck p_{rms}	L_p	$2 \cdot 10^{-5}$ Pa	(6.5)	Summe über alle Frequenzen
Intensität I	L_I	10^{-12} W m^{-2}	(6.59)	Summe über alle Frequenzen
Leistung W	L_W	10^{-12} W	(6.64)	Summe über alle Frequenzen
Druckdichte $p_{\mathrm{rms}}(f)$	$L_p(f)$	$2 \cdot 10^{-5}$ Pa	(6.92)	Bandbreite $\Delta f = 1$ Hz
Intensitätsdichte $I(f)$	$L_I(f)$	10^{2} W m^{-2}	(6.94)	Bandbreite $\Delta f = 1$ Hz

Diffuse Schallfelder

Ein *diffuses* Schallfeld besteht aus Wellen, die ein Einheitsgebiet aus allen Richtungen kommend durchqueren. Es kann sich auch aus verschiedene Frequenzen zusammensetzen, und es ist klar, daß die Intensität bei einem bestimmten Schalldruck kleiner ist als bei einer ebenen Welle:

$$I = \frac{p_{\mathrm{rms}}^2}{4\rho_0 c_0} \tag{6.80}$$

und entsprechend folgt statt Gl. (6.61)

$$L_p = L_I + 6{,}14 \ . \tag{6.81}$$

Zum Beweis von Gl. (6.80) betrachte man Bild 6.4. Die Intensität I entspricht der Energie, die eine Flächeneinheit pro Sekunde von einer Seite durchläuft. In Bild 6.4 müssen wir also die Beiträge aus allen Raumwinkelelementen dΩ aufaddieren, die einen Winkel ϕ mit der Flächennormalen bilden. Die Leistungsdichte pro Steradian wird mit g bezeichnet, sie ist laut Definition eine Konstante im diffusen Feld. Die einfallende Leistungsdichte g dΩ muß mit $\cos\phi$ multipliziert werden, um für die „horizontale" Ebene in Bild 6.4 die Leistung pro Flächeneinheit zu erhalten. Die gesamte Energie I, die pro Sekunde eine Flächeneinheit passiert, kann also als

$$I = \int_{\mathrm{Halbkugel}} g \cos\phi \, \mathrm{d}\Omega = g \int_0^{\pi/2} \cos\phi (2\pi \sin\phi) \, \mathrm{d}\phi = \pi g \tag{6.82}$$

geschrieben werden. Die in dem kleinen Bereich dΩ eintreffenden Wellen können als eben betrachtet werden. Für deren Beitrag d(p_{rms}^2) zum gesamten Wert p_{rms}^2 kann man

$$g \, \mathrm{d}\Omega = \frac{\mathrm{d}(p_{\mathrm{rms}}^2)}{\rho_0 c_0} \tag{6.83}$$

schreiben, wobei von Gl. (6.58), sowie der Tatsache Gebrauch gemacht wurde, daß die aus allen Richtungen eintreffenden Wellen als voneinander unabhängig betrachtet werden können. Der Druckpegel wird durch die Wellen aus allen 4π Richtungen bestimmt. Durch Integration von Gl. (6.83) erhält man somit

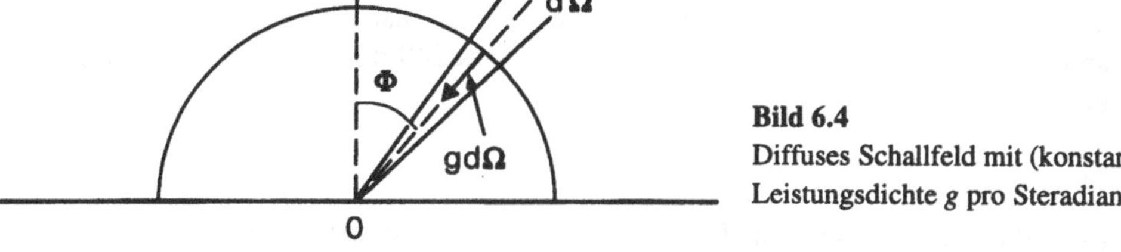

Bild 6.4
Diffuses Schallfeld mit (konstanter) Leistungsdichte g pro Steradian

$$4\pi g = \frac{p_{\mathrm{rms}}^2}{\rho_0 c_0} \; . \tag{6.84}$$

Einsetzen von Gl. (6.84) in Gl. (6.82) führt zu der erforderlichen Beziehung in Gl. (6.80). Wir möchten nebenbei bemerken, daß die Leistungsdichte g pro Steradian analog zur Lichtstärke von diffusen Lichtquellen definiert ist.

6.2 Menschliches Hörvermögen und Lärmkriterien

Das menschliche Empfinden für Schall und Lärm wird durch die Signalverarbeitung im Gehör und im Gehirn bestimmt. Hierdurch werden die Möglichkeiten des Musikgenusses oder der sprachlichen Kommunikation geschaffen, aber auch das Empfinden von Lärmbelästigung. In diesem Abschnitt beschreiben wir einige Aspekte des menschlichen Hörvermögens, beziehen uns aber auch auf die Hirnfunktionen, wenn wir vom „Gehör“ sprechen.

Wir beginnen mit der Tatsache, daß die Schallempfindlichkeit des menschlichen Gehörs von der Frequenz des Schalls abhängt. In Bild 6.5 zeigen wir die Reaktion des menschlichen Gehörs auf Töne einer einzigen Frequenz f. Die Schallintensität L_I wird gemäß ihrer Definition in Gl. (6.59) benutzt. Man erkennt die als gestrichelte Linie in Bild 6.5 dargestellte Hörschwelle, die sich auf junge Menschen mit gutem Gehör bezieht.* In der Praxis liegt diese Hörschwelle bei mehr als 95 % aller Menschen deutlich höher. In Bild 6.5 wird ebenfalls der in Gl. (6.59) definierte Referenzwert $I_{\mathrm{ref}} = 10^{-12}$ W m^{-2} benutzt. Man sieht, daß die Hörschwelle für 4 kHz bei etwa 0 dB liegt, was gleichzeitig dem Minimum der Kurve entspricht. Für höhere Frequenzen steigt sie steil an, bis bei etwa 20 kHz ein starker Abfall einsetzt. Dieses obere Ende des wahrnehmbaren Spektrums fällt mit dem Alter auf 15 oder sogar 10 kHz ab.

Die Kurven in Bild 6.5 verbinden Punkte gleicher Lautstärkepegel L_N. Während einer Versuchsreihe in den 50er Jahren wurden dabei zwei Signale unterschiedlicher Frequenz, die sich auf der gleichen Linie befinden, als gleich laut empfunden. Sie dienen seitdem als Norm der internationalen Behörde für Standardisierung (ISO), auch wenn erneut jede Person eine individuelle Kurve besitzt.

---

* Bei Chedd ([1], S. 17) kann man die Kurven finden, die angeben, wieviel Prozent der Bevölkerung eine Hörschwelle bei einer bestimmten Frequenz f unterhalb dieser Kurve haben. Es zeigt sich, daß die 50-%-Linie etwa 14 dB über der 5-%-Kurve in Bild 6.5 liegt.

Der *Lautstärkepegel* L_N wird in der Einheit phon angegeben, die dem Intensitätsniveau der Kurve in dB und bei einer Frequenz von 1000 Hz entspricht. In Bild 6.5 ist dieser an der jeweiligen Kurve bezeichnet. An der oberen Seite erkennt man die Gefühlsgrenze, die einem spürbaren Gefühl in den Ohren entspricht, das bei etwa 140 dB in eine Schmerzempfindung übergeht.

Lautheit

Die *Lautheit* S_N eines Signales sollte für eine bestimmte Frequenz derart definiert sein, daß eine Verdoppelung der Lautheit auch einer Verdoppelung des Wertes für S_N entspricht. Dies muß natürlich mit Hilfe von Tests an Versuchspersonen geschehen. Der Wert von $S_N = 1$ sone wird durch den Lautstärkepegel bei 40 phon festgelegt. Man beachte, daß die Lautheit nicht von der Frequenz abhängt.

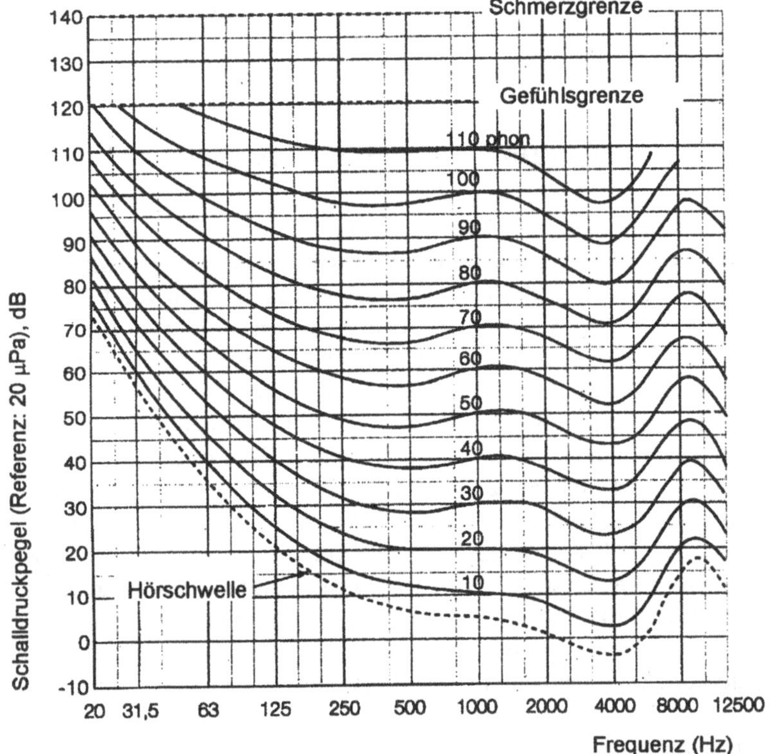

Bild 6.5 Kurven gleicher Lautstärkepegel (Isophone). Die gestrichelte Hörschwelle bezieht sich auf die 5 % der Bevölkerung mit dem besten Hörvermögen (Modalwert der Stereo-Hörschwelle von normalhörenden Personen zwischen 18 und 30 Jahren). Der Lautstärkepegel bei 1 kHz ist oberhalb der jeweiligen Kurve eingetragen und definiert das phon. (Die Wiedergabe der Abbildung aus Anhang A auf S. 4 der ISO 226: 1987E wurde von der International Standardization Organisation, ISO gestattet. Die vollständige Norm kann von den ISO-Mitgliedskörperschaften oder direkt vom zentralen ISO-Sekretariat bezogen werden: Case Postale 56, 1211 Geneva 20, Schweiz)

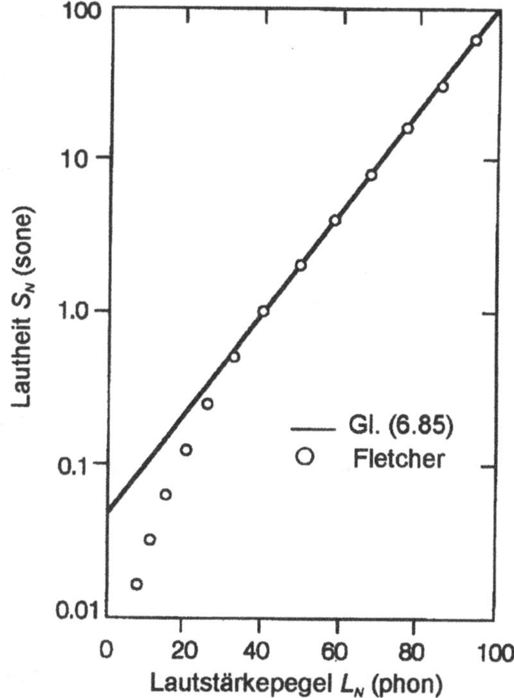

Bild 6.6 Experimenteller Zusammenhang zwischen Lautheit S_N in sone, und Lautstärkepegel L_N in phon. (Aus: Kinsler et al., a.a.O., Abb. 11.13, S. 271)

Die Relation zwischen Lautheit S_N und Lautstärkepegel L_N wird in Bild 6.6 dargestellt. In der halblogarithmischen Skala erkennt man für $L_N > 40$ phon den folgenden linearen Zusammenhang

$$S_N = 0{,}046 \cdot 10^{L_N/30} \,. \tag{6.85}$$

Da der Lautstärkepegel L_N bei einer Frequenz von $f = 1$ kHz proportional zum Logarithmus der Intensität I ist, (vgl. Gl. (6.59)), gibt es einen doppeltlogarithmischen Zusammenhang zwischen S_N und I, der einem Potenzgesetz für den Zusammenhang zwischen der subjektiven Empfindung der Lautheit S_N und der physikalischen Intensität I des Schallsignals entspricht. Aus Bild 6.6 kann man ableiten, daß

$$S_N \approx 460 F(f) I^{1/3} \tag{6.86}$$

gilt, wobei für $f = 1$ kHz $F(f) = 1$ wird (Übung 6.7).

Gleichung (6.86) ist ein Beispiel für ein *psycho-physiologisches Potenzgesetz*, wie es zuerst von Stevens [2] formuliert wurde. Sie besagt, daß „objektiv gleiche Verhältnisse I_2/I_1 und I_4/I_3 einer physischen Stimulierung gleiche subjektive Verhältnisse N_2 / N_1 und N_4 / N_3 hervorrufen". Dies gilt z. B. für Helligkeit, elektrische Schläge, Druck auf den Handballen und Lautheit.

Hierdurch wird impliziert, daß

$$S_N = c I^{\kappa} \tag{6.87}$$

wobei für die Lautheit insbesondere Gl. (6.86) gilt. Der Exponent kann größer als 1 (wie bei elektrische Schocks mit $\kappa \approx 3{,}5$) oder, wie bei Schall, auch kleiner als 1 sein.

Im Fall von Gl. (6.87) mit $\kappa < 1$ zeigt sich, daß die Auftragung von S_N über I Ähnlichkeiten mit der logarithmischen Kurve von L_I über I aufweist, wenn man weniger als zwei Größenordnungen aufträgt (vgl. Übung 6.8). Diese Tatsache hat den deutschen Physiologen Fechner um 1860 irrtümlicherweise dazu gebracht, einen logarithmischen Zusammenhang zu postulieren:

$$S_N \approx 10 \log I + \text{konst.} \qquad \text{(inkorrekt)}\,. \tag{6.88}$$

Dies würde bedeuten, daß die Dezibel-Skala (6.59) der akustischen Intensität gerade proportional zur empfundenen Lautheit wäre.

Zwei Bemerkungen scheinen hier angebracht. Zunächst wird aus Bild 6.6 deutlich, daß die Gln. (6.85), (6.86) und (6.87) nur für $L_N > 40$ phon gelten. Zweitens ist es bemerkenswert, daß das menschliche Gehör überhaupt fähig ist, Schallintensitäten L_I oder Schalldruckpegel L_p über einen Bereich von mehreren Zehnerpotenzen wahrzunehmen, wie in Bild 6.5 und Tabelle 6.1 dargestellt. Wenn es ruhig ist, kann man das durch ein wildes Tier verursachte Rascheln von Laub wahrnehmen, und beim Angeln kann man das ständige laute Dröhnen eines Wasserfalls ertragen.

Oktavbänder

Vielleicht noch bemerkenswerter ist unser Vermögen, Frequenzen zu unterscheiden. Man betrachte dazu zwei dicht beieinander liegende Frequenzen f_1 und f_2. Aus den Grundlagen der Mechanik ist uns bekannt, daß dann Schwebungen mit der Frequenz $|f_1 - f_2|$ entstehen. Der interessante Punkt dabei ist, daß das menschliche Gehör ähnliche Schwebungen empfindet, wenn das Verhältnis der Frequenzen f_2/f_1 dem Verhältnis ganzer Zahlen entspricht: 2/1 oder 3/2 usw. Die Schwebungen werden schwächer, wenn die ganzen Zahlen in Zähler und Nenner größer werden, so daß sie nur noch mit größerer Erfahrung unterschieden werden können. Wenn wir eine Konsonanz (Wohlklang) wahrnehmen, läßt sich das Verhältnis der Frequenzen f_2/f_1 gerade durch zwei ganze Zahlen darstellen. Dies geschieht auch, wenn die Signale dabei jeweils auf ein anderes Ohr treffen, so daß dieses Phänomen als eine Leistung des menschlichen Gehirns angesehen werden muß, das somit die Grundlage unseres Musikgenusses bildet. Wir möchten nebenbei anmerken, daß es einige ganzzahlige Verhältnisse wie z. B. 4/3 gibt, die manche Menschen als Dissonanz empfinden.

Das Verhältnis $f_2/f_1 = 2/1$ legt eine Oktave fest. Das Verhältnis $f_2/f_1 = 2^{1/3}$ wird als Dritteloktave oder Terz bezeichnet. Die gerade angesprochenen Eigenschaften des menschlichen Gehörs haben zu Aufteilung des in Bild 6.5 dargestellten Hörspektrums in Oktavbänder mit einer Unterteilung in Dritteloktavbänder geführt.

Das Zentrum f_c eines solchen Bandes wird durch

$$f_c = \sqrt{f_1 f_2} \tag{6.89}$$

definiert. Diese Zentren f_c der Oktavbänder werden im oberen Bereich von Bild 6.7 entsprechend den internationalen Konventionen angegeben. Für Präzisionsmessungen ist es oftmals erforderlich, die Oktavbänder in Drittel- oder sogar Zehntel-Oktavbänder zu unterteilen. Akustische Filter bestimmen dann die Meßwerte für L_I oder L_p in jedem Band, und man erhält den Gesamtwert durch Anwendung der Gln. (6.76) und (6.77).

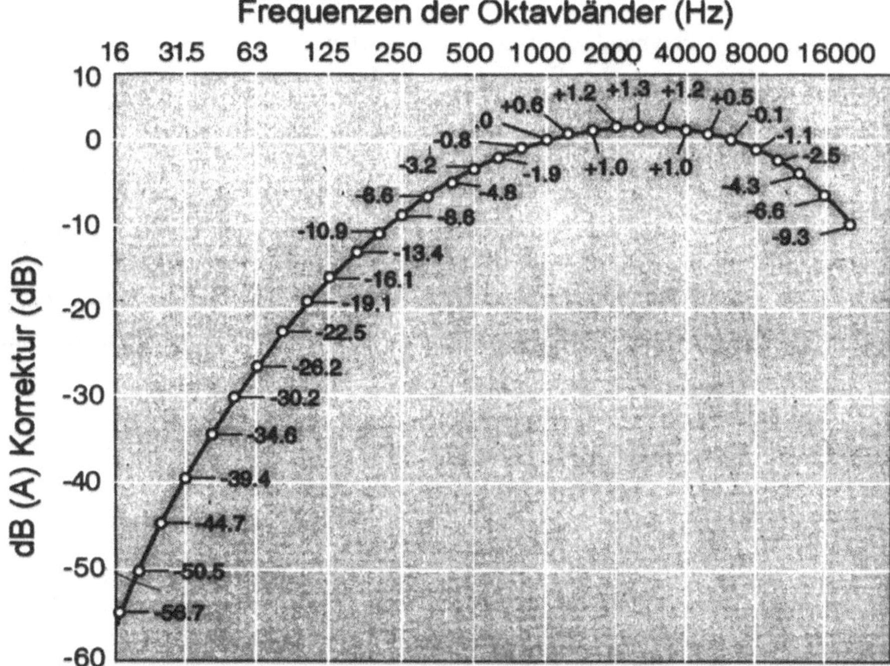

Bild 6.7 dB(A)-Korrekturkurve. Die Zentrumsfrequenzen f_c der Oktavbänder sind oben angegeben. Die zum Finden des dB(A)-Wertes notwendigen Korrekturen Δ wurden sowohl für die Oktav-Zentrumsfrequenzen, als auch für diejenigen der Drittеloktaven an der Kurve notiert

Die dB(A)-Skala

Kennt man die Verteilung der Werte von L_I oder L_p über die Bänder, so kann man die Daten mit der Kurve in Bild 6.5 vergleichen, um einen einzigen Zahlenwert für den Schallpegel zu erhalten. Am einfachsten ist es, dazu die Differenz zwischen dem tatsächlichen Wert L_I und der Hörschwelle bei einer bestimmten Frequenz zu betrachten. Die Komplizierung durch Lautheit und Lautstärkepegel werden dadurch vermieden.

In der Praxis verwendet man eine geglättete Version der Kurve des Hörspektrums, die der 40-phon-Kurve in Bild 6.5 ähnelt, wenn man von der Struktur bei hohen Frequenzen absieht. Diese Kurve ist in Bild 6.7 dargestellt, und man erhält hieraus die zu den L_p-Werten der Oktavbänder zu addierenden Korrekturen Δ, die oberhalb der Kurve mit den Zentrumsfrequenzen 31,5, 63 usw. angegeben sind. Diese Korrekturwerte variieren über die Bandbreite beträchtlich. Aus diesem Grunde wurde die Korrekturwerte auch für die genaueren Drittеloktavbänder angegeben. Nach Anwendung der Korrekturen Δ sollte man die Druckwerte entsprechend Gl. (6.76) hinzufügen und L_A erhalten, was manchmal auch mit $L_{A,eq}$ bezeichnet wird, und in dB(A)-Einheiten angegeben ist. Diese Größe wird zur Definition von Lärmkriterien verwendet und weiter unten besprochen.

Töne

Messungen mit Oktavbändern scheinen das Vorhandensein von *Tönen* zu verwischen. Musikinstrumente erzeugen zum Beispiel eine Reihe von diskreten Frequenzen, von denen jede ihren eigenen Schalldruckpegel L_p besitzt. Beispiele hierzu sind in Bild 6.8 dargestellt. Man erkennt, daß reine Töne (g_0 bei der Geige und c_0 bei der Klarinette) aus einem Hauptton und Obertönen bestehen. Die dargestellte Reihe der Schalldruckpegel bestimmt den Klang eines Musikinstrumentes.

Es ist nützlich, Druckdichtewerte $p^2_{\text{rms}}(f)$ und gleichfalls auch Intensitätsdichten $I(f)$ für eine bestimmte Frequenz f einzuführen. Sie entsprechen dem partiellen p^2_{rms} -Wert oder der Teilintensität I über einen Intervall $\Delta f = 1$ Hz und werden folgendermaßen definiert:

$$p^2_{\text{rms}}(f) = \frac{\Delta p^2_{\text{rms}}(f)}{\Delta f} \tag{6.90}$$

$$I(f) = \frac{\Delta I}{\Delta f} \tag{6.91}$$

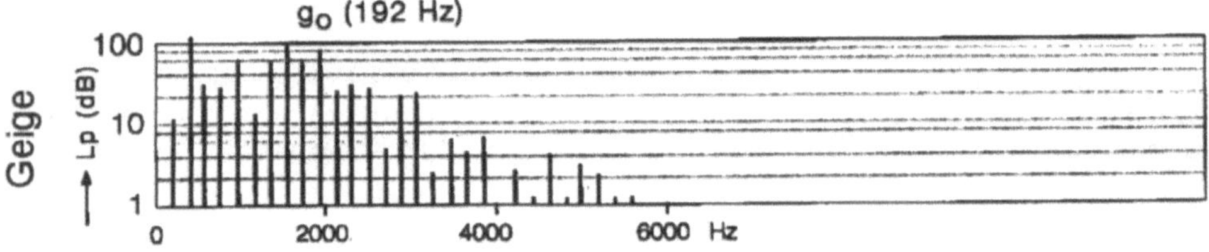

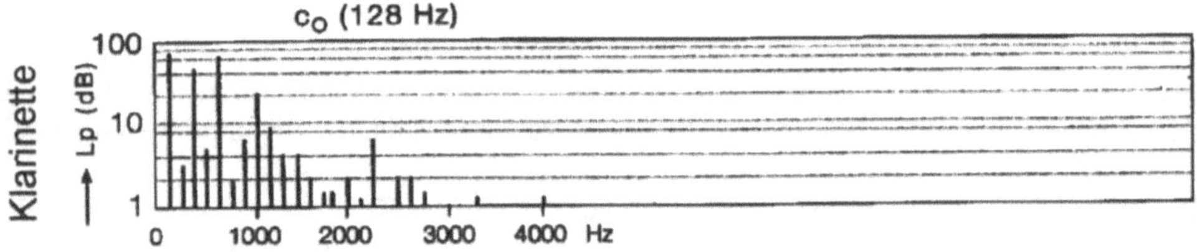

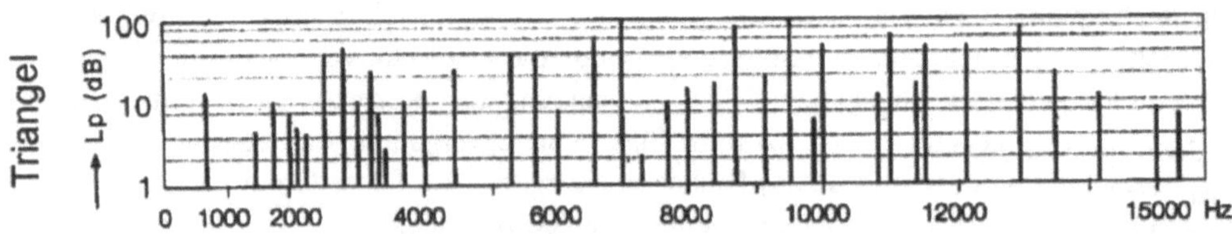

Bild 6.8 Von einem Frequenzmeßgerät aufgezeichnete Schalldruckpegel für die Töne g_0 der Geige und c_0 der Klarinette, sowie für die Triangel

Sie können aber auch mit einer dB-Skala ausgedrückt werden:

$$L_p(f) = 10\log\frac{p_{\text{rms}}^2(f)\Delta f}{p_{\text{ref}}^2} \tag{6.92}$$

und

$$L_p = 10\log\frac{\int p_{\text{rms}}^2(f)\mathrm{d}f}{p_{\text{ref}}^2} \tag{6.93}$$

Der Wert in Gl. (6.93) hätte wiederum auch durch Gl. (6.92) über den Umweg der Integralform von Gl. (6.76) hätte gefunden werden können. Für die Intensitäten definiert man analog:

$$L_I(f) = 10\log\frac{I(f)\Delta f}{I_{\text{ref}}} \tag{6.94}$$

und

$$L_I = 10\log\frac{\int I(f)\mathrm{d}f}{I_{\text{ref}}} \quad . \tag{6.95}$$

Dabei gelten die gleichen Referenzwerte wie zuvor. Eine Zusammenfassung der Gleichungen fand sich bereits in Tab. 6.3. Ein Beispiel für Töne vor einem Hintergrund ist in Bild 6.9 dargestellt. Die kontinuierliche Verteilung $L_p(f)$ in dB kann durch Integration von Gl. (6.93)

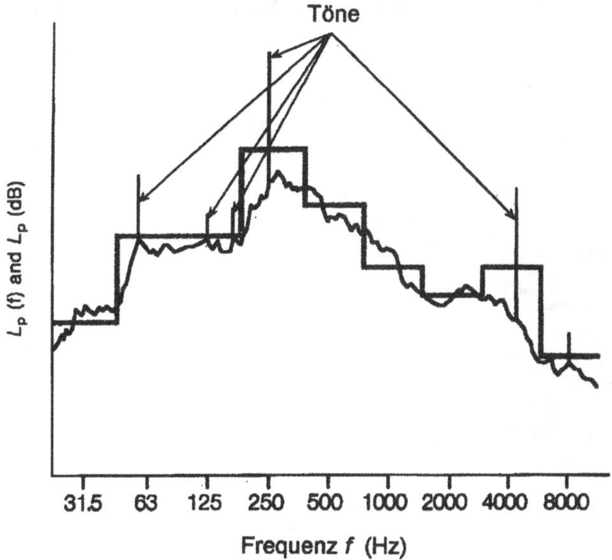

Bild 6.9 Töne in Form von scharfen Peaks über einem kontinuierlichen Untergrund. Das Oktavband-Histogramm enthält diese Töne. (Aus: Kinsler et al., a.a.O., Abb. 11.1, S. 250)

über eine Bandbreite auf L_p-Werte über einem Oktavband reduziert werden, so daß man schließlich das gezeigte Histogramm erhält. Ohne die Töne läge das Histogramm niedriger, aber aus dem Histogramm alleine könnte man die einzelnen Töne nicht nachweisen.

Wir wollen nun das hinter diesem Histogramm stehende Konzept durch einen Blick auf Bild 6.10 genauer betrachten, in welchem ein einzelner Ton bei 250 Hz vor einem über die Bandbreite einer Oktave konstanten Untergrund dargestellt ist. Betrachten wir zunächst nur den Untergrund. Für eine Breite w und eine konstante Druckdichte $p_{\text{rms}}^2(f) = p_{\text{rms}}^2$ erhält man mit Gl. (6.93), daß

$$L_p = L_p(f) + 10 \log w \tag{6.96}$$

gilt. Der einzelne Ton ist über eine Breite $\Delta f = w = 1\text{Hz}$ definiert, so daß sein Druckdichtepegel $L_p(f)$ mit dem Druckpegel L_p identisch ist. Der Druck des Untergrundes muß nach Gl. (6.79) zu dem Druck L_{p2} hinzuaddiert werden. Mit den in Bild 6.10 angegebenen Zahlenwerten erhält man für den Untergrund dann L_p = 62,5 dB. Addiert man hierzu die 60 dB des Tones, so erhält man schließlich 64,5 dB. Um beides zusammen in einem einzige Histogramm darzustellen, verwenden wir Gl. (6.96) und erhalten schließlich $L_p(f)$ = 42 dB, wie ebenfalls in Bild 6.10 dargestellt.

Der Beitrag dieses Bands zu dem mit A gewichteten Druckpegel L_A kann aus Bild 6.7 zu 64,5 – 8,6 dB = 55.9 dB abgeleitet werden. Sind wie in Bild 6.9 mehrere Bänder vertreten, so müssen deren Beiträge entsprechend Gl. (6.79) aufsummiert werden.

Lärmkriterien

Sprache ist eine Kommunikationsmöglichkeit mit Schall. Die Verständlichkeit von Sprache über einem Geräusch-Hintergrund ist in Bild 6.11 dargestellt. Offensichtlich werden Sätze leichter erkannt als zusammenhangslose Wörter. Die Kurven in Bild 6.11 können benutzt

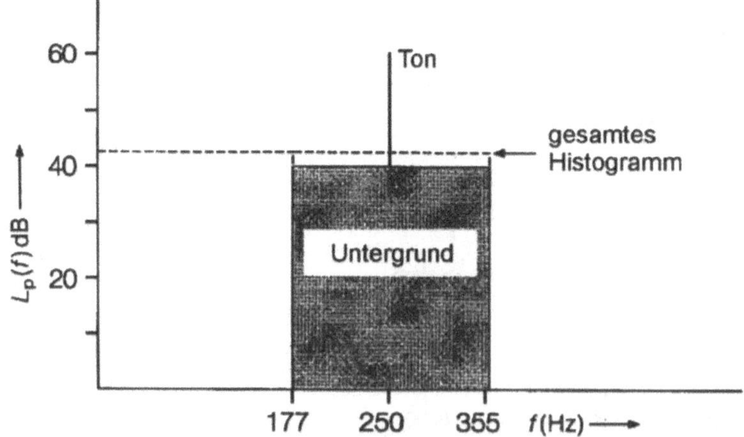

Bild 6.10 Konstante Schalldruck-Dichtepegel $L_p(f)$ im 250 Hz-Oktavband mit einem einzelnen Ton. Das gleichwertige Gesamthistogramm ist als gestrichelte Linie eingetragen.

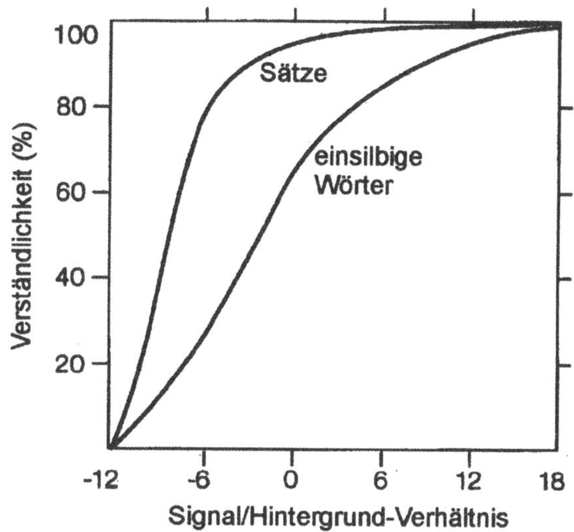

Bild 6.11 Prozentsatz der vor einem Geräusch-Hintergrund richtig interpretierten Wörter und Sätze. (Aus: Kinsler et al., a.a.O., Abb. 12.3, S. 284)

werden, um den Grad der Schallisolation zu bestimmen, die zwischen verschiedenen Räumen in Büro- oder Wohngebäuden notwendig ist. Alternativ dazu können sie aber auch verwendet werden, um die zusätzliche Intensität des Hintergrundes zu bestimmen, damit ein Gespräch unverständlich wird.

Hintergrundgeräusche können auch als störend empfunden werden. Abhängig von Lage und Nutzung wurden Lärmgrenzwerte definiert und in Tabelle 6.4 dargestellt. Die Definition der Lärmkriterien (NC = *noise criteria*) ist in Bild 6.12 dargestellt. In diesem Bild erkennt man eine gestrichelte Linie, die den gemessenen, nicht nach A gewichteten Schalldruckpegeln des Oktavbandes entspricht. Die durchgezogenen Kurven sind bei der Definition der bevorzugten Lärmkriterien (PNC = *preferred noise criteria*) hilfreich. Der Durchschnitt, der den höchsten PNC-Wert angibt wird als PNC-Wert des Raumes bezeichnet.

Tabelle 6.4 Vertretbare Lärmpegel in leeren Räumen. (Aus: Kinsler et al., a.a.O., Abb. 12.3, S. 287)

Ort	Lärmkriterium (NC)
Konzertsaal, Aufnahmestudio	05–20
Musikhalle, Theater, Klassenzimmer	20–25
Kirche, Gerichtssaal, Konferenzraum, Krankenhaus, Schlafzimmer	25–30
Bibliothek, Großraumbüro, Wohnzimmer	30–35
Restaurant, Kino	35–40
Einzelhandelsgeschäft, Bank	40–45
Sporthalle, Anwaltskanzlei	45–50
Geschäfte und Werkstätten	50–55

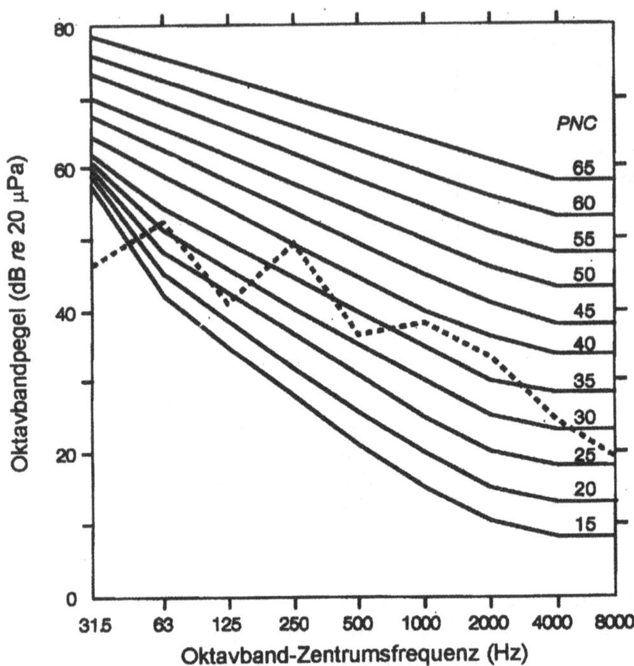

Bild 6.12 Oktavbandpegel zur Bestimmung der bevorzugten Lärmkriterien (PNC) in einem Raum aus dem Schnitt einer gemessenen Kurve mit der höchsten definierten, in diesem Fall PNC = 40. (Aus: Kinsler et al., a.a.O.,, Abb. 12.5, S. 286)

Tabelle 6.4 bezieht sich auf öffentliche Gebäude. Für Wohngebäude haben die Regierungen eigene Normen vertretbarer Schalldruckpegel definiert. Diese werden bei der Planung von Autobahnen für deren Schallschutz verwendet. Außerdem helfen Sie bei der Entscheidung, ob zum Beipiel eine Werkstatt oder eine Diskothek in einem bestimmten Wohngebiet eingerichtet werden darf, und welche Schutzmaßnahmen dabei vom Besitzer zu ergreifen sind.

Da die Empfindung einer Lärmbelstigung von deren Dauer sowie der Tageszeit abhängig ist, kann ein einziger Zahlenwert nicht ausreichen, man benötigt vielmehr eine Reihe von Kriterien. Dabei wird üblicherweise der nach A gewichtete Lärmpegel als Ausgangspunkt verwendet. Wir erwähnen nur den zeitlich gemittelten Druckpegel L_A.

Der zeitliche Mittelwert kann dazu entweder über die Dauer eines Tages (7-19 Uhr), eines Abends (19-23 Uhr), oder einer Nacht (23-7 Uhr) genommen werden. Um einen einzigen Zahlenwert zu erhalten, kann man einen zusammenhängenden Tages-Abend-Nacht-Schallpegel L_{TAN} als den höchsten der drei folgenden Zahlenwerte definieren: der Tagesschallpegel in dB(A), der Abendschallpegel plus 5 dB(A) und der Nachtschallpegel plus 10 dB(A).

In einem Land wie den Niederlanden wurden die Grenzwerte mit L_{TAN} = 50 dB(A) im Bereich außerhalb eines Hauses, und mit L_{TAN} =35 dB(A) im Inneren mit geschlossenen Fenstern festgelegt. Ausnahmen gibt es in der Nähe von Straßen und Industriegebieten, wo-

Tabelle 6.5 Beispiel der Lärmpegel-Grenzwerte L_{TAN} (in dB(A)) außerhalb von Wohnungen

Norm	50
vertretbar in ländlichen Gebieten	55
vertretbar in der Stadt	60

bei die jeweiligen Grenzwerte dann in politischen Debatten der lokalen Behörden festgelegt werden. Ein Beispiel dieser Regelungen wird mit Tabelle 6.5* gegeben. Es sollte dabei erwähnt werden, daß sich derlei Regelungen von Land zu Land unterscheiden können. Man kann oder sollte insbesondere nur kurz andauernde Vorkommnisse durch einen x-prozentig überschrittenen L_{Ax}-Pegel definieren, wobei L_{A10} einer Überschreitung des Pegels über 10 % des jeweiligen Zeitraumes bedeutet.

In allen Fällen sollten Wände und Fenster den äußeren Lärmpegel um wenigstens 15 bis 20 dBA reduzieren. Trennwände zwischen unterschiedlichen Wohnungen sollte selbstverständlich eine vergleichbare Reduzierung gewährleisten. Dies ist aber Bestandteil des Inhaltes des folgenden Abschnittes.

6.3 Reduzierung der Schallübertragung

Der Schallpegel L_0 innerhalb eines Raumes wird durch eine Anzahl von Faktoren bestimmt, die in Bild 6.13 dargestellt sind. Ohne interne Lärmquellen gibt es die direkte Übertragung von den Nachbarn (Pfad 1 in Bild 6.13) und von außen (Pfad 6). Es gibt eine indirekte Übertragung durch Wände, Boden und Decke (Pfade 2, 3, 4) und den Kontaktschall durch spielende Kinder (Pfad 5).

Schallisolierung

Die direkte Übertragung zwischen zwei Räumen wird durch die Isoliereigenschaften der Trennwand bestimmt. Man nehme an, daß eine Schallintensität I_i auf diese Wand trifft. Von dieser Intensität wird dann eine Teil $I_t = tI_i$ übertragen. Die Luftisolierung der Wand wird als

$$R = 10 \log \frac{I_i}{I_t} \tag{6.97}$$

definiert. Diese Größe wird im Gegensatz zur Kontaktisolierung als Luftisolierung bezeichnet. Wenn das Schallfeld diffus ist, kann man sowohl für den emittierenden Raum, als auch für den empfangenden Raum unter Verwendung von Gl. (6.80) folgendes schreiben:

$$I_i = \frac{p^2_{rms,\,e}}{4\rho_0 c_0}, \tag{6.98}$$

* Das Beispiel stammt aus der niederländischen Gesetzgebung (Wet Geluidshinder, 1979). Im Vergleich mit anderen Ländern mögen die Grenzwerte als sehr streng erscheinen. Kurzzeitig dürfen allerdings um 5 dB(A) höhere Werte erreicht werden.

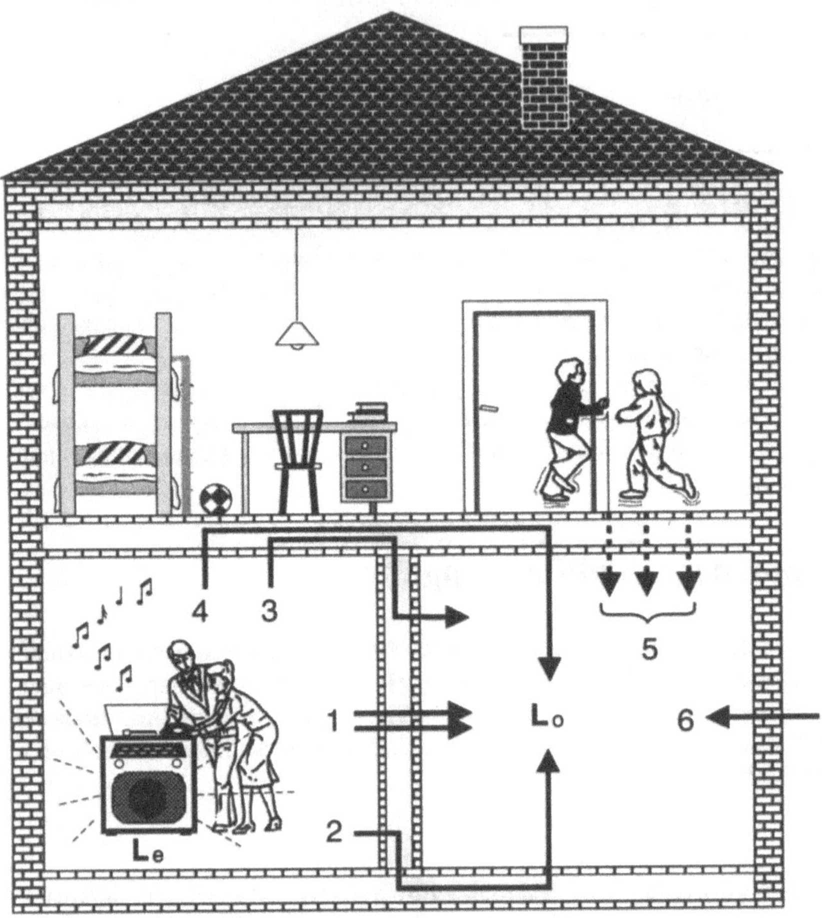

Bild 6.13 Arten der Schallübertragung: 1, 6 = direkte Übertragung; 5 = Kontaktschall; 2, 3, 4 = indirekte Übertragung

wobei sich der zusätzliche Index e auf den emittierenden Raum, und der Index 0 auf den empfangenden Raum bezieht. Die akustische Leistung P, die einen Raum durch eine Wand mit einer Fläche S erreicht, kann als

$$P = I_t S \tag{6.99}$$

geschrieben werden. Im Gleichgewicht wird diese Leistung vom empfangenden Raum absorbiert.

In allen Räumen kann Schall durch Wände, Teppiche usw. absorbiert werden. Außerdem kann er natürlich auch reflektiert oder übertragen werden. Der Anteil des letzteren ist allerdings gering, so daß innerhalb eines Raumes Reflexion und Absorption dominieren. Für ein offenens Fenster wird der Absorptionskoeffizient gleich eins gesetzt, bei anderen Oberflächen kann er durch Multiplikation der Oberfläche mit dem Absorptionskoeffizienten gefunden werden. Summiert man alle Beiträge, so erhält man eine Fläche A, die auch als *effektive offene Fensterfläche* bezeichnet wird. Die im Raum eintreffende Leistung P muß absorbiert werden. Im Gleichgewicht folgt damit

$$P = I_0 A = \frac{p^2_{\mathrm{rms},0}}{4\rho_0 c_0} A \quad . \tag{6.100}$$

I_0 entspricht der Schallintensität des empfangenden Raumes. Aus den Gln. (6.100) und (6.99) erhält man I_t, was zusammen mit Gl. (6.98) in Gl. (6.97) eingesetzt werden muß, um schließlich

$$R = 10 \log\left(\frac{p^2_{\mathrm{rms,e}}}{4\rho_0 c_0}\right) - 10 \log\left(\frac{p^2_{\mathrm{rms},0}}{4\rho_0 c_0}\frac{A}{S}\right) \tag{6.101}$$

zu erhalten. Mit Gl. (6.5) folgt somit

$$R = L_e - L_0 + 10 \log\frac{S}{A} \;\; \mathrm{dB} \quad , \tag{6.102}$$

worin L_e dem Schalldruckpegel des emittierenden Raumes und L_0 dem des empfangenden Raumes entspricht. S ist die Fläche der Trennwand und A entspricht der gesamten Absorption im empfangenden Raum. Mißt man die Schallisolierung der Wand eines Labors und stellt diese Wand dann in einem Gebäude auf, so wird die resultierende Isolation R wegen der indirekten Übertragung geringer sein.

Die Schallisolierung R ist eine Funktion der Schallfrequenz f. Man fügt deshalb den Index f an, um sich mit R_f auf eine bestimmte Frequenz zu beziehen. Der Wert R_{500} gibt einen praktischen Meßwert für die mittlere Isolierung an (vgl. Übung 6.13).

Schall-Lücken

Es zeigt sich, daß bereits kleine Löcher in einer Trennwand zu einer beachtlichen Reduzierung der Schallisolierung führen. Das Gleiche gilt auch für enge Schlitze unterhalb von Türen. Um dieses näher zu erläutern, betrachten wir ein Loch mit einer Fläche S_1, einer Schallisolierung R_1 und einem Transmissionskoeffizienten t_1. Der Rest der Fläche ist gleich $S - S_1$ und hat eine Schallisolierung R und einen Transmissionskoeffizienten t. Die Gesamtfläche S hat somit einen mittleren Transmissionskoeffizienten t_r und eine Isolierung R_{eff}.

Die Transmissionskoeffizienten beschreiben die Übertragung pro Flächeneinheit, somit erhält man aus Gl. (6.97) die folgende Relation:

$$R = 10 \log\frac{I_i}{I_t} = 10 \log\frac{I_i}{t I_i} = 10 \log\frac{1}{t} \tag{6.103}$$

oder

$$t = 10^{-R/10} \quad . \tag{6.104}$$

Gleichermaßen ist $t_1 = 10^{-R_1/10}$ für das Loch, und $t_r = 10^{-R_{\rm eff}/10}$ für die mittlere Übertragung. Die Transmissionskoeffizienten erfüllen die Gleichung

$$t_r S = t_1 S_1 + t(S - S_1) \ , \tag{6.105}$$

wobei wir die indirekte Übertragung vernachlässigen. Die im Raum eintreffende Leistung P wird somit durch $t_r S$, und die aus dem emittierenden Raum entreffende Intensität I_i bestimmt:

$$P = I_i t_r S = I_i t_1 S_1 + I_i t(S - S_1) \ . \tag{6.106}$$

Die effektive Luftisolierung $R_{\rm eff}$ ergibt sich folglich zu

$$R_{\rm eff} = 10 \log \frac{1}{t_r} = -10 \log \left\{ t \left[1 + \frac{S_1}{S} \left(\frac{t_1}{t} - 1 \right) \right] \right\} \ . \tag{6.107}$$

Unter Verwendung von Gl. (6.104) kann man dann wieder zu den Isolierungen R und R_1 zurückkehren, und erhält

$$R_{\rm eff} = R - 10 \log \left(1 - \frac{S_1}{S} + \frac{S_1}{S} 10^{R - R_1/10} \right) \ . \tag{6.108}$$

Als Beispiel betrachten wir eine Wand mit R = 50 dB, die ein Luftloch mit $S_1/S = 10^{-3}$ und $R_1 = 0$ besitzt. Man erhält dann $R_{\rm eff}$ = 30 dB, also eine Reduzierung der Schallisolierung um 20 dB. Somit sollte man bei Problemen mit der Schallisolierung zunächst erst einmal alle Löcher und insbesondere Schlitze unter Türen abdichten.

Massengesetze bei der Schallisolierung

Betrachten wir nun eine flache Schicht, wie etwa eine glatte Wand der Dicke d und Masse m pro Quadratmeter. Ihre Ränder sind irrelevant, da sie als unendlich angenommen wird. Wir nehmen weiter an, daß sie auf die eine harmonische Welle der Frequenz f trifft, und so erhalten wir ihre Schallisolierung R unter Verwendung von Bild 6.14.

Für die ebene Welle gilt Gl. (6.7), so daß für die einfallende Welle $p_i = \rho_0 c_0 u_i$, für die reflektierte Welle $p_r = \rho_0 c_0 u_r$ und für die transmittierte Welle $p_t = \rho_0 c_0 u_t$ gilt. Die Konstruktion erfahre eine (sehr) kleine Verschiebung s, die für beide Seiten der starren Schicht als gleich groß angenommen werden darf (es wird angenommen, daß die Schallgeschwindigkeit der starren Schicht wesentlich größer als die in Luft ist). Wie beim Kolben in Abschnitt 6.1 ist ds/dt die Geschwindigkeit der Luftpartikel. Für die rechte Seite der Schicht gilt also

$$u_t = \frac{p_t}{\rho_0 c_0} = \frac{{\rm d}s}{{\rm d}t} \ . \tag{6.109}$$

Für eine starre Wand mit ds/dt = 0 würde die absolute Änderung der Geschwindigkeit $u_i - u_r$ auf der linken Seite verschwinden. In unserem Fall haben wir statt dessen

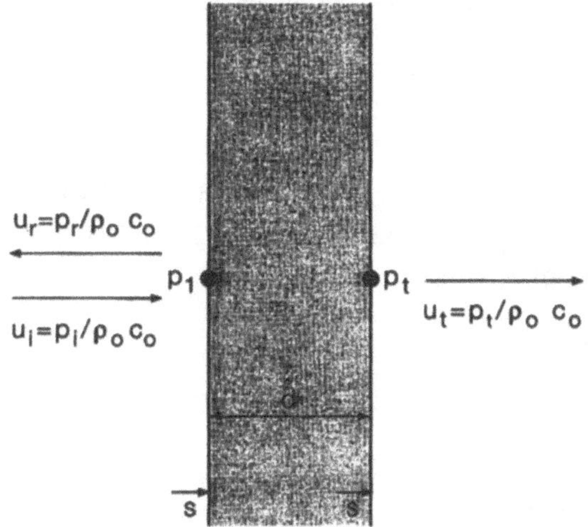

Bild 6.14 Schallübertragung für eine ebene Schicht bei senkrechtem Einfall

$$u_\mathrm{i} - u_\mathrm{r} = \frac{p_\mathrm{i} - p_\mathrm{r}}{\rho_0 c_0} = \frac{\mathrm{d}s}{\mathrm{d}t} \ , \tag{6.110}$$

wobei u_i zu der nach links laufenden Welle gehört. Um den Druck p_1 an der Wand zu berechnen, muß man die Drücke der einzelnen Wellen addieren:

$$p_1 = p_\mathrm{i} + p_\mathrm{r} \ . \tag{6.111}$$

Für eine Flächeneinheit der Schicht wirkt die Druckdifferenz $p_1 - p_\mathrm{t}$ als Kraft

$$p_1 - p_\mathrm{t} = m \frac{\mathrm{d}^2 s}{\mathrm{d}t^2} = m \frac{\mathrm{d}u_\mathrm{t}}{\mathrm{d}t} \ , \tag{6.112}$$

wobei wir von Gl. (6.109) Gebrauch gemacht haben. Wir eliminieren p_1 und p_t aus den Gln. (6.109), (6.110), (6.111) und (6.112) und erhalten schließlich

$$p_\mathrm{i} = p_\mathrm{t} + \frac{m}{2\rho_0 c_0} \frac{\mathrm{d}p_\mathrm{t}}{\mathrm{d}t} \ . \tag{6.113}$$

Wir erinnern uns, daß sich p_i und p_r auf Drücke an bestimmten Positionen beziehen, nämlich an den Rändern der Schicht. Der einfachste Weg, Gl. (6.113) zu lösen, besteht in Verwendung der komplexen Schreibweise:

$$p_\mathrm{i} = A\,\mathrm{e}^{\mathrm{j}\omega t} \ , \tag{6.114}$$

$$p_\mathrm{t} = B\,\mathrm{e}^{\mathrm{j}\omega t} \ . \tag{6.115}$$

Wir erhalten dann

$$A = B\left(1 + \frac{m\omega}{2\rho_0 c_0}\mathrm{j}\right) \ . \tag{6.116}$$

Das Verhältnis der Amplituden von p_i und p_t sieht also folgendermaßen aus:

$$\frac{|p_i|^2}{|p_t|^2} = 1 + \left(\frac{m\omega}{2\rho_0 c_0}\right)^2 , \tag{6.117}$$

und es gibt eine Phasenverschiebung um arctan $[m\omega/(2\rho_0 c_0)]$. Die Intensitäten der einfallenden und der transmittierten Wellen waren zu p_{rms}^2 proportional (vgl. Gl. (6.58)), so daß wegen der Definition in Gl. (6.97) für die Luftisolierung

$$R = 10 \log \frac{I_i}{I_t} = 10 \log \left[1 + \left(\frac{\pi m f}{\rho_0 c_0}\right)^2 \right] \tag{6.118}$$

gilt, wobei die Beziehung $\omega = 2\pi f$ benutzt wurde. Wir erinnern uns, daß für Luft $\rho_0 c_0 \approx$ 413 kg m^{-2} s^{-1} gilt. Deshalb dominiert der zweite Term im Logarithmus, wenn $mf > 500$ ist. Man kann dann das Massengesetz zu

$$R = 20 \log m + 20 \log \frac{f}{500} + 12 \text{ dB} \tag{6.119}$$

vereinfachen. Eine Verdoppelung der Masse pro Flächeneinheit oder der Frequenz sollte eine Erhöhung der Isolierung R um 6 dB ergeben. In der Praxis liegt der Wert bei 5 dB, und auch die Koeffizienten in Gl. (6.119) liegen etwas niedriger:

$$R_{\text{Praxis}} = 17{,}5 \log m + 17{,}5 \log \frac{f}{500} + 3 \text{ dB} . \tag{6.120}$$

Hohle Wände

In Gebäuden werden hohle Wände oft zur thermischen Isolierung verwendet. Diese bestehen aus zwei dünnen Wänden oder Glasscheiben mit einer dazwischenliegenden Luftschicht der Dicke D und dem Druck p_0. Diese Situation ist in Bild 6.15 dargestellt. Von links trifft eine ebene Welle mit $p_i = \rho_0 c_0 u_i$ ein, von der $p_r = \rho_0 c_0 u_r$ reflektiert wird. Dies erzeugt an der linken Seite einen Druck p_1 mit

$$p_1 = p_i + p_r . \tag{6.121}$$

Die linke Wand bewegt sich um s_1, die rechte um s_2. Die Geschwindigkeitsänderung der Teilchen ist wiederum $\mathrm{d}s_1/\mathrm{d}t$ und es folgt

$$u_i - u_r = \frac{p_i - p_r}{\rho_0 c_0} = \frac{\mathrm{d}s_1}{\mathrm{d}t} . \tag{6.122}$$

An der rechten Wand gilt analog

$$u_t = \frac{p_t}{\rho_0 c_0} = \frac{\mathrm{d}s_2}{\mathrm{d}t} . \tag{6.123}$$

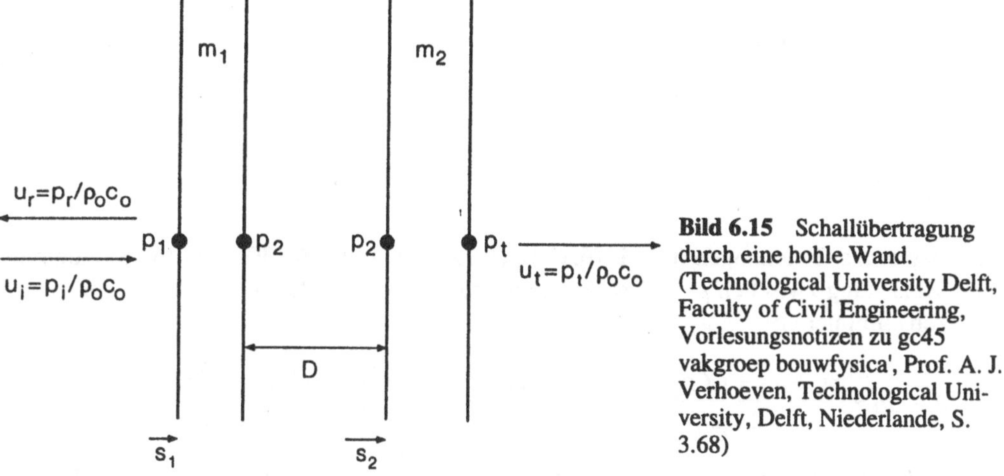

Bild 6.15 Schallübertragung durch eine hohle Wand. (Technological University Delft, Faculty of Civil Engineering, Vorlesungsnotizen zu gc45 vakgroep bouwfysica', Prof. A. J. Verhoeven, Technological University, Delft, Niederlande, S. 3.68)

Den Druck p_2 im Zwischenraum erhält man unter der Annahme, daß sich die Luft im Innern entsprechend dem Hookeschen Gesetz wie eine Feder mit der Federkonstante C^{-1} verhält:

$$\Delta p = -C^{-1}\Delta D \ . \tag{6.124}$$

Hierbei gibt $\Delta p = p_2$ die Abweichung vom Atmosphärendruck an und ΔD die Abweichung vom Gleichgewichtsabstand D_0. Wir haben die Konstante mit C^{-1} definiert, um die nachfolgenden Gleichungen zu vereinfachen. Da sich der Zustand der Luft im Zwischenraum adiabatisch ändern wird, wenden wir das Poisson-Gesetz für eine Fläche von einem Quadratmeter an:

$$(\,p_0 + p_2\,)D^{\kappa} = p_0 D_0^{\kappa} \ . \tag{6.125}$$

C ist dann im Gleichgewicht mit $p_2 = 0$ wegen Gl. (6.124) gleich -dD/dp. Aus Gl. (6.125) folgt somit

$$D = \left(\frac{p_0}{p_0 + p_2}\right)^{1/\kappa} D_0 \tag{6.126}$$

und schließlich

$$C = \left.\frac{\mathrm{d}D}{\mathrm{d}p_2}\right|_0 = \frac{1}{\kappa}\frac{D_0}{p_0} \ . \tag{6.127}$$

Wendet man nun Gl. (6.124) auf die Situation in Bild 6.15 an, so folgt

$$p_2 = -C^{-1}(s_2 - s_1) \tag{6.128}$$

$$s_1 = s_2 + p_2 D\,\mathrm{b}\,. \tag{6.129}$$

Da beiden Wände die Newtonschen Gesetze befolgen, gilt ferner

$$p_1 - p_2 = m_1 \frac{d^2 s_1}{dt^2} \,, \tag{6.130}$$

$$p_2 - p_t = m_2 \frac{d^2 s_2}{dt^2} \,. \tag{6.131}$$

Aus den sechs Gleichungen (6.121, (6.122), (6.123), (6.129), (6.130), und (6.131) kann man eine Beziehung zwischen p_i und p_t herleiten und dabei die anderen Variablen eine nach der anderen eliminieren:

$$p_i = p_t + \frac{m_1 + m_2 + C(\rho_0 c_0)^2}{2\rho_0 c_0} \frac{dp_t}{dt} + \frac{(m_1 + m_2)C}{2} \frac{d^2 p_t}{dt^2} + \frac{C m_1 m_2}{2\rho_0 c_0} \frac{d^3 p_t}{dt^3} \,. \tag{6.132}$$

Setzt man hier wiederum die einfachen komplexen Funktionen aus den Gln. (6.114) und (6.115) ein, so folgt

$$A = B\left(\left[1 - \frac{(m_1 + m_2)C\omega^2}{2}\right] + j\left\{\frac{[m_1 + m_2 + C(\rho_0 c_0)^2]\omega}{2\rho_0 c_0} - \frac{C m_1 m_2 \omega^3}{2\rho_0 c_0}\right\}\right) \,. \tag{6.133}$$

Wir vernachlässigen die Phasenverschiebung, da wir uns nur für die Schallisolierung R in der Luft interessieren, die in Gl. (6.97) definiert war:

$$R = 10 \log \frac{|A|^2}{|B|^2} \tag{6.134}$$

$$R = 10 \log\left\{\left[1 - \frac{(m_1 + m_2)C\omega^2}{2}\right]^2 + \left(\frac{\omega}{2\rho_0 c_0}\right)^2 \left[m_1 + m_2 + C(\rho_0 c_0)^2 - C m_1 m_2 \omega^2\right]^2\right\} \tag{6.135}$$

Untersucht man die Isolierung R auf die Abhängigkeit von der Frequenz $f = \omega/(2\pi)$, so sollte man beachten, daß die Wand in Bild 6.15 als Masse-Feder-Masse-System betrachtet werden kann. Somit hat dieses auch ohne Einwirkung äußerer Kräfte Eigenschwingungen mit folgender Frequenz (vgl. Übung 6.15)

$$f_r = \frac{1}{2\pi} \sqrt{\frac{m_1 + m_2}{m_1 m_2 C}} \approx 60 \sqrt{\frac{m_1 + m_2}{m_1 m_2 D_0}} \,, \tag{6.136}$$

wobei wir für die letzte Gleichheit Gl. (6.127) mit $\kappa = 1{,}4$ und Atmosphärendruck p_0 verwendet haben.

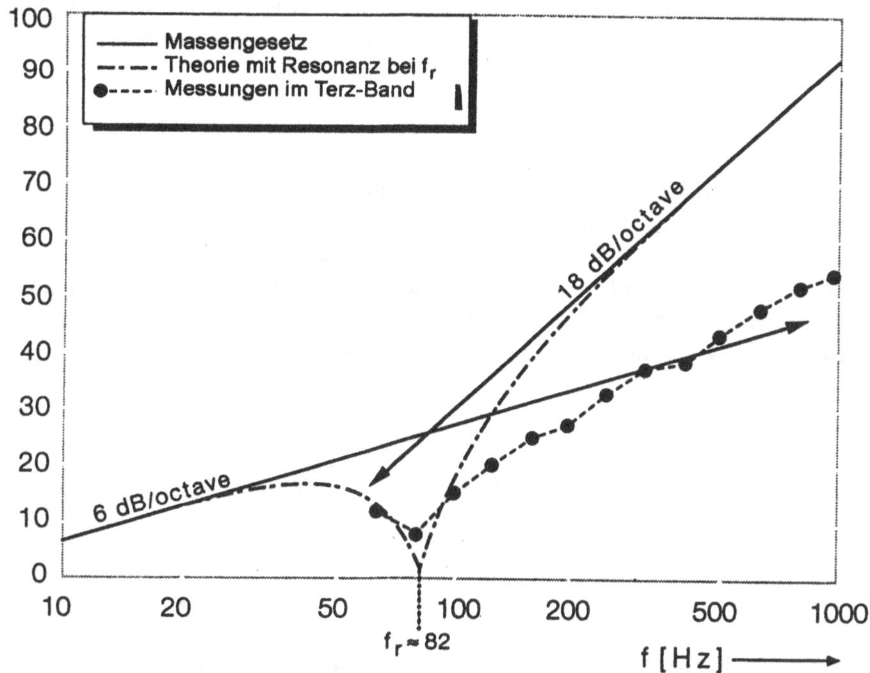

Bild 6.16 Doppelverglasung mit $D_0 = 0{,}08$ m, $m_1 = 20$ kg m^{-2}, $m_2 = 10$ kg m^{-2} und $f_r = 82$ Hz. (Aus: Verhoeven, a.a.O., Abb. 3.21, S. 3.43)

Es ist klar, daß sich der Schall in einer Resonanz leicht fortpflanzt, so daß die Luftisolierung bei dieser Resonanzfrequenz $f = f_r$ ein Minimum aufweisen wird. Dies ist tatsächlich der Fall, wie in Bild 6.16 für eine Doppelverglasung dargestellt ist. Man erkennt entsprechend den gegebenen Daten das Minimum bei $f_r = 82$ Hz.

Für kleinere Frequenzen mit $f << f_r$ schmiegt sich die Kurve $R(f)$ an eine Gerade mit einer Steigung von 6 dB pro Oktave. Dies erinnert uns an das Massengesetz (6.119) mit $m = m_1 + m_2$. Für hohe Frequenzen mit $f >> f_r$ überwiegt der ω^6-Term in Gl. (6.135), und die Kurve schmiegt sich erwartungsgemäß an eine Gerade mit einer Steigung von 18 dB pro Oktave an.

In Bild 6.16 sind auch experimentelle Meßdaten dargestellt. Die Isolierung ist bei höheren Frequenzen wesentlich niedriger als vorhergesagt, und es scheint, daß die Übertragung dann durch den schwächsten Punkt der Konstruktion – die Ränder – bestimmt wird. Sie verhalten sich tatsächlich wie eine einzige Schicht der Masse $m = m_1 + m_2$ und setzen dieses Verhalten näherungsweise bei niedrigeren Frequenzen fort.

Die theoretische Isolierung bei Resonanz mit $f = f_r$ kann durch Einsetzen von Gl. (6.136) in Gl. (6.135) gefunden werden:

$$R(f_r) = 10 \log\left\{\left[1 - \frac{(m_1 + m_2)^2}{2m_1 m_2}\right]^2 + \frac{m_1 + m_2}{4m_1 m_2} C(\rho_0 c_0)^2\right\} \tag{6.137}$$

Somit ist die Isolierung für $m_1 = m_2$ unter Resonanzbedingungen sehr klein. Es muß angemerkt werden, daß ein Großteil des Straßenlärms niederfrequent ist, so daß eine Doppelverglasung das Eindringen in die Wohnung kaum verhindern kann.

Koinzidenz

Im vorhergegangenen Abschnitt haben wir senkrecht eintreffende Schallwellen besprochen. Wir wollen uns jetzt mit schräg einfallenden Wellen beschäftigen. Diese Situation ist in Bild 6.17 für eine flache Platte dargestellt, bei der Ebenen phasengleiche Schallwellen unter einem Winkel θ einfallen. Man sieht in Bild 6.17 auch, daß hohe und niedrige Schalldruckpegel zu einer Einwölbung der Platte führen. Die Wellenlänge $\lambda_{\mathrm{Platte}}$ der in der Platte enstehenden Wellen und die Wellenlänge in der Luft λ_{Luft} hängen dabei wie folgt zusammen:

$$\lambda_{\mathrm{Platte}} = \frac{\lambda_{\mathrm{Luft}}}{\sin\theta} \ . \tag{6.138}$$

Da die Frequenz f in Luft und Platte die gleiche sein wird, hängen die Fortpflanzungsgeschwindigkeiten genauso zusammen

$$c_{\mathrm{Platte}} = \frac{c_0}{\sin\theta} \ . \tag{6.139}$$

Ebene Platten können transversale Schwingungen auch ohne äußere Kräfte ausführen. Die Beziehung zwischen der Frequenz f und der Geschwindigkeit c'_{Platte} ist bei Normalschwingungen gleich

$$c'_{\mathrm{Platte}} = \left[\frac{Yt^2(2\pi f)^2}{12\rho}\right]^{1/4} \ . \tag{6.140}$$

Hierbei beschreibt Y (N m^{-2}) – der Young-Modul – die elastischen Eigenschaften der Platte, t ist die Dicke (in m) und ρ die Dichte (in kg m^{-3}). Man kann nachprüfen, daß Gl. (6.140) die richtigen Dimensionen (m s^{-1}) für c'_{Platte} ergibt.

Der Beweis von Gl. (6.140) würde den Rahmen dieses Buches sprengen.* Wir wollen lediglich anmerken, daß die Potenz 1/4 auf der rechten Seite durch die Verformung der Platte entsteht. Die dazugehörige Wellengleichung ist komplizierter als zum Beispiel Gl. (6.23), und enthält $\Delta\Delta$-Terme. Die Konsequenz ist, daß die Geschwindigkeit c'_{Platte} der transversalen Wellen von der Frequenz abhängt.

Die Platte zeigt Resonanz, wenn die einfallenden Wellen der Frequenz f eine Fortpflanzungsgeschwindigkeit (6.139) in der Platte induzieren, die der normalen Fortpflanzungsgeschwindigkeit (6.140) entspricht. Ihre Rückseite reflektiert Wellen, die an ihrer Vorderseite aufgeprägt werden. Das Schallfeld bewegt sich somit, als ob die Platte gar nicht vorhanden

* Man kann diesen Beweis in Büchern zur Elastizitätslehre finden, in denen die Transversalschwingungen eines Stabes diskutiert werden. Tatsächlich reicht die Platte in Bild 6.17 senkrecht zur Zeichenebene bis ins Unendliche, so daß die Differentialgleichung derjenigen für einen Stab gleicht. (Siehe zum Beispiel in [3] S. 68-71.)

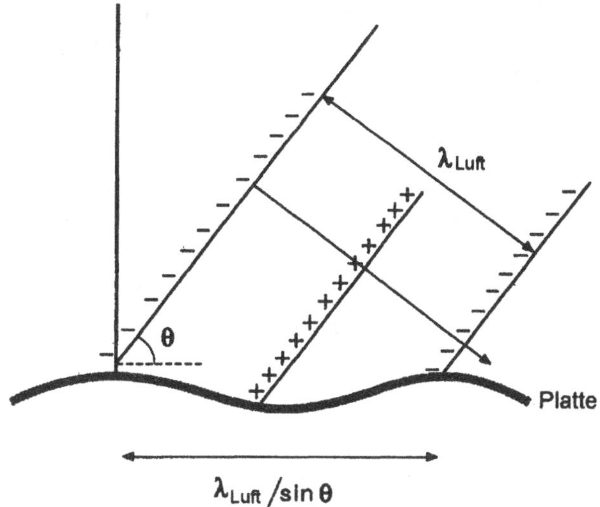

Bild 6.17 Schräger Einfall von ebenen Wellen auf eine flache Platte. Es wird eine Transversalwelle mit der Geschwindigkeit $c_0/\sin\theta$ induziert. Die unteren Punkte der Platte korrespondieren zum maximalen Luftdruck

wäre. Dieses Phänomen wird auch als Koinzidenz bezeichnet. Aus den Gln. (6.139) und (6.140) ersieht man, daß dies für eine Frequenz f_e mit

$$f_c = \frac{1}{2\pi t}\left(\frac{c_0}{\sin\theta}\right)^2 \sqrt{\frac{12\rho}{Y}} \tag{6.141}$$

auftritt. Bei senkrechem Einfall ist sin $\theta = 0$, so daß keine Konizidenz auftritt. Natürlich gibt es auch keine induzierten transversalen Wellen. Für $\theta > 0$ sinkt die Frequenz, und für $\theta = \pi/2$, den sogenannten streifenden Einfall, findet man die kleinste Koinzidenzfrequenz, die kritische Frequenz f_{cr}:

$$f_{cr} = \frac{c_0^2}{2\pi t}\sqrt{\frac{12\rho}{Y}} \approx \frac{65\cdot 10^3}{t\sqrt{Y/\rho}} \ , \tag{6.142}$$

wobei die Daten ganz rechts für Luft unter Standardbedingungen verwendet wurden.

Tabelle 6.6 Elastische Eigenschaften von einigen Baumaterialien

	Y (10^9 N m^{-2})	ρ (kg m^{-3})	$\sqrt{Y/\rho}$ (m s^{-1})
Backstein	25	2100	3450
Gipsplatten	4	800	2236
Aluminium	70	2800	5000
Fensterglas	70	2500	5292
Holz (Pinie)	11	520	4599
Weiches Brett	3	650	2148

In einem diffusen Schallfeld treffen die Schallwellen von allen Richtungen auf die Wand. Gilt für deren Frequenz jedoch $f < f_{cr}$, so tritt keine Konizidenz, und somit kein Verlust an Schallisolierung auf. Aus Bild 6.5 kann man somit ableiten, daß eine Wand derart konstruiert sein sollte, daß f_{cr} höher als 10 kHz liegt.

Die für $\sqrt{Y/\rho}$ im Nenner von Gl. (6.142) auftretenden Werte sind in Tabelle 6.6 für einige gebräuchliche Baumaterialien aufgeführt. Man sieht, daß die kritische Frequenz für eine Backsteinmauer von 10 cm Dicke bei $f_{cr} \approx 190$ Hz liegt, und für eine etwa 4 mm dicke Glasscheibe bei etwa 3 000 Hz. In beiden Fällen wird Koinzidenz zu Isolierungsverlusten führen. Man versucht manchmal, dieses durch das Hinzufügen einer dünnen (kleines t) und weichen Schicht (kleines $\sqrt{Y/\rho}$) zu der Hauptwand zu verhindern.

Vermeidung von Kontaktschall

Die in Bild 6.13 dargestellte Übertragung von Kontaktschall kann am einfachsten durch Verwendung von gefederten Fußböden vermieden werden. Allgemeiner formuliert hieße das, daß man laute Maschinen auf Federn stellen sollte. Das einfachste Beispiel dazu ist in Bild 6.18 gezeigt. Eine Masse m_1 wird auf eine Feder mit der Federkonstanten C^{-1} auf einem Fußboden der Gesamtmasse m_2 aufgestellt. Da $m_2 >> m_1$, kann man entweder Gl. (6.136) für den Grenzwert $m_2 \to \infty$ benutzt werden, oder man vernachlässigt die zweite Masse vollständig. In beiden Fällen erhält man folgende Resonanzfrequenz:

$$f_r = \frac{1}{2\pi}\sqrt{\frac{1}{m_1 C}} \quad . \tag{6.143}$$

Man nehme an, daß die Masse der Feder durch die Gewichtskraft $m_1 g$ der Masse über eine Strecke s gestaucht wird. Aus dem Hookeschen Gesetz ergibt sich für die Gleichgewichtssituation dann $m_1 g = C^{-1}\, s$ oder $m_1 g C = s$. Multipliziert man Zähler und Nenner in Gl. (6.143) mit g, so folgt

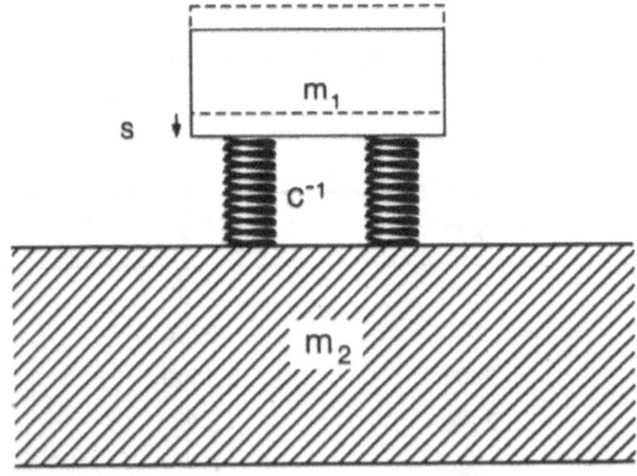

Bild 6.18 Auf Federn gelagerte Masse zur Vermeidung von Kontaktschall

$$f_r = \frac{1}{2\pi}\sqrt{\frac{g}{m_1 C g}} = \frac{1}{2\pi}\sqrt{\frac{g}{s}} \ . \tag{6.144}$$

Somit erhält man die Resonanzfrequenz einfach durch die Stauchung s der Feder im Gleichgewicht. Ist in der Masse m_1 eine Maschine enthalten, die selbst mit der Frequenz f schwingt, so kann man aus den Grundlagen der Mechanik folgern, daß die Amplituden der erzwungenen Schwingungen im Fall von $f >> f_r$ gegen Null gehen.

Brechung

In der freien Luft können Schallwellen nur näherungsweise durch Geraden dargestellt werden, und es ist jedem bekannt, daß Lärmschutzwälle zwischen einem Haus und einer Autobahn dieses nicht vollständig vor Lärm schützen. Tatsächlich strahlt die Oberkante eines solchen Walles nach dem Huygensschen Prinzip selbst Schallwellen in alle Richtungen aus.

Wir werden solche Lärmschutzwälle nicht näher besprechen, wollen uns aber der Krümmung bei der Schallübertragung widmen, die durch (vertikale) Temperatur- und Geschwindigkeitsgradienten in der Luft verursacht wird. Als Voraussetzung betrachten wir deshalb die auf der linken Seite von Bild 6.19 dargestellte Brechung von Schallwellen an der Grenzfläche zweier Medien.

Dazu sei eine ebene harmonische Welle aus einer beliebigen Richtung $\boldsymbol{n}$ durch ihren Wellenvektor $\boldsymbol{k} = k\boldsymbol{n}$ gegeben. Eine Verallgemeinerung von Gl. (6.28) ergibt für das Medium 1

$$p_1(\boldsymbol{r},t) = Ae^{j(\omega t - \boldsymbol{k}_1 \cdot \boldsymbol{r})} . \tag{6.145}$$

Wir betrachten eine einzige Frequenz ω und vernachlässigen die Zeitabhängigkeit. Macht man von der in Bild 6.19 dargestellten Geometrie Gebrauch, so gilt

$$p_1(\boldsymbol{r},t) = A\,e^{-jk_1 x \sin\theta_1 + jk_1 z \cos\theta_1} \ . \tag{6.146}$$

Der Druck im zweiten Medium kann analog dazu angegeben werden:

$$p_2(\boldsymbol{r},t) = B\,e^{-jk_2 x \sin\theta_2 + jk_2 z \cos\theta_2} \ . \tag{6.147}$$

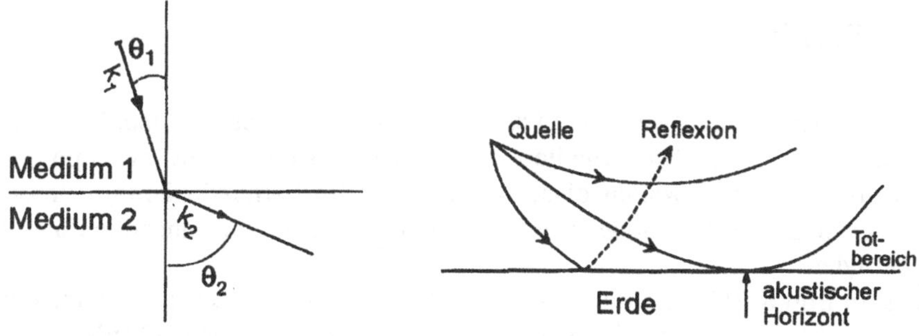

Bild 6.19 Brechung von Schallwellen an der Grenzfläche zweier Medien (links) und in der Atmosphäre (rechts)

An der Grenzfläche $z = 0$ sollte die x-Abhängigkeit der beiden Druckfunktionen identisch sein, obwohl die Amplitude B im zweiten Medium kleiner sein kann. Man erhält das Snelliussche Gesetz:

$$k_1 \sin\theta_1 = k_2 \sin\theta_2 \qquad (6.148)$$

oder

$$\frac{\sin\theta_2}{\sin\theta_1} = \frac{k_1}{k_2} = \frac{c_2}{c_1} \quad , \qquad (6.149)$$

wobei von Gl. (6.26) und der Tatsache Gebrauch gemacht wurde, daß die Frequenz f in beiden Medien identisch ist. Für $c_2 > c_1$, wie es an der Grenzfläche zwischen Luft und Wasser der Fall ist, folgt $\theta_2 > \theta_1$. Der Grenzwinkel kann zu $\theta_2 = 90°$ berechnet werden, woraus für das System Luft-Wasser mit $c_2 \approx 4c_1$ schließlich $\theta_1 \leq 14{,}5°$ folgt.

Akustischer Horizont

Wir wissen aus Gl. (3.28), daß die Temperatur der Luft im trockenen adiabatischen Fall mit der Höhe abnimmt. Nach Gl. (6.12) und Gl. (3.22) gilt

$$c_0^2 = \frac{p}{\rho} = RT \quad , \qquad (6.150)$$

wobei R die korrigierte Gaskonstante für trockene Luft ist. Auch die Schallgeschwindigkeit nimmt mit der Höhe ab. Die resultierenden „Schallstrahlen“ sind auf der rechten Seite von Bild 6.19 skizziert. Statt zweier gerader Strahlen $\boldsymbol{k}_1$ und $\boldsymbol{k}_2$ beobachtet man vielmehr einen kontinuierlich größer werdenden Winkel θ. Von einer weit oben in der Atmosphäre gelegenen Schallquelle gibt es einen einzigen Strahl, der den Erdboden gerade berührt – im *akustischen Horizont*. Punkte rechts davon können nicht vom Schall erreicht werden, liegen also im Totbereich.

Dieses Phänomen kann beim Vorbeiflug eines Flugzeuges beobachtet werden. Der Schall nimmt erst langsam ab und verschwindet plötzlich vollständig. Es muß allerdings erwähnt werden, daß dem Geschwindigkeitsgradienten des Windes hierbei die entscheidendere Rolle zukommt.

6.4 Aktive Lärmkontrolle

Wenn alle Möglichkeiten, den Lärm an seiner Quelle zu reduzieren erschöpft sind, kann man versuchen, wie bereits in Gl. (6.37) formuliert und in Bild 6.3 dargestellt, gegenphasige Schallwellen hinzuzufügen. Wir wollen diese Möglichkeit der Lärmreduzierung für den einfachen Fall einer einzelnen Schallquelle besprechen, die sich in einer unendlich ausgedehnten Röhre befindet.

Das Prinzip ist in Bild 6.20 dargestellt. Man erkennt eine Primärquelle bei $x = 0$ und eine Sekundärquelle bei $x = L$. Eine elektronische Steuereinheit V regelt die zweite Quelle, so daß die erforderlichen Phasenverschiebungen erreicht werden. Wir merken die Definitionen für

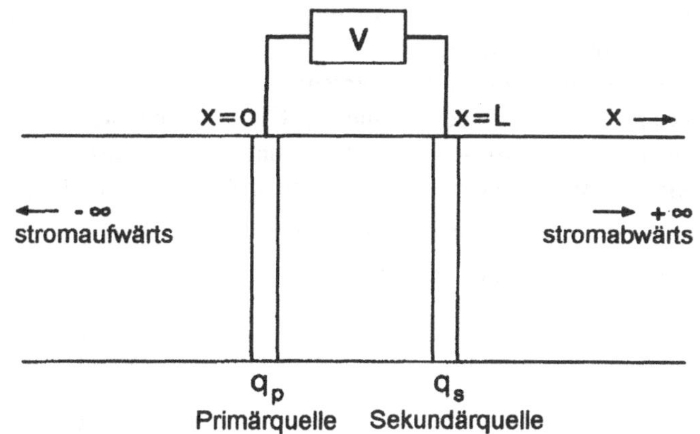

Bild 6.20 Zwei Schallquellen in einer unendlich ausgedehnten Röhre mit einer elektronischen Steuerung V. (Aus: Nelson und Elliot, a.a.O., Abb. 5.5, S. 123)

stromabwärts ($x \to \infty$) und stromaufwärts ($x \to -\infty$) gerichtete Signale an. Der Inhalt des Bildes gibt die wesentlichen Bestandteile eines dem Erfinder Paul Lueg zugesprochenen US-Patentes aus dem Jahre 1936 wieder. Erst in den 80er Jahren war die Elektronik weit genug fortgeschritten, um diese Idee für verschiedene Entwürfe zu nutzen. Innerhalb eines Autos kann man zum Beispiel über einen Frequenzbereich von 0–250 Hz eine Lärmreduzierung von 5 bis 7 Dezibel erreichen, indem man mit sechs unter der Karosserie angebrachten Lärmsensoren den Lärm analysiert (vgl. [4], S. 406).

Im vorliegenden Buch möchten wir uns aber nicht mit der Elektronik beschäftigen und beschränken uns außerdem auf eine einzelne Monopolschallquelle und eine Sekundärquelle, deren Schallwellen sich lediglich in x-Richtung fortpflanzen. Man kann von der Gültigkeit dieser Annahmen augehen, wenn man die Quellen innerhalb einer langen Röhre plaziert, und mit einer Wellenlänge arbeitet, die wenigstens zweimal so groß wie der Querschnitt dieser Röhre ist. Für Frequenzen von bis zu 170 Hz liegt die Wellenlänge bei über zwei Metern, also stimmen die folgenden Überlegungen für niedrigere Frequenzen und nicht zu große Röhren.

Im Idealfall sollte die Sekundärquelle das strombwärts gerichtete Schallfeld auslöschen und gleichzeitig aber das stromaufwärts gerichtete Schallfeld der Primärquelle unbeeinflußt lassen. Die letzte Bedingung vereinfacht die Kontrolle des Primärfeldes. Wir werden zeigen, daß die Kombination eines Monopols und eines Dipols als Sekundärquelle diese Bedingungen erfüllen können. Wir beginnen deshalb mit der Definition und Besprechung einer Monopolquelle, und wenden uns am Ende der Dipolquelle zu.

Die Monopolquelle

Eine (hypothetische) Monopolquelle bei $x = x_0$ kann als Kombination zweier masseloser Kolben definiert werden, zwischen denen die Luft mit einer Frequenz f komprimiert und dekomprimiert wird. Da die Kolben zu allen Zeiten eine entgegengestzt gerichtete Geschwindigkeit haben, hat die Luftgeschwindigkeit $U(x_0^-)$ auf der linken Seite der Kolben gerade den negativen Wert der Geschwindigkeit $U(x_0^+)$, die die Luft auf der rechten Seite der Kolben hat:

$$U(x_0^+) = -U(x_0^-) \ . \tag{6.151}$$

Die Kolben sollen dabei sehr dicht beieinander liegen. Außerdem können sie von einem äußeren Schallfeld ohne Verluste durchdrungen werden.

Diese Situation ist in Bild 6.21 skizziert. Für $x > x_0$ erzeugt der rechte Kolben eine stromaufwärts gerichtete, harmonische Schallwelle der Frequenz f, Kreisfrequenz ω, Wellenzahl k und Fortpflanzungsgeschwindigkeit c_0. In den Gln. (6.24) und (6.29) wurden diese Welleneigenschaften bereits angegeben. Wir erinnern uns außerdem an Gl. (6.7), mit der $p = \rho_0 c_0 u$ galt. Verwendet man für die Amplituden jetzt die Ausdrücke $U(x_0^-)$ und $U(x_0^+)$, behält aber das Minuszeichen wie in Gl. (6.151) bei, so gilt

$$p(x) = \rho_0 c_0 U(x_0^+) e^{-jk(x-x_0)} \qquad (x > x_0), \tag{6.152}$$

$$u(x) = U(x_0^+) e^{-jk(x-x_0)} \qquad (x > x_0). \tag{6.153}$$

Hierbei wurde die komplexe Schreibweise aus den Gln. (6.28) und (6.38) verwendet, was komplexe Geschwindigkeiten $U(x_0^-)$ und $U(x_0^+)$ impliziert. Wir legen den Ursprung der Welle mit $x = x_0$ fest, um später die Besprechung von Interferenzen zu vereinfachen. Zum Schluß wollen wir noch einmal daran erinnern, daß die Zeitabhängigkeit $e^{j\omega t}$, die hier vernachlässigt wurde, impliziert, daß die in Gl. (6.152) und Gl. (6.153) beschriebenen Wellen nach rechts laufen.

Der linke Kolben in Bild 6.21 erzeugt eine stromaufwärts gerichtete Schallwelle. Die Teilchengeschwindigkeit $U(x_0^-)$ links von $x = x_0$ wird so definiert, daß die positive x-Achse nach rechts weist. Die Beziehung $p = \rho_0 c_0 u$ wurde für den Fall hergeleitet, daß sich die Welle in positiver Richtung fortpflanzt. Somit erhält man durch Hinzufügen eines Minuszeichens zu Gl. (6.152) und Gl. (6.153) analoge Gleichungen

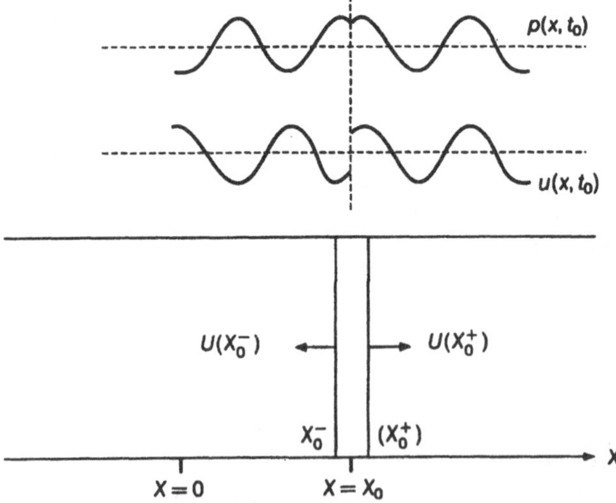

Bild 6.21 Monopolquelle bei $x = x_0$ mit Luftpartikel-Geschwindigkeiten $u(x,t)$ zum Zeitpunkt $t = t_0$. Man beachte, daß die Wellenlänge in der Praxis größer als der Querschnitt der Röhre sein sollte. (Aus: Nelson und Elliot, a.a.O., Abb. 5.4, S. 121)

$$p(x) = -\rho_0 c_0 U(x_0^-) e^{jk(x-x_0)} \qquad (x < x_0), \tag{6.154}$$

$$u(x) = U(x_0^-) e^{jk(x-x_0)} \qquad (x < x_0), \tag{6.155}$$

wobei die Welle wegen der Exponentialfunktion nach links läuft. Die Gln. (6.151), (6.153) und (6.155) implizieren eine Diskontinuität der Geschwindigkeit bei $x = x_0$. Wie man im oberen Teil von Bild 6.21 sehen kann, setzt sich der Druck wegen des Minuszeichens in Gl. (6.154) kontinuierlich fort.

Definiert man eine Quellenstärke $q(x_0)$ als die Volumengeschwindigkeit, die durch den Monopol in der Röhre entsteht, so gilt hierfür

$$q(x_0) = SU(x_0^+) - SU(x_0^-) = 2SU(x_0^+) = -2SU(x_0^-) \ . \tag{6.156}$$

Die Drücke (6.152) und (6.154) können somit zusammengefaßt werden:

$$p(x) = \frac{\rho_0 c_0}{2S} q(x_0) e^{-jk|x-x_0|} \ . \tag{6.157}$$

Man beachte, daß im Exponenten der Betrag $|x - x_0|$ des Abstandes von der Quelle auftritt.

Zwei Monopolquellen im Abstand L

Kehren wir nun aber zum Problem in Bild 6.20 zurück, und betrachten dazu zwei Monopolquellen an den Orten $x = 0$ und $x = L$. Für beide gilt gleichermaßen Gl. (6.157) mit der Stärke q_p für die Primär- und q_s für die Sekundärquelle. Man erhält dann für die beiden Drücke

$$p_p(x) = \frac{\rho_0 c_0}{2S} q_p \, e^{-jk|x|} \ , \tag{6.158}$$

$$p_s(x) = \frac{\rho_0 c_0}{2S} q_s \, e^{-jk|x-L|} \ . \tag{6.159}$$

Der Gesamtdruck entspricht der Summe der beiden Drücke:

$$p(x) = p_p(x) + p_s(x) \ . \tag{6.160}$$

Wir müssen die Parameter derart wählen, daß stromabwärts der Sekundärquelle ($x \geq L$) der gesamte Schalldruck verschwindet:

$$q_p \, e^{-jkx} + q_s \, e^{-jk(x-L)} = 0 \qquad (x \geq L) \ , \tag{6.161}$$

wobei wir den gemeinsamen Faktor $\rho_0 \, c_0 \, /(2S)$ vernachlässigt haben. Gl. (6.161) gibt eine Bedingung für die Stärke der Sekundärquelle

$$q_s = -q_p \, e^{-jkL} \ . \tag{6.162}$$

Die Sekundärquelle sollte somit genauso stark wie die Primärquelle sein $|q_s| = |q_p|$. Die Exponentialfunktion e^{-jkL} bedeutet eine Phasenverschiebung um kL, die genau der Zeit L/c_0 entspricht, die die Primärwelle benötigt, um den Weg L zurückzulegen.*

Im Bereich zwischen beiden Quellen bildet sich eine stehende Welle aus (vgl. Übung 6.16), und stromaufwärts von der Primärquelle folgt mit den Gln. (6.158), (6.159), (6.160) und (6.162) dann

$$p(x) = \frac{\rho_0 c_0}{2S} q_p (1 - e^{-j2kL}) e^{jkx} \qquad (x \leq 0). \tag{6.163}$$

Dies bedeutet, daß für $2kL = n(2\pi)$ mit der ganzen Zahl n der Druck $p(x)$ stromaufwärts verschwindet. Somit kann man für den Primärton einer einzigen Frequenz den Abstand zwischen den Quellen anpassen, so daß der Druck sowohl für $x < 0$, als auch für $x > L$ verschwindet. In der Praxis hat man einen Frequenzbereich und nicht nur eine einzelne Frequenz, so daß die Anpassung von L nicht helfen wird. Um aber kompliziertere Aufbauten zu besprechen, werden wir zunächst untersuchen, was mit der akustischen Energie aus den beiden Quellen geschieht.

Energieintensität

In den Gleichungen (6.53) und (6.54) haben wir die akustische Intensität $\boldsymbol{I}$ als einen Vektor definiert, der der Leistungsfluß (in W m^{-2}) beschreibt. Dieser Fluß werde als positiv betrachtet, wenn er nach rechts fließt. Vergleicht man die Leistungsflüsse links und rechts direkt neben einer Monopolquelle, so muß der Unterschied in der durch die Quelle zugeführten Leistung bestehen, also

$$W = S\left[I(x_0^+) - I(x_0^-)\right] \tag{6.164}$$

gelten, da das Hintergrundfeld kontinuierlich über $x = x_0$ hinwegläuft, und die nach links von der Quelle auslaufende Leistung als negativ gerechnet wird. Wir wollen die komplexe Schreibweise und eine einzige Frequenz ω verwenden und können dann Gl. (6.56) benutzen, um die akustische Intensität zu beschreiben. Wir notieren dazu die Terme von Gl. (6.59) in positiver x-Richtung an den Punkten x_0^+ und x_0^- :

$$I(x_0^+) = \tfrac{1}{2}\mathrm{Re}\left[p^*(x_0^+) u(x_0^+)\right], \tag{6.165}$$

$$I(x_0^-) = \tfrac{1}{2}\mathrm{Re}\left[p^*(x_0^-) u(x_0^-)\right]. \tag{6.166}$$

Wir nehmen an, die Quelle liege bei $x = x_0$ in einem äußeren Feld, das bei $x = x_0$ sowohl für $p(x)$, als auch für $u(x)$ kontinuierlich verläuft. Somit sollte jeder Geschwindigkeitsunterschied der Luftteilchen zwischen $x = x_0^-$ und $x = x_0^+$ der Quelle zugeschrieben werden, und man kann analog zu Gl. (6.156)

* Man erhält dieses Ergebnis durch Hinzufügung einer Zeitabhängigkeit $e^{j\omega t}$, was zu $t = kL/\omega = L/c_0$ führt. Etwas allgemeiner kann man auch eine Fouriertransformation durchführen, um zwischen der Frequenz- und Zeitabhängigkeit umzuschalten.

$$q(x_0) = S\left[u(x_0^+) - u(x_0^-)\right] \tag{6.167}$$

schreiben. Setzt man die Gln. (6.165) und (6.166) in Gl. (6.164) ein, und nutzt die Stetigkeit des Druckfeldes in Bild 6.21, so folgt mit Gl. (6.167) für die Leistung der Quelle

$$W = \tfrac{1}{2}\mathrm{Re}\left[p^*(x_0)q(x_0)\right] . \tag{6.168}$$

Im Fall einer primären Monopolquelle bei $x = 0$ und einer Sekundärquelle bei $x = L$, wurde Gl. (6.162) unter der Bedingung hergeleitet, daß der Druck für $x \geq L$ verschwindet. Somit ist $p(L) = 0$, und Gl. (6.168) zeigt, daß die Quelle keine Nettoleistung abstrahlt. Während der Zeit $T = 1/f$ absorbiert sie also genauso viel Leistung, wie sie wieder abstrahlt.

Ein Paar sekundärer Monopolquellen

Betrachten wir nun zwei wie in Bild 6.22 dargestellte sekundäre Monopolquellen, eine mit der Stärke q_{s1} am Ort $x = L$ und eine zweite der Stärke q_{s2} am Ort $x = L + d$. Physikalisch ist diese Situation mit zwei Monopolquellen identisch, die uns in den Gln. (6.158) und (6.159) begegnet sind, und wir schreiben

$$p_{s1}(x) = \frac{\rho_0 c_0}{2S} q_{s1}\, e^{-jk|x-L|} , \tag{6.169}$$

$$p_{s2}(x) = \frac{\rho_0 c_0}{2S} q_{s2}\, e^{-jk|x-L-d|} . \tag{6.170}$$

Wir können ein Verschwinden der Strahlung stromaufwärts einfach durch eine zu Gl. (6.162) analoge Bedingung erzwingen:

$$q_{s2} = -q_{s1}\, e^{jkd} . \tag{6.171}$$

Das Pluszeichen im Exponenten auf der rechten Seite gewährleistet dann, daß das Schallfeld stromaufwärts verschwindet. Aus dieser Gleichung folgt, daß q_{s2} nach einer Zeitspanne d/c_0

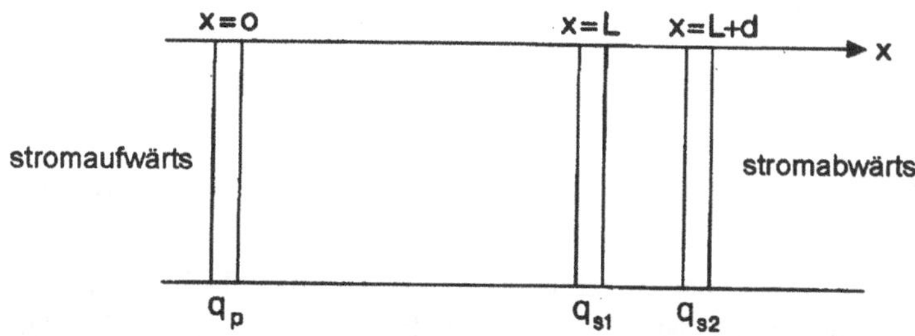

Bild 6.22 Zwei ebene Monopolquellen q_{s1} und q_{s2} die das Signal einer stromabwärts gelegenen Primärquelle auslöschen, während stromaufwärts keine Störung auftritt. (Aus: Nelson und Elliot, a.a.O., Abb. 5.12, S. 135)

genau den entgegengesetzten Wert von q_{s1} hat. Der komplexwertige Druck $p_s(x)$ stromabwärts, der durch die beiden Quellen entsteht, kann unter Verwendung von Gl. (6.171) durch Addition der Gln. (6.169) und (6.170) bestimmt werden:

$$p_s(x)=\frac{\rho_0 c_0}{2S}q_{s2}\left(-e^{-jk(x-L)-jkd}+e^{-jk(x-L-d)}\right) \qquad (x\geq L+d) \tag{6.172}$$

$$p_s(x)=\frac{\rho_0 c_0}{2S}q_{s2}\,e^{-jk(x-L)}\left[2j\sin(kd)\right] \qquad (x\geq L+d) \tag{6.173}$$

Wir fügen nun eine Primärquelle der Stärke q_p am Ort $x = 0$ hinzu und addieren Gl. (6.157) zu Gl. (6.173), um den gesamten Druck stromabwärts zu erhalten:

$$p(x)=\frac{\rho_0 c_0}{2S}\left\{q_p e^{-jkx}+q_{s2}e^{-jk(x-L)}\left[2j\sin(kd)\right]\right\} \quad (x\geq L+d)\;. \tag{6.174}$$

Der stromabwärts gerichtete Druck verschwindet, wenn für die Sekundärquelle q_{s2} neben Gl. (6.171) auch die folgende Bedingung erfüllt ist:

$$q_{s2}=\frac{-q_p e^{-jkL}}{2j\sin(kd)}\;. \tag{6.175}$$

Für Frequenzen mit $kd = np$ mit einem ganzzahligen n erhält man $\sin(kd) = 0$ und q_{s2} geht gegen Unendlich. Dies ist aber auch verständlich, da aus Gl. (6.173) folgt, daß in diesem Fall die Sekundärquelle keinerlei stromabwärts gerichtete Strahlung erzeugt.

Die ebene Dipolquelle

Betrachten wir nun, wie in Bild 6.23 dargestellt, zwei Monopole nach den Definitionen (6.169) und (6.170) und setzen gleichzeitig $L = 0$. Wir unterdrücken dabei die Indizes und schreiben im Gegensatz zu Gl. (6.171)

$$q_2=-q_1=q\;. \tag{6.176}$$

Mit dieser Definitionen (6.176) reduzieren sich die Gln. (6.169) und (6.170) auf

$$p_1(x)=-\frac{\rho_0 c_0}{2S}q e^{-jk|x|}\;, \tag{6.177}$$

$$p_2(x)=\frac{\rho_0 c_0}{2S}q e^{-jk|x-d|}\;. \tag{6.178}$$

Berechnen wir jetzt den Druck $p(x)$ unter der Annahme $k\,d \ll 1$, was gleichbedeutend damit ist, daß der Abstand d zwischen den beiden Monopolen wesentlich kleiner ist als die Wellenlänge λ des Schalles:

$$p(x)=\frac{\rho_0 c_0}{2S}q\left(e^{-jk(x-d)}-e^{-jkx}\right) \qquad (x>d) \tag{6.179}$$

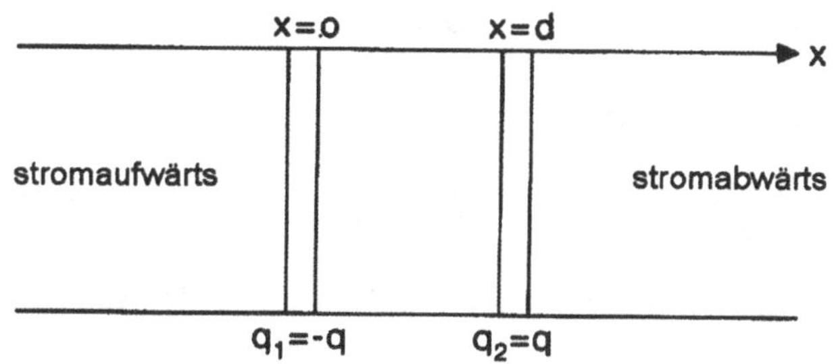

Bild 6.23 Die Dipolquelle. (Aus: Nelson und Elliot, a.a.O., Abb. 5.19, S. 145)

$$p(x) = \frac{\rho_0 c_0}{2S} q e^{-jk(x-d)} \left(1 - e^{-jkd}\right) \qquad (x > d) \tag{6.180}$$

$$p(x) \approx \frac{j\omega\rho_0 qd}{2S} e^{-jk(x-d)} = \frac{f}{2S} e^{-jk(x-d)} \qquad (x > d) \tag{6.181}$$

Hierbei haben wir die Exponentialfunktionen e^{-jkd} in eine Reihe entwickelt, und die Beziehung $\omega = c_0 k$ benutzt. Wir haben auch eine Stärke

$$f = j\omega\rho_0 qd \tag{6.182}$$

eingeführt. Stromaufwärts gilt

$$p(x) = \frac{\rho_0 c_0}{2S} q \left(e^{jk(x-d)} - e^{jkx}\right) \qquad (x < 0)\ , \tag{6.183}$$

$$p(x) \approx -\frac{j\omega\rho_0 qd}{2S} e^{jkx} = -\frac{f}{2S} e^{jkx} \qquad (x < 0)\ . \tag{6.184}$$

Ein Dipol wird durch den Grenzübergang $d \to 0$ definiert, während das Produkt qd erhalten, und somit die Stärke f in Gl. (6.182) konstant bleibt. Setzten wir den Dipol nun an die Stelle $x = x_0$ und passen die Gleichungen entsprechend an. Gl. (6.181) wird dann zu

$$p(x) = \frac{f}{2S} e^{-jk(x-x_0)} \qquad (x > x_0)\ , \tag{6.185}$$

während Gl. (6.184) folgendermaßen aussieht:

$$p(x) = -\frac{f}{2S} e^{jk(x-x_0)} \qquad (x < x_0)\ . \tag{6.186}$$

Die Monopol-Dipol-Kombination

Wir erinnern uns daran, daß die Kombination zweier Monopole als Sekundärquelle einen ausgleichenden, stromaufwärts gerichteten Druckbeitrag ergibt, wenn Gl. (6.171) gilt. Somit sind Abstand und Wellenlänge gekoppelt. Wir zeigen jetzt, daß eine solche Einschränkung nicht länger gültig ist, wenn man einen Dipol der Stärke $f(x_0)$ mit einem Monopol der Stärke $q(x_0)$ bei $x = x_0$ verbindet. Stromabwärts wenden wir die Gln. (6.157) und (6.185) an, so daß

$$p(x)=\frac{\rho_0 c_0 q(x_0)}{2S}\mathrm{e}^{-jk(x-x_0)}+\frac{f(x_0)}{2S}\mathrm{e}^{-jk(x-x_0)} \qquad (x>x_0) \tag{6.187}$$

folgt. Stromaufwärts verwenden wir die Gln. (6.157) und (6.186), und erhalten

$$p(x)=\frac{\rho_0 c_0 q(x_0)}{2S}\mathrm{e}^{jk(x-x_0)}-\frac{f(x_0)}{2S}\mathrm{e}^{jk(x-x_0)} \qquad (x<x_0)\ . \tag{6.188}$$

Der stromaufwärts gerichtete Druck wird durch diesen Satz von Sekundärquellen verschwinden, wenn die Bedingung

$$f(x_0)=\rho_0 c_0 q(x_0) \tag{6.189}$$

erfüllt ist, also eine Gleichung, die nur Stärken und Phasen, aber keinerlei geometrische Größen enthält. Der stromabwärts gerichtete Schalldruck lautet dann

$$p(x)=\frac{f(x_0)}{S}\mathrm{e}^{-jk(x-x_0)} \qquad (x>x_0)\ . \tag{6.190}$$

Haben wir jetzt eine primäre Monopolquelle der Stärke q_p bei $x = 0$, sowie eine sekundäre Quellenanordnung bei $x_0 = L$, so kann man die stromabwärtigen Beiträge aus den Gln. (6.157) und (6.190) erhalten:

$$p(x)=\frac{\rho_0 c_0 q(x_0)}{2S}q_\mathrm{p}\mathrm{e}^{-jkx}+\frac{f}{S}\mathrm{e}^{-jk(x-L)} \qquad (x>L)\ . \tag{6.191}$$

Dieser gesamte stromabwärts gerichtete Druck verschwindet, wenn

$$f=-\frac{\rho_0 c_0 q_\mathrm{p}}{2}\mathrm{e}^{-jkL}\ . \tag{6.192}$$

Hierdurch wird die Stärke der sekundären Dipolquelle f festgelegt, und mit Gl. (6.189) gleichzeitig die Stärke des Monopols. Das Problem dieses Abschnittes ist somit gelöst, und das stromaufwärts gerichtete Feld bleibt ungestört.

Übungen

6.1 Newton berechnete die Schallgeschwindigkeit in Luft mit dem Boyleschen Gesetz pV = konst. Welche Geschwindigkeit erhielt er daraus?

6.2 Überprüfen Sie Bild 6.3 durch Berechnung einiger Punkte unter Verwendung von Gl. (6.37)

6.3 Suchen Sie in den Tabellen zur Luftdichte diejenige Temperatur für trockene Luft heraus, bei der der letzte Term in Gl. (6.61) verschwindet.

6.4 Berechnen Sie für die beiden Referenzwerte $p_\mathrm{ref} = 2\cdot10^{-5}$ Pa und p_ref = 0,6 Pa die maximale Geschwindigkeit u der Luftpakete. Berechnen Sie auch die maximale Verlschiebung aus der Gleichgewichtslage sowie die maximalen Beschleunigungen für die Frequenzen f = 20 Hz und f = 1 000 Hz. Beachten Sie, daß die Beschleunigung von der gleichen Größenordnung oder sogar größer sein kann wie die Erdbeschleunigung g. Vergleichen Sie die räumlichen Amplituden für p_{ref} und $f = 1\,000$ Hz mit dem Bohrschen Radius des Wasserstoffatoms. Schwingungen dieser Größenordnung kann das menschliche Ohr noch wahrnehmen!

6.5 Zeigen Sie, daß die Besselfunktion $J_0(kr)$ und die Neumannfunktion $N_0(kr)$ in Zylinderkoordinaten die zylindersymmetriche Lösung der Wellengleichung mit asymptotischen Lösungen darstellen (6.60).

6.6 Zeigen Sie, daß die Gleichungen (6.43), (6.68) und (6.28) qualitativ durch einen Blick auf die Energieerhaltung verstanden werden können. Man betrachte dazu ein hohes Appartmenthaus inmitten einer Großstadt: Ist es sinnvoll, zur Reduzierung der Belästigung durch den Straßenlärm von einer tieferen in eine höhere Etage umzuziehen?

6.7 Zeigen Sie, daß der lineare Anteil von Bild 6.6 durch Gl. (6.85) genähert werden kann.

6.8 Zeichnen Sie Gl. (6.86) für $F(f) = 1$ im Bereich $10^{-7} < I < 10^{-5}$ in linearem Maßstab für I. Zeichnen Sie außerdem $L_I + c_2$ und passen Sie c_2 so an, daß sich die beiden Kurven bei $I = 5 \cdot 10^{-6}$ schneiden. Überprüfen Sie, daß sich die beiden Auftragungen in der Nähe des Schnittpunktes in etwa gleichen.

6.9 Ein Signal mit $L_I = 60$ dB wird für die sechs Frequenezen 125, 250, 500, 1 000, 2 000 und 4 000 Hz ausgesandt. Leiten Sie aus Bild 6.5 für jede Frequenz die Lautstärkepegel L_N in phon sowie mit Gl. (6.85) die Lautheit S_N in sone her. Welchen Wert hat die gesamte Lautheit in sone? Welches ist der mit Gl. (6.85) dazu korrespondierende Lautstärkepegel? Vergleichen und kommentieren Sie diesen mit dem Zahlenwert L_I in dB.

6.10 Aus Gl. (6.97) könnte man ableiten, daß der Widerstand einer Wand durch Senkung von A erhöht werden kann. Zeigen Sie, warum dies nicht zutrifft.

6.11 Betrachten Sie eine Schallquelle in einem geschlossenen Raum, die eine diffuses Schallfeld der Intensität I_1 und der Absorption A_I erzeugt. Nach einem Wechsel zur Absorption A_2 ändert sich die Intensität zu I_2. Zeigen Sie, daß für die Schalldruckpegel $L_2 - L_1 = 10 \log(A_I/A_2)$ gilt.

6.12 Zwei Räume seien durch eine Wand mit $S = 12\ \mathrm{m}^2$ getrennt. Wenn beide Räume leerstehen, hat der emittierende Raum einen Schalldruckpegel von $L_e = 110$ dB und der empfangende Raum einen von $L_0 = 63$ dB. Die Absorption beträgt im emittierenden Raum $A_e = 2{,}5\ \mathrm{m}^2$ und im empfangenden Raum $A_0 = 3\ \mathrm{m}^2$. (a) Bestimmen Sie den Widerstand der Wand. Jetzt werden beide Räume möbliert, was zu Absorptionswerten von $A_e = 8\ \mathrm{m}^2$ und $A_e = 20\ \mathrm{m}^2$ führt. (b) Berechnen Sie nun die Werte L_e und L_0 bei der gleichen Schallstärke wie zuvor (verwenden Sie die Ergebnisse aus Übung 6.11). (c) Ist es einfach, durch Erhöhung der Absorption eine weitere Senkung von L_0 um 10 dB zu erreichen?

6.13 Definieren Sie eine mittlere Luftisolierung als Mittelwert von R in Gl. (6.119) für die Frequenzen $f = 100$, 200, 400, 800, 1 600 und 3 200 Hz. Zeigen Sie daß $f = 565$ Hz dem Mittelwert entspräche. Beachten Sie, daß das Ergebnis in der Praxis auch für das Massengesetz (6.120) gilt.

6.14 Betrachten Sie eine aus Backsteinen gemauerte, 22 cm starke Wand, die auf beiden Seiten mit einer 1 cm dicken Schicht Gips verkleidet wurde. Berechnen Sie die Luftisolierung nach dem Massengesetz (6.117) und dessen praktischer Umsetzung (6.120). Verwenden Sie Tabelle 4.1.

6.15 Interpretieren Sie die hohle Wand in Bild 6.15 als zwei Massen m_1 und m_2, die über eine Feder mit der Federkonstante C^{-1} verbunden sind. Berechnen Sie die Eigenfrequenz (6.136).

6.16 Untersuchen Sie den Fall zweier Monopolquellen im Abstand L, wie sie in den Gln. (6.158) und (6.162) angegeben wurden. Berechnen Sie die stehende Welle im Bereich $0 \leq x \leq L$. Tragen Sie die Intensität $|p(x)|$ für $-\infty \leq x \leq L$ auf, wenn $kL = \frac{5}{8}(2\pi)$ gilt.

6.17 Verwenden Sie die Gln. (6.168) und (6.163), um die Leistungsabstrahlung der primären Monopolquelle bei $x = 0$ zu finden, wenn es bei $x = L$ eine einzelne Sekundärquelle gibt. Vergleichen Sie diesen Wert mit dem Output einer Primärquelle ohne Sekundärquelle.

Referenzen

[1] G. Shedd, Sound, Alders Books, London, 1970.

[2] Roger Brown und Richard J. Hernstein, *Psychology*, Methuen, London, 1975. Man beachte die interessante Diskussion der Bilder 7-52 bis 7-56.

[3] Lawrence E. Kinsler, Austin R. Frey, Alan B. Coppers und James V. Sanders, *Fundamentals of Acoustics*, 3. Aufl., John Wiley, New York, 1982. Ein allgemeines Lehrbuch auf gleichem Niveau wie das vorliegende aber mit speziellen Kapiteln zur Umwelt- und Architekturakustik

[4] P. A. Nelson und S. J. Elliot, *Active Control of Sound*, Academic Press, 1992. Auf einem etwas weiter fortgeschrittenen Niveau geschrieben als das vorliegende Buch handelt es sich um einen detaillierten Text mit zahlreichen wichtigen Informationen. Kann in Zusammenhang mit Abschnitt 6.1 und insbesonder 6.4 benutzt werden, für die weitere Anwendungen gegeben werden.

Weiterführende Literatur

Morse, Philip M.,*Vibration and Sound*, American Institute of Physics, 1983. Ein klassisches und seit der Erstauflage 1936 weit verbreitetes Lehrbuch. Es legt einen Schwerpunkt auf akustische Impedanz und äquivalente elektrische Kreisläufe.

Möser, M., *Vorlesungen technische Akustik*, T. U. Berlin, Fachbereich 21, Umwelttechnik, 1991.

7 Umweltspektroskopie: Einige Beispiele

Genaue quantitative Analysen der Zusammensetzung des Bodens, des Oberflächenwassers oder der Atmosphäre sind von ebensogroßer Bedeutung zur Einschätzung des Zustandes unserer Umwelt, wie die Bewertung des relativen Erfolges der von uns eingeleiteten Maßnahmen zur Reduzierung der Verschmutzung. Viele der hierbei verwendeten Untersuchungsverfahren basieren auf spektroskopischen Methoden, was hauptsächlich der Tatsache zu verdanken ist, daß jedes Atom, Molekül (egal ob klein oder groß) oder Molekülaggregat eindeutig durch seine Energiezustände charakterisiert werden kann. Übergänge zwischen diesen Energiezuständen durch Absorption oder Emission elektromagnetischer Strahlung ermöglichen höchst spezifische, spektroskopische Aussagen. Da aber außerdem jedes Atom oder Molekül direkt mit seiner Umgebung wechselwirkt, werden die Übergangsintensitäten bzw. Energien der Übergänge gestört, so daß jedes Atom oder Molekül gleichzeitig als „Sonde" für seine Umgebung dienen kann. Diese Eigenschaften erlauben sowohl die Identifizierung und Quantifizierung von kleinsten Spuren bestimmter Elemente oder Moleküle, als auch eine genaue Bewertung ihrer Umgebung.

Als wichtige Beispiele zur Anwendung der spektroskopischen Techniken in der Umweltanalytik kann die Überwachung der Atmosphäre mit der Methode des Laser-Remote-Sensing, die Boden- und Wasseranalyse mit hochauflösender Laserspektroskopie oder Fluoreszenz ebenso wie die Verwendung von Streu- oder Absorptionsuntersuchungen mit Röntgenstrahlen zur Identifizierung bestimmter Elemente angeführt werden.

7.1 Ein kurzer Überblick über die Spektroskopie

Für Atome oder Moleküle sind sämtliche Zustände und die dazugehörigen Energien durch die Lösung der stationären Schrödingergleichung des entsprechenden Systems gegeben. Bei Atomen erhält man eine jeweils durch einen Satz von Quantenzahlen charakterisierte Reihe elektronischer Zustände. Zwischen diesen Zuständen können Übergänge stattfinden, die durch Absorption (Anstieg der Energie) oder Emission (Abfall der Energie) von elektromagnetischer Strahlung möglich sind. Für Moleküle werden die Energiezustände mit Hilfe der Annahme errechnet, daß in erster Näherung die Bewegung der Elektronen unabhängig von derjenigen der Atomkerne stattfindet (nach der Born-Oppenheimer-Näherung geht man davon aus, daß diese sich viel langsamer als die Elektronen bewegen). Außerdem läßt sich die Rotation der Moleküle von den Relativschwingungen seiner Atomkerne trennen, so daß generell die Energie eines Moleküls als

$$E_{MOL} = E_{EL} + E_{VIB} + E_{ROT} \tag{7.1}$$

geschrieben werden kann. Demzufolge sind Molekülübergänge nicht nur zwischen den elektronischen Zuständen, sondern auch zwischen Schwingungs- oder Rotationszuständen möglich.

Bei einem typischen Absorptionsexperiment wird die eine Probe passierende Lichtmenge mit einem Detektor gemessen, wobei die Lichtquelle den gewünschten Frequenzbereich durchläuft. Ein Atom oder Molekül kann genau dann elektromagnetische Strahlung absorbieren, wenn die folgende Bedingung erfüllt ist:

$$E_\mathrm{f} - E_\mathrm{i} = h\omega \, , \tag{7.2}$$

wobei $E_f - E_i$ die Energiedifferenz zwischen dem Ausgangs- und dem Endzustand ist und ω die Frequenz des einfallenden Lichtstrahls. In der Emissionsspektroskopie wird die von Atomen oder Molekülen emittierte elektromagnetische Strahlung als Funktion der Strahlungsfrequenz aufgezeichnet. Da prinzipiell die gleichen Energiezustände für Absorption und Emission in Frage kommen, ist aus beiden Untersuchungen die gleiche Information zu erhalten, und es wird auf die speziellen Umstände ankommen, welche Methode im jeweiligen Fall zu bevorzugen ist.

Die so gemessenen Absorptions- und Emissionsspektren zeigen eine Anzahl von Linien oder Bändern, wobei einige sehr stark und andere schwach sind, und zu erwartende Linien auch gänzlich fehlen können. Die meisten Linien werden eine bestimmte Breite haben. In diesem Kapitel soll allgemein erklärt werden, warum das so ist und inwiefern die gemessenen Spektren mit der Atom- oder Molekülstruktur zusammenhängen.

In Bild 7.1 sind die verschiedenen zu diesem Zwecke zur Verfügung stehenden Methoden der Spektroskopie dargestellt. Man unterscheidet sie nach der Energie der beteiligten Photonen, welche durch die Wellenlänge oder die Frequenz beschrieben werden.

Bei der Kernresonanzspektroskopie (NMR, Nuclear Magnetic Resonance) werden die Kernspinübergänge bei einem von außen angelegten Magnetfeld gemessen. Typische Frequenzen liegen im Bereich von $\nu \approx 100$ MHz (die größten, heute hergestellten NMR-Apparaturen verwenden eine Frequenz von $\nu \approx 700$ MHz),was einer Wellenzahl von etwa 0,0033 cm^{-1} entspricht. Diese Wellenzahl $\bar{\nu}$ ist durch $\bar{\nu} = \nu / c = \lambda^{-1}$ gegeben und wird aus historischen Gründen in Einheiten von cm^{-1} ausgedrückt. Im folgenden wird der Querstrich über der Wellenzahl manchmal weggelassen und cm^{-1} hinzugefügt, um Verwechselungen auszuschließen. NMR-Spektroskopie ist einerseits ein geeignetes Mittel, um magnetische Wechselwirkungen zwischen Atomkernen zu beobachten, andererseits sind die Spektren empfindlich genug, um Strukturen oder die chemische Umgebung der Kerne festzustellen. Somit kann die NMR-Spektroskopie eingesetzt werden, um dreidimensionale Strukturen von komplexen Molekülen in gelöster oder fester Form zu identifizieren und sogar aufzulösen.

Bei der Elektronenspinresonanzspektroskopie (ESR) werden atomare oder molekulare Verbände, die ungepaarte Elektronen enthalten z.B. organische freie Radikale, in ein externes Magnetfeld gebracht, wo dann Elektronenspinübergänge durch Verwendung von Mikrowellenstrahlung im Bereich von 10 GHz induziert werden können (bei 9500 MHz beim x-Band-ESR, bzw. bei 12000 MHz beim Q-Band-ESR). Man beachte, daß sowohl in der NMR- als auch in der ESR-Spektroskopie die relevanten Energiedifferenzen kleiner als kT sind (was bei Raumtemperatur mit $kT = h\nu$ einer Wellenzahl von $\bar{\nu} \approx 200\,\mathrm{cm}^{-1}$ entspricht), was dazu führt, daß die Signale wegen der extrem geringen Besetzungszahldifferenzen zwischen den beteiligten Zuständen oft äußerst schwach sind (siehe unten).

In der Rotationsspektroskopie werden Übergänge zwischen verschiedenen Rotationszuständen der Moleküle beobachtet. Die meisten dieser Übergänge treten im Mikrowellen-

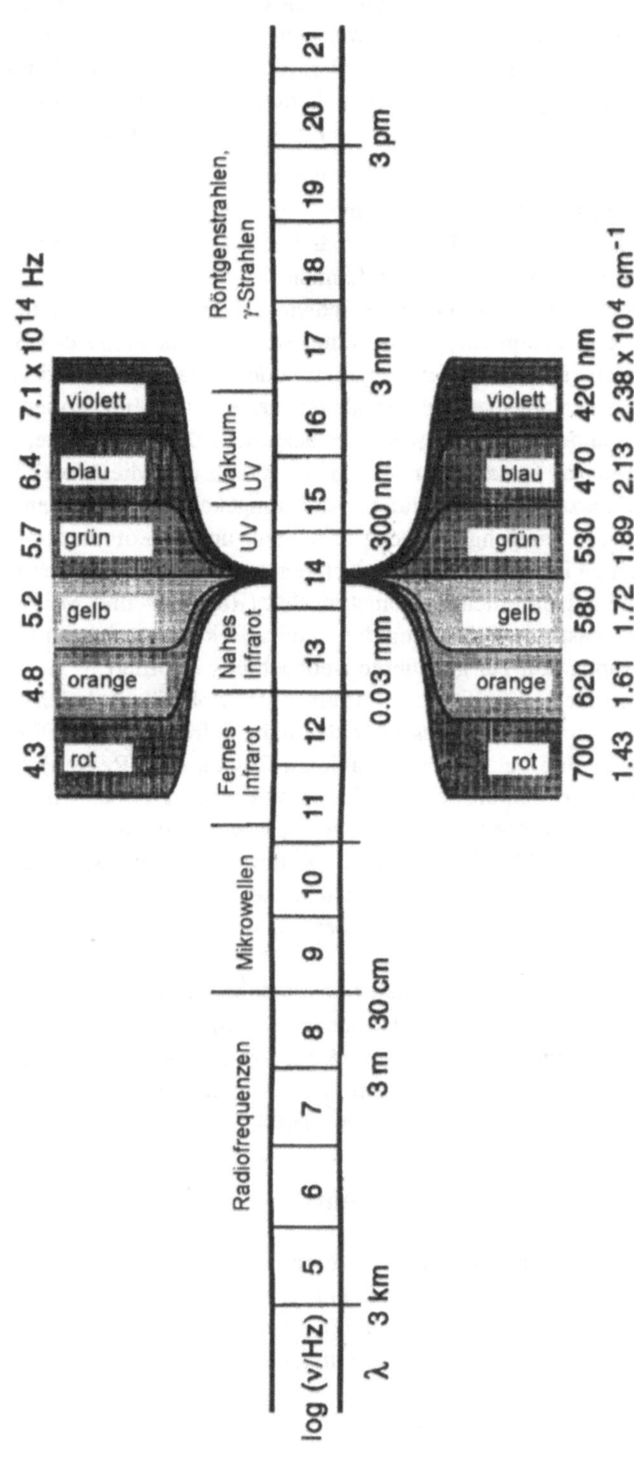

Bild 7.1 Das elektromagnetische Spektrum und seine Einteilung in Spektralbereiche (Aus: P. W. Atkins [2])

bereich auf, wenn man von Übergängen extrem leichter Moleküle einmal absieht, die im langwelligen Infrarotbereich liegen. Die Übergänge zwischen *Schwingungszuständen* der Moleküle finden im Infrarot-Bereich des Spektrums zwischen Wellenlängen von 50 und 2,5 mm statt, und die Energiedifferenz zwischen verschieden Schwingungszuständen ist etwas größer als kT (welches bei Raumtemperatur über $kT = h\nu$ einer Wellenzahl von $\lambda = \bar{\nu}^{-1} \approx 50\ \mu\text{m}$ entspricht), so daß Übergänge, die die niedrigsten Schwingungszustände eines Moleküls betreffen, leicht beobachtet werden können. Oftmals sind „Obertöne", also Übergänge zu höher gelegenen Zuständen in Molekülverbänden möglich, deren Wellenlängen in den Bereich von 2,5 mm bis 800 nm hineinragen können.

Die Ramanspektroskopie untersucht Rotations- und Schwingungszustände von Molekülen, indem die Frequenzen von gestreutem Licht beobachtet werden. Als Folge des Streuvorganges kann das Molekül in einen höheren Schwingungs- oder Rotationszustand gelangen und das gestreute Licht kann mit einer geringeren als der ursprünglichen Frequenz des einfallenden Lichtstrahls (und in anderer Richtung) wieder austreten. Diese gestreuten, niederenergetischen Photonen führen zur Stokes-Ramanstreuung. Wenn sich die Moleküle in angeregten Schwingungs-/Rotationszuständen befinden, kann umgekehrt die Frequenz des gestreuten Lichtes im Vergleich zur Ausgangsfrequenz ansteigen, und es kommt zur Anti-Stokes-Ramanstreuung. Zu beachten ist, daß im allgemeinen der größte Anteil des gestreuten Lichtes die gleiche Frequenz wie der einfallende Lichtstrahl hat (Rayleigh- und Mie-Streuung), und im Vergleich zu dieser elastischen Streuung der Ramaneffekt sehr schwach ist und eine sehr empfindliche Versuchsapparatur zur genaueren Beobachtung erfordert.

Elektronische Übergänge zwischen verschiedenen Atom- oder Molekülzuständen treten in einem sehr weiten Energiebereich auf, welches über das nahe Infrarot (nahes IR), den sichtbaren Wellenlängenbereich bis hin zur fernen Ultraviolett-Region (UV-Region) reicht. *Elektronische Spektren* erzeugen die Linienspektren der Atome (wie z.B. das bekannte Linienspektrum des Wasserstoffatoms), aber auch die komplizierteren Spektren von Molekülen. Bei den biologisch bedeutsamen Molekülen wie dem Chlorophyll, dem Beta-Karotin, aromatischen Aminosäuren und den Basen der DNS entsteht die Absorption durch die im allgemeinen sehr starken Elektronenübergänge zwischen delokalisierten π-Elektronenniveaus.

Röntgenspektroskopie schließlich wird verwendet, um die inneren Elektronen anderer Schalen eines Atoms (auch innerhalb eines Molekülverbandes) zu untersuchen. Diese Elektronen sind viel stärker gebunden als die bei optischer Elektronenspektroskopie betroffenen, weshalb hochenergetische Photonen absorbiert oder emittiert werden. Beispiele dafür sind die Röntgenabsorption, Röntgenemission, Photoelektronen- und Augerspektroskopie.

7.1.1 Besetzung von Energiebändern und Intensität

Die Übergangsrate aus einem Zustand der Energie E_i heraus, und somit die gemessene Intensität einer Absorptionslinie, hängt von der Besetzung dieses Energiebandes ab. Die Wahrscheinlichkeit $P(E_i)$, daß sich ein Atom/Molekül bei einer Temperatur T im Energiezustand E_i befindet, wird durch die Boltzmanngleichung angegeben

$$P(E_i) \approx g(E_i) e^{-E_i/(kT)}, \tag{7.3}$$

wobei $g(E_i)$ die Entartung des Zustandes E_i angibt (die wir bei der Herleitung des Einstein-Koeffizienten in Kapitel 2.2.2 vernachlässigten, die aber einfach eingefügt werden kann). Wenn im gleichen Atom/Molekül zwei Übergänge stattfinden, einer vom E_i-Band aus, der andere vom E_i'-Band aus, dann wird bei gleichen Bedingungen das Verhältnis der Intensitäten dieser beiden Übergänge zueinander durch das Verhältnis der Belegung dieser beiden Bänder gegeben, also durch

$$\frac{I}{I'} = \frac{g(E_i)}{g(E_i')} e^{-(E_i - E_i')/(kT)} . \tag{7.4}$$

Die relative Intensität der beiden Linien in einem Absorptionsspektrum hängt also vom Verhältnis der Differenz $E_i - E_i'$ zum Produkt kT ab. Wenn man den Rotationsübergang eines mittelgroßen Moleküles bei Zimmertemperatur, daß heißt bei $kT \approx 200\,\mathrm{cm}^{-1}$ betrachtet, dann gilt $E_i - E_i' \ll kT$, so daß beide Linien mit vergleichbaren Intensitäten beobachtet werden können. Andererseits liegen die Abstände der beiden Linien bei elektronischen- oder Schwingungsübergängen zwischen 10^4–10^5 cm^{-1} bzw. 10^2–10^3 cm^{-1}, und somit sind nur (oder hauptsächlich) Übergänge vom niedrigsten Zustand aus zu beobachten. Wegen des Faktors kT in Gl.(7.4) werden die Rotationsspektren bei Abkühlung stark beeinflußt, während in den Schwingungsspektren die sowieso nur schwach erkennbaren Absorptionslinien von höheren, angeregten Zuständen verschwinden.

7.1.2 Das Übergangsdipolmoment: Auswahlregeln

Wie schon in Kapitel 2.2.1 gezeigt wurde, werden Übergänge zwischen den Bändern E_i' und E_i', die durch die elektrische Feldkomponente des elektromagnetischen Feldes induziert werden, durch die Größe des Übergangsdipolmoments bestimmt (Gl. (2.12)

$$\mu_{if} = \langle i|\mu|f\rangle . \tag{7.5}$$

Nur wenn μ_{if} einen von Null verschiedenen Wert hat, können Übergänge zwischen den Niveaus i und f durch das elektromagnetische Feld induziert werden. Eine sofort aus Gl. (7.5) folgende Auswahlregel für optische Übergänge entsteht aus der Erhaltung des Drehmoments im System Photon-Atom/Molekül. Das Photon trägt eine Einheit des Drehmoments, was bei dessen Absorption in ein höheres Niveau berücksichtigt werden muß. Aus diesem Grund können die Übergänge zwischen dem $|1s\rangle$- und $|2s\rangle$-Zustand des Wasserstoffatoms nicht durch elektromagnetische Strahlung induziert werden. Dieser Übergang, der weder in Absorptions- noch in Emissionsspektren beobachtet werden kann, wird deshalb als „verboten" bezeichnet. Andereseits erhöht sich beim Übergang vom $|1s\rangle$-Zustand in den $|2p\rangle$-Zustand beim Wasserstoffatom die Bahndrehimpulsquantenzahl l von 0 auf 1 ($\Delta l = 1$). Dieser Übergang ist erlaubt und kann daher als eine breite Linie beobachtet werden. Das Ergebnis kann leicht überprüft werden, indem die entsprechenden Ausdrücke in die Wellenfunktion für das Wasserstoffatom eingesetzt werden.

Die Definition $\mu = \Sigma q_i r_i$ des Dipoloperators zeigt, daß die beiden betroffenen Energieniveaus entgegengesetzte Parität haben müssen, da der Operator unter Inversion das Vorzeichen wechselt. Für komplexere Moleküle sind die Symmetrieeigenschaften der elektronischen und der Schwingungswellenfunktion entscheidend darüber, ob ein bestimmter Übergang erlaubt oder verboten ist.

Für Rotationsübergänge ist das elektrische Übergangsdipolmoment μ_{if} gleich Null, außer wenn das Molekül ein permanentes Dipolmoment besitzt, also polar ist. Zum Beispiel besitzt ein Molekül wie H_2O ein Rotationsspektrum, während N_2, CO_2 und CH_4 keines haben. Die klassische Erklärung für diese Regel ist, daß ein polares, rotierendes Molekül einen sich mit der Zeit ändernden Dipol darstellt, der mit dem oszillierenden elektromagnetischen Feld in Wechselwirkung treten kann.

Für Schwingungsübergänge ist das elektrische Übergangsdipolmoment gleich Null, außer wenn sich der elektrische Dipol des Moleküls während der angeregten Schwingung im Betrag oder in der Richtung verändert. Beispiele hierzu sind die asymmetrischen Streck- und Biegeschwingungen von CO_2, H_2O, CH_4 usw. Ein Molekül wie N_2 hat keine Möglichkeit, mit einer Schwingung eine Veränderung des Dipolmomentes hervorzurufen und zeigt deshalb auch kein Schwingungsspektrum. Man beachte, daß infrarot-aktive Moleküle kein permanentes Dipolmoment besitzen müssen.

7.1.3 Linienbreiten

Spektrallinien sind nicht infinitesimal dünn, sondern haben eine bestimmte Breite $\Delta\omega$. Es gibt eine ganze Anzahl von Phänomenen und Prozessen, die zu der beobachteten Linienbreite beitragen: Wir werden hier durch Betrachtung eines einzigen Atoms oder Moleküls einige dieser Prozesse besprechen. Im Prinzip unterscheidet man eine „*homogene Verbreiterung*" bei der alle Atome/Moleküle, die zu einer Absorptionslinie beitragen, zur Verbreiterung dieser Linie führen, und die „*inhomogene Verbreiterung*", bei der verschiedene Atome/Moleküle der Probe bei verschiedenen Frequenzen absorbieren.

Homogene Verbreiterung

Zunächst besprechen wir die lebensdauerabhängige Verbreiterung als Beispiel einer homogenen Verbreiterung. Wenn der durch die Absorption elektromagnetischer Strahlung angeregte Zustand nur eine endliche Lebensdauer τ hat, sieht der korrekte Ausdruck für zeitabhängige Wellenfunktion des angeregten Zustandes Ψ_f wie folgt aus:

$$\Psi_f(\boldsymbol{r},t) = \Psi(\boldsymbol{r},0)e^{-iE_f(t/\hbar)-t/2\tau} \; . \tag{7.6}$$

Wir können den zeitabhängigen Anteil von $\Psi(\boldsymbol{r},t)$ nach einer Fouriertransformation als eine Linearkombination von rein oszillierenden Funktionen des Typs $e^{(-iEt)/\hbar}$ schreiben, und erhalten

$$e^{-iE_f(t/\hbar)-t/2\tau} = \int L(E)e^{-iE(t/\hbar)}dE \, , \tag{7.7}$$

wobei $L(E)$ die Verteilungs- oder Linienfunktion darstellt. Gleichung (7.7) zeigt, daß die begrenzte Lebensdauer τ des angeregten Zustandes eine „Unschärfe" bezüglich der Energie des angeregten Zustandes bewirkt, die durch die Verteilungsfunktion $L(E)$ ausgedrückt wird; sie hat – was leicht nachgerechnet werden kann – die Form

$$L(E) = \frac{\hbar / \tau}{(E_f - E)^2 + (\hbar / 2\tau)^2} \,. \tag{7.8}$$

Die in Gl. 7.8 dargestellte Kurve ist eine Lorentzkurve. Die Halbwertsbreite dieser Funktion wird gegeben durch

$$\Delta E = \frac{\hbar}{\tau} \tag{7.9}$$

oder auch

$$\Delta \omega = \frac{1}{\tau} \,. \tag{7.10}$$

Man beachte, daß die Gleichungen (7.9) und (7.10) sehr stark an Heisenbergs Unschärferelation erinnnern, so daß deshalb die lebensdauerabhängige Verbreiterung oft auch als Unschärfeverbreiterung bezeichnet wird.

Bei Atomen/Molekülen, bei denen die Lebensdauer des Übergangszustandes nur durch spontane Emission festgelegt ist, wird diese natürliche oder Strahlungslebensdauer τ_S gegeben durch

$$\tau_S^{-1} = A \,. \tag{7.11}$$

Hierbei ist A der Einstein-Koeffizient für den Übergang (siehe Gl. (2.20)), der die Zahl der Übergänge pro Sekunde angibt, und die so entstehende „natürliche" oder „Strahlungs-Linienbreite" ist die minimale Linienbreite. Für Atome in der Gasphase oder Moleküle bei $T \approx 0$, wenn andere Zerfallsprozesse also keine Rolle mehr spielen, kann τ_S^{-1} die beobachtete Linienbreite sein. Man beachte, daß die natürliche Linienbreite über den Einstein-Koeffizienten stark frequenzabhängig ist (Gl. 2.20). Da dieser mit ω^3 ansteigt, haben elektronische Übergänge deutliche natürliche Linienbreiten, während diejenigen von Rotationsübergängen nur sehr schmal sind. Für einen elektronischen Übergang liegt die typische Lebensdauer bei $10^{-7} - 10^{-8}$ s, was zu einer natürlichen Linienbreite von 1,5-15 MHz führt. Die typische Lebensdauer für einen Rotationsübergang liegt bei 10^3 s, was eine Linienbreite von nur 10^{-4} Hz bewirkt.

Normalerweise gibt es eine Vielzahl von Prozessen, die bei Atomen oder Molekülen zu einer Verkürzung der Lebensdauer τ beitragen und somit zu einer Verbreiterung der Absorptionslinie führen. Wir wollen zunächst Atome in der Gasphase betrachten, die Stößen unterworfen sind. Wenn wir hierzu zusätzlich annehmen, daß die Phasen der angeregten Wellenfunktion vor und nach einem Stoß voneinander völlig unabhängig sind, dann ist es nicht schwer zu zeigen, daß das Ergebnis eine Lorentzsche Kurvenform ist, und die Halbwertbreite gegeben ist durch

$$\Delta \omega_{\text{Stoß}} = \frac{2}{\tau_{\text{Stoß}}} \,, \tag{7.12}$$

wobei $\tau_{\text{Stoß}}^{-1}$ die Stoßfrequenz angibt. Ein realistischer Wert für die Stoßzeit bei Zimmertemperatur und einer Gasdichte, die einem Druck von 10^5 Pa entspricht, liegt bei $\tau_{\text{Stoß}} \approx 3 \times 10^{-11}$ s oder $\Delta\nu_{\text{Stoß}} \approx 10^{10}$ Hz, was die natürliche Linienbreite um ein Vielfaches überschreitet.

Die Breite bei einer beliebigen Temperatur T und einem beliebigen Druck p kann aus derjenigen bei beliebigen Standardwerten p_0, T_0 berechnet werden [1]

$$\Delta\nu_{\text{Stoß}}(p,T) = \Delta\nu_{\text{Stoß}}(p_0,T_0)\frac{p}{p_0}\sqrt{\frac{T}{T_0}} \ . \tag{7.13}$$

Moleküle in einer kondensierten Phase (in Lösung oder innerhalb einer Matrix) werden mit der umliegenden Phase wechselwirken, und es wird zu Kollisionen zwischen Molekülen und Phononen im Medium kommen, was ebenfalls zu einer Phasenverschiebung des angeregten Zustandes führen wird. Die homogene Linienbreite $\Delta\omega_{hom}$ eines angeregten Molekülzustandes wird auch ausgedrückt als

$$\Delta\omega_{hom} = \frac{1}{2\pi T_1} + \frac{1}{\pi T_2^*} \ , \tag{7.14}$$

wobei T_1 die Lebensdauer des angeregten Zustandes ist, und T_2^* die Phasenverlustzeit darstellt. Man beachte, daß T_1 generell wesentlich kleiner als die natürliche Lebensdauer ist, da in Molekülen viele verschiedene Prozesse zum Zerfall des angeregten Zustands beitragen. Auf eine ausführlichere Diskussion der Molekülspektren in der kondensierten Phase gehen wir in Kapitel 7.6.3 noch ein.

Inhomogene Verbreiterung

Die Geschwindigkeitsverteilung von Atomen/Molekülen in der Gasphase führt zur sogenannten Dopplerverbreiterung, die uns ein Beispiel für eine inhomogene Verbreiterung gibt, da unterschiedliche Atome/Moleküle zu geringfügig verschiedenen Bereichen des Spektrums beitragen. Zum Beispiel unterliegt die Frequenz des emittierten Lichtes einer Dopplerverschiebung, die auf die Geschwindigkeitskomponente parallel zum Wellenvektor des emittierten Photons zurückgeht.

$$\omega \approx \omega_0\left(1 + \frac{u}{c}\right) \tag{7.15}$$

Ein positiver Wert $u > 0$ entspricht dabei einem Teilchen, das sich auf den Detektor zubewegt. Weil Atome und kleinere Moleküle in der Gasphase sehr hohe Geschwindigkeiten erreichen können, wird sich der ganze Bereich der Dopplerverschiebungen in einem Absorptions- oder Emissionspektrum nachweisen lassen. Da wegen der Maxwellverteilung die relative Wahrscheinlichkeit, daß ein Teilchen eine Geschwindigkeitskomponente u in eine bestimmte Richtung hat, Gaußverteilt ist, ist die resultierende, Doppler-verschobene Linie auch Gaußförmig. Für ein Molekül der Masse M bei einer Temperatur T läßt sich die Halbwertsbreite dieser Gauß-Linienform angeben mit

$$\Delta\nu_D = 2\nu_0\left(\frac{2kT\ ln 2}{Mc^2}\right)^{1/2} . \tag{7.16}$$

Eine praktische Anwendung von Gl. (7.16) ist die Bestimmung der Oberflächentemperatur von Sternen anhand der Breite der Emissionslinien im Sonnenspektrum. Zum Beispiel strahlt die Sonne eine Linie bei 677,4 nm ab, die durch einen Übergang bei hochionisiertem ^{57}Fe entsteht. Mit der gemessenen Halbwertsbreite von $5{,}3\times10^{-3}$ nm erhält man mit Gl. (7.16) eine Sonnenoberflächentemperatur von 6800 K, was in guter Übereinstimmung mit der Berechnung aus dem Wienschen Verschiebungsgesetz von 5800 K steht.

Für Atome oder Moleküle, die sich nicht in einer gasförmigen Umgebung befinden, wird die Wechselwirkung mit dieser Umgebung zu einer Feinstruktur der Absorptionsspektren führen. In Kristallen führt das bei niedrigen Temperaturen zu einer (begrenzten) Serie von scharfen, deutlichen Linien im Spektrum. Für Moleküle, die sich in einer Lösung oder in einem Gas befinden (so wie Eiweiße oder Membranen), ergibt sich eine breite Verteilung der Linien, von denen jede ihre eigene Übergangsfrequenz hat. Das führt zu den starken ($\Delta\omega \approx 200\,\mathrm{cm}^{-1}$), unstrukturierten und inhomogen verbreiterten Absorptionslinien, wie sie bei vielen Molekülen beobachtet werden können. Unter diesen Molekülen befinden sich natürliche Pigmente wie Chlorophyll oder Beta-Karotin, bei denen dann spezielle Techniken angewandt werden müssen, um die darunterliegenden homogenen Linienbreiten auflösen zu können (siehe Kapitel 7.6.3).

Zusammengesetzte Linienformen

Wenn zwei voneinander unabhängige Prozesse zur Entstehung einer einzigen Kurve beitragen, kann die resultierende Kurve durch eine sogenannte Faltung der einzelnen Kurven errechnet werden:

$$L(\omega) = \int_{-\infty}^{\infty} L_1(\omega')L_2(\omega+\omega_0-\omega')\mathrm{d}\omega' , \tag{7.17}$$

ω_0 ist hierbei die gemeinsame Mittenfrequenz der beiden einzelnen Kurven.

7.2 Atomspektren

Die Spektren von Atomen zeigen Übergänge zwischen den elektronischen Zuständen $|i\rangle$ und $|f\rangle$, die als erlaubt gelten, wenn der Zahlenwert in Gl. (7.5) groß genug ist. Die elektronischen Zustände von Atomen sind durch die Symbolik $^{2S+1}L_J$ gekennzeichnet, wobei $2S+1$ die Multiplizität und S die Spinquantenzahl, L die Bahndrehimpulsquantenzahl und J die Gesamtdrehimpulsquantenzahl sind. Wir werden zunächst auf die „Einelektronenspektren“ eingehen und dann Mehrelektronenatome betrachten.

7.2.1 Atome mit einem Leuchtelektron

Einelektronenatome, die wie H, Li, K, Na usw. besitzen nur ein Valenzelektron, während alle anderern Elektronen in abgeschlossenen Schalen liegen. Das bedeutet, daß die Quantenzahlen J, L und S nur ein einzelnes Valenzelektron betreffen und sich die folgenden Auswahlregeln ergeben:

$$\Delta L = \Delta l = \pm 1 \tag{7.18}$$

$$\Delta J = \Delta j = 0, \pm 1 \,. \tag{7.19}$$

l und j sind die Bahndrehimpulsquantenzahl bzw. die Drehimpulsquantenzahl des einzelnen Valenzelektrons. Diese Auswahlregeln lassen sofort erkennen, daß in atomarem Wasserstoff der Übergang $|1s\rangle \rightarrow |2p\rangle$ erlaubt ist, wohingegen der Übergang $|1s\rangle \rightarrow |2s\rangle$ die Auswahlregeln verletzt.

Als Beispiel seien hier die Natrium-D-Linien angeführt, die in einem Emissionsspektrum zu finden sind, bei dem das Natrium durch eine elektrische Entladung in einen angeregtem Zustand gebracht wurde. Die gelben Emissionslinien liegen bei 16 956,2 cm^{-1} und 16 973,4 cm^{-1} und entsprechen den Übergängen ${}^2S_{1/2} \leftarrow {}^2P_{1/2}$ bzw. ${}^2S_{1/2} \leftarrow {}^2P_{3/2}$. Durch die Wechselwirkung des Elektronenspins S mit dem Bahndrehimpuls L (auch Spin-Bahn-Wechselwirkung genannt) entsteht die als Feinstruktur bezeichnete Aufspaltung der Natrium-D-Linien. Das Ausmaß dieser Feinstrukturaufspaltung steigt stark mit der Kernladungszahl Z an ($\sim Z^4$).

7.2.2 Atome mit mehreren Elektronen

Für Atome mit mehr als einem Elektron außerhalb einer abgeschlossenen Schale gewinnen die Spektren sehr schnell an Komplexität. Falls die Spin-Bahn-Wechselwirkung relativ schwach ist, bleiben die Gesamtspinquantenzahl S und die Bahndrehimpulsquantenzahl L die bestimmenden Quantenzahlen, und wir erhalten die korrekten Ausdrücke für die elektronischen Zustände, indem wir diese Gesamtdrehimpulse koppeln und daraus den Gesamtdrehimpuls J erhalten (Russell-Saunders-Kopplung). Für Atome mit mehreren Elektronen haben wir folgende Auswahlregeln:

$\Delta S = 0$

$\Delta L = 0, \pm 1$ mit $\Delta l = \pm 1$ (daß heißt, das die Bahndrehimpulsquantenzahl L eines einzelnen Elektrons sich zwar ändern muß, aber ein Einfluß auf den gesamten Bahndrehimpuls von der Kopplung abhängt.)

$\Delta J = 0, \pm 1$ wobei der Übergang $J = 0 \rightarrow J = 0$ verboten ist.

Bild 7.2 zeigt alle erlaubten Dipolübergänge zwischen einer p^2 und einer sp-Konfiguration.

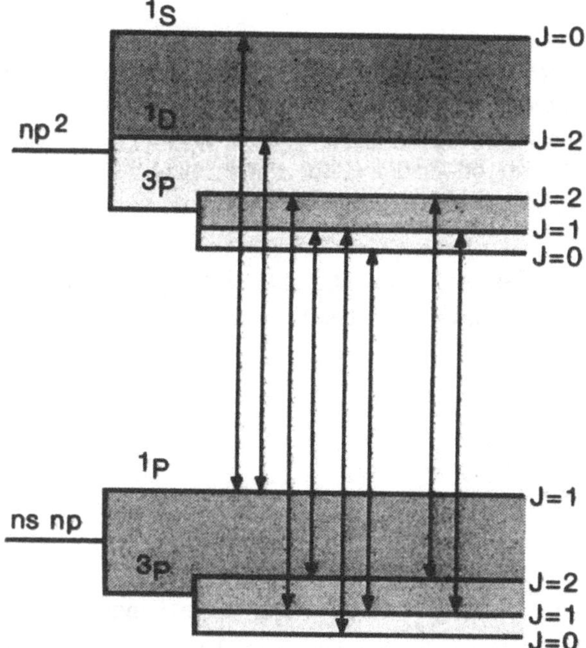

Bild 7.2 Schematische Dartellung aller erlaubten Dipolübergänge zwischen einer p^2 und einer sp-Konfiguration.

Mit zunehmender Spin-Bahn-Wechselwirkung (schwerere Atome) versagt die Russel-Saunders-Kopplung und man muß die einzelnen Spins und Bahndrehimpulse zunächst zu einzelnen Drehimpulsen j koppeln, die danach zu einem Gesamtdrehimpuls J zusammengefaßt werden (*jj*-Kopplung). In diesem Falle gelten die oben bezeichneten Auswahlregeln nicht mehr, und man beobachtet Übergänge zwischen Zuständen unterschiedlicher Multiplizität. Das bekannteste Beispiel hierfür ist die intensive Linie, die man im Emissionspektrum einer Quecksilberhochdrucklampe bei $\lambda = 253{,}7$ nm beobachten kann. Diese Linie entspricht dem Übergang zwischen einem Singulett- ($^1S_0$) und einem Triplettniveau ($^3P_1$) des Quecksilbers.

7.3 Molekülspektren

Molekülspektren sind im allgemeinen wesentlich komplizierter als Atomspektren. Diese Komplexität entsteht durch die große Anzahl an elektronischen, Rotations- und Schwingungszuständen, zwischen denen Übergänge beobachtet werden könnn. Außerdem kann die Bewegung der Atomkerne mit den elektronischen Zuständen gekoppelt sein, was zu weiterer Komplexität führt. Trotzdem bieten die Molekülspektren reichhaltige Informationen über die Molekülstruktur und -dynamik, so daß wir einige der wichtigsten Eigenschaften in den nächsten Abschnitten darstellen wollen.

7.3.1 Rotationsübergänge

Rotationsübergänge können zwischen Rotationsenergieniveaus eines bestimmten elektronischen Zustandes, im allgemeinen dem Grundzustand, nur dann stattfinden, wenn dieser ein permanentes Dipolmoment besitzt. Die Rotationsenergieniveaus werden für einige Grenzfälle mit dem allgemeinen Ausdruck des frei rotierenden Körpers berechnet.

Sphärischer Rotator

Diese Moleküle haben drei identische Trägheitmomente ($I_{xx} = I_{yy} = I_{zz} = I$) wie zum Beispiel das Methan-Molkül CH_4. Die Energie eines sphärischen Rotators ist gegeben durch

$$E_J = \frac{J(J+1)\hbar^2}{2I}; \; J = 0, 1, 2, \ldots, \tag{7.20}$$

wobei J die Rotations-Quantenzahl ist.

Der Abstand zweier benachbarter Rotationsniveaus ist

$$E_j E_{j-1} = 2hcBJ \tag{7.21}$$

mit $B = \hbar/(4\pi cI)$ als Rotationskonstante, die nach der Konvention in cm^{-1} angegeben wird. Typische Werte von B für kleine Moleküle liegen im Bereich von 1–10 cm^{-1}. Beachten Sie, daß $E_j – E_{j-1}$ mit steigendem I abfällt und große Moleküle aus diesem Grunde sehr eng beieinanderliegende Rotationsniveaus haben..

Symmetrisch rotierende Moleküle

Symmetrisch rotierende Moleküle wie NH_3 oder C_6H_6 haben zwei gleiche Trägheitsmomente ($I_{xx} = I_{yy} = I_\perp$ und $I_z = I$). Die Energie eines solchen Rotors kann als

$$E_{JK} = hcBJ(j+1) + hc(A-B)K^2; \; J = 0,1,2,\ldots; \; K = 0, \pm 1, \pm, \ldots, \pm J \tag{7.22}$$

ausgedrückt werden, wobei $A = \hbar/(4\pi cI)$ und $B = \hbar/(4\pi cI_\perp)$ ist. In Gleichung (7.22) entspricht K der drehachsenparallelen Komponente von J. Wenn $K = 0$ ist, gibt es keine zur Drehachse parallele Komponente des Rotationsdrehmomentes, wohingegen mit $K = J$ fast das gesamte Rotationsdrehmoment entlang der Drehachse zeigt.

Linearer Rotator

Der lineare Rotator (wie CO_2 und HCl) rotiert nur um eine zur Verbindungslinie der Atome senkrechte Achse. Dies entspricht der Situation, daß es kein Rotationsdrehmoment entlang der Verbindungslinie gibt, so das man Gl. (7.22) mit $K = 0$ verwenden kann. Man erhält dann für die Energieniveaus eines linear rotierenden Moleküles

$$E_J = hcBJ(J+1); \; J = 0, 1, 2, \ldots \tag{7.23}$$

Beachten Sie, daß obwohl $K = 0$ ist, trotzdem jedes Niveau noch $2J+1$ Komponenten in Richtung einer Laborachse hat. Diese Entartung kann aufgehoben werden, wenn man zum Beispiel ein äußeres elektrisches Feld anlegt (Stark-Effekt).

Auswahlregeln

Die Auswahlregeln für Rotationsübergänge werden erneut durch eine Betrachtung der Gl. (7.5) festgelegt. Damit ein Molekül eine reines Rotationsspektrum aufweisen kann, muß es ein permanentes Dipolmoment besitzen. Aus diesem Grund sind gleichatomige Moleküle (O_2, N_2) und lineare, symmetrische Moleküle rotationsinaktiv. Kugelförmige Moleküle können nur ein Rotationsspektrum besitzen, wenn sie durch Zentrifugalkräfte verzerrt sind, ansonsten sind sie ebenfalls rotationsinaktiv.

Für ein lineares Molekül gilt die folgende Auswahlregel für J

$$\Delta J = \pm 1 \ . \tag{7.24}$$

Aus Gl. (7.23) folgt, daß ein reines Rotationsspektrum aus einer Serie äquidistanter Linien mit dem Abstand $2B$ (in cm^{-1}) besteht. Die relative Intensität jeder Rotationslinie erhöht sich mit steigendem J, bis ein Maximum erreicht wird, um dann bei sehr großem J wieder abzunehmen. Dieses Erscheinung ist eine direkte Konsequenz der Boltzmann-Belegung der verschiedenen Rotationszustände bei Zimmertemperatur, die für ein lineares Molekül festgelegt sind durch

$$N(E_J) \propto (2J+1) e^{-E_J/kT} \ . \tag{7.25}$$

7.3.2 Schwingungsübergänge

Schwingungsübergänge können zwischen verschiedenen Schwingungszuständen eines elektronischen Zustandes auftreten, normalerweise ist dies der Grundzustand. Bei Schwingungsübergängen erfährt das Molekül eine Veränderung der Dipolstärke oder dessen Richtung durch eine Schwingung. Im Rahmen der Born-Openheimer-Näherung werden Schwingungsenergien und Wellenfunktionen berechnet, indem die elektronische Energie $E_{el}(\boldsymbol{R})$ als Funktion aller Kernkoordinaten berechnet wird, die durch $\boldsymbol{R}$ symbolisiert werden. Sie kann damit als Potential für die Bewegung der Atomkerne gedeutet werden.

Zweiatomige Moleküle

Ein zweiatomiges Molekül besitzt eine Schwingungskoordinate, den interatomaren Abstand $\boldsymbol{R}$. In der Nähe des Potentialminimums kann die molekulare potentielle Energie näherungsweise beschrieben werden durch

$$V = \tfrac{1}{2} K (R - R_e)^2 \tag{7.26}$$

mit K als Kraftkonstante und R_e als atomarer Abstand im Gleichgewicht. Löst man die Schrödingergleichung unter Verwendung des Potentials des harmonischen Oszillators (7.26), so zeigt sich, daß die reduzierte Masse μ der beiden Atome sich harmonisch bewegt. Somit ergeben sich die erlaubten Zustände durch

$$E_\upsilon = (\upsilon + \tfrac{1}{2}) \hbar\omega; \quad \omega = \sqrt{\frac{K}{\mu}}; \quad \upsilon = 0,1,2,\ldots , \tag{7.27}$$

wobei υ die Schwingungsquantenzahl angibt. Die zugehörigen Wellenfunktionen, die die harmonische Bewegung beschreiben, können in jedem Einführungsbuch in die Quantenmechanik gefunden werden. Beachten Sie, daß die Steilheit der Potentialfunktion, die durch die Kraftkonstante K beschrieben wird, die Energie der Schwingungsübergänge festlegt.

Eine nichtharmonische Schwingung kann durch die Verwendung eines komplexeren Potentials V eingeführt werden, das dem echten Potential stärker ähnelt. Die am häufigsten verwendete Form hierfür wird durch das Morse-Potential gegeben:

$$V = D_e(1 - e^{-a(R-R_e)})^2, \tag{7.28}$$

in der D_e die Tiefe des Potentialminimums angibt und $a = (\mu / 2D_e)^{1/2} \omega$ ist.

Die erlaubten Energieniveaus sind durch

$$E_\upsilon = (\upsilon + \tfrac{1}{2})\hbar\omega - (\upsilon + \tfrac{1}{2})^2 x_e \hbar\omega; \quad x_e = \frac{a^2 \hbar}{2\mu\omega} \tag{7.29}$$

gegeben, wobei x_e als Anharmonizitätskonstante bezeichnet wird. In der Praxis werden sogar noch Terme höherer Ordnung in $(\upsilon + \frac{1}{2})$ in Gl. (7.29) eingefügt und so der resultierende Ausdruck an die experimentellen Ergebnissen anpaßt.

Die Auswahlregeln für Übergänge zwischen Schwingungszuständen wird abermal aus Gl. (7.5) hergeleitet. Ein Schwingungsübergang erfordert – wenn wir die gesamte Schwingungswellenfunktion als $\Psi_{el}(r,R)\phi_\upsilon(r,R)$ schreiben, worin r die Koordinaten der Elektronen darstellt –, daß

$$\langle \psi_{el}\phi_\upsilon | \mu | \psi_{el}\phi_{\upsilon'} \rangle \neq 0, \text{ mit } \upsilon \neq \upsilon', \tag{7.30}$$

was nur dann erfüllt ist, wenn μ eine Funktion der interatomaren Abstände R ist. Wenn man also μ um den Gleichgewichtspunkt R_e herum entwickelt, entsteht

$$\mu = \mu_0(r, R_e) + \left[\frac{\partial\mu(r,R)}{\partial R}\right]_{R_e} (R - R_e) + \ldots \; . \tag{7.31}$$

Wenn man Gl. (7.31) in Gl. (7.30) einsetzt, fällt der erste Term in der Entwicklung heraus und der zweite hat die Form

$$\langle \psi_{el} \left| \left[\frac{\partial\mu(r,R)}{\partial R}\right]_{R_e} \right| \psi_{el} \rangle \langle \phi_\upsilon | R | \phi_{\upsilon'} \rangle \; . \tag{7.32}$$

Aus den Eigenschaften der Wellenfuntion des harmonischen Oszillators folgt, daß Gl. (7.32) im Rahmen der harmonischen Näherung nur genau dann gleich Null ist, wenn

$$\Delta\upsilon = \pm 1 \tag{7.33}$$

oder

$$\Delta E = E_{\upsilon+1} - E_\upsilon = \hbar\omega \tag{7.34}$$

gilt. So hat HCl zum Beispiel die Kraftkonstante $K = 526\ \mathrm{Nm^{-1}}$ und die reduzierte Masse ($1{,}63 \times 10^{-27}$ kg) ist fast so groß wie die Masse des Protons ($1{,}67 \times 10^{-27}$ kg). Dazu sieht man, daß sich im HCl-Molekül das Cl-Atom kaum bewegt. Aus diesen Zahlenwerten folgt, daß $\omega = 5{,}63 \times 10^{14}\ \mathrm{s^{-1}}$ ist, was dazu führt, daß der Übergang bei $\lambda = 3{,}35\ \mu\mathrm{m}$, also im infraroten Bereich des Spektrums beobachtet wird. Da bei Zimmertemperatur $kT \approx 200\ \mathrm{cm^{-1}}$ ist, ist nur das Niveau bei $v = 0$ belegt, und das Absorptions- (und Emissions-) Spektrum eines zweiatomigen Moleküls besteht aus einer einzigen Linie.

Zusätzliche Linien werden in den Emissionspektren dann beobachtet, wenn z.B. durch chemische Reaktionen angeregte Zustände besetzt sind. Außerdem wird eine Anharmonizität, wie sie mit dem Morse-Potential eingeführt wurde, zu den Übergängen $2 \leftarrow 0$ und $3 \leftarrow 0$ usw. führen. Aus ihrem Erscheinen kann mit der Birge-Sponer-Extrapolation die Zerfallsenergie des Moleküls (wie in Anm. 2 beschrieben) berechnet werden.

Was die Rotationsbewegung betrifft, so zeigen Moleküle des Typs O_2, N_2 (also Moleküle eines Elementes) keine elektrischen Dipolübergänge. Trotzdem können aber schwache quadrupol- oder druckinduzierte Übergänge in Molekülen eines Elementes beobachtet werden.

Schwingungs-Rotationsspektren

Die Rotation eines Moleküls wird durch Molekülschwingungen beeinflußt, so daß beide Bewegungen nicht unabhängig voneinander ablaufen, sondern gekoppelt sind. Eine genauere Untersuchung ergibt, daß die Drehimpulsquantenzahl J bei einem Übergang um jeweils ± 1 wechselt (in Ausnahmefälle ist auch $\Delta J = 0$ erlaubt). Somit besteht ein Schwingungsübergang eines zweiatomigen Moleküls verschiedener Elemente aus einer großen Anzahl verschiedener, eng beieinanderleigender Komponenten, und das beobachtete Spektrum kann durch eine Serie von Energieniveaus verstanden werden:

$$E_{\upsilon,J} = (\upsilon + \tfrac{1}{2})\hbar\omega + hcBJ(J+1), \quad \Delta\upsilon = \pm 1; \quad \Delta J = \pm 1 \quad (7.35)$$

In einer genaueren Betrachtung kann die Abhängigkeit der Schwingungsquantenzahl von B noch berücksichtigt werden, was hier aber nicht betrachtet werden soll.

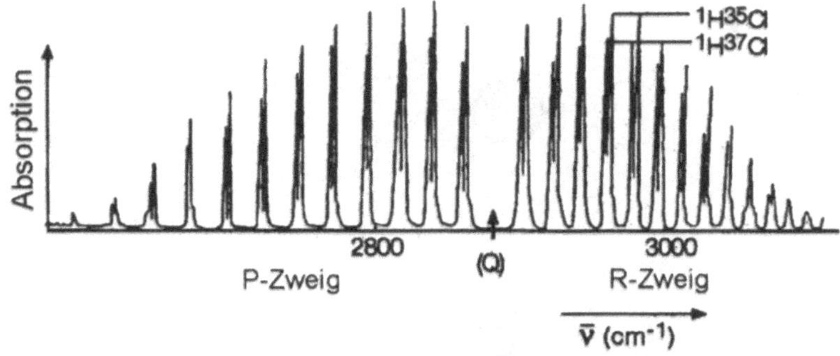

Bild 7.3 Hochauflösungs-Schwingungs-Rotationsspektrum von HCl. Die Linien tauchen paarweise auf, da das Spektrum sowohl $H^{35}Cl$, als auch $H^{37}Cl$ im natürlichen Verhältnis ihres Vorkommens von 3:1 enthält. Der ($\Delta J = 0$)-Zweig fehlt im HCl-Spektrum. (Aus P. W. Atkins, *Physical Chemistry*, 3. Aufl., Oxford University Press 1986, Abb. 18.14, S. 452)

Aus Gl. (7.35) sieht man, daß das Absorptionsspektrum aus zwei Bereichen besteht. Für den sogenannten P-Zweig gilt $\Delta J = -1$ und $\nu = \nu_0 - 2BJ$ (in cm^{-1}), und man hat für J eine der Boltzmannbesetzung entsprechende Intensitätsverteilung. Für den R-Zweig gilt $\Delta J = +1$ und $\nu = \nu_0 + 2B(J+1)$ (in cm^{-1}), und manchmal ist der Q-Zweig ebenfalls sichtbar ($\Delta J = 0$). Bild 7.3 zeigt ein hochaufgelöstes Schwingungs-Rotationsspektrum von HCl in der Gasphase, wobei der Übergang $\Delta J = 0$ fehlt. Man sieht ferner, daß die Verteilung der Absorptionsintensitäten über den Rotationszuständen eine empfindlich von der Temperatur abhängige Funktion ist.

Vielatomige Moleküle

In einem Molekül mit N Atomen gibt es $3N$-6 Schwingungsmoden ($3N$-5 bei linearen Molekülen), da man die drei Freiheitsgrade für Translation und Rotation (hier nur zwei bei linearen Molekülen) von der Gesamtzahl $3N$ abziehen muß. Also hat H_2O als dreiatomiges nichtlineares Molekül drei, aber CO_2 als lineares Molekül vier Schwingungsmoden. Diese Schwingungsmoden können so gewählt werden, daß sie unabhängig voneinander schwingen, sie heißen dann „Eigenmoden“. Für die Streckungsmoden des CO_2-Moleküls sollte man so zum Beispiel nicht die einzelnen Schwingungsmoden der beiden C-O-Bindungen berücksichtigen, sondern deren symmetrische und antisymmetrische Linearkombination verwenden (siehe Bild 7.4).

Man erhält zusammen mit den zwei Beugungsmoden vier Eigenmoden des CO_2-Moleküls.

Bei komplexeren Molekülen verwendet man im Umgang mit Molekülschwingungen gruppentheoretische Methoden, um Schwingungsmoden hinsichtlich ihrer Symmetrie zu klassifizieren. Im wesentlichen verhält sich jede Eigenmoden wie ein einzelner harmonischer Oszillator mit $E_Q = (n + \frac{1}{2})\hbar\omega_Q$, wobei ω_Q die Frequenz der Schwingung Q bedeutet. Diese Frequenz hängt von der Kraftkonstante K_Q und der reduzierten Masse μ_Q über $\omega_Q = (K_Q / \mu_Q)^{1/2}$ zusammen.

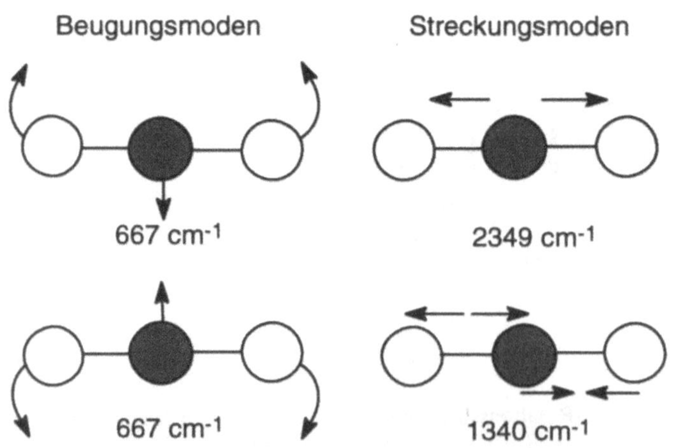

Bild 7.4 Darstellung der zwei Streckungs- und Beugungsmoden von CO_2

Die reduzierte Masse μ_Q kann für verschiedene Schwingungsmoden in Abhängigkeit von den dabei beteiligten Atomen sehr unterschiedlich sein. Bei der symmetrischen Streckung des CO_2-Moleküls ist das Kohlenstoffatom zum Beispiel in Ruhe, während bei der antisymmetrischen Streckung sowohl die Sauerstoffatome als auch das C-Atom mitschwingen. Ebenso ist auch der Zahlenwert von K_Q eine Kombination der verschiedene Streckungen und Biegungen, die zu der entsprechenden Schwingungsmode beitragen.

Die allgemeingültige Auswahlregel für die Infrarot-Aktivität bleibt weiterhin, daß die zur zugehörigen Normalschwingung korrespondierende Bewegung zu einer Veränderung des Dipolmoments führen sollte. Im Falle des CO_2 kann dieses durch eine einfache Betrachtung gezeigt werden. Die symmetrische Streckung (ν_S = 1340 cm^{-1}) beläßt das Dipolmoment unverändert bei Null; diese Schwingungsmode ist also im Infraroten inaktiv. Die antisymmetrische Streckung (ν_S = 2349 cm^{-1}) führt zu einer Änderung des Dipols entlang der Verbindungslinie der drei Atome und erzeugt deshalb einen parallelen Übergang im Infraroten. Beide Biegemoden von CO_2 sind infrarotaktiv und erscheinen als Bänder im IR-Spektrum, die orthogonal zur Verbindungslinie im CO_2 polarisiert.

7.3.3 Elektronische Übergänge in Molekülen

In Molekülen kommen elektronische Übergänge sowohl im sichtbaren Bereich des Spektrums als auch im nahen und fernen UV-Bereich vor. Zum Beispiel absorbiert H_2O UV-Licht unterhalb von 180 nm, Chlorophyll zeigt starke Absorptionsbanden im roten (680 nm) und blauen (400 nm) Bereich usw. Im Prinzip werden die Übergänge zwischen elektronischen Zuständen durch die gleichen Regeln bestimmt wie bei Atomen, und die Auswahlregen folgen auch wieder aus der Lösung von Gl. (7.5). Es gibt trotzdem einige wichtige Unterschiede zu Atomen, die die elektronischen Molekülspektren verkomplizieren, aber auch eine Vielzahl von Informationen bezüglich der Wechselwirkungen des Moleküls mit seiner Umgebung offenbaren.

Molekülorbitale und Übergangsdipole

In den meisten Molekülen kann der optische Übergang nicht auf ein oder wenigstens ein paar Atome lokalisiert werden. Moleküle stellen mehr oder weniger komplexe Anordnungen von Atomen dar, und ihre elektronischen Wellenfunktionen sind Linearkombinationen sämtlicher atomarer Orbitale. Wie schon bei den Schwingungszuständen weiter oben besprochen, werden aus diesem Grund die elektronischen Zustände von Molekülen nach ihren Symmetrieeigenschaften geordnet, und die Lösung aus Gl. (7.5) ist nur ungleich Null, wenn sie einen Anteil enthält, der die Symmetrie der molekularen Punktgruppe erfüllt. Diese allgemeingültigen Aussagen führen uns direkt zu der wichtigen Schlußfolgerung, daß eine Absorptionslinie in einem elektronischen Absorptionsspektrum nur zu einer einzigen räumlichen Komponente des Übergangsdipolmomentes gehört. Somit kann die zu diesem Übergang gehörende Absorption oder Emission stark polarisiert sein.

Zum Beispiel sind die Molekülorbitale bei H_2O eine Linearkombination der beiden H-1s-Orbitale und der Sauerstoff-2s-, $2p_x$-, $2p_y$- und $2p_z$-Atomorbitale (Die zwei 1s-Elektronen des Sauerstoff werden vernachlässigt, da sie eine zu niedrige Energie haben). Die atomaren Wellenfunktionen werden als (H-$1s_a$), (H-$1s_b$), (O-$2s_a$), (O-$2s_b$), (O-$2p_x$), (O-$2p_y$), und (O-$2p_a$) geschrieben. Die z-Achse wird derart gewählt, daß sie mit der C_2-Symmetrieachse des Wassermoleküls übereinstimmt, die y-Achse liegt in der Ebene, in der auch das Sauerstoffatom und die beiden Wasserstoffatome liegen. Um die möglichen Linearkombinationen der Orbitale zur Bildung der bindenden und antibindenden Molekülorbitale des Wassermoleküls einzuordnen, benutzt man die Gruppentheorie. Die Symmetriegruppe von H_2O ist C_{2v} (eine C_2-Achse und zwei Spiegelebenen (σ_v, σ'_v), die die C_2-Achse enthalten). Unter Verwendung der oben angegebenen Atomorbitale kann man eine symmetrieangepaßte Grundlage für das H_2O–Molekül konstruieren, die aus der folgenden Menge von Wellenfunktionen besteht:

$a_1 = c_1\,(\text{H-1s}_a + \text{H-1s}_b) + c_2\,(\text{O-2p}_z) + c_3\,(\text{O-2s})$ mit A_1-Symmetrie, also volle Symmetrie unter allen Symmetrieoperationen

$b_1 = (\text{O-2p}_x)$ mit B_1-Symmetrie, also einem Vorzeichenwechsel unter der Wirkung von C_2- und σ'_v (7.36)

$b_2 = (\text{H-1s}_a + \text{H-1s}_b) + (\text{O-2p}_y)$ mit B_2-Symmetrie, also einem Vorzeichenwechsel bei einer C_2- und σ'_v -Operation

Die Koeffizienten erhält man bei Anwendung des Variationsprinzips, was zu einer Serie von drei a_1-Orbitalen ($1a_1$, $2a_1$ und $3a_1$), einem b_1-Orbital (dem ursprünglichen (O-2_x)-Orbital), und zwei b_2-Orbitalen führt. Die zum $1a_1$-Molekülorbital gehörende Wellenfunktion zeigt keine Knoten; das $1b_2$-Molekülorbital hat eine Knotenfläche in der xz-Ebene, während das $1b_1$-Molekülorbital, also das ursprüngliche (O-$2p_x$)-Atomorbital ein antibindendes Orbital ist. Das $2a_1$-Molekülorbital ist hauptsächlich auf dem O-Atom lokalisiert, während die $2b_2$- und $3a_1$-Molekülorbitale mehr als einen Knoten in ihrer Wellenfunktion enthalten, was für antibindende Molekülorbitale charakteristisch ist. Die energetische Reihenfolge der H_2O-Molekülorbitale sieht wie folgt aus:

$$E(1a_1) < E(1b_2) < E(1b_1) < E(2a_1) < E(2b_2) < E(3a_1) \tag{7.37}$$

Da wir acht Elektronen unterzubringen haben (eines von jeden Wasserstoffatom und sechs weitere vom O-Atom), ist die Konfiguration des Grundzustandes von H_2O darum gleich $(1a_1)^2(1b_2)^2(1b_1)^2(2a_1)^2$. Das am niedrigsten gelegene, nicht besetzte Orbital hat eine B_2-Symmetrie ($2b_2$), und es kann leicht gezeigt werden, daß nur die y-polarisierte Komponente des elektrischen Übergangs-Dipolmomentes zugelassen ist.

Ähnliche Betrachtungen kann man für alle anderen Moleküle anstellen, und diese Methode erlaubt es uns, die Konfiguration des Grund- sowie des angeregten Zustandes eines Moleküls, und die damit einhergehenden Übergangsdipole mit großer Genauigkeit vorauszusagen.

Manchmal kann durch die Absorption eines Photons sogar die Konfiguration einer bestimmten Reihe von Atomen zurückverfolgt werden. Moleküle mit einer Carbonylgruppe (–C=O) zeigen häufig eine Absorptionsbande bei 290 nm. Ähnlich weisen Moleküle mit vielen ungesättigten –C=C–Doppelbindung (wie Benzol oder Chlorophyll) eine starke Absorption im nahen UV-Bereich bzw. im sichtbaren Bereich des Spektrums auf.

Im Fall einer einzelnen –C=C–Doppelbindung ist das höchste belegte Molekülorbital (HOMO) ein π-Orbital, das niedrigste, nichtbelegte Molekülorbital (LUMO) ein π^*-Orbital. Die π- und π^*-Orbitale sind symmetrische bzw. antisymmetrische Kombinationen der $2p_z$-

Orbitale der beiden C-Atome, wobei sich das Symbol π auf die Drehimpulskomponente parallel zur Verbindungsachse der beiden C-Atome bezieht, die gleich eins ist. Für einen einzelne Doppelbindung findet der Übergang $\pi \rightarrow \pi^*$ bei etwa 180 nm statt. In dem oben erwähnten Fall einer Carbonylgruppe besitzt das Sauerstoffatom ein zusätzliches, antibindendes (n) Elektronenpaar. Obwohl der Übergang $n \rightarrow \pi^*$ in erster Ordnung verboten ist, ergibt die Verzerrung der –C=O Gruppe, zum Beispiel aufgrund einer Schwingung aus der Eben heraus, dem $n \rightarrow \pi^*$ Übergang eine ausreichende Dipolstabilität, um beobachtet werden zu können, und diese Absorptionsbande kann bei 230-290 nm beobachtet werden (z.B. in Formaldehyd oder Eiweißmolekülen).

Bei Molekülen mit ausgedehnten konjugierten Ketten- oder Ringsystemen (wie Benzol, β-Karotin, Chlorophyll, dem Netzhautpigment Retinal oder der Aminosäure Tryptophan) ist der Übergang $\pi \rightarrow \pi^*$ in den nahen UV-Bereich oder den sichtbaren Bereich verschoben. Meistens sind die optischen Übergänge erlaubt, und Moleküle wie Chlorophyll und β-Karotin gehören zu den am stärksten absorbierenden, in der Natur vorkommenden Molekülen.

Das Franck-Condon-Prinzip

Die Anregung eines Elektrons in einen höheren Zustand kann durch die gleichzeitige Anregung eines Schwingungs- oder Rotationsübergangs begleitet werden. Aus diesem Grunde kann man eine Serie von Schwingungsübergängen, oder auch nur eine breite Linie beobachten, die aufgrund der nicht aufgelösten Schwingungsstruktur entsteht. Diese Strukturen werden durch das Franck-Condon-Prinzip erklärt, das besagt, daß Atomkerne aufgrund ihrer großen Masse in den, bei elektronischen Übergängen relevanten Zeiträumen als statisch betrachtet werden können. In Abhängigkeit von der relativen Lage der Potentialkurve des Grundzustandes gegenüber derjenigen des angeregten Zustandes kann manchmal eine ganze Serie von Absorptions- und/oder Emissionslinien beobachtet werden. Dieses ist schematisch auch in Bild 7.5 wiedergegeben, in der dargestellt ist, daß die Schwingungswellenfunktion mit dem größten Überlapp mit der Schwingungswellenfunktion des Grundzustandes im Spektrum überwiegen wird. Formal drückt sich dieses in folgender Weise aus:

$$\mu_{\text{if}} = \left\langle \psi_{\text{el}}^{\text{i}} \phi_{\upsilon}^{\text{i}} \middle| \mu \middle| \psi_{\text{el}}^{\text{f}} \phi_{\upsilon'}^{\text{f}} \right\rangle \approx \mu_{\text{if}} \left\langle \phi_{\upsilon}^{\text{i}} \middle| \phi_{\upsilon'}^{\text{f}} \right\rangle = \mu_{\text{if}} S_{\upsilon\upsilon'} . \tag{7.38}$$

Die $S_{\upsilon\upsilon'}$ werden Franck-Condon-Faktoren genannt. Diese Faktoren entsprechen dem Überlapp zwischen Grund- und angeregtem Zustand der Schwingungswellenfunktion. Oft sind mehrere Franck-Condon-Faktoren groß genug, um eine Serie von Schwingungslinien im Spektrum zu beobachten.

Zerfall eines angeregten Zustandes

Nach der Anregung in einen höher gelegenen Schwingungszustand wird das Molekül aufgrund der Wechselwirkungen mit der Umgebung wieder relaxieren. Im allgemeinen wird die Überschußenergie auf andere intramolekulare Schwingungs- und Rotationszustände, und schließlich auf die Schwingung, Rotation und Translation der umliegenden Matrix verteilt. Im kondensierten Zustand kann die Schwingungsrelaxation eines höheren Schwingungszustandes in das Niveau mit $\upsilon = 0$ für einen bestimmten elektronischen Zustand innerhalb von 10^{-12} s (oder weniger) stattfinden. Für isolierte kleine Moleküle können diese Zerfallszeiten wesentlich länger sein.

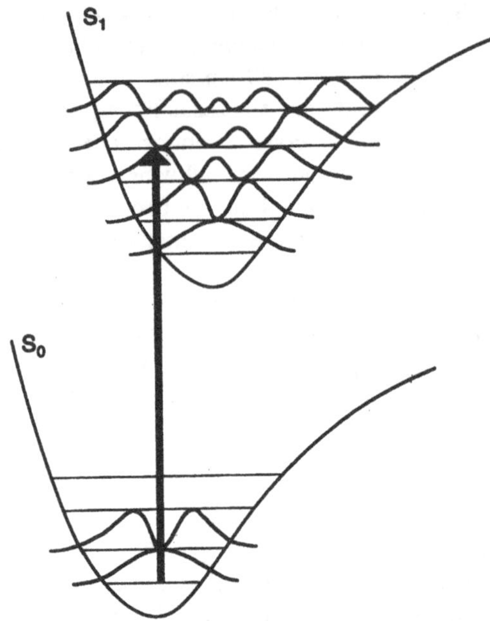

Bild 7.5 Schematische Darstellung des Franck-Condon-Prinzips in der Molekülspektroskopie. Der Absorptionsprozeß eines Photons entspricht in diesem Diagramm einem rein vertikalen Übergang. Der intensivste Schwingungsübergang erfolgt vom Grundzustand zu einem Schwingungsniveau des angeregten Zustands, bei dem der Überlapp der Schwingungswellenfunktion maximal ist.

Vom Niveau $\upsilon \neq 0$ eines höheren elektronischen Zustandes wird das Molekül bis zum niedrigsten angeregten Zustand relaxieren, ein Prozeß der als interne Konversion (IC) bezeichnet wird, und der auf einer Zeitskala von etwa 10^{-12} s stattfindet. Wenn das Molekül im Grundzstand ein Singulett gewesen ist, werden diese angeregten Zustände auch Singulettzustände sein, da für diese großen Moleküle die Zahl der internen Konversionen zwischen Singulett- und Triplettzuständen üblicherweise in der Größenordnung von 10^8–10^9 s^{-1} liegt. Befindet sich das Molekül erst einmal im niedrigsten angeregten Singulettzustand, kann es über verschiedene Wege zerfallen. Die Zahl der strahlungslosen Übergänge (k_{ic}) ist höchst unterschiedlich und kann zwischen 10^{12} s^{-1} und weniger als 10^6 s^{-1} liegen. Umgekehrt kann das Molekül auch durch spontane Emission relaxieren, wobei die Zerfallskonstante durch den betreffenden Einstein-Koeffizienten gegeben ist. Die Rate des radioaktiven Zerfalls (k_R) liegt für starke optische Übergänge bei 10^{7}– 10^8 s^{-1}. Man beachte, daß die Emission von Strahlung meist bei größeren Wellenlängen stattfindet als die Absorption, da sie ja vom Niveau mit $\upsilon = 0$ ausgeht, während die Absorptionslinien vom Franck-Condon-Prinzip bestimmt sind. Lediglich die Übergänge zwischen den Niveaus mit $\upsilon = 0$ treten in beiden Spektren auf. Dieses Phänomen, das auch als Stokes-Verschiebung bezeichnet wird, ist ebenfalls in Bild 7.6 dargestellt.

Eine einfache Möglichkeit, den relativen Beitrag der unterschiedlichen Zerfallsprozesse auszudrücken, besteht durch Angabe der sogenannten Quantenausbeute. Für die der Fluoreszenz ist beispielweise

$$\phi_F = \frac{k_R}{\sum_i k_i}, \tag{7.39}$$

wobei über alle möglichen Zerfallsprozesse summiert wird.

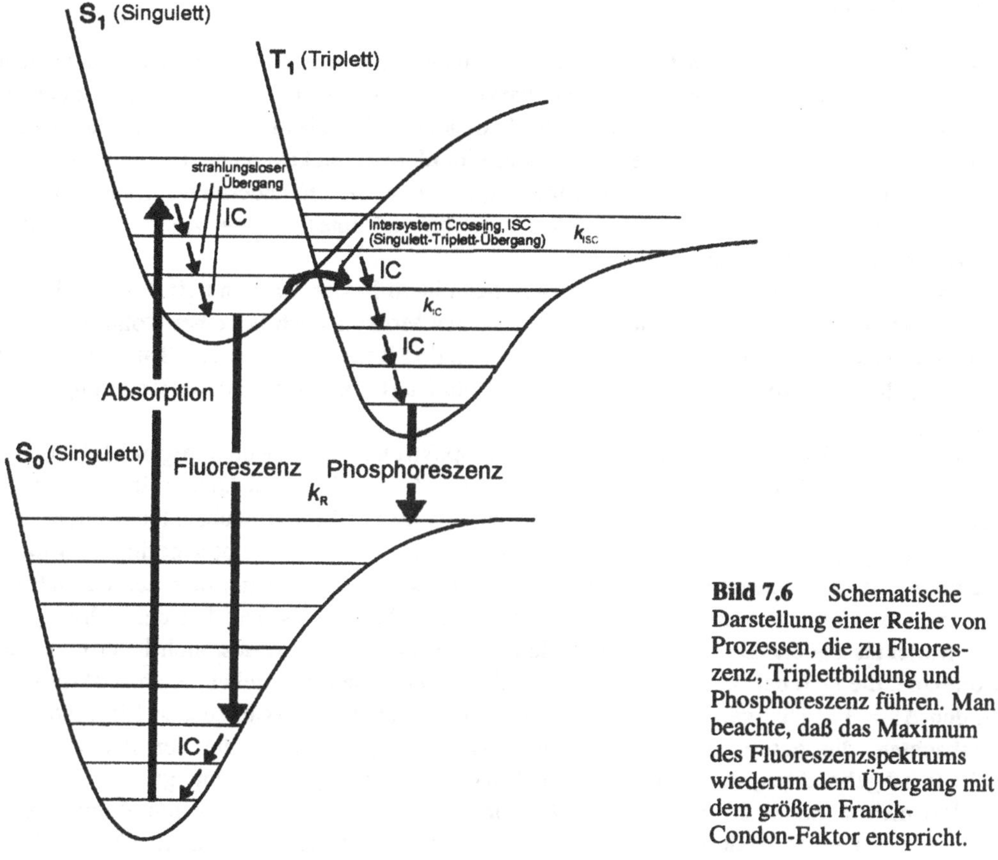

Bild 7.6 Schematische Darstellung einer Reihe von Prozessen, die zu Fluoreszenz, Triplettbildung und Phosphoreszenz führen. Man beachte, daß das Maximum des Fluoreszenzspektrums wiederum dem Übergang mit dem größten Franck-Condon-Faktor entspricht.

7.4 Streuung

Wenn ein atomares oder molekulares System mit Licht angestrahlt wird, dessen Frequenz keine Resonanz mit einem der möglichen Übergänge hervorrufen kann, wird der Lichtstrahl nicht absorbiert, sondern nur noch gestreut. Ist die Frequenz des gestreuten Lichts identisch mit der des einfallenden, so sprich man von elastischer oder Rayleigh-Streuung. Für Teilchen die eine größere oder vergleichbare Ausdehnung wie die Wellenlänge des gestreuten Strahls haben, wird dieser Prozeß zu einem komplizierten Ausdruck über Teilchengröße und -form, und wird als Mie-Streuung bezeichnet. Letztendlich werden die Photonen mit einer niedrigeren oder höheren Energie, als der des einfallenden Strahls reflektiert. Dieses wird durch nichtelastische oder Ramanstreuung verursacht. Die beobachteten Raman-Linien haben einen hohen Informationsgehalt über die Molekülstruktur und -dynamik.

7.4.1 Ramanstreuung

Die klassische Interpretation für die Beobachtungen verschiedener diskreter Frequenzen in einem Streuspektrum ist, daß die Polarisierbarkeit eines mit der Frequenz ν_{vib} schwingenden Moleküls variieren kann. Somit enthält die beobachtete Polarisation und damit das austretende (gestreute) Strahlungsfeld eine mit dem einfallenden elektromagnetischen Feld oszillierende Komponente, die der Rayleighstreuung und zwei Seitenbändern entspricht: eines bei $\nu - \nu_{vib}$, das der Stokes-Ramanstreuung entspricht, und eines bei $\nu + \nu_{vib}$, das der Anti-Stokes-Ramanstreuung zugeordnet wird.

Die Intensität dieser Ramanlinien ist zwischen einem Faktor 10^{-3} und 10^{-6} schwächer als die Rayleighstreuung. Da die Polarisierbarkeit eines Molküls auch bei einer Rotation variieren kann, taucht auch die Rotationsfrequenz ν_{rot} in den Ramanspektren auf. Tatsächlich wird der doppelte Wert von ν_{rot} beobachtet, da die Polarisierbarkeit für beide Orientierungen des Feldes gegenüber dem Molekül gleich ist.

Die Auswahlregeln des Schwingungs-Ramanspektrums eines zweiatomigen Moleküls ist die gleiche wie für die einfache IR-Spektroskopie: $\Delta\nu = \pm 1$. Somit können in einem typischen Ramanspektrum sowohl Stokes-, als auch Antistokes-Linien beobachtet werden, aber letztere hängen von der Belegung des Niveaus für $\nu = 1$ ab, die relativ gering sein kann. Zusätzlich zu der Auswahlregel für die Schwingungsquantenzahl kann man zeigen, daß ein Raman-Übergang nur auftreten kann, wenn sich die Polarisierbarkeit bei der Schwingung des Moleküls ändert. Dieses impliziert, daß sowohl homonukleare als auch heteronukleare Moleküle, die sich bei der Schwingung ausdehnen und zusammenziehen, Raman-aktiv sind. In den $\Delta\nu = \pm 1$ -Übergängen kann man eine übergeordnet, charakteristische Linienstruktur beobachten, die durch gleichzeitige Rotationsübergänge entsteht, die der Auswahlregel $\Delta J = 0, \pm 2$ gehorchten, wie sie für die reine Rotations-Ramanspektroskopie gilt.

Bei mehratomigen Molekülen sind die normalen Schwingungsmoden nur Raman-aktiv, wenn sie mit einer Änderung der Polarisierbarkeit einhergehen. Bei einem CO_2-Molekül bedeutet das, daß die symmetrische Streckung zwar IR-inaktiv, aber Raman-aktiv ist. Im allgemeinen wird die Raman-Aktivität einer bestimmten Schwingungsmode durch die Gruppentheorie vorausgesagt. Eine wichtige Regel ist, daß es für Moleküle mit einem Symmetriezentrum keine Schwingungsmoden gibt, die gleichzeitig Raman- und IR-aktiv sind.

Für Rotations-Ramanübergänge gilt als allgemeine Auswahlregel, daß das Molekül eine anisotrope Polarisierbarkeit besitzen muß. Alle homo- oder heteronuklearen linearen Moleküle besitzen ein Ramanspektrum. Andererseits zeigen alle Moleküle wie CH_4 oder SF_6, die sphärisch rotieren, kein Ramanspektrum. Zusätzlich beobachtet man Stokes-Rotations-Ramanlinien für $\Delta J = +2$ und Anti-Stokes-Rotations-Ramanlinien für $\Delta J = -2$. (Diese Auswahlregel korrespondiert mit dem klassischen Bild der Rotations-Ramanstreuung, wie es oben skizziert wurde.) Man beachte, daß bei Raumtemperatur viele Rotationsniveaus besetzt sind und deshalb im allgemeinen beide Zweige beobachtet werden können.

7.4.2 Rayleigh-Streuung

Die Rayleigh-Streuung überwiegt bei der elastischen Streuung des Lichtes an Molekülen, deren Größe viel kleiner als die Wellenlänge des gestreuten Lichtes ist. Die Intensität der Rayleigh-Streuung ist für ein Molekül isotroper Polarisierbarkeit durch

$$I = \frac{16\pi^4 c}{3\lambda^4}\alpha^2 E_0^2 \tag{7.40}$$

gegeben, wobei E_0^2 die Amplitude des elektrischen Feldvektors angibt, und $\alpha = e^2 / \hbar c$ ist. Man beachte den starken Anstieg des gestreuten Lichts zu kleinen Wellenlängen λ hin.

7.4.3 Mie-Streuung

Bei Molekülen, deren Größe mit der Wellenlänge des gestreuten Lichtes vergleichbar ist, erschweren Interferenzeffekte zwischen dem an verschiedenen Stellen des Teilchens gestreuten Licht die Beschreibung dieses Prozesses. Bei der Mie-Streuung steigt die Intensität des gestreuten Lichtes mit kürzeren Wellenlängen etwa entsprechend einer λ^{-2}-Abhängigkeit. In der Atmosphäre tritt an Schwebeteilchen normalerweise häufiger Mie-Streuung als Rayleigh-Streuung auf und bestimmt somit die Fernsicht. Die angeführte Wellenlängenabhängigkeit der Mie- und der Rayleigh-Streuung ist für das klare Blau des Himmels oder das Rot der Sonnenuntergänge verantwortlich.

7.5 Spektroskopie der inneren Elektronen von Atomen und Molekülen

Die inneren Elektronen der meisten Atome und Moleküle sind wesentlich stärker als die äußeren Elektronen gebunden, so daß Übergänge, die die Niveaus der inneren Elektronen betreffen, Photonen oder Teilchen höherer Energie erfordern. In allen Fällen werden entweder Photonen des fernen UV-Bereichs oder Röntgenstrahlen emittiert bzw. absorbiert. Wir werden kurz auf die Spektroskopie, die sich mit der Emission oder Absorption von Röntgenstrahlen befasst, Photoelektronenspektroskopie und Auger-Effekt, eingehen.

7.5.1 Röntgenemissionsspektroskopie

Beschießt man ein Material mit Elektronen ,die eine Energie im keV-Bereich besitzen, so findet man ein Röntgenemissionsspektrums ($\lambda \approx 0{,}01$–1 nm). Dieses Spektrum zeigt einen quasikontinuierlichen Anteil, der durch die Bremsstrahlung der auftreffenden Elektronen verursacht wird, und eine Reihe von diskreten Linien, die für die Atome des Materials charakteristisch sind. Ein typisches Beispiel für ein Röntgenspektrum ist in Bild 7.7 dargestellt.

Das Bremsstrahlungsspektrum hängt von der Energie der auftreffenden Teilchen ab; es entsteht durch die Ablenkung und Abbremsung geladener Teilchen im elektromagnetischen Feld der Atomkerne mit Kernladungszahl Z. Prinzipiell kann die Wechselwirkung eines Elektrons mit dem Kern als eine Serie von Abbremsvorgängen betrachtet werden, bei der jedesmal ein Photon emittiert wird, dessen Energie dem Energieunterschied zwischen den beiden Energieniveaus vor und nach der Abbremsung entspricht (siehe Bild 7.8).

Da Anfangs- und Endzustand nicht quantisiert sind, wird ein Kontinuum emittiert, dessen Intensitätsverteilung durch

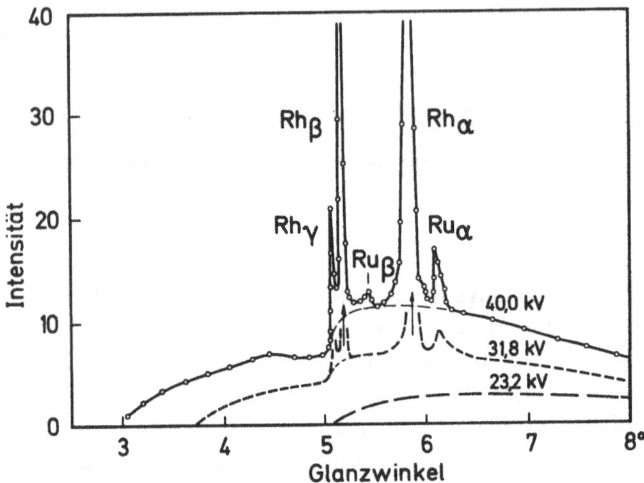

Bild 7.7 Röntgenemissionsspektrum einer Mischung von Rh und Ru, wie es für die verschiedenen, angegebenen Beschleunigungsspannungen erhalten wurde. Das Spektrum zeigt die kontinuierliche Bremsstrahlung, wie auch die charakteristischen Linien der einzelnen Elemente. (Aus: A. Haken und H. C. Wolf, *Atom- und Quantenphysik*, 2. Aufl., Springer-Verlag, Berlin, 1983, Abb. 18.3, S. 276).

$$I(\nu) \sim Z(\nu_{max} - \nu) \qquad (\nu < \nu_{max}) \tag{7.41}$$

gegeben ist. Hierbei entspricht Z der Kernladungszahl und $\nu_{max} = E_0 / h$ der maximalen Frequenz, die im Spektrum der Bremsstrahlung auftritt.

Dem quasi-kontinuierlichen Bremsstrahlungsspektrum überlagert beobachtet man eine Serie von Linien, die für das beschossene Material charakteristisch sind. Diese Linien entstehen durch den Übergang zwischen diskreten atomaren Zuständen. Die Röntgenabsorptionsspektren bestehen aus einer relativ begrenzten Anzahl von Linien, die in einigen wenigen Serien zugeordnet werden können, deren Frequenzen eine eindeutige Beziehung zur Kernladungszahl Z aufweisen. Die Erklärung dieser Linienspektren ist schematisch in Bild 7.9 dargestellt.

Die kinetische Energie des einfallenden Elektrons kann ausreichen hoch sein, um innere Elektronen eines Atoms im Material in hochangeregten Zustände anzuregen, die noch oberhalb der Ionisationsgrenze liegen. Das entstandene Defektelektron wird sofort wieder von

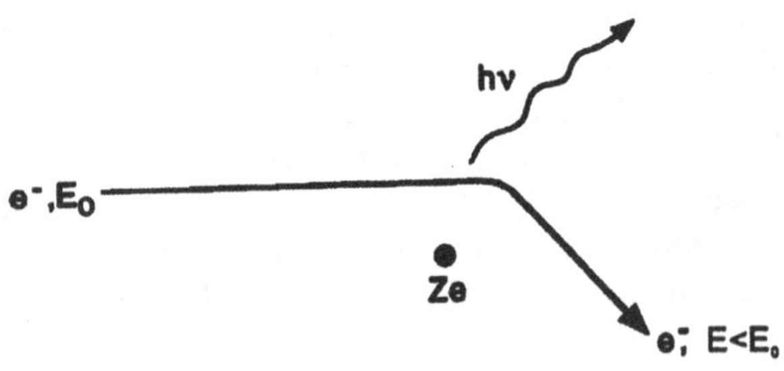

Bild 7.8 Ursache der Röntgen-Bremsstrahlung

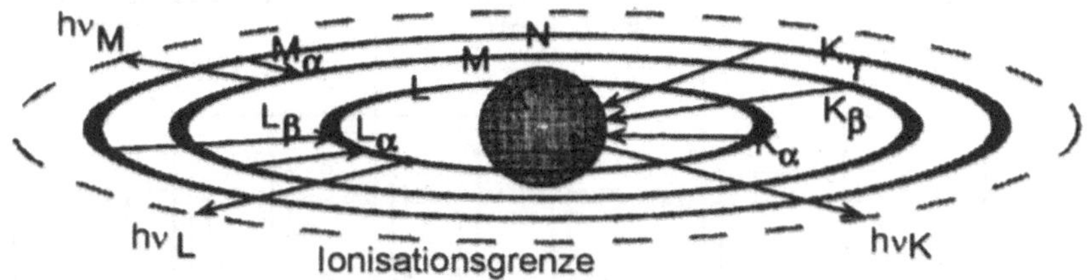

Bild 7.9 Schematische Darstellung für das Entstehen der K-, L-, und M-Serie in einem typischen Röntgenspektrum. Nach dem Herausstoßen eines Elektrons durch die Anregung des Atoms mit einem hochenergetischen Teilchenstrahl kann das Defektelektron durch ein Elektron von einer äußeren Schale aufgefüllt werden. Die korrespondierende Energiedifferenz wird in Form eines Röntgenphotons emittiert.

einem Elektron der äußeren Schalen gefüllt, und entsprechend der Energiedifferenz zwischen dem Anfangs- und dem Endzustand dieses Elektrons werden dann ein oder mehrere Photonen emittiert.

Bild 7.9 zeigt ein Defektelektron in der K-Schale, was zur Beobachtung einer Serie von Linien führt. Diese wird mit K_α, K_β, K_γ, usw. bezeichnet, entsprechend der Emission eines Photons aus der K-Schale und dem nachfolgenden Elektronenübergang aus der L-, M-, N-Schale. Analog entsteht eine Serie von L_α, L_β, L_γ-Linien durch den Verlust eines Elektrons aus der L- Schale, und ein Reihe von M_α, M_β, M_γ-Linien durch die Entfernung der jeweiligen Elektronen aus der M-Schale.

Die Lage der K_α-Linie als Funktion der Kernladungszahl Z kann in guter Näherung durch den Ausdruck

$$\gamma_{K_\alpha} = \frac{3}{4} R(Z-1)^2 \qquad \left(\text{cm}^{-1}\right) \tag{7.42}$$

angegeben werden und die Lage der L_α-Linie durch

$$\gamma_{L_\alpha} = \frac{5}{36} R(Z-7{,}4)^2 \qquad \left(\text{cm}^{-1}\right), \tag{7.43}$$

wobei R die Rydberg-Konstante ist, die in Anhang C angegeben wird. Man beachte, daß die Kernladungszahl für die K_α-Linie nur durch ein einziges Elektron abgeschirmt wird (das verbleibende Elektron der K-Schale), während die Kernladung bei der L_α-Linie effektiv durch mehr als sieben Elektronenladungen abgeschirmt wird.

Bei näherer Betrachtung erkennt man, daß die Röntgenspektren eine Feinstruktur aufweisen. Man kann diese Feinstruktur verstehen, wenn man beachtet, daß ein fehlendes Elektron in einer sonst gefüllten Schale einem einfachen Elektron ein einer ansonsten leeren Schale entspricht. Somit können Röntgenemissionsspektren auf die gleiche Weise verstanden werden, wie es bereits im Abschnitt 7.2.1 für die Spektren von Alkali-Atomen erklärt wurde, und durch Quantenzahlen für ein einzelnes Elektron beschrieben werden. Dieses führt uns direkt zum Energieschema in Bild 7.10, in dem die l-Entartung wegen der unterschiedlich starken Abschirmung des Kerns für Elektronen unterschiedlicher Quantenzahl l aufgehoben wurde. Zusätzlich ist auch die Entartung in j wegen der Spin-Bahn-Wechselwirkung aufgehoben.

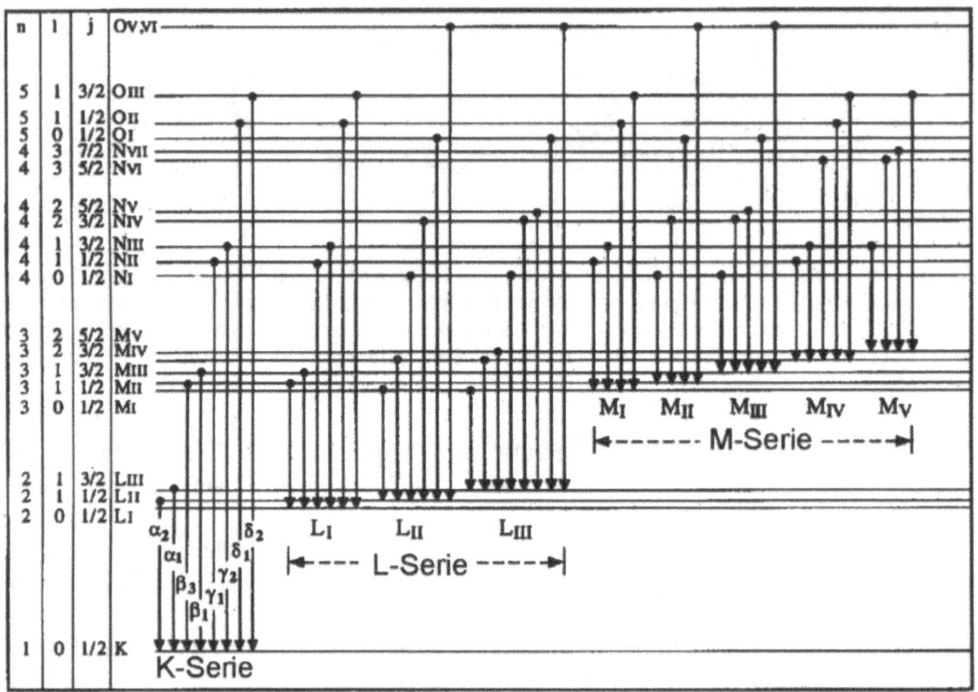

Bild 7.10 Feinstrukturdiagramm des Röntgenspektrums einer Platinanode mit $Z = 78$. Die Bezeichnungen der Serien, Linien und korrespondierenden Quantenzahlen sind angegeben. Nach oben weisende Pfeile entsprechen einer Absorption, nach unten weisende einer Emission. Die Abstände zwischen den L-Unterschalen L_I, L_{II} und L_{III} sowie den M-Unterschalen M_I–M_V wurden nicht maßstabsgetreu wiedergegeben. Für einen gegebenen l-Wert entstehen sie durch einfach Dublettspaltung. Da sie von verschiedenen Abschirmungen der Kerne herrühren, sind sie nicht alle gleich. (Aus: V. Valcovic, *Trace Element Analysis*, Taylor and Francis, 1987)

Bild 7.10 zeigt, daß die Übergänge zwischen den verschiedenen Niveaus denselben Auswahlregeln gehorchen wie die optischen Übergänge im Einelektronen-Atom:

$$\Delta l = \pm 1; \quad \Delta j = \pm 1 \tag{7.44}$$

Zum Beispiel korrespondieren zu den Übergängen der K-Schale nur die beobachteten Übergänge $^2P_{1/2} \rightarrow {}^2S_{1/2}$ und $^2P_{3/2} \rightarrow {}^2S_{1/2}$. Die Auswahlregeln (7.44) gestatten uns, die Feinstruktur der Röntgenspektren sämtlicher Atome zu verstehen. Die Hauptserien, die den Übergängen zwischen Schalen unterschiedlicher Hauptquantenzahlen n entsprechen, werden jetzt in Unterschalen aufgespalten, die durch die Quantenzahlen n, l und j bezeichnet werden. So erhalten wir für die L-Serie zum Beispiel L_I, L_{II} und L_{III}.

Zum Schluß wollen wir noch anmerken, daß eine Röntgenemission auch durch Röntgenabsorption hervorgerufen werden kann. In Analogie zu optischen Experimenten bezeichnet man diese Emission als Röntgenfluoreszenz. Die Röntgenfluoreszenzspektroskopie stellt eine sehr empfindliche Methode dar, die den Nachweis bestimmter Elemente in einer Probe mit einer Genauigkeit von 10 ppm erbringen kann. Umgekehrt können beschleunigte schwere Teilchen wie Protonen benutzt werden, um ein Röntgenemissionsspektrum anzuregen. Weitere Details zu dieser Teilchen-induzierten Röntgenemission (PIXE = *Particle Induced X-Ray Emission*) stehen in Abschnitt 7.6.4.

7.5.2 Röntgenabsorptionsspektren

In Bild 7.11 ist ein typisches Röntgenabsorptionsspektrum aufgezeichnet. Es besteht aus einer Reihe von steil ansteigenden, sogenannten Absorptionskanten, die einem mit steigender Frequenz gleichmäßig absinkendem Absorptionskoeffizienten überlagert sind. Dieser Abfall bei höheren Frequenzen wird durch die ν^{-3}-Abhängigkeit des Absorptionskoeffizienten verursacht. Die Frequenz der einzelnen Absorptionskanten entspricht der Grenze einer jeweiligen K-, L_I, L_{II}-,L_{III}-Serie etc. Zum Beispiel liegt die Absorptionskante der K-Serie von Blei bei 88 keV. Da die Ionisationsenergie eines K-Elektrons von Blei durch $Z_{eff}^2(13{,}6)\,\text{eV}$ gegeben wird, folgt direkt $Z_{eff}^2 = 80{,}4$. Somit liegt die Abschirmung des Kernes durch die inneren Elektonen mit $Z = 82$ bei etwa 1,6 Elektronenladungen.

In einem Röntgenabsorptionsspektrum kann man lediglich die Ionisationsübergänge beobachten (alle Schalen sind aufgefüllt), so daß die Spektren nur eine K-Kante, drei L-Kanten, fünf M-Kanten usw. zeigen. Folgt man der steilen, für eine bestimmtes Element charakteristischen Absorptionskante, so kann man im Absorptionsspektrum eine Feinstruktur erkennen, die die chemische Umgebung des Elements wiederspiegelt. Diese Feinstruktur

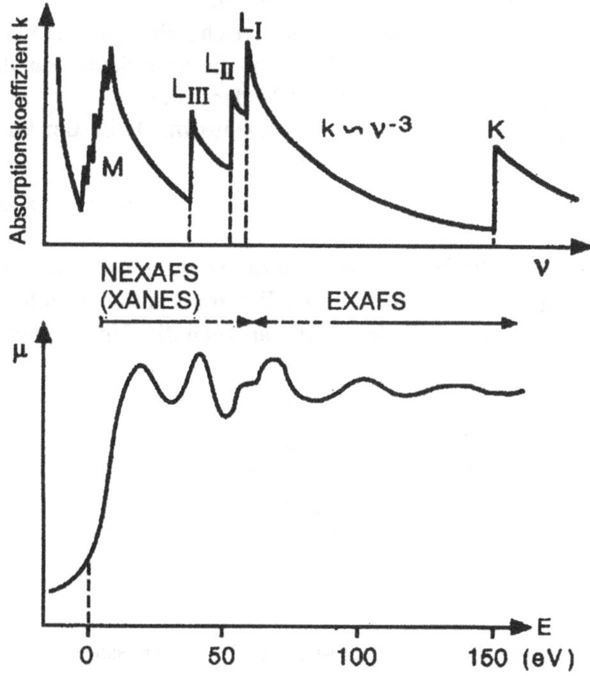

Bild 7.11 Oben: Schematische Darstellung eines Röntgenabsorptionsspektrums mit Absorptionskanten. Unten: Feinstruktur an der K-Absorptionskante bei hoher Auflösung (EXAFS-Spektrum). (Aus: S. Svanberg, *Atomic and Molecular Spectroscopy*, 2. Aufl., Springer-Verlag, Berlin, 1992, Abb. 5.9, S. 74)

entsteht durch Röntgenstrahlen, die an bestimmten Atomen in der Nähe des betrachteten Elementes gestreut werden. Die Absorptionskanten können heute mit Synchrotonstrahlung genauer untersucht werden. Diese Röntgenfeinstruktur-Experimente werden im allgemeinen als EXAFS-Spektroskopie bezeichnet (engl. *Extended X-Ray Absorption Fine Structure Spectroscopy* = Erweiterte Röntgenabsorptions-Feinstrukturspektroskopie).

7.5.3 Der Auger-Effekt

Bei relativ leichten Atomen kann die Energie, die beim Übergang eines äußeren Hüllenelektrons auf eine freie innere Schale frei wird, auch dazu genutzt werden, ein weiter außen liegendes Elektron herauszuschlagen. Dieser Effekt wird als Auger-Effekt bezeichnet und ist in Bild 7.12 schematisch dargestellt.

Das Auger-Elektron kann nachgewiesen und seine kinetische Energie gemessen werden. Die kinetische Energie ist ein direktes Maß für die Energien der betroffenen Zustände, und für den in Bild 7.12 dargestellten Fall gilt

$$E_{\mathrm{kin}} = E_{\mathrm{K}_\alpha} - E_{\mathrm{B}}, \tag{7.45}$$

wobei E_{K_α} die Energie des normalerweise emittierten Quantums ist, und E_{B} die Bindungsenergie des Auger-Elektrons.

7.5.4 Photoemissionsspektroskopie (XPS)

Wenn Photonen ausreichend hoher Energie von den Atomen eines Moleküls absorbiert werden, können die so angeregten Elektronen emittiert werden. In der Photoemissionsspektroskopie (XPS = *X-Ray Photoemission Spectroscopy*) wird die kinetische Energie der emittierten Elektronen genau gemessen, und so als präziser Maßstab für die Energieniveaus des Atoms oder des Moleküls verwendet. Dieser Prozeß ist in Bild 7.13 dargestellt.

Für Atome wird die Bindungsenergie E_{B} eines bestimmten Niveaus mit Hilfe der Gleichung

$$E_{\mathrm{kin}} = h\nu - E_{\mathrm{B}} \tag{7.46}$$

bestimmt, wobei E_{kin} die gemessene kinetische Energie und $h\nu$ diejenige des einfallenden UV- oder Röntgenphotons darstellt. Nach der Emission eines Elektrons können sich die Moleküle in einem höheren Schwingungszustand befinden, und man kann die Bindungsenergie dann mit

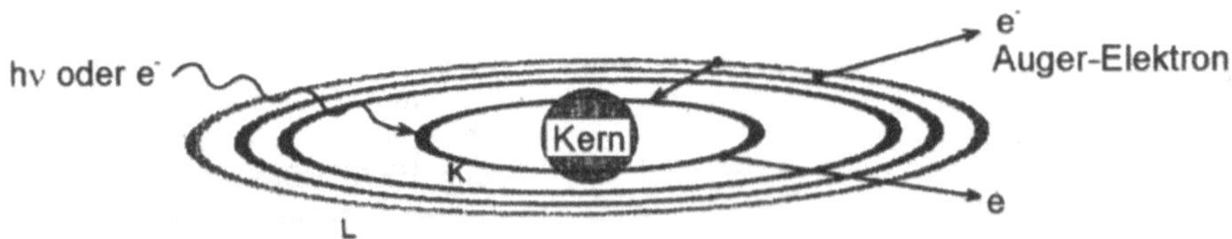

Bild 7.12 Schematische Darstellung des Auger-Effektes. Die Auger-Elektronenemission wird mit einer Röntgenemission abgeschlossen.

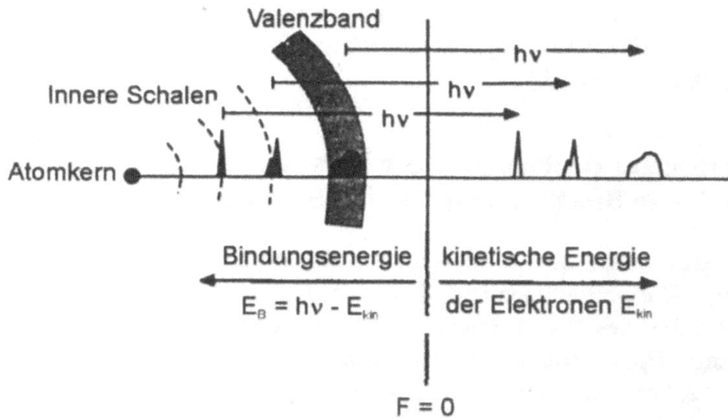

Bild 7.13 Schematische Darstellung der Photoemissionsspektroskopie. Die kinetische Energie der Photoelektronen entspricht der Differenz zwischen der Quantenenergie $h\nu$ des anregenden Photons und der Bindungsenergie der Elektronen des Atoms oder des Festkörpers. Die gestrichelten Linien entsprechen den Orbitalen der Elektronen. Man beachte, daß hier die Bindungsenergien betrachtet werden, und nicht die Abstände vom Kern. (Aus: A. Haken und H. C. Wolf, *a.a.O.*, Abb. 18.14, S. 310)

$$E_{kin} = h\nu - E_B - E_{vib} \tag{7.47}$$

berechnen, wobei E_{vib} der für die Anregung der Schwingung notwendigen Energie entspricht. XPS-Spektren von Molekülen zeigen üblicherweise lange Abfolgen von Schwingungslinien, da die Geometrie des neutralen und des ionisierten Moleküls sehr unterschiedlich sein kann.

Mit XPS kann man außerdem die Energien der inneren Elektronen von Atomen oder Molekülen messen, was die Grundlage der chemischen Analyse (ESCA = *Electron Spectroscopy for Chemical Analysis* = Elektronenspektroskopie zur chemischen Analyse) darstellt. Mit dieser Technik bestimmt man hauptsächlich die Oberflächeneigenschaften eines Materials, weniger, weil die Röntgenstrahlen nicht weit genug eindringen, sondern weil die freigewordenen Elektronen nicht entweichen können. Feinstruktur-Verschiebung der Linien innerhalb eines ESCA-Spektrums gestatten eine genaue Bestimmung molekularer Strukturen.

7.6 Spektroskopische Techniken bei Umweltmessungen

In diesem Abschnitt werden wir ein paar spezielle Techniken besprechen, die augenblicklich bei Umweltmessungen verwandt werden. Natürlich ist dieser Abschnitt nicht vollständig; vielmehr haben wir Beispiele ausgewählt, die die oben beschriebenen Prinzipien verdeutlichen, und eine wichtige Rolle in der Umweltanalytik spielen. Wir werden zwei Beispiel der Fernsensorik (engl. Remote Sensing) besprechen. In Abschnitt 7.6.1 wird die Beobachtung der oberen Atmosphäre beschrieben, der in Abschnitt 7.6.2 eine Diskussion der LIDAR-Technik nachfolgt.* In Abschnitt 7.6.3 geht es um hochauflösende Spektroskopie, die als hochempfindliches Werkzeug zum Nachweis organischer Substanzen verwandt wird, und in Abschnitt 7.6.4 geht es schließlich um PIXE.†

7.6.1 Ein globales Vorgehen zur Beobachtung der Verschmutzung der oberen Atmosphäre: Eine kurze Beschreibung des UARS-Satelliten der NASA

Die Zerstörung des Ozonfilters wurde bereits in Kapitel 2.3.3 besprochen. Aus diesem Grund ist es wichtig, die Ozon-Konzentrationen und die der das Ozon zerstörenden Gase zu überwachen. Dies ist auch das Ziel des NASA-Satelliten zur Erforschung der oberen Atmosphäre, abgekürzt UARS (engl. *Upper Atmosphere Research Satellite*). Er wurde mit dem Space Shuttle *Discovery* am 12. September 1991 in den Weltraum geschossen und trägt neun verschiedene Meßinstrumente, die zur Messung der Atmosphärentemperatur sowie der Dichte der sechzehn wichtigsten Substanzen für die Atmosphärenchemie dienen. Diese Parameter werden täglich für verschiedene Höhen zwischen 10 und 130 km über einem großen Bereich der Erdoberfläche gemessen. Darüber hinaus können auch die horizontalen Luftströmungen im Höhenbereich zwischen 10 und 45 km sowie zwischen 55 und 110 km gemessen werden. Alles zusammengenommen ist sehr nützlich bei der Deutung der Änderungen in der Zusammensetzung der Atmosphäre, und dieser Abschnitt soll als Einführung in die nahezu unglaublichen Möglichkeiten dienen, die die moderne Satellitenüberwachung der Erforschung der Atmosphäre bietet.‡ Wir werden zunächst die Satelliten-Umlaufbahnen und die verschiedenen Instrumente an Bord erläutern und dann die Informationen beschreiben, die uns der Satellit insgesamt übermittelt. Wir werden außerdem die Organisation und die Aufbereitung der Meßdaten besprechen. Zum Schluß wird eines der Instrumente im Detail besprochen, indem wir einem einfachen Meßschema folgen, das uns sehr schön die Nützlichkeit der Spektroskopie bei der Schadstoffüberwachung in der Atmosphäre demonstriert.

Die UARS-Mission

Um eine vollständige Überdeckung und schnelle Wiederholung der Messungen sicherzustellen, muß die Umlaufbahn des Satelliten sorgfältig ausgewählt werden, was in diesem Fall zur Wahl einer sehr geringen Höhe von 585 km führte. Hierdurch erhält man bei einer Geschwindigkeit von 7,6 km s^{-1} eine Umlaufzeit von 97,0 Minuten. Die Umlaufbahn ist um 57° gegen den Äquator geneigt, und die senkrecht zur Bewegungsrichtung des Satelliten angebrachten Detektoren „sehen“ somit einen Streifen von 80° auf der einen bis 34° auf der anderen Seite. Die Umlaufpräzession ist derart gewählt, daß man nach einem Zeitraum von 36 Tagen den gleichen Teil der Atmosphäre auch zur gleichen Lokalzeit wieder beobachtet. Man glaubt, daß dieses ausreicht, um die täglichen Atmosphäreneffekte innerhalb eines Zeit-

---

* Die beiden Abschnitte 7.6.1 und 7.6.2 gehen auf den Doktoranden Matthieu Visser zurück.

† Eine genaue Beschreibung anderer Techniken findet sich in den Büchern von Johansson und Campbell [3], Measures [4], Scharda [5] und Schulman [6].

‡ *The Journal of Geophysical Research* vom 20. Juni 1993 enthielt einen dieser Mission gewidmeten Abschnitt. Ziele, Organisation und technische Verwirklichung wurden dort ebenso wie die ersten Resultate besprochen.

raumes aufzulösen, der im Vergleich zu saisonalen Effekten kurz genug ist. Man sollte sich dabei jedoch darüber im klaren sein, daß eine polare Umlaufbahn nutzbringender wäre: man könnte so die gesamte Erde beobachten, wie sie sich unter einem hindurchdreht. Der praktische Grund für die Wahl der Umlaufbahn des UARS-Satelliten ist aber, daß Satelliten, die mit Raumgleitern aus Florida in die Umlaufbahn gebracht werden, keine polare Umlaufbahn erreichen können. Außer dem beschränkten Blickwinkel hat diese Umlaufbahn aber noch einen anderen Nachteil: der Satellit muß alle 36 Tage um 180° gedreht werden, um den thermischen Anforderungen und denen an den Blickwinkel der Instrumente zu genügen, und um die Sonnenkollektoren wieder zur Sonne zu drehen, die die Instrumente auf diese Weise mit Strom versorgen. Dies wurde auch zu einem Problem beim Betrieb dieses ersten Satelliten: Die Drehung war nicht perfekt und nach einigen Monaten fehlerfreien Betriebs konnten wegen der falschen Ausrichtung der Sonnenkollektoren nicht mehr alle Instrumente ausreichend mit Strom versorgt werden. Zukünftige Satelliten sollen auf einer polaren Umlaufbahn fliegen und erfordern somit keine Neuorientierung mehr. Vor dem Beginn der Mission wurden Anforderungen an sämtliche Instrumente definiert: eine maximale räumliche Auflösung von 3 km in der Vertikalen und 5 Breitengrade, was über dem Äqutor einer Entfernung von 500 km entspricht. Bei der gegebenen Satellitengeschwindigkeit von 7,6 kms^{-1} heißt das, daß die Meßinstrumente in der Lage sein müssen, innerhalb von maximal einer Minute die Messung eines vertikalen Profils sämtlicher Atmosphärenbestandteile sowie aller anderen Parameter durchzuführen. Bild 7.14 zeigt die Zusammensetzung der Atmosphäre, wie sie von verschiedenen Instrumenten gemessen wurde. Wie man sieht, können die meisten Komponenten von unterschiedlichen Instrumenten nachgewiesen werden, wodurch die Auswertung der Daten über Vergleiche vereinfacht wird.

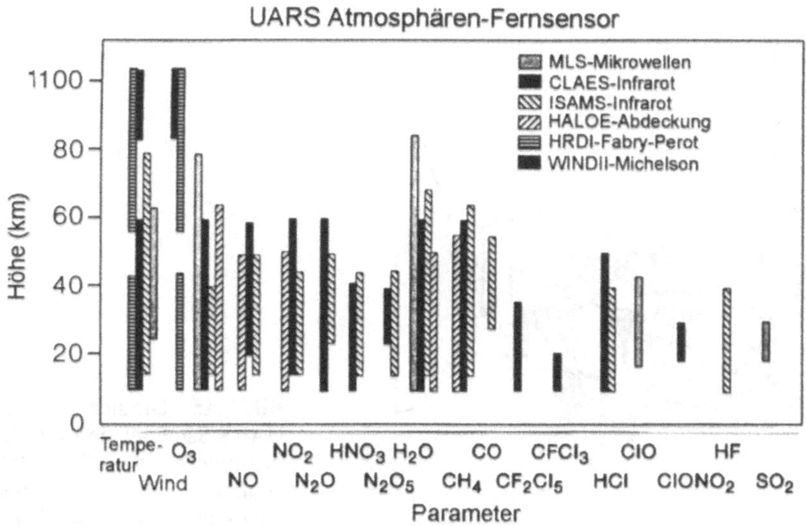

Bild 7.14 UARS-Messungen zu Wind, Temperatur und Atmosphärenzusammensetzung. Es wurde der Höhenbereich dargestellt, den die Instrumente bezüglich der gemessenen Parameter abdecken. (Aus: C. A. Reber *et al.*, Upper atmospheric research satellite, *Journal of Geophysical Research*, **98** (D6) (1993) 10643-7, Abb. 1, S. 10644)

Für eine erste Näherung ist eine räumliche Auflösung von 500 km in horizontaler und 3 km in vertikaler Richtung ausreichend, um einen verläßlichen Einblick in stratosphärischen Veränderungen bei gegebener zeitlicher Auflösung zu erhalten, da sich die Durchmischung, wie schon in Tabelle 5.4 angedeutet, nur langsam vollzieht. In neueren numerischen Modellen der Stratosphäre (vgl. Abschnitt 3.3) werden Gitternetze von 100–500 km in der horizontalen und 0,1–0,3 km in der vertikalen Richtung in 24-Stunden-Intervallen benutzt, was in der Nähe der UARS-Auflösung liegt. Man berücksichtigt etwa 50 verschiedene Molekülarten, die an etwa 150 unterschiedlichen Reaktionen beteiligt sind.

In Bild 7.15 sind die Instrumente an Bord dargestellt. Die drei mit SSPP aufgeführten Instrumente messen die Sonneneinstrahlung in die Atmosphäre. Der Teilchen–Umgebungs–Monitor (PEM/ZEPS) detektiert Röntgenstrahlen, Protonen und Elektronen. Vier weitere Instrumente weisen durch die Messung emittierter oder absorbierter elektromagnetischer Strahlung atmosphärische Spurengase und die Temperaturverteilung in der Atmosphäre nach. CLAES nutzt zum Beispiel die IR-Emission durch Moleküle, und HALOE mißt die Absorption des Sonnenlichtes der zwischen Sonne und Detektor liegenden Moleküle. Man beachte, daß der CLAES-Detektor das Instrument ist, daß die größte Anzahl verschiedener Moleküle nachweisen kann. Die Einsatzdauer dieses Instrumentes ist allerdings wegen der begrenzten Kühlmittelmenge (festes Ne und CO_2) auf etwa 20 Monate beschränkt. Die HRDI- und WINDII-Detektoren weisen Luftströmungen nach, die für das Verständnis der gemessenen Transportphänomene wichtig sind.

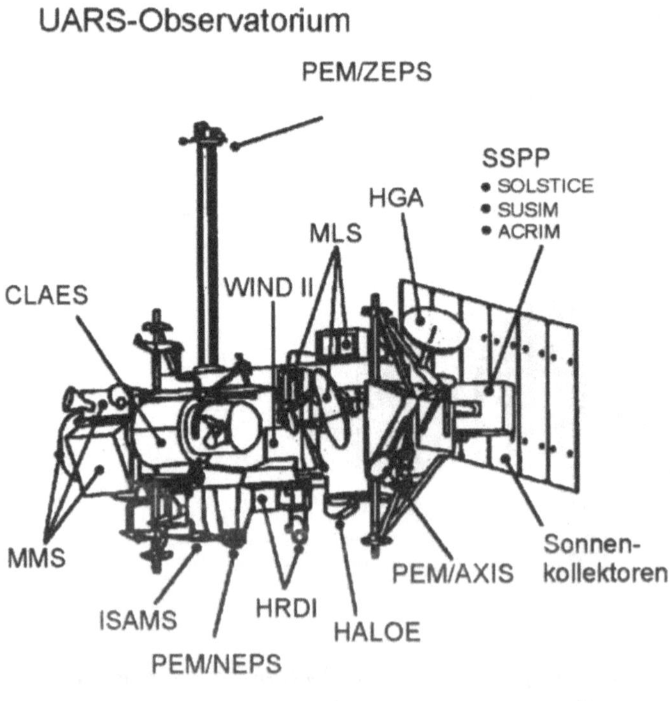

UARS-Observatorium
PEM/ZEPS
SSPP
• SOLSTICE
• SUSIM
• ACRIM
HGA
MLS
CLAES
WIND II
MMS
Sonnen-
kollektoren
PEM/AXIS
ISAMS
HRDI
HALOE
PEM/NEPS

Bild 7.15 Die sich an Bord des UARS-Satelliten befindenden Instrumente. (Aus: C. A. Reber *et al.*, Upper atmospheric research satellite, *Journal of Geophysical Research*, 98 (D6) (1993) 10643-7, Abb. 2, S. 10645).

Die mit dem UARS-Observatorium gemessenen Daten werden zur Goddard Raumflugzentrale (GSFC in Maryland, USA) übertragen und grob überarbeitet. Die resultierenden „Level-0-Daten" werden dann über ein spezielles elektronisches Netz zur weiteren Datenverarbeitung an verschiedene Analysecomputer verschickt. Danach erst können die gewünschten geophysikalischen Parameter abgelesen werden, und weitere Analysen an den beteiligten Instituten oder im GSFC durchgeführt werden, wo die bearbeiteten Daten auch gesammelt und gespeichert werden. Für den gesamten Prozeß, vom Erhalt der Daten, bis zur Weiterbearbeitung und Extrahierung geophysikalisch relevanter Parameter vergehen etwa drei Tage. Man bedenke, daß eine enorme Datenverarbeitung notwendig ist: die Entschlüsselung der Meßsignale und die Korrektur der durch die geometrische Projektion entstandenen Verzerrung. Die gesamte hierfür notwendige Software wurde vor der Entsendung des Satelliten aufs Genaueste überprüft und getestet.

Die erhaltenen geophysikalischen Daten sollten zusammengenommen ausgewertet werden; man sollte die Ergebnisse verschiedener Instrumente an Bord des Satelliten oder aus anderen Quellen, die die gleichen Parametern betreffen, auch miteinander verbinden. Die Ergebnisse sollten dann im Rahmen eines Modells der Atmosphärenchemie interpretiert werden, das die erhaltenen Parameter verwendet werden (Sonnenenergie und Teilcheninput, Winde in verschiedenen Höhen und die Zusammensetzung der Atmosphäre). Dazu wurden zehn „PI"s (*principal investigators* = Haupt-Untersuchungsgruppen), also führende Arbeitsgruppen auf den Gebieten des Strahlungstransfers, der Atmosphärendynamik und Photochemie, in die Mission eingebunden.

Das Sonnenbedeckungsexperiment: Beschreibung eines UARS-Instruments und der damit erzielten Messungen

Wir werden jetzt eines der Instrumente auf dem UARS-Satelliten besprechen, mit dem das Sonnenbedeckungsexperiment durchgeführt wird, welches die Abkürzung HALOE trägt. Es basiert auf IR-Absorptionsmessungen im Bereich der Schwingungsniveaus von O_3-, HCl-, HF-, CH_4-, H_2O-, NO-, NO_2- und CO_2-Molekülen, die sich zwischen Sonne und Detektor befinden. Diese Gase sind, wie schon in Abschnitt 2.3.3 erwähnt und in Bild 7.16 dargestellt, Schlüsselkomponenten für die Chemie der mittleren Atmosphäre. Wie man sieht, spielt eine Vielzahl verschiedener Komponenten eine Rolle, und HALOE weist einige der wichtigsten darunter nach.

Bild 7.17 zeigt die Geometrie des Experimentes und zeigt, daß die Messungen aus diesem Grunde nur bei Sonnenauf- und -untergang durchgeführt werden können. Wegen der UARS-Umlaufbahn bedeutet dies, daß täglich je fünfzehn Sonnenaufgangs- und Sonnenuntergangsmessungen durchgeführt werden können, so daß der HALOE-Detektor etwa 25 Tage benötigt, um die Daten für die globale Verteilung einer bestimmten Komponente zu sammeln. Das ist auch der Nachteil dieses Verfahrens gegenüber den anderen UARS-Instrumenten. Trotzdem bietet der (horizontale) Blickwinkel eine höhere Empfindlichkeit, da 30 bis 60mal mehr absorbierendes Material im Meßbereich liegt, als bei vertikaler Blickrichtung. Außerdem ergibt sich aus der Geometrie und der Tatsache, daß die Dichte exponentiell mit der Höhe abnimmt, eine hohe vertikale Auflösung. Da die Methode der Sonnenbedeckung nur relative Ergebnisse liefert (jedes Mischungsverhältnis wird dadurch bestimmt, daß die Intensität der Strahlung durch die Atmosphäre hindurch mit der unge-

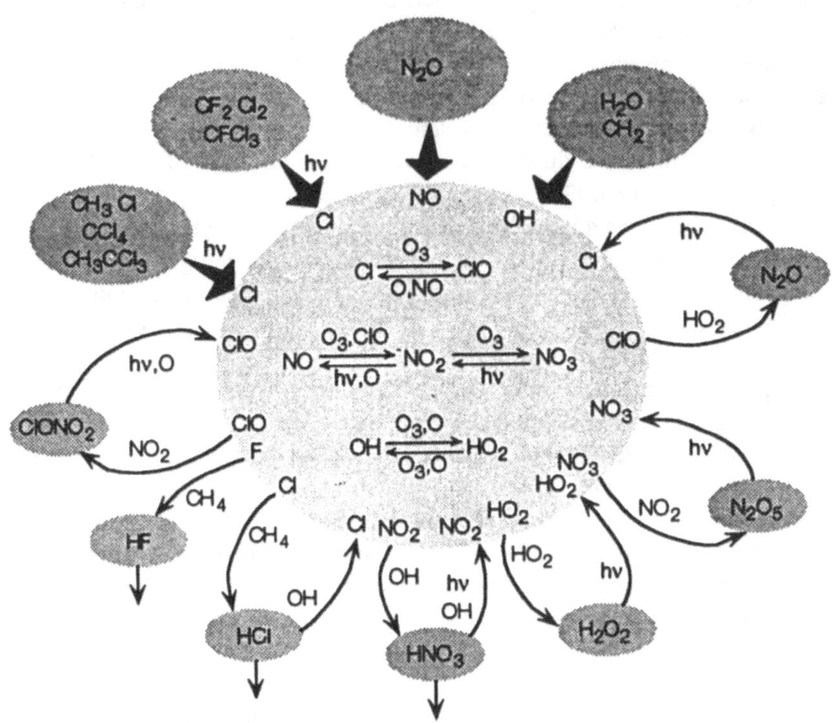

Bild 7.16 Ein vereinfachtes Schema der Chemie der mittleren Atmosphäre. (Aus: J. M. Russel *et al.*, The halogen occultation experiment, *Journal of Geophysical Research*, 98 (D6), (1993) 10777-97, Abb.1, S. 10778)

schwächten Sonnenstrahlung außerhalb der Atmosphäre verglichen wird), ist sie im wesentlichen selbstkalibrierend. Dieses ist sehr nützlich bei der Beobachtung von Langzeiteffekten. Das Verfahren erfordert allerdings einen guten Satz von Laborspektren für alle beobachteten Gase. Sowohl die NASA als auch die ESA verwenden deshalb umfangreiche Datenbanken, die für alle Fernsensorik-Spezialisten zugänglich sind.

Es ist nicht einfach Spurengase wie HCl oder HF im seitlichen Blickwinkel nachzuweisen, da ihre IR-Absorption viel schwächer ist als die des wesentlich stärker verbreiteten CH_4 ($\approx$ 1000fach höhere Konzentration), das im gleichen Wellenlängenbereich absorbiert. Das berechnete Spektrum des HCl-Kanals (bei 3,401 µm) für die Höhe von 30 km ist in Bild 7.18 dargestellt.

Auf den ersten Blick scheint ein Nachweis von HCl so nicht möglich zu sein. Verwendet man jedoch einen einfachen aber eleganten Trick, so erhält man wirklich gute Ergebnisse. Neben einem Breitbandfilter ($\approx$ 80 cm^{-1} Bandbreite) zur Einstellung des richtigen Spektralbereiches, wird ein zweiter Filter verwandt, der aus einer Gaszelle besteht, die das nachzuweisende Gas enthält (in diesem Fall HCl). Dieses Konzept findet sich in Bild 7.19 dargestellt.

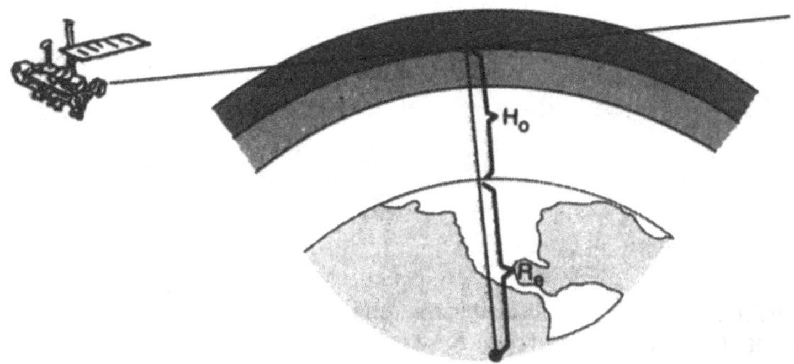

Bild 7.17 Blickwinkel der Sonnenbedeckungs-Geometrie. HALOE verwendet das Licht von der Sonne, aber Instrumente auf anderen Satelliten können auch das Licht heller Sterne verwenden. (Von J. M. Russel *et al.*, The halogen occultation experiment, *Journal of Geophysical Research*, **98** (D6), (1993) 10777-97, Abb. 2, S. 10778)

Das eintreffende Licht wird durch einen Strahlteiler (engl. *beamsplitter* = BS) aufgespalten. Der dem unteren Weg folgende Anteil wird durch das Vakuum an den Detektor D2 geleitet, der andere Anteil wird durch die das Gas enthaltende Zelle an den Detektor D1 geleitet. Das bei D1 eintreffende Signal kann mittels eines einstellbaren Verstärkers G angepaßt werden. Dieses und das andere, am Detektor D2 eingehende Signal, werden als positives und negatives Input in einen Differenzverstärker eingespeist. Das Signal V wird dann so angepaßt, daß es verschwindet, wenn der Detektor an der Atmosphäre vorbei, direkt auf die Sonne gerichtet wird. Auf diese Weise hat man einen Detektor konstruiert, der nur ein bestimmtes Gas nachweist. Bild 7.20 zeigt die schmalbandige HALOE-Spektralfunktion.

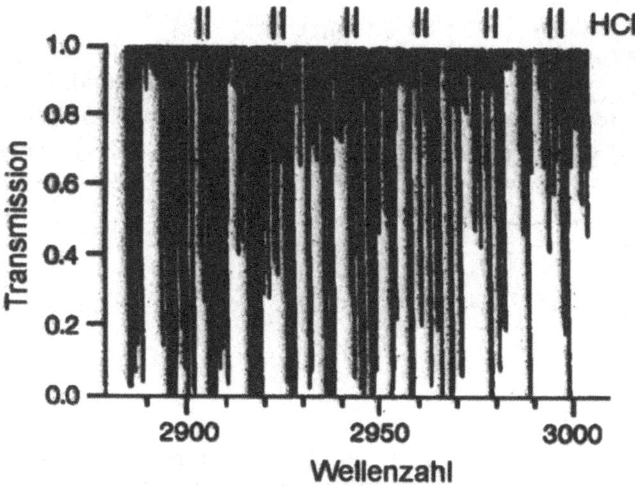

Bild 7.18 Für eine Höhe von 30 km berechnetes Absorptionsspektrum des HCl-Meßkanals im HALOE–Detektor. Die Striche an der Oberseite zeigen die Lage der HCl-Linien an, die anderen Linien werden hauptsächlcih durch CH_4 verursacht. (Aus: J. M. Russel *et al.*, The halogen occultation experiment, *Journal of Geophysical Research*, **98** (D6), (1993) 10777-97, Abb.4, S. 10780)

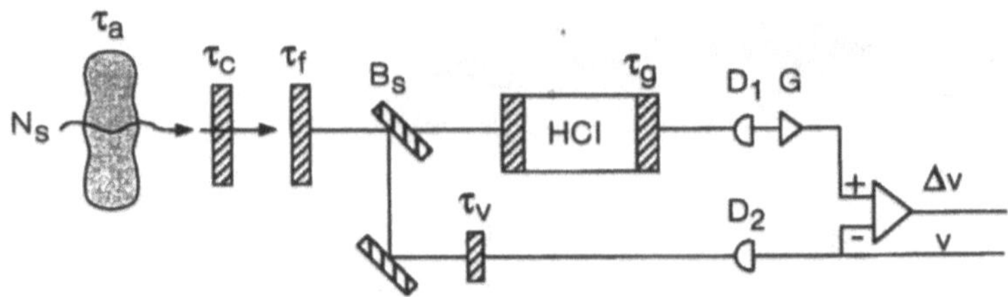

Bild 7.19 Das HALOE-Gasfilter Konzept zur Signalbearbeitung. (Aus: J. M. Russel *et al.*, The halogen occultation experiment, *Journal of Geophysical Research*, **98** (D6), (1993) 10777-97, Abb.5, S. 10780)

Aus Bild 7.20 wird verständlich, wie HCl selbst bei viel höheren CH_4-Konzentrationen noch nachgewiesen werden kann. Zum Betrieb des Apparates ist es nicht nötig, die genaue Konzentration des Gases in der Referenzzelle zu kennen (wobei natürlich die gewählte Größenordnung in etwa korrekt sein sollte, um ein gutes Signal/Rausch-Verhältnis zu bekommen), solange die Menge des Gases in der Zelle und dessen Spektrum konstant bleibt. Somit muß die ganze Sache nur gut versiegelt werden und die Zelle sollte aus einem Material bestehen, das nicht von dem eingeschlossenen Gas angegriffen wird, und bei konstanter Temperatur (± 0,05°K) gehalten werden. (Zum Nachweis der höchst korrosiven Gase HCl- oder HF wird z. B. Gold in Verbindung mit Saphirfenstern verwendet.) Wie immer bei optischen Experimenten, maximiert man auch hier die Nachweisempfindlichkeit durch eine Eingangsoptik mit großer Öffnung und hochempfindliche Detektoren. HALOE wurde mit einem 16-cm-Primärspiegel einer Brennweite von 96 cm ausgestattet. Der Öffnungswinkel beträgt zwei Bogenminuten (die Sonne deckt, von der Erde aus betrachtet, einen Winkelbereich von 30 Bogenminuten ab). Die vier Radiometerkanäle für den Breitbandnachweis der spektroskopisch gut auflösbaren und in höheren Konzentrationen vorkommenden Gase H_2O, O_3, CO_2 und NO_2 sind mit ungekühlten Bolometer-Detektoren ausgestattet. Für die HCl-, HF-, NO- und CH_4-Kanäle werden thermoelektrisch gekühlte Indium-Arsenid-Detektoren verwandt, für den NO-Nachweis photovoltaisch aktives Quecksilber-Cadmium-Tellurid. Diese Materialien wurden aufgrund ihrer hohen Sensitivität in den jeweiligen Nachweiswellenlängenbereichen gewählt, wie es in der Skizze der HALOE-Auflösung in Bild 7.21 dargestellt ist.

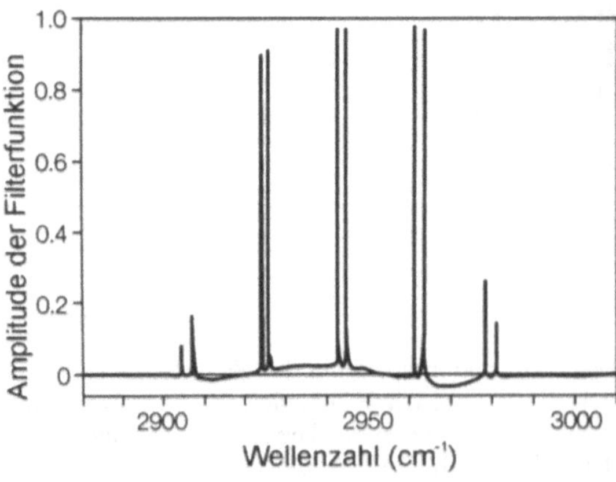

Bild 7.20 Die schmalbandige HALOE-Spektralfunktion, mit der selektiv HCl nachgewiesen wird. (Von J. M. Russel *et al.*, The halogen occultation experiment, *Journal of Geophysical Research*, **98** (D6), (1993) 10777-97, Abb.4, S. 10781)

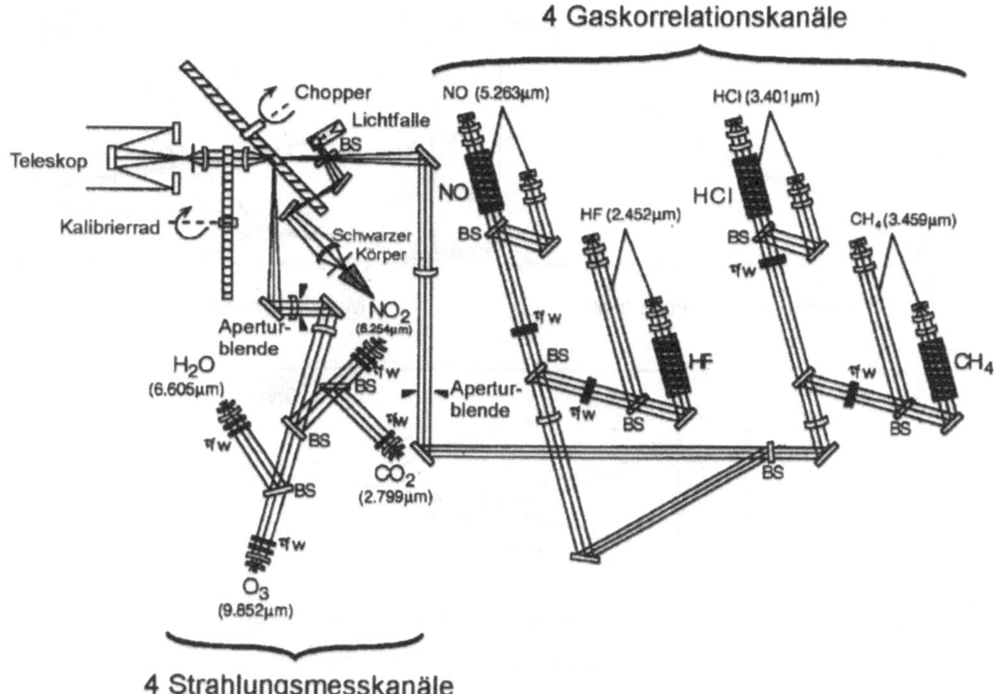

Bild 7.21 Diagramm der HALOE-Optik. Die verschiedenen Gase werden bei verschiedenen Wellenlängen nachgewiesen. Teilt man das Spektrum mit doppelbrechenden Strahlteilern, kann man acht Gase parallel nachweisen. (Aus: J. M. Russel *et al.*, The halogen occultation experiment, *Journal of Geophysical Research*, **98** (D6), (1993) 10777-97, Abb.12, S. 10784)

Bevor ein für Messungen im Weltraum vorgesehenes Instrument seine erste Messungen durchführt, werden Testmessungen auf der Erde unternommen. Diese HALOE-Testmessungen wurden mit Gasmischungen durchgeführt, die der chemischen Zusammensetzung in verschiedenen Höhen entsprechen, wie sie aus verschiedenen vorhergegangenen Experimenten bekannt sind. Nur wenn diese Experimente zufriedenstellende Resultate ergaben, und die erneute Durchführung mit demselben Gas innerhalb einer 1–4 %igen Reproduzierbarkeit lagen, wurden sie auf dem UARS-Satelliten installiert.

Wir beschließen diesen Abschnitt mit einigen (vorläufigen), von den HALOE-Instrumenten aufgenommenen Daten. Bild 7.22 zeigt den Vergleich von Daten, die vom ATMOS-Satelliten am 25. Mai 1985 in 29° nördlicher Breite (zonales Mittel; Daten über alle Längengrade mit gleichem Breitengrad gemittelt) und vom HALOE–Satelliten als zonales Mittel am 5. Mai 1992 (oben links) bzw. am 7. Mai 1992 (andere Bilder) aufgenommen wurden. Wegen des großen Zeitabstandes ist trotz des geringen Unterschiedes im Breitengrad natürlich nicht mit einer quantitativen Übereinstimmung zu rechnen. Trotzdem haben die Kurven eine ähnliche Form und ähnliche Werte, wenn man ein jährliches Wachstum von 5–6 % berücksichtigt. HF entsteht nicht in der Natur, und sein starker Anstieg in der oberen Atmo-

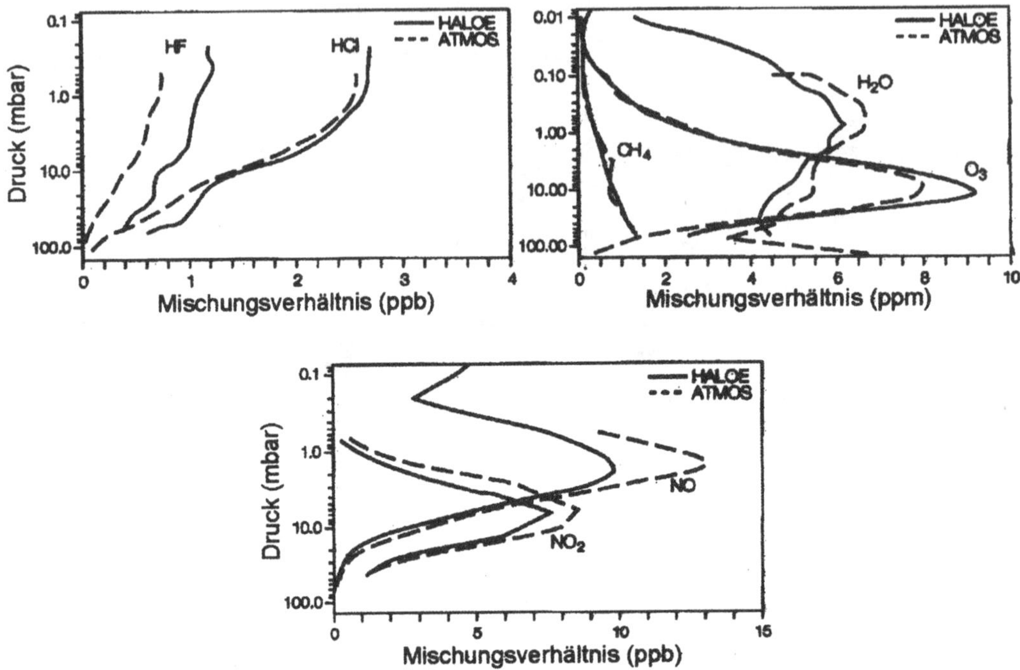

Bild 7.22 Die zonalen HALOE-Mischungsverhältnisse von HCl, HF, CH_4, O_3, H_2O, NO_2 und NO vom 5. Mai 1992 (HCl und HF) und vom 7. Mai 1992 (alle anderen Gase) in 34° nördlicher Breite. Im Vergleich dazu die gleichen Mischungsverhältnisse, wie sie vom Satelliten ATMOS am 5. Mai 1985 in 29° nördlicher Breite aufgezeichnet wurden. Man beachte die unterschiedlichen Achsen der verschiedenen Bilder. (Aus: J. M. Russel *et al.*, The halogen occultation experiment, *Journal of Geophysical Research*, **98** (D6), (1993) 10777-97, Abb.20, S. 10791)

sphäre ist ein Indiz für das Vorhandensein von vom Menschen produzierten FCKWs in diesem Höhenbereich. Die HCl-Konzentration, die insbesondere bei der katalytischen O_3-Zersetzung von großer Bedeutung ist, hat sich nicht im erwarteten Ausmaß erhöht.

Abschließend bilden die mit anderen Messungen verglichenen UARS-Daten eine wichtige und zuverlässige Datengrundlage, die während der nächsten Jahre zu wissenschaftlichen Diskussionen über die Ozonschicht und den Treibhauseffekt genutzt werden kann. Es wird allerdings nicht die einzige Quelle für Datenmaterial sein: Der von der ESA 1998 für eine polare Umlaufbahn vorgesehene ENVISAT wird ebenfalls vier Instrumente besitzen, mit denen globale Veränderungen der Atmosphäre nachgewiesen werden sollen. Die NASA plant den Start ihrer Forschungsplattform auf einer polaren Umlaufbahn für das Jahr 2000. Diese Satelliten werden grundlegende spektroskopische Methoden in Verbindung mit einer umfassenden Datenverarbeitung auf der Erde durchführen, die in ähnlicher Weise ablaufen wird, wie bei der gerade dargestellten UARS-Mission. All diese Informationen sind für eine erfolgreiche und realistische Modellierung der Chemie unserer Atmosphäre von Bedeutung, und können bei der Formulierung einer globalen Umweltschutzpolitik helfen.

7.6.2 UV–LIDAR: Ein Verfahren zur Bestimmung der stratosphärischen Ozonverteilung an einem bestimmten Punkt

In diesem Abschnitt werden wir ein spezielles Beispiel der Fernsensorik besprechen: das UV-LIDAR. In dem hier besprochenen Spezialfall wird UV-LIDAR zu Messungen des Ozonprofils der Stratosphäre benutzt (Höhenbereich von 20 bis 50 km). Ähnliche Verfahren werden auch zur Aufstellung von Dichteprofilen für N_2, O_2 und H_2O angewandt, oder um die Atmosphärentemperatur als Funktion der Höhe darzustellen. Wie schon bei dem in Abschnitt 7.6.1 besprochenen Beispiel handelt sich beim UV-LIDAR um eine komplizierte und kostspielige Meßtechnik, und man muß sich geanu ansehen, in welchen Fällen sie anderen Verfahren wie z. B. Sensoren bei Ballon- oder Raketenmessungen überlegen ist. Der Vergleich mit anderen LIDAR-Systemen und anderen Methoden ist außerdem auch notwendig, um die Meßgenauigkeit zu überprüfen. Da lokale Ozonkonzentrationen von geringerem Interesse sind, muß man erdgebundene Messungen in ein Netzwerk einbeziehen, durch das Kalibrierungen, Informationszugang und -austausch vereinfacht werden. Die Basis für ein solches Netzwerk wurde 1986 während einer Konferenz in Boulder, Colorado abgesteckt, die kurz nach den ersten Veröffentlichungen zum „Ozonloch" über der Antarktis von 1985 abgehalten wurde [7]. Wir werden die physikalischen und technischen Aspekte des LIDAR-Systems besprechen, das vom zum California Institute of Technology gehörenden Jet Propulsion Laboratory benutz wird.* Danach werden wir einige Ergebnisse einer Vergleichskampagne verschiedener Verfahren angeben, die am gleichen Ort stattfand. Während dieser Kampagne wurden unabhängige Messungen, die mit unterschiedlichen Methoden gewonnen wurden, kritisch verglichen. Abschließend werden wir kurz auf die Arbeit des Netzwerkes zum Nachweis Stratosphärischer Veränderungen (engl. *Network for Detection of Stratospheric Chang* = NDSC) eingehen, von dem diese Kampagne initiiert wurde. Diese Institution ist in den Daten- und Informationsaustausch involviert und operiert als ein Forum sämtlicher in diesem Bereich in den nächsten Jahren stattfindenden Aktivitäten.

LIDAR: Physikalische und technische Aspekte

LIDAR-Verfahren werden seit den sechziger Jahren benutzt [4]. Eine häufig verwendete Methode wird DIAL (Differential-Absorptions-LIDAR) genannt und ist seit 1966 im Gebrauch [8]. Dieses Verfahren verwendet nach oben gerichtete Pulslaser. Die einzelnen nach oben laufenden Lichtpulse werden teilweise absorbiert oder gestreut. Der Grad der Absorption oder der Streuung hängt von der Zahl und Art der angetroffenen Moleküle ab wie auch von deren Absorptions- und Streuquerschnitt bei der entsprechenden Laser-Wellenlänge. Die Zahl der zurückgestreuten Photonen wird in Abhängigkeit von der zeitlichen Verzögerung zwischen Auslösung des Laserpulses und Ankunftszeit aufgezeichnet. Um eine Auswahl für bestimmte Moleküle in der Atmosphäre zu treffen, werden bei der DIAL-Methode zwei Wellenlängen verwandt: der Puls der ersten Wellenlänge wird vom nachzuweisenden Molekül absorbiert und gestreut, während der Puls der zweiten Wellenlänge nur gestreut wird.

---

* Die Arbeit entstand in Zusammenarbeit mit der NASA.

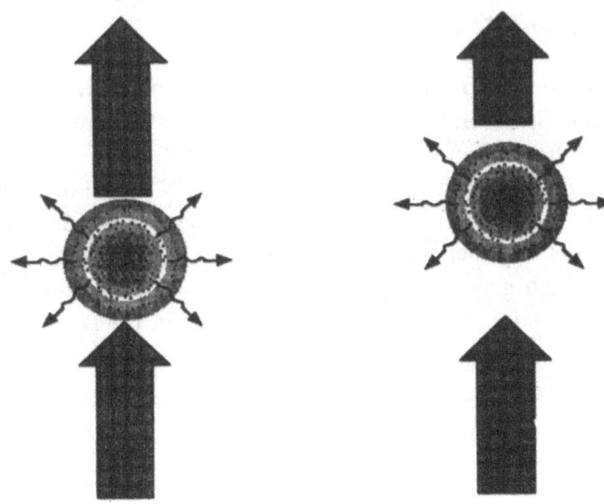

Bild 7.23 Eine einfache Darstellung des optischen DIAL-Verfahrens. Der linke Teil zeigt die „off"-Wellenlänge: es findet nur Streuung statt, und keine Absorption. Der rechte Teil stellt die „on"-Wellenlänge dar: Die Moleküle absorbieren und streuen die Strahlung bei dieser Wellenlänge.

Diese Wellenlängen werden als „on"- und „off"-Wellenlängen bezeichnet, wie auch in Bild 7.23 erläutert.

Wir werden diese Betrachtungen nun näher quantifizieren [9]. Man nehme an, daß $S(t)$ dem Anteil des nach einer Zeit t zurückgestreuten Lichtes entspricht, dessen Puls zur Zeit $t = 0$ ausgesandt wurde. Ein Teil $S(t, \Delta t)$ dieses Signals wird während eines Zeitintervalls von t bis $t + \Delta t$ aufgenommen, und korrespondiert zu der Streuung an Molekülen in der Luft, die sich in einem in Strahlrichtung gelegenen Volumenelement zwische R und $R + \Delta R$ befindet, mit

$$R = c\frac{t}{2} \qquad \text{und} \qquad \Delta R = c\Delta\frac{t}{2} \ . \tag{7.48}$$

Hierbei ist c die Lichtgeschwindigkeit, und es wird angenommen, daß der Laserpuls im Vergleich mit der Meßzeit τ kurz ist: $\tau \ll \Delta t$. Dieser Punkt trifft auf fast alle praktischen Fälle zu; Verwendet man einen Laser mit einer Pulsdauer von $\tau \approx 10$ ns, so korrespondiert dieses zu einer räumlichen Ausdehnung von nur drei Metern. Üblicherweise wird über Signale mit einer Reichweite von wenigstens 150 m (1 µs) innerhalb eines Kanals gemittelt.

Ein Laserpuls der Energie E_λ und der Wellenlänge λ wird in die Atmosphäre gesandt, das rückgestreute Licht von einem Empfänger mit einer Spiegelfläche A aufgefangen, und von einem Photodetektor mit dem Wirkungsgrad η_λ verarbeitet. Das Signal $S_\lambda(R, \Delta R)$, das bei einer Wellenlänge λ aufgefangen wird und von Molekülen in einer Höhe zwischen R und $R + \Delta R$ herrührt, kann durch

$$S_\lambda(R,\Delta R) = E_\lambda \zeta(R)\frac{A}{4\pi r^2}\eta_\lambda \beta_\lambda(R)\Delta R \exp\left\{-2\int_0^R [\alpha_\lambda(r) + \sigma_\lambda N_{\mathrm{abs}}(r)]\mathrm{d}r\right\} \tag{7.49}$$

beschrieben werden. Hierbei beschreibt $\zeta(R)$ den Überlapp des ausgesandten Strahls mit dem Detektorkonus, und B_λ ist der Rückstreukoeffizient im Abstand R. Das aus dem Lambert-Beerschen Gesetz (2.26) folgende Abschwächungsintegral, wird in einen Teil aufgespalten, der durch das interessierende Molekül entsteht ($\sigma_\lambda N_{abs}(r)$), und einen Teil, der durch die übrigen Moleküle verursacht wird ($\alpha_\lambda(r)$). $N_{abs}(r)\,dr$ ist die Zahl der zwischen r und $r + dr$ absorbierenden Partikel. Gl. (7.50) wird auch als 'LIDAR-Gleichung' bezeichnet.

Um Informationen über die Verteilung der untersuchten Moleküle zu erhalten, verwendet man, wie schon erwähnt, zwei unterschiedliche Wellenlängen. Aus Gl. (7.49) kann man ersehen, warum dieses notwendig ist: Die durch andere Teilchen verursachte Abschwächung $\alpha_\lambda(r)$ kann nicht von derjenigen der nachzuweisenden Zielmoleküle, $\sigma_\lambda N_{abs}(r)$ unterschieden werden. Wenn jetzt λ_1 die „on"-Wellenlänge (von den Zielmolekülen, die absorbieren und streuen) ist und λ_2 die „off"-Wellenlänge (von Zielmolekülen, die nur streuen), dann kann man das Verhältnis der beiden Signale $Q(R)$ angeben:

$$Q(R)=\frac{S_{\lambda 1}}{S_{\lambda 2}}(R)=\frac{E_{\lambda 1}}{E_{\lambda 2}}\frac{\eta_{\lambda 1}}{\eta_{\lambda 2}}\frac{\beta_{\lambda 1}(R)}{\beta_{\lambda 2}(R)}\exp\left\{-2\int_0^R\left[\alpha_\lambda(r)+\sigma_\lambda N_{abs}(r)\right]dr\right\}\ . \tag{7.50}$$

Man beachte hierbei, daß der entfernungsabhängige Teil des Wirkungsgrades, $\zeta(R)$ herausfällt, und daß nur noch der wellenlängenabhängige Teil übrigbleibt. Der Exponent besteht jetzt aus zwei Teilen: dem Unterschied der Auslöschungskoeffizienten $\Delta_\lambda\alpha(r)$ und dem Unterschied der Absorptionsquerschnitte $\Delta_\lambda\sigma N_{abs}(r)$. Im Idealfall ist der erste Teil viel kleiner als der zweite. Dies ist dann der Fall, wenn λ_1 und λ_2 dicht beieinander liegen und λ_1 sich in Resonanz mit einem Übergang der Zielmoleküle befindet, aber λ_2 nicht. Um genaue Ergebnisse zu erhalten, muß $\Delta_\lambda\sigma$ im Labor mit gleichen Laser-Linienbreiten und unter solchen Tempertur- und Druckbedingungen gemessen werden, wie sie in der Atmosphäre herrschen.

Um die Dichte der Zielmoleküle in Abhängigkeit von ihrer Entfernung zu erhalten, nimmt man den Logarithmus von Gl. (7.50) und differenziert ihn nach R:.

$$\frac{d}{dR}\ln Q(R)=\frac{d}{dR}\ln\left[\frac{\beta_{\lambda 1}(R)}{\beta_{\lambda 2}(R)}\right]-2\left[\Delta_\lambda\alpha(R)+\Delta_\lambda\sigma N_{abs}(R)\right]\ . \tag{7.51}$$

Man beachte, daß die Pulsenergien und spektralen Wirkungsgrade in Gl. (7.51) nicht mehr auftreten. Der erste Term auf der rechten Seite verschwindet normalerweise (außer, wenn die wellenlängenabhängige Rückstreuung aufgrund der Abhängigkeit von der Tropfengröße der Aerosole vom Abstand abhängt). Man erhält daraus also

$$N_{abs}(R)=\frac{-1}{2\Delta_\lambda\sigma}\frac{d}{dR}\ln Q(R)-\frac{\Delta_\lambda\alpha(R)}{\Delta_\lambda\sigma}\ . \tag{7.52}$$

Wie oben schon erwähnt, kann der zweite Term vernachlässigt werden, wenn λ_1 und λ_2 nur dicht genug beeinander liegen. Im Falle der Ozonmessungen liegen die „on"- und „off"-Wellenlängen relativ weit auseinander, da die Absorptionsbanden des Ozons weit auseinander liegen, wie man auch in Bild 7.24 sehen kann. Bei den stratosphärischen Ozonmessungen kann dieser Term aber trotzdem vernachlässigt werden, da er von der Rayleigh-Streuung herrührt.

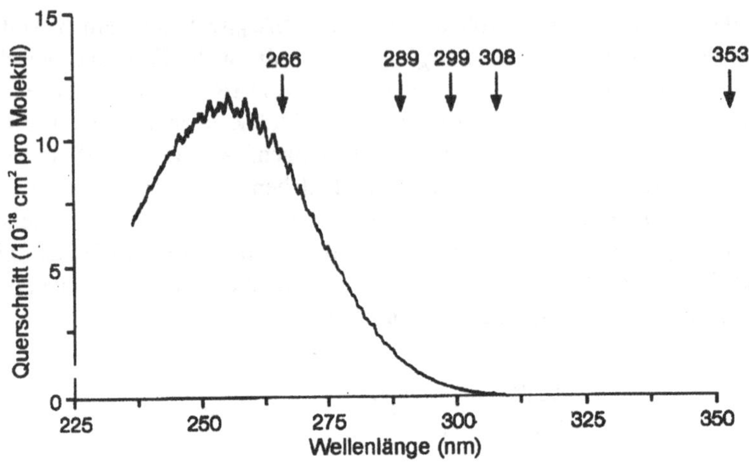

Bild 7.24 Absorptionsquerschnitt von Ozon bei 195 K. Das Absorptionsmaximum liegt bei 255 nm. (Das Spektrum wurde so gemessen, wie von Yoshino *et al.* in *Planet. Space Sci.*, 36 (1988) 395-8 beschrieben.)

Zusammenfassend kann man sagen, daß die DIAL–Methode ihre Popularität der Tatsache verdankt, daß sie selbstkalibrierend ist, weil die Detektoreigenschaften nicht die gemessene Konzentration der Zielmoleküle beeinflußt. Solange nur wenige Näherungen angenommen werden, und der Differenzquerschnitt $\Delta_\lambda \sigma$ bekannt ist, sind die Messungen und deren Interpretation relativ unkompliziert.

LIDAR in der Praxis

Im folgenden Abschnitt werden wir kurz den LIDAR-Aufbau besprechen, der in der Jet Propulsion Laboratory (JPL) der Table Mountain Facility in Kalifornien, USA, benutzt wird [10-12]. Der physikalischen Intuition zufolge ist der Anteil der zurückgestreuten Photonen sehr gering. (Dies gilt einfach, weil der Abstand *R* im Vergleich zum Durchmesser des Auffangspiegels sehr groß ist, und alleine deshalb die Wahrscheinlichkeit, daß Photonen gerade in den Empfänger gestreut werden, sehr gering ist.) Um das System zu optimieren, müssen die verschiedenen Bestandteile den folgenden Punkten entsprechen:

Laser:

(a) geringe Strahldivergenz, um einen guten Überlapp zwischen der Spur des Laserstrahls und dem Nachweisteleskop zu gewährleisten;

(b) hohe Pulsintensitäten der 'on'- und 'off'-Wellenlängen;

(c) kurze Pulslängen (ns), um eine ausreichenden Reichweiten-Auflösung zu erhalten;

(d) hohe Wiederholungsraten, um ausreichende Datenmengen für eine gute Statistik zu haben;

(e) enge Wellenlängenbandbreite des Lasers (damit wird das Signal auf einen engen Wellenlängenbereich beschränkt, und man kann im Nachweissystem enge Bandfilter verwenden, um die eintreffenden rückgestreuten Photonen auf ein ausreichend niedriges Niveau zu reduzieren).

Detektor:

(a) großflächiges Teleskop, um soviel Licht wie möglich einzufangen;

(b) stabile Detektoranbringung gegenüber dem Laser, um einen konstanten Überlapp zu gewährleisten;

(c) stark reflektierende Spiegelmaterialien, Strahlteiler und Filter mit geringen Verlusten, um einen hohen Detektorwirkungsgrad zu erlangen;

(d) hoher Wirkungsgrad des Photomultipliers.

Für das JPL-System beträgt die Strahldivergenz weniger als 150 µrad und die maximale Gesamtenergie des Pulses liegt bei 500 mJ für 308 nm bzw. bei 50–100 mJ für 353 nm. Man beachte (Bild 7.24), daß Ozon bei 308 nm nur schwach absorbiert, und bei 353 nm überhaupt nicht. Diese 'off'-Wellenlänge wird erzeugt, indem man 150–200 mJ Pulse bei 308 nm eines Excimer-Lasers in eine sogenannte Raman(-Verschiebungs)zelle fokussiert: eine Zelle, die molekularen Wasserstoff, H_2, unter einem Druck von 35 bar enthält. Wegen des hohen Druckes und der hohen Pulsintensitäten erreicht man bei der Ramanstreuung einen 50 %igen Wirkungsgrad. Die Pulsdauer beträgt 35 ns (≈ 5 m Längenbereich), und man hat eine Pulsrate von 150 Hz. Der Detektor erreicht bei 353 nm einen Gesamtwirkungsgrad von 4 %, bei 308 nm 5 %. Das Teleskop hat eine Apertur von 90 cm. Um eine Sättigung des Photomultipliers wegen der intensiven Rückstreuung aus geringeren Höhenbereichen zu vermeiden, wird die Detektoröffnung während der ersten 100 µs nach Entsendung des Laserpulses geschlossen, so daß kein gestreutes Licht aus dem Bereich der ersten 15 km eintrifft. Vor den Photomultiplier werden Bandpaßfilter mit einer Halbwertsbreite von 2 nm angebracht, um zu verhindern, daß zuviel rückgestreutes Licht eintritt. Das in den Photomultipliern eintreffende Licht wird in 4-µs-Kanäle aufgespalten, so daß die effektive Auflösung bei 600 m liegt. Obwohl ein großer Teil des rückgestreuten Lichtes nicht aufgefangen wird, kann das System nur während der Nacht arbeiten, da tagsüber zuviel Streulicht von der Sonne in den Detektor gelangen würde.

Es werden typischerweise etwa 1500 Laserpulse eingefangen (10 s bei einer Pulsrate von 150 Hz), bevor die Daten durch eine IEEE-Verbindung an einen VAX-Computer übertragen werden. Die Tatsache, daß alle oben erwähnten Parameter kritisch sind, um ein ausreichendes Signal-Rausch-Verhältnis zu erhalten, kann durch die Tatsache verdeutlicht werden, daß selbst mit den 10^{19} Photonen innerhalb eines „on"-Pulses von 500 mJ bei 308 nm von einer 600 m (4 µs) dicken Schicht in 40 km Höhe gerade einmal 2 zurückgestreute Photonen detektiert werden! Somit ist eine umfassende Mittelung notwendig; Für ein Ozonprofil werden 10^6 Pulse, also etwa 2 Stunden benötigt. Dieses impliziert aber, daß man nur Konzentrationsänderungen nachweisen kann, die über Zeiträume stattfinden, die größer als einige Stunden sind. Die hier beschriebene Methode ist stark vereinfacht. Die meisten der heute im Gebrauch befindlichen Systeme nutzen eine weitere Wellenlänge, um die durch Aerosole verursachte Streuung zu berücksichtigen. Dies soll an dieser Stelle aber nicht näher besprochen werden [22]. Ist ein System wie dieses erst einmal installiert worden, kann es, wenn man von Wartungsarbeiten absieht, prinzipiell ferngesteuert werden. Diese Tatsache ist natürlich sehr angenehm, da einige der geplanten NDSC-Stationen an eher unzugänglichen Orten liegen (Arktis, Antarktis). Um die Genauigkeit eines LIDAR-Systems zu bewerten, wurde ein Vergleich mit verschiedenen anderen Systemen durchgeführt, wobei andere LIDAR-Systeme, Sensoren an Ballons oder Raketen sowie Satelliten- und Mikrowellen-

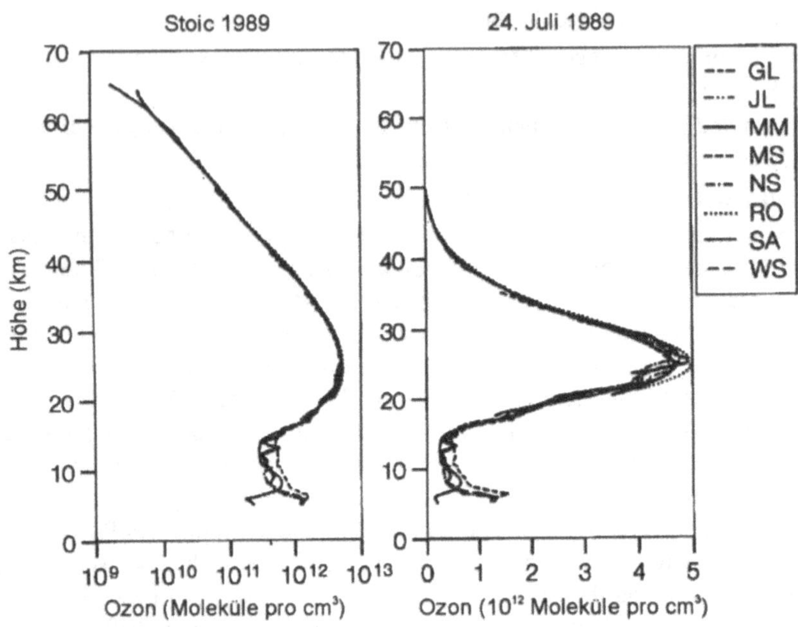

Bild 7.25 Während „Stoic" erhaltene Ozonprofile. Dargestellt sind die Ergebnisse aus acht verschiedenen Messungen bzw. Meßmethoden. (Aus dem Network defection status report, NASA, Washington, Januar 1990, Abb. 1, S. 26)

messungen eingeschlossen waren. Bild 7.25 zeigt das Ergebnis der ersten „Stratosphärischen Ozon-Vergleichskampagne" (engl.: *Stratospheric Ozone Intercomparison Campaign* = Stoic).* Wie man sehen kann, liegt die Übereinstimmung der verschiedenen Instrumente im Bereich von 20 bis 45 km bei weniger als 5 % Abweichung.

Zum Schluß wollen wir noch die organisatorischen, politischen und finanziellen Aspekte eines weltweiten Langzeitmeßprogramms wie NDSC besprechen. Zunächst erfordert die Organisation einer langfristigen, wissenschaftlichen Verpflichtung eine gute Verwaltung: eine politische Struktur, die eine Bezuschussung garantiert, Prioiritäten setzt, Kampagnen bewertet, und sich um die Speicherung und den Austausch der Daten kümmert. Da der Hauptnutzen von NDSC ist, daß langfristige Entwicklungen beobachtet werden, die eine Vielzahl identischer (= ermüdender!) Messungen über viele Jahre erfordern, kann es schwer

* Die Kampagne wurde im Juli und August 1989 von der NDSC organisiert. Die Daten wurden am 24. Juli 1989 von zwei LIDAR-Systemen (JL und GL), einem Mikrowellen-Meßgerät (MM), zwei ballongetragenen elektrochemischen Sonden (NS und WS), dem SAGE-II-Satelliten (SA) und einer Raketensonde (RO) aufgenommen. Eine kritische Bewertung der verscheidenen Meßmethoden findet man in „Network for the detection of stratospheric change: a status and implementation report", vom NASA Upper Atmosphere Research Program and NOAA Climate and Global Change Program, hrsg. Von M. J. Kurglo, Januar 1990. (Kopien können angefordert werden bei: Code EEU, NASA Headquarters, 600 Independence Ave., S.W., Washington, DC 20546.)

werden, Wissenschaftler und Politiker nicht nur dafür zu interessieren, sondern auch dauerhaft zu intelektueller und finanzieller Mitarbeit zu bewegen. Ein weiterer Aspekt ist die Kontrolle über die Verbreitung der Daten: Welchen Wissenschaftlern soll gestattet werden, die Meßergebnisse von NDSC-Meßplätzen zu veröffentlichen? Wie lange soll NDSC die Meßergenisse für eine interne Auswertung zurückhalten, um die Qualität der Daten zu gewährleisten? Entscheidungen, die auf einer guten Verwaltung basieren, verhindern den Zerfall des Netzwerkes durch rivalisierende Gruppen oder einzelne Wissenschaftler*. Man erwartet, daß das NDSC-Netzwerk in den nächsten 20–30 Jahren von wesentlicher Bedeutung sein wird bei der Kalibrierung von Satellitendaten, wie denen des UARS-Satellite in Abschnitt 7.6.1, oder beim Nachweis auch kleiner globaler Trends.

7.6.3 Energieselektive Molekülspektroskopie

In diesem Abschnitt wollen wir die Anwendung der Molekülspektroskopie in der Umweltanalytik besprechen, wie sie z. B. beim Nachweis von polyzyklischen-aromatischen Kohlenwasserstoffen verwendet wird. Hier sollen auch einige in vorhergehenden Abschnitten eingeführte Prinzipien der Spektroskopie für den Spezialfall noch ausführlicher dargestellt werden, daß sich Moleküle nur ausnahmsweise in quasikristallinen oder organischen Matrizes befinden. Moleküle zeigen oft aufgrund einer inhomogenen Verbreiterung ausgedehnte Spektren, und man kann nur eine geringe Feinstruktur in den spektralen Eigenschaften beobachten. Ein typischer Wert für die Breite elektronischer Schwingungsübergänge liegt bei 100–500 cm^{-1}, was man mit einem Wert von ca. 1 cm^{-1} vergleichen muß, wie er für ein Molekül oder in einem Kristall gemessen wird. Die Hauptursache für die Ausdehnung der Übergangsenergien, die das breite Erscheinungsbild der Spektren erzeugen, ist die Tatsache, daß das betrachtete Molekül an verschiedenen Positionen in der umliegenden Matrix vorkommen kann. Es gibt zwei voneinander unabhängige Möglichkeiten, um den Verlust der spektroskopischen Auflösung aufgrund der inhomogenen Verbreiterung auszugleichen. Bei der ersten Vorgehensweise werden Moleküle untersucht, die nicht mit der umliegenden Matrix wechselwirken und sich nur an einem oder einigen wenigen wohldefinierten Plätzen befinden. Für die zweite Vorgehensweise wird ein schmalbandiger Laser zur hochauflösenden Spektroskopie verwendet. Für diese Technik ist es von besonderer Bedeutung, daß während der letzen Jahre eine Vielzahl organischer Lösungsmittel und Lösungsmittelmischungen entdeckt wurden, die Glase bilden und damit optisch klare Matrizen für die hochauflösende Tieftemperaturspektroskopie für eine große Zahl von Molekülen liefern.

In diesem Abschnitt konzentrieren wir uns im wesentlichen auf Fluoreszenztechniken, werden aber auch kurz das Lochbrennen erläutern. Molekül-Fluoreszenzspektroskopie ist ein gut bekanntes und weit verbreitetes Verfahren zur Analyse organischer Moleküle. Es hat den Vorteil einer höheren Selektivität beim Vergleich mit Absorptionsbanden-Techniken (da sowohl die Anregungs- als auch die Nachweiswellenlänge variiert werden können) und bietet den Vorteil einer großen Empfindlichkeit, da sie praktisch ohne Hintergrundrauschen

* Um einen Eindruck vom Umfang von NDSC zu geben: Etwa 150 Wissenschaftler sind beteiligt, die Einrichtung und Ausrüstung einer Meßstation mit mehreren Sendern wurde auf 2-3 Millionen US$ geschätzt, die Unterhaltskosten aller fünf geplanten NDSC-Stationen auf 1-2 Millionen US$ pro Jahr.

funktioniert. Ihr Nachteil liegt in der offensichtlichen Beschränkung auf fluoreszente Verbindungen. Im Prinzip ermöglicht die Fluoreszenzspektroskopie wie auch andere energieselektive Methoden die Identifizierung und Quantifizierung organischer Moleküle in einer komplexen Mischung. Dies erfordert allerdings, daß die starken Effekte aufgrund der inhomogenen Verbreiterung erfolgreich eliminiert werden. Im folgenden werden wir die physikalischen Ursachen von Molekülspektren in glasartigen Substanzen besprechen und zeigen, wie die energieselektive Spektroskopie angewandt werden kann, um eine dramatische Verbesserung der spektralen Auflösung zu erreichen. Heutzutage ist die energieselektive Spektroskopie eine Schlüsseltechnologie bei quantitativen Analysen in der Umwelt. Wir werden dies durch einige spezielle Beispiele am Ende dieses Abschnittes verdeutlichen.

Molekülspektroskopie in einer Tieftemperaturmatrix

Für die energieselektive Spektroskopie liegen die Moleküle als stark verdünnte Gastmoleküle innerhalb einer Matrix vor, die kristallin, amorph-glasartig oder von anderer Struktur sein kann. Im folgenden gehen wir davon aus, daß (a) die eingelagerten Moleküle nicht miteinander wechselwirken und (b) die elektronischen Zustände der Matrix nicht an die der eingelagerten Moleküle gekoppelt sind. Da in einer starren Matrix prinzipiell Rotationen oder Translationen unmöglich oder stark behindert sind, erwarten wir scharfe Linienspektren für die elektronischen oder Schwingungsübergänge der Moleküle. Unter idealen Voraussetzungen sind diese scharfen Linien der photonenlose Übergang (oder *zero-phonon-lines* (ZPL)) nur lebensdauer-verbreitert. Man beachte, daß im allgemeinen nur der Übergang vom niedrigsten angeregten Zustand aus im Nanosekunden-Bereich liegt; alle höher gelegenen Eneriezustände haben wegen schneller interner Umwandlungen eine Lebensdauer, die im Picosekunden-Bereich liegt.

Trotzdem hat die Präsenz der Moleküle in der Matrix drei unterschiedliche Effekte auf die Molekülspektren, die wir weiter unten besprechen: (a) die homogene Verbreiterung der reinen elektronischen/Schwingungsübergänge oder ZPLs, die aufgrund schneller Fluktuationen in der Matrix entstehen; (b) das Vorhandensein von Phononenzweigen (engl. *Phonon Wing* = PW) oder Phononen-Seitenbändern, die durch die Anregung von einem oder mehreren Phononen während der Absorption oder Emission entstehen; und (c) die inhomogene Verbreiterung.

(a) Verbreiterung derNullphononenlinien

Der als „Phasenverlust" bezeichnete physikalische Prozeß, der für die Verbreiterung der ZPLs verantwortlich ist, entsteht durch die Wechselwirkung der eingelagerten Moleküle mit den Phononen der Matrix. Das fluktuierende elektrische Feld, das durch die stark temperaturabhängige Gesamtbewegung der Matrixatome entsteht, wechselwirkt mit den elektronischen Zuständen der eingelagerten Moleküle. Da (im allgemeinen) die Gitterbewegungen auf einer Zeitskala auftreten, die schnell gegenüber den Lebensdauern der angeregten Zustände ist, führt die Wechselwirkung zu einer Phasenverschiebung des angeregten Zustands und folglich zu einer stark temperaturabhängigen homogenen Verbreiterung aller Energieniveaus. Das Auftreten einer reinen Phasenverschiebung der ZPL-Bandbreiten beträgt im Höchstfall einige cm^{-1} und beeinträchtigt nicht die Auflösung der Schwingungsstruktur der molekularen Absorption-/Schwingungsspektren, die wesentlich für eine Identifikation ist.

(b) Der Phononenzweig oder das Phononen-Seitenband

Das deutliche Auftreten eines Phononenzweiges (PW) oder eines Phononen-Seitenbandes (PSB) in Molekülspektren entsteht durch die Wechselwirkungen von elektronischen Übergängen mit Matrix-Phononen. Das physikalische Phänomen wird oft auch als „Elektron-Phonon-Kopplung" bezeichnet: ein Übergang zwischen zwei molekularen Elektronenzuständen kann mit der Erzeugung oder Vernichtung eines oder mehrerer Phononen im Gitter verbunden sein. Aus diesem Grunde wird die ZPL in einem Tieftemperatur-Absorptionsspektrum von einem Phononenzweig (PW) oder einem PSB auf der hochenergetische Seite begleitet. Gleichermaßen wird bei Tieftemperatur-Emissionsspektren der eingelagerten Moleküle neben der ZPL ein PW bei niedrigeren Energien beobachtet, da bei der Emission und dem Übergang zum Grundzustand ein Gitterphonon im System zurückbleibt. Man beachte, daß die ZPLs zu einem Übergang ohne gleichzeitigen Anregung eines Phonons korrespondieren.

Im Prinzip ist die relative Wahrscheinlichkeit eines Phononenübergangs über die in Abschnitt 3.3 eingeführten Franck-Condon-Faktoren an den elektronischen Übergang gekoppelt, wobei die Schwingungswellenfunktion aber durch die Wellenfunktion der Gitterphononen ersetzt werden muß. In Bild 7.26 werden die Übergangswahrscheinlichkeiten sowohl für die Emission als auch für die Absorption für den Fall einer Kopplung zweier Phononen-Moden mit einem elektronischen Übergang dargestellt. Man beachte, daß sich nur im ZPL die Beiträge aus der gesamten Serie addieren. In einem realen Molekülverband gibt es eine Vielzahl von Phononen, und erst die Summation über alle Zustände führt zu einer typischen Linienform, die durch scharfe ZPLs und strukturlose PWs gekennzeichnet ist, wie es in Bild 7.27 zu erkennen ist.

Das Verhältnis der Gesamtintensitäten der scharfen ZPL und der breiten PW, die natürlich ein Maß für die Qualität des hochauflösenden Spektrums ist, wird durch den Debye-Waller-Faktor ausgedrückt:

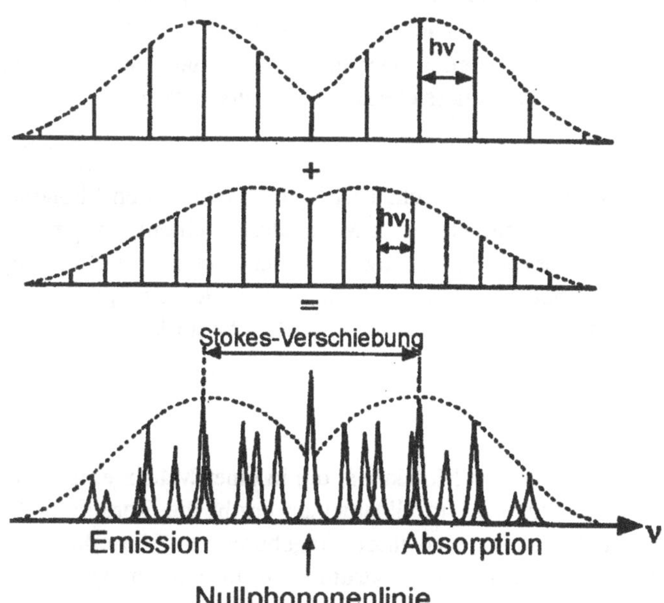

Bild 7.26 Übergangswahrscheinlichkeiten zweier Phononenmoden *i* und *j*. Man beachte, daß sich die beiden Beiträge nur beim Nullphononenübergang addieren. Bei der Summierung über eine Vielzahl von Phononen erhält man eine Scharfe ZPL-Linie und einen breiten, unstrukturierten Phononenzweig. (Aus: J. W. Hofstraat, C. Gooijer und N. H. Velthuis, *Molecular Luminescence Spectroscopy*, Teil II (HG. S. J. Schulman), Wiley, Chichester, 1988, Abb. 4.7, S. 302)

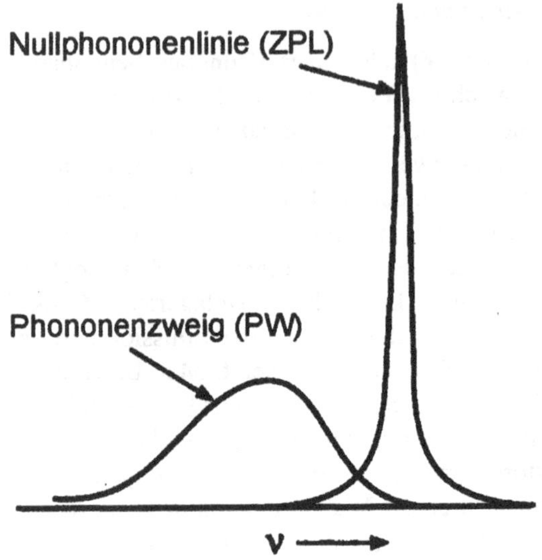

Bild 7.27 Schematische Darstellung der Form einer Schwingungsbande im Emissionsspektrum eines in einer Matrix eingelagerten Moleküls

$$\alpha = \frac{I_{ZPL}}{I_{ZPL} + I_{PW}} \ . \tag{7.53}$$

Der Debye-Waller-Faktor α hängt stark von der Temperatur ab, und wird durch die Stärke der Elektron-Phonon-Kopplung bestimmt. Für $T \rightarrow 0$ K ist der Faktor α durch

$$\alpha = e^{-S} \tag{7.54}$$

gegeben, wobei S ein dimensionsloser Parameter ist, der die Stärke der Elektron-Phonon-Kopplung angibt. Bei starker Elektron-Phonon-Kopplung ($S >> 1$) kann die ZPL selbst bei extrem tiefen Temperaturen nicht beobachtet werden. Der Parameter S hängt auch mit der experimentell nachweisbaren Stokes-Verschiebung (siehe Bild 7.26) zusammen:

$$\text{Stokes-Verschiebung} = 2S\omega_m \ , \tag{7.55}$$

wobei ω die mittlere Frequenz der an den elektronischen Übergang gekoppelten Phononen ist.. Im Prinzip ist das Spektrum $L(\omega)$ eines eingelagerten Moleküles an einem einzigen Ort durch die Annahme einer Linienform der ZPL eindeutig bestimmt, wenn man S und ω_m experimentell bestimmt hat [14]. Man beachte, daß der Parameter S, der die Qualität des hochauflösenden Spektrums (und damit dessen Auflösung) festlegt, sehr stark von der Wahl der Matrix abhängt.

(c) Inhomogene Verbreiterung

Die inhomogene Verbreiterung der Spektren von Molekülen, die in einer Matrix eingelagert sind, entsteht durch die strukturelle Unordnung. Im allgemeinen ergibt die Verteilung der lokalen Wechselwirkungen zwischen Molekülen und ihrer Umgebung eine Verteilung von Übergangsfrequenzen. Das resultierende Absorptionsspektrum kann für eine amorphes Glas

Breiten von bis zu 500 cm^{-1} erreichen. Für ein Molekül mit einem Absorptionsspektrum an einem einzigen Ort L $(\omega - \omega_0)$ und einer ZPL bei ω_0 ergibt sich das gesamte Absorptionsspektrum zu

$$A(\omega) = \int P(\omega_0 - \omega_m) L(\omega - \omega_0)\, \mathrm{d}\omega_0 \,, \tag{7.56}$$

wobei $P(\omega_0 - \omega_m)$ die inhomogene Verteilungsfunktion (engl. *inhomogeneous distribution function* = IDF) ist, welche die Wahrscheinlichkeit angibt, die ZPL einer bestimmten Position bei ω_0 und relativ zum Maximum bei ω_m zu finden. Im allgemeinen ist P eine Gauß-Funktion. In den meisten relevanten Fällen werden die beobachteten Bandbreiten der nichtselektiv aufgenommenen Absorptions-/Emissionsspektren durch die IDF bestimmt.

Es gibt zwei im wesentlichen voneinander unabhängige Methoden, den Einfluß der inhomogenen Verbreiterung zu reduzieren. Bei der ersten wird eine Matrix ausgewählt, bei der die eingelagerten Moleküle im wesentlichen identische Positionen belegen. Obwohl es eine Vielzahl von Methoden zur Reduzierung der IDF durch die geeignete Wahl einer Matrix gibt [15], werden wir hier kurz auf die Shpol'skii-Spektroskopie eingehen [16]. Bei der zweiten Methode wird die Probe mit einem Laser untersucht, der eine Bandbreite hat, die deutlich geringer als die Breite der IDF ist. Dabei werden nur die Moleküle untersucht, deren Übergangsfrequenzen mit der Laserfrequenz übereintimmen. Bei niedrigen Temperaturen wird die Energieselektion während der gesamten Lebensdauer des angeregten Zustandes aufrechterhalten, und somit beobachtet man nur scharfe Linienspektren. Wir werden nur die Methode der Reduzierung der Linienbreite durch Fluoreszenz (engl. *fluorescence line narrowing* = FLN) und ihre Anwendung in der analytischen Umweltspektroskopie besprechen.

Shpol'skii-Spektroskopie

Wenn aromatische Moleküle wie polyzyklische aromatische Kohlenwasserstoffe (PAK), Polyene, große Biomoleküle wie Porphyrine, Phthallocyanine in *n*-Alkanen gelöst werden und die Probe auf 77 K oder weniger heruntergekühlt wird, kann man Fluoreszenzspektren beobachten, die aus einer Reihen von schmalen Linien bestehen. Dieser Effekt ist in Bild 7.28 für das Emissionsspektrum von Benzo(*k*)Fluoranthen dargestellt, und es wird klar, daß die scharfen Linien zu elektronischen oder Schwingungsübergängen in höher angeregte Zustände gehören. Diese Spektren werden nach ihrem Entdecker als Shpol'skii-Spektren bezeichnet.

Es wird allgemein angenommen, daß dieser dramatische Effekt der Linienverschmalerung ein matrixinduzierter Effekt ist. Es ist bekannt, daß die n-Alkane in einem polykristallinen Zustand gefrieren. Offensichtlich wird die Inhomogenität in der Nähe der eingelagerten Moleküle stark vermindert, und man stimmt allgemein in der Annahme überein, daß die eingelagerten Moleküle innerhalb der Matrix derart „gefangen" sind, daß sie Substitutionslagen besetzen, in denen sie einige Alkane der umliegenden Matrix ersetzen. Für einen bestimmten PAK hängt die Qualität der Shpol'skii-Spektren stark von der Wahl des *n*-Alkans ab. Die besten Spektren erhält man, wenn die größte Ausdehnung des eingelagerten und des Matrixmoleküls möglichst gut übereinstimmen. Obwohl dieses „Schlüssel-Schloß"-Prinzip allgemeingültig ist, gibt es insbesondere bei den größeren aromatischen Molekülen eine Vielzahl von Ausnahmen.

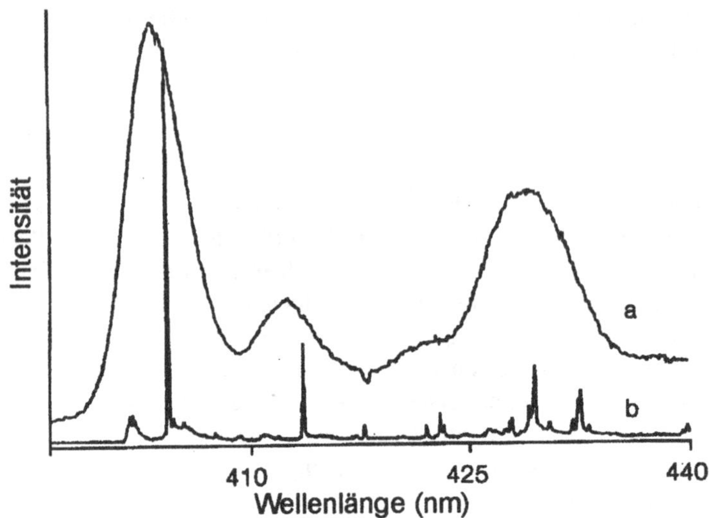

Bild 7.28 Emissionsspektrum von Benzo(*k*)Fluoranthen in *n*-Oktan. (a) Emissionsspektrum bei Raumtemperatur und einer Konzentration von 10^{-4} M. (b) Shpol'skii-Spektrum bei 26 K und einer Konzentration von 10^{-6} M. Die Spektren (a) und (b) wurden unter Verwendung derselben experimentellen Aufbaus verwendet und die Intensitäten bei gleicher Skalierung aufgetragen. (Aus: F. Ariese, *Shpol'skii spectroscopy and synchronous fluorescence spectroscopy, bio(monitoring) of polycyclic aromatic hydrocarbons and their metabolites*, Doktorarbeit, Free University, Amsterdam, 1993, Abb. 3, S. 30)

Die wesentlichen Vorteile der Shpol'skii -Spektroskopie können wie folgt zusammengefaßt werden:

(a) Die Wahl des *n*-Alkans ist von besonderer Bedeutung, aber das genaue Passen des Gast-Moleküls in den Kristall des *n*-Alkans sind von geringerer Bedeutung, als bei Einkristallen.

(b) Zum Erhalt von schwingungsaufgelösten Spektren, ist die Anregung mit einem Laser nicht erforderlich. Dennoch kann die Selektivität der Shpol'skii -Spektroskopie durch Laseranregung dramatisch verbessert werden.

(c) Auch das Absorptionsspektrum $S_0 \rightarrow S_1$ zeigt schärfere Linien. Man beachte, daß Shpol'skii-Spektren immer noch inhomogen verbreitert sind; typische Bandbreiten liegen zwischen 1 und 10 cm^{-1}.

(d) Obwohl es in der *n*-Alkan-Matrix immer noch die Elektron-Phonon-Kopplung gibt, ist diese sehr schwach. Dies gestattet den Nachweis von ZPLs auch bei relativ hohen Temperaturen ($T \leq 77$ K).

(e) Phosphoreszenzspektren zeigen selbst bei der $S_0 \rightarrow S_1$-Anregung auch eine Auflösung der Schwingungen.

(f) Shpol'skii-Spektroskopie kann relativ leicht auch mit anderen Analysetechniken, wie z. B. der chromatographischen Auftrennung einer Probe kombiniert werden.

Die wesentlichen Probleme der Shpol'skii-Spektroskopie sind:

(a) Die Multiplett-Struktur der Quasi-Linienspektren. Multiplettspektren entstehen dadurch, daß die Gast-Moleküle an strukturell unterschiedliche Substitutionsplätze eingebaut werden können und somit grundsätzlich verschiedene Mikroumgebungen haben. Natürlich kann man die Platzwahl mit Laseranregung beeinflussen. Die Multiplettstruktur hängt von der Wahl des *n*-Alkans und der thermischen Vergangenheit der Probe ab. Zum Beispiel kann langsame Kühlung oder Ausglühen (z.B. durch Erhitzung der Probe bis in die Nähe der Schmelztemperatur und eine nachfolgende Abkühlung) die Zahl der verfügbaren Plätze herabsetzen [15].

(b) Die Spektren zeigen oft breite Bänder und scharfe Linien. Die breiten Bänder entstehen durch die Segregation der eingelagerten Moleküle und die Bildung von Aggregaten. Letztere treten in einer glasartigen Umgebung auf, und zeigen keine Quasi-Linienspektren. Auch hier kann eine bewußte Auswahl des *n*-Alkans, der Konzentration ($< 10^{-6}$ M) und der Kühlprozedur das Gleichgewicht zugunsten des Quasi-Linienspektrums verschieben.

Aus der Lage der Linien in einem Shpol'skii-Spektrum kann sogar die Zusammensetzung einer komplizierten Mischung von PAK abgelesen werden. Eine quantitative Analyse der Shpol'skii-Spektren hängt von der Verfügbarkeit eines internen Bezugsstandards ab. Deuterierte Analoga der zu untersuchenden PAK sind dabei äußerst nützlich, da sie auf die gleiche Weise mit der *n*-Alkan-Matrix wechselwirken wie die echten PAK, während ihre Spektren abgesehen von einer kleinen Spektralverschiebung praktisch identisch sind.

Im folgenden werden wir die Anwendung der Shpol'skii-Spektroskopie durch die Bestimmung der PAK in Sedimenten des Rotterdamer Hafens darstellen. Polyzyklische Kohlenwasserstoffe (PK) sind Verbindungen, die aus zwei oder mehr miteinander verbundenen Benzolringen bestehen und sich somit nur aus Kohlenstoff und Wasserstoff zusammensetzen. Sollen Verbindungen, die Heterozyklen mit Stickstoff, Sauerstoff oder Schwefel enthalten, in den Sammelbegriff mit eingeschlossen werden, so spricht man von polyzyklischen aromatischen Verbindungen (PAV). Oft haben PK und PAV ähnliche physikochemische oder ökotoxikologische Eigenschaften.

PAV sind auch natürlicher Bestandteil von Rohöl und kommen deshalb in vielen petrochemischen Produkten vor. Sie werden außerdem auch bei der Verbrennung von fossilen Brennstoffen oder organischen Substanze produziert. In letzterem Fall entstehen hauptsächlich PAV aus vier oder mehr miteinander verschmolzenen Benzolringen.

Allgemein gelten PAVs als höchst karzinogene Verbindungen. Schon zu Beginn des zwanzigsten Jahrhunderts wurde herausgefunden, daß PAVs, die man aus Kohleteer isoliert hatte, in Kaninchen Tumore verursachen. Eine der identifizierten Verbindungen war dabei Benzo[a]pyren (BaP), ein Kohlenwasserstoff mit fünf Benzolringen, dessen Struktur in Bild 7.29 dargestellt ist. Obwohl BaP sicher die am besten untersuchte PAV ist, kennt man inzwischen eine Vielzahl von PAV oder Derivate, die nachweislich oder höchstwahrscheinlich karzinogen sind [17–19]. Zum Beispiel werden über 80 % der karzinogenen Wirksamkeit von Autoabgasen dem Anteil der PAV zugeschrieben, wobei BaP lediglich ein geringer Bestandteil ist. Trotzdem wird der Anteil an BaP in einer Probe oft als Indikator für deren karzinogenes Potential verwendet. Man beachte, daß BaP ein relativ inertes Molekül ist: Erst nach der chemischen Umwandlung im Kreislauf eines Organismus werden reaktive Produkte

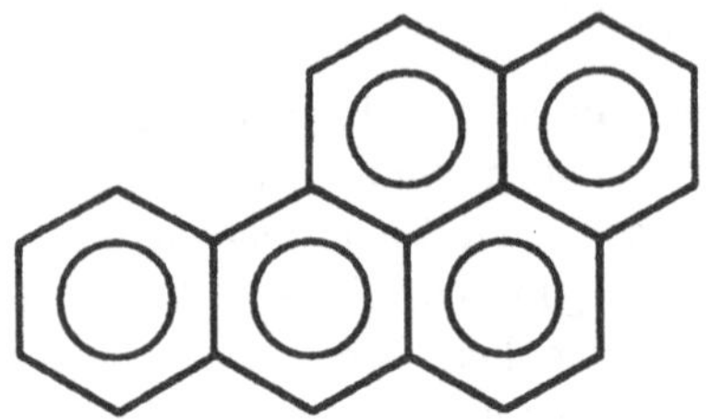

Bild 7.29
Die Struktur von Benzo[a]pyren (BaP)

geformt, die einen Komplex mit der DNS bilden können. Die Anwesenheit der DNS-Addukte im Genom kann eine korrekte Transkription des genetischen Codes beeinflussen oder Mutationen der DNS übertragen, die durch Fehler bei Reparaturprozessen entstanden sind. Auf diese Weise kann dann eine Tumorbildung eingeleitet werden.*

Der quantitative Nachweis der PAK, die auf der Liste der wichtigsten Schadstoffe der amerikanischen Umweltbehörde (US-EPA) auftreten, ist somit von größter Wichtigkeit für die Umweltanalytik. Es zeigt sich, daß gerade die Shpol'skii-Spektroskopie für diese Zwecke äußerst nützlich ist. Bild 7.30 zeigt ein von Hofstraat *et al.* [15] erhaltenes typisches Shpol'skii-Emissionsspektrum einer Mischung von PAK, die einer Sedimentprobe aus dem Rotterdamer Hafen entnommen wurde. Die Fluoreszenzpeaks einer Vielzahl von PAK, die in dieser Mischung vorhanden sind, können leicht unterschieden werden. Einige sehr intensive Schwingungsbanden von Pyren sind gekennzeichnet. Die Konzentrationen der in der

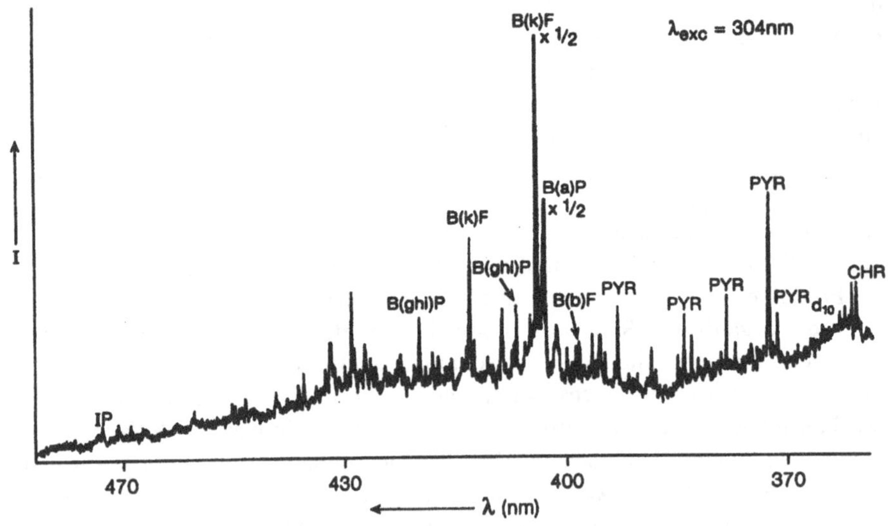

Bild 7.30 Fluoreszenzspektrum eines PAK-Auszuges einer Hafen-Sedimentprobe in n-Oktan. Die Probe wurde bei 304 nm angeregt. Die Abkürzungen der wichtigsten PAK werden in Tabelle 7.1 angegeben; Das Spektrum wurde bei 20 K aufgenommen. (Aus: J.W. Hofstraat, C. Gooijer und N.H. Velthuis, *Molecular Luminescence Spectroscopy: Methods and Application*, Part II (Hg. S.J. Schulman), Wiley, Chichester, 1988, Abb. 4.7, S. 302.)

* Für einen ausführlichen Überblick siehe [20].

n-Oktan-Lösung befindlichen, verschiedenen PAK bewegen sich zwischen $6 \cdot 10^{-8}$ M und $3 \cdot 10^{-7}$ M. Mit dieser Messung kann eine Nachweisgrenze von etwa 10^{-10} M abgeschätzt werden. Aus einer Kalibrierung mit Referenzverbindungen kann die Konzentration eines jeden PAK pro kg Hafensediment abgeleitet werden; diese Zahlenwerte kann man in Tabelle 7.1 aufgelistet finden. Man beachte die Genauigkeit der berechneten Zahlenwerte im Vergleich mit den Schätzwerten, die man mit einer standardmäßigen, aber gering selektiven HPLC-Methode durch fluorimetrischen Nachweis erhalten hat.

Die internen Standards zur Berechnung der quantitativen Werte waren ein an der Position 10 deuteriertes Pyren (pyr-d_{10}) sowie ein an der Position C_{12} deuteriertes Perrylen (per-d_{12}).

Fluoreszenzlinienspektroskopie

Fluoreszenzlinienspektroskopie (engl. *Fluorescence Narrowing Line Spectroscopy* = FLNS) ist eine Technik, die den Effekt der inhomogenen Verbreiterung auf Fluoreszenzspektren herabsetzt. Die große Stärke dieser Methode liegt in der Tatsache, daß es hochauflösende Spektren für eine Vielzahl von Matrix-Gastmolekül-Paaren erzeugt. Insbesondere in amorphen Gläsern, die durchsichtige Proben ergeben, ist die FLNS eine leistungsstarke und einfache Analysetechnik.

Bei der FNLS wird die Probe mit einem monochromatischen Lichtstrahl angeregt, der üblicherweise von einem durchstimmbaren Laser erzeugt wird. Der Laser regt nur genau diejenigen Moleküle an, deren Energiedifferenz genau zu der Photonenenergie paßt. Solange die Verteilung der angeregten Moleküle auf der Zeitskala der Fluoreszenz die Gleiche ist, kann ein Fluoreszenzspektrum mit scharfen Linien beobachtet werden. An diesem Punkt sollte aber angemerkt werden, daß der Laser nur Moleküle mit der gleichen elektronischen Übergangsenergie anregt, aber nicht notwendigerweise Moleküle mit identischer Mikroumgebung. Aus diesem Grunde geht die Energieselektivität oft verloren, wenn Niveaus untersucht werden, die sich von den durch den Laser ausgewählten unterscheiden (z.B. ergibt die $S_0 \rightarrow S_2$-Anregung des Lasers nicht unbedingt Resultate für eine scharfe Fluoreszenz des Übergangs $S_1 \rightarrow S_0$).

Im folgenden seien die typischen Probleme bei der Anwendung der FLNS aufgelistet:

(a) Die Elektron-Phonon-Kopplung sollte nicht zu groß sein. Für kleine Werte des Debye-Waller-Faktors ist die ZPL schwach und man kann deshalb keine hochauflösenden Spektren beobachten. Durch eine kluge Wahl des Matrixmaterials kann eine zu starke Wechsekwirkung zwischen der Matrix und den eingelagerten Molekülen vermieden werden.

(b) Lokale Erwärmung. Moleküle die durch den Laser in höhere Schwingungszustände angeregt werden, geben bei der Relaxation große Mengen lokaler Wärme ab. Moleküle mit einer geringen Fluoreszenz-Quantenausbeute werden gleichfalls Wärme beim strahlungslosen Übergang in den Grundzustand abgeben.

Tabelle 7.1 Ergebnisse der Untersuchung einer Hafensedimentprobe auf PAK mit Hilfe der Shpol'skii-Spektroskopie und der HPLC mit Fluoreszenz-Detektion. (Aus: J.W. Hofstraat, C. Gooijer und N.H. Velthuis, *Molecular Luminescence Spectroscopy: Methods and Application*, Part II (Hrsg. S.J. Schulman), Wiley, Chichester, 1988, S. 283-398

Verbindung	Abkürzung	λ_{exc} (nm)	λ_{em} (nm)	Konzentration (pyr-d_{10} als Standard) (mg/kg Sediment)	Konzentration (per-d_{12} als Standard) (mg/kg Sediment)	Konzentration (HPLC-Experiment) (mg/kg Sediment)
Chrysen	CHR	272	360,6	1,23 ± 0,13	1,20 ± 0,07	–
Pyren	PYR	339	392,6	2,73 ± 0,24	2,64 ± 0,29	–
Benzo[b]fluoranthen	B(b)F	304	397,8	1,58 ± 0,19	1,50 ± 0,09	2,1
Benzo[a]pyren	B(a)P	389	408,5	1,10 ± 0,17	1,12 ± 0,11	0,9
Benzo[k]fluoranthen	B(k)F	310	412,8	0,72 ± 0,09	0,72 ± 0,05	0,6
Benzo[ghi]perrylen	B(ghi)F	304	406,3	0,86 ± 0,10	0,83 ± 0,06	0,5
Indeno[1,2,3-cd]pyren	IP	380	462,7	0,75 ± 0,15	0,70 ± 0,10	1,3

(c) Konzentration der eingelagerten Moleküle. Selbst bei mittlere Konzentrationen der „Gast"-Moleküle kann zwischen den Gastmolekülen eine Wärmeübertragung nach dem Förster-Mechanismus* erfolgen. Die Energieübertragung zerstört die Energieselektion.

(d) Spezifische Eigenschaften des Glases. Da FNLS oft bei Molekülen angewandt wird, die in amorphen Gläsern eingelagert sind, sind einige Bemerkungen über die Eigenschaften von Gläsern notwendig. Die energetische Struktur eines Tieftemperaturglases wird als statistische Ansammlung von Doppelpotentialtöpfen oder als Zwei-Niveau-System (engl. *two-level system* = TLS) angesehen. Das TLS-Modell wurde ursprünglich eingeführt, um das Tieftemperaturverhalten der Wärmekapazität und der thermischen Leitfähigkeit von amorphen Gläsern zu erklären [13, 14]. Die TLS wechselwirken auch mit den optischen Übergängen der eingelagerten Moleküle, was zu einer Phasenverschiebung führt. Aus diesem Grund hängt die Breite der ZPLs sehr empfindlich von der Temperatur ab, und nur bei sehr niedrigen Temperaturen ($T <$ 1 K) hat die ZPL-Linie der in einem amorphen Glas eingelagerten Moleküle eine Breite, die sich mit derjenigen von kristallinen Proben vergleichen läßt.

FLNS zeigt eine bemerkenswerte Wellenlängenabhängigkeit. Die Form und Bandbreite der scharfen Emissionsspektren werden durch die einzelnen Ortsspektren der eingelagerten Moleküle festgelegt, wie es schon oben besprochen wurde: Molekülspektren in einer Tieftemperaturmatrix, durch inhomogene Verbreiterung und durch die Schwingungsstruktur der eingelagerten Moleküle. Wir werden die Abhängigkeit der FNLS von der Anregungswellenlänge für drei unterschiedliche Anregungsbereiche besprechen.

(a) Anregung im 0–0 Schwingungsbereich

Bei einer Anregung im 0–0-Schwingungsbereich können zwei Beiträge des scharfen Fluoreszenzspektrums unterschieden werden, die in Bild 7.31 dargestellt sind. Der erste entsteht durch Moleküle, die in Resonanz mit ihrer ZPL durch die ausgewählte Wellenlänge λ_{exc} des Lasers (*excitation* = Anregung) angeregt wurden. Ihr Emissionsspektrum besteht gleichermaßen aus einer ZPL bei λ_{exc} und einem Phononenzweig (PW) bei niedrigerer Energie. Der zweite Beitrag entsteht durch die nicht in Resonanz angeregten Gastmoleküle in ihrem PW. Es findet ein rasche Relaxation zu dem korrespondierenden, angeregten, elektronischen Nullphononen-Zustand statt, dem Fluoreszenz folgt. Für solche Moleküle findet die gesamte Emission auf der niederenergetischen Seite von λ_{exc} statt, also somit im Bereich des PW der in Resonanz angeregten Gastmoleküle. Der bei FNLS beobachtete Debye-Waller-Faktor α_{abs} ist also das Ergebnis sowohl der in Resonanz, als auch der nicht in Resonanz angeregten Moleküle, und kann näherungsweise als

$$\alpha_{abs} \approx \alpha^2 \tag{7.57}$$

---

* Direkte Übertragung der Anregungsenergie aufgrund von Coulomb-Wechselwirkung [A.d.Ü.]

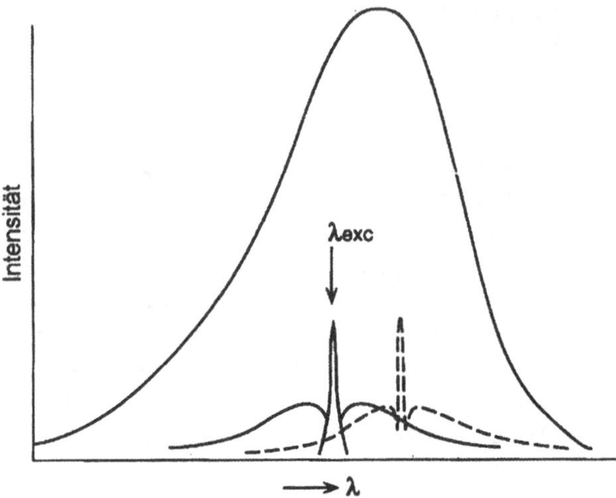

Bild 7.31 Schematische Darstellung der Beiträge zum Emissionspektrum, das durch einen scharfen Laser im Bereich des 0–0 Schwingungsübergangs angeregt wird. Sowohl die Beiträge von resonanten als auch von nicht resonant angeregten Molekülen sind eingezeichnet.

angegeben werden, wobei α der Debye-Waller-Faktor für eine einzelne Lage ist, wie er in Gl. (7.53) definiert wurde. Die quadratische Abhängigkeit von α_{abs} in α unterliegt teilweise dem starken Einfluß der Temperatur auf FNLS. Schließlich beachte man noch, daß die ZPL bei Anregung im 0–0 Schwingungsbereich mit der Frequenz des Lasers zusammenfällt. Zeitaufgelöste Meßtechniken erlauben eine Separation der langlebigen Fluoreszenz vom instantan gestreuten Licht.

(b) Anregung im Bereich der Schwingungszustände (bis zu 2 000 cm^{-1})

Diese führt zu einer größeren Komplexität der scharfen Fluoreszenzspektren. Im allgemeinen überlappen die inhomogenen Verteilungsfunktionen einer großen Anahl an Schwingungsübergängen, was als Konsequenz dazu führt, daß der Laser gleichzeitig mehrere Schwinguns-Unterbänder anregt. Dieses ist schematisch in Bild 7.32 dargestellt.

Jeder durch Schwingungen angeregte Zustand relaxiert in seinen korrespondierenden Grundzustand. Aus Bild 7.32 wird deutlich, daß eine Reihe von energieselektierten Zuständen erzeugt wird, was zur Beobachtung einer Multiplett-Struktur im Spektrum führt. Wird das beobachtete Fluoreszenzspektrum gegen $\lambda_{em} - \lambda_{exc}$ aufgetragen, so können scharfe ZPLs im Emissionsspektrum beobachtet werden, wenn die Frequenz einem Schwingungsquantum entsprechen. Jüngst wurde in unserem eigenen Labor ein scharfes Fluoreszenzspektrum für Chlorophyll *a* innerhalb eines Waschmitteltröpfchens aufgenommen. Das Waschmittelbläschen wurde als Modell einer biologischen Membran gewählt, und das resultierende Spektrum findet sich in Bild 7.33 dargestellt. Man beachte, daß im FLN-Spektrum eine große Zahl von Schwingungszuständen deutlich unterschieden werden kann.

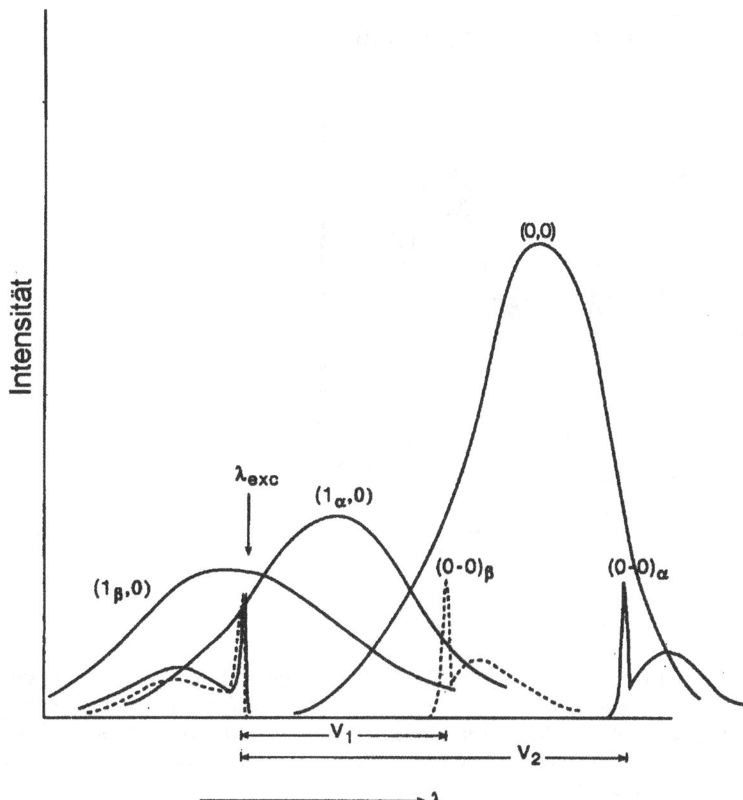

Bild 7.32
Schematische Darstellung der Beiträge eines Emissionsspektrums, das von einem scharfen Laser im Bereich der Schwingungszustände angeregt wird. Die Resonanzanregegung der beiden Schwingungszustände (v_1 und v_2) ist eingezeichnet.

(c) Anregung im Bereich höherer Schwingungsübergänge

Hierbei geht im allgemeinen die Linienverschmälerung verloren. In diesem Bereich ist die Anzahl der Zustände so hoch, daß gleichzeitig viele einander überlappende Zustände entweder über ihre ZPLs oder durch die PWs angeregt werden und ein breitbandiges Emissionspektrum beobachtet wird.

Es wurde ein Vielzahl von Molekülen mit FLNS untersucht, unter denen sich auch PAVs und Moleküle von biologischem Interesse befanden. Das analytische Potential der FLNS beruht im wesentlichen auf ihrer Vielseitigkeit bei der Wahl des Lösungsmittels. FLN-Spektren können mit polaren, unpolaren und sogar mit sehr komplexen biologischen Matrizen erhalten werden. Zum Beispiel wurde FLNS genutzt, um die Menge und Art der Benzo(a)pyren-Addukte in DNS zu bestimmen. Die meisten verkomplizierenden Effekte können durch eine geschickte Wahl der Konzentration, der Matrix und der Temperatur vermieden werden.

Die Anwendung der FLNS bei der Analyse von Umweltproben findet sich in Bild 7.34 dargestellt. Diese zeigt FLN-Spektren für eine Vielzahl von PAV in einer mit einem Lösungsmittel extrahierten Kohleprobe. Man beachte, daß die Probenpräparation in diesem Fall lediglich in einer 1:10 000fachen Verdünnung der Kohlenprobe mit einem glasbildenden Lösungsmittel bestand.

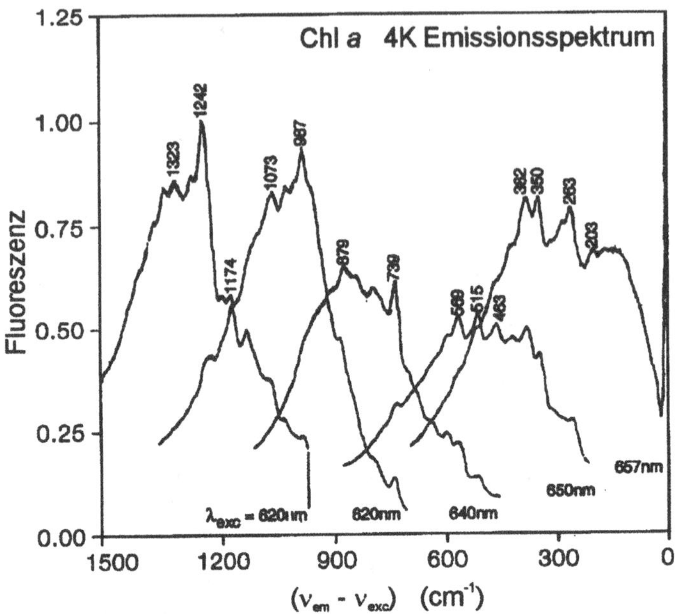

Bild 7.33 Fluoreszenz-Emissionsspektren von Chl *a* (CP47/TX100) bei 4 K und einer Laseranregung bei 620, 630, 640, 650 und 657 nm. Hier ist ($\nu_{em} - \nu_{exc}$) die aus der absoluten Emissionsfrequenz ν_{em} und der Laseranregung ν_{exc} berechnete, relative Emissionsfrequenz. Die alle an der gleichen Probe aufgenommenen Spektren wurde auf die gleiche Intensität des einfallenden Lasers normiert. (Aus *Photochemistry and Biology*, Volume 59, Seite 226)

7.6.4 Teilcheninduzierte Röntgenemission (PIXE)

Die Teilcheninduzierte Röntgenemission (engl. *Particle-Induced X-Ray Emission* = PIXE) dient zur Analyse der elementaren Zusammensetzung von (trockenen) Proben. PIXE basiert auf dem Nachweis von Röntgenspektren, die für bestimmte Elemente typisch sind. Die Röntgenstrahlen werden nach dem Beschuß einer Probe mit beschleunigten Teilchen, üblicherweise Protonen emittiert. PIXE ist eine von vielen in der Umweltanalytik angewandten Techniken, mit der man kleinste Spuren von Elementen in Boden-, Wasser-, Abfallproben, Aerosolproben, biologischen Materialien wie Blättern, Rinde oder Geweben nachweisen kann. Der Hauptvorteil von PIXE ist ihre hohe Empfindlichkeit für die verschiedensten Elemente (von Na (Z = 11) bis U (Z = 92)), eine kurze Meßdauer (1–10 Minuten) und die Tatsache, daß nur sehr geringe Probenmengen nötig sind. Unter optimalen Bedingungen kann ein einzelnes Element innerhalb einer komplexen Mischung nachgewiesen werden, welches nur in einer Konzentration von 0,1 µg/g vorliegt, und das sogar in Proben im µg-Bereich. Das entspricht einer absoluten Nachweisgrenze von 10^{-15} g (1 fg). In speziellen µ-PIXE-Apparaturen kann der Protonenstrahl auf einen Punkt fokussiert werden, der kleiner als 1 µm^2 ist, was sogar die Bestimmung der räumlichen Verteilung bestimmter Elemente zum Beispiel in biologischen Substanzen erlaubt. Man kann hiermit auch einzelnen Teilchen einer Größe im µm-Bereich analysieren.

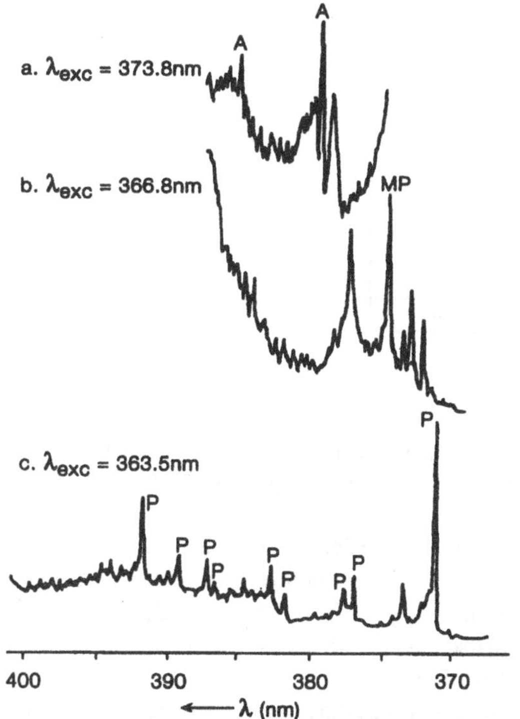

Bild 7.34 FLN-Spektren von (a) Anthrazen (A), (b) 1-Methylpyren (MP) und (c) Pyren (P) in einer mit Lösungsmittel extrahierten Kohlenprobe bei 4,2 K. (Aus: J. C. Brown, J. A. Dunscanson Jr und G. J. Small, *Anal. Chem.*, 52, 1980, S. 1711)

Röntgenspektroskopie

Das Prinzip, nach dem die Röntgen-Linienspektren beim Beschuß mit hochenergetischer Strahlung oder Teilchen aufgebaut sind, wurde bereits in Abschnitt 7.5 erläutert. Zusammengefaßt besteht das emittierte Spektrum nach dem Beschuß einer Probe mit einem Elektronen- oder Protonenstrahl aus einem kontinuierlichen Anteil aufgrund von Bremsstrahlung des Elektronenstrahls oder der vom Protonenstrahl ausgelösten Sekundärelektronen und einem überlagerten Linienspektrum, das durch die Emission von Röntgenphotonen durch relaxierende Elektronen entsteht. Bild 7.35 zeigt die Energien der K-, L- und M-Röntgenlinien als Funktion der Kernladungszahl Z (siehe Gln. (7.42) und (7.43)). Die Abbildung weist auch auf die Tatsache hin, daß jedes Element durch seinen Satz von Emissionslinien charakterisiert ist, was auch erklärt, weshalb PIXE-Spektren komplexer Proben eine quantitative Analyse ihrer Zusammensetzung gestatten.

In der Praxis ist der nutzbare Energiebereich der Röntgenspektren durch die verfügbaren Apparaturen auf den Bereich von 4 bis ca. 30 keV beschränkt. Diese Grenzen sind in Bild 7.35 durch zwei gestrichelte Linien dargestellt. Die Hauptursache dieser Beschränkung liegt im Empfindlichkeitsbereich der bei PIXE üblicherweise verwendeten Detektoren zum Nachweis der Röntgenstrahlung: Lithium-dotierte Siliziumdetektoren. Die nach dem Eintritt eines Röntgenphotons entstandene Ladung erzeugt einen Strompuls, dessen Amplitude proportional zur Energie des eingefallenen Photon ist. Das Auftreten jedes einzelnen Strompulses wird gespeichert, und führt dann nach dem Eintreffen einer großen Anzahl von Röntgenphotonen zur Erstellung eines Röntgenspektrums.

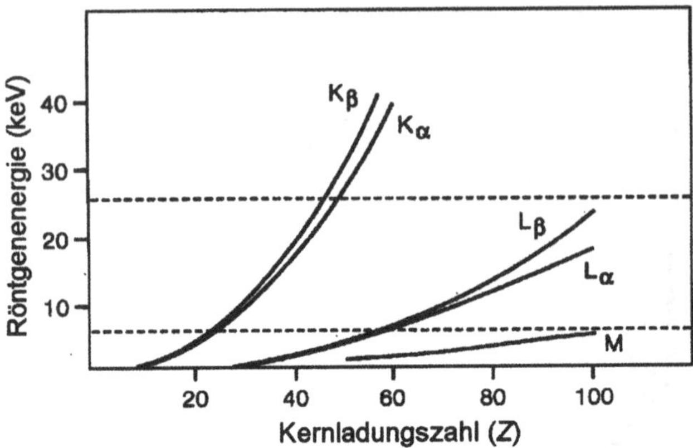

Bild 7.35 Das Liniendiagramm zeigt die wichtigsten K- und L-Röntgenübergänge als Funktion der Kernldungszahl Z. (Aus: V. Valcovic, *Trace Element Analysis*, Taylor and Francis, 1987)

Aus Bild 7.35 wird ersichtlich, daß die K-Linien für Elemente mit $20 \leq Z \leq 50$ nachgewiesen werden kann. Für schwerere Elemente mit $Z > 50$ treten die L-Linien innerhalb des verfügbaren Energierahmens auf. Die Abbildung verdeutlicht die Schwierigkeit beim Nachweis von Elementen mit Kernladungszahlen zwischen $Z = 45$ und $Z = 55$ (Cd, Sb, Cs), sowie die untergeordnete Bedeutung der M-Linien bei PIXE.

Bild 7.36 zeigt die mit einem lithiumdotierten Siliziumdetektor aufgenommenen Röntgenspektren von Fe ($Z = 36$), Ag ($Z = 47$) und Pb ($Z = 82$). Hierbei ist das K-Linienspektrum von Eisen mit der K_α-Linie bei 6,4 keV und der K_β-Linie bei 7,1 keV das einfachste. Für Silber findet man den K_α-Übergang bei 22 keV, während die K_β-Linie aufgespalten ist. Die Spektren werden mit steigender Kernladungszahl komplexer. Dieser Effekt ist für die L-Röntgenspektren der schwereren Elemente besonders ausgeprägt. Das Röntgenemissionsspektrum von Blei zeigt Peaklagen bei 10,5, 12,6 und 14,7 keV, die jeweils mit L_α, L_β und L_γ markiert wurden. Der zusätzliche kleine Peak bei 9,2 keV rührt von L_3-M_1-Übergängen her. Der L_α-Peak entsteht durch L_3-$M_{4,5}$-Übergänge, während die anderen L_β- und L_γ-Peaks komplexe Multiplettstrukturen aufweisen.

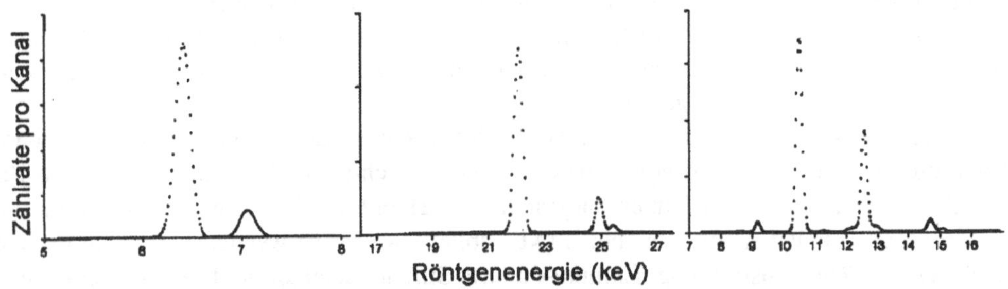

Bild 7.36 K-Röntgenspektren von Eisen (links), Silber (Mitte) und L-Röntgenspektrum von Blei (rechts). Alle Spektren wurden mit einem Si(Li)-Detektor aufgezeichnet. (Aus: S. A. E. Johansson und J. L. Campbell, PIXE, *A Novel Technique for Elemental Analysis*, Wiley, Chichester, 1988, Abbn. 1.6 und 1.6, S. 17–18)

Für die Auswertung von PIXE-Spektren unbekannter Proben dienen Spektren, wie das in Bild 7.36 dargestellte als Elementstandards. Die absoluten Intensitäten und Intensitätsverhältnisse der in diesen Spektren auftretenden Peaks sind für jedes Element chrakteristisch, und wurden umfassend tabelliert.* Diese Spektren dienen als Basis für eine quantitative Analyse komplexer Umweltproben.

PIXE in der Praxis

Verschieden Faktoren haben zur Entwicklung von PIXE zu einer leistungsfähigen Methode bei der Elementanalyse komplexer Proben aus der Umwelt beigetragen. Der erste ist das Aufkommen der oben erwähnten, lithiumdotierten Siliziumdetektoren, die den energieselektiven und wirksamen Nachweis von Röntgenphotonen ermöglichten. Der zweite ist, daß PIXE eine quantitative Multielement-Nachweismethode ist, bei der nur sehr kleine Probenmengen (< 1 µg) nötig sind, aber gleichzeitig ein großer dynamische Bereich abgedeckt wird (< 1ppm).

Die Meßzeit ist kurz (1–10 min.), und die Messung verläuft nicht-destruktiv. Einer der Hauptvorteile ist, daß PIXE einfach mit Ionenstrahl-Techniken kombiniert werden kann, wie z. B. teilcheninduzierter Gammastrahlenemission (*Particle-Induced Gamma-Ray Emission* = PIGE), Analyse elastisch gestreuter Teilchen (*Particle Elastic Scattering Analysis* = PESA) oder Kernreaktionsanalyse (*Nuclear Reaction Analysis* = NRA). Hierdurch wird der gleichzeitige Nachweis und die Identifikation von leichten Elementen (Li, B, C, O und F) ermöglicht. Schließlich möchten wir noch die Variante des µ-PIXE ansprechen, die zur Aufzeichnung räumlich aufgelöster PIXE-Spektren ($\approx 1\ \mu m^2$) geeignet ist.

Bei der PIXE-Spektroskopie benötigt man einen Teilchenbeschleuniger, üblicherweise wird hierzu ein 1–4-MeV-Protonenstrahl aus einem Van-der-Graaf-Beschleuniger eingesetzt. Der Hauptvorteil bei der Verwendung eines Protonenstrahls liegt in der relativ niedrigen Intensität der Bremsstrahlung. Im allgemeinen ist die Intensität der Bremsstrahlung des Strahls proportional zu $1/m^2$, wobei m der Masse der eintreffenden Teilchen entspricht. Dies bedeutet für einen Protonenstrahl eine Reduzierung um den Faktor $(1836)^2$, wenn man die Intensität mit der eines Elektronenstrahls vergleicht. Der Protonenstrahl löst allerdings Sekundärelektronen aus, die wiederum Bremsstrahlung verursachen. Aus kinematischen Gründen ist die Energie dieses Untergrunds durch den Energieübertrag auf ein Elektron bei einer Elektron-Proton-Kollision beschränkt. Wir merken schließlich noch an, daß die Selektivität für bestimmte Elemente noch verstärkt werden kann, wenn man die Energie der Protonen ändert oder Filter (oder einer Kombination von Filtern) in den zu analysierenden Röntgenstrahl einsetzt.

Bild 7.37 zeigt das PIXE-Spektrum der festen Bestandteile in einer Regenwasserprobe. Die meisten der beobachteten Linien entstammen K-Röntgenspektren, und man kann leicht die einzelnen Beiträge von Fe, Cu und Zn unterscheiden. Auch die L-Linien von Pb sind deutlich erkennbar.

---

* Siehe [3] und die darin zitierten Quellen.

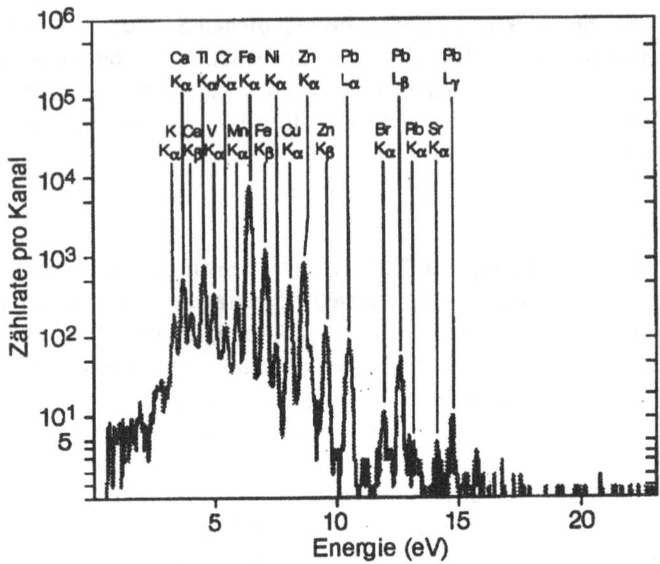

Bild 7.37 PIXE-Spektrum einer Regenwasserprobe. (Aus: S. A. E. Johansson und T. B. Johansson, *Nucl. Instr. Meth.*, **137** (1976) 473, Abb. 26, S. 505)

Aerosole

Eine der Hauptanwendungen von PIXE ist die Atmosphärenforschung, und wir möchten an dieser Stelle insbesondere die Charakterisierung von Aerosolen beschreiben. Aerosole sind Staubteilchen oder Flüssigkeitströpfchen unterschiedlichster Herkunft, die z.B. durch den Verkehr oder industrielle Aktivitäten in die Atmosphäre gelangen (vgl. Abschnitt 5.8). Abhängig von den herrschenden Wetterbedingungen können diese Aerosole über sehr große Distanzen transportiert werden, und die Beobachtung ihrer Konzentration in bezug auf ihren Ursprung ist eine wichtige Art bei der Überwachung der Luftqualität.

Es existiert eine Vielzahl verschiedener, komplexer Filtertechniken, die die Aerosole unterschiedlicher Größe aus der Atmosphäre herausfiltern. Oft werden sie auf Platten gesammelt, die mit Mylar bedeckt sind, welche man dann direkt unter einen Protonenstrahl halten kann. Auf diese Weise kann eine große Menge an Proben untersucht werden, und man erhält eine hohe zeitliche Auflösung.

Bild 7.38 zeigt ein typisches Aerosolspektrum, das durch einen Filter aufgenommen wurde, der den niederenergetische Bereich unterdrückt. Die verschiedenen, in der Aerosolprobe vorhandenen Elemente wurden eingetragen. Man beachte das typische Vorhandensein des Bremsstrahlungsuntergrunds, der durch hochenergetische Elektronen entsteht, die aus einer inneren Schale des Atoms nach der Anregung durch den Protonenstrahl herausgeschlagen wurden (Sekundärbremsstrahlung).

Die Analyse der Aerosolzusammensetzung und -quelle erfordert eine sehr effiziente Strategie bei der Probennahme durch ein Netzwerk von Stationen mit kontinuierlich durchgeführter Probennahme. Solche Meßprogramme wurden an verschiedenen Orten auf der Welt ins Leben gerufen. In einem sehr vielversprechenden Fall wird die Größenverteilung der

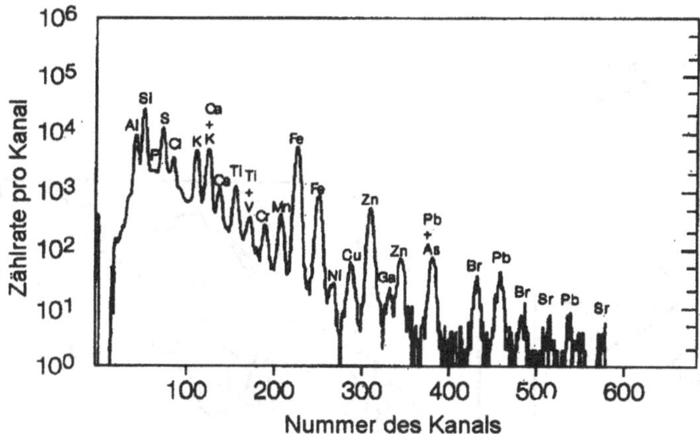

Bild 7.38 PIXE-Spekrtum einer städtischen Aerosolprobe, das unter Verwendung eines „funny"-Filters aufgezeichnet wurde. Dieser Filter besteht aus einem handelsüblichen Kunststoff, der die K-Strahlung aller Elemente unterhalb von Kalzium herausfiltert. In die Mitte wird ein Loch gebohrt, welcher etwa 5–25 % des Detektor-Öffnungswinkels entspricht. Auf diese Weise werden nur 5–25 % des intensiven, niederenergetischen Anteils des Spektrums durchgelassen, was einen genaueren Nachweis der schwereren Spurenelemente gestattet, die üblicherweise nur in sehr geringen Konzentrationen vorliegen. (Aus: J. L. Campbell *et al.*, *Nucl. Inst. Meth.*, **B14** (1986) 204, Abb. 4, S. 206)

Aerosole mit ihrer Zusammensetzung und Quelle korreliert. Normalerweise werden einige wenige Bestandteil untersucht (vgl. Bild 5.23): industrielle Verschmutzung, Verschmutzung durch Autoabgase, Gischt und Bodenstaub. Im Extremfall können diese Komponenten identifiziert werden, wenn sie extrem stark vertreten sind. Zum Beispiel erbringen heftige Seestürme ein hauptsächliche marines Aerosol. In anderen Fällen wird hauptsächlich Luft analysiert, die stark verschmutzte Industriegebiete passiert hat. Auf diese Weise können chemische Zusammensetzung und Quelle sofort festgestellt werden. Unterzieht man die Daten einer weiteren, statistischen Analyse, die auf einer Mustererkennung und grundlegenden Elementanalyse basieren, so kann die Quelle der Aerosole allein aufgrund ihrer chemischen Zusammensetzung ermittelt werden.

Bild 7.39 zeigt die elementare Größenverteilung einiger typischer Aerosole, wie sie mit PIXE nachgewiesen werden können und auf welchen Wegen sie zurückverfolgt werden können, wenn sie eine Meßstation in Südschweden erreichen. Ein anderes relevantes Beispiel ist der Nachweis von Aerosolen in der arktischen und antarktischen Atmosphäre. Letztere kann signifikante Schadstoffkonzentrationen enthalten, die manchmal auch als arktische Dunstglocke bezeichnet werden, und von der Nordhalbkugel herrühren.

Schließlich kann μ-PIXE angewandt werden, um die Entwicklung der Verschmutzung eines bestimmten Gebietes zu untersuchen. Die Schadstoffverteilung in den Jahresringen eines Baumes ermöglicht zum Beispiel die Bestimmung der jährlichen Schwankungen der Atmosphärenkonzentration der relevanten Elemente. Durch die Untersuchung von Bäumen, die sich in unterschiedlichen Entfernungen zu einer Schadstoffquelle befinden, kann man die räumliche Verbreitung der Schadstoffe in Abhängigkeit von der Zeit nachweisen.*

* Nähere Informationen zur PIXE-Technik und -Anwendung in der Umweltanalytik finden sich in [3].

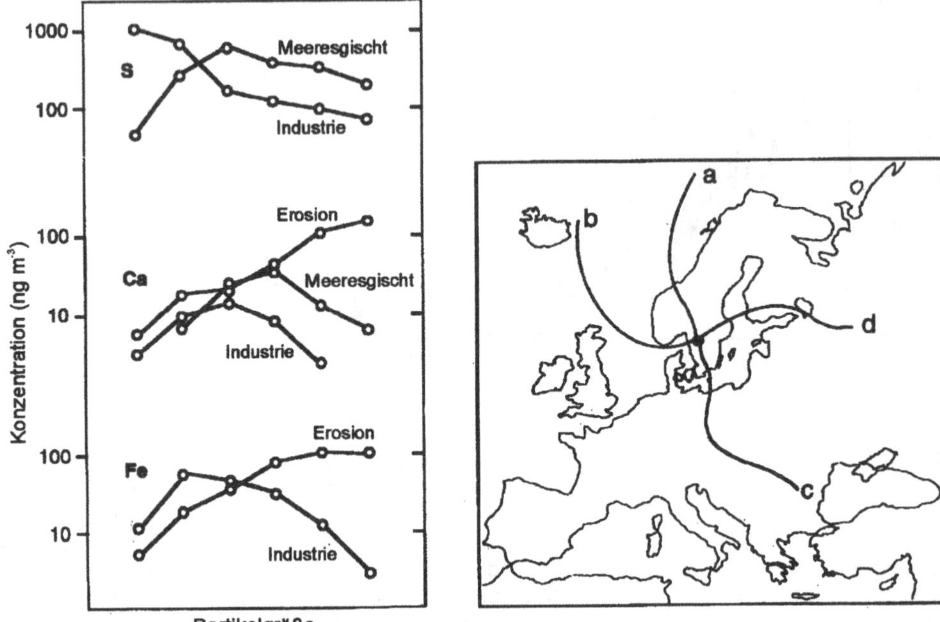

Bild 7.39 Elementweise Größenverteilung einiger üblicher Aerosole (links). Typische 48-Stunden Rückverfolgungen, wie sie von einer Meßstation in Südschweden ausgehen (rechts). Diese Trajektorien korrespondieren zum Masseneinstrom der hauptsächlich durch (a) arktische Luft, (b) marine Aerosole, (c) industrielle Verschmutzung und (d) Bodenstaub gekennzeichnet wird. (Aus: S. A. E. Johansson und J. L. Campbell, PIXE, *A Novel Technique for Elemental Analysis*, Wiley, Chichester, 1988, Abbn. 12.13 und 12.14, S. 218, 219)

Übungen

7.1 Berechnen Sie die Integrale $\langle 1s|\mu|2s\rangle$ und $\langle 1s|\mu|2p\rangle$ unter Verwendung der entsprechenden Ausdrücke für die Wellenfunktion des Wasserstoffatoms.

7.2 Berechnen Sie die Rotationsenergien von NH3. Das NH3-Molekül ist ein symmetrischer Rotator mit den Bindungslänge 101,2 pm und einen HNH-Bindungswinkel von 106,7°. Die Ausdrücke für die Trägheitsmomente können in [2] auf S. 438 gefunden werden. Wiederholen Sie diese Rechnungen für CClH3. Die C–Cl-Bindung hat dabei eine Länge von 178 pm, die C–H-Bindung eine Länge von 111 pm. Der HCH-Winkel liegt bei 110,5°.

7.3 Welches der folgenden Moleküle zeigt eine reines Rotationsspektrum im Mikrowellenbereich des Spektrums: H2, HCl, CH4, CH3Cl, H2O und NH3?

7.4 Bei welchem der folgenden Moleküle kann man Absorption im IR-Bereich feststellen: H2, HCl, CH4, CH_3CH_3, O_3 und H_2O?

7.5 Berechnen Sie die Franck-Condon-Integrale (Gl. (7.38)) für zwei gegeneinander verschobene harmonische Schwingungen. Zeigen Sie, daß die resultierenden Ausdrücke zu einer Folge von Schwingungsübergängen korrespondieren. (Die Wellenfunktion des harmonischen Oszillators wird in jedem Lehrbuch zur Quantenmechanik angegeben.)

7.6 In einem einfache Modell konjugierter Polyene, wie dem photosynthetisch aktiven Pigment β-Karotin, können sich die π-Elektronen entlang des Kohlenstoffgerüstets frei bewegen. In diesem Modell werden die 22 π-Elektronen von β-Karotin (jedes Kohlenstoffatom trägt mit einem π-Elektron zum konjugierten System bei) als unabhängige Teilchen in einem eindimensionalen Kasten betrachtet, und die Molekülorbitale stellen quadratische Kasten-Wellenfunktionen dar. Was wäre die effektive Länge des β-Karotin-Moleküls, wennn sich dessen stärkster optischer Übergang bei 500 nm zwischen dem HOMO- (n = 11) und dem LUMO-Zustand (n = 12) befindet? Vergleichen Sie diesen Wert mit der tatsächlichen Länge, wenn man von einer C–C-Bindung von 140 pm Länge ausgeht. Berechnen Sie den Betrag des Übergangsdipolmomentes aus der Kasten-Wellenfunktion. Vergleichen Sie Ihr Ergebnis unter Verwendung von Gl. 2.31) mit dem experimentell gemessenen Wert, wenn der Auslöschungskoeffizient bei 150 000 $M^{-1}cm^{-1}$, und die Hlabwertsbreite des β-Karotin-Absorptionsspektrums bei 40 nm liegt.

7.7 Erwarten Sie, daß ein DIAL-System an einem regnerischen Tag funktionieren könnte? Wie steht es mit bewölkten oder nebligen Tagen? Versuchen Sie, zusätzliche Daten zur Weitsicht in verschiedenen meteorologichen Verhältnissen zu finden (siehe z. B. [5]).

7.8 Zeigen Sie, welche Verbesserungen bei Lasern oder Detektoren zu kürzeren Meßzeiten führen würden. Fragen Sie erfahrenere Kollegen oder Wissenschaftler, was sie über Ihre Vorschläge bezüglich praktischer Problemstellungen denken.

7.9 Einige (manchmal kommerziell erwerbbare) DIAL-Systeme für Troposphärenmessungen benötigen Meßzeiten von 15 Minuten. Es wird dabei eine fast horizontal liegende Meßsstrecke genutzt. Würde Sie Ihren Messungen an einem windigen Tag trauen? Versuchen Sie eine Obergrenze für die Windgeschwindigkeit zu definieren, so daß die Daten Ihrer Meinung nach noch als verläßlich gelten dürfen.

7.10 Beurteilen Sie die Zusammensetzung einer Regenwasserprobe (Bild 7.37).

Referenzen

[1] I. I. Sobelmann, L. A. Vainshtein und E. A. Yukov, *Excitation of Atoms and Broadening of Spectral Lines*, Springer Series in Chemical Pysics, Vol. 7, Springer, Berlin und Heidelberg, 1981.

[2] P. W. Atkins, *Physikalische Chemie*, 2. Aufl., VCH-Verlagsges., 1995. Allgemeines Lehrbuch mit vielen wichtigen Beispielen und guten Übungen.

[3] S. A. E. Johansson und J. L. Campbell, *PIXE, A novel Technique for Elemental Analysis*, Wiley, Chichester, 1988. Eine gute Einführung in die PIXE-Technik.

[4] R. M. Measures, *Laser Remote Sensing: Fundamentals and Applications*, Wiley, New York, 1984. Der beste zur Zeit verfügbare Überblick über Laser-Fernsensorik.

[5] E. Scharda, *Physical Fundamentals of Remote Sensing*, Springer-Verlag, New York, Berlin und Heidelberg, 1986.

[6] S. J. Schulman, *Molecular Luminescence Spectroscopy: Methods and Applications*, Wiley, New York, 1988.

[7] J. C. Farman et al., Nature, 315 (1985) 207-210.

[8] R. M. Schotland, Some observations of the vertical profile of water vapour by a laser optical radar, *Proceedings of the 4th Symposium on Remotes Sensing of the Environment*, University of Michigan Press, Ann Arbor, 1966, S. 273.

[9] U. Brinkman, Continuous monitoring of the atmosphere using DIAL, Lambda highlights (eine Veröffentlichung der Lambda Physik Laser Company), Nr. 30/31, 1991, S. 1–8.

[10] I. S. McDermid *et al.*, LIDAR-measurements of stratospheric ozone and intercomparison, *Applied Optics* **29** (1990) 4914–4923.

[11] I. S. McDermid *et al.*, Measurements of the JPL and GSFC stratospheric ozone LIDAR Syszems, *Applied Optics* **29** (1990) 4971–4976.

[12] I. S. McDermid *et al.*, Comparison of stratospheric ozone profiles and their seasonal variations as measured by the LIDAR and stratospheric aerosol and gas experiment during 1988, *Journal of Geophysical Research*, **95** (1990) 5605–5612.

[13] S. Völker, *Spectral Hole-Burning in Crystalline and Amorphous Organic Solids: Opitcal Relaxation Processes in Molecular Excited States* (Hg. J. Fünfschilling), Kluwer Academic, Dordrecht, Niederlande, S. 113–242.

[14] S. G. Johnson, I. J. Lee und G. J. Small in *The Chlorophylls* (Hg. H. Scheer), CRC Press, Boca Raton, Ann Arbor, Boston und London, S. 739–768.

[15] J. W. Hofstraat, V. Gooijer und N. H. Velthuis in *Molecular Luminescence Spectroscopy: Methods and Application*, Teil II (Hg. S. J. Schulman), Wiley Chichester, 1988, S. 283–398.

[16] R. N. Nurmurkhametov, *Russ, Chem. Rev.*, **38** (1969) 180.

[17] W. Karcher, R. J. Fordham, J. J. Dubois, P. G. J. M. Glaude und J. A. M. Lighart (Hg.), *Spectral Atlas of Polycyclic Aromatic Compounds*, Vol. 1, Reidel/Kluwer, Dordrecht, Niederlande, 1983.

[18] W. Karcher, S. Ellison, M. Ewald, P. Garrigues, E. Gevers and J. Jacob (Hg.), *Spectral Atlas of Polycyclic Aromatic Compounds*, Vol. 2, Reidel/Kluwer, Dordrecht, Niederlande, 1988.

[19] W. Karcher, J. Devillers, P. Garrigues und J. Jacob (Hg.), *Spectral Atlas of Polycyclic Aromatic Compounds*, Vol. 3, Reidel/Kluwer, Dordrecht, Niederlande, 1991.

[20] M. Hall und P. L. Grover, *Polycyclic Aromatic Hydrocarbons: Metabolism, Activation and Tumor Initiation* (Hg. C. S. Cooper und P. L. Groover), *Chemical Carcinogenesis and Mutagenesis*, Vol 1, Springer, Berlin, 1990.

[21] R. Jankowiak und G. J. Small, *Chem. Res. Toxicol.*, **4** (1991) 256.

Weiterführende Literatur

Banwell C. E., *Fundamentals of Molecular Spectroscopy*, McGraw-Hill, London, 1983. Allgemeines Lehrbuch zur Molekülspektroskopie.

Steinfeld, J. I., *Molecules and Radiation*, 2. Aufl., MIT Press, Cambridge, Mass., 1985.

Svanberg S., *Atomic and Molecular Spectroscopy*, Basic Aspects and practical Applications, 2. Aufl., Springer Verlag, New York, Berlin, Heidelberg, 1992. Überblick über Atom- und Molekülspektroskopie mit zahlreichen interessanten Anwendungen von Laser- oder optischer Spektroskopie.

van der Hulst, H. C., *Multiple Light Scattering*, Vols. 1 und 2, Academic Press, Orlando, 1980.

van der Hulst, H. C., *Light Scattering by Small Particles*, John Wiley, New York, 1957. Ausführliches Lehrbuch über Rayleigh- und Mie-Streuung.

8 Der gesellschaftliche Aspekt

In Kapitel 1 haben wir mit Bild 1.1 die Aktivitäten einer industrialisierten und technisierten Gesellschaft zusammengefaßt. In einer solchen Gesellschaft werden viele Entscheidungen aufgrund von Kosten-Nutzungsrechnungen gegeneinander abgewägt. Die Kosten können z. B. die Schädigung der Umwelt, die Gefährdung der Gesundheit von Einzelpersonen oder Gruppen, oder in direkter Form auch den Bau oder die Wiederherstellung von Gebäuden und Einrichtungen betreffen. Die Nutzen umfassen üblicherweise finanziellen Gewinn, oder allgemeiner gesehen auch den erhöhten Verbrauch einer ständig wachsenden Bevölkerung.

Wissenschaftler müssen sich hiermit befassen, wenn sie für Regierungen arbeiten und öffentliche Interessen vertreten, indem sie Regelungen und Wege zur Durchsetzung entwerfen. Gleichfalls können sie aber auch für private Unternehmen arbeiten, bei denen der finanzielle Profit die stärkere Motivation bedeutet, bei denen inzwischen aber auch Umweltaspekte zu den langfristigen Zielen eines Unternehmens gehören und darum berücksichtigt werden müssen.

Außerdem können Wissenschaftler auch im öffentlichen Leben, in professionellen Organisationen und in politischen Parteien aktiv werden und sich dort politisch engagieren. Die Festlegung und Durchsetzung politischer Ziele innerhalb einer modernen Gesellschaft geschieht durch die Besprechung von Berichten, das Verfassen von Kommentaren, das Einziehen von Erkundigungen und schließlich durch ihren Auftritt in den Medien. Hierbei übernehmen Wissenschaftler Beraterfunktionen oder öffentliche Aufgaben.

In diesem letzen Kapitel berühren wir darum einige Punkte, von denen wir glauben, daß sie dem Wissenschaftler gewahr werden sollten. Wir beginnen im Abschnitt 8.1 mit der Diskussion des Risikobegriffs und der Möglichkeit zur Quantifizierung der Wahrscheinlichkeiten von Katastrophen. Diese Konzepte lassen sich z. B. auf große technische Einrichtungen wie Kernkraftwerke anwenden.

Auf einem etwas höheren Abstraktionsniveau werden Vorgehensweisen zu Energie und Umwelt festgelegt. Auf diesem Niveau muß man die Ressourcen und den Energieverbrauch im Hinblick auf die Folgen der zu treffenden Entscheidungen für die Umwelt betrachten. Hiermit beschäftigen wir uns dann im Abschnitt 8.2, in dem wir unter anderem zeigen, daß in verschiedenen Ländern riesige Unterschiede in dem Energieverbrauch bestehen, der zur Erhaltung eines bestimmten Lebensstandards notwendig ist. Wir werden auch anführen, daß alle Länder einen japanischen Industrietyp adaptieren sollten, der die Verlagerung enormer Geldmengen aus dem privaten Verbrauch in Investitionen umweltverträglicherer Produktionsstrukturen ermöglicht.

Eine so krasse und unpopuläre Maßnahme kann nicht leicht durchgesetzt werden, und es wird immer Gegner geben, die dahingehend argumentieren, daß die Anpassungsfähigkeit der Natur wesentlich höher ist als wir uns es vorstellen können, und daß es auch viel größere Ressourcen gibt, als wir in unseren Tabellen aufführen. Wir geben zu, daß wir nicht beweisen können, daß uns tatsächlich eine Katastrophe bevorsteht, aber die Frage muß darum eher lauten, wie wir mit den Unsicherheiten zu verfahren haben. Deshalb besprechen wir in Abschnitt 8.3 die Rolle des Maßnahmenentwurfes im Hinblick auf deren Durchführung unter diesen Bedingungen. Die in Kapitel 3 besprochene globale Erwärmung soll als Beispiel einer möglichen weltweiten Katastrophe dienen. Wir werden in diesem Zusammenhang auch die Schadstoffemissionen der verschiedenen Arten des Personen- und Gütertransports näher betrachten. Gerade in diesem Bereich der wirtschaftlichen Handlung gibt es viele verschiedene Möglichkeiten.

Eines der Hauptelemente bei der Entscheidungsfindung ist, alle Gesichtspunkte zu berücksichtigen. Viele von Ihnen stammen aus den unterschiedlichen Interessen verschiedener gesellschaftlicher Gruppierungen unserer modernen Gesellschaft. In Abschnitt 8.4 soll hierauf genauer eingegangen werden. Andere Gesichtspunkte entstehen durch eine unterschiedliche Betrachtungsweise der Natur. Wir werden diese noch ausführlicher besprechen und merken an, daß es seit langer Zeit die Sichtweise der westlichen Welt gewesen ist, die Natur lediglich als ein Instrument zu betrachten. In jüngster Zeit zeigt sich aber, daß wir eine Umweltkatastrophe nur noch vermeiden können, wenn wir die Natur etwas respektvoller und nicht nur als Produktionsmittel behandeln.

8.1 Risikoabschätzung

Die Risikoabschätzung wird als die „Ansammlung und Abschätzung wissenschaftlicher und technischer Daten zum Erkennen negativer Einflüsse, sowie deren Ausmaß und Wahrscheinlichkeit" betrachtet. Das Risiko ist ein *Zahlenwert*, der die Wahrscheinlichkeit des Auftretens eines bestimmten Falles innerhalb eines bestimmten Zeitraums angibt. Wir verwenden die Begriffe „Schaden" oder „Gefahr", wenn wir die negativen Folgen als solche und nicht die Wahrscheinlichkeit ihres Eintretens meinen.* Wir werden dazu einige Bereiche der Risikoabschätzung besprechen, um die auftretenden Schwierigkeiten kennenzulernen, und gehen danach auf durch den Menschen bedingte Gefahren, wie die Einführung von neuen Chemikalien oder die Inbetriebnahme von Kernkraftwerken, und 'natürliche' Gefahren, wie die Überschwemmung tiefer gelegener Landschaften ein.

Chemikalien

Bei der Untersuchung der Gefahren, die mit bestimmten Chemikalien verbunden sind, muß man sowohl deren Produktion, als auch Transport, Gebrauch und endgültige Beseitigung betrachten, wobei letztere üblicherweise mit der normalem Abfallentsorgung erfolgt. Die betrachteten Chemikalien stellen nicht immer nur gewollte Produkte der chemischen Industrie dar, sondern sind auch oft unerwünschte Nebenprodukte wie SO_2 oder NO_x, die bei der Verbrennung fossiler Brennstoffe entstehen, sowie Dioxinverbindungen, die sich in geringen Konzentrationen bei chemischen Hochtemperaturprozessen bilden.

Die vom Menschen hergestellten Chemikalien sind ebensowenig immer gefährlich, wie die natürlichen Chemikalien immer harmlos sind. Es gibt in Pflanzen und Tieren Giftstoffe, und wir lernen schon als Kinder, daß man bestimmte Pilze oder Nachtschattengewächse besser nicht verspeisen sollte. Im Jahre 1987 gab es etwa 80 000 im allgemeinen Gebrauch

* Wir übernehmen die Begriffe und Definitionen des Untersuchungsausschusses der Royal Society. Diese unterscheiden sich geringfügig von anderen Festlegungen wie z.B. in [1], wo der von uns als 'Nachteil' bezeichnete Sachverhalt als „Risiko" bezeichnet wird.

stehende, vom Menschen synthetisch hergestellte Chemikalien, denen jährlich etwa weitere 600–800 neue Substanzen hinzuzufügen sind.* Nicht alle wurden auf ihre möglichen Gefahren hin untersucht, auch wenn die Industrie neuerdings Untersuchungen über deren Einfluß auf die Umwelt durchführt.†

Bei der Abschätzung des Schadens, den eine Chemikalie verursachen kann, bezeichnet man die akute *Toxizität* als die toxikologische Antwort eines Organismus, der einer Kurzzeitexposition mit dieser Substanz nach 24 bis 96 Stunden folgt. Diese Toxizität kann leicht gemessen werden, indem man bei Tierversuchen die sogenannte letale Dosis LD50 bestimmt, bei der 50 % der Versuchtierpopulation stirbt. Man geht dabei üblicherweise davon aus, daß ein Prozent dieser Dosis als harmlos gelten darf. Schwieriger ist die Überprüfung des Einflusses geringer Konzentrationen über einen langen Zeitraum (üblicherweise mehr als 96 Stunden), der die Widerstandskraft einer Population von Organismen herabsetzten kann und sie somit zu einer leichten Beute ihrer natürlichen Feinde macht. Diese chronischen Effekte werden meistens erst offensichtlich, wenn sich die Schäden in der Umwelt bereits manifestiert haben.

Bei Chemikalien ist es generell nicht klar, ob es überhaupt eine Konzentration gibt, unterhalb derer die Situation als harmlos oder zumindest akzeptabel betrachtet werden darf. Wäre dies der Fall, so wäre eine *Verdünnung die Lösung aller Verschmutzungsprobleme*. Existiert eine solche untere Grenze überhaupt nicht, so kann die Auslöschung und der Verlust von ganzen Arten folgen. Die Analyse der Folgen ist ein Ziel von biologischen Untersuchungen.

Es gibt auch physikalisch-chemische Aspekte der Toxizität. In wasserreichen Organismen kann es zur Anreicherung organischer Chemikalien kommen, indem diese gegen einen Konzentrationsgradienten durch biologische Membranen diffundieren. Der Diffusionsvorgang hält dabei solange an, bis die Konzentration einer Substanz im Innenraum der Zellen so hoch liegt, daß die gleiche Menge dieser Substanz ausgeschieden wird, die auch durch Diffusion aufgenommen wird. Dabei kann diese Gleichgewichtskonzentration im Innern bis zu 100000mal so hoch sein, wie diejenige des umgebenden Wassers (z. B. die DDT-Konzentration in einer Elritze (*Pimephales promelas*)). Bei anorganischen Substanzen läuft dieser Prozeß viel langsamer ab, und meistens reicht die Lebensdauer des jeweiligen Organismus nicht zum Erreichens eines Gleichgewichtszustandes aus.

Obwohl es eine große Menge von verfügbaren Informationen über mögliche schädliche Folgen von Chemikalien gibt, die in der Zukunft auch sicher noch weiter wachsen werden, lassen sich die Risiken auf Basis von Versuchen nicht zu einer einzigen Zahl zusammenfassen. Dies kann fast immer nur retrospektiv getan werden, wenn man die negativen Einflüsse bereits klar umreißen kann.

---

* Umweltprogramm der UNO, zitiert nach [2], S. 148 und 392.

† Ein Überblick über den jüngsten Stand der Dinge in der Chemischen Industrie findet sich in den von Cothern, Mehlmann und Marcus in [3] zusammengetragenen Veröffentlichungen. Es ist interessant zu sehen, daß die Europäische Union Umwelt-Kontrollen in der Industrie propagiert; hierbei werden die Übereinstimmung mit Umweltvorschriften und die Verwendbarkeit als Instrument zur Abschätzung und Milderung von Risiken überprüft. Schließlich können die Unternehmen eine Kennzeichnung zur umweltfreundlichen Produktion erlangen. (Vom EG-Ministerrat, 22. März 1993).

Überschwemmungen

Um die Schwierigkeiten zu verdeutlichen, die selbst bei einer ausreichenden Datenmenge bei der Risikoeinschätzung auftreten, seinen exemplarisch die Flutkatastrophen in den Niederlanden betrachtet.* Aus den Daten für Hoek van Holland kann man ein Diagramm wie in Bild 8.1 erstellen, bei dem auf der vertikalen Achse die Hochwasserstände h, und auf der Ordinate die Übertrittswahrscheinlichkeiten m für die Deiche eingezeichnet findet. Bei logrithmischer Auftragung erhält man mit diesen Daten eine Gerade, die durch

$$m = e^{-a(h-h_1)} \qquad (h > h_1) \tag{8.1}$$

beschrieben wird. Die Höhe $h = h_1$ stellt dabei die Höhenmarke dar, die im Mittel einmal pro Jahr überschritten wurde. Überschwemmungen entstehen aufgrund von hohen Tiden und schweren, lange andauernden Nordweststürmen auf der Nordsee, da die Straße von Dover zu eng ist, um die großen Wassermassen bewältigen zu können. Die gerade Linie in Bild 8.1 ermöglicht eine statistische Beschreibung des Tidenhubes. Man sieht außerdem, daß der höchste Punkt nur auf einem einzigen Datenpunkt, nämlich der Flut von 1953 basiert, weshalb man diesem einen Fehlerbalken beigefügt hat. Ein weiter oben gelegener Datenpunkt könnte diese Extrapolierung natürlich ändern. Somit bestehen auch bei der Vorhersage selten wiederkehrender Vorfällen eines Phänomens, das schon seit Jahrhunderten unter Beobachtung steht, unvermeidbar große Unsicherheiten, wenn diese nur selten genug auftreten.

Aus Gl. (8.1) wurde hergeleitet, wie hoch die Deiche sein müßten, um deren Überflutung auf einmal in 10 000 Jahren zu reduzieren. Diese Festlegung kann man damit begründen, daß 10^{-4}mal die Kosten eines Schadens mit den Deichkosten (Bau und Instandhaltung) vergleichbar sein müssen. (Dies kann mit Diskontrechnung berechnet werden.) Bei der endgültigen Berechnung entscheidet natürlich eine öffentliche Diskussion über die angestrebte Wahrscheinlichkeit – ähnlich der Verfahrensweise bei Kernkraftwerken.

Kernreaktoren

Kernreaktoren benötigen große Mengen an radioaktiven Materialien (vgl. Abschnitt 4.5). Für Entscheidungen ist es deshalb nötig, zumindest ungefähr zu wissen, wie (niedrig) die Austrittswahrscheinlichkeit für großen Mengen radioaktiven Materials aufgrund eines Unfalls ist. Die zwei in Abschnitt 4.5.3 angesprochenen Unfälle ergeben keine ausreichende Statistik, um darauf Zahlenangaben zu gründen. Außerdem berücksichtigen sie nicht die Verbesserungen an solchen Anlagen, die inzwischen vorgenommenen wurden.

Um die sich schlimmstenfalls für die Bevölkerung ergebenden Gefahren aufgrund eines eintretenden Unfalls zu analysieren, betrachten wir den Reaktortyp, bei dem Wasser sowohl als Kühlmittel, als auch als Moderator verwendet wird (vgl. Tabelle 4.5). Es zeigt sich, daß der Kühlmittelverlust durch einen Rohrbruch die größte Gefahr darstellt. Obwohl bestimmte Kettenreaktionen durch das Fehlen des Moderators unterbrochen werden, würde die enorme

* Seit dem Mittelalter hat man an Kirchtürmen die Wasserstände markiert, bis zu denen das Seewasser nach Deichbrüchen angestiegen ist. Seit dem achtzehnten Jahrhundert wurden auch systematischere Messungen durchgeführt, die in Amsterdam ihren Anfang nahmen. Nach der Schließung der Seearme hatte man keine weitere Verwendung mehr für diese Vorhersagedaten.

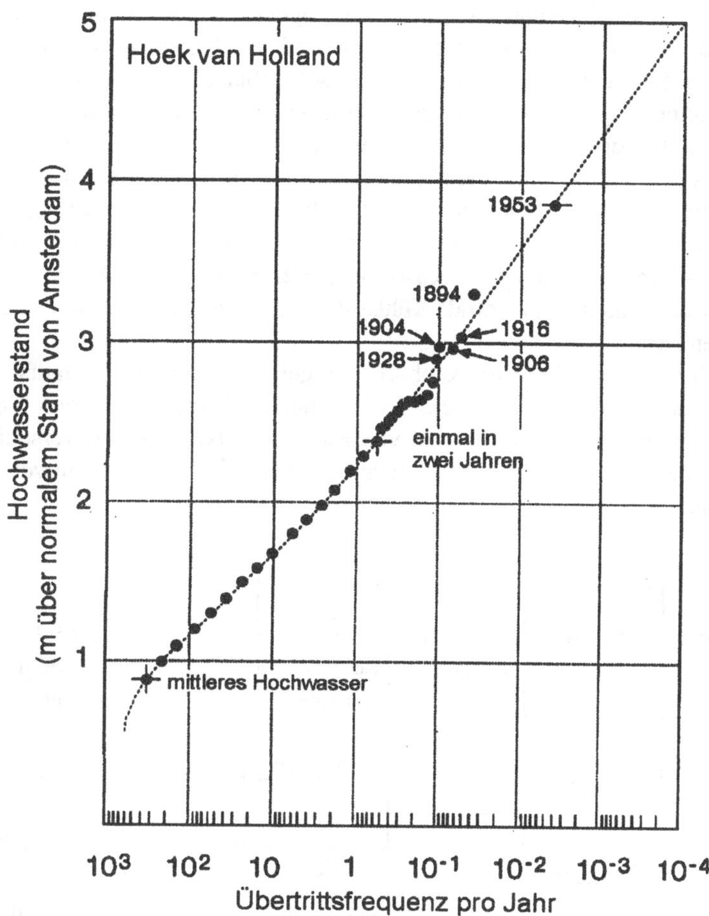

Bild 8.1 Zusammenfassung der Hochwasserstände an der Nordseeküste am Hoek van Holland. In der Senkrechten wurde der Wasserspiegel und in der Horizontalen die jährliche Anzahl der Überschreitungen dieses Wertes aufgetragen. Die Jahreszahlen bezeichnen außergewöhnlich hohe Wasserstände. Die Frequenz wird durch Vergleich mit ähnlich hohen Wasserständen geschätzt. Das Hochwasser von 1953 hatte im Jahre 1940 eine Auftrittswahrscheinlichkeit von $3 \cdot 10^{-3}$. Seit diesem Hochwasser wurde eine Vielzahl von Flußarmen geschlossen, so daß das Bild für den späteren Gebrauch angepaßt werden müßte. Die Autoren danken Ir. J. van Malde für den Quellenhinweis. (Aus: NV SDU Uitgeverij Semi-Officiale Publikaties aus dem Rapport Deltacommissie, Beschouwingen over stormvloeden en getijddebeweging, Staatsdrukkerij en Uitgeversbedrijf, 's Gravenhage, 1961, Abb. 4, S. 61, 93)

Zerfallswärme vieler Reaktionsprodukte einen Temperaturanstieg verursachen, der zur Kernschmelze und zum Freisetzen von Radioaktivität über die Ummantelung hinaus oder im Boden führen könnte. Um diesen Fall zu verhindern, gibt es ein Notfall-Kühlsystem für den Reaktorkern, das eigenes Wasser über elektrische Pumpen einbringen kann. Versagt aber auch dieses Kühlsystem, so muß man sich auf eine Trennungsmöglichkeit der Spaltprodukte berufen, oder letztendlich auf die Dichtigkeit der Ummantelung hoffen.

Das gerade beschriebene Szenario kann auch in einem sogenannten Ereignis-Verlaufsdiagramm zusammengefaßt werden, wie es in Bild 8.2 dargestellt ist. Jedem Versagen einer beliebigen Komponente des Systems wird darin eine Wahrscheinlichkeit P zugeordnet, so daß man für beliebige Reihenfolgen des Auftretens verschiedener Vorfälle eine Wahrscheinlichkeit angeben kann. Einzig berücksichtigt werden muß die Frage, ob man verschiedene Vorfälle als voneinander unabhängig betrachten kann, so daß nur deren (kleine) Einzelwahrscheinlichkeiten multipliziert werden müssen. Der Großteil der Einzelwahrscheinlichkeiten kann aus Erfahrungen in der Industrie übernommen werden, in der Rohrbrüche oder Stromausfälle an der Tagesordnung stehen. Am schwierigsten erweist sich die Berechnung der Wahrscheinlichkeit für den Ausfall des Notfall-Kühlsystems des Reaktorkerns, der in der Praxis nicht imitiert werden kann.

Selbst wenn man die Genauigkeit dieser Risikoabschätzungen innerhalb des Verlaufsdiagramms anzweifelt, hat dieses Verfahren trotzdem einen relativen Wert. Durch den Vergleich der Wahrscheinlichkeiten für das Freiwerden von Radioaktivität zwischen verschiedenen Entwürfen kann man Schwachpunkte ausschließen und den verläßlichsten Entwürfen bei der Realisierung folgen.

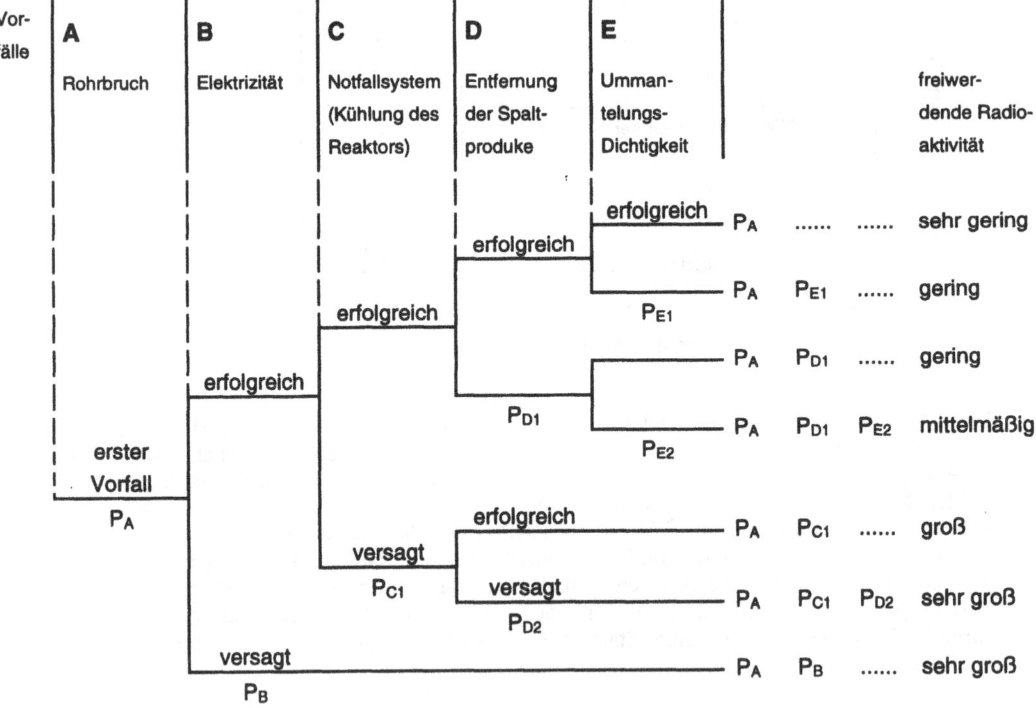

Bild 8.2 Vereinfachtes Verlaufsdiagramm, das die aufeinanderfolgenden Vorfälle beim „Verlust radioaktiver Kühlmittel" beschreibt. Nach einem Rohrbruch der Wahrscheinlichkeit P_A ergeben die jeweils unteren Zweige die Wahrscheinlickeit P_B eines Versagens, die oberen die Wahrscheinlichkeit des Erfolges bei der Problembehandlung an. Letztere $(1 - P_B)$ wird üblicherweise mit 1 genähert. (Übernommen aus US Atomic Energy Commission, Reactor Safety Study, WASH-1400 (Rasmussen Report), 1975, Anhang 1, sowie von Samuel Glasstone und Alexander Sesonske, *Nuclear Reactor Engineering*, 3. Aufl., Van Nostrand, New York 1981, S. 723 (siehe Kap. 4))

Erfahrungen mit betriebenen Kernreaktoren können in sogenannten Reaktorjahren ausgedrückt werden, der Summe der Betriebszeiten sämtlicher Reaktoren. 1993 lag diese Zahl in der Größenordnung von 10^4 Jahren, war also immer noch zu klein, um Wahrscheinlichkeiten der Größenordnungen 10^{-5} oder 10^{-6} abzuleiten (man vergleiche diese Zahl mit dem oben erwähnten Beispiel für Überschwemmungen). Es ist sicherlich auch nicht sinnvoll, alle Reaktortypen und -ausführungen in einer einzigen Schätzung zusammenzufassen.

Nachteile

Für Kosten-Nutzen-Analysen in Verbindung mit fortschrittlichen Technologien muß man die anfallenden Kosten unter betriebswirtschaftlichen Gesichtspunkten berechnen. Dies impliziert die Bewertung der Effekte eines bestimmten Unfalls. Am Beispiel eines Kernkraftwerkes kann man nach der Abschätzung der Wahrscheinlichkeit für eine bestimmte Kette von Vorfällen die Zusammensetzung und Strahlungsintensität des freigewordenen radioaktiven Materials berechnen, und das Gaußsche Wolkenmodell aus Abschnitt 5.6 verwenden, um die Dosen abzuschätzen, denen die betroffene Bevölkerung ausgesetzt ist. Mit den in Abschnitt 4.5.3 besprochenen Dosis-Wirkungsmodellen kann man darunter die Zahl der möglichen Todesfälle abschätzen. Außer den Todesfällen (die manchmal auch in Geldbeträgen ausgedrückt werden) kann man die wirtschaftlichen Schäden in Form des zerstörten Produktionspotentials ausdrücken.

Beim Vergleich der mit den verschiedenen Möglichkeiten verbundenen Risiken multipliziert man oft die Wahrscheinlichkeit eines ungünstigen Vorfalles mit der Schädigung, um den Nachteil zu erhalten:

$$\text{Nachteil} = \text{Wahrscheinlichkeit} \cdot \text{Schaden} \tag{8.2}$$

Man muß dann über die Summe der einzelnen Nachteile summieren, um die „Gesamtkosten" für eine Einrichtung zu erhalten.

Die in Gl. (8.2) angeführte Definition wird von Versicherungsgesellschaften auch zur Berechnung der Beitragssätze benutzt und stellt eine gut funktionierende Methode zur Abschätzung „normaler" Schadensfälle dar. Es ist fraglich, ob diese Definition auch zur Berechnung eines Nachteiles dienen könnte, der durch einen Vorfall wie die Explosion eines Kernkraftwerkes verursacht wird, für den die Wahrscheinlichkeit zwar gering, die Folgen aber sehr groß sind. Die gleiche Frage könnte man bei der kontrollierten genetischen Veränderung von Nahrungsmitteln stellen, wenn dort der seltene Fall einer katastrophalen Herabsetzung der Widerstandskraft gegenüber Krankheiten durch die Wechselwirkung von vielen, im einzelnen sehr unwahrscheinlichen Fällen auftritt. In einem solchen Fall würde das Produkt mathematisch der Formel „Null mal Unendlich" entsprechen, die völlig unbestimmt ist.

Eine weitere Beschränkung der Anwendbarkeit von Gl. (8.2) liegt im folgenden Fall vor: Man vergleiche die jährlichen 10 000 Unfalltoten im Straßenverkehr eines mittelgroßen Industrielandes mit dem katastrophalen Einzelfall des Brandes einer chemischen Produktionsanlage, der die gleiche Anzahl an Opfern fordert. Im ersten Fall verteilen sich die tragischen Fälle über das ganze Land, und die Gesellschaft findet sich erfahrungsgemäß relativ schnell damit ab. In letzterem Fall wird die Sozialstruktur des betroffenen Gebietes vollkommen umgeworfen, und die Gesellschaft ist bereit, einen hohen Aufwand zu betreiben, um solche Fälle in Zukunft zu vermeiden.*

Die hier getroffene Aussage ist in Tabelle 8.1 wiederzuerkennen, in der das vertretbare Risiko in Form von jährlichen Todesopfern der allgemeinen Bevölkerung – sei es in Gruppen oder Einzelfällen – festgelegt wird. Für einen jungen Mann beträgt die jährliche Todeswahrscheinlichkeit etwa 10^{-4}. Ein hohes Beschäftigungsrisiko haben insbesondere Arbeiter in Kohlebergwerken, deren zusätzliches Risiko in der Größenordnung von 10^{-4} liegt. Somit wird man das Risiko bei einer technischen Einrichtung in der Nachbarschaft, welches deutlich niedriger – zum Beispiel bei 10^{-6} – liegt, sogar als vertretbar erachten.

Die Wahrscheinlichkeit für den Fall, daß in einem einzigen Ereignis mehrere Personen getötet werden, kann Tabelle 8.1 entnommen werden, in der das vertretbare Risiko für 10 Todesfälle auf 10^{-5} und für 100 Todesfälle auf 10^{-7} festgelegt wird, obwohl man letzteres durch Anwendung von Gl. (8.3) zu 10^{-6} berechnen würde, wenn man von der Zahl für 10 Todesfälle ausgeht. Der niedrigere Zahlenwert für den Tod größerer Gruppen spiegelt die öffentliche Aufregung nach einem größeren Unfall wider, obwohl die Gefahr für den Einzelnen nur sehr gering ist. Es gibt hier keinerlei internationale Festlegungen, so daß Tabelle 8.1 lediglich als mögliches Beispiel betrachtet werden sollte.†

Tabelle 8.1 Vertretbare Risiken für die Schäden durch eine technischen Einrichtung. (Daten des niederländischen Gesundheitsministeriums)

Zahl der Todesfälle bei einem Einzelereignis	Vertretbares jährliches Risiko (Beispiel)
1 Todesfall	10^{-6}
10 Todesfälle	10^{-5}
100 Todesfälle	10^{-7}
Individueller Todesfall aufgrund von allen möglichen Ursachen	10^{-5}

8.2 Energie- und Umweltpolitik

In diesem Abschnitt werden wir zunächst einige Daten zu Energieverbrauch und Rohstoffvorräten geben, um dann einige der Probleme in der Energie- und Umweltpolitik zu definieren. Wir beschränken uns dabei natürlich auf die wesentlichen Punkte und können nicht im Detail auf die Unterschiede zwischen verschiedenen Ländern oder Regionen in der Welt eingehen.

* Die Sturmflut von 1953 in den Niederlanden führte mit ihren 2000 Todesopfern zu drastischen Plänen für den Schutz des Deltas gegen die See, obwohl die Wahrscheinlichkeit einer erneuten Flutkatastrophe so gering ist, daß man innerhalb der nächsten 300 Jahre nur mit einer einzigen Wiederholung rechnen muß. Die jährlichen 2000 Unfalltoten im Straßenverkehr werden dagegen als gegeben hingenommen.

† Daten des niederländischen Gesundheitsministeriums.

Auf der linken Seite von Bild 8.3 ist die Entwicklung des Pro-Kopf-Energieverbrauchs für die Welt als Ganzes und für ein typisches Industrieland (hier der USA), bzw. für ein typisches Schwellenland wie Indien aufgetragen. Die Ordinate gibt den Energieverbrauch dabei sowohl in 10^9J/Jahr als auch in Watt an. Man kann diesen Energieverbrauch mit der täglichen Arbeitsleistung eines einzelnen Menschen vergleichen, die auf etwa 60 W für einen Dritteltag bzw. auf 20 W über den Tag gemittelt geschätzt wird. Man beobachtet, daß selbst für Entwicklungsländer lange Zeit ein Äquivalent von 15 „Energielieferanten" pro Tag verfügbar war.* Ein mittlerer Vertreter der Weltbevölkerung verfügt augenblicklich etwa über 90 „Energielieferanten".

In Bild 8.3 kann man einen stetigen Anstieg des Energieverbrauchs feststellen. Obwohl die Kurve zum Ende hin abzuflachen scheint, hat man mit der fortschreitenden Entwicklung für die Zukunft eher einen weiteren Anstieg zu erwarten. Man sieht außerdem den dramatischen Anstieg der Weltbevölkerung (Maßstab auf der rechten Seite), für die man im Zeitraum von 1980 bis 2025 eine Verdoppelung erwartet. Dieses wirft wiederum die Frage auf, wie lange die Energieressourcen noch ausreichen, bzw. wie stark die Strapazierung der Umwelt vorangetrieben werden wird, um diese nutzbar zu machen.

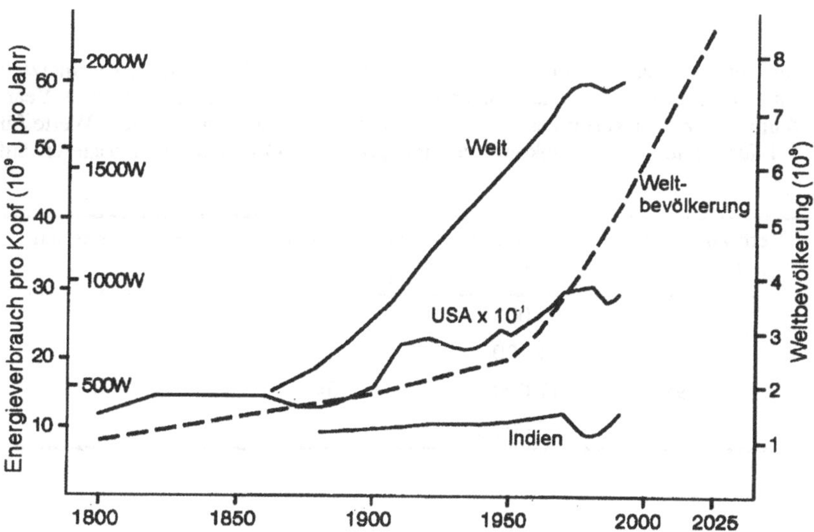

Bild 8.3 Auf der linken Seite ist die seit dem 19. Jahrhundert pro Kopf benötigte Energie für Indien und die Welt aufgetragen. Die Daten für die USA müssen mit dem Faktor 10 multipliziert werden. Auf der rechten Seite ist das Wachstum der Weltbevölkerung (als gestrichelte Linie) dargestellt. (Die Energiewerte für den Zeitraum bis 1970 stammen von Chauncey Starr, Energy and power, *Scientific American*, **244** (September 1971) 37, die Daten für den Zeitraum 1980-90 wurden dem UN *Energy Statistics Yearbook* 1990 entnommen. Die Bevölkerungszahlen kommen aus *World Resources* 1986, S. 10 und *World Resources* 1990-1, S. 50. Die Zahlenangaben für 2000 und 2025 entstammen demographischen Vorhersagen.)

* Ferguson [4] schätzt einen Mann-Tag auf maximal 553 000 kg m innerhalb von 8 Stunden, was etwa 62,7 W entspricht.

In Tabelle 8.2 zeigen wir den Verbrauch fossiler Brennstoffe und deren weltweite Ressourcen um 1990. Die nutzbaren Rohstoffquellen sind nach den heute üblichen Kosten berechnet. Es muß beachtet werden, daß mit dem höheren Preis auch die Menge der verfügbaren Rohstoffe ansteigt.* Das Maximum ist dabei für Öl oder Gas um das zweifache, für Kohle um das 10fache, und für Schiefer- oder Sandöl um das zwanzigfache höher.† Es ist klar, daß die kostengünstigen Öl- und Gasressourcen beim momentanen Verbrauch innerhalb der nächsten 50 Jahre erschöpft sind, so wie dies innerhalb der nächsten einigen hundert Jahre auch für Kohle eintreten wird (vgl. Übung 8.2).

Die fossilen Brennstoffe zeigen große Differenzen für die Emissionen von CO_2 oder anderen Substanzen. Eine weitere Spalte gibt andere Emissionen an.‡ Es ist klar, daß Erdgas im Hinblick auf den Umweltschutz den „besten" fossilen Brennstoff abgibt. Ein Wechsel von Öl und Kohle zum Gas würde als kurzfristige Lösung daher die bei der Verbrennung fossiler Brennstoffe entstehenden Folgen für die Umwelt mildern.

Nach dem zweiten Weltkrieg wurden Kernkraftwerke gebaut, da sie verfügbar waren, eine billige Elektrizitätsquelle boten, und die Abhängigkeit von ölfördernden Ländern herabsetzte. Es wurde auch die Argumentation benutzt, daß diese Form von Elektrizität keine Umweltverschmutzung verursacht und nur einen begrenzten Einfluß auf unsere Umwelt hat.

Tabelle 8.2 Weltweiter Verbrauch an fossilen Brennstoffen (1990) und nachgewiesene, kommerziell ausbeutbare Ressourcen (1987). (Die Daten entstammen dem United Nations Energy Statistics Yearbook 1990, Tabellen 4 und 38. World Resources 1990-1 erzielt in Tabelle 9.2 etwas höhere Werte für Kohle (22 000 · 10^{18} J für Braun- und Steinkohle zusammen). Die CO_2-Emissionen basieren auf Daten von Shell)

	Verbrauch (1990) (10^{18} J / Jahr)	Ressourcen (10^{18} J)	CO_2-Emission (g/10^6 J)	Andere Emissionen
Erdöl	117	5 000	74	hoch
Erdgas	72	4 000	56	niedrig
Kohle	98	17 000	104	hoch
Ölschiefer/-sand		2 000		

* Für höhere Preise vergrößern sich die Ressourcen aufgrund von zwei Tatsachen: zum einen können magerere Erze abgebaut werden, und zum anderen ist es für die Gesellschaften lukrativ, nach weiteren Quellen zu suchen, und dabei findet man unter Umständen sogar günstigere Rohstoffquellen.

† Holdren gibt in [5] etwas höhere Werte für die „wahrscheinlich verbleibenden, verfügbaren Ressourcen" an. Optimistische Studien weisen sogar auf in Eiskristallen eingeschlossenes Methan hin, das zweimal so große Rohstoffmengen beinhalten soll, wie alle anderen, vorher nachgewiesenen Rohstoffquellen mit den geschätzten Quellen fossiler Brennstoffe zusammen [6].

‡ Nach Culp (Kap. 4) [7] kann man für Elektrizitätswerke die folgenden Verallgemeinerungen treffen: SO_2 für Kohle und Öl 0,5 bzw. 1,4 g/10^6 J, NO_x für Kohle und Öl 0,13 bzw. 0,10 g/10^6 J, Staub für Kohle und Öl 0,08 bzw. 0,10g/10^6 J. Für Kohle müssen noch 4,4 g/10^6 J Asche dazugerechnet werden. Man beachte, daß diese Daten von der Qualität der Brennstoffe abhängen. Die tatsächlichen Emissionen hängen von den entsprechenden Vorkehrungen in der Verbrennungsanlage ab.

Auch wenn man die Tatsache berücksichtigt, daß zum Bau von Kernkraftwerken ebenfalls Energie aus fossilen Brennstoffen benötigt wird, liegt der CO_2-Ausstoß immer noch bei weniger als 10 % der Emissionen eines herkömmlichen Kraftwerks.*

Mit den gegenwärtigen Technologien sind die leicht erreichbaren Uranerzvorkommen begrenzt. In Tabelle 8.3 geben wir die Ressourcen in GW_e-Jahren an, diejenige Energie, mit der ein rund um die Uhr arbeitendes 1 GW_e-Kraftwerk ein Jahr lang versorgt werden kann. Die gesicherten Reserven würden dann gerade für 45 Jahre ausreichen.

Es gibt allerdings ein Problem beim Vergleich der Uran- und der fossilen Brennstoffressourcen. Mit ersteren wird Elektrizität erzeugt, letztere werden üblicherweise verbrannt, und somit in Wärme umgewandelt. Fossile Brennstoffe kann man aber nur mit einem Wirkungsgrad von 38,5 % in Elektrizität umwandeln. Somit würde 1 elektrisches Joule etwa 2,6 Joule aus fossilen Brennstoffe entsprechen.. Auf diese Weise könnte man also ein „fossiles Joule-Äquivalent" definieren. In der letzten Spalte von Tabelle 8.3 wurde hiervon Gebrauch gemacht. Die Zahl von $1500 \cdot 10^{18}$ J scheint im Vergleich mit den fossilen Brennstoffreserven in Tabelle 8.2 sehr niedrig zu sein, und auch die geschätzten zusätzlichen Uranreserven sind nicht sehr groß, wie man unten in der Tabelle sieht. Wenn man weiterhin mit der Kernkraft arbeiten möchte ist es deshalb wichtig, fortschrittlichere Brennstoffkreisläufe nutzbar zu machen (vgl. Abschnitte 4.5.1 und 4.5.4) und die Kernfusion weiterzuentwickeln (s. Abschnitt 4.5.2). Dabei ist noch nicht klar, zu welchen Kosten diese Alternativen bei der Produktion von Elektrizität genutzt werden könnten.

Bei der Diskussion über die Energiepolitik ist es vielleicht hilfreich, zwischen „Lager"-Ressourcen von z. B. fossilen Brennstoffen, deren Reserven begrenzt sind, und „Fließ"-Reserven zu unterscheiden, die der Sonne entstammen und somit so lange oder sogar länger wie die menschliche Zivilisation existieren werden – den erneuerbaren Energieressourcen. Man schätzt, daß diese Ressourcen entsprechend den in Tabelle 8.4 angegebenen Werte verfügbar sind. Für Anlagen, mit denen direkt Elektrizität gewonnen wird, haben wir das

Tabelle 8.3 1990 installierte Kernkraftwerke und Ressourcen für Leichtwasserreaktoren. (Die Daten zur installierten Kernkraft und die Vorhersagen für das Jahr 2000 (Hochrechnungen) basieren auf [8]. Die Uranressourcen sind dem UN *Energy Statistics Yearbook 1990*, Tabelle 38 entnommen. Mit gegenwärtigen Leichtwasserreaktoren kann aus 130 Tonnen Natururan (bzw. 150 t Oxid) 1 GW_e (Gigawatt-Jahr) an Elektrizität gewonnen werden. Dies ist in der dritten Spalte aufgetragen. Die letzte Spalte geht für die Umwandlung fossiler Brennstoffe über Wärme in Elektrizität von einem Wirkungsgrad von 38,5 % aus. Es muß angemerkt werden, daß einige Berichte die Uranreserven mit 4,8 Mio. Tonnen und spekulative Reserven von 24 Mio. Tonnen angeben; dieses bestätigt nur den Inhalt der ersten Fußnote der vorigen Seite. Holdren gibt in [5] sogar noch höhere Werte an)

	Installiert (GW_e)		Ressourcen, die mit der heutigen Technik erreichbar sind		
			10^6 t Uran	GW_e-Jahre	Fossil-Äquivalent (10^{18} J)
1990	344	Sicher	2,4	18 500	1 500
2000	400	Geschätzt	1,4	11 000	900

* Aus [8], S. 9, auf japanischen Studien basierend.

Äquivalent an fossilen Rohstoffen angegeben, was man auch als die durch deren Nutzung „eingesparten" Rohstoffe betrachten kann. Man kann die verschiedenen Tabelle vergleichen und summieren. Tabelle 8.5 faßt die bisherigen Tabellen zusammen.

Die in Tabelle 8.4 angegebenen Ressourcen scheinen insbesondere bei einem Vergleich mit dem Verbrauch von $378 \cdot 10^{18}$ J während des Jahres 1990 enorm zu sein. Es sollte hierbei aber beachtet werden, daß diese Ressourcen nicht leicht verfügbar sind. Eine weitere Ausbreitung der Wasserkraft würde zum Beispiel das Absterben einer großen Zahl von Lebewesen und Vegetationsarten bedeuten. Die Vermehrung der Biomasse würde mit dem Ackerland konkurrieren, das aber notwendig ist, um die in Bild 8.3 dargestellte wachsende Bevölkerung mit Nahrung zu versorgen. Man könnte hierbei den augenblicklichen Wirkungsgrad bei der Umwandlung der Biomasse (1 %) durch ein besseres Verständnis der Photosynthese anheben.

Tabelle 8.4 Verbrauch und Reserven erneuerbarer Energien mit der herkömmlichen Technologie. (Daten und Bemerkungen aus [8]. Das UN *Statistics Yearbook* gibt kleinere Zahlenwerte für Biomasse als „traditionelle Brennstoffe" an. Hierbei werden lediglich die Angaben der Forstwirtschaft berücksichtigt, während unsere Zahlenwerte auch alle Arten landwirtschaftlicher Abfälle und Gülle einschließen. Die Unsicherheiten bei diesen Zahlenangaben werden deutlich, wenn man sieht, daß Holden in [5] die Ressourcen an Biomasse um einen Faktor von 12 höher, die Windenergie um den Faktor 7 niedriger und die Photovoltaik auch um einen Faktor von 4 niedriger schätzt).

	Installiert (1989)		geschätztes Potential		
	GW_e	Fossil-Äquivalent[a] (10^{18} J pro Jahr)	GW_e	Fossil-Äquivalent[a] (10^{18} J pro Jahr)	Bemerkungen
Wasserkraft	240	16	1 700	110	*b*
Biomasse		52		75	*c*
Geo(hydro)thermal	6	0,4	4 000	265	*d*
Wind	1,5	0,007		700	*e*
Photovoltaik	gering			21000	*f*

a Das fossile Energieäquivalent entspricht der benötigeten Menge fossiler Brennstoffe, um bei einem Wirkungsgrad von 38,5 % die gleiche Menge an Elektrizität zu produzieren.

b Die Nutzung des gesamten Wasserkraft-Potentials hätte schwerwiegende Folgen für die Umwelt und würde gleichzeitig sehr hohe Kapitalkosten hervorrufen.

c Eine Begrenzung des Potentials besteht durch die beschränkte Verfügbarkeit landwirtschaftlich nutzbaren Landes und dessen Nutzung bei der Nahrungsmittelproduktion.

d Da die meisten geothermalen Ressourcen sich in Nationalparks befinden, wird ein nutzbarer Anteil von 1 % als realistisch betrachtet. Trotzdem könnten heiße trockene Felsen und Magma zusätzliche Quellen bieten.

e Energiespeicherung ist notwendig, um Fluktuationen bei der Windversorgung und der Nachfrage an Elektrizität auszugleichen.

f Das Energiepotential bezieht sich auf Wüstenregionen. Für den Energietransport (in Form flüssigen Wasserstoffs) fallen aber hohe Kosten an. Bei Privathaushalten könnten Photovoltaik-Anlagen auf dem Dach einen wesentlichen Anteil der Versorgung gewährleisten, in Appartmenthäusern wäre aber nur die Warmwassergewinnung über Sonnenkollektoren auf dem Dach wirtschaftlich sinnvoll. In einem Land wie Japan könnte auf diese Weise etwa 40 % des Warmwasserbedarfs befriedigt werden.

Die hydrothermalen Ressourcen finden sich üblicherweise in wunderschönen Landschaften, die nicht zerstört werden sollten. Aus diesem Grunde ist es realistisch, bei deren Nutzung von etwa 1 % der angegebenen potentiellen Ressourcen auszugehen. Für die Windenergie liegt der zu zahlende Preis noch höher als für Kraftwerke, die fossile Brennstoffe umwandeln, und das gleiche gilt auch für die photovoltaische Elektrizität. In beiden Fällen könnte Forschung und Entwicklung zu einer billigeren Stromproduktion führen. Beide Ressourcen liegen am weitesten von Bevölkerungs- und Industrieballungsräumen entfernt, so daß ein Transport dieser Energie über oftmals sehr große Distanzen nötig ist, was somit zu einer weiteren Verteuerung beiträgt.

Aus diesen Gründen haben wir in Tabelle 8.5 auch keinerlei Zahlenwerte über leicht verfügbare Ressourcen angegeben. Es steht natürlich im Rahmen der Möglichkeiten von Regierungen, jegliche Umweltverschmutzung z. B. durch Kohlekraftwerke, Flugzeuge oder Kraftfahrzeuge zu besteuern, oder Steuerbefreiungen z. B. für die Energieproduktion mit Wind oder Sonne auszusprechen. Beides würde die Aktivitäten im Bereich erneuerbarer Energien fördern, und dafür sorgen, daß die „freie Marktwirtschaft" nicht einen zu hohen Preis für eine saubere Umwelt fordert. Derlei Maßnahmen würden zu einer Kapitalverschiebung von persönlichem Konsum zu Investitionen führen, und somit die Belastungen unseres Wirtschaftssystems durch die Umwelt verringern. Wir denken, daß dieses für die meisten Länder notwendig wäre.

Bis zu diesem Punkt haben wir die Energieversorgung und die Möglichkeiten zum Gebrauch fließender Reserven sowie die Reduzierung der Umweltbelastung bei der Energieproduktion besprochen. Ein anderer Punkt ist der Energieverbrauch und insbesondere der Wirkungsgrad, mit dem diese Energie in Privathaushalten, Industrie oder Dienstleistungsbetrieben eingesetzt wird. Es bestehen hierbei große Schwankungen für unterschiedliche Länder. Im Gegensatz zu Tabelle 8.5, in der Daten für die Welt als Ganzes dargestellt wurden, zeigen wir in Bild 8.5 für einige Länder den Pro-Kopf Energieverbrauch und das Bruttosozialprodukt (BSP). Das BSP ist ein Maß für die gesamte wirtschaftliche Aktivität eines Landes und zeigt somit seinen Wohlstand an. Das Verhältnis der beiden Zahlen gibt die Energie an, die zur Gewährleistung eines bestimmten Wohlstandes notwendig ist. Die gestrichelte Linie entspricht dabei den Werten für die USA. Länder, deren Kurve oberhalb der gestrichelten Linie liegen, verbrauchen mehr Energie pro „Wohlstands-Einheit" als die USA, darunterliegende Kurven bedeuten einen geringeren Verbrauch.

Tabelle 8.5 Zusammenfassung der Energiedaten. (Die Zahlenangabe für erneuerbare Energien liegt höher als in UN *Statistics* angegeben, da sämtliche Biomasse berücksichtigt wurde, und die Elektrizität aus Wasserkraft, Kernkraft oder Biothermalenergie in fossile Energieäquivalente umgerechnet wurde.)

	Verbrauch (1990) (Äquivalent) (10^{18} J pro Jahr)	Leicht zugängliche Ressourcen (Äquivalent) (10^{18} J)
Fossil	287	28 000
Nuklear	23	1500
Erneuerbar	68	
Gesamt	378	
Sonnenenergie (Gl. (1.2))	Gesamte Erde: 3,8 Mio.$\cdot 10^{18}$ J pro Jahr	

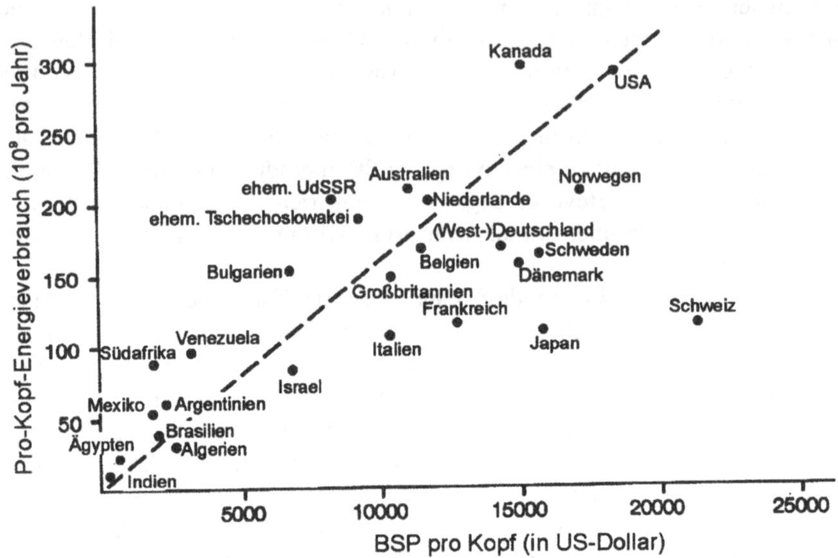

Bild 8.4 Pro-Kopf-Energieverbrauch und Bruttosozialprodukt (BSP) pro Kopf für verschiedene Länder im Jahre 1987. (Energieangaben aus dem UN *Energy Statistics Yearbook*, und BSP-Daten aus *World Resources 1990-1*. Die Daten sind zwar von 1987, haben sich aber bis 1992 kaum geändert.)

Für ein gutes „Abschneiden“ in Bild 8.4 kann es bestimmte Gründe geben. Für die Schweiz kann man zum Beispiel annehmen, daß die Bedeutung der Banken und des Dienstleistungssektors in der nationalen Wirtschaft zu einem geringeren wirtschaftlichen Wirkungsgrad beim Energieverbrauch führt. Für größere Wirtschaftssysteme wie die USA, Japan oder die Europäische Union heben sich solche speziellen Faktoren insgesamt auf. Aus Bild 8.4 wird auch klar, daß Japan mit einem viel geringerem Energieverbrauch produziert als andere größere Wirtschaftssysteme. Um dies zu erreichen, hat Japan wegen der hohen Energiekosten sehr stark im Bereich der Energieeinsparung investiert.

Dieser Punkt wird in Bild 8.5 dargestellt, das die Energieeinsparung und die Kosten der Stahlproduktion für die USA, Japan und die EU wiedergibt. Es wird offensichtlich, daß die ineffektiv arbeitenden Wirtschaftssysteme ihre Wirtschaftlichkeit beim Energieverbrauch mit relativ geringen Kosten verbessern können, wohingegen die Systeme, die bereits mit einem hohen Wirkungsgrad arbeiten, sehr hohe Investitionen tätigen müßten, um noch effektiver zu arbeiten. Bild 8.5 zeigt, daß Japan sehr hohe Investitionen benötigt, um eine höhere Wirtschaftlichkeit zu erreichen, und vom Energiestandpunkt aus betrachtet bereits die am weitesten fortgeschrittene Wirtschaft besitzt. Trotzdem könnte selbst Japan durch entsprechende Investitionen mit wesentlich höheren Wirkungsgraden arbeiten. Es stellt sich lediglich die politische Frage, wer die Kosten dafür zu tragen hat – die Armen oder die Reichen?

Die Notwendigkeit für eine weltweite Energie- und Umweltpolitik ist allgemein anerkannt. Man verwendet hierbei meistens den Begriff der *nachhaltigen Entwicklung*. Dies würde eine Organisation des Wirtschaftssystems bedeuten, die Umweltvorschriften beinhaltet. Politiker müßten dabei die hier oder in anderen Quellen gegebenen Argumente zum

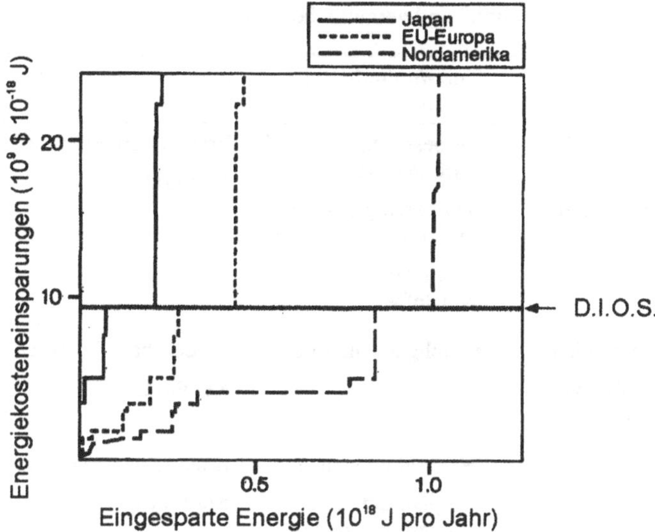

Bild 8.5 Potential und Kosten bei der Energieeinsparung. Die mit D.I.O.S. markierte Linie bezeichnet die Einführung des direkten Eisenerz-Schmelzprozesses (Direct Iron Ore Smelting), bei dem sehr viel Energie eingespart wird. (Aus: Y Kaya *et al.*, *Assessment of Technological Options for Mitigating Global Warming*, Energy and Industry Subgroup, EG3 des Intergovernmental Panel on Global Change, Genf, 6-7. August 1991, Abb. 3.1.2, S. 6. Diese Studie bezieht sich auf die europäischen OECD-Staaten anstatt auf die Staaten der Europäischen Gemeinschaft. In der Praxis kann der Unterschied allerdings vernachlässigt werden.)

Umweltschutz berücksichtigen. Der amerikanische Ökonom Daly fand heraus, daß eine nachhaltige Wirtschaft einen *Gleichgewichtszustand* erforderlich macht: Eine Wirtschaft, deren Durchsetzung die Umwelt weder entsprechend ihrer Regenerationsfähigkeit überbeansprucht, noch zu höheren Verschmutzungen führt, als die Aufnahmekapazität es gestattet [9]. Augenblicklich sind wir noch sehr weit von diesem Idealzustand entfernt.

8.3 Vermeidung einer Katastrophe

Umwelt- und Energiepolitiker müssen sich mit allen bisher angesprochenen und noch weiteren Themen beschäftigen. Die Punkte der bisherigen Abschnitte sind nochmals in Tabelle 8.6 zusammengefaßt, wobei wir in den vier Spalten ein Problem mit seinen Auswirkungen und Gefahren beschreiben, und kurz-, mittel- und langfristige Lösungen bieten. Wir möchten anmerken, daß fast alle Maßnahmen zu zusätzlichen Kosten für die gesamte Gesellschaft führen. Steuerungsmaßnahmen zur Verbesserung der Energiewirtschaft oder zur Reinigung von Rauchgasen würden z. B. eine Neuverteilung der öffentlichen Gelder oder der allgemeinen Besteuerung bedeuten. Es muß allerdings angemerkt werden, daß die Verbesserung der Effektivität beim Energieverbrauch seitens der Nutznießer zu einem geringeren Anstieg der Energieproduktion und damit zu geringeren Einschränkungen führen würden. Auf diese Art könnte man Zeit für neue technische und politische Lösungen „erkaufen".

Tabelle 8.6 Probleme der „Energie- und Umweltpolitik" und vermutliche Lösungen

Problem	Wirkungen / Gefahren	Kurz-/mittelfristige Lösung	Langfristige Lösung
Begrenzte Ressourcen an hochwertigen Rohstoffen	(Bewaffneter) Wettbewerb Wirtschaftlicher Zerfall	Verbesserung der Wirkungsgrade Begrenzung des Bevölkerungswachstums Energieärmere Rohstoffe	Erneuerbare Energien Kernkraft
Verbrennung von energieärmeren fossilen Brennstoffen	Bergbauschäden Hohe Emissionen und Kosten	Rauchgasreinigung	Erneuerbare Energien Kernkraft
CO_2-Emissionen durch fossile Brennstoffe	Klimawechsel	Wechsel zu Erdgas CO_2-Bindung, Wiederbewaldung.	Erneuerbare Energien Kernkraft
Begrenzte Ressourcen hochgradigen Urans	Steigende Preise Widerstand gegen Bergwerksbetrieb	Keine Erweiterung der Kernenergie	Erneuerbare Energien Fusion
Langlebiger Atommüll	Verschmutzung der Umwelt	Begrenzte Anzahl von Atommüll-Lagerstätten	Erneuerbare Energien Fusion
Hohe Kosten erneuerbarer Energien	Langsame Ausbreitung	Besteuerung	Mehr Forschung
Transport von Wasserstoff aus der solaren Gewinnung	Explosionen	In unbewohnten Gebieten Sicherheit auf Tankern	Absorption in Metallen
Öltransport	Ölverschmutzung	Spezielle Seewege	Pipelines
Flüssiggas-Transport	Explosionen	In unbewohnten Gebieten	Bessere Tanker

Um zu zeigen, daß jeder Schritt auch seine wirtschaftlichen Kosten birgt, möchten wir bemerken, daß eine weitere Unterstützung der bereits installierten Kernkraft einen positiven Effekt auf die Ersparnis der begrenzten Ressourcen hochgradig angereicherten Urans hat und die Menge der stark radioaktiven Abfälle begrenzen würde. Trotzdem wären die Gewinne aus der Kernenergie zu gering, um intensive Forschungen über einen „besseren" oder „sichereren" Gebrauch dieser Ressourcen zu betreiben. Somit müssen also, wie es in den meisten Industrieländern auch tatsächlich geschieht, öffentliche Gelder in diesem Bereich eingesetzt werden.

Die einzige sozialpolitische Maßnahme, die in Tabelle 8.6 enthalten ist, betrifft die Beschränkung des Bevölkerungswachstums, die zu wesentlichen Erleichterungen bei den Ressourcen führen würde. Wie wir in Bild 8.3 gezeigt haben, wird die Weltbevölkerung aufgrund ihrer demographischen Zusammensetzung bis über das Jahr 2025 hinaus auch weiterhin anwachsen, so daß eine Wachstumbeschränkung nur eine sehr langfristige Wirkung haben würde.

Die Diskussion zeigt, daß viele Länder sich bei der Energieversorgung in Zukunft noch mit Problemen konfrontiert sehen werden. Es gibt zwar Lösungen, doch sind alle diese mit Kosten, Fragezeichen und manchmal Gefahren verbunden.* Oft sind diese Gefahren gut bekannt, z. B. die Explosion eines Tanks mit flüssigem Wasserstoff. Die Gesellschaft hat bereits einige Erfahrungen mit solchen Explosionen von Tanks sammeln können, und hat somit durch Versuch und Irrtum die Risiken und Sicherheitsvorschriften formuliert, die das Risiko für die Gesellschaft in ihrer Gesamtheit so niedrig wie möglich halten. Tabelle 8.1 wurde ursprünglich aufgestellt, um einen besseren Umgang mit den Risiken beim Transport von Flüssiggas zu ermöglichen.

Die Unsicherheiten bei Kosten, Nutzen und Risiken führen im allgemeinen zu einer Politik in der Form von trial and error. Diese Verfahrensweise ist jedoch nur möglich, wenn die Folgen von Irrtümern bekannt sind, sich diese innerhalb vertretbarer Risikogrenzen befinden und ausreichend Zeit zur Verfügung steht, um auf Fehler zu reagieren und Verbesserungen in Technologie oder Vorschriften durchzusetzen. Für einige der in Tabelle 8.6 angegebenen Probleme ist diese Verfahrensweise allerdings nicht möglich.

Wir wollen nun als Beispiel die Klimaänderungen besprechen, die durch die kontinuierliche Emission von CO_2 und anderen Treibhausgasen verursacht werden. In Abschnitt 3.3 haben wir gesehen, daß es tatsächlich eine globale Erwärmung gibt, daß aber große Unsicherheiten bestehen, was die Geschwindigkeit angeht, mit der sich dieser Temperaturanstieg mit der Zeit verstärkt (vgl. Bild 3.17). Es schien außerdem zweifelhaft, daß diese Unsicherheiten bezüglich der Geschwindigkeit des Temperaturanstieges in naher Zukunft verkleinert werden. Es ist auch klar, daß die Methode von *trial and error* in diesem Bereich nicht anwendbar ist, da sich die Wirkungen der Durchsetzung oder Unterlassung politischer Maßnahmen erst nach einigen Jahrzehnten zeigen werden. Korrekturbestrebungen werden ebenfalls erst nach langer Zeit einen Effekt zeigen. In der Zwischenzeit hat die Gesellschaft die Konsquenzen – und vielleicht eine verspätete Einsicht – über falsche Entscheidungen zu tragen. Diese Konsequenzen in Form von Veränderungen im Klima, Regenfällen, Bewölkung, Sommer-Winter-Unterschied usw. sind ja lediglich durch Modellberechnungen und nicht aus der Erfahrungen bekannt. Es wird somit schwer sein, drastische politische Maßnahmen zu ergreifen, wie schon alleine die Erfahrungen aus den internationalen Klimakonferenzen zeigen.

Die Sozialwissenschaftler Morone und Woodhouse empfehlen für Fälle wie die Treibhaus-Gefahr die folgenden Maßnahmen zur Katastrophenvermeidung ([19], S. 315):

(a) Schutz gegen mögliche Gefahren auf traditionelle Art.

(b) Reduzierung von Unsicherheiten durch Testverfahren und Beobachtung nach Prioritätsmaßstäben.

---

* Im zweiten Teil von Abschnitt 8.3 beziehen wir uns sehr stark auf das Buch von Morone und Woodhouse [10].

(c) Wenn die Unsicherheiten reduziert wurden und mehr über die Art der Gefahr bekannt ist, sollten die ursprünglichen Vorsichtmaßnahmen erneut überdacht werden. Werden neue Gefahren entdeckt oder sind die Gefahren höher einzuschätzen, als ursprünglich vermutet, so müssen sie verschärft werden; Trifft das Gegenteil zu, so sollten sie abgeschwächt werden.

Zur Diskussion des dritten Punktes ist es noch zu früh. Der zweite wird aber bereits durch Klimaforschung und Modellrechnungen ausgeführt, aber – wie schon weiter oben angemerkt – kann es noch Jahrzehnte dauern, bevor befriedigende Schlüsse gezogen werden können. Die wichtigsten Aufgaben im Bereich der Forschung betreffen den Einfluß des Wasserdampfes (vgl. Tabelle 3.3), den Austausch von Treibhausgasen zwischen der Atmosphäre und den Meeren (Gl. (3.17)) und die Veränderungen der Albedo von Erdoberfläche und Atmosphäre. Die Entscheidungen über Forschungsprioritäten werden allerdings von einer kleinen Gruppe von Klimaforschern getroffen und werden nur wenig von Politikern beeinflußt.

Der erste der oben genannten Punkte betrifft die Abschwächung möglicher schädlicher Einflüsse. Dies wird offiziel als No-regret-Politik bezeichnet: man wähle die Maßnahmen, die die geringsten Kosten verursachen, an sich wertvoll sind und dabei die globale Erwärmung verlangsamen. Solche Maßnahmen sind Inhalt von Bild 8.6. Neben den oben angemerkten Punkten (Wechsel zu Gas, erneuerbaren Energien und eventuell zur Kernkraft) kann man die Bindung von CO_2 (vgl. [8], S. 32-35) und die Wiederbepflanzung von Wäldern erwähnen. Ersteres betrifft die technisch bewerkstelligte, chemische Bindung von CO_2 in Rauchgasen, und deren Entsorgung in der Tiefsee oder alten Gassenken. Zweiteres betrifft

Tabelle 8.7 Energieverbrauch und Emissionen[a] beim westdeutschen Gütertransport. Es muß hierbei angemerkt werden, daß für jedes Transportmittel größere Einheiten vom Standpunkt des Umweltschutzes aus wirtschaftlicher sind als kleinere. Somit sind Züge mit vielen Güterwaggons als „besser“ zu bewerten als kurze Züge und große Lkws mit ein oder zwei Anhängern besser als kleine. Es gibt eine Vielzahl von Parametern, die optimiert werden müssen, um das 'beste' Transportsystem zu finden. (Aus: Werner Rothengatter, Cost-Benefit-analyses for goods transport on roads, in *Freight Transport and the Environment* (Hrsg. Martin Kroon und Joop van Ham), Elsevier, Amsterdam, 1991, S. 187-213, mit einigen Ergänzungen von Dr. Rothengatter).

	Bahn		Binnenwasserwege		Straßen	
Emissionen ($kg\ t^{-1}\ km^{-1}$)	1987	2005	1987	2005	1987	2005
CO_2	41	30	42	40	207	189
CH_4	0,06	0,04	0,06	0,05	0,30	0,30
TVOC[b]	0,08	0,06	0,13	0,13	1,10	0,70
NO_x	0,20	0,07	0,50	0,50	3,60	2,40
CO	0,05	0,02	0,17	0,17	2,40	1,10
Energieäquivalent ($g\ t^{-1}\ km^{-1}$)	677	623	584	550	2889	2587

[a] Emissionen bei der Herstellung der Fahrzeuge und dem Bau der Infrastruktur wurden nicht berücksichtigt.

[b] TVOC = Gesamtheit aller flüchtigen organischen Verbindungen.

die biologische Bindung von CO_2. Diese Maßnahme kann aber nur einen kurzfristigen Nutzen bringen, da die zur Wiederbepflanzung zur Verfügung stehende Fläche begrenzt ist. Man sollte berücksichtigen, daß die Bindung von CO_2 nicht auch gleichzeitig die anderen Treibhausgase einbindet, die immerhin den Hälfte des durch den Menschen verursachten Effektes ausmacht.

Reduzierung der Störung unserer Umwelt

Wir sollten uns nicht nur der Beschränkungnen der leicht verfügbaren Energieressourcen und der Gefahren weiterer CO_2-Emissionen auf das Klima bewußt sein, sondern auch des negativen Einflusses aller anderen Emissionen in die Umwelt. Werfen wir dazu eine Blick auf das Transportsystem, da es hier eine Vielzahl an Möglichkeiten gibt. Wir wollen zunächst die Emissionen von C_xH_y, NO_x und SO_2 diskutieren und dazu Tabelle 8.7 betrachten, in der die beim Gütertransport im Jahre 1987 aufgetretenen Emissionen und die voraussichtlichen Werte für das Jahr 2005 aufgelistet sind. Sie werden für den Transport mit der Bahn, auf Binnenwasserwegen und auf der Straße verglichen. Bei der elektrischen Streckenführung wurde der Brennstoffverbrauch in den Kraftwerken sowie deren Emissionen berücksichtigt. Auch wenn die bei der Produktion der Fahrzeuge angefallenen Energien und Emissionen nicht aufgelistet wurden, kann man erwarten, daß sie das Gesamtbild nicht wesentlich verändern.

Wir möchten anmerken, daß der Energieverbrauch genauso wie die Emissionen bei allen drei Verkehrsmitteln wegen der technischen Verbesserungen abnimmt. Vom Standpunkt des Umweltschutzes aus betrachtet, ist der Bahntransport das „beste“ und der Transport auf den Binnenwasserwegen das „zweitbeste“ Verkehrsmittel. Würde man diese Vorteile nutzen,* so würden sich die Industriegebiete an den Binnenwasserwegen mit guten Eisenbahnverbindungen ansiedeln. Dies wird allerdings nicht ohne Vorschriften von Seiten der Regierungen stattfinden.

Für den Personentransport sind die Binnenwasserwege nicht sehr geeignet. Aus Bild 8.6 kann man aber auch ähnliche Schlüsse wie für den Gütertransport treffen. Dort sind Emissionen, Energieverbrauch und Unfallzahlen im Vergleich zu Eisenbahntransporten über eine vergleichbare Entfernung angegeben. Vom Standpunkt des Umweltschutzes ist klar, daß ein Übergang des privaten Personenverkehrs auf die Bahn sicherlich die „beste“ Lösung wäre.

Für Regierungen ist es nicht leicht, die Nutzung der Bahn zu Ungunsten des Autos voranzutreiben. Hierdurch würden Veränderungen der Infrastruktur nötig, es dürften keine Autobahnen mehr gebaut werden, die Bahnstrecken müßten weiter ausgebaut und intensiver genutzt werden, und zwar nicht nur im profitablen Intercity-Bereich, sondern insbesondere im Bereich teurer regionaler und lokaler Anbindung. Aus Angst davor, die öffentliche Zustimmung zu verlieren, wird sich jedoch kaum eine Regierung hierzu bereiterklären.†

* Eine fortschrittliche Transportmethode könnte die Verwendung von Pellets in unterirdischen Pipelines sein. Dies würde aber hohe Investitionen und ein gutes Netzwerk erfordern.

† Einige Kollegen, die dies gelesen haben, glauben, daß von den Regierungen Schritte unternommen werden, Erklärungen anerkannt werden etc., daß sie nur eben wegen der überall bestehenden Eigeninteressen schwer durchsetzbar sind. Andere glauben, daß eine zunehmende Verstädterung automatisch zu einer Ausweitung des Bahnverkehrs führen wird. Die Umweltagentur der UN erwartet jedenfalls einen stetigen Anstieg der Zahlen privater Kraftfahrzeuge auf bis zu 10^9 im Jahre 2030 (vgl. *Update, Science and Technology for Development*, 50/Sommer 1992, S. 3)

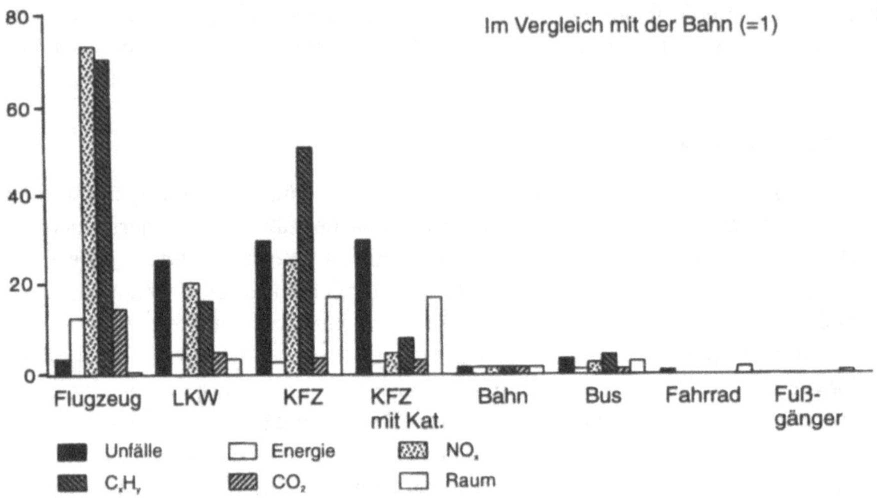

Bild 8.6 Umweltbelastung durch den Personentransport. (Aus: *Sanfte Mobilität: Strategien gegen den Verkehrsinfarkt*, Verkehrsklub Österreich, Wien 1991, S. 30. Auf westdeutschen Daten basierend)

Wir bezweifeln, daß Regierungen einfach dazu übergehen, Schritte zur Verhinderung einer weiteren globalen Erwärmung zu unternehmen. Neben den bisher angesprochenen Punkten möchten wir noch zwei weitere hinzufügen. Zunächst ist es nicht sehr verlockend für ein Land, solche kostenintensiven und unattraktive Maßnahmen zu ergreifen, wenn andere Länder sich diesen nicht anschließen; und zweitens können Entwicklungsländer, die einen niedrigen Pro-Kopf-Verbrauch an Energie haben und bestrebt sind, einen höheren Lebensstandard aufzubauen, es sich einfach nicht leisten, viel Geld für komplizierte Umweltschutzmaßnahmen auszugeben. Im Idealfall sollten sie ihre Industrie und Infrastruktur soweit aufbauen, daß sie den gleichen Energiemaßstab wie Japan erreichen (vgl. Bild 8.4). Dies würde großangelegte Unterstützungen von reicheren Ländern erfordern und dort zu einer Konsumreduzierung und somit einer Umverteilung des Wohlstandes führen. Im Augenblick scheint ein solcher Schritt kaum realistisch.

8.4 Änderung unserer Denkweise

Warum sind drastische und nach unserer Meinung schwerwiegende politische Maßnahmen so schwer durchzusetzen? Hierzu sind verschiedene Arten von Antworten möglich, wir wollen nur einige erwähnen.

Die zynischste Erklärung ist vielleicht, daß reiche Menschen und Völker nicht mit anderen Menschen teilen möchten und sich nicht für die Zukunft ihrer Kinder und Enkel interessieren. Sie konsumieren lediglich und folgen den Aristokraten am Vorabend der Französischen Revolution mit ihrem Wahlspruch: Après nous le dèluge (Nach uns die Sintflut). Die

Ökonomie unterstützt diese Einstellung und fördert den Konsum durch eine nicht enden wollende Reihe neuer Produkte, von denen sich die Mehrzahl nur unwesentlich von bereits existierenden unterscheidet. Die Unternehmen müssen neue Maschinen anschaffen, um den wirtschaftlichen Wettbewerb überleben zu können, und die alten Maschinen werden lange vor Erreichen ihrer Lebensdauer verschrottet. Dies führt zu einem steigenden Wohlstand im Rahmen des Bruttosozialproduktes, aber auch zu einer immer größer werdenden Flut von Abfällen.

Eine etwas freundlichere Erklärung könnte sein, daß die tatsächliche Notwendigkeit von drastischen politischen Maßnahmen noch nicht zweifelsfrei erwiesen ist. Politiker wissen, daß sie es mit einer komplizierten Gesellschaft zu tun haben, in der sich im Laufe von vielen Jahren ein empfindliches Gleichgewicht unterschiedlicher Interessengruppen ausgebildet hat. Sie werden den vorsichtigen, in Abschnitt 8.3 dargestellten Maßnahmen folgen. Außerdem hoffen sie, daß zukünftige Technologien es schaffen, viele der heutigen Probleme zu lösen, und sorgen für ausreichende finanzielle Unterstützung von Forschung und Entwicklung im Bereich erneuerbarer Energien, Kernfusion und allgemeiner, umweltfreundlichen Produktionsstrukturen. Dies ist tatsächlich die Handlungsweise der meisten Regierungen.

Da man gegen Eigennutz nicht ankommt, hoffen wir, daß die Wahrheit näher beim zweiten Punkt zu finden ist. Dann sind politische Veränderungern aufgrund von vorausgehenden öffentlichen Diskussionen tatsächlich möglich. Wir glauben, daß es zum Verantwortungsbereich des Wissenschaftlers gehört, die Verbreitung des entsprechenden Wissens zu unterstützen. Er oder sie sollten erkennen, daß es Interessengruppen gibt, die bereit sind, (auch teilweise unrichtige) Informationen zu verbreiten, um ihre Interessen zu verteten. Der Wissenschaftler könnte dabei versuchen so objektiv wie möglich zu handeln, wird aber feststellen, daß jede Neuverteilung von öffentlichen Ressourcen Thema politischer Entscheidungen ist, bei denen Ansichten über Mensch und Natur eine Rolle spielen. Da die Natur das Untersuchungsobjekt der Naturwissenschaften ist, wollen wir ein wenig das Argument, daß vielleicht auch unsere Sichtweise der Natur in Frage gestellt werden müßte, ausarbeiten.

Unsere augenblickliche Denkweise bezüglich der Natur kann bis ins sechzehnte Jahrhundert zurückverfolgt werden, als Descartes in Frankreich und Francis Bacon in England das Denken bestimmten. Die Natur wurde unter religiösen Gesichtspunkten als Geschenk Gottes interpretiert, das zu menschlichen Zwecken ausgebeutet werden kann und soll. Die Natur wurde als ein Gegenstand ohne Seele oder Geist betrachtet. Diese Denkweise war grundlegend für die Entwicklung der modernen wissenschaftlichen Methode mit ihren systematischen Experimenten.

Francis Bacon drückte sich dazu folgendermaßen aus: „Die Wege und Veränderungen der Natur können nicht so sehr in der Freiheit der Natur erscheinen, als in den Versuchen und Belästigungen durch die Kunst“. Dieses wird im allgemeinen durch die etwas härtere Aussage „Die Natur muß gefoltert werden, damit sie uns ihre Geheimnisse preisgibt“ ([12], S.5) zusammengefaßt. Descartes hat unter philosophischen Gesichtspunkten einen Dualismus zwischen Geist und Materie unterstützt, in dem die Natur als eine Art Maschine betrachtet wird, die man in ihre Bestandteile auseinandernehmen und dann wieder zusammensetzten kann.

Es muß dem angefügt werden, daß modernere Wissenschaftler wie Newton und Kepler sehr religiös waren. Letzterer schrieb zum Beispiel in der Abhandlung, die sein drittes Theorem beinhaltet: „,...und schließlich ließ man sich großzügig herab zu sagen, daß diese Demonstrationen Seine Großartigkeit und die Errettung der Seelen bedeuten, und daß diesem keinerlei Hindernis in den Weg gelegt werden kann" [13].

Nichtsdestoweniger führte die moderne Denkweise zu dem allgemeinen Verständnis, daß mit den Naturgesetzen alles vorausbestimmt ist, sobald die Anfangsbedingungen erst einmal feststehen. Es gibt nichts mysteriöses und nichts spirituelles in der Natur. Für die allgemeine Öffentlichkeit bedeutete dies, daß man die Natur behandeln konnte, wie man wollte.

Der Veränderung im wissenschaftlichen Denken während des sechzehnten Jahrhunderts kam aber nicht von alleine. Ihr ging eine revolutionäre Entwicklung in der Landwirtschaft voraus, die unter den Bauern des nordwestlichen Europas den Gebrauch eines neuartigen Pfluges beinhaltete, dessen Pflugschar aus einer senkrechten Klinge bestand, um eine gerade Furche zu schneiden, aus einem waagerechten Messer, um die Nabe am Grunde vom Boden zu trennen, und einem geschwungenen Blatt, das die Scholle umlegt. Dieses führte mehr denn andere Maßnahmen zu einem Anstieg in der Nahrungsmittelproduktion, der nötig war, um den ständig steigenden Bevölkerungszahlen begegnen zu können. Seit dem Mittelalter wurde die Natur auf vielerlei Arten ausgebeutet, um die in Bild 8.3 dargestellte wachsende Bevölkerung zu ernähren. Dies wurde auf verschiedene Arten von der angewandten Wissenschaft und Technik unterstützt.

Man kann natürlich die Sichtweise in Frage stellen, daß die Wissenschaft als solche zu einem besseren Verständnis einer Natur als solcher, also ohne Sinn oder Verstand führen muß. Der amerikanische Sozialwissenschaftler Roszak vertritt die Meinung, daß die agnostische Sichtweise in der Philosophie des achtzehnten Jahrhunderts zu einer eigenen Art des wissenschaftlichen Denkens führte ([14], S. 115). Das Ergebnis ist die stillschweigende Voraussetzung, daß alle Dinge in der Natur erklärt werden können und sollen ohne Bezug auf einen vorbestimmten Aufbau oder Zweck. Es wurde eine Regel der wissenschaftlichen Methode, war aber immer auch eine metaphysische Voraussetzung. Vielleicht hat Roszak auch recht. Es ist interessant, daß selbst Entwicklungen in der Wissenschaft hier Fragezeichen oder Warnungen aussprechen.

Das erste Fragezeichen betrifft das in Abschnitt 3.3 bereits erwähnte Chaos. Da die Naturgesetze nichtlinear sind, würde man über ein unmöglich erreichbares, detailliertes Wissen über die Ausgangsbedingungen verfügen können müssen, um das Wetter oder das Klima präzise vorherzusagen. Dies gilt ganz allgemein für die meisten Phänomene in der Natur.

Die zweite Frage stellt sich bei den Experimenten des Franzosen Aspect, die aussagen, daß man selbst in einem makroskopischen Maßstab von Metern keinesfalls die Teile eines physikalischen Experimentes voneinander getrennt betrachten kann. Da dieser Punkt sich in der Richtung unserer Argumentation befindet, zeigen wir in Bild 8.7 eine sehr schematische Darstellung des Experimentes von Aspect.

In der Abbildung sieht man, daß eine Ca-Quelle in den ersten höheren Zustand 0^+ angeregt wird. Dieser zerfällt über einen dazwischenliegenden 1^--Zustand in zwei Photonen. Eines kann auf der linken, das andere auf der rechten Seite nachgewiesen werden. Das Gesamtdrehmoment ist Null, also sind sie entweder links- oder rechtszirkular polarisiert. Man nehme an, daß beide rechtszirkular poalisiert seien. Die Detektoren können nur linear polarisiertes Licht nachweisen. Jedes Photon kann diesen mit einer 50 %igen Wahrscheinlichkeit passieren, und es gibt eine Wahrscheinlichkeit von 25 %, daß beide passieren. Das Experiment zeigt uns nun aber, daß entweder beide Photonen den Detektor passieren, oder aber keines von beiden.

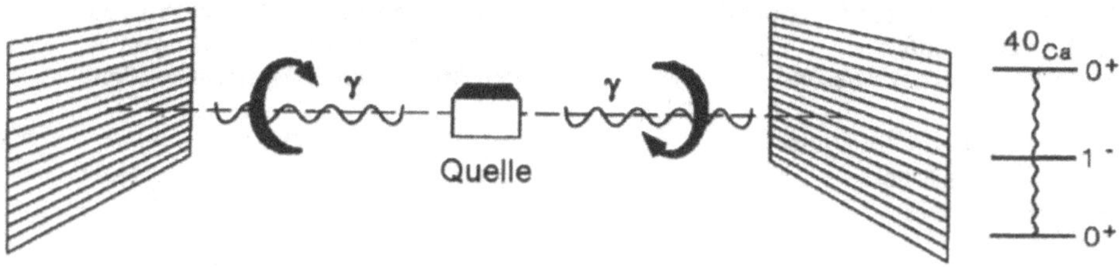

Bild 8.7 Ein Ca-Atom zerfällt aus dem angeregten 0^+ Zustand unter Freisetzung zweier polarisierter Photonen. Eines wird nach links, das andere nach rechts ausgesandt; beide sind zu 100 % miteinander korreliert. (Primas [12] zeichnet ein etwas ausführlicheres Bild dieses Versuchs)

Ein moderner Wissenschaftler wird dieses selbstverständlich finden, da der Prozeß in der Quantenmechanik durch eine einzige Wellenfunktion beschrieben wird. Aber selbst ohne die Quantenmechanik (die nicht die endgültige Theorie sein muß) zu bemühen, ist klar, daß beide Photonen vollständig miteinander korreliert sind. Dies bedeutet, daß man die beiden Detektoren nicht separat betrachten und aus ihrem jeweiligen Ergebnis für ein einzelnes Photon ein Gesamtergebnis ableiten darf. Man kann nicht einmal sagen, daß die Gesamtheit mehr als die Summe der Bestandteile ist, da die Anteile nicht als separate Einheiten betrachtet werden dürfen.

Im Eröffnungsartikel einer neuen Zeitschrift, die den „ökologischen Perspektiven in Natur-, Gesellschafts- und Wirtschaftswissenschaften" gewidmet ist, schließt der Schweizer Wissenschaftler Primas aus diesem Ergebnis, daß man nicht in der alten Art und Weise über die Natur denken darf, wie sie von Descartes und Bacon vertreten wurde [12]. Vielleicht können wir sagen, daß die Einheit der Natur tiefer begründet liegt, als es den Wissenschaftler bewußt gewesen ist. Weder die Chaostheorie noch die Aspect-Experimente beweisen, daß die Natur genial ist, noch, daß das agnostische Wissenschaftsprogramm zu logischen Widersprüchen führt. Sie suggerieren jedoch, daß die wissenschaftliche Erkenntnis nur lückenhaft ist, und daß die Natur aus mehr als nur ein paar Gleichungen besteht.

Interessant ist, daß dieselben Ansichten in verschiedenen Gruppen der Gesellschaft auftreten. Architekten sprechen von einem „heiligen" Design, und beziehen sich dabei auf die alten Zeiten, in denen Raum, Licht, Zahlen und Geometrie als „heilig" betrachtet, also mit Respekt und Bewunderung beachtet wurden. Dies würde bedeuten, daß ein Gebäude, sei es Wohnung oder Büro, die Natur als eine Art Mikroorganismus wiederspiegeln soll und daß die Änderungen des Tageslichts den Menschen mit seiner Umwelt in Verbindung bringen sollen [15].

In der allgemeinen Öffentlichkeit sieht man ein wachsendes Interesse an Naturvölkern erwachen, zum Beispiel den Indianern Amerikas. Gut bekannt ist zum Beispiel die Geschichte der Pueblo-Indianer, die glauben, daß jeder menschliche Atemzug die Welt verändert. Die Indianer haben natürlich nicht die Chaostheorie vertreten, sondern demonstrierten lediglich ihre Gefühle und ihr Verständnis über die Einheit der Natur. Eine andere Geschichte erzählt, wie sich Mitte des neunzehnten Jahrhunderts ein anderer Indianer weigerte, den Boden zu pflügen,* und uns somit mit einer Sichtweise der Natur konfrontierte, die in deutlichem Gegesatz zu der des Nordwesteuropäers am Ende des Mittelalters stand:

* Smohalla, der die Traumkultur eingeführt hatte, wird in [16] auf S. 56 zitiert.

You ask me to plough the ground
Shall I take a knife
and tear my mother's bosom?

Du sagst mir, ich solle den Boden Pflügen.
Soll ich zum Messer greifen
und den Busen meiner Mutter aufreißen?

You ask me to dig for stones
Shall I dig under her
skin for her bones

Du sagst, ich solle nach Steinen graben,
Soll ich unter ihrer Haut
nach Ihren Knochen wühlen?

You ask me to cut grass
and make hay and sell it,
and be rich like white men,
But how dare I cut off my
mother's hair

Du sagst mir, ich soll das Gras mähen
und Heu machen zum Verkaufe
und reich sein, wie der weiße Mann.
Aber wie kann ich es wagen,
das Haar meiner Mutter zu schneiden.

Mit dieser Denkweise könnte die Erde selbstverständlich kaum mehr als 100 Millionen Menschen ernähren – und erst recht nicht mehr als eine Milliarde. Wir empfehlen darum nicht, diese indianische Denkweise in unserer Gesellschaft anzunehmen. Primas schlägt eine komplementäre Denkweise vor, einem der Quantenmechanik entnommenem Konzept, das zwei Denkweisen angibt, die beide zum Verständnis der Natur notwendig sind. Unter einem bestimmten Konzept benötigt man die eine Denkweise, unter einem andere die andere. Beim Umgang mit der Umwelt und der Natur sollten wir einen Weg finden, die Natur in unser Wirtschaftssystem einzubinden, sie dabei aber immer noch mit dem nötigen Respekt zu behandeln.

Vielleicht erkennen wir ein Echo dieser Sichtweise in einer von der Shell Oil Company unternommenen Studie. In Tabelle 8.8 geben wir einen Sachverhalt wieder. Der Inhalt besagt, daß wir die Welt mit den gleichen Informationen von zwei verschiedenen Standpunkten aus betrachten könnten. Der erste, im linken Teil der Tabelle dargestellte Standpunkt, stellt die Abnahme der amerikanischen/westlichen Vorherrschaft dar. Die Antworten wurden bezüglich des wirtschaftlichen Wettbewerbs gegeben.

Alternativ dazu könnte man die Zerstörung der Natur als Kernpunkt betrachten. Die Antworten werden dann im Zusammenhang mit einer „Nachhaltigen Nutzung" gegeben, in der die Grenzen der Natur akzeptiert werden, und genügend für die sich entwickelnden Länder der Welt und für zukünftige Generationen übrig gelassen wird.

Tabelle 8.8 Zwei Sichtweisen der Welt. (Aus: Adam Kahane, global scenarios for the energy industry: challenge and response, Selected Papers, Shell Oil Company, Januar 1991, S.9)

	Globales Wirtschaftsdenken	Nachhaltige Nutzung
Herausforderung	abnehmende Vorherrschaft und wirtschaftliche Instabilität	Zerstörung der Umwelt (insbes. durch die globale Erwärmung)
Resonanz	Multipolare Welt und Marktwirtschaft	Internationale Zusammenarbeit und Verwaltung
Bedeutung für die Energie	Neue Regeln für das Management und Neugliederung der Märkte	Neue Preise für Brennstoffe und eine Umstrukturierung der Energieindustrie

Es ist nicht nötig zu betonen, daß wir die Position der Nachhaltigen Nutzung vertreten. Die Bedeutung für Wissenschaft und Gesellschaft muß allerdings noch erarbeitet werden. Umweltwissenschaftler sollten dies bei der Ausübung ihrer Aufgaben im Hinterkopf behalten.

Referenzen

[1] Anne V. Whyte und Ian Burton (Hrsg.) *Environmental Risk Assessment*, John Wiley, Chichester 1980. Das Buch kann von Nutzen sein für Abschnitt 8.1.

[2] Al Gore: Wege zum Gleichgewicht. *Ein Marshallplan für die Erde*. Fischer, 1992. Ein Plädoyer für eine starke Umweltpolitik vom späteren amerikanischen Vizepräsidenten.

[3] C. Richard Cothern, Myron A. Mehlmann und William L. Marcus, *Risk Assessment and Risk Management of Industrial and Environmental Chemicals*. Princeton, New Jersey, 1988.

[4] E. S. Ferguson, *The measurement of the man day*, Scientific American 224 (Oktober 1971), 96.

[5] Lee Schipper und Stephen Meyers, zusammen mit Richard B. Howarth und Ruth Steiner, *Energy Efficiency and Human Activity: Past Trends, Future Prospects*. Cambridge University Press, Cambridge, 1992. Das Buch behandelt die Themengebiete der vorliegenden Abschnitte 8.1, 8.2 und 8.3, dies aber in größerer Tiefe. Es enthält auch einen Prolog von John Holdren, der als Kernpunkt die Forderung nach einem Übergang zu einer sparsamen Energieverwendung enthält

[6] T. Appenzeller, Science 252 (Juni 1991), 1790

[7] Archie W. Culp Jr., *Principles of Energy Conversion*. McGraw-Hill, New York 1991.

[8.] Y. Kaya, Y. Fujii, R. Matsuhashi, K. Yamaji, Y. Shindo, H. Saiki, I. Furugaki und O. Kobayashi, *Assessment of Technological Options for Mitigating Global Warming*. Energy and Industry Subgroup, WG 3 of the Intergovernmental Panel on Global Change, Genf 6.–7. August 1991.

[9] Herman E. Daly, *Steady-State Economics*, Freeman, San Francisco, 1977 und GAIA, 1(6) (1992), 333

[10] Joseph G. Morone und Edward J. Woodhouse, *Averting Catastrophe, Strategies for Regulating Risc Tehnologies*. University of California Press, Berkeley, USA 1986.

[11] Francis Bacon, *Advancement of Learning*, Book II,I,6.

[12] H. Primas, *Umdenken in der Naturwissenschaft*. GAIA 1(1992),5. Primas kann als Trendsetter für eine neue Art der Naturbetrachtung angesehen werden. Gut für Abschnitt 8.4

[13] J. Kepler, *Harmonia mundi*

[14] Theodore Roszak, *The Voice of the Earth*. Simon and Schuster, New York 1992. Gut für Abschnitt 8.4.

[15] Ed Marzia, *Sacred by Design*, Progressive Architecture 03/91, S. 74.

[16] T. C. McLuhan, Compilation, *Touch the Earth. A Self-Portrait of Indian Existence*. Simon and Schuster, New York 1971.

[17] T. Regan, *The nature and possibility of an environmental ethic*, Environmental Ethics 3(1981), 19.

Weiterführende Literatur

Conway, Richard, A. (Hrsg.): *Environmental Risk Analysis for Chemicals.* Van Nostran Reinhold, New York 1982. Eine der Hauptquellen für die Methoden in Verbindung mit der chemischen Industrie; gut für Abschnitt 8.1

Kletz, Trevor A., Cheaper, *Safer Plants for Wealth and Safety at Work*, Institute of Chemical Engineers, Rugby, Warwickshire, 1985. Der Report bezieht sich auf chemisch Fabriken und ist nützlich für Abschnitt 8.1.

The Royal Society, *Risk assessment*, Report of a Royal Society Study Group, The Royal Society, London, January 1983. Die grundlegenden Konzepte für Abschnitt 8.1 sind hier klar definiert.

United Nations, *Energy Statistics Yearbook*, 1990, New York 1992. Für Abschnitt 8.2.

White Jr., Lynn, *The historical roots of our ecological crisis*, in: Dynamo and Virgin Reconsidered, Essays in the Dynamis of Western Culture, IT Press, Cambridge, Mass., 1968. Hintergrundwissen für Abschnitt 8.4.

World Resources 1986. *Basic Books*, New York. Gut für Abschnitt 8.2.

World Resources 1990-1, Oxford University Press, New York 1990. Gut für Abschnitt 8.2

Anhang A

Gauß-, Delta- und Fehlerfunktion

Für viele einfache Beispiele in der theoretischen Physik zeigt sich, daß die Gauß-Funktion $f(x)$ eine Lösung des Problems darstellt. In normierter Form läßt sie sich als

$$f(x) = \frac{1}{\sigma\sqrt{2\pi}} e^{-x^2/2\sigma^2} \tag{A.1}$$

schreiben, mit

$$\int_{-\infty}^{\infty} f(x) \mathrm{d}x = 1 \ . \tag{A.2}$$

Es wird in jedem Lehrbuch gezeigt, daß σ in Gl. (A.1) den mittleren Abstand zu $x = 0$ darstellt:

$$\sigma^2 = \int_{-\infty}^{\infty} x^2 f(x) \mathrm{d}x \ . \tag{A.3}$$

Die Gauß-Funktion ist für einige Werte von σ in Bild A.1 dargestellt. Man sieht dort, daß für steigende σ-Werte die Kurve gleichzeitig spitzer und höher wird, während das Integral wegen Gl. (A.2) gleichbleibt. Für $\sigma \to 0$ erhält man eine Darstellung der *Deltafunktion* $\delta(x)$ mit den Eigenschaften

$$\begin{aligned} &\delta(x) = \delta(-x), \\ &\int \delta(x) g(x) \mathrm{d}x = g(0). \end{aligned} \tag{A.4}$$

Die letzte der Gleichungen gilt für jede beliebige physikalische Funktion $g(x)$.

Meistens benötigt man das Integral über der Gauß-Funktion $f(x)$ nur bis zu einem bestimmten Wert β. Dieses Integral definiert dann die *Fehlerfuntion* (*error function*) erf(b) in folgender Weise:

$$\mathrm{erf}(\beta) = \frac{2}{\sqrt{\pi}} \int_0^{\beta} e^{-x^2} \mathrm{d}x \ . \tag{A.5}$$

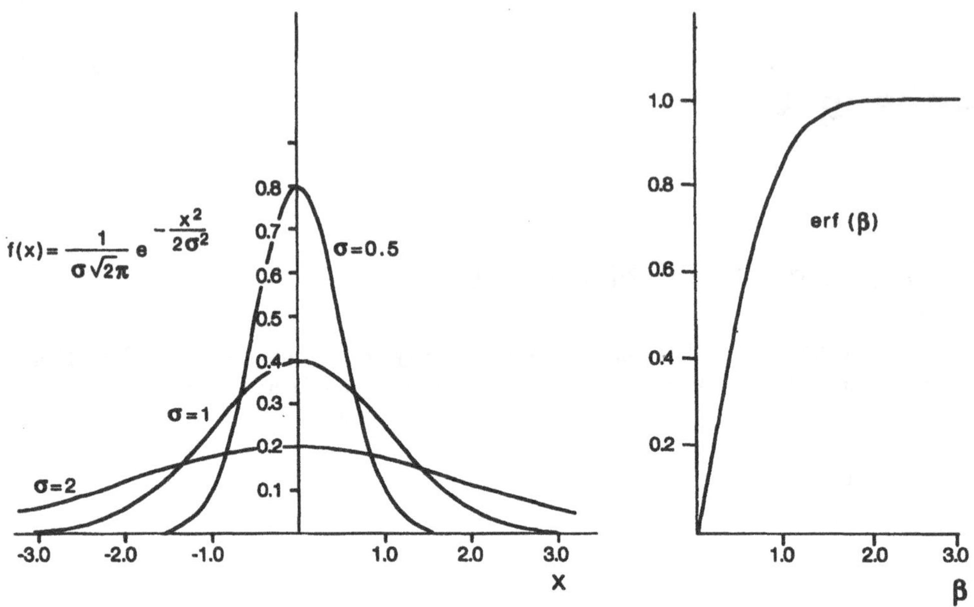

Bild A.1 Die Gauß-Funktion aus Gl. A.1 für σ = 0,5, σ = 1,0 und σ = 2,0 (links) und die Fehlerfunktion erf(b) (rechts).

Es folgt daraus

$$\begin{aligned} &\text{erf}(0) = 0, \\ &\text{erf}(\infty) = 1, \\ &\text{erf}(\beta) = -\text{erf}(-\beta). \end{aligned} \tag{A.6}$$

Wie man auf der rechten Seite in Bild A.1 sieht, ist die Fehlerfunktion eine monoton steigende Funktion in β. Die Umkehrfunktion erfc(β) wird gegeben durch

$$\text{erfc}(\beta) = \frac{2}{\sqrt{\pi}} \int_{\beta}^{\infty} e^{-x^2} dx \tag{A.7}$$

und es folgt deshalb

$$\text{erf}(\beta) + \text{erfc}(\beta) = 1 \ . \tag{A.8}$$

Wie man aus Bild A.1 und noch genauer aus den Tabellen zur Fehlerfunktion ersehen kann, werden 68 % der Fläche unter dem Integral (A.2) im Bereich $-\sigma < x < \sigma$ gefunden.

Anhang B

Einige Vektorableitungen

Der Laplace-Operator für kartesische, zylindrische und Kugelkoordinaten

Der Laplace-Operator $\Delta = \operatorname{div} \operatorname{grad}$ wird in kartesischen Koordinaten als

$$\Delta = \frac{\partial^2}{\partial x^2} + \frac{\partial^2}{\partial y^2} + \frac{\partial^2}{\partial z^2} \tag{B.1}$$

geschrieben. In zylindrischen Koordinaten (r,φ,z), in denen z die Koordinate entlang der Zylinderachse bezeichnet, kann man den Effekt des auf eine Funktion $f(r,\varphi,z)$ angewandten Laplace-Operators Δ als

$$\Delta f = \frac{1}{r}\frac{\partial}{\partial r}\left(r\frac{\partial f}{\partial r}\right) + \frac{1}{r^2}\frac{\partial^2 f}{\partial \varphi^2} + \frac{\partial^2 f}{\partial z^2} \tag{B.2}$$

schreiben. In Kugelkoordinaten (r,θ,φ) sieht der Operator folgendermaßen aus:

$$\Delta f = \frac{1}{r^2}\frac{\partial}{\partial r}\left(r^2\frac{\partial f}{\partial r}\right) + \frac{1}{r^2 \sin(\theta)}\frac{\partial}{\partial \theta}\left(\sin\theta\frac{\partial f}{\partial \theta}\right) + \frac{1}{r^2\sin^2\theta}\frac{\partial^2 f}{\partial \varphi^2} \tag{B.3}$$

$$\Delta f = \frac{1}{r}\frac{\partial^2 (fr)}{\partial r^2} + \frac{1}{r^3\sin\theta}\left\{\frac{\partial}{\partial \theta}\left[\sin\theta\frac{\partial (fr)}{\partial \theta}\right]\right\} + \frac{1}{r^3\sin^2\theta}\frac{\partial^2 (fr)}{\partial \varphi^2} \tag{B.4}$$

Der Gradienten-Operator ∇ für Kugelkoordinaten (r,θ,φ)

Mit $\boldsymbol{e}_r$, $\boldsymbol{e}_\theta$ und $\boldsymbol{e}_\varphi$ als orthogonalen Einheitsvektoren schreibt man

$$\nabla\psi = \boldsymbol{e}_r\frac{\partial\psi}{\partial r} + \boldsymbol{e}_\theta\frac{1}{r}\frac{\partial\psi}{\partial\theta} + \boldsymbol{e}_\varphi\frac{1}{r\sin\theta}\frac{\partial\psi}{\partial\varphi} \tag{B.5}$$

$$\nabla\cdot\boldsymbol{V} = \frac{1}{r^2\sin\theta}\left[\sin\theta\frac{\partial}{\partial r}\left(r^2V_r\right) + r\frac{\partial}{\partial\theta}\left(\sin\theta\,V_\theta\right) + r\frac{\partial V_\varphi}{\partial\varphi}\right] \tag{B.6}$$

$$\nabla\times\boldsymbol{V} = \frac{1}{r^2\sin\theta}\begin{vmatrix} \boldsymbol{e}_r & r\boldsymbol{e}_\varphi & (r\sin\theta)\boldsymbol{e}_\varphi \\ \frac{\partial}{\partial r} & \frac{\partial}{\partial\theta} & \frac{\partial}{\partial\varphi} \\ V_r & rV_\theta & r\sin\theta V_\varphi \end{vmatrix} \tag{B.7}$$

mit

$$\boldsymbol{V} = V_r\boldsymbol{e}_r + V_\theta\boldsymbol{e}_\theta + V_\varphi\boldsymbol{e}_\varphi \tag{B.8}$$

$$\begin{aligned} \Delta\boldsymbol{V}\big|_r &= \left(-\frac{2}{r^2} + \frac{2}{r}\frac{\partial}{\partial r} + \frac{\partial^2}{\partial r^2} + \frac{\cos\theta}{r^2\sin\theta}\frac{\partial}{\partial\theta} + \frac{1}{r^2}\frac{\partial^2}{\partial\theta^2} + \frac{1}{r^2\sin^2\theta}\frac{\partial^2}{\partial\varphi^2}\right)V_r \\ &\quad + \left(-\frac{2}{r^2}\frac{\partial}{\partial\theta} - \frac{2\cos\theta}{r^2\sin\theta}\right)V_\theta + \left(-\frac{2}{r^2\sin\theta}\frac{\partial}{\partial\varphi}\right)V_\varphi \\ &= \Delta V_r - \frac{2}{r^2}V_r - \frac{2}{r^2}\frac{\partial V_\theta}{\partial\theta} - \frac{2\cos\theta}{r^2\sin\theta}V_\theta - \frac{2}{r^2\sin\theta}\frac{\partial V_\varphi}{\partial\varphi} \end{aligned} \tag{B.9}$$

$$\Delta\boldsymbol{V}\big|_\theta = \Delta V_\theta - \frac{1}{r^2\sin^2\theta}V_\theta + \frac{2}{r^2}\frac{\partial V_r}{\partial\theta} - \frac{2\cos\theta}{r^2\sin^2\theta}\frac{\partial V_\varphi}{\partial\varphi} \tag{B.10}$$

$$\Delta\boldsymbol{V}\big|_\varphi = \Delta V_\varphi - \frac{1}{r^2\sin^2\theta}V_\varphi + \frac{2}{r^2\sin\theta}\frac{\partial V_r}{\partial\varphi} - \frac{2\cos\theta}{r^2\sin^2\theta}\frac{\partial V_\theta}{\partial\varphi} \tag{B.11}$$

Der Gradienten-Operator ∇ für Zylinderkoordinaten (r,φ,z)

Mit $\boldsymbol{e}_r$, $\boldsymbol{e}_\varphi$ und $\boldsymbol{e}_z$ als orthogonalen Einheitsvektoren schreibt man dann

$$\nabla\psi = \boldsymbol{e}_r\frac{\partial\psi}{\partial r} + \boldsymbol{e}_\varphi\frac{1}{r}\frac{\partial\psi}{\partial\varphi} + \boldsymbol{e}_z\frac{\partial\psi}{\partial z} \tag{B.12}$$

Anhang C

Physikalische und numerische Konstanten

Plancksche Konstante	$h =$	$6{,}625 \cdot 10^{-34}$ J s
Plancksche Konstante/2π	$h/2\pi =$	$1{,}0545 \cdot 10^{-34}$ J s
Lichtgeschwindigkeit	$c =$	$3{,}0 \cdot 10^{-8}$ m s^{-1}
Boltzmannkonstante	$k =$	$1{,}38 \cdot 10^{-23}$ J K^{-1}
Stefan-Boltzmann-Konstante	$\sigma =$	$5{,}672 \cdot 10^{-8}$ W m^{-8} K^{-4}
Solarkonstante	$S =$	$1{,}353 \cdot 10^{3}$ J s^{-1} m^{-2}
Universelle Gaskonstante	$R =$	8,314 J K^{-1} mol^{-1}
Avogadro-Konstante	$N_A =$	$6{,}022 \cdot 10^{23}$ mol^{-1}
Rydberg-Konstante	$R =$	109 678 cm^{-1}
Elementarladung	$e =$	$1{,}602 \cdot 10^{-19}$ C

Energie

1 EJ (exajoule)	10^{18} J
1 PJ (petajoule)	10^{15} J
1 TJ (terajoule)	10^{12} J
1 GJ (gigajoule)	10^{9} J
1 MJ (megajoule)	10^{6} J
1 eV	$1{,}602 \cdot 10^{-19}$ J
1 SKE (Steinkohleneinheit)	0,0293 TJ
1 Tonne Öläquivalent	0,0418 TJ
1 m^3 Erdgas	0,039021 GJ
1 kWh	$3{,}6 \cdot 10^{6}$ J
1 barn	10^{-28} m^2

Luft

Kinematische Viskosität der unteren Troposphäre	$\nu =$	$14 \cdot 10^{-6}$ m^2 s^{-1}
Spezifische Gaskonstante für trockene Luft	$R =$	287 J K^{-1} kg^{-1}
Dichte (10 °C)	$\rho =$	1,247 kg m^{-3}
Dichte (20 °C)	$\rho =$	1,205 kg m^{-3}
1 atm Druck	$p =$	$1{,}01325 \cdot 10^{5}$ Pa
Fourierkoeffizient	$a =$	$22{,}5 \cdot 10^{-6}$ m^2 s^{-1}

Erde

Radius	$R =$	$6{,}37 \cdot 10^{6}$ m
Winkelgeschwindigkeit	$\omega =$	$7{,}292 \cdot 10^{-5}$ rad s^{-1}
Molekulargewicht M	1 M =	$M \cdot 10^{-3}$ kg l^{-1}

Sachwortverzeichnis

A

B

C

D

E

H

I

N

O

P

Q

R

S

V

W

X, Y; Z

SPRINGER NATURE

GPSR Compliance

The European Union's (EU) General Product Safety Regulation (GPSR) is a set of rules that requires consumer products to be safe and our obligations to ensure this.

If you have any concerns about our products, you can contact us on ProductSafety@springernature.com

In case Publisher is established outside the EU, the EU authorized representative is:

Springer Nature Customer Service Center GmbH
Europaplatz 3
69115 Heidelberg, Germany